国家精品课程教材

高等学校理工科化学化工类规划教材
国家工科基础化学课程教学基地规划教材

INSTRUMENTAL ANALYSIS

仪器分析

（第三版）

刘志广　吴硕　编著

大连理工大学出版社
Dalian University of Technology Press

图书在版编目(CIP)数据

仪器分析 / 刘志广,吴硕编著. --3 版. --大连 :
大连理工大学出版,2020.1(2024.1重印)
ISBN 978-7-5685-2454-4

Ⅰ. ①仪… Ⅱ. ①刘… ②吴… Ⅲ. ①仪器分析－高
等学校－教材 Ⅳ. ①O657

中国版本图书馆 CIP 数据核字(2019)第 293414 号

仪器分析
YIQI FENXI

大连理工大学出版社出版
地址:大连市软件园路 80 号 邮政编码:116023
发行:0411-84708842 邮购:0411-84708943 传真:0411-84701466
E-mail:dutp@dutp.cn   URL:https://www.dutp.cn
大连永盛印业有限公司印刷   大连理工大学出版社发行

幅面尺寸:185mm×260mm   印张:28.75   字数:657 千字
2004 年 8 月第 1 版   2020 年 1 月第 3 版
2024 年 1 月第 4 次印刷

责任编辑:刘新彦 于建辉   责任校对:闫诗洋
封面设计:冀贵收

ISBN 978-7-5685-2454-4   定 价:59.00 元

第 3 版说明

打造金课,体现课程的创新性、高阶性与挑战度,是当前高等教育改革的重要任务,而教材是这其中的重要环节。教材应深入研究如何将知识能力与素质有机融合,培养学生解决复杂问题的综合能力和高级思维,使教材内容及时反映前沿性、时代性及先进性。仪器分析的内容近年来发展迅速,新方法、新思维不断出现,极大促进了本教材修订工作的开展,另外,广大读者对本教材的关心与厚爱,也促使我们在教材的修订工作中不断努力。

本次再版,我们在保持第 2 版特色的基础上着重修订了第 4 章"伏安分析法"、第 11 章"原子光谱分析法"、第 13 章"分子发光分析法"与第 16 章"激光拉曼光谱分析法"。

(1)在第 4 章"伏安分析法"中,增加了"电化学生物传感器""微电极与活体分析"等内容。

(2)在第 11 章"原子光谱分析法"中,增加了"原子光谱分析的技术展望"一节,适当介绍了近年来出现的"连续光源原子吸收光谱分析"等内容。

(3)在第 13 章"分子发光分析法"中,增加了"分子发光分析法新技术"一节,给出了荧光标记与探针技术、荧光成像技术及时间分辨荧光免疫分析技术等新内容。

(4)将原第 16 章"激光拉曼光谱分析法"的标题改为"拉曼光谱分析法",以保持"拉曼光谱分析法"在原理方面的完整性;同时在内容上依然突出"激光拉曼光谱分析法",如增加了激光拉曼光谱分析法在材料科学及生命科学研究中的应用;另外,对"共振拉曼光谱"及"表面增强拉曼光谱"等内容也做了适当介绍。

本书可作为综合性大学化学系及相关专业的仪器分析课程的教材,也可作为工科院校仪器分析课程的参考教材。

本书由刘志广统稿,参加第 3 版修订工作的有吴硕、宋波、郭慧敏、纪伟、刘宇。尽管我们对原教材进行了认真的修改和补充,但仍难免会有不当之处,敬请广大读者批评指正,并提出宝贵意见。借本教材第 3 版出版之际,对所有关心、支持和使用本教材的人表示衷心的感谢!

作者多年来一直从事分析化学信息化及相关教学软件的研究和开发工作,研制出版的多个分析化学多媒体教学软件受到各兄弟院校同行的厚爱,并形成特色。在本教材第 3 版出版之际,我们愿意一如既往地与使用本教材的兄弟院校同行共享教学改革的成果。

3 版出版之际,我们愿意一如既往地与使用本教材的兄弟院校同行共享教学改革的成果。需要与本教材配套电子教案的读者可与出版社联系。

编著者

2019 年 6 月

所有意见和建议请发往:dutpbk@163.com

欢迎访问高教数字化服务平台:https://www.dutp.cn/hep/

联系电话:0411-84708445　84708462

第 2 版说明

　　本教材自 2004 年出版以来,受到了各兄弟院校同行和有关专家等广大读者的关心与支持,大家提出了许多有益的建议和宝贵的修改意见,谨借第 2 版出版之际,表示衷心感谢!

　　此次修订在秉承本教材原有特点的基础上,对第 1 版中存在的不足进行了修改,并重新编写了第 9 章"毛细管电泳分析法"和第 18 章"质谱分析法"。考虑到教学需要和学科发展,新增了"热分析法"、"流动注射分析法"和"微流控分析法"3 章内容,使得本教材的适用性更强,内容体系更趋完整。微流控分析法是近十几年来分析科学领域中出现的非常引人注目的成果,发展相当迅速。目前,该方面的内容在教材中尚不多见。本书增加这方面的内容并独立成章的目的,一是考虑其重要性和可持续发展的前景,保持教材内容与时俱进的特色;二是让学生深入了解学科发展动态,更有利于学生创新思维和创新能力的培养。

　　本书第 14~18 章由张华编写,其余各章由刘志广编写,全书由刘志广统稿。

　　多媒体已成为教学的有力工具之一。由于仪器分析课程自身的特性,多媒体在课程教学中更是发挥着重要作用。作者多年来从事分析化学多媒体教学软件的研究和开发工作,研制出版了多个分析化学多媒体教学软件,受到各兄弟院校同行的厚爱,在本教材再版之际,对与原教材配套的仪器分析电子教案也进行了全面改版。新版版面新颖、时代气息浓郁、特色突出且内容更加丰富,教材与电子教案配套使用将会相得益彰。需要者可通过以下方式与我们直接联系:

编著者

2007 年 2 月

所有意见和建议请发往:dutpbk@163.com

欢迎访问高教数字化服务平台:https://www.dutp.cn/hep/

联系电话:0411-84708445　84708462

第1版前言

分析化学是发展和应用各种理论、方法、仪器、技术和策略以表征有关物质在空间和时间方面组成、性质与结构的化学信息学科,也是在近几十年经历了较大拓展的基础化学课程。分析化学课程内容与体系的变革促使仪器分析逐渐成为分析化学的主体,同时,仪器分析对科学研究和生产过程所产生的重要促进作用,使其成为综合性大学化学、环境、生物及相关专业的基础课程。

多位诺贝尔奖获得者为仪器分析内容的丰富与快速发展做出了杰出贡献,而仪器分析发展过程中始终贯穿着的创新性思维方式和探索精神对学生创新能力和科学素养的培养也显得十分重要。

本教材按照电化学分析、色谱分析、光分析与波谱分析的顺序编写。在绪论中增加了计算机与分析仪器和分析仪器的信息评价与处理等内容,以适应计算机在分析仪器中普遍使用的需要。电化学分析法中,将电位、电导、电重量、库仑分析等经典电化学分析内容整合在基础电化学分析一章内。色谱分析中增加了超临界流体色谱、激光色谱和场流分离等内容,考虑到高效毛细管电泳分析法的突出特点和快速发展而将其单独列为一章。光分析法中,将原子发射光谱分析和原子吸收光谱分析整合在原子光谱分析一章中,X-射线荧光光谱、能谱等表面分析方法整合在一章中,既有利于掌握其共性,也适应新材料研究工作需要。波谱分析部分重点放在仪器原理与谱图识别,增加了激光拉曼光谱,二维核磁及色谱-质谱联用等较多新内容。全书重点突出方法的原理和应用,理顺各分析法中的内在联系、特点与共性,避免繁杂,力求反映学科最新进展和热点领域,保持仪器分析课程内容的系统性和新颖性。本书可作为综合性大学化学系及相关专业的仪器分析课程的教材。

目前,多媒体教学方式已经逐渐被各高校普遍采用,对仪器分析教学和学习起到了积极作用。作者近年来在高等教育出版社出版了《仪器分析电子教案》、《仪器分析多媒体虚拟实验室》等多部教学软件,本教材即是在《仪器分析电子教案》的基础上扩展编写而成,两者配合使用可获得更好的教学效果。

本书在编写过程中,参考了国内外出版的一些优秀教材和专著,引用了其中某些数据和图表,在此向有关作者表示衷心感谢。

参加本书编写的有刘志广(第1~8、10~13章)、张华(第14~17章)、李亚明(第9、18章),全书由刘志广统稿。

赵国良教授与刘立新教授审阅了本书,提出了许多宝贵意见,在此表示衷心地感谢。

限于作者的水平和能力,书中缺点和错误在所难免,恳请读者批评指正并提出宝贵意见。

作者联系方式 E-mail: analab@dlut.edu.cn;dutpbk@163.com。

编著者
2004 年 8 月

目 录

第1章

绪 论

1.1 概 述

一般将分析化学定义为研究获取物质的组成、形态、结构等各种化学信息及其相关理论的科学。但是,现代分析化学正在不断发展,并应用各种新的方法、仪器、理论和策略获取物质在空间和时间方面的组成和性质,有关物质的表层分析及微区分析也逐渐成为分析化学的重要内容。另外,现代分析化学与计算机技术的密切结合,更使得现代分析化学成为化学中的信息科学。因此,可将分析化学在广义上定义为各种化学信息的产生、获取、评价、挖掘和处理等的科学。

由于有些分析方法以化学反应为基础,而有些分析方法则以特定仪器测定某些物理性质为基础,因此,通常将分析化学分为化学分析和仪器分析两大组成部分,但两者的区分并不是绝对的,而是相互包容、相互融合的。如,在比色分析基础上发展起来的分光光度分析法中涉及大量有机试剂和配合物,因而许多教材将其列入化学分析部分;同样仪器分析中也包含了试样的许多化学处理方法,如原子吸收光谱分析法中化学干扰的消除等。仪器分析方法与化学分析方法相比具有重现性好,灵敏度高,分析速度快及试样用量少等优点,近几十年来发展十分迅速,已在分析化学中占据了主导地位。虽然化学分析在常量分析方面还起着难以取代的作用,但从发展的观点来看,化学分析将仅作为一种分析方法而存在,仪器分析将成为分析化学的主体。

仪器分析发展至今,形成了以电化学分析、光分析、色谱分析及质谱分析为支柱的现代仪器分析,其内涵和外延非常丰富,已成为研究各种化学理论和解决实际问题的重要手段。仪器分析对基础化学、环境化学、生物化学及材料化学等学科的发展所起到的促进作用已毋庸置疑,并已从分析化学的专业课程转变为化学、药学、生物、环境及材料等各专业的基础课,因而仪器分析教材和教学内容也需要适应这种变化。

仪器分析的学习不单纯是对各种分析仪器和方法的了解和掌握。仪器分析中的每种方法都可能涉及化学、生物学、数学、物理学、电子学、自动化及计算机等方面的知识,学习过程将是一个知识综合运用能力和分析解决问题能力的提高过程。仪器分析中,各种方法的产生与发展过程无不体现出科学研究中的原创性与创新性,是创新思想的完美体现,这在培养学习者的创新能力和创新意识方面有着重要意义。

仪器分析内容多,各方法相对独立性较强。本书采取方法原理—仪器结构—应用特点为主体的处理模式,突出方法原理,淡化仪器结构,强化应用的特色。

1.2 仪器分析分类与发展

仪器分析的内容之丰富,发展之迅速,所体现出的"与时俱进"特征是其他化学基础课程所少见的,特别是 20 世纪中后期,更是各种新理论、新方法、新仪器不断出现的快速发展时期。原则上,凡能表征物质的某些物理和化学性质的方法,都可以划归仪器分析的范畴,这在客观上导致仪器分析方法众多,且各种方法具有比较独立的原理而自成体系。因此,熟悉仪器分析的分类方法与发展进程对于学习仪器分析是十分必要的。

1.2.1 仪器分析方法的分类

根据分析方法的主要特征和作用,仪器分析可分为以下几大类别。

1. 电化学分析法

电化学分析(也称电分析化学)法是依据物质在溶液中的电化学性质及其变化进行分析的方法。根据所测定的电参数的不同可分为:电位分析、电导分析、库仑分析、极谱分析及伏安分析等。新型电极与微电极、原位及活体分析都是电化学分析十分活跃的研究领域。循环伏安法已成为研究电极反应、吸附过程、电化学与化学偶联反应的重要手段。

2. 光分析法

光分析法是基于光作用于物质后所产生的辐射信号或所引起的变化来进行分析的方法,可分为光谱法和非光谱法两类。

光谱法是基于物质对光的吸收、发射和拉曼散射等作用,通过检测相互作用后光谱的波长和强度变化而建立的光分析方法。光谱法又可分为原子光谱法和分子光谱法两大类,主要包括:原子发射光谱法、原子吸收光谱法、X-射线光谱法、分子荧光和磷光法、化学发光法、紫外-可见光谱法、红外光谱法、拉曼光谱法、核磁共振波谱法等。其中,红外光谱法、拉曼光谱法、核磁共振波谱法常用于化合物的结构分析,其他多用于定量分析。

非光谱法是指通过测量光的反射、折射、干涉、衍射和偏振等变化所建立的分析方法,包括:折射法、干涉法、旋光法、X-射线衍射法等。

新型高强度、短脉冲、可调谐光源的研制及复杂光谱解析,多物质同时测定等都是光分析法的前沿领域。

3. 色谱分析法

色谱分析法是依据不同物质在固定相和流动相中分配系数的差异实现混合物分离的分析方法,特别适合于复杂有机混合物的快速高效分析。色谱分析包括气相色谱、液相色谱、离子色谱、超临界流体色谱、薄层色谱等。考虑到毛细管电泳等的混合物分离特性,故将其划分在这一类别中。

生物大分子与手性化合物的分析是色谱分析法研究的活跃领域。色谱与其他分析仪器联用技术的发展也十分迅速。

4. 其他分析法

质谱法是试样在离子源中被电离和裂分成各种大小的带电荷的离子束后,经质量分离器按质荷比 m/z 的大小分离记录获得质谱图,进而获得化合物结构信息的分析方法。质谱分析法与紫外、红外、核磁一起组成了化合物结构分析中最常用的四种光波谱分析方法。

热分析法是依据物质的质量、体积、热导率或反应热与温度之间的变化关系而建立起来的分析方法,常见的有热重分析法、差热分析法、流动注射分析法等。

1.2.2 仪器分析的发展过程

20 世纪是仪器分析快速发展的主要时期,这得益于两个方面:一是电子工业、计算机、精密机械加工工业及科学中的重大发现为其快速发展奠定了良好的基础;二是社会的需要为其快速发展提供了机遇和动力。无论是大规模化学工业的兴起和化学学科本身的发展,还是 20 世纪 40~50 年代兴起的材料科学、20 世纪 60~70 年代发展起来的环境科学、20 世纪 80 年代以来快速发展的生命科学和纳米材料都对分析化学提出了新的课题和挑战,也极大地促进了仪器分析的发展。

通常将分析化学的发展历程分为三个阶段或三次变革,其中两次涉及了仪器分析。

20 世纪初,溶液中四大反应平衡理论的确定,奠定了分析化学的理论基础,使分析化学由一门操作技术变成一门科学,形成了分析化学的第一次变革。但一直到 20 世纪 40 年代以前,化学分析在分析化学中占据着主导地位,仪器分析方法很少且精度较低。

20 世纪 40 年代以后,由于物理学、电子学的发展,半导体材料工业和原子能工业生产的需要,使仪器分析处于大发展时期。这一时期的一系列重大科学发现,也为仪器分析的建立和发展奠定了理论基础(表 1-1)。1944 年 Rabi 等的获奖工作为核磁共振波谱分析法的创立奠定了基础;1952 年 Martin 等的获奖工作极大地推动了色谱分析法的迅速发展。仪器分析的快速发展引发了分析化学的第二次变革。在这一时期,仪器分析的自动化程度较低,仪器操作多为手工操作,谱图解析多靠经验。

表 1-1　　　　与仪器分析发展相关的诺贝尔奖获奖者与获奖项目

编号	年份	获奖者	获奖项目
1	1901 年	Rontgen,Wilhelm Conrad	首次发现了 X-射线的存在
2	1902 年	Arrhenius,Svante August	对电解理论的贡献
3	1906 年	Thomson,Sir Joseph John	对气体电导率的理论研究及实验工作
4	1914 年	Von Laue,Max	发现晶体 X-射线的衍射
5	1915 年	Bragg,Sir William Henry 和 Bragg,Sir William Lawrence	共同采用 X-射线技术对晶体结构的分析
6	1917 年	Barkla,Charles Glover	发现了各种元素 X-射线辐射的不同
7	1922 年	Aston,Francis William	发明了质谱技术可以用来测定同位素
8	1923 年	Pregl,Fritz	发明了有机物质的微量分析
9	1924 年	Siegbahn,Karl Manne Georg	在 X-射线的仪器方面的发现及研究
10	1930 年	Raman,Sir Chandrasekhara Venkata	发现了拉曼效应
11	1944 年	Rabi,Isidor Isaac	用共振方法记录了原子核的磁性
12	1948 年	Tiselius,Arne Wilhelm Kaurin	采用电泳及吸附分析法发现了血浆蛋白质的性质
13	1952 年	Bloch,Felix 和 Purcell,Edward Mills	发展了核磁共振的精细测量方法
14	1952 年	Martin,Archer John Porter 和 Synge,Richard Laurence Millington	发明了分配色谱法
15	1959 年	Heyrovsky,Jaroslav	发明了极谱法
16	1981 年	Siegbahn,Kai M.	发展了高分辨电子光谱法
17	1981 年	Bloembergen,Nicolaas 和 Schawlow,Arthur L.	发展了激光光谱学
18	1991 年	Ernst,Richard R.	发展了高分辨核磁共振方法

20 世纪 80 年代初,出现了以计算机应用为标志的分析化学的第三次变革,实现了计算机控制下的分析数据采集与处理、信息挖掘及三维图像显示。分析过程转向了连续、快速、实时和智能化,同时以计算机为基础的新仪器不断出现,如傅里叶变换红外光谱仪,色谱-质谱联用仪等,使计算机成为现代分析仪器不可分割的一部分。目前,仪器分析呈现出向高灵敏度、高选择性、自动化、智能化、信息化和微型化方向发展的趋势,建立了原位、活体、实时、在线的动态分析及多元多参数检测的分析方法。表 1-2 和表 1-3 展示了仪器分析的一些未来发展途径,及未来对仪器分析的需求。

表 1-2	仪器分析的一些未来发展途径	
自动化和机器人	真正智能仪器	在线传感器和微型化系统
仪器网络	更复杂的数据压缩	高级遥感

表 1 3	未来对仪器分析的需求
更高的灵敏度或选择性	在更苛刻的原位条件下进行分析的能力
更具创新性的分析方法联用	直接探测分子、过渡态和反应动力学的能量分析
高级三维微量、纳米和亚表面分析	
对测量科学更深入的理解	用专家系统解释原始分析数据

1.3 计算机与分析仪器

由表 1-2 和表 1-3 可见,仪器分析的一些未来发展途径和未来需求中有多项与计算机有关。计算机使分析仪器发生了深刻变革。熟悉计算机控制下的分析仪器及信息处理的相关知识对学习现代仪器分析十分有益。

1.3.1 计算机对仪器分析发展的促进作用

计算机对仪器分析发展的促进作用主要表现在以下几个方面:

1. 促进仪器分析自动化

计算机作为分析仪器的一个组成部分,实现了分析仪器的控制、数据采集、处理和显示的自动化,并可根据预先设定来自动调节参数,在无人工干预下完成分析的全过程。计算机也促使许多传统分析仪器组件消失,如记录仪、示波器、积分仪等,使仪器更加灵巧、精密。计算机也使以往很难取代的传统手工操作实现了自动化,如色谱自动进样装置,可使几十个试样按各自的分析条件自动完成全部分析过程。目前,各种分析仪器普遍建立了多功能的计算机工作站,如色谱工作站、电化学工作站等,如图 1-1 所示为计算机控制的液相色谱仪示意图。

2. 促进新分析仪器出现

多种现代分析仪器是建立在计算机基础之上的,如傅里叶变换红外光谱仪、二维核磁共振波谱仪、三维成像、各种联用仪器、微流通芯片等。

3. 提高仪器性能

通过计算机来处理数据并采用信息挖掘技术,不但可提高仪器性能,也提供了更多的信息,如色谱和光谱中重叠峰的处理、数据结果的三维图形显示等。傅里叶变换红外光谱仪不使用传统分光装置即能获得化合物的常规红外光谱图,不但使仪器简化灵巧,而且可提高分辨率和扫描速度,从而促进了红外与液相色谱联用仪器的实现。

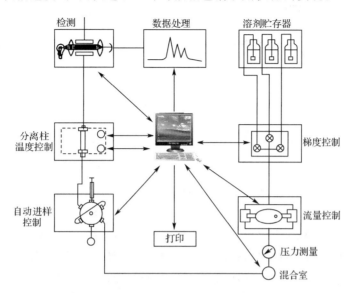

图 1-1 计算机控制的液相色谱仪示意图

4. 实现分析仪器的智能化、网络化、人性化

计算机的人性化图形界面使仪器操作更加简便直观。网络化实现了仪器故障的远程诊断,数据远程处理与信息反馈,优化分析条件的提供,真正实现资源的网络共享。未来的网络分析实验室将在更大程度上改变仪器分析的现状。

1.3.2 分析仪器中的计算机应用技术

分析仪器中的计算机应用技术主要包括:数据采集、自动控制、数据处理和专家系统与人工智能等,而首先需要解决的则是分析仪器与计算机之间数字信号与模拟信号的转换问题(图 1-2),以及所采集数据是否真实反映实际情况。

1. 计算机控制下的数据采集

计算机中所运行的是数字符号,而在分析仪器中则为模拟信号(电压、电流等),因此,为了将分析仪器中的各种模拟信号输入到计算机中进行数字化处理,首先必须将模拟量转变为数字量。这种转变是通过模-数转换器(Analog-Digital Converter,ADC)来实现的。

模-数转换器的作用是将连续的模拟量按一定的间隔取值,并转变为非连续的计算机可识别的二进制数组。其基本原理如图 1-3 所示。ADC 可分为积分式、跟踪式、多比较器式和逐次逼近式等类型。其中,逐次逼近式具有高速和高分辨率的特点,应用较多。

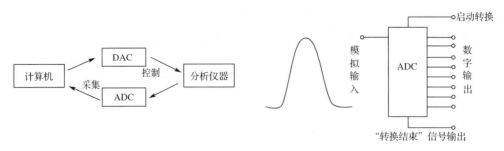

图 1-2　计算机与分析仪器间的信号转换　　　　　图 1-3　ADC 原理图

逐次逼近式的基本原理如图 1-4 所示。设定一个二进制数据，输入 ADC，产生一个对应的反馈电压 V_b，并与输入电压 V_i 比较。当两者的差值较大时，可重新设定数据并再次产生对应的反馈电压；当差值满足要求时，则输出一个对应的二进制数据。这个过程类似于用天平称量物体时的加砝码过程。由此可见，这种转化过程是需要一定时间的。因此，连续模拟信号的转换需要设计一个采样保持电路，使输入量保持一定时间来满足转化的要求；同时，计算机处理的任何变量都只能是分立取值。如果要无限精确描述一个连续量，则采样间隔为零。但受采样速度、存储空间限制，实际上不可能也不必要。因此，如何确定采样频率，保证信号不失真是必须考虑的问题。如图 1-5 所示，两种采样频率将出现两种结果。按 Nyquist 采样规则，应以最高频率的 2 倍采样。

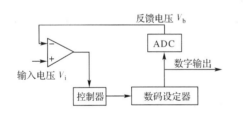

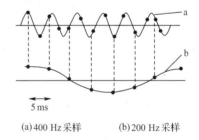

(a)400 Hz 采样　　　　(b)200 Hz 采样

图 1-4　逐次逼近式 ADC 原理图　　　　　　图 1-5　采样频率的影响

2. 计算机自动控制

当需要由计算机发出指令对仪器进行控制时，则需要通过使用数-模转换器(Digital-Analog Converter，DAC)来实现，即将由计算机发出的数字信号转变成仪器的模拟量。DAC 可以分为两种：一种为简单的开关控制，通过将数字量的"0"和"1"与仪器中的"开"和"关"对应起来，从而对仪器的各种动作实现开关控制；另一种则是 ADC 的逆过程，其基本原理是在一个二进制数字的每一位上，对应产生一个与它的数字及权重成正比的电流，并将每一个逻辑为 1 的数位的电流相加，成为相应的电流模拟量(或电压模拟量)。这种转变可完成对分析仪器中相应的电压扫描、梯度变化等过程的控制。如图 1-6 和图 1-7 所示。

3. 计算机数据处理

DAC 和 ADC 涉及的都是硬件问题，而计算机数据处理涉及的则是软件问题。分析

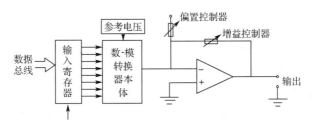

图 1-6 DAC 原理图

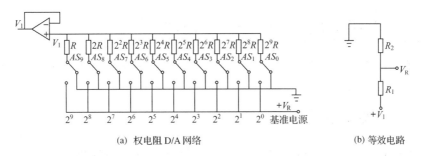

(a) 权电阻 D/A 网络

(b) 等效电路

图 1-7 权电阻 D/A 网络与等效电路

仪器中的计算机数据处理包括两个方面:一是将数据采集之后,首先需要对数据进行整理以消除随机误差及提高信号的信/噪比,并将采样结果按实际形式显示在计算机屏幕上,如色谱流出曲线、红外光谱图等;二是按设定的规则,通过设计程序进行计算,给出各种计算结果,如由色谱图数据计算组分的峰面积、含量等。数据处理中经常使用平均、曲线拟合、插值、平滑、求导及多元分析等数值方法,并采用数据挖掘技术,获取更多的有用信息。相关内容在有关化学计量学和化学信息学教材中均有讲授。

4. 专家系统与人工智能

随着计算机技术的发展,计算机在仪器分析中的作用更加深化。对于复杂的体系,要获得真实的结果需要考虑各种影响因素,进行复杂的计算,甚至依赖于多年专业经验的积累。因此,出现了各种仪器分析专家系统及人工智能技术。

专家系统是将专家在解决某类问题的判断过程转变成智能程序系统,它内部存有大量的信息,通过推理和查证程序为使用者提供一个解决问题的合适方案。在分析仪器方面比较成功的例子有液相色谱专家系统,包括有柱系统推荐软件包,色谱条件优化及离线色谱数据计算软件包等。基于谱图库的谱图辅助解析系统有 Munk 红外光谱解释程序、Sasaki 的 Chemics-F 程序等。

人工智能是指计算机通过模拟人类的智慧行为来解决实际问题的能力。一般层次的人工智能可以理解为知识库＋逻辑推理方法,而高层次上的人工智能则具有自学习、自积累能力。在化学中,人工智能的核心问题包括:化学知识的模型化和表示方法;知识库的建立与搜索方法;推理、演绎、判断与求解方法;程序设计和技术等。知识库是解决问题的规则(具有因果关系的数据)的分类集合,为推理服务。推理模式和知识表示方式决定了知识库的数据结构。知识表示方式用于知识的计算机识别,有逻辑表示模式、过程表示模式、语义网络模式、框架表示模式、产生式表示模式等。大量的知识描述(事实或规则)即构成知识库。

5. 网络技术

网络技术的快速发展也不可避免地影响到分析仪器。目前的应用主要表现在仪器故障的网络远程诊断、性能测试与评价、谱图查询解析及资源共享。未来的网络分析实验室将会改变目前的分析过程与方式。

6. 虚拟现实技术

虚拟仪器与虚拟实验室已成为一个重要的研究领域。通过虚拟现实技术展现大型精密贵重分析仪器,直观形象,可展现微观及特殊过程,对于仪器设计、培训及教学有着重要价值。

1.4 分析仪器的信息评价与处理

分析仪器是分析化学家为获取化学信息所使用的工具,因此,可以由信息理论来评价分析仪器的性能。

1.4.1 信息和熵

设一事件有几种可能性,各自的概率为 p_i,Shannon 定义信息熵为

$$H(p_1,p_2,\cdots,p_n)=-\sum_{i=1}^{n}p_i\lg p_i \tag{1-1}$$

在信息理论中,习惯取"2"作为对数的底,此时单位为 bit。对于具有两种可能性的等概率事件,即

$$p_1=p_2=\frac{1}{2}$$

则

$$H\left(\frac{1}{2},\frac{1}{2}\right)=1 \text{ bit}$$

同理,对于具有四种可能性的等概率事件,

$$H\left(\frac{1}{4},\frac{1}{4},\frac{1}{4},\frac{1}{4}\right)=2 \text{ bit}$$

熵是事件不确定程度的度量,不确定程度越大,熵越大。对于一个概率密度为 $p(x)$ 的连续型分布,熵的定义为

$$H[p(x)]=\int_{-\infty}^{\infty}p(x)\lg p(x)\mathrm{d}x \tag{1-2}$$

信息的概念是与事件发生的概率相联系的。直观地说,当一件事情很可能发生(概率很大),结果它确实发生了是并不会引起轰动的,但当一件不大可能发生(或一般预料不到)的事发生了,则往往可能引起很大的轰动,这说明出现小概率事件所包含的信息量大,因此,可定义信息量 I 为

$$I=-\lg p_i \tag{1-3}$$

如果事件发生后的概率不等于1,即它是不确定的,则信息量可表示为

$$I=\lg(q_i/p_i) \tag{1-4}$$

式中,q_i 是事件发生后的概率。

如果通过某些方法获取信息使原来事件的不确定程度减小,所得到的信息的数量就是信息量,故信息量就是熵减少的量,即

$$I = H_0 - H \tag{1-5}$$

式中，H_0 和 H 分别表示获取信息前、后事件的不确定程度。在分析化学中则是实验前、后的熵。若实验后的结果完全确定，即实验后的熵等于零，则

$$I = H_0 = H_{max} \tag{1-6}$$

即经过这样一个实验后，得到了最大信息量。

1.4.2　分析化学实验中的信息量

分析化学实验是一个获取试样化学信息、降低体系不确定度的过程。对实验中获取的信息量进行评价和计算，可以为衡量实验方法的优劣和分析仪器的效率提供量化标准，并明确增大信息量的途径。

定性分析化学实验中，通常要判断某一组分是否存在。如果实验前无任何信息，某组分存在的概率为 1/2，则 $H_0 = 1$ bit。实验后是否存在得到确定，则 $H = 0$。故信息量

$$I = H_0 - H = 1 \text{ bit}$$

在定量分析化学实验中，如果实验前知道某一组分的大致范围，即 $p(x)$ 均匀地分布在 (x_1, x_2) 内，则

$$H_0 = -\int_{x_1}^{x_2} \frac{1}{x_2 - x_1} \ln\left(\frac{1}{x_2 - x_1}\right) dx = \ln(x_2 - x_1) \tag{1-7}$$

由于分析过程中存在偶然误差，实验结果一般呈正态分布。设其标准偏差为 σ，则

$$H = -\int_{-\infty}^{\infty} \frac{1}{\sigma\sqrt{2\pi}} \exp\left(-\frac{x^2}{2\sigma^2}\right) \ln\left\{\frac{1}{\sigma\sqrt{2\pi}} \exp\left(-\frac{x^2}{2\sigma^2}\right)\right\} dx = \ln(\sigma\sqrt{2\pi e}) \tag{1-8}$$

于是信息量为

$$I = H_0 - H = \ln\frac{x_2 - x_1}{\sigma\sqrt{2\pi e}} \tag{1-9}$$

σ 越小，信息量越大。因此分析化学实验中可通过减少干扰和噪声、提高仪器灵敏度及增加测定次数等途径来增大信息量。

1.4.3　分析仪器的最大信息量

分析仪器的最大信息量是其提供信息的能力的度量。分析仪器通常有一测定下限 c_{min}，当待测组分浓度低于此值时，则不能用该仪器进行测定。该仪器实验前的熵为

$$H_0 = \lg\frac{c_{min}}{\Delta c} \tag{1-10}$$

式中，Δc 为仪器能分辨的最小浓度差。由式(1-6)可知，式(1-10)计算出的 H_0 就是仪器的最大信息量。由式(1-9)，仪器的实际信息量应为

$$I = H_0 - H = \ln\frac{c_{min}}{\sigma\sqrt{2\pi e}} < I_{max} \tag{1-11}$$

对于多通道的仪器，可以由 n 个通道同时测定 n 种组分，其总的信息量是各通道的信息量之和：

$$I = \sum_{i=1}^{n} I_i = \sum_{i=1}^{n} \ln\frac{c_{imin}}{\sigma_i\sqrt{2\pi e}} = \ln\frac{c_{1min} \cdot c_{2min} \cdot c_{3min} \cdot \cdots \cdot c_{nmin}}{\sigma_1 \cdot \sigma_2 \cdot \sigma_3 \cdot \cdots \cdot \sigma_n \cdot (2\pi e)^{n/2}} \tag{1-12}$$

理想的分析仪器应该在最短的时间内获得最大的信息量。

1.4.4　仪器的效率和剩余度

仪器的效率可用剩余度来衡量。剩余度 R 的定义式为

$$R = H_{max} - H \tag{1-13}$$

剩余度是熵偏离其最大值的度量。熵的一个重要性质是当所有的可能性都是等概率时，熵有最大值。

在定量分析中，如果试样中待测组分的含量是完全未知的，则其可能的含量为 $0 \sim 100\%$，故

$$H_{max} = \lg \frac{100}{\Delta c} \tag{1-14}$$

分析时，一般样品的含量范围已知，设其范围为 $x_1 \sim x_2$。则

$$H = \lg \frac{x_2 - x_1}{\Delta c} \tag{1-15}$$

故

$$R = \lg \frac{100}{x_2 - x_1} \tag{1-16}$$

在分析仪器中，剩余度常被定义为

$$R = I_{max} - I \tag{1-17}$$

即分析过程中未被利用的信息量的度量。剩余度越大表示该仪器的效率越低。

1.5　分析仪器的性能指标

分析仪器种类繁多，各自的原理差异较大，很难有完全统一的性能指标体系。本节只是进行一般性描述。

1.5.1　信号与噪声

在仪器分析中，信号定义为分析仪器对物质的响应，理想的情况是仪器仅对待测组分有响应。但由于仪器本身的不足及干扰的存在，分析过程往往会产生信号的波动，即随机噪声。这种随机噪声叠加在响应信号上而增加了信号的不确定性。通常将没有试样时仪器产生的信号称为本底信号。本底信号主要由随机噪声产生。当试样中无待测组分时仪器所产生的信号称为空白信号。空白信号与本底信号不同，前者是由于试样中除待测组分外的其他组分的干扰所引起的。定量分析前一般需要对试样进行预处理，使空白信号接近本底信号。由统计学可知，由于随机噪声呈正态分布，实验中可通过增加平行测定次数降低随机噪声。

在仪器的设计时，为提高仪器性能，不但要提高仪器的灵敏度，还要设法降低噪声，即仪器应具有较高的信/噪比(S/N)，因为在仪器灵敏度增加的同时，噪声也随之增加。如在气相色谱中，增大热导检测器的桥电流，可使灵敏度提高，但噪声也同时放大，仪器的稳定性变差。提高分析仪器的信/噪比十分重要，一般可通过三条途径来实现：①改进信号的测量技术；②信号经过适当处理；③实验条件的优化。

通过改进信号的测量技术来提高仪器的信/噪比是在仪器设计时进行的，主要采取信

号的平均及信号滤波和调制的方式实现。由信号处理来改善信/噪比的方法主要有曲线拟合、曲线平滑等数字与计算机技术。

1.5.2　灵敏度与检出限

待测组分能被仪器检出的最低量称为检出限。灵敏度则是指待测组分浓度(或量)改变一个单位时所引起的信号的变化($\partial y / \partial c$,IUPAC 给出的定义)。两者具有不同的含义。仪器分析通常测定的是痕量组分,故要求仪器具有很高的灵敏度。但单纯灵敏度高并不能保证有低的检出限。这是因为高灵敏度仅使仪器能够分辨待测组分浓度的很小变化,但噪声的存在,可能使小信号淹没在噪声之中。待测组分能被检出的最小信号要大于噪声信号。1969 年国际光谱会议规定以 $y_B + 2\sigma_B$(y_B 为空白信号的数学期望值,σ_B 为标准偏差)作为原子吸收光谱分析的标准,而 1975 年 IUPAC 则建议以 $y_B + 3\sigma_B$ 作为标准。目前尚未制定出各种分析仪器检出限的统一标准。产生不同标准的原因是对发生误判的概率大小存在争论。为了区分组分信号和空白信号以判断试样中待测组分是否存在,检出限应大于空白信号是肯定的,但是不能以大于空白信号的数学期望值作为检出限,因为这样误判概率将会提高。发生误判的错误有两种,一是组分存在而被判不存在(即统计学中的第一类错误);二是组分不存在而被判存在(即统计学中的第二类错误)。由于空白信号呈正态分布,故误判是不可避免的,但设定合适的检出限,则可以使误判的概率降低到可以接受的程度。若以 $y_B + 3\sigma_B$ 作为标准,组分存在而被误判不存在的概率为 0.001 3($y_B + 3\sigma_B$ 覆盖了正态分布曲线面积的 99.74%);而以 $y_B + 2\sigma_B$ 作为标准时,误判概率为 0.023,似乎以 $y_B + 3\sigma_B$ 作为标准较为合理。但这仅是发生第一类错误概率的比较。以 $y_B + 3\sigma_B$ 作为标准发生第二类错误的概率较大。因为如果有一样品中待测组分含量恰好等于检出限,即它能产生平均强度为 $y_B + 3\sigma_B$ 的信号,由于分析信号也是呈正态分布的,故一次测量所得的值小于 $y_B + 3\sigma_B$ 的概率可达 50%,这时由于测得值小于检出限,将被误判为待测组分不存在。同时考虑发生这两种错误的概率,定义了一个保证检出限:$y_B + 6\sigma_B$。

1.5.3　分辨率

分辨率是衡量仪器分辨干扰信号与组分信号或难分离两组分信号的能力指标。不同类型仪器分辨率的定义不同。

光谱类分析仪器的分辨率是指分辨波长相邻的两条谱线的能力,定义为

$$R = \lambda / \Delta\lambda \tag{1-18}$$

式中,λ 为刚能分辨的两谱线的平均波长,$\Delta\lambda$ 为两波长差。

质谱法中把区分两个可分辨质量的能力定义为分辨率,即

$$R = m / \Delta m \tag{1-19}$$

色谱法是一种高效分离技术,色谱法中将相邻两组分色谱峰保留时间的差与两峰峰底宽之和的一半的比值定义为分离度:

$$R = \frac{t_{R(2)} - t_{R(1)}}{[W_{(2)} + W_{(1)}] / 2} \tag{1-20}$$

习 题

1-1 化学分析与仪器分析之间是一种什么关系?

1-2 仪器分析在 20 世纪中期获得迅速发展的基础是什么?

1-3 分析化学第三次变革的主要特征是什么? 分析化学的主要发展方向是什么?

1-4 计算机促进哪些新分析仪器的产生?

1-5 举例说明与仪器分析关系密切的相关方面。

1-6 实现分析仪器计算机控制与数据采集,从软、硬件两个方面各需要解决什么问题?

1-7 数据采集中的保持电路的作用是什么?

1-8 数据采集频率的不同是否可能偏离实际状况? 采集频率如何设定?

1-9 要确定试样中五个组分是否存在,信息熵是多少?

1-10 概率与信息量存在什么关系? 为什么小概率事件所包含的信息量大?

1-11 某试样中有一组分的含量范围在 0.001~0.01,测定的标准偏差为 0.000 2,仪器的信息量是多少?

1-12 仪器的效率如何来衡量? 有什么作用?

第2章

电化学分析基础

电化学分析是仪器分析的重要组成部分之一,与光分析、色谱分析一起构成了现代仪器分析的三大重要支柱。电化学分析所包含的内容丰富,发展迅速。该领域中各种新方法、新技术不断出现,电化学分析法已经建立起比较完善的理论体系,在现代化学工业、生物与药物分析、环境分析等领域有着广泛的应用,特别是在生命科学领域更是发挥着其他分析方法难以取代的作用。

2.1 电化学分析概述

电化学分析法是应用电化学的基本原理和实验技术,依据物质的电化学性质来测定物质组成及含量的分析方法。电化学分析法直接通过测定溶液中的电流、电位、电导、电量等各种物理量,在溶液中有电流或无电流的情况下,来研究、确定参与化学反应的物质的量。

2.1.1 电化学分析法的特点

电化学分析法通常具有以下特点:

(1)灵敏度和准确度高,选择性好

在某些方法中,被测物质的最低检测量可以达到 10^{-12} mol·L^{-1} 数量级。

(2)电化学仪器装置较为简单,操作方便

可直接获取电信号,易于传递,尤其适合于化工生产中的自动控制和在线分析及生物医学中的活体分析。

(3)应用广泛

传统电化学分析法多应用于无机离子的测定。目前,采用电化学分析法来测定有机化合物、药物和生物活性成分的应用日益广泛。采用微电极进行活体分析也是电化学分析中十分活跃的领域。以电化学分析法为基础的各种检测器在其他分析方法中也被广泛采用。电化学分析法不仅可作为成分分析方法,也可用于化合物的价态和存在形态的分析,用于研究电极反应过程(动力学、催化、吸附、氧化还原)及参数测量。电化学分析法与其他分析方法结合形成了各种新分析技术,如电致发光分析、光谱电化学分析等,均是目前十分活跃的研究领域。

2.1.2 电化学分析法的分类

电化学分析法的种类较多,习惯上按分析过程中所测量的电参数的类型进行分类,如以溶液电导作为被测量参数的电导分析法,通过测量电极电位来确定溶液中被测物质浓度的电位分析法等。IUPAC 也给出了按电极表面和过程特性进行分类的方法。

习惯上,将电化学分析法分成以下几类:

(1)电导分析法 测量参数为溶液的电导;

(2)电位分析法 测量参数为电极电位或体系的电池电动势;

(3)电重量(电解)分析法 测量电解过程中电极上析出的物质量;

(4)库仑分析法 测量电解过程中消耗的电量;

(5)伏安分析法 测量电流与电位变化曲线;

(6)极谱分析法 使用滴汞电极时的伏安分析法。

按 IUPAC 的推荐分类方法,可将电化学分析法分为三类:

(1)不涉及双电层,也不涉及电极反应的电化学分析法,如电导分析法。

(2)虽涉及双电层,但不涉及电极反应的电化学分析法,如表面张力和非法拉第阻抗的测量。

(3)涉及电极反应的电化学分析法,这一类又分为两类:涉及电极反应,但测量体系无电流流过($i=0$),如电位分析法;涉及电极反应,同时测量体系有电流流过($i\neq0$),如电解、库仑、极谱、伏安分析法等。

2.1.3 各种电化学分析法简介

1. 电位分析法

电位分析法是属于涉及电极反应的电化学分析法,测量的是两支电极间的电池电动势,但电极间并没有电流流过,即 $i=0$。电位测量前后,溶液中被测物质的浓度不发生改变。按应用方式不同,电位分析法又可为两类。

直接电位法:即电极电位与溶液中电活性物质的活度有关,通过测量溶液的电动势,根据能斯特方程计算被测物质的含量。

电位滴定:即采用电位测量装置指示滴定分析过程中被测组分的浓度变化,通过记录或绘制滴定曲线来确定滴定终点的分析方法。

研制各种高灵敏度、高选择性电极是电位分析法研究领域中最活跃的研究课题之一。

2. 电解与库仑分析法

电解与库仑分析法中,在电极上发生了电极反应,测量结果与测量过程中体系通过的电流有关,而且测量前后溶液中被测物质的浓度发生改变。电解与库仑分析法包括以下分析方法。

电解分析法:在恒电流或控制电位条件下,使被测物质在电极上析出,实现定量分离测定的目的。电解分析法更重要的是一种分离方法。

库仑分析法:由电解过程中电极上通过的电量,确定电极上析出物质的质量的分析方法。

电流滴定或库仑滴定：利用恒电流下电解产生的特定电极产物作为滴定剂与被测物作用，根据所消耗的电量计算出被测组分的含量。

3. 电导分析法

电导是溶液中各种电解质的总体特性。根据电导与电解质浓度之间的定量关系进行分析的方法称为直接电导分析法。利用不同离子对总电导的不同贡献，通过测量滴定过程中溶液电导的变化所建立的分析方法称为电导滴定。电导容易测量且灵敏度高，故电导分析法常用于超纯水质测定、稀溶液中混合酸（或碱）的分析及酸雨监测。

4. 伏安分析法与极谱分析法

伏安分析法是在特殊条件下，通过测定体系电流-电压变化曲线（伏安曲线）来分析溶液中电活性组分的组成和含量的一类分析方法的总称。极谱分析法是使用滴汞电极的一种特殊的伏安分析法，在此基础上发展起来了一系列现代伏安分析法，如交流示波极谱、方波极谱、脉冲极谱、导数与微分极谱、阳极溶出伏安、循环伏安分析等。伏安分析法具有很高的灵敏度，不仅用于微量组分分析，也多用于化学反应机理、电极反应过程动力学等基础理论的研究。

2.1.4　电化学分析的主要应用领域

电化学分析的主要应用领域包括以下几个方面：

(1)化学平衡常数测定；

(2)化学反应机理研究；

(3)化学工业生产流程中的监测与自动控制；

(4)环境监测与环境信息实时发布；

(5)生物、药物分析；

(6)活体分析和监测（超微电极直接刺入生物体内）。

2.2　化学电池与电极电位

2.2.1　化学电池

电化学分析法中采用两支电极和电解质溶液组成的测量装置，即能将化学能与电能进行相互转化的装置，也就是化学电池。电极是提供电子转移或发生电极反应的场所，将电极插入到对应的电解质溶液中才能发生作用。

电化学分析法中涉及两类化学电池，即原电池和电解池。原电池能自发地将化学能转变成电能，是能够向外部提供能量的装置；而电解池则由外电源提供电能，使电流通过电极并发生电极反应，是将电能转变成化学能的装置。化学电池工作时，电流在电池内部和外部流过，构成回路。溶液中的电流是依靠溶液中正、负离子的移动而形成的。无论是原电池还是电解池，发生氧化反应的电极称为阳极，发生还原反应,的电极称为阴极；电极电位高的为正极，电极电位低的为负极。

典型的原电池如图 2-1 所示,即将银片插入硝酸银溶液中,铜片插入硫酸铜溶液中,两溶液通过盐桥连接。接通两电极后,在银电极上发生还原反应:

$$Ag^+ + e^- \longrightarrow Ag$$

而在铜电极上发生氧化反应:

$$Cu - 2e^- \longrightarrow Cu^{2+}$$

电池反应为

$$2Ag^+ + Cu \longrightarrow 2Ag + Cu^{2+}$$

该原电池可表示为

$$(-)Cu \mid CuSO_4(a_1) \parallel AgNO_3(a_2) \mid Ag(+)$$

其中,a_1、a_2 分别表示 $CuSO_4$ 和 $AgNO_3$ 溶液的活度,单竖线"$\mid$"表示金属和溶液间的相界面,双竖线"$\parallel$"表示盐桥。按规定将电池的负极写在左边。

在电池反应中,铜电极失去电子生成 Cu^{2+} 而进入溶液,失去的电子经外电路被银电极吸收。铜电极上发生了氧化反应,为阳极;而其电极电位低,为负极。银电极上发生了还原反应,为阴极;其电极电位高,又为正极。由外电路获得电子使溶液中的 Ag^+ 在银电极上发生还原反应而析出银。外电路中,电流的方向与电子流动方向相反,由正极流向负极,即由银电极流向铜电极。

电解池中反应的发生是一种非自发过程,需要外部供给能量。如将两支 Pt 电极插入到含有 $0.100\ mol \cdot L^{-1} CuSO_4$ 的酸性溶液($0.100\ mol \cdot L^{-1} H_2SO_4$)中,并分别与电源的正、负极连接,如图 2-2 所示。理论上,当外加电压达到 0.881 V 时,在电解池中发生如下反应:

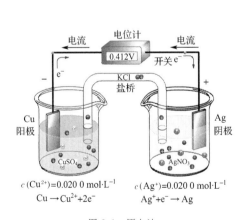

图 2-1 原电池

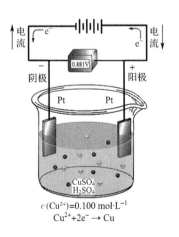

图 2-2 电解池

Pt　阳极(+)　　$H_2O \longrightarrow \dfrac{1}{2}O_2 + 2H^+ + 2e^-$

Pt　阴极(-)　　$Cu^{2+} + 2e^- \longrightarrow Cu$

在阳极上发生氧化反应,有氧气产生;而在阴极上发生还原反应,有铜析出。在电解池中,阳极为正极,阴极为负极,这一点与原电池相反。在实际电解过程中,由于超电位的存在,物质在阴极的析出电位要大于理论值。

2.2.2　电极电位

1. 电极电位与能斯特方程

当金属插入到相应的金属盐溶液中时,在电极上形成电位,即电极电位。电极电位的大小可由能斯特(Nernst)方程来进行计算。能斯特方程表示了电极电位与电极表面溶液中对应离子活度之间的定量关系。以锌电极为例,当锌片与硫酸锌溶液接触时,金属锌中 Zn^{2+} 的化学势大于溶液中 Zn^{2+} 的化学势,则锌不断溶解到溶液中,而电子留在锌片上,结果锌片带负电,溶液带正电,构成了双电层。双电层的形成导致两相间电位差的存在。电位差排斥 Zn^{2+} 继续进入溶液,而金属表面的负电荷又吸引 Zn^{2+},达到动态平衡,形成相间动态平衡电位。

对于任意给定的电极,电极反应为

$$Ox + ne^- \longrightarrow Red$$

由能斯特方程,电极电位为

$$\varphi = \varphi^\ominus + \frac{RT}{nF}\ln\frac{a(Ox)}{a(Red)} \tag{2-1}$$

式中,$\varphi^\ominus$ 为标准电极电位,R 为摩尔气体常数($8.3145\ J\cdot mol^{-1}\cdot K^{-1}$),$T$ 为热力学温度,F 为法拉第常数($96485\ C\cdot mol^{-1}$),n 为电极反应中转移的电子数,$a(Ox)$ 和 $a(Red)$ 分别为氧化态和还原态的活度。

在 25 ℃时,将常数项代入并换算成以 10 为底的对数,则上式为

$$\varphi = \varphi^\ominus + \frac{0.0592}{n}\lg\frac{a(Ox)}{a(Red)} \tag{2-2}$$

2. 活度与活度系数

在能斯特方程中,给出的是电极电位与活度之间的关系,而在一般分析中,测定的是物质的量浓度,活度与物质的量的浓度之间的关系为

$$a_i = \gamma_i c_i \tag{2-3}$$

式中,γ_i 为活度系数。

单个离子的活度和活度系数没有严格的方法测定,由实验求得的为溶液中正、负离子的平均活度系数:

$$a_\pm = \gamma_\pm c_\pm \tag{2-4}$$

在稀溶液中,离子平均活度系数主要受离子的浓度和价态的影响。离子平均活度系数与溶液离子强度(I)之间的关系可以用以下经验式计算:

$$\lg\gamma_\pm = -0.512 n_i^2 \sqrt{I} \tag{2-5}$$

$$I = \frac{1}{2}\sum c_i n_i^2 \tag{2-6}$$

式中,n 为离子的电荷。I 的量纲与 c 的量纲相同。

不同浓度下,强电解质的活度系数可以在有关手册中查到。当浓度小于 10^{-4} mol·L^{-1} 时,活度系数接近1,可用浓度代替活度。当浓度小于 0.05 mol·L^{-1} 时,可用式(2-5)计算离子平均活度系数。当浓度在 0.05~1.00 mol·L^{-1} 时,可用下式计算:

$$\lg\gamma_\pm = -0.512n_i^2\left[\frac{\sqrt{I}}{1+B\mathring{a}\sqrt{I}}\right] \tag{2-7}$$

式中,$B=0.328(25\ ℃)$;$\mathring{a}$ 是离子大小的参数,单位为 10^{-10} m,可从有关手册中查到。

以固态和液态存在的纯物质,其活度为1。

3. 电位的测量、标准电极电位与条件电极电位

必须有两支电极才能组成电池,故单个电极的绝对电极电位是无法测定的。测量一支电极的电极电位时,必须将其与另一支作为标准的电极构成原电池,利用对峙法在电流等于零的条件下测量该电池的电动势,即可获得该电极的相对电极电位。

IUPAC 规定标准电极为标准氢电极,结构如图 2-3 所示。标准氢电极中氢离子的活度为 1.00 mol·L^{-1},H_2 的压力为 101.325 kPa,作为氢电极的 Pt 片镀有铂黑。在任何温度下,标准氢电极的电极电位等于零。

$$H^+ + e^- \longrightarrow \frac{1}{2}H_2 \qquad \varphi^\ominus = 0$$

对于任意给定的电极,测定其电极电位时,以标准氢电极作为负极,待测电极作为正极,组成的原电池为

标准氢电极 ‖ 待测电极

所测定的电池电动势即为待测电极的电极电位。测定时,如果待测电极的电极电位比氢电极的高,则待测电极的电极电位为正值,反之为负值。

在 298.15 K,以水为溶剂,氧化态和还原态的活度等于1时,测定的某电极的电极电位称为该电极的标准电极电位。各种电极的标准电极电位可查表得到。

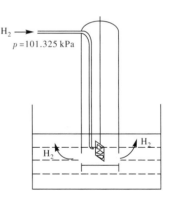

图 2-3 标准氢电极

在实际工作中,电极电位受溶液的离子强度、酸效应、配位效应等因素的影响,往往会引起氧化态和还原态物质发生副反应,使游离态离子浓度小于总浓度(即分析浓度),有时影响比较大,计算时需要引入副反应系数 α:

$$\alpha = \frac{c}{c'}$$

式中,c 为总浓度,c' 为游离态离子浓度。

考虑上述影响之后的能斯特方程为(25 ℃)

$$\varphi = \varphi^{\ominus} + \frac{0.059\,2}{n} \lg \frac{\gamma(\text{Ox})\alpha(\text{Red})c(\text{Ox})}{\gamma(\text{Red})\alpha(\text{Ox})c(\text{Red})}$$

$$= \varphi^{\ominus} + \frac{0.059\,2}{n} \lg \frac{\gamma(\text{Ox})\alpha(\text{Red})}{\gamma(\text{Red})\alpha(\text{Ox})} + \frac{0.059\,2}{n} \lg \frac{c(\text{Ox})}{c(\text{Red})} \tag{2-8}$$

令

$$\varphi^{\ominus'} = \varphi^{\ominus} + \frac{0.059\,2}{n} \lg \frac{\gamma(\text{Ox})\alpha(\text{Red})}{\gamma(\text{Red})\alpha(\text{Ox})} \tag{2-9}$$

则式(2-8)可写成

$$\varphi = \varphi^{\ominus'} + \frac{0.059\,2}{n} \lg \frac{c(\text{Ox})}{c(\text{Red})} \tag{2-10}$$

当 $c(\text{Ox}) = c(\text{Red})$ 时,

$$\varphi = \varphi^{\ominus'}$$

$\varphi^{\ominus'}$ 称为条件电极电位,是考虑了溶液的离子强度、配位效应、沉淀、水解、pH 等的影响后的实际电极电位。条件电极电位需由实验测定,各电对的条件电极电位可查表得到。

2.2.3　液体接界电位与盐桥

在原电池装置中,为避免两支电极产物的相互影响,有时需要将两种溶液分开放置,但为保持形成回路并减小液接电位而使用了盐桥。在两种不同离子的溶液或两种不同浓度的溶液的接触界面上存在着微小电位差,称为液体接界电位,简称液接电位。产生液体接界电位是由于溶液中各种离子具有不同的迁移速率。

当两种不同的溶液接触时,在其相界面上将发生离子的迁移。图 2-4 给出了三种典型情况下液接电位的产生示意图。在图 2-4(a)中,界面两边的组成相同,浓度不同。由于高浓度溶液中的氢离子的迁移速率比高氯酸根离子的快,迁移到右边的 H^+ 多,导致左边出现多余的负电荷,右边出现多余的正电荷,平衡后形成电位差,即液接电位。在图 2-4(b)中,两种电解质的浓度相同,而且具有相同的阴离子。由于 H^+ 的扩散速率比 Na^+ 的大,也引起电荷积累,形成电位差。图 2-4(c)中则是两种溶液中阴、阳离子均不相同而产生电位差。液接电位无法准确测定,对电极电位的测量造成不利影响,故在实际工作中必须设法消除。图 2-5 为采用盐桥消除液接电位的原理图。盐桥是在 U 形玻璃管中填充由饱和 KCl 溶液加入 3‰琼脂所形成的凝胶,使用时两端分别插在两种溶液中,由于管中的饱和 KCl 溶液的浓度较高($4.2\ \text{mol} \cdot \text{L}^{-1}$),而且 K^+ 和 Cl^- 的迁移数很接近,当盐桥与浓度不高的电解质溶液接触时,主要是盐桥中的 K^+ 和 Cl^- 扩散到溶液中,两者的扩散速率很接近,故盐桥与溶液之间产生的液接电位很小且恒定,一般为 $1 \sim 2\ \text{mV}$。

由于实际过程的复杂性,虽然使用了盐桥,也无法完全消除液接电位,而只是使其稳定在一个较小的值上。在所测定的电池电动势 E 中应包含液接电位,即

$$E = \varphi_{\text{正}} - \varphi_{\text{负}} + \varphi_{\text{液接}}$$

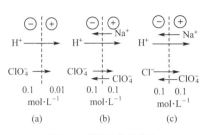 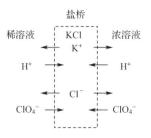

图 2-4　液接电位的产生　　　　图 2-5　盐桥的作用原理

2.3　电极与电极类别

在电化学分析中,电极是将溶液的浓度信息转变成电信号的一种传感器或者是提供电子交换的场所。电极的种类较多,除前面介绍的正极、负极或阳极、阴极外,按电极在测量过程中的作用分为参比电极和指示电极,按工作性质又分为工作电极和辅助电极,按电极特性分为惰性电极、金属电极、膜电极(离子选择性电极)、微电极、化学修饰电极等。

2.3.1　参比电极与指示电极

在电位分析中,需要一支电极的电极电位不随测量对象的不同和活度的变化而发生改变,即保持恒定,这种电极称为参比电极;而另一支电极的电极电位则随被测溶液中待测离子活度的变化而改变,即能够指示溶液中待测离子活度的变化,这种电极称为指示电极。由参比电极和指示电极组成的测量系统所测得的电动势可计算出待测离子的活度或浓度。参比电极和指示电极主要用于测定过程中溶液本底浓度不发生变化的体系,如电位分析。

1. 参比电极

参比电极应具有可逆性、重现性和稳定性好等条件,通常有以下三种:

(1)标准氢电极

标准氢电极(Standard Hydrogen Electrode,SHE)是测定所有电极的电极电位的基准(一级标准),也是理想的参比电极。标准氢电极的结构如图 2-3 所示。规定在任何温度下,标准氢电极的电极电位为零。其电极反应为

$$H^+(aq, a=1.0\ mol\cdot L^{-1})+e^- \longrightarrow \frac{1}{2}H_2(101.325\ kPa)$$

半电池符号为　　　　　$Pt, H_2(p) | H^+(aq, a=1.0\ mol\cdot L^{-1})$

氢电极的电极电位为

$$\varphi(H^+|H_2)=\varphi^\ominus(H^+|H_2)+\frac{RT}{F}\ln\left[\frac{a(H^+)}{\sqrt{p}}\right] \tag{2-11}$$

在实际工作中,由于氢电极使用不便,较少使用。

(2)甘汞电极

甘汞电极是目前应用最广的参比电极(二级标准)。甘汞电极的结构如图 2-6(a)所示。在玻璃管中将铂丝浸入汞-氯化亚汞的糊状物中,并以氯化钾溶液做内充液即成甘汞

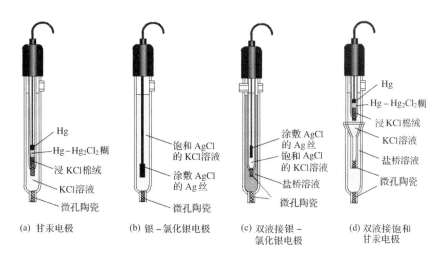

图 2-6　参比电极结构

电极。甘汞电极的电极电位取决于电极反应：

$$Hg_2Cl_2(s) + 2e^- \longrightarrow 2Hg(l) + 2Cl^-$$

半电池符号为

$$Hg, Hg_2Cl_2(s) \mid KCl$$

电极电位（25 ℃）为

$$E(Hg_2Cl_2 \mid Hg) = E^{\ominus}(Hg_2Cl_2 \mid Hg) + \frac{0.059\ 2}{2} \lg \frac{a(Hg_2Cl_2)}{[a(Hg)]^2 \cdot [a(Cl^-)]^2} \tag{2-12}$$

因为 $Hg_2Cl_2(s)$ 和 $Hg(l)$ 的活度等于 1，则

$$E(Hg_2Cl_2 \mid Hg) = E^{\ominus}(Hg_2Cl_2 \mid Hg) - 0.059\ 2 \lg a(Cl^-) \tag{2-13}$$

即在一定温度下，甘汞电极的电极电位只取决于电极内充液中 Cl^- 的活度，因而当其活度保持恒定时，电极电位恒定，故甘汞电极可以作为参比电极使用。

依据内充液 KCl 溶液浓度的不同，甘汞电极可以有不同的电极电位，但为了使用方便和统一，一般仅使用三种，即：①饱和 KCl 溶液，此时电极称为饱和甘汞电极，用符号 SCE（Saturated Calomel Electrode）表示，由于溶液中晶体 KCl 的存在，可保证溶液浓度恒定，故饱和甘汞电极使用方便，最为常用；②$1.0\ mol \cdot L^{-1}$ KCl 溶液，此时电极称为标准甘汞电极，用符号 NCE（Normal Calomel Electrode）表示；③$0.1\ mol \cdot L^{-1}$ KCl 溶液。在 25 ℃时，它们的电极电位（包括液体接界电位）见表 2-1。

表 2-1　　甘汞电极的电极电位（25 ℃）

甘汞电极	$c(KCl)/(mol \cdot L^{-1})$	E/V
$0.1\ mol \cdot L^{-1}$ 甘汞电极	0.1	$+0.336\ 5$
标准甘汞电极（NCE）	1.0	$+0.282\ 8$
饱和甘汞电极（SCE）	饱和溶液	$+0.243\ 8$

当温度不是 25 ℃时，应对表 2-1 中所列数据进行温度校正，对于 SCE，t（℃）时的电极电位为

$$E_t = 0.243\ 8 - 7.6 \times 10^{-4}(t - 25)\ (V) \tag{2-14}$$

甘汞电极的使用温度不宜高于 75 ℃。

（3）银-氯化银电极

将银丝镀上一层 AgCl 沉淀,浸在一定浓度的 KCl 溶液中即构成了银-氯化银电极,其结构如图 2-6(b)所示。银-氯化银电极的电极电位取决于电极反应:

$$AgCl + e^- \longrightarrow Ag + Cl^-$$

半电池符号为 $\qquad$ Ag, AgCl (s) | KCl

电极电位(25 ℃) 为

$$E\,(AgCl/Ag) = E^{\ominus}\,(AgCl/Ag) - 0.059\ 2\lg a\,(Cl^-) \tag{2-15}$$

即在一定温度下,银-氯化银电极的电极电位只取决于电极内充液中 Cl^- 的活度。使用不同浓度的内充液时的电极电位在表 2-2 中给出。

表 2-2　　　　　　　　银-氯化银电极的电极电位(25 ℃)

Ag-AgCl 电极	$c(KCl)/(mol \cdot L^{-1})$	E/V
$0.1\ mol \cdot L^{-1}$ Ag-AgCl 电极	0.1	+0.288 0
标准 Ag-AgCl 电极	1.0	+0.222 3
饱和 Ag-AgCl 电极	饱和溶液	+0.200 0

当温度不是 25 ℃时,需要对表 2-2 中所列数据进行温度校正。$t(℃)$时标准银-氯化银电极的电极电位为

$$E_t = 0.222\ 3 - 6 \times 10^{-4}(t-25)\ (V) \tag{2-16}$$

银-氯化银电极的温度滞后效应非常小,可在温度高于 80 ℃的体系中使用。银-氯化银电极是重现性最好的参比电极,25 ℃时具有良好的稳定性,但该电极易受能引起银离子浓度变化的其他干扰组分的影响。因此,不能直接(即在没有附加盐桥的情况下)用于含有蛋白质、溴化物、碘化物或二价硫离子等能与银离子形成沉淀的溶液中,也不能在含有 CN^-、SCN^- 等能与 Ag^+ 配位的阴离子存在的情况下使用,更不能在强氧化性、强还原性介质中使用。

（4）双液接参比电极

双液接参比电极常用于电动势的精确测定,可防止样品溶液对参比电极内充液的污染,并可降低液接电位。如图 2-6(c)与图 2-6(d)所示为两种双液接参比电极的结构示意图。

2. 指示电极

指示电极能够对溶液中参与电极半反应的离子的活度作出快速而灵敏的响应。依据能斯特方程,当溶液中相应离子的活度发生变化时,指示电极的电位与离子活度的对数成线性关系。为避免共存离子的干扰,指示电极对测定的离子应具有较大的选择性,即每种电极应仅对特定离子有很高的响应。这也使得指示电极的种类较多。依据指示电极的结构和原理的不同,可将其分为以下几类:

（1）第一类电极——金属-金属离子电极

将某种金属插入到该金属离子的溶液中即构成金属-金属离子电极,可表示为 $M|M^{n+}$。这类电极的结构简单,只具有一个相界面。例如,$Ag-AgNO_3$ 电极(银电极),$Zn-ZnSO_4$ 电极(锌电极)等。电极反应为

$$M^{n+} + ne^- \longrightarrow M$$

25 ℃时,电极电位为

$$\varphi(M^{n+}|M) = \varphi^{\ominus}(M^{n+}|M) + \frac{0.059\,2}{n}\lg a(M^{n+}) \tag{2-17}$$

第一类电极的电极电位仅与溶液中金属离子的活度有关。组成第一类电极的金属有银、铜、锌、汞等。活泼金属极易与水反应,铁、钴、镍、铬等金属表面易生成氧化膜而改变金属表面的结构和性质,故都不能用于第一类电极。

(2)第二类电极——金属-金属难溶盐电极

在金属电极表面覆盖一层该金属的难溶盐,并将该金属电极插入含有该金属难溶盐的阴离子的溶液中即构成金属-金属难溶盐电极。这类电极的结构特点是具有两个相界面,即金属与金属难溶盐、金属难溶盐与溶液之间的两个相界面。这类电极主要用于电位恒定的参比电极,如银-氯化银电极和甘汞电极。

(3)第三类电极——汞电极

这类电极是将金属汞(或汞齐丝)浸入含有少量 Hg^{2+}-EDTA 配合物及被测金属离子的溶液中所构成。

电极反应为 $\qquad HgY^{2-} + M^{n+} + 2e^{-} \longrightarrow Hg + MY^{n-4}$

半电池符号为 $\qquad Hg|HgY^{2-}, MY^{n-4}, M^{n+}$

根据溶液中同时存在的 Hg^{2+} 和 M^{n+} 与 EDTA 间的两个配位平衡,可以导出 25 ℃时的电极电位为

$$\varphi(Hg^{2+}|Hg) = \varphi^{\ominus}(Hg^{2+}|Hg) + \frac{0.059\,2}{2}\lg\frac{K(MY^{n-4})}{K(HgY^{2-})} + \frac{0.059\,2}{2}\lg\frac{c(HgY^{2-})}{c(MY^{n-4})} + \frac{0.059\,2}{2}\lg c(M^{n+}) \tag{2-18}$$

这类电极可以在采用 EDTA 作为标准溶液进行电位滴定测定某些金属离子时的指示电极。

(4)惰性电极

惰性电极也称零类电极,一般是由化学性质稳定的惰性材料,如铂、金、石墨等浸入含有一种元素的两种不同价态离子的溶液中构成。这类电极本身不参与反应,但其晶格间的自由电子可与溶液进行交换,故惰性金属电极可作为溶液中氧化态和还原态获得电子或释放电子的场所。例如,将铂电极插入含有 $Fe^{3+}|Fe^{2+}$ 电对的溶液中,组成的半电池符号为

$$Pt|Fe^{3+}, Fe^{2+}$$

其电极反应为 $\qquad Fe^{3+} + e^{-} \longrightarrow Fe^{2+}$

25 ℃时的电极电位为

$$E(Fe^{3+}|Fe^{2+}) = E^{\ominus}(Fe^{3+}|Fe^{2+}) + 0.059\,2\lg\frac{a(Fe^{3+})}{a(Fe^{2+})} \tag{2-19}$$

(5)膜电极

这类电极是目前应用广泛、发展迅速的一类电极。其特点是仅对溶液中的特定离子有选择性响应,所以又称为离子选择性电极。膜电极的关键部分是一个称为选择膜的敏感元件,安装在玻璃或塑料电极杆的头部,典型膜电极结构如图 2-7 所示。敏感元件可由特殊组成的玻璃、单晶、混晶、液膜、高分子功能膜或生物膜等构成。选择膜的一面与被测

溶液接触,另一面与电极的内充液接触。由于内充液中含有固定浓度的被测离子,膜内外由于被测离子活度的不同而产生电位差。若将膜电极与参比电极一起插入被测溶液中,则电池符号为

$$外参比电极 \parallel \underbrace{被测溶液(a_{i,x} 未知)|内充液(a_i 一定)}_{(敏感膜)}|内参比电极$$

内外参比电极的电极电位固定,且内充液中离子的活度也一定,则电池电动势为

$$E = E' \pm \frac{RT}{nF} \ln a_{i,x}$$

图 2-7 典型膜电极结构

2.3.2 工作电极与辅助电极

在库仑、电重量与伏安分析中,通常也将电极称为工作电极和辅助电极。在这些分析过程中,共同特征是不但发生了电极反应,且待测离子在电极上析出,测量前、后溶液浓度发生了变化。故根据测定过程的特征,将用于测定过程中溶液本底浓度会发生变化的体系中的电极,称为工作电极和辅助电极,而将用于测定过程中溶液本底浓度不会发生变化的体系中的电极,称为指示电极和参比电极。

2.3.3 极化电极与去极化电极

在涉及电极反应,且测量过程中电极上有电流流过的电化学分析中,还将电极区分为极化电极和去极化电极。当插入到试液中的电极的电极电位完全随外加电压改变,或电极电位改变很大而产生的电流变化很小时,这类电极称为极化电极,如库仑分析中的两支铂工作电极及极谱分析中的滴汞电极。反之,电极电位不随外加电压改变,或电极电位改变很小而电流变化很大的,称为去极化电极。根据参比电极的特性来看,其是典型的去极化电极。

2.3.4 微电极与化学修饰电极

在某些特定情况,如生命体内神经传递物质瞬间变化、药物浓度在生命体内的变化与传递等,测量这些变化时,通常需要使用直径仅有几纳米或几微米的微型电极。这类电极通常用铂丝或碳纤维制成,结构示意图如图 2-8 所示。微电极具有电极工作面极小、扩散传质速率快、电流密度大、信噪比高、阻抗小等特性,在有机介质或高阻抗介质中均可使用,特别适合于在生命科学研究过程中使用。

在由铂、玻碳等制成的电极表面通过键合、吸附或高聚物涂层等方法,将具有特殊功能的化学基团

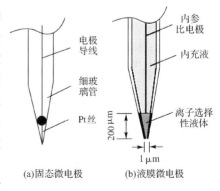

图 2-8 微电极结构示意图

修饰在电极表面,使电极具有某种特定的性质,这类电极称为化学修饰电极(Chemical Modified Electrode,CME)。如将苯胺用电化学聚合的方法修饰在铂或玻碳电极上,制成了聚苯胺化学修饰电极。化学修饰电极有单分子层修饰电极、无机物薄膜修饰电极、聚合物薄膜(多分子层)修饰电极等。化学修饰电极在光电转换、催化反应、不对称有机合成、电化学传感器等方面显示出突出的优点,应用也日益广泛。将微电极制成化学修饰微电极,也必将产生更为显著的作用。

2.4　电极-溶液界面的传质过程与极化

2.4.1　电极-溶液界面的传质过程与类型

在某些电化学分析法中,当电极上外加一定的电压至发生电极反应,且有电流流过时,溶液中电极表面的电活性物质被消耗,电极表面处溶液中的电活性物质的浓度降低,形成浓度梯度,此时,电活性物质从溶液本体不断向电极表面扩散以维持电极反应的持续进行,这种过程称为传质过程。溶液中的传质过程可以分为对流、电迁移和扩散三种,对应产生的电流分别为对流电流、迁移电流和扩散电流。在各种电化学分析法中,有时需要采取措施来加快传质过程,有时却相反,有时又需要强化某种传质过程而抑制其他过程。

1. 对流传质

对流传质是溶质随溶液的流动而移动。在电化学分析中有时需要采用搅拌或旋转电极来促进对流传质,如电重量分析。而在极谱分析中却需要保持溶液静止来消除对流传质对电解电流的贡献。

2. 扩散传质

扩散传质是由于溶液中存在的浓度梯度所引起的,即溶质由高浓度区向低浓度区扩散。溶质通过扩散传质运动到电极表面,并参与电极反应,所产生的电流称为扩散电流。扩散电流是极谱分析的基础,将在第 4 章中详细介绍。

3. 电迁移传质

电迁移传质是电场存在下电解质溶液中发生的必然现象,即正离子在电场力的作用下向负极移动,而负离子向正极移动。电泳就是利用不同离子的电迁移率的差异而实现分离的一种分析方法。在极谱分析中,电迁移传质所形成的迁移电流对利用扩散电流定量产生干扰,需要消除。电场力对溶液中所有离子均产生作用。故在极谱分析中,利用在大量电解质存在下,待测离子所产生的电迁移相对减少,来降低迁移电流对扩散电流的影响。

2.4.2　电极的极化与超电位

将电极上有净电流流过时,电极电位偏离平衡电极电位的现象称为电极极化。由能斯特方程可知,电极的电极电位与电极反应中的氧化态和还原态的活度有关,测定过程中,活度必须保持恒定,即测定的是电极反应平衡时的活度所对应的平衡电极电位。电极表面电活性物质的改变,如电极反应消耗引起的表面活度降低,或在电极表面沉积引起电极性质改变,都可能使电极电位偏离平衡电极电位。电解过程中,物质的理论分解电压小于实际析出电位的主要原因之一是由于电极极化所造成的。因此,当电极上有电极反应发生并有电流流过时,将不可避免地引起电极电位的变化。影响电极极化程度的因素有电解质溶液的组成、搅拌、温度、电流密度、电极反应中的反应物和产物的物理状态及电极的大小、形状、组成和特性等。通常将电极极化分成两类:浓差极化和电化学极化。

1. 浓差极化

当一定的电流流过电极-溶液界面发生电极反应时,在电极表面处的离子浓度迅速降低,如果扩散速率较小,溶液中的离子不能很快扩散到电极表面,将产生一个浓度梯度,即浓差,如图 2-9 所示。由于电极表面处的浓度低,其阴极电位变得比平衡时更负一些,而阳极电位则更正一些,这种由于浓差而引起的电极电位偏离平衡电极电位的现象称为"浓差极化"。要减小浓差极化,可以采用下列几种方法:

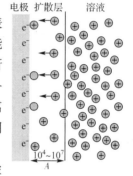

图 2-9　扩散层与浓差极化

(1)减小电流密度或增加电极表面积,使电极表面处的离子浓度不致变化太快。

(2)升高溶液温度,有利于传质过程的进行。

(3)机械搅拌,使整个体系保持浓度均匀,也使电极表面溶液不断更新。

2. 电化学极化

由于电化学反应需要一定的活化能,当外电压施加在电极上时,电极反应来不及交换更多的电量,致使电极上聚积过多的电荷,如果电极表面上自由电子数量增多,相应的电极电位向负方向移动,如果聚积的是正电荷,相应的电极电位则向正方向移动。电极电位偏离平衡电极电位是由于电化学反应本身的迟缓性所引起的,所以这种现象称为电化学极化。

在化学电池中,两支电极的极化程度可能不同。对于一定电流来说,电极电位偏离平衡电极电位很大的电极称为极化电极;偏离很小的电极称为不极化电极或去极化电极。如果要使很大电流通过电极时,仍能保持电极电位处于平衡电极电位,则除非交换电流密度无穷小,这是不现实的。即使如此,由于浓差极化的存在,电极电位也不会永远保持平衡值,所以完全去极化只是一种理想情况。通常所说的去极化电极只是具有电流改变较大时,电极电位偏离很小的性质。如果把容易在电极上发生氧化还原反应的物质加到此种电极体系中,电极上就发生相应的电极反应,此时电极电位取决于电极反应而不依外加电压的大小而改变。如果加入的物质易于在电极上发生还原反应,这种物质叫做阴极去极化剂,易于在电极上发生氧化反应的物质叫做阳极去极化剂。

由于极化现象的存在,实际电极电位与可逆的平衡电极电位之间产生一个差值,这个差值称为超电位(过电位、超电压),一般用 η 表示,并以 η_c 表示阴极超电位,η_a 表示阳极超电位。阴极上的超电位使阴极电位向负方向移动,阳极上的超电位使阳极电位向正方向移动,因此可以利用超电位的大小来衡量电极极化程度。超电位的数值无法从理论上进行计算,但在实验过程中可观察到以下现象:

(1)超电位随电流密度的增大而增大。电极面积越小,极化越严重,超电位也越大。

（2）超电位随温度的升高而降低。例如,温度每增加 10 ℃,氢的超电位降低 20～30 mV。

（3）电极的化学成分不同,超电位也有明显的不同。

（4）产物是气体的电极反应过程,超电位一般较大,金属电极和仅仅是离子价态改变的电极反应过程,超电位一般较小。

（5）电极表面形成一层氧化物或其他物质薄膜,从而在电流流过时,产生电阻形成超电位,此效应在高电流密度或低浓度时较明显。

习　题

2-1　原电池与电解池的主要区别是什么?

2-2　正极一定是阳极,负极一定是阴极吗?

2-3　电极电位如何测得?

2-4　盐桥的作用是什么? 对盐桥中的电解质有何要求?

2-5　液接电位是如何形成的? 对电极电位的测定有何影响?

2-6　指示电极和工作电极有何区别? 如何定义?

2-7　为什么要引入条件电极电位? 对参比电极有何要求?

2-8　电极与溶液间的传质与电极极化、超电位之间存在什么联系?

2-9　分析电极极化对不同电化学分析法产生的影响。

2-10　扩大和减小浓差极化的方法有哪些?

2-11　实际过程中测定的电池电动势包括了哪几部分?

2-12　298 K 时,电池:

$$Cu|Cu^{2+}(0.020\ mol\cdot L^{-1})\parallel Fe^{2+}(0.20\ mol\cdot L^{-1}),Fe^{3+}(0.010\ mol\cdot L^{-1}),H^{+}(1.0\ mol\cdot L^{-1})|Pt$$

（1）写出该电池的电极反应和总反应。

（2）标出电极的极性并说明电子和电流流动方向。

（3）计算电池的电动势并说明该电池是原电池还是电解池。

（4）计算平衡时反应的平衡常数。

2-13　电池:

$$Zn|Zn^{2+}(0.010\ mol\cdot L^{-1})\parallel Ag^{+}(0.30\ mol\cdot L^{-1})|Ag$$

试计算在 298 K 时,该电池的电动势为多少?

2-14　请根据下列电池测得的电动势,计算右边电极相对于 SHE 的电极电位。

（1）标准甘汞电极 $\parallel X^{3+},X^{2+}|Pt$　$E=0.362\ V$

（2）饱和甘汞电极 $\parallel M^{+}|M$　$E=0.362\ V$

（3）饱和 Ag-AgCl 电极 $\parallel MA(饱和),A^{2-}|M$　$E=-0.122\ V$

第3章

基本电化学分析法

电化学分析法的种类较多,本章主要介绍几种基本的电化学分析法,包括电位分析法、电重量分析法、库仑分析法等。这些方法的共同之处是测量过程仅涉及单个电参数的测定。

3.1 电位分析法

电位分析法是最重要的电化学分析法之一,各种离子选择性电极、生物膜电极及微电极的研究一直是分析化学中活跃的研究领域。电位分析法主要应用于各种试样中的无机离子、有机电活性物质及溶液 pH 的测定,也可以用来测定酸碱的解离常数和配合物的稳定常数。随着各种新型生物膜电极的出现,对药物、生物试样的分析也日益增加。

3.1.1 电位分析法的基本原理

电位分析法的基本原理是通过在零电流条件下测定两电极(指示电极和参比电极)间的电位差(电池电动势),利用指示电极的电极电位与活度之间的关系(能斯特方程),来获得溶液中待测组分的活度(或浓度)信息。测定时,参比电极的电极电位保持不变,而指示电极的电极电位随溶液中待测离子活度的变化而变化,则电池电动势随指示电极的电极电位而变化。

$$\Delta E = \varphi_+ - \varphi_- + \varphi_{液接电位} \tag{3-1}$$

电位分析法是在混合物中高选择性地测定某一组分的含量,并通过指示电极反映出来。不同的指示电极应仅对特定离子显示高选择性,故通常将离子选择性电极(Ion Selective Electrode,ISE)作为指示电极,因此离子选择性电极在电位分析法中起着决定性作用,其特性决定了测定对象及其性能。

离子选择性电极也是一种电化学传感器,其关键是使用了一个称为选择膜的敏感元件,故又称为膜电极。将离子选择性电极与双液接饱和甘汞电极(参比电极)及试样组成电池:

$$\underset{\text{参比电极}}{\underbrace{\overset{\varphi_1}{Hg} \mid \overset{\Delta\varphi_1}{Hg_2Cl_2,KCl(饱和)}}} \parallel \overset{\Delta\varphi_2}{盐桥} \parallel \overset{\Delta\varphi_{液接电位}}{试样} \mid \underset{\text{ISE}}{\underbrace{\overset{E_m}{膜} \mid \overset{\Delta\varphi_3}{内充液,AgCl} \mid Ag}}$$

在外参比电极(甘汞电极)与离子选择性电极内的 Ag-AgCl 电极(内参比电极)之间的总电位差由多个局部电位差构成,形成了分析电池的电动势:

$$E=(\varphi_1+\varphi_2+\varphi_3)+\varphi_{接界}+\varphi_m=\varphi_0+\varphi_{接界}+\varphi_m$$

膜电位 φ_m 描述了离子选择性电极的特性，如图 3-1 所示。因为离子选择性电极内充液中 i 离子的活度 a'' 为定值，故离子选择性电极的膜电位为

$$\varphi_m=k\pm\frac{RT}{n_iF}\ln a' \tag{3-2}$$

离子选择性电极的种类较多，可以按如图 3-2 所示进行分类。

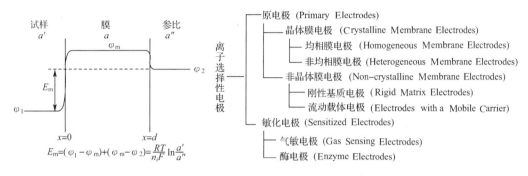

试样
a'
膜
a
参比
a''
φm
φ2
Em
φ1
x=0
x=d
Em=(φ1 − φm)+(φm − φ2)=RT/(niF) ln a'/a''

图 3-1　在膜、溶液界面及膜本体中的电位分布图

离子选择性电极
原电极 (Primary Electrodes)
晶体膜电极 (Crystalline Membrane Electrodes)
均相膜电极 (Homogeneous Membrane Electrodes)
非均相膜电极 (Heterogeneous Membrane Electrodes)
非晶体膜电极 (Non-crystalline Membrane Electrodes)
刚性基质电极 (Rigid Matrix Electrodes)
流动载体电极 (Electrodes with a Mobile Carrier)
敏化电极 (Sensitized Electrodes)
气敏电极 (Gas Sensing Electrodes)
酶电极 (Enzyme Electrodes)

图 3-2　离子选择性电极分类

1. 晶体膜电极

晶体膜电极分为均相膜电极和非均相膜电极两种。均相膜电极的敏感膜由单晶或化合物均匀混合的多晶压片制成，如典型的单晶膜氟电极；及以 Ag_2S 晶体为主，分别与 AgCl、AgBr、AgI、AgSCN 等晶体混合，可制成分别对 Cl^-、Br^-、I^-、SCN^- 等阴离子响应的多晶膜电极；分别与 CdS、CuS、PbS 等晶体混合可制成分别对 Cd^{2+}、Cu^{2+}、Pb^{2+} 等阳离子响应的多晶膜电极。非均相膜电极是由均匀细小的难溶盐沉淀微晶掺加到惰性物质中经热压制成，惰性物质可以是硅橡胶、热塑性聚合物及石蜡等，如将 AgX 沉淀均匀分布在硅橡胶中制得对 X^- 离子响应的电极。对于一定的晶体膜，离子的大小、形状和电荷决定其是否能够进入晶体膜内，故膜电极一般都具有较高的离子选择性。

(1) 氟离子单晶膜电极

氟离子单晶膜电极即氟离子选择性电极，简称氟电极，是 1966 年首先由弗兰特(Frant)和罗斯(Ross)研制出来的，其敏感膜是由掺有 EuF_2 的 LaF_3 单晶切片制成。晶体中的氟离子是电荷的传递者，EuF_2 的作用是降低晶体的内阻，改善导电性。电极的结构如图 3-3 所示。用 0.1 mol·L^{-1} NaCl 和 NaF 作为内充液，其中，Cl^- 用以固定内参比电极的电位，F^- 用以控制膜内表面的电位。LaF_3 的晶格中有空穴，在晶格上的 F^- 可以移入晶格邻近的空穴而导电。

Ag-AgCl
内参比电极
F⁻、Cl⁻
内充液
氟化镧
单晶膜

图 3-3　氟离子选择性电极

当氟电极插入内充液中时，F^- 在晶体的外膜表面进行交换。25 ℃时：

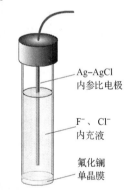

$$\varphi_{膜}=k-0.059\,2\lg a(F^-) \tag{3-3}$$

$$\begin{aligned}\varphi(F^-)&=\varphi(Ag\text{-}AgCl)+\varphi_{膜}=\varphi(Ag\text{-}AgCl)+k-0.059\,2\lg a(F^-)\\&=k'-0.059\,2\lg a(F^-)=k'+0.059\,2pF\end{aligned} \tag{3-4}$$

当氟电极与饱和甘汞电极及试样组成测量电池时,电池电动势(25 ℃)为

$$\underbrace{Ag \mid AgCl, Cl^- [a(Cl^-)], F^- [a(F^-)]}_{\text{氟离子选择性电极}} \mid \text{试液}[a(F^-)=x] \parallel \underbrace{Cl^- [a(Cl^-)\text{饱和}], Hg_2Cl_2 \mid Hg}_{\text{饱和甘汞电极}}$$

$$E = \varphi(\text{甘汞}) - \varphi(F^-) = K + 0.059 \, 2\lg a(F^-) = K - 0.059 \, 2pF \tag{3-5}$$

氟电极具有较高的选择性,需要在 pH5~7 之间使用。pH 较高时,溶液中的 OH^- 与氟化镧晶体膜中的 F^- 交换,使测量结果偏高。pH 较低时,溶液中的 F^- 生成 HF 或 HF_2^-,使测量结果偏低。

(2)硫离子膜电极

硫离子膜电极由 Ag_2S 粉末压片制成,电极的导电性较高,膜内的 Ag^+ 为电荷的传递者。在 25 ℃时的电极电位为

$$\varphi(S^{2-}) = k - \frac{0.059 \, 2}{2}\lg a(S^{2-}) \tag{3-6}$$

(3)阴离子多晶膜电极

分别由 Ag_2S-AgCl、Ag_2S-AgBr、Ag_2S-AgI、Ag_2S-AgSCN 等粉末压片的敏感膜可制成对相应阴离子响应的阴离子多晶膜电极,在 25 ℃时的电极电位为

$$\varphi(X^-) = k - 0.059 \, 2\lg a(X^-) \tag{3-7}$$

膜内的电荷由 Ag^+ 传递。

(4)阳离子多晶膜电极

分别由 Ag_2S-CuS、Ag_2S-PbS、Ag_2S-CdS 等粉末压片的敏感膜可制成对相应 Cu^{2+}、Pd^{2+}、Cd^{2+} 等阳离子响应的阳离子多晶膜电极,在 25 ℃时的电极电位为

$$\varphi(M^{2+}) = k + \frac{0.059 \, 2}{2}\lg a(M^{2+}) \tag{3-8}$$

膜内的电荷仍由 Ag^+ 传递,M^{2+} 不参与电荷传递。

均相膜电极和非均相膜电极也可以制成全固态型电极,即不使用内参比电极和内充液,敏感膜与引出线直接接触,如图 3-4(a)所示。这种电极容易制作,可任意方向或倒置使用。如图 3-4(b)所示是通用全固态型电极,也可看做是一个电极架。使用时将敏感膜粉末如 AgX,在石墨棒底端摩擦涂布即成为指定的全固态型电极,使用十分方便。

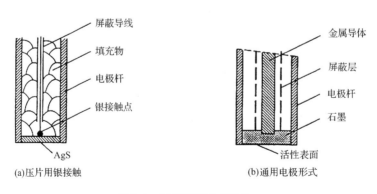

图 3-4　全固态型硫化银电极

2. 玻璃膜电极

玻璃膜电极是出现最早(20 世纪初)、应用最广的非晶体膜电极,通常称为玻璃电极或 pH 电极,是测定溶液 pH 的指示电极。玻璃电极结构简单,使用方便,改变玻璃膜的组成也可制成对不同阳离子响应的玻璃电极。玻璃电极的结构如图 3-5 所示。对 H^+ 响应的敏感膜是在 SiO_2 基质中加入 Na_2O、Li_2O 和 CaO 烧结而成的特殊玻璃膜,厚度约为 0.05 mm,内充液为 pH 一定的缓冲溶液。玻璃膜中的 SiO_2 呈四面体聚合的"大分子",其三维网络骨架成为电荷的载体,当加入 Na_2O 时,某些硅氧键断裂,出现离子键,Na^+ 离子就可能在网络骨架中活动。当玻璃电极浸泡在水溶液中时,玻璃膜表面的 Na^+ 与水中的 H^+ 发生交换反应(图3-6):

$$G\text{-}Na^+ + H^+ \Longrightarrow G\text{-}H^+ + Na^+$$

由于 Na^+ 在这种结构上的键合强度比 H^+ 小得多,在玻璃膜表面形成水化硅胶层($10^{-5} \sim 10^{-4}$ mm)。

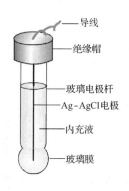

图 3-5　玻璃电极结构

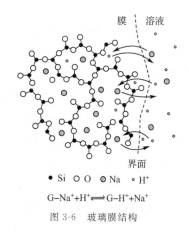

$G-Na^+ + H^+ \Longrightarrow G-H^+ + Na^+$

图 3-6　玻璃膜结构

玻璃电极在使用前,必须浸泡 24 h,生成三层结构,即中间的干玻璃层和两边的水化硅胶层,如图 3-7 所示。在水化硅胶层中,玻璃膜上的 Na^+ 与溶液中的 H^+ 发生离子交换而产生相界电位,水化硅胶层表面可视做阳离子交换剂。溶液中的 H^+ 经水化硅胶层扩散至干玻璃层,干玻璃层的阳离子向外扩散以补偿溶出的离子,离子的相对移动产生扩散电位。两者之和构成膜电位。

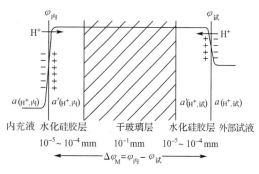

图 3-7　玻璃电极膜电位形成示意图

$$\varphi_{内} = k_1 + 0.059\ 2\lg\left(\frac{a_2}{a'_2}\right) \tag{3-9}$$

$$\varphi_{外} = k_2 + 0.059\ 2\lg\left(\frac{a_1}{a'_1}\right) \tag{3-10}$$

式中，a_1、a_2 分别表示外部试液和电极内充液的 H^+ 活度；a'_1、a'_2 分别表示玻璃膜外、内水化硅胶层表面的 H^+ 活度；k_1、k_2 则是由玻璃膜外、内表面性质决定的常数。

玻璃膜外、内表面的性质基本相同，即 $k_1=k_2$，$a'_1=a'_2$，则

$$\varphi_{膜}=\varphi_{外}-\varphi_{内}=0.059\ 2\lg\left(\frac{a_1}{a_2}\right) \tag{3-11}$$

由于内充液中的 H^+ 活度(a_2)是固定的，则

$$\varphi_{膜}=K'+0.059\ 2\lg a_1=K'-0.059\ 2pH_{试液} \tag{3-12}$$

式中，K' 是由玻璃电极本身性质决定的常数。

由式(3-12)可见，玻璃电极膜电位与试样溶液的 pH 成线性关系。由式(3-11)可见，如果 $a_1=a_2$，则理论上玻璃电极的膜电位应等于零，但实际上并不等于零。这是由于玻璃膜外、内表面含钠量、表面张力以及机械和化学损伤的细微差异所引起的，因此，将此时仍然存在的电位称为不对称电位。当玻璃电极经长时间浸泡后(24 h)，不对称电位达到最小值并保持恒定(1～30 mV)，可以将其合并到式(3-12)的常数项 K' 中。

另外，由于玻璃电极内部还有 Ag-AgCl 内参比电极，电极电位应是内参比电极电位和玻璃膜电位之和。

玻璃膜电位的产生不是由于电子的得失，而是 H^+ 离子在玻璃膜内外表面水化硅胶层与溶液之间迁移的结果(注意并不是 H^+ 穿透玻璃膜)。对于特定的玻璃膜，由于其他离子不能进入晶格产生交换，故玻璃电极具有很高的选择性。但是当测定溶液酸度太大(pH<1)时，电位值偏离线性关系，产生"酸差"；当 pH>12 时，产生"碱差"或"钠差"。碱差主要是由于 Na^+ 参与相界面上的交换所致。

玻璃电极的优点是不受溶液中氧化剂、还原剂、颜色及沉淀的影响，不易中毒；缺点是电极内阻很高，且电阻随温度变化，一般只能在5～60 ℃使用。改变玻璃膜的组成，可制成对其他阳离子响应的玻璃膜电极(表3-1)。目前在 pH 测量中通常将参比电极和玻璃电极组合在一起形成 pH 复合电极(图3-8)。

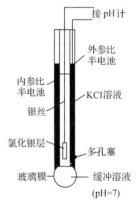

图 3-8　pH 复合电极

接 pH 计
外参比半电池
内参比半电池
KCl 溶液
银丝
氯化银层
多孔塞
玻璃膜
缓冲溶液(pH=7)

表 3-1　　　　　　　　　阳离子玻璃电极的玻璃膜组成

被测离子	玻璃膜组成(摩尔比)	选择性系数
Li^+	$15Li_2O$-$25Al_2O_3$-$60SiO_2$	$K(Li^+, Na^+)=0.3$，$K(Li^+, K^+)<10^{-3}$
Na^+	$10.4Li_2O$-$22.6Al_2O_3$-$67SiO_2$	$K(Na^+, K^+)=10^{-5}$
K^+	$27Na_2O$-$5Al_2O_3$-$68SiO_2$	$K(K^+, Na^+)=5\times10^{-2}$
Ag^+	$11Na_2O$-$18Al_2O_3$-$71SiO_2$	$K(Ag^+, Na^+)=10^{-3}$

3. 液膜电极

液膜电极也称流动载体膜电极。其结构有两种，一种是如图3-9所示，在多孔支持体

中可流动的液体(液膜)作为敏感膜;另一种是将电活性物质与 PVC(聚氯乙烯)粉末一起溶于四氢呋喃溶剂中,然后倒在平板玻璃上,待溶剂挥发后形成 PVC 支持的敏感膜,后一种更为常见。如图 2-8(b)所示的液膜微电极,尖端仅有几微米,改变液膜即可对不同物质响应,对生命科学中的活体检测和微区检测有重要意义。

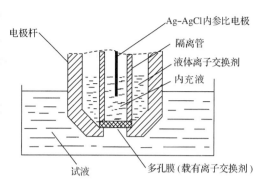

图 3-9　液膜电极

(1) 硝酸根电极

可将带正电荷季铵盐的阴离子转换成 NO_3^- 作为电活性物质,溶于邻硝基苯十二烷醚中,将 1 份此溶液与 5 份 5% 的 PVC 四氢呋喃溶液混合制成电极膜。在 25 ℃时的电极电位为

$$\varphi(\text{ISE}) = k - 0.059\ 2\lg a(NO_3^-) \tag{3-13}$$

也可将三(4,7-二苯基-1,10-菲咯)啉镍的硝酸盐作为电活性物质溶解于邻硝基甲基异丙基苯溶剂中,用于制备电极膜。

(2)钙电极

在如图 3-9 所示电极中,内充液为含 Ca^{2+} 的水溶液,内外管之间装的是 0.10 mol · L^{-1} 二癸基磷酸钙(液体离子交换剂)的苯基磷酸二辛酯溶液,它极易扩散进入微孔膜,但不溶于水,故不能进入试液。二癸基磷酸根可以在液膜-试液两相界面间传递钙离子,直至达到平衡。由于 Ca^{2+} 在水相(试液和内充液)中的活度与在有机相中的活度有差异,在两相界面之间产生相界电位。液膜两面发生的离子交换反应:

$$[(RO)_2PO_2]_2^- Ca^{2+}(有机相) \Longrightarrow 2[(RO)_2PO_2]^-(有机相) + Ca^{2+}(水相)$$

钙电极适宜的 pH 范围是 5~11,可测出 10^{-5} mol · $L^{-1}Ca^{2+}$。

(3)中性载体电极

中性载体是一种电中性的、具有中心空腔的紧密结合结构的大分子化合物,只与具有适当电荷和离子半径(大小与空腔适合)的离子进行配位,配合物能溶于有机相,构成液膜,形成待测离子相迁移的通道。选择适当的载体,可使电极具有很高的选择性,如颉氨霉素可作为钾离子的中性载体,能在 1 万倍 Na^+ 存在下测定 K^+。抗生素、杯[4]芳烃衍生物、冠醚等(图 3-10)都可以作为中性载体,其共同特征是具有稳定构型,有吸引阳离子的极性键位(空腔),并被亲油性的外壳环绕。可将离子载体掺入 PVC 制成电极膜,典型组成为:离子载体 1%,非极性溶剂 66%,PVC33%。

4. 敏化电极

敏化电极包括气敏电极、酶电极、组织电极等。

(1)气敏电极

气敏电极是基于界面化学反应的敏化电极,其结构如图 3-11 所示。将离子选择性电

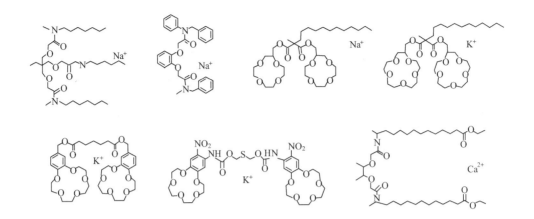

图 3-10 液膜电极中不同离子载体的化学结构

极与参比电极组装在一起构成复合电极。电极前端处覆盖一层透气膜使得电极的选择性提高。试样中待测组分气体扩散通过透气膜，进入离子选择性电极敏感膜与透气膜之间的极薄液层内，使液层内离子选择性电极敏感的离子活度发生变化，则离子选择性电极膜电位改变，造成电池电动势也发生变化。气敏电极也称为探头、探测器、传感器。

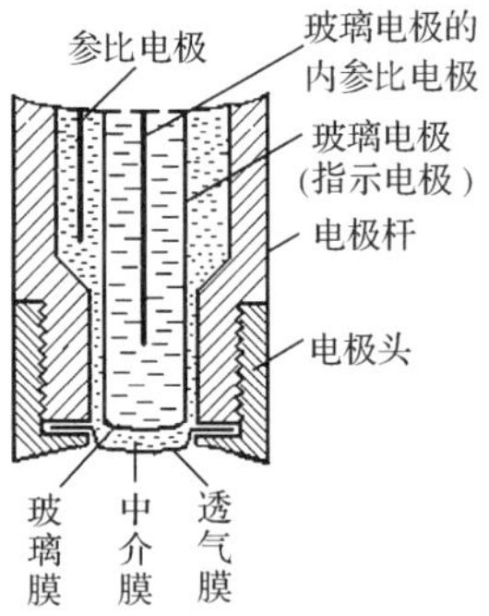

图 3-11 气敏电极

（2）酶电极

酶电极是基于界面酶催化化学反应的敏化电极。酶是具有特殊生物活性的催化剂，对反应的选择性极强，催化效率高，可使反应在常温、常压下进行。在离子选择性电极表面覆盖一层酶活性物质，其与被测物反应，生成一种能被指示电极响应的物质。可被现有离子选择性电极检测的常见的酶催化产物有：CO_2，NH_3，NH_4^+，CN^-，F^-，S^{2-}，I^-，NO_2^-。酶催化反应：

$$CO(NH_2)_2 + H_2O \xrightarrow{\text{尿酸}} 2NH_3 + CO_2 \quad \text{（氨电极检测）}$$

$$\text{葡萄糖} + O_2 + H_2O \xrightarrow{\text{葡萄糖氧化酶}} \text{葡萄糖酸} + H_2O_2 \quad \text{（氧电极检测）}$$

$$R-CHNH_2COO^- + O_2 + H_2O \xrightarrow{\text{氨基酸氧化酶}} R-COCOO^- + NH_3 + H_2O_2$$

（3）组织电极

组织电极是以动植物组织内天然存在的某种生物酶来催化反应，并制成敏感膜。如香蕉与碳糊制成的香蕉电极（图 3-12）可测定多巴胺。将猪肾切片夹在尼龙网中紧贴在氨气敏电极上，利用猪肾组织中的谷氨酰胺酶能催化谷氨酰胺而释放出氨气，可测定试样中的谷氨酰胺含量。表 3-2 给出多种组织电极的酶源与测定对象。

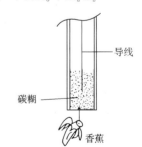

图 3-12 香蕉-碳糊组织电极

表 3-2   组织电极的酶源与测定对象一览表

组织酶源	测定对象	组织酶源	测定对象	组织酶源	测定对象
香蕉	草酸、儿茶酚	葡萄	H_2O_2	鼠脑	嘌呤、儿茶酚胺
菠菜	儿茶酚类	黄瓜汁	L-抗坏血酸	大豆	尿素
甜菜	酪氨酸	卵形植物	儿茶酚	鱼鳞	儿茶酚胺
土豆	儿茶酚、磷酸盐	烟草	儿茶酚	红细胞	H_2O_2
花椰菜	L-抗坏血酸	番茄种子	醇类	鱼肝	尿酸
莴苣种子	H_2O_2	燕麦种子	精胺	鸡肾	L-赖氨酸
玉米脐	丙酮酸	猪肝	丝氨酸		
生姜	L-抗坏血酸	猪肾	L-谷氨酰胺		

3.1.2　离子选择性电极的特性

1. 膜电位的选择性

用膜电极测定某待测离子时,膜电位:

$$\varphi_{膜}=K+\frac{RT}{nF}\ln a_{阳离子} \qquad (3-14)$$

$$\varphi_{膜}=K-\frac{RT}{nF}\ln a_{阴离子} \qquad (3-15)$$

在任何实际试样中都是各种离子共存,虽然离子选择性电极对待测离子具有很高的选择性,但共存的其他离子对膜电位也不可能完全不产生一点响应,即存在一定的干扰。若待测离子为 i,电荷为 n_i;干扰离子为 j,电荷为 n_j。考虑到共存离子产生的电位,则膜电位的一般式可写为

$$\varphi_{膜}=K\pm\frac{RT}{nF}\ln\left[a_i+K_{ij}(a_j)^{n_i/n_j}\right] \qquad (3-16)$$

式中,K_{ij} 为电极的选择性系数,表明待测离子与干扰离子对膜电位的贡献不同。其意义为:待测离子和干扰离子在相同的测定条件下,产生相同电位时,待测离子的活度 a_i 与干扰离子的活度 a_j 的比值,即

$$K_{ij}=a_i/a_j \qquad (3-17)$$

通常 $K_{ij}\leqslant 1$。K_{ij} 越小,表明电极的选择性越高。例如,$K_{ij}=0.001$,即干扰离子 j 的活度是待测离子 i 的活度的 1 000 倍时,两者产生相同的膜电位。严格来说,选择性系数不是一个常数,因为在不同离子活度条件下测定的选择性系数各不相同,所以,K_{ij} 仅能用来估计干扰离子存在时,产生的误差或确定电极的适用范围(满足分析要求时允许存在的干扰离子的活度)。

【例 3-1】 用 pNa 玻璃膜电极[$K(Na^+,K^+)=0.001$]测定 pNa=3 的试液时,若试液中含有 pK=2 的钾离子,则产生的误差是多少?

解　　　　$$误差=\frac{K(Na^+,K^+)\times a(K^+)}{a(Na^+)}\times 100\%=\frac{0.001\times 10^{-2}}{10^{-3}}\times 100\%=1\%$$

2. 线性范围、级差和检测下限

(1)线性范围

图 3-13 中 AB 段对应的检测离子的活度(或浓度)范围为离子选择性电极的线性范

围,定量测定必须在线性范围内进行。

（2）级差

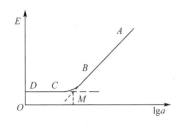

图 3-13　线性范围、级差和检测下限

AB 段的斜率为级差,即待测离子的活度相差一个数量级时,电位改变的数值,用 S 表示。理论上,$S = 2.303RT/nF$。25 ℃时,一价离子 $S = 0.059\ 2$ V,二价离子 $S = 0.029\ 6$ V。离子电荷数越大,级差越小,测定灵敏度也越低,故电位分析法多用于低价离子测定。

（3）检测下限

图 3-13 中 AB 与 DC 延长线的交点 M 所对应的待测离子的活度（或浓度）即为检测下限。离子选择性电极一般不用于测定高浓度（高于 1.0 mol·L^{-1}）试液,这是因为高浓度试液既对敏感膜腐蚀造成膜溶解严重,又不易获得稳定的液接电位。

3. 响应时间和温度系数

响应时间是指从参比电极与离子选择性电极一起接触到试液起,直到电极电位达到稳定值的 95% 所需的时间。离子选择性电极的电极电位受温度影响是显而易见的,将能斯特方程对温度 T 微分可得

$$\frac{dE}{dT} = \frac{dE^{\ominus}}{dT} + \frac{0.198}{n}\lg a_i + \frac{0.198}{n}\frac{d(\lg a_i)}{dT} \tag{3-18}$$

第一项:标准电位温度系数。取决于电极膜的性质、待测离子的特性、内参比电极和内充液等因素。

第二项:能斯特方程中的温度系数。对于 $n=1$,温度每改变 1 ℃,校正曲线的斜率改变 0.198。离子计中通常设有温度补偿装置,可对该项进行校正。

第三项:溶液的温度系数。温度改变导致溶液中离子的活度系数和离子强度改变。

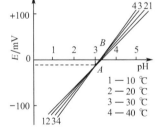

图 3-14　氟电极的温度响应曲线

实验表明,不同温度下所得到的各校正曲线相交于一点（图 3-14 中的 A 点）。在 A 点,尽管温度改变,但电位保持相对稳定,即此点的温度系数接近零。A 点称为电极的等电位点,所对应的溶液活度（B 点）称为等电位活度。试样活度位于等电位活度附近时,温度引起的测定误差较小。

3.1.3　电位分析法的应用

1. 直接电位法

（1）pH 测定

在溶液 pH 测定时,通常使用饱和甘汞电极与玻璃电极。由于玻璃电极电位中包含了无法确定的不对称电位,故采用比较法来确定待测溶液的 pH,即采用 pH 已知的标准缓冲溶液 s 和 pH 待测的试液 x,测定各自的电池电动势分别为

$$E_s = K'_s + \frac{2.303RT}{F}pH_s \tag{3-19}$$

$$E_x = K'_x + \frac{2.303RT}{F}pH_x \tag{3-20}$$

若测定条件完全一致,则 $K'_s = K'_x$,两式相减得

$$pH_x = pH_s + \frac{E_x - E_s}{2.303RT/F} \tag{3-21}$$

式中,pH_s 已知,实验测出 E_s 和 E_x 后,即可计算出试液的 pH_x,IUPAC 推荐式(3-21)作为 pH 的实用定义。使用时要尽量使温度保持恒定并选用与待测溶液 pH 接近的标准缓冲溶液。表3-3列出了部分常用的 pH 标准缓冲溶液。

表 3-3　标准缓冲溶液的 pH

温度 $t/℃$	$0.05\ mol \cdot L^{-1}$ 草酸三氢钾	饱和酒石酸氢钾	$0.05\ mol \cdot L^{-1}$ 邻苯二甲酸氢钾	$0.01\ mol \cdot L^{-1}$ 硼砂	$Ca(OH)_2$ (饱和)
10	1.671		3.996	9.330	13.011
15	1.673		3.996	9.276	12.820
20	1.676		3.998	9.226	12.637
25	1.680	3.559	4.003	9.182	12.460
30	1.684	3.551	4.010	9.142	12.292
35	1.688	3.547	4.019	9.105	12.130
40	1.694	3.547	4.029	9.072	11.975

(2)离子活度(或浓度)的测定

将离子选择性电极(指示电极)和参比电极插入试液可以组成测定各种离子活度的电池,电池电动势为

$$E = K' \pm \frac{2.303RT}{nF}\lg a_i \tag{3-22}$$

离子选择性电极作正极时,对阳离子响应的电极,式(3-22)中取正号,对阴离子响应的电极,取负号。确定待测离子活度(或浓度)时,通常使用下列两种方法。

①标准曲线法

用待测离子的纯物质配制一系列不同浓度的标准溶液,并用总离子强度调节缓冲溶液(Total Ionic Strength Adjustment Buffer,TISAB)保持溶液的离子强度相对稳定(离子活度系数保持不变时,膜电位才与 $\lg c_i$ 成线性关系),分别测定各溶液的电位值,绘制 E-$\lg c_i$ 关系曲线,最后由测定的未知试样的电位值在标准曲线上查出对应的试样浓度。TISAB的作用除了保持较大且相对稳定的离子强度,使活度系数恒定外,还具有维持溶液在适宜的 pH 范围内,以满足离子选择性电极的使用要求,并掩蔽干扰离子的作用。测 F^- 过程所使用的 TISAB 的典型组成为 $1.0\ mol \cdot L^{-1}$ NaCl(保持大的离子强度),$0.25\ mol \cdot L^{-1}$ HAc,$0.75\ mol \cdot L^{-1}$ NaAc(缓冲溶液)及 $0.0010\ mol \cdot L^{-1}$ 柠檬酸钠(掩蔽剂),后者的作用是用来掩蔽 Fe^{3+}、Al^{3+} 等干扰离子。

②标准加入法

设某一试液的体积为 V_0,其待测离子的总浓度为 c_x,测定的工作电池电动势为 E_1,则

$$E_1 = K + \frac{2.303RT}{nF}\lg(x_1 \gamma_1 c_x) \tag{3-23}$$

式中,x_1 为游离态待测离子的浓度占总浓度的分数;γ_1 为活度系数。

往试液中准确加入一小体积 V_s(约为 V_0 的 1/100)的用待测离子的纯物质配制的标

准溶液，浓度为 c_s（约为 c_x 的 100 倍）。由于 $V_0 \gg V_s$，可认为溶液的体积基本不变，则待测离子的浓度增量为

$$\Delta c = c_s V_s / V_0 \tag{3-24}$$

再次测定工作电池的电动势为 E_2：

$$E_2 = K + \frac{2.303RT}{nF} \lg(x_2 \gamma_2 c_x + x_2 \gamma_2 \Delta c) \tag{3-25}$$

可以认为 $\gamma_2 \approx \gamma_1$，$x_2 \approx x_1$。则

$$\Delta E = E_2 - E_1 = \frac{2.303RT}{nF} \lg\left(1 + \frac{\Delta c}{c_x}\right) \tag{3-26}$$

令

$$S = \frac{2.303RT}{nF}$$

则

$$\Delta E = S \lg\left(1 + \frac{\Delta c}{c_x}\right)$$

$$c_x = \Delta c (10^{\frac{\Delta E}{S}} - 1)^{-1} \tag{3-27}$$

式（3-27）即为标准加入法的浓度计算式。

（3）电位测定中的误差

电池电动势与待测试样浓度间的关系为

$$E = K + \frac{RT}{nF} \ln(\gamma c) \tag{3-28}$$

对上式微分得

$$dE = \frac{RT}{nF} \frac{dc}{c} \tag{3-29}$$

以有限量表示为（25 ℃）

$$\frac{\Delta c}{c} = \frac{nF}{RT} \Delta E = 39n\Delta E \tag{3-30}$$

式中，ΔE 的单位为 mV。

浓度测定误差的大小与电位测定的误差和离子价态有关，与测定溶液的体积和被测离子的浓度无关。当电位读数误差为 1.0 mV 时，对于一价离子，由此引起结果的相对误差为 4%，对于二价离子，则相对误差为 8%，故电位分析法多用于测定低价离子。在用标准加入法测定时，每个试样需要测定和读取两次电位值，误差也将增大。

2. 电位滴定

（1）电位滴定装置与测定过程

电位滴定是利用滴定过程中，溶液电位随滴定剂的加入而改变，并在滴定终点时，电位发生突变的特性来指示滴定终点的到达，确定滴定剂所消耗的体积。电位滴定装置如图 3-15 所示，可以通过手动控制滴加速度，绘制滴定曲线。也可以通过电磁阀来进行自动滴定，并自动记录滴定曲线。选择指示电极是电位滴定的关键。指示电极电位既可对被滴定物质有响应，也可对滴定剂有响应。滴定过程中，如何确定滴定终点成为关键。在滴定过程中，每滴加一次滴定剂，平衡后测量电动势。在突跃范围内每次滴加体积控制在 0.10 mL，其他区间每次滴加量可适当大一些。记录每次滴定时的滴定剂用量（V）和相应的电动势（E），作图得到滴定曲线。通常采用三种方法来确定滴定终点：E-V 曲线法、一

阶微商法和二阶微商法,如图 3-16 所示。其中以二阶微商法较为常用。二阶微商等于零时对应的体积即为滴定终点体积。

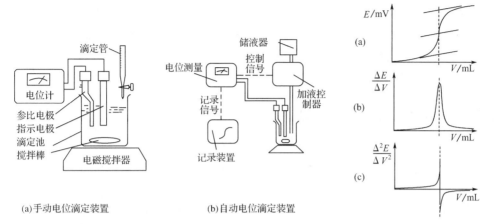

(a)手动电位滴定装置　　(b)自动电位滴定装置

图 3-15　电位滴定装置　　　　　　　　图 3-16　电位滴定曲线与滴定终点确定

（2）电位滴定计算示例

【例 3-2】 以银电极为指示电极,双液接饱和甘汞电极为参比电极,用 $0.100\ 0\ mol \cdot L^{-1}\ AgNO_3$ 标准溶液滴定含 Cl^- 的试液,得到的原始数据如下表(电位突跃时的部分数据)。用二阶微商法求出滴定终点时消耗的 $AgNO_3$ 标准溶液的体积。

滴加体积 V/mL	电位 E/V	滴加体积 V/mL	电位 E/V
24.00	0.174	24.40	0.316
24.10	0.183	24.50	0.340
24.20	0.194	24.60	0.351
24.30	0.233	24.70	0.358

解 将原始数据按二阶微商法处理列于下表。一阶微商和二阶微商分别由后项减去前项比体积差得到,例如:

$$\frac{\Delta E}{\Delta V} = \frac{0.316 - 0.233}{24.40 - 24.30} = 0.83 \qquad \frac{\Delta^2 E}{\Delta V^2} = \frac{0.24 - 0.83}{24.45 - 24.35} = -5.9$$

滴加体积 V/mL	电位 E/V	$\dfrac{\Delta E}{\Delta V}$	$\dfrac{\Delta^2 E}{\Delta V^2}$
24.00	0.174		
		0.09	
24.10	0.183		0.2
		0.11	
24.20	0.194		2.8
		0.39	
24.30	0.233		4.4
		0.83	
24.40	0.316		−5.9
		0.24	
24.50	0.340		−1.3
		0.11	
24.60	0.351		−0.4
		0.07	
24.70	0.358		

二阶微商等于零时所对应的体积应在 $24.30 \sim 24.40\ mL$,准确值可由内插法计算:

$$V_{终点} = 24.30 + (24.40 - 24.30) \times \frac{4.4}{4.4 + 5.9} = 24.34\ mL$$

3.2 电重量分析法

电重量分析法是建立在电解基础上的一种电化学分析法。通过电解将待测离子从一定体积溶液中完全沉积在阴极上,电解结束后,通过准确称量阴极增重可确定溶液中待测离子的浓度。这种方法也是一种分离方法,既可以分离出待测离子,也可以除去某些杂质。电重量分析法也称为电解分析法。

3.2.1 电重量分析法原理

电解是在外电源作用下非自发进行的,电解质在电极上发生氧化还原反应的过程,也是多种电化学分析法的基础。在电重量分析中,需要精确地控制电解电位,以保证所需物质的完全析出。

电解装置如图 3-17 所示。电极材质均为 Pt,为便于金属在阴极上均匀析出,阴极通常制作成网状,以增加与溶液接触面积,减小电流密度。阳极弯曲并在电极带动下进行搅拌。以电解 $0.10\ mol \cdot L^{-1}$ 硫酸铜溶液(在 $0.10\ mol \cdot L^{-1}\ H_2SO_4$ 介质中)为例来说明电解过程。当逐渐增加外加电压并达到一定值后,电解池中将发生如下反应:

阴极反应 $\qquad\qquad Cu^{2+} + 2e^- \longrightarrow Cu$

阳极反应 $\qquad\qquad 2H_2O \longrightarrow O_2 + 4H^+ + 4e^-$

电池反应 $\qquad\qquad 2Cu^{2+} + 2H_2O \longrightarrow 2Cu + O_2 + 4H^+$

25 ℃时,由能斯特方程可计算两电对的电极电位:

$$\varphi(Cu^{2+}|Cu) = 0.337 + \frac{0.059\ 2}{2} \lg c(Cu^{2+}) = 0.307\ V$$

$$\varphi(O_2|H_2O) = 1.229 + \frac{0.059\ 2}{4} \lg [c(H^+)]^4 = 1.188\ V$$

则电池电动势为 $\qquad\qquad E = 0.307 - 1.188 = -0.881\ V$

通过理论计算,当外加电压为 0.881 V 时,在阴极上应该有铜析出,但在实际电解时,铜析出的实际分解电压要比理论分解电压大,两者分别为图 3-18 中的 D 和 D' 点。两者产生差别的原因在于有电流流过时,由电极极化所引起的结果。极化使阴极电位更负,阳

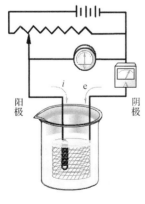

图 3-17 电解装置

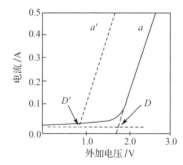

a'—理论计算曲线;a—实际曲线;
D'—理论分解电压;D—实际分解电压

图 3-18 电解 Cu^{2+} 溶液的电流-电压曲线

极电位更正,对应产生阳极超电位(η_+)和阴极超电位(η_-)。同时,外加电压还应包括电解池的电压降 iR,则实际分解电压应为

$$U_d = (\varphi_+ + \eta_+) - (\varphi_- + \eta_-) + iR \tag{3-31}$$

电解时,若阴极面积为 $100\ cm^2$,电流为 $0.10\ A$,则电流密度为 $0.001\ A \cdot cm^{-2}$。O_2 在铂电极上的超电位是 $+0.72\ V$,Cu 的超电位在强搅拌下可以忽略,电池内阻为 $0.5\ \Omega$,则

$$iR = 0.10 \times 0.5 = 0.05\ V$$
$$U_d = (1.188 + 0.72) - (0.307 + 0) + 0.05 = 1.65\ V$$

即实际分解电压为 $1.65\ V$。

3.2.2 恒电流电重量分析法

在电重量分析法中,实现电解的方式主要有恒电流电解和控制阴极电位电解。恒电流电解是在电解过程中,保持电流在 $2 \sim 5\ A$ 的某一点上恒定,而电压发生变化,并最终稳定在 H_2 的析出电位上,如图 3-19 所示。这种方式由于需要在电解过程中始终保持较大且恒定的电流而导致外加电压变化较大(随着电极产物的不断析出,在溶液中的浓度不断下降,为了维持电流恒定,需要提高外加电压),但电解的速度快,分析时间短。铜合金的标准分析方法即采用这种方式。但该方式的选择性较差,当多种离子共存时,一种金属离子还未析出完全时,由于电位改变另一种也将开始析出,如图 3-20 所示。

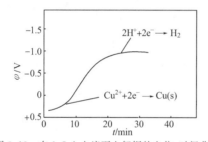
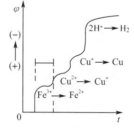

图 3-19 在 1.5 A 电流下电解铜的电位-时间曲线　　图 3-20 恒电流电解电位-时间曲线

为了防止干扰,在电解时,通常需要加入一些能保持电位相对恒定的物质,称为去极化剂。如在电解分析铜铅离子混合溶液时,为保证铜析出完全而铅不析出,需要加入较大量的硝酸根离子,利用硝酸根在阴极还原生成铵离子的反应在铅析出之前发生,来维持电解电流恒定,又保证铅离子不发生反应。由于硝酸根离子在阴极发生反应,称为阴极去极化剂;也可根据需要,加入阳极去极化剂。

3.2.3 控制阴极电位电重量分析法

物质是否在阴极析出取决于阴极电位的高低。控制阴极电位可解决试样中多种金属离子的分别析出问题。在电解过程中,随着金属的不断析出,溶液中该金属离子的浓度也在不断降低,使金属析出需要的阴极电位更负,同时电池内阻也在发生变化,应用控制外加电压的方式达不到好的分离效果,而必须控制阴极电位。控制阴极电位电解常采用如图 3-21 所示的三电极装置。甘汞电极作为参比电极与阴极组成了电位测量子系统,当阴

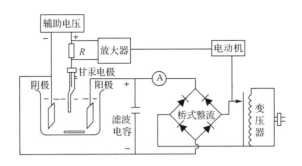

图 3-21　三电极控制阴极电位电解装置

极电位变化时,电阻 R 中有电流流过并给出信号,可根据信号大小调节外加电压在一定范围内,从而保证干扰离子不在阴极上析出。如电解测定 Cu^{2+} 时,电解液中 Cu^{2+} 浓度由开始的 10^{-1} mol·L^{-1} 降到 10^{-6} mol·L^{-1},阴极电位由 $+0.307$ V(vs. SHE)降到 $+0.16$ V。采取控制阴极电位的方法,则可以使析出电位比 $+0.307$ V 大的金属离子先析出(如 10^{-6} mol·L^{-1} Ag$^+$ 的析出电位为 0.445 V),比 $+0.16$ V 小的金属离子留在溶液中,实现分离或测定溶液中 Cu^{2+} 的浓度。

　　一般来说,为了实现 A、B 两金属离子的完全分离,需要在金属离子 A 析出完全时,阴极电位尚未达到金属离子 B 的析出电位。如图 3-22 所示,阴极电位需要控制在 $a \sim b$ 的范围内。对于一价金属离子,浓度降低 10 倍,阴极电位降低 0.059 V。若被分离两金属离子均为一价,完全分离时,析出电位差应大于 0.35 V;若被分离两金属离子均为二价,析出电位差应大于 0.20 V。

　　在控制阴极电位电解过程中,随着金属离子的析出,电解电流越来越小,若要使被测金属离子完全析出,则需要无限长的电解时间,因此,如何控制电解时间是首要解决的问题。控制阴极电位电解过程中的电解电流-时间曲线如图 3-23 所示。

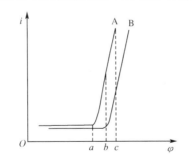

图 3-22　分离 A 和 B 两种金属离子的 i-φ 曲线

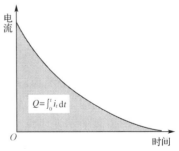

图 3-23　电解电流-时间曲线

电解电流与时间存在着如下关系:

$$i_t = i_0 e^{-\frac{DA}{V\delta}t}, i_t = i_0 10^{-Kt} \tag{3-32}$$

浓度与时间的关系为

$$c_t = c_0 10^{-Kt} \tag{3-33}$$

式中,A 为电极面积;D 为扩散系数;V 为溶液体积;δ 为扩散层厚度。

　　当 $i_t/i_0 = 0.001$ 时,可认为电解完全。又 $i_t/i_0 = c_t/c_0$,则

$$\frac{c_t}{c_0}=1-x=10^{-0.43\frac{DA}{V\delta}t} \tag{3-34}$$

电解完成 x 所需时间为

$$t_x=-\frac{V\delta\lg(1-x)}{0.43DA} \tag{3-35}$$

电解完成 99.9% 所需时间为

$$t_{99.9\%}=7.0\frac{V\delta}{DA} \tag{3-36}$$

由上式可见,电解完成的程度与金属离子的起始浓度无关,而与溶液体积 V 成正比,与电极面积 A 成反比。

3.3　库仑分析法

在电解过程中,如果电极反应单一,电流效率为 100% 时,可以根据电解过程中消耗的电量,由法拉第电解定律确定电解物质的质量,即库仑分析法。

3.3.1　库仑分析法的基本原理

法拉第电解定律给出了电解过程中消耗的电量 Q 与电极上析出物质的质量 m 之间的定量关系:

$$m=\frac{Q}{F}\times\frac{M}{n} \tag{3-37}$$

式中,M 为物质的摩尔质量($g \cdot mol^{-1}$);Q 为电量($1\ C = 1\ A \times 1\ s$);F 为法拉第常数($F = 96\ 485\ C \cdot mol^{-1}$);$n$ 为电极反应中转移的电子数。

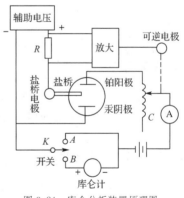

图 3-24　库仑分析装置原理图

如图 3-24 所示为控制阴极电位的库仑分析装置,与电解分析不同之处是在电解回路中串联了库仑计来记录电量。为保证电解过程中的电流效率,库仑分析时,首先需要对电解液进行预电解,以消除电活性杂质,并通入 N_2 除氧。当预电解达到背景电流后,将一定体积的试样溶液加入到电解池中,同时接通库仑计,开始正式的电解。当电解电流降低到背景电流时,停止电解,由库仑计记录的电量计算待测物质的含量。

3.3.2　电量的确定与电流效率

控制阴极电位电解过程中电解电流随时间变化,如图 3-23 所示。曲线下所包围的面积即为电量,对式(3-32)进行积分则

$$Q=\int_0^t i_t\mathrm{d}t=\int_0^t i_0 10^{-Kt}\mathrm{d}t=\frac{i_0}{2.303\ K}(1-10^{-Kt}) \tag{3-38}$$

当 t 相当大时,10^{-Kt} 可忽略,则

$$Q = \frac{i_0}{2.303K} \qquad (3-39)$$

可通过作图法求出式(3-39)中的常数。对式(3-32)取对数可知,以 $\lg i_t$ 对 t 作图,斜率为 $-K$,截距为 $\lg i_0$。

电量的确定通常采用氢氧库仑计、库仑式库仑计和电子积分仪三种方式来计量。氢氧库仑计是一种气体库仑计,装置如图 3-25 所示。管内装有 $0.5\ mol \cdot L^{-1}\ K_2SO_4$ 的电解液,当电解电流流过时,阳极上析出氧气,阴极上析出氢气。在标准状态下,每库仑电量产生 $0.174\ mL$ 气体。若电解后产生气体体积为 V(mL),电解产物的质量为

$$m = \frac{VM}{0.174 \times 96\ 485n} = \frac{VM}{16\ 788n} \qquad (3-40)$$

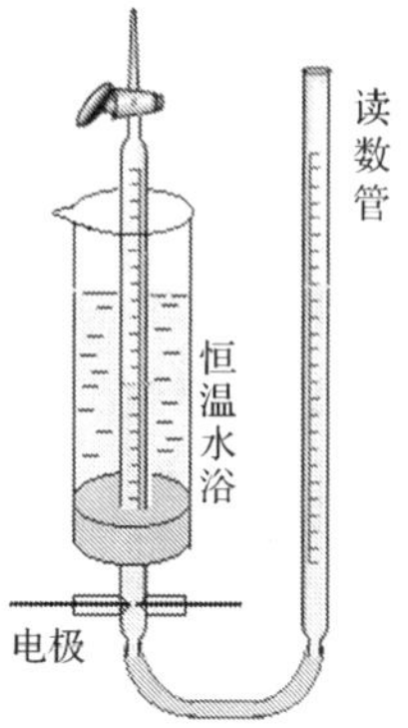

库仑式库仑计的每次测量经过两次电解过程。工作时,电解硫酸铜溶液,铜在阴极沉积,电解结束后,反向计时恒电流电解,使沉积在阴极上的铜再全部溶解,则电量为电流与时间的乘积。利用电子积分仪对图 3-23 中曲线下所包围的面积进行积分获得电量的方法较为简单方便。

图 3-25 氢氧库仑计

在库仑分析法中由电量来计算反应物的质量,则电解过程通过的电量必须全部用来使测定物质发生反应,即要求电流效率为 100%。但在实际电解过程中,往往存在着一些影响电流效率的因素:溶剂本身的电极反应,电解质中微量杂质在电极上的反应,溶液中可溶性气体的电极反应,电极自身的反应,电解产物的再反应,电极间的充电电容等。综合考虑以上因素,电流效率可表示为

$$电流效率 = \frac{i_样}{i_样 + i_容 + i_杂 + \cdots} = \frac{i_样}{i_总} \qquad (3-41)$$

为提高电流效率,可采取提纯试剂、预电解、除氧及将产生干扰物质的电极用微孔玻璃套管隔离等措施。在电解刚开始时,有一部分电流消耗在对电极-溶液间双电层的充电上,这部分的电量约为 10^{-4} C 数量级。对于毫克级的测量,这部分电量可忽略不计,但对于微克级的测量则需要加以校正。

3.3.3 库仑滴定

库仑滴定属于恒电流库仑分析法,是在特定的电解液中,以电极反应产物作为滴定剂(电生滴定剂,相当于化学滴定中的标准溶液)与待测物质定量作用,借助于电位计或指示剂来指示滴定终点,故库仑滴定并不需要化学滴定和其他仪器滴定分析中的标准溶液和体积计量。库仑滴定的典型装置如图 3-26 所示,包括终点的电位指示系统和恒电流电解与计时系统。

与其他滴定相比,库仑滴定具有以下突出特点:

(1)不必配制和保存标准溶液,简化了操作过程。

(2)滴定剂来自于电解时的电极产物,可实现容量分析中不易实现的滴定过程,如不稳定的 Cu^+、Br_2、Cl_2 等产生后立即与测定物反应。

（3）电量较为容易控制和准确测量。

（4）方法的灵敏度、准确度较高。可检测出物质的量低达 $10^{-9} \sim 10^{-5}$ g/mL。

（5）易实现自动滴定。

库仑滴定的应用较为广泛,既可利用阴极的电解产物作为滴定剂,也可利用阳极的电解产物作为滴定剂,如进行酸碱滴定时,可分别利用的电极反应为

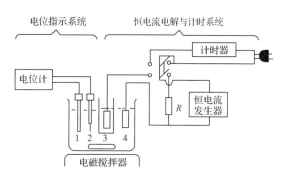

图 3-26　典型库仑滴定装置

阳极反应:
$$H_2O \longrightarrow \frac{1}{2}O_2 + 2H^+ + 2e^-$$

阴极反应:
$$2H_2O \longrightarrow H_2 + 2OH^- - 2e^-$$

滴定酸时,可将阳极用微孔玻璃套管隔离,避免阳极产物与阴极产物的直接反应,利用阴极电解产生的 OH^- 与试样反应;反之,可将阴极隔离而利用阳极电解产生的 H^+ 与试样反应。对于沉淀滴定,可将金属银(或铅)作为阳极,利用电解产生的 Ag^+(或 Pb^{2+})作为滴定剂。对于配位滴定,可将 EDTA 与汞离子的配合物加入到电解液中,电解使汞离子在阴极析出,游离的 EDTA 与待测物反应。氧化还原滴定是库仑滴定应用最多的方面,如电解产生的 Fe^{2+} 与高锰酸钾反应,电解产生的 Br_2 与苯酚反应等。

污水中化学耗氧量的测定是库仑滴定的一个典型例子。化学耗氧量(COD)是评价水质污染程度的重要指标。它是指将 1.0 L 水中可被氧化的物质(主要是有机化合物)氧化所需氧的量。基于库仑滴定设计的 COD 测定仪的原理是用一定量的高锰酸钾标准溶液与水样加热反应后,将剩余的高锰酸钾用电解产生的亚铁离子进行库仑滴定,反应式为
$$5Fe^{2+} + MnO_4^- + 8H^+ \longrightarrow Mn^{2+} + 5Fe^{3+} + 4H_2O$$
根据产生亚铁离子所消耗的电量,可确定溶液中剩余高锰酸钾的量,再计算出水样的 COD。

3.3.4　微库仑分析法

微库仑分析法是在库仑滴定基础上发展起来的一种动态库仑分析法,具有灵敏、快速、方便等特点。下面以如图 3-27 所示的装置分析含 Cl^- 试样来说明微库仑分析法的原理与过程。

开始时,电解液中含有一定量的 Ag^+,底液的电位为 $E_测$,同时设定偏压为 $E_偏$,并使 $E_测 = E_偏$,则 $\Delta E = 0$, $i_{电解} = 0$,体系处于平衡状态。当含 Cl^- 的试样进入反应池后,与 Ag^+ 反应生成 AgCl,反应池中 Ag^+ 浓度降低,则此时 $E_测 \neq E_偏$, $\Delta E \neq 0$,即平衡状态被破坏。产生一个对应于 ΔE 的电流 $i_{电解}$ 流过反应池。在阳极(银电极)上发生电极反应:

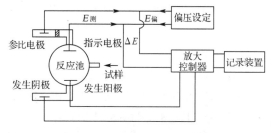

图 3-27　微库仑分析法的原理与过程

$$Ag \longrightarrow Ag^+ + e^-$$

反应池中继续发生次级反应：

$$Ag^+ + Cl^- \longrightarrow AgCl$$

当 Cl^- 未反应完全之前，溶液的电位将始终不等于 $E_偏$，电解不断进行。当加入的 Cl^- 反应完全后，Ag^+ 低于初始值，电解将持续进行直到溶液中的 Ag^+ 达到初始值，此时 $E_测 = E_偏$，$\Delta E = 0$，$i_{电解} = 0$，体系重新平衡，电解停止。随着试样的不断加入，上述过程也不断重复进行。

微库仑分析法的一个重要应用是卡尔·费休（Karl Fisher）法测定微量水。现已在微库仑分析法原理的基础上开发了各种专用的微量水分析仪。其基本原理是利用 I_2 氧化 SO_2 时，水定量参与反应：

$$I_2 + SO_2 + 2H_2O \Longleftrightarrow 2HI + H_2SO_4$$

以上反应为平衡反应，需要使用卡尔·费休试剂来破坏平衡。卡尔·费休试剂是由碘、吡啶、甲醇、二氧化硫、水按一定比例组成，其中，吡啶是用来中和生成的 HI，甲醇是为了防止副反应发生。总的反应为

$$C_5H_5N \cdot I_2 + C_5H_5N \cdot SO_2 + C_5H_5N + H_2O \longrightarrow 2C_5H_5N \cdot HI + C_5H_5N \underset{O}{\overset{SO_2}{<}}$$

$$C_5H_5N \underset{O}{\overset{SO_2}{<}} + HOCH_3 \longrightarrow C_5H_5N \underset{H}{\overset{SO_4CH_3}{<}}$$

反应过程所需要的碘由电解产生，系统自动记录电解消耗的电量。1 mg 水对应 10.722 mC 电量。

在上面的分析过程中，常采用永停法来判断卡氏反应的终点，其基本原理是在反应溶液中插入两支铂电极，并在两电极间施加一固定的电压，若溶剂中无水存在时，溶液中不会产生 $I_2|I^-$ 电对，溶液不导电。当反应到达终点时，溶液中存在 $I_2|I^-$ 电对，在电极上发生反应，导致溶液中有电流流过，当电流突然增大至一定值并稳定后即为终点。

卡尔·费休法测定微量水是一个经典方法，不断有人对其进行了研究和改进，如 1984 年 E. Scholz 发现用咪唑代替吡啶，反应速率更快，结果更准确。该反应的最佳 pH 为 5~8，pH<3 时，反应慢，pH<8 时，易产生副反应。分析过程中，如果发现试样在甲醇中的溶解度较低时，也可使用混合溶剂（正癸醇：甲酰胺：甲醇＝8：2：1）。1988 年 A. Seubert 借助于红外光谱首次从卡尔·费休试剂中发现了甲基亚硫酸盐的存在。

习　题

3-1 电位分析过程中是否有电流流过电极，测量的电位值与何有关？

3-2 最有发展前景的指示电极是哪些？为什么？

3-3 膜电位是如何产生的，膜电极为什么具有较高的选择性？

3-4 测量过程中，膜电位的响应是否是离子或电子穿透了膜？

3-5 离子选择性电极的选择性系数的主要作用是什么？

3-6 电位分析法中,H$^+$活度采用比较法测定,而其他离子活度采用标准曲线法和标准加入法,为什么?其他离子活度的测定可否也采用与 pH 测定一样的方法进行?

3-7 多种金属离子共存时,电重量分析法中的阴极电位如何选择?

3-8 为什么理论分解电压与实际分解电压之间存在差别?为什么阳极超电位使阳极电位更正,阴极超电位使阴极电位更负?

3-9 影响库仑分析法中电流效率的因素有哪些?如何消除这些影响?

3-10 库仑滴定的突出特点是什么?在哪些方面的应用突出显示了其特色?

3-11 举例说明微库仑分析法的动态过程。

3-12 比较化学滴定、电位滴定、库仑滴定之间的异同。

3-13 用钠离子选择性电极测得 1.25×10^{-3} mol·L^{-1} Na$^+$ 溶液的电位值为 -0.203 V,若 $K_{Na^+,K^+}=0.24$,计算钠离子选择性电极在 1.50×10^{-3} mol·L^{-1} Na$^+$ 和 1.20×10^{-3} mol·L^{-1} K$^+$ 溶液中的电位值。

3-14 用氟离子选择性电极测定牙膏中 F$^-$ 含量,将 0.200 g 牙膏加入到 50 mL TISAB 试剂中,搅拌微沸冷却后移入 100 mL 容量瓶中,用蒸馏水稀释至刻度,移取其中 25.0 mL 于烧杯中测得其电位值为 0.155 V,加入 0.10 mL 的 0.50 mg·mL^{-1} F$^-$ 标准溶液,测得其电位值为 0.134 V。该离子选择性电极的斜率为 59.0 mV/pF,试计算牙膏中氟的质量分数。

3-15 用电位滴定测定某试液中 I$^-$ 的含量。以银电极为指示电极,饱和甘汞电极为参比电极,用 0.010 0 mol·L^{-1} AgNO$_3$ 溶液进行滴定,试计算滴定终点时电位计上的读数为多少?(已知 $K_{sp}^{\ominus}(AgI)$ 为 9.3×10^{-17},$\varphi^{\ominus}(Ag^+|Ag)=0.799$ V)。

3-16 用电解分析法分离浓度均为 8.00×10^{-2} mol·L^{-1} Zn^{2+} 和 Ni^{2+} 的混合试液,试问:

(1)哪一金属离子先析出?阴极电位应维持在什么范围内,才可能使这两金属离子分离(vs. SHE)?

(2)要达到定量分离,阴极电位应维持在什么范围(vs. SHE)?

3-17 用电解分析法从 0.100 mol·L^{-1} Cu^{2+} 和 0.100 mol·L^{-1} Zn^{2+} 溶液中选择性沉积 Cu^{2+},试问:

(1)阴极电位应控制在何值(vs. SHE)?

(2)分离的效果如何?

3-18 在 pH=4 的乙酸盐缓冲溶液中,用铜电极电解 0.010 mol·L^{-1} ZnSO$_4$ 溶液,在实验使用的电流密度下,H$_2$ 在铜电极上的超电位为 0.75 V,O$_2$ 在铂极上的超电位为 0.50 V,电解池的 iR 降为 0.50 V,试问:

(1)理论分解电压为多少?

(2)电解开始所需要的实际外加电压为多少?

(3)电解过程中电压变化吗?

(4)H$_2$ 开始释放时,溶液中 Zn^{2+} 的浓度为多少?

3-19 用库仑滴定测定废水溶液中的苯酚含量。将 10.0 mL 含苯酚的试液放入烧杯中,再加入一定量的 HCl 和 0.10 mol·L^{-1} NaBr 溶液,由电解产生的 Br$_2$ 来滴定 C$_6$H$_5$OH:

$$2Br^- \longrightarrow Br_2+2e^-$$

$$C_6H_5OH+3Br_2 \longrightarrow C_6H_2Br_3OH+3HBr$$

以 6.43 mA 的恒电流电解时,到达终点所需时间为 112 s,计算试液中苯酚的浓度为多少?

3-20 在 50.0 mL 氨性试液中加入过量的 [HgNH$_3$Y]$^{2-}$,通过电解产生的 Y^{4-} 来滴定 Ca^{2+},在电流密度为 0.018 0 A 时,到达终点需 3.5 min,计算每毫升水中 CaCO$_3$ 的毫克数为多少?

3-21 将 0.023 1 g 纯有机酸试样溶解于乙醇-水混合溶剂中,以 0.042 7 A 的恒电流电解产生的 OH$^-$ 进行滴定,经 402 s 到达终点,计算此有机酸的 $m(1\ mol)/n$ 值。

第4章

伏安分析法

伏安分析法是指以电解为基础、以测定电解过程中的电流-电压曲线(伏-安曲线)为特征的一系列电化学分析法的总称,包括经典极谱分析法、现代极谱分析法、溶出伏安分析法及循环伏安分析法等。自1922年海洛夫斯基(Heyrovsky,1959年度诺贝尔化学奖获得者)建立了经典极谱分析法以来,极谱分析法在理论、技术和实际应用等方面迅速发展,相继出现了各种现代极谱分析法,如方波极谱法、导数极谱法等,使极谱分析法成为电化学分析法的重要组成部分。一般来说,极谱分析法特指采用滴汞电极的经典极谱分析法,也是其他各种伏安分析法的基础。目前,伏安分析法已成为痕量物质测定、化学反应机理的电极过程动力学研究及平衡常数测定等基础理论研究的重要工具。

近年来,电化学分析法在许多方面都得到快速发展,本章最后将对有关专题进行介绍。

4.1 经典极谱分析法

在一般电解过程中,浓差极化对分析不利。为消除浓差极化通常要增大电极面积,并快速搅拌,使浓差极化降到最小。在这种情况下,随着外加电压的增加,开始时电极上仅有很小的背景电流流过,但达到电活性物质的析出电位后,外加电压少许增加,电解电流则将迅速增加。但随着外加电压的继续增加,如果溶液主体中电活性物质输送到电极表面的速度跟不上,则电解电流将不再增加,即电极反应受溶质扩散控制。反之,如果尽可能地减小电极面积,保持溶液静止并降低浓度,扩大浓差极化,仅依靠溶质扩散移动到电极表面形成电解电流(扩散电流),则可以通过考查过程的伏-安曲线,建立扩散电流与溶液本体中电活性物质浓度间的定量关系,这就是经典极谱分析法的基本创建思想。

4.1.1 极谱分析法的一般过程

极谱分析法(Polarography)的过程是一种特殊的电解过程,其特殊性在于使用了一支特别容易极化的电极(滴汞电极)和另一支去极化电极(甘汞电极)作为工作电极,在溶液保持静止的情况下进行非完全电解过程。如果一支电极通过无限小的电流,就引起电极电位发生很大变化,这样的电极称为极化电极;反之,电极电位不随电流变化的电极称为理想的去极化电极。将漏斗流出口连接一玻璃毛细管,装入汞后,就构成了简单的滴汞电极。滴汞电极具有以下特性:在毛细管出口处形成的汞滴很小,特别容易形成极化;汞滴的不断滴落,可保持电极表面的不断更新;漏斗中大量的汞则可保持汞柱高度和滴汞周期相对稳定。甘汞电极具有去极化电极的特性,可作为去极化电极使用,也可在烧杯底部形成大面积汞层作为去极化电极。

极谱分析装置如图 4-1 所示。以 Pb^{2+}(10^{-3} mol·L^{-1})为例来说明极谱分析法的过程。保持溶液静止,当外加电压开始增加时,系统仅产生微弱的电流,称为"残余电流"或背景电流,即图 4-2 中①~②段。当外加电压增加到 Pb^{2+} 的析出电位时,Pb^{2+} 开始在滴汞电极上反应。此后电压的微小增加就引起电流的快速增加。由于汞滴面积很小,反应开始后,电极表面的 Pb^{2+} 浓度迅速降低,溶液本体中的 Pb^{2+} 开始向电极表面扩散。当外加电压增加到一定值时,将产生厚度约为 0.05 mm 的扩散层,形成浓度梯度,扩散速度达到最大。此时电极反应完全受浓度扩散控制,即图 4-2 中的④处,达到扩散平衡,电流不再随外加电压的增加而增加,形成极限扩散电流 i_d(极谱定量分析的基础)。在图 4-2 中③处,电流随电压变化的比值最大,此点对应的电位称为半波电位(极谱定性分析的依据)。

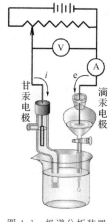
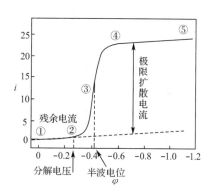

图 4-1 极谱分析装置   图 4-2 极谱曲线

由以上过程可知,要形成如图 4-2 所示的极谱曲线(也称极谱波),需要满足一定的条件:

(1)待测物质的浓度要小,有利于电极表面的电活性物质反应完全,快速形成浓度梯度。

(2)溶液保持静止,使扩散层厚度稳定,待测物质仅依靠扩散到达电极表面。

(3)电解液中含有大量的惰性电解质,使待测离子在电场力作用下的迁移降至最小。

(4)使用两支不同性能的电极。极化电极的电位随外加电压变化而变化,保证在电极表面形成浓差极化。

(5)电极表面随时更新,性质保持稳定。

在极谱分析法中,由于滴汞电极的特殊性而起到了十分关键的作用。氢在汞上具有较大的超电位,当滴汞电极的电位负到 1.3 V(vs. SCE)时,还不会有氢气放出,这样在酸性溶液中也可进行分析,扩大了应用范围。金属与汞生成汞齐,降低其析出电位,使碱金属和碱土金属也可被分析。但受汞滴周期性滴落的影响及汞滴面积的变化使电流呈快速锯齿性变化。另外,汞有毒,且汞滴面积的变化导致不断产生电容电流(充电电流)使滴汞电极存在不足。

4.1.2 扩散电流理论

扩散电流是极谱分析法定量的基础,即扩散电流与电活性物质浓度之间的数学关系及影响扩散电流的因素是建立定量分析方法首先需要解决的问题。

1.扩散电流方程

滴汞电极中的传质界面为球形,但扩散层很薄,与汞滴平均半径相比要小得多。为简化问题,首先按平面线性扩散过程来处理。物质从溶液主体向电极表面进行线性扩散,如图 4-3 所示。根据费克(Fick)扩散定律:单位时间内通过单位面积的扩散物质的量(f)与浓度梯度成正比:

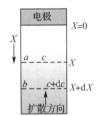

图 4-3 线性扩散

$$f = \frac{\mathrm{d}N}{A\,\mathrm{d}t} = DA\,\frac{\partial c}{\partial X} \qquad (4\text{-}1)$$

式中,A 为电极面积;D 为扩散系数;N 为扩散物质的量;X 为物质距电极表面的距离;$\partial c/\partial X$ 为浓度梯度。

设定电极反应速率很快,电流大小受扩散控制,即扩散到电极表面多少物质就对应产生多大的扩散电流。根据法拉第电解定律,某一时刻的瞬间扩散电流(i_d)为

$$(i_\mathrm{d})_t = nFf_{X=0,t} = nFAD\left(\frac{\partial c}{\partial X}\right)_{X=0,t} \qquad (4\text{-}2)$$

在扩散场中,浓度的分布是时间 t 和物质距电极表面距离 X 的函数,即

$$c = \varphi(t, X) \qquad (4\text{-}3)$$

求偏微分可得

$$\left(\frac{\partial c}{\partial X}\right)_{X=0,t} = \frac{c - c_0}{\sqrt{\pi Dt}} = \frac{c - c_0}{\delta} \qquad (4\text{-}4)$$

式中,δ 为线性扩散层的有效厚度($\delta = \sqrt{\pi Dt}$)。

由于电极反应受扩散控制,故可设定电极表面物质的浓度(c_0)为零。将式(4-4)代入式(4-2),得

$$(i_\mathrm{d})_t = nFAD\,\frac{c}{\sqrt{\pi Dt}} \qquad (4\text{-}5)$$

由于汞滴呈周期性增长,使其扩散层有效厚度 δ 减小,仅为线性扩散层有效厚度的 $\sqrt{3/7}$,则

$$\delta' = \sqrt{\frac{3}{7}\pi Dt}$$

$$(i_d)_t = nFAD\frac{c}{\sqrt{\frac{3}{7}\pi Dt}} \tag{4-6}$$

考虑滴汞电极的汞滴面积是时间的函数，t 时的汞滴面积为

$$A_t = 0.85m^{2/3}t^{2/3} \tag{4-7}$$

将式（4-7）代入式（4-6），得

$$(i_d)_t = 708nD^{1/2}m^{2/3}t^{1/6}c \tag{4-8}$$

在一个滴汞周期内，扩散电流的平均值（图 4-4）为

$$(i_d)_{平均} = \frac{1}{\tau}\int_0^\tau (i_d)_t \mathrm{d}t = 607nD^{1/2}m^{2/3}t^{1/6}c \tag{4-9}$$

式中，$(i_d)_{平均}$ 为每滴汞上的平均极限扩散电流（μA）；n 为电极反应中转移的电子数；D 为扩散系数；t 为滴汞周期（s）；c 为被测物质的初始浓度（$mmol \cdot L^{-1}$）；m 为滴汞速度（$mg \cdot s^{-1}$）。

式（4-9）即为扩散电流方程，也称尤考维奇（Ilkovic）方程。滴汞电极上的电流-时间曲线如图 4-4 所示。

式（4-9）中，n、D 取决于被测物质的特性，将 $607nD^{1/2}$ 定义为扩散电流常数，用 ξ 表示，ξ 越大，测定越灵敏；m、t 取决于毛细管的特性，将 $m^{2/3}t^{1/6}$ 定义为毛细管特性常数，用 κ 表示。则扩散电流方程可写成

$$(i_d)_{平均} = \xi\kappa c = Kc \tag{4-10}$$

2. 影响扩散电流的因素

（1）溶液扰动

当温度一定时，在一定的底液中，对于某一被测物质，其扩散电流常数 ξ 为一定值，应与滴汞周期无关，但这与实际情况不符。如图 4-5 所示，当滴汞周期较小时，扩散电流常数 ξ 随滴汞周期增大而变小，滴汞周期超过一定值后 ξ 才恒定。产生这种现象的原因是由于汞滴的滴落使溶液发生扰动。通过加入动物胶（0.005%）使溶液黏度增大，减少溶液扰动，可以使电流常数 ξ 保持恒定且滴汞周期降低至 1.5 s，也说明了这一问题。

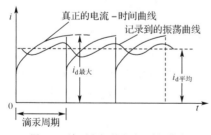

图 4-4　滴汞电极的电流-时间曲线

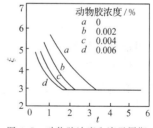

图 4-5　动物胶浓度和滴汞周期与扩散电流常数的关系

（2）被测物浓度

被测物浓度对扩散电流的影响体现在被测物浓度较大时，汞滴上析出的金属较多，形成的汞齐改变了汞滴表面的性质，故极谱分析法适用于测量低浓度试样。另外，试样组成与浓度也影响到溶液的黏度，黏度越大，则扩散系数 D 越小。D 的变化也将影响到扩散

电流的变化。

（3）其他影响

在扩散电流方程中，除 n 外，其他各项均与温度有关。实验表明，在室温下，扩散电流的温度系数为 $+0.013(/℃)$，即温度每升高 $1℃$，扩散电流约增大 1.3%。因此在测定过程中，温度变化应控制在 $0.5℃$ 范围内，使温度变化引起的误差小于 1%。另外，滴汞电极的汞柱高度直接影响到滴汞周期（或滴汞速度），测定过程中也需要保持恒定。

3. 极谱波类型

根据参加电极反应物质的类型，可将极谱波分为简单金属离子极谱波、配位离子极谱波和有机化合物极谱波。按电极反应类型，极谱波可分为可逆极谱波、不可逆极谱波、动力学极谱波与吸附极谱波。可逆极谱波是指极谱电流受扩散控制。当电极反应速率较慢而成为控制步骤时，极谱电流受电极反应控制，这类极谱波为不可逆极谱波。不可逆极谱波的波形倾斜，具有明显的超电位，即达到同样大小的扩散电流时，在不可逆极谱波中需要更大的电位，但电位足够负时，也形成完全浓差极化，可用于定量分析，如图 4-6 所示。按电极反应的性质，极谱波还可以分为还原波、氧化波和综合波。还原波是指被测物质的氧化态在滴汞电极（阴极）发生还原反应所形成的极谱波，而氧化波则反之。综合波是指溶液中同时存在被测物质的氧化态和还原态，当滴汞电极电位较负时，发生还原反应，得到阴极波；而当滴汞电极电位较正时，发生氧化反应，得到阳极波。若滴汞电极电位由负到正和由正到负变化时，即可得到阴极波和阳极波的综合波，如图 4-7 所示。

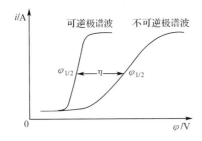

图 4-6　可逆极谱波与不可逆极谱波

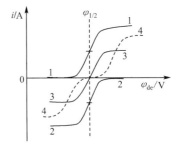

图 4-7　还原波、氧化波及综合波
1—氧化态的还原波；2—还原态的氧化波；
3—可逆综合波；4—不可逆综合波

4. 极谱波方程式

描述极谱波上电流与电位之间关系的数学表达式称为极谱波方程式。下面首先讨论可生成汞齐的简单金属离子可逆还原波的极谱波方程式。金属离子在汞滴上的电极反应为

$$M^{n+}+ne^-+Hg \longrightarrow M(Hg)（汞齐）$$

滴汞电极电位为

$$\varphi_{de}=\varphi^{\ominus}+\frac{RT}{nF}\ln\frac{a(Hg)\gamma_M c_M^0}{\gamma_a c_a^0} \tag{4-11}$$

式中，c_a^0 为滴汞电极表面上形成的汞齐浓度；c_M^0 为金属离子在滴汞电极表面的浓度；γ_a、γ_M 分别为汞齐和金属离子的活度系数。

由于汞齐浓度很低，$a(\text{Hg})$ 不变，则

$$\varphi_{de} = \varphi^{\ominus'} + \frac{RT}{nF} \ln \frac{\gamma_M c_M^0}{\gamma_a c_a^0} \tag{4-12}$$

极限扩散电流方程可写成

$$i_d = K_M c_M \tag{4-13}$$

在未达到完全浓差极化前，被还原金属离子在滴汞电极表面的浓度 c_M^0 不等于零，则扩散电流

$$i = K_M (c_M - c_M^0) \tag{4-14}$$

由式(4-13)减式(4-14)得

$$i_d - i = K_M c_M^0 \tag{4-15}$$

$$c_M^0 = \frac{i_d - i}{K_M} \tag{4-16}$$

根据法拉第电解定律，还原产物（汞齐）的浓度与通过电解池的电流成正比，析出的金属从汞滴表面向中心扩散，则

$$i = K_a (c_a^0 - 0) = K_a c_a^0 \tag{4-17}$$

$$c_a^0 = i / K_a \tag{4-18}$$

将式(4-18)和式(4-16)代入式(4-12)，得

$$\varphi_{de} = \varphi^{\ominus'} + \frac{RT}{nF} \ln \frac{\gamma_M K_a}{\gamma_a K_M} + \frac{RT}{nF} \ln \frac{i_d - i}{i} \tag{4-19}$$

在极谱波的中点，即 $i = i_d / 2$ 时，

$$\varphi_{1/2} = \varphi^{\ominus'} + \frac{RT}{nF} \ln \frac{\gamma_M K_a}{\gamma_a K_M} = 常数 \tag{4-20}$$

则

$$\varphi_{de} = \varphi_{1/2} + \frac{RT}{nF} \ln \frac{i_d - i}{i} \tag{4-21}$$

上式即为简单金属离子可逆还原波的极谱波方程式。由该式可以计算极谱波上每一点的电流与电位值。当 $i = i_d / 2$ 时，$\varphi = \varphi_{1/2}$ 称为半波电位，与离子浓度无关，可作为极谱定性分析的依据。由扩散电流方程可知，式(4-20)中的 K_a / K_M 等于 $(D_a / D_M)^{\frac{1}{2}}$。在实际应用中，半波电位的使用范围有限，一般不超过 2 V。在同一极谱图上只可分析几种离子，故利用半波电位定性的实际意义不大，但可利用其来选择分析条件，避免相邻离子的干扰。半波电位数据可从有关手册中查阅。

极谱分析法不但可利用还原波，也可利用氧化波进行定量分析。

同理，可逆氧化波的极谱波方程式为

$$\varphi_{de} = \varphi_{1/2} - \frac{RT}{nF} \ln \frac{i_d - i}{i} \tag{4-22}$$

可逆综合波的极谱波方程式为

$$\varphi_{de} = \varphi_{1/2} + \frac{RT}{nF} \ln \frac{(i_d)_c - i}{i - (i_d)_a} \tag{4-23}$$

式中，下标 c、a 分别表示还原波和氧化波。

溶液中只有氧化态时，则 $(i_d)_a = 0$，式(4-23)变为可逆还原波的极谱波方程式；溶液

中只有还原态时,则$(i_d)_c = 0$,式(4-23)变为可逆氧化波的极谱波方程式。对于可逆极谱波,氧化波与还原波具有相同的半波电位(如图4-7所示)。对于不可逆极谱波,氧化波与还原波具有不同的半波电位。

对于简单金属配位离子,其极谱波方程式与式(4-21)相似,不同之处在于两者的半波电位不同,配位离子要比简单金属离子的半波电位负,差值的大小与金属配位离子的稳定常数有关。稳定常数越大,半波电位越负。对于混合离子试样,利用这一性质,可避免极谱波的重叠。如Cd^{2+}与Tl^+在中性KCl底液中,半波电位非常接近,甚至重叠,无法进行分析。但在氨-氯化铵底液中,Cd^{2+}与氨生成配位物,两者的半波电位差增大,则可实现两者的同时分析。

4.1.3 干扰电流与抑制

极谱分析法以待测物质产生的扩散电流为基础,但在极谱分析的过程中,也存在着非扩散电流,并影响测定。此非扩散电流统称为干扰电流,主要有以下几种。

1. 残余电流

残余电流是指外加电压尚未达到被测物质的分解电压时,电解池中通过的微小电流。产生残余电流的主要原因包括两个方面,一是溶剂和试剂中存在的微量杂质及微量氧等,可通过试剂提纯、预电解、除氧等方法来消除;二是存在着的电容电流(充电电流)。电容电流的存在是极谱分析法中的一种必然现象,难以消除,成为影响极谱分析法灵敏度的主要因素。电解开始前,滴汞电极电位与溶液的电位相同,不带电荷。与甘汞电极连接后,外加电压为零时,由于甘汞电极中的汞带有正电荷,则向滴汞电极充正电而使其带正电荷,并从溶液中吸引负电荷形成双电层。随着外加电压的增加,由于滴汞电极连接的是外电源的负极,获得负电荷,则首先抵消最初的正电荷,达到零电点,如图4-8所示的c点。继续充负电则形成带负电荷的双电层,如图4-8所示的$c \sim b$段。且随着滴汞电极的

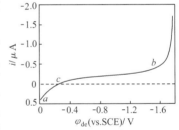

图4-8 $0.1~mol \cdot L^{-1}$ KCl溶液的残余电流

汞滴滴落和汞滴面积的不断变化,充电过程不断重复,形成了持续不断且难以消除的电容电流。

电容电流数量级约为10^{-7} A,相当于$10^{-6} \sim 10^{-5}~mol \cdot L^{-1}$被测物质产生的扩散电流。所以,经典极谱分析法的适宜测量范围为$10^{-4} \sim 10^{-2}~mol \cdot L^{-1}$。由此可见,如何消除(或减小)电容电流成为制约经典极谱分析灵敏度提高的关键问题。

2. 迁移电流

迁移电流是指带电荷的被测离子(或极性分子)在静电场力的作用下运动到电极表面所形成的电流。这部分电流叠加到扩散电流,且与被测离子的浓度不存在比例关系,影响定量,也需要消除。在溶液中添加较大量的强电解质后,电场力将作用到溶液中所有离子上,被测离子所受到的电场力大大减小,所形成的迁移电流趋近于零。加入的强电解质(又称支持电解质)通常为KCl、HCl、H_2SO_4等,不参加电极反应,其浓度要比待测物质的浓度高100倍。

3. 极谱极大

极谱极大是在极谱分析过程中产生的一种特殊现象,即在极谱波刚出现时,扩散电流随着滴汞电极电位的降低而迅速增大到一极大值,然后下降,最后稳定在正常的极限扩散电流上,如图 4-9 所示。这种突出的电流峰称为"极谱极大"。这种现象产生的原因是由于汞滴在溶液中滴落时,溶液产生扰动所导致的溪流运动,使待测离子靠非扩散快速移动到汞滴表面。可通过加入"极大抑制剂"来消除或抑制这种现象。常用的极大抑制剂有骨胶、聚乙烯醇、羧甲基纤维素等,用量约为底液的 0.01%。

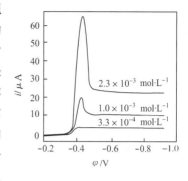

图 4-9 极谱极大

4. 氧波与氢波

溶液中的溶解氧在滴汞电极上能够被还原而产生两个极谱波。

第一个波的半波电位为 -0.05 V(vs. SCE):

$$O_2 + 2H^+ + 2e^- \longrightarrow H_2O_2（酸性溶液）$$

$$O_2 + 2H_2O + 2e^- \longrightarrow H_2O_2 + 2OH^-（中性或碱性溶液）$$

第二个波的半波电位为 -0.94 V(vs. SCE):

$$H_2O_2 + 2H^+ + 2e^- \longrightarrow 2H_2O（酸性溶液）$$

$$H_2O_2 + 2e^- \longrightarrow 2OH^-（中性或碱性溶液）$$

氧波可能与待测物质产生的极谱波发生重叠而影响测定,可通入惰性气体除氧而消除。在中性或碱性溶液中也可加入少量亚硫酸钠与氧反应而消除。在酸性溶液中加抗坏血酸与氧反应而消除。

在酸性溶液中,氢波出现在 $-1.4 \sim -1.2$ V 处,影响半波电位比 -1.2 V 更负的物质测定。在中性或碱性溶液中,氢波出现在更负的电位处,影响较小。如使用二甲基亚砜代替水做溶剂,以四乙基胺过氯酸盐作为支持电解质,H_2 阴极分解电压达 -3.0 V,可分析钾离子(半波电位为 -2.13 V),而氢波不产生干扰。

4.1.4 极谱分析法的应用

极限扩散电流与待测离子浓度成正比是极谱分析法定量的基础。将扩散电流方程写成 $i_d = Kc$ 的形式,在极谱图上测量出极限扩散电流的大小后,可采取比较法、标准曲线法或标准加入法进行定量。极谱分析法适宜的定量测定范围为 $10^{-4} \sim 10^{-2}$ mol · L^{-1},相对误差一般为 2%。

极限扩散电流的大小可采用平行线法、切线法或矩形法等来测量,用波高直接进行计算。

比较法是在完全相同的条件下,分别测定标准溶液和试样的波高,由下式计算:

$$c_x = \frac{h_x}{h_s} c_s \tag{4-24}$$

式中,h_x 和 h_s 分别为试样和标准溶液的波高,可从极谱图上测出;c_x 和 c_s 分别为试样和标准溶液的浓度。

代入标准溶液的 c_s 即可求出试样的 c_x。

标准加入法是测得试样的体积 V_x 和波高 h_x,再加入浓度为 c_s,体积为 V_s 的标准溶液,在完全相同的条件下,再测得溶液的波高为 H,则

$$h_x = Kc_x$$

$$H = K\left(\frac{V_x c_x + V_s c_s}{V_x + V_s}\right)$$

$$c_x = \frac{V_s c_s h_x}{(V_s + V_x)H - V_x h_x}\tag{4-25}$$

极谱分析法也可用来进行滴定分析,称为极谱滴定或伏安滴定。其基本原理是每次滴加滴定剂后,测定溶液极限扩散电流的变化,并以滴定体积对极限扩散电流作图,来确定滴定终点,如图 4-10 所示。极谱滴定时,滴定终点前后极限扩散电流的变化分别由试样和滴定剂提供,故选择不同的电压扫描范围,可获得不同形状的滴定曲线。如图 4-10(b)所示,选择电压在 A 点,滴定终点后,过量的滴定剂不产生极限扩散电流,故滴定终点后曲线变平。如图 4-10(c)所示,选择电压在 B 点,滴定终点后加入的滴定剂又使极限扩散电流增大,故滴定曲线呈 V 形。

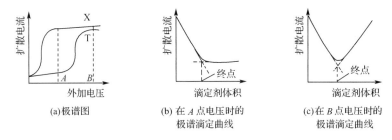

图 4-10　被测物 X 与滴定剂 T 的极谱图和极谱滴定曲线

极谱分析法适用于金属、合金、矿物及化学试剂中微量元素的测定,如金属锌中的微量 Cu、Pb、Cd 测定,钢铁中的微量 Cu、Ni、Co、Mn、Cr 测定,铝镁合金中的微量 Cu、Pb、Cd、Zn、Mn 测定,矿石中的微量 Cu、Pb、Cd、Zn、W、Mo、V、Se、Te 等的测定。也适用于醛类、酮类、糖类、醌类、硝基类、亚硝基类、偶氮类、维生素、抗生素、生物碱等具有电活性的有机与生物物质分析。

经典极谱分析法的建立对电化学分析法的发展起到了极大的推动作用,但该方法还存在不足:①分析速度较慢,一般的分析过程需要 $5\sim15$ min,这是由于滴汞周期需要保持在 $2\sim5$ s,电压扫描速度一般为 $5\sim15$ min/V,获得一条极谱曲线一般需要几十滴到上百滴汞;②灵敏度较低,主要是受干扰电流,特别是难以消除的电容电流的影响所致;③分辨率较低,相邻两组分的半波电位需要相差 100 mV 才能分辨,如果在微量组分前有一高含量的前波,影响更大。

由于经典极谱分析法的不足,目前已较少应用,但在此基础之上发展起来的一系列现代极谱分析法却应用广泛。

4.2 现代极谱分析法

4.2.1 单扫描极谱法

单扫描极谱法也称为直流示波极谱法,是根据经典极谱分析法的原理建立起来的一种快速极谱分析法。与经典极谱分析法的不同之处主要是加到电解池两电极上的电压扫描速度和方式不同。经典极谱分析法在一次扫描过程中需要几十滴汞才形成一条极谱曲线,而单扫描极谱法则在单个汞滴的形成后期进行快速扫描,在每个汞滴上形成一条极谱曲线,并使用示波器来快速显示。单扫描极谱法的工作原理如图 4-11 所示,其扫描电压是在直流可调电压上叠加周期性的锯齿形扫描电压(极化电压),在示波器的 X 轴显示的是扫描电压,Y 轴显示的是扩散电流(图 4-11 中 R 一定,电流信号转变为电压信号),荧光屏显示的是一条完整的 i-φ 曲线,如图 4-12 所示。

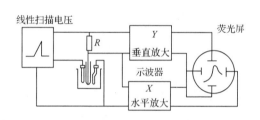

图 4-11 单扫描极谱法的工作原理

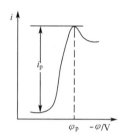

图 4-12 单扫描极谱波

由图 4-12 可见,单扫描极谱的极谱波峰形与经典极谱的不同。这是由于快速扫描时,汞滴附近的待测物质瞬间被还原,产生较大的电流。随着电压继续增加,电极表面物质的浓度降低使电流迅速下降,达到扩散平衡后,电流稳定,此时完全受扩散控制。图中 i_p 为峰电流,φ_p 为峰电位。单扫描极谱装置中使用了三电极装置,即在滴汞电极和参比电极外,另加了一支辅助电极(Pt 电极),极谱电流在滴汞电极(工作电极)和辅助电极间流过。参比电极与工作电极组成了电位监控体系,可使其间没有明显的电流通过,以确保滴汞电极的电位完全受外加电压控制,而参比电极电位保持恒定。

为获得如图 4-12 所示的单扫描极谱波,需要满足一定的条件。首先汞滴面积必须恒定,但由式(4-7)可知,汞滴面积是时间的函数,对其微分得

$$\frac{\mathrm{d}A}{\mathrm{d}t} = \frac{2}{3} \times 0.85 m^{2/3} t^{-1/3} \tag{4-26}$$

由上式可见,t 越大,汞滴面积的变化率越小。即在汞滴增长的后期,汞滴面积已基本不变,可在此时进行扫描,如图 4-13 所示。为使扫描电压与滴汞周期同步,还需要保证汞滴的定时滴落。

峰电流不是扩散电流,既不符合扩散电流方程,也不同于极谱极大。对于可逆电极反应,可推导出峰电流为

$$i_p = 2.69 \times 10^5 n^{3/2} D^{1/2} v^{1/2} m^{2/3} t_p^{2/3} c = Kc \quad (\mu A) \tag{4-27}$$

式中,v 为电压扫描速度($\mathrm{V \cdot s^{-1}}$);t_p 为峰电流出现的时间(s);m 为滴汞速度(mg·

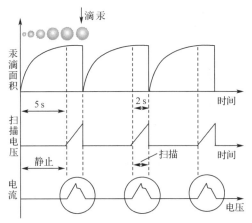

图 4-13　滴汞周期、扫描周期、静止周期的关系

s^{-1}),D 为扩散系数($cm \cdot s^{-1}$);c 为待测物质的浓度;n 为电极反应中转移的电子数。

峰电位与经典极谱分析法中半波电位的关系为

$$\varphi_{p} = \varphi_{1/2} - 1\ 100\ \frac{RT}{nF} \qquad (4-28)$$

25 ℃时

$$\varphi_{p} = \varphi_{1/2} - \frac{28}{n} \qquad (4-29)$$

由上式可知峰电位与电极反应中转移的电子数有关。由式(4-27)可知,在一定条件下,峰电流与待测物质的浓度成正比,可用于定量分析。此外,峰电流与 $v^{1/2}$ 成正比,扫描速度越大,峰电流也越大,但由于电容电流也随 v 增大,故 v 也不能太大。一般情况下,峰电流要比极限扩散电流大得多,$n=1$ 时,大 2 倍;$n=2$ 时,大 5 倍,故单扫描极谱法具有较高的检测灵敏度,同时分辨率也较高,相邻峰电位差 40 mV 即可分辨。但在单扫描极谱法中,电容电流并未消除,仍然限制了检测灵敏度的提高。

4.2.2　交流极谱法

将小振幅(几 mV 到几十 mV)的低频(5～50 Hz)正弦交流电压叠加到直流极谱法的扫描电压上,测量通过电解池的交流电流变化,获得极谱曲线的方法,称为交流极谱法。由其装置示意图 4-14 可见,交流电源与直流电源串联,则通过电解池的电流由三部分组成:直流电流、交流电流和电容电流。电流信号由电阻 R 上取出后,电容将直流电流信号隔离,交流电流信号经交流放大器放大后可用检流计测量并记录。

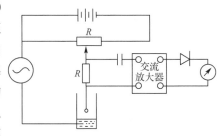

图 4-14　交流极谱装置示意图

交流极谱法的分析过程如图 4-15 所示,在图中 A_2 点,直流电压上叠加交流电压后仍达不到被测物质的析出电位,无交流电解电流产生。当直流电压达到被测物质的析出

电位后,叠加的交流电压的正半波和负半波都能使电解发生,将产生交流电解电流,在图中 B_2 点交流电解电流的振幅最大。在图中 C_2 点,叠加的交流电压也不能使扩散电流发生变化,无交流电解电流产生。记录交流电解电流信号随外加直流电压变化可得到交流极谱图(图 4-16)。在交流极谱法中产生一峰形信号,峰最大处为峰电流(i_p),对应经典极谱法的半波电位。

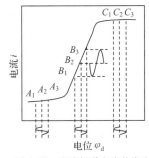

图 4-15　交流极谱电流的产生

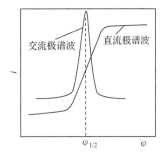

图 4-16　交流极谱波与直流极谱波的对比

对于可逆电极反应,交流极谱法的峰电流为

$$i_p = \frac{n^2 F^2}{4RT} D^{1/2} \omega^{1/2} \Delta V_0 A c$$

式中,ω 为交流电压的角频率;ΔV_0 为交流电压的振幅;A 为电极面积;D 为扩散系数;c 为待测物质的浓度。

交流极谱法中,交流电流使汞滴表面与溶液间的双电层迅速充放电,故电容电流仍然存在,限制了检测灵敏度的提高。但由于峰形信号比台阶状信号易于分辨,故分辨率要比直流极谱的高,峰电位差 40 mV 即可分辨。由于氧在滴汞电极上的还原是不可逆的,在交流极谱法中,氧的峰电流很小或不出现,基本不出现干扰,故测定过程中可不必除氧。

4.2.3　方波极谱法

电容电流同样限制了交流极谱法灵敏度的提高,将叠加的交流正弦波改为方波,使用特殊的时间开关,利用电容电流随时间很快衰减的特性(指数函数),在方波出现的后期,记录交流极化电流信号,而此时电容电流大大降低,如图 4-17 所示。方波极谱法的峰电流为

$$i_p = K n^2 A D^{1/2} \Delta V_0 c$$

由于方波极谱法大大降低了电容电流,其灵敏度要比交流极谱法的灵敏度高出 2 个数量级。

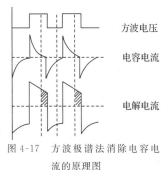

图 4-17　方波极谱法消除电容电流的原理图

4.2.4　脉冲极谱法

方波极谱法基本消除了电容电流,将其灵敏度提高到 10^{-7} mol·L^{-1} 以上,但其灵敏度的进一步提高则受到毛细管噪声的影响,即汞滴滴落时,毛细管中的汞向上回缩,溶液

吸入到毛细管内壁,形成液膜。由于液膜的厚度和汞回缩的高度对每一滴汞都有微小差异,使系统的电流发生变化,形成噪声电流。毛细管噪声比整个仪器的噪声高数倍,只有消除毛细管噪声才能使其灵敏度进一步提高。另外,在方波极谱法中,为了使电容电流迅速衰减,要求溶液的内阻较小,即支持电解质的浓度较大,这也要求所用试剂的纯度特别高,针对这种情况,提出了脉冲极谱法。

脉冲极谱法是在滴汞电极的每一滴汞生长后期,叠加一个小振幅的周期性脉冲电压,在脉冲电压后期记录电解电流。由于此时电容电流和毛细管噪声电流都充分衰减,所以脉冲极谱法提高了信/噪比,使脉冲极谱法成为极谱分析法中灵敏度最高的方法之一。脉冲极谱法按施加脉冲电压的方式和记录电解电流的方式不同,分为常规脉冲极谱法和微分脉冲极谱法(也称导数脉冲极谱法、差示脉冲极谱法)。

常规脉冲极谱法是在设定的直流电压上,在每一滴汞的后期施加一个矩形脉冲电压,脉冲的振幅随时间而逐渐增加,振幅可在 $0 \sim 2$ V 之间选择,脉冲宽度 τ 在 $40 \sim 60$ ms,两个脉冲之间的电压回复到起始电压,如图 4-18(a)所示。在加脉冲 20 ms 后,开始测量电流,此时电容电流 i_c 和毛细管噪声电流 i_f 均迅速衰减,如图 4-18(b)所示。常规脉冲极谱法的极谱波呈台阶状,如图 4-18(c)所示,极限扩散电流可表示为

$$i_d = nFAc \sqrt{\frac{D}{\pi t_m}}$$

式中,t_m 为加脉冲与测量电流之间的时间间隔。

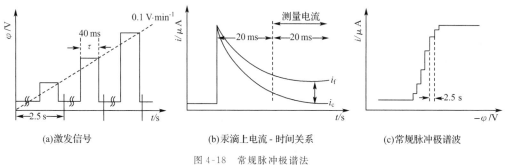

图 4-18　常规脉冲极谱法

微分脉冲极谱法是在线性变化的直流电压上,在每一滴汞的后期叠加一个振幅 ΔV 为 $5 \sim 100$ mV 的矩形脉冲电压,脉冲宽度 τ 在 $40 \sim 80$ ms[图 4-19(a)]。在脉冲加入前 20 ms 和终止前 20 ms 内分别测量电流[图 4-19(b)],记录两次测量的电流差值。该值在经典极谱法的半波电位处最大,呈峰形[图 4-19(c)]。由于测量的是电流差值,微分脉冲极谱法基本上消除了干扰电流,检出限可达到 $10^{-9} \sim 10^{-8}$ mol·L^{-1}。

4.2.5　交流示波极谱法

交流示波极谱法与直流示波极谱法一样,需要使用示波器来观察极谱曲线,其装置如图4-20所示。将 50 Hz、220 V 的交流电压通过 1 MΩ 的高电阻通入电解池,由于其电解

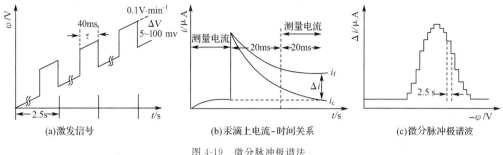

图 4-19　微分脉冲极谱法

质浓度要比直流示波极谱法的大 10 倍,电解池内阻很小,因而交流电压降几乎全部落在高电阻上,通过电解池的交流电压的振幅是恒定的。极化电压则是在 -1 V 的直流电压上叠加 ± 1 V 的交流电压,使其被控制在 $-2\sim 0$ V。根据仪器电子线路的不同,示波器可显示 $\varphi\text{-}V$、$\dfrac{\mathrm{d}\varphi}{\mathrm{d}t}\text{-}t$、$\dfrac{\mathrm{d}\varphi}{\mathrm{d}t}\text{-}\varphi$ 三种曲线,其中 $\dfrac{\mathrm{d}\varphi}{\mathrm{d}t}\text{-}\varphi$ 曲线应用较多。

　　示波器上的 $\dfrac{\mathrm{d}\varphi}{\mathrm{d}t}\text{-}\varphi$ 曲线呈圆形,曲线上半部分称为阴极支,下半部分称为阳极支。在 $-2\sim 0$ V 两端有两个亮点,前者为汞的氧化电位,后者为支持电解质的还原电位。如果溶液中含有试样,对于可逆电极反应,在两支中上下对应部位产生切口(图 4-21),切口电位相当于半波电位,切口深度(h)与试样浓度(c)有关:

$$h = a\mathrm{e}^{-bc}$$

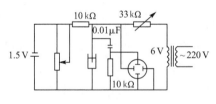

图 4-20　$\dfrac{\mathrm{d}\varphi}{\mathrm{d}t}\text{-}\varphi$ 曲线的测量装置

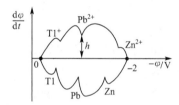

图 4-21　Tl^+,Pb^{2+},Zn^{2+} 的 $\dfrac{\mathrm{d}\varphi}{\mathrm{d}t}\text{-}\varphi$ 曲线

式中,a、b 为常数。浓度越大,则 h 越小。利用 $\dfrac{\mathrm{d}\varphi}{\mathrm{d}t}\text{-}\varphi$ 曲线直接测定物质浓度的灵敏度不高,只能测到 10^{-5} mol·L^{-1}。通常利用 $\dfrac{\mathrm{d}\varphi}{\mathrm{d}t}\text{-}\varphi$ 曲线上切口的出现与消失来指示滴定终点的到达,进行交流示波极谱滴定。

　　交流示波极谱滴定采用铂球汞膜电极、铂球(丝)微电极或铂片电极作为指示电极,采用铂片电极、钨电极或银基汞膜电极作为参比电极,以烧杯作为滴定池,用微量滴定管按常规方式滴加滴定剂。通过观察示波器上 $\dfrac{\mathrm{d}\varphi}{\mathrm{d}t}\text{-}\varphi$ 曲线上切口的出现与消失来指示滴定终点的到达。如果试样发生电极反应,滴定剂及滴定反应产物不发生电极反应,则在滴定开始时,曲线上出现切口,随着滴定的进行,切口深度变小,终点时,切口消失。如果试样及滴定反应产物不发生电极反应,滴定剂发生电极反应,则在滴定开始时,无切口出现,当滴定剂过量时,出现切口来指示滴定终点的到达。当试样中同时有多种金属离子时,可进行连续滴定,依次观察各切口的消失来指示滴定终点的到达。

与其他滴定相比,交流示波极谱滴定的突出特点是不需要在滴定后再通过绘制滴定曲线来确定滴定终点,可在滴定过程中直接观察到滴定终点的到达,并可连续进行多组分滴定,方便直观。

4.3 溶出伏安分析法

各种现代极谱分析法解决了经典极谱分析法中存在的不足,使检测灵敏度大幅度提高,但却难以进一步改进。溶出伏安分析法则是将控制电位电解富集与伏安分析法相结合的一种新的伏安分析法,检出限一般可达 $10^{-9}\sim10^{-8}$ mol·L^{-1},有时可达 10^{-11} mol·L^{-1},在痕量分析方面有重要应用。

4.3.1 溶出伏安分析法的基本原理

可将溶出伏安分析法分成两个过程,如图 4-22 所示。第一过程是将被测物质在适当电压下进行恒电位电解,在搅拌下使试样中的痕量物质被还原后沉积在阴极上,这个过程称为富集过程。第二个过程是在静止一段时间(0.5～1 min)后,再在两电极上施加反向扫描电压,使沉积在阴极(此时变为阳极)上的金属被氧化溶解,形成较大的峰电流,这个过程称为溶出过程。溶出过程所形成的峰电流与被测物质的浓度成正比(定量依据),且信号呈峰形,便于测量。若试样为多种金属离子共存时,富集过程按分解电压的大小依次沉积,溶出时,先沉积的金属后溶出,故可不经分离同时测定多种金属离子,如图 4-23 所示。根据溶出时工作电极上发生的是氧化反应还是还原反应,可将溶出伏安分析法分为阳极溶出伏安分析法和阴极溶出伏安分析法。溶出伏安分析法多用于金属离子的定量分析,溶出过程为沉积的金属发生氧化反应又生成金属阳离子,则多称为阳极溶出伏安分析法。

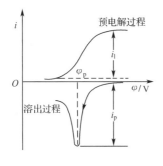

图 4-22 溶出伏安分析法的过程

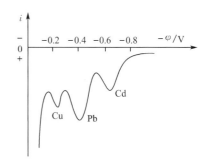

图 4-23 多种金属离子的阳极溶出伏安图

4.3.2　影响溶出峰电流的因素

被测物质的富集方式可以分为化学计量和非化学计量两种。化学计量是指将被测物质从溶液中完全电解沉积在电极上，然后再将电积物完全溶出。这种方式的精度和准确度高，但费时。非化学计量是目前应用较多的富集方式，即选择合适的电解条件，预电解一定时间，仅使 2%～3% 的被测物质沉积在电极上，然后再完全溶出。富集过程是在溶液搅拌下的控制电位的电解过程，电积完成的分数 $x(0<x<1)$ 与所需要的时间可由下式计算：

$$t_x = -\frac{V\delta}{0.43AD}\lg(1-x)$$

减小溶液体积 V 或增大电极面积 A 可以缩短富集时间，也可以通过搅拌溶液，减小扩散层厚度 δ 来实现。预电解一般为几分钟，若试样浓度较低，可适当增加预电解时间。

预电解结束后，需要让溶液静止 0.5～1 min，使沉积在汞中的电积物均匀分布，结果的重现性提高。

溶出过程要保持扫描电压的变化速度恒定。峰电流的大小与使用的极谱分析法和电极类型有关。

4.3.3　操作条件的选择

选择适当的操作条件有利于提高方法的重复性、选择性和灵敏度。操作条件的选择包括底液、预电解时间与电位、电极类型等。适宜的操作条件通常由实验确定。

底液一般与极谱分析法中的相同。电解质浓度大时，可使峰电流降低，故不宜太大。混合离子分析时，可选择具有配位作用的电解质作为底液，有利于提高选择性。电解开始前，需要通 N_2 或加入 Na_2SO_3 除氧。预电解电位通常要比待测离子的半波电位负 0.2～0.5 V，或由实验确定。预电解时间的选择与被测物质的浓度和方法的灵敏度有关，当试样浓度为 10^{-7}～10^{-6} mol·L^{-1} 时，使用悬汞电极约需要预电解 5 min，使用汞膜电极，预电解时间可短一些。延长预电解时间虽可提高方法的灵敏度，但线性关系变差。溶出伏安分析法中使用的电极有汞电极和固体电极两类。汞电极有悬汞电极（图 4-24）和汞膜电极。使用悬汞电极时，为使汞滴表面沉积的金属浓度均匀，富集之后需要有 30 s 的静止时间，另外沉积的金属在汞中的扩散也使表面浓度降低，方法的灵敏度降低。汞膜电极是在银电极或玻碳电极上镀一薄层汞制成的电极，由于汞膜很薄，沉积的金属浓度高，扩散出来的速度快。一般来说，使用汞膜电极时的灵敏度要比使用悬汞电极时的灵敏度高 1～2 个数量级。玻碳电极是用一种玻璃态石墨制成的电极，其结构如图 4-25 所示。溶出伏安分析法中常用的固体电极有石墨电极、玻碳电极、铂电极及银电极等。

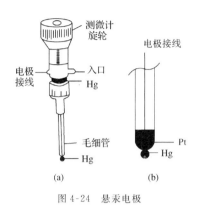

图 4-24　悬汞电极

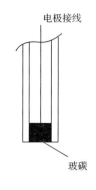

图 4-25　玻碳电极

4.3.4　溶出伏安分析法的应用

溶出伏安分析法的定量方法与直流极谱分析法的相似,可测量峰高后采用标准曲线法或标准加入法定量。峰高的测量可以按如图 4-26 所示的任一方法进行,但在一次分析过程中要保持前后一致。

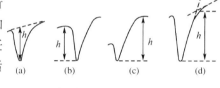

图 4-26　溶出伏安分析法中的峰高测量方法

溶出伏安分析法的灵敏度非常高,被广泛应用于超纯物质分析及化学、化工、食品卫生、金属腐蚀、环境检测、超纯材料、生物等各个领域中的微量元素分析。阳极溶出伏安分析法可测定 30 多种金属元素,阴极溶出伏安分析法可测定 X^-、S^{2-}、钨酸根等阴离子。

4.4　循环伏安法

4.4.1　循环伏安法的基本原理

循环伏安法的基本原理与单扫描极谱法的相似,不同的是单扫描极谱法使用的是锯齿波,而在循环伏安法中扫描电压增加至某一数值后,再逐渐降低反向扫描至起始值,形成一个等腰三角形,如图 4-27(a)所示,并由此获得如图 4-27(b)所示的极化曲线。上部为物质氧化态被还原产生的 i-φ 曲线;下部为还原态又重新被氧化产生的 i-φ 曲线。若电极反应是可逆的,则在一次扫描中,完成还原、氧化两个过程的循环后又回到始态,故称为循环伏安法。

对于可逆电极反应,如图 4-27(b)所示的两个峰电流之比为

$$\frac{i_{\text{pa}}}{i_{\text{pc}}} \approx 1$$

25 ℃时,两峰电位之差为

$$\Delta\varphi_{\text{p}} = \varphi_{\text{pa}} - \varphi_{\text{pc}} \approx \frac{56}{n}\ (\text{mV})$$

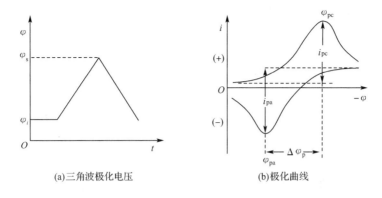

(a)三角波极化电压　　　　(b)极化曲线

图 4-27　循环伏安法示意图

4.4.2　循环伏安法的应用

　　循环伏安法是一种十分有用的电化学研究方法,在研究电极反应的性质、机理、电极过程动力学参数、电化学-化学偶联反应过程(电极反应过程中伴随有化学反应)及化合物的电化学性质等方面有着十分广泛的应用,但较少应用在成分分析中。

　　利用循环伏安过程中所获得的参数可以判断体系的不可逆程度,如果

$$\frac{i_{pa}}{i_{pc}}<1,\ \Delta\varphi_{p}>\frac{56}{n}\quad (\text{mV})$$

即两峰电流之比越小,峰电位差越大,体系的不可逆程度越大。

　　循环伏安法研究电化学-化学偶联反应过程十分有效。如图 4-28 所示为两步串联反应的循环伏安曲线的形成过程,如 $Cu^{2+}\longrightarrow Cu^{+}\longrightarrow Cu$。开始时,溶液中只有氧化态的 A 存在,扫描开始后,A 被还原生成 B,B 又继续被还原生成 C。反相扫描时,C 被氧化生成 B,B 又继续被氧化生成 A。

　　对氨基苯酚的循环伏安图如图 4-29 所示,开始时,溶液中只有对氨基苯酚(5)。对氨基苯酚为电活性物质,当由较负的电位 A 点开始反相扫描(阳极扫描),首先出现阳极峰 1,为对氨基苯酚的电极氧化产物对亚氨基苯醌(1),并立即与水(酸性条件下)发生化学反应生成苯醌(4):

$$\underset{(5)}{\underset{NH_2}{\overset{OH}{\bigcirc}}}\longrightarrow\underset{(1)}{\underset{NH}{\overset{O}{\bigcirc}}}+2H^{+}+2e^{-}$$

$$\underset{NH}{\overset{O}{\bigcirc}}+H_2O+H^{+}\rightleftharpoons\underset{\underset{(4)}{O}}{\overset{O}{\bigcirc}}+NH_4^{+}$$

此时溶液中就同时存在着两种氧化态的电活性物质。而后进行阴极扫描,出现的阴极峰 2 和 3,则分别为对亚氨基苯醌被还原生成的原物质(5)和苯醌被还原生成的对苯二酚(3):

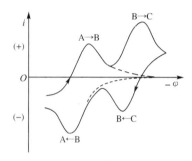

再次进行阳极扫描则获得阳极峰 4 和 5(虚线),分别为对苯二酚和对氨基苯酚被氧化生成的苯醌(4)和对亚氨基苯醌(1)。

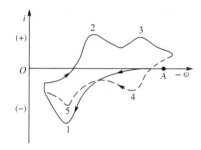

图 4-28　A→B→C 两步氧化还原体系的循环伏安图　　　　图 4-29　对氨基苯酚的循环伏安图

4.5　专　题

近年来,随着纳米技术、生物技术和微加工技术的快速发展,各领域的新科技成果不断与伏安分析法相融合,使其在灵敏度、选择性、自动化等方面都取得了长足的进步。

4.5.1　化学修饰电极

将特定功能的分子、离子、聚合物等利用化学或物理等手段固定在电极表面,即可得到化学修饰电极。通过电极修饰,可改善电极性质,实现功能设计,赋予电极更好的选择性、更高的灵敏度、更快的电子转移速率等。如在工作电极表面修饰一层带负电荷的高分子聚合物 Nafion,修饰电极可静电排斥带负电荷的离子,吸引带正电荷的离子,使修饰电极对正电荷离子表现出更好的选择性。再如,修饰有电子转移媒介体二茂铁的电极可对亚硫酸根的氧化表现出高电催化活性,从而提高修饰电极对亚硫酸根检测的灵敏度。

1. 化学修饰电极的制备方法

电极修饰通常在碳(玻碳、石墨和热解石墨)、玻璃、金属(Au、Pt)等固态基体电极表面进行,采取的方法有物理吸附、共价键合和聚合等。

(1)吸附型修饰电极

吸附型修饰电极是利用基体电极本身的吸附作用,通过平衡吸附、静电吸附或 LB(Langmuir-Blodgett,LB)膜吸附等方式,将具有特定官能团的分子吸附到电极表面。

　　平衡吸附是吸附速率与脱附速率相等,表观吸附速度为零时的吸附状态。易于在碳电极表面吸附的功能分子通常含有不饱和键,特别是共轭 π 结构,如 8-羟基喹啉等含苯环的化合物等。吸附过程依靠修饰物中存在的 π 电子与电极表面进行交叠和共享。此外,在电极等固液界面,一些分子可基于分子间化学键自发吸附形成能量最低的、高度有序的单分子薄膜,称为自组装膜(Self Assembling Membranes,SAM)。SAM 以组织有序、定向、密集、完好、稳定为特征。电极界面的 SAM 具有明晰的微结构,可用于探测电极表面分子微结构和宏观电化学响应之间的关系,并在电化学界面电子转移、催化和分子识别等方面广泛应用。利用自组装技术已成功地研制了许多性质优良的自组装单层膜,包括:醇和胺在铂电极表面自组装形成的单层膜,硫醇、二硫化物和硫化物在金、银、铜表面自组装形成的单层膜,脂肪酸在 Ag、Cu、Al、Fe 等金属氧化物表面自组装形成的单层膜等。以上 SAM 中,以烷基硫醇在金上的自组装膜最为典型和广泛应用。

　　离子型修饰剂可依靠与电极界面的静电吸附进行组装。使电极带电荷的方式很多,如将碳电极在酸性磷酸缓冲溶液中进行循环伏安扫描,电极表面的碳原子可被氧化还原成羧基、羰基、羟基等基团。调节溶液 pH 至中性或弱碱性,碳电极可带负电荷;而将巯基丙酸自组装于金电极表面,也可使电极界面在中性和碱性条件下呈现负电性。

　　LB 膜是兼具亲水性和疏水性的两亲性分子,是在气液界面排列成的单分子层转移沉积到固体基底上所得到的一种膜。有很多单分子材料非常适合在气液界面形成 LB 膜,包括脂质体、高分子聚合物、蛋白质和生物分子等,图 4-30 为修饰电极的 LB 膜界面的结构。

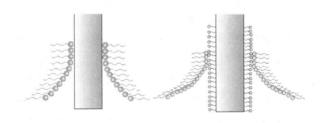

图 4-30　修饰电极的 LB 膜界面的结构

　　若单次组装不能使电极表面功能分子的量达到分析要求,可通过层层组装的方式提高功能分子在电极表面的修饰量。层层组装技术近年来在生物分析领域得到了广泛的应用。如图 4-31 所示,将带负电荷的葡萄糖氧化酶 GOx 和带正电荷的高分子聚合物聚二烯丙基二甲基氯化铵包覆的多壁碳纳米管(PDDA-MWCNT)利用静电吸附,多次交替组装于巯基丙酸(MPS)修饰的金电极表面,可提高葡萄糖氧化酶在电极表面的组装量,提高电分析的灵敏度。基于静电相互作用进行层层组装经常需要引入一种辅助的带电高分子材料,常用的荷电高分子材料有:聚二烯丙基二甲基氯化铵(PDDA)、聚苯乙烯磺酸钠(PSS)等。

GOx
PDDA-MWCNT
PSS
PDDA
MPS
金 电 极

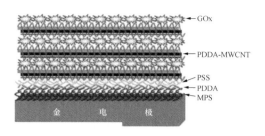

图 4-31 GOx 在金电极表面的层层组装

(2)共价键合型修饰电极

采用共价键合的方式修饰电极,电极表面需含有可供键合的功能基团。

金属和金属氧化物电极表面一般含有羟基,可直接用于化学修饰。如图 4-32 所示,Murray 利用 Pt 电极表面的羟基与胺基硅烷的缩合反应,首先在 Pt 电极表面引入胺基,而后利用胺基与含羰基或酸性氯化物的化合物反应,进一步将电活性物质键合到电极表面,即可完成修饰电极的制备。

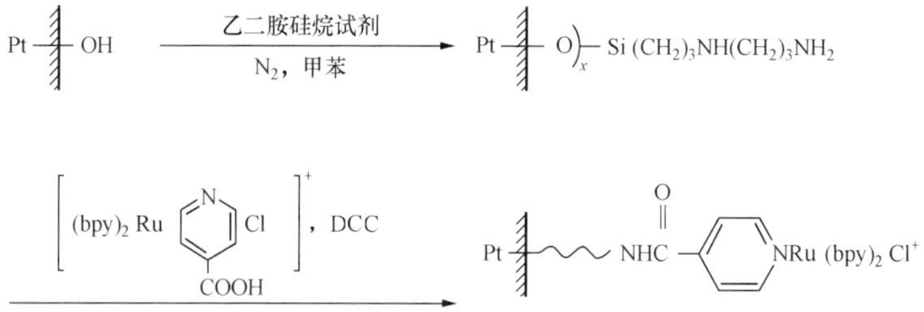

Pt
OH
乙二胺硅烷试剂
N2, 甲苯
Pt
O)x
Si (CH2)3NH(CH2)3NH2
(bpy)2 Ru
Cl
COOH
DCC
O
Pt
NHC
NRu (bpy)2 Cl+

图 4-32 用硅烷试剂的分子键合过程

若电极表面不含键合基团,或键合基团的含量较低,可通过预处理的方式引入。如,碳电极在酸性磷酸缓冲溶液中进行氧化还原预处理后,可富含羧基、羰基、羟基等基团,而在含有机胺的溶液中进行氧化还原预处理可使电极表面富含伯胺、仲胺等基团。电极界面生成的含氧基团进一步用 $SOCl_2$ 活化,即可与含胺基的各种功能化合物键合。

共价键合的单分子层的厚度一般为 $10^{-3} \sim 10^{-2}$ nm,修饰后的电极导电性好、稳定性高、寿命长,只是修饰过程较烦琐,最终能接上的官能团的覆盖度也较低。

(3)聚合物修饰电极

聚合物可通过电化学聚合、有机硅烷缩合、等离子体聚合等方式原位引入电极表面,也可先制备好再通过滴涂等方式修饰到电极表面。电化学聚合是一种常用的在电极表面修饰聚合物膜的方法。利用电化学氧化还原引发,电活性单体可在电极表面发生原位聚合生成聚合物薄膜。电活性单体一般为含有氨基、乙烯基或羟基的芳香族化合物以及稠环、杂环等多核碳氧化合物、冠醚类化合物等。在电聚合的过程中,可以通过控制电聚合的各项参数来调节膜的厚度及组成。

2. 化学修饰电极的应用

修饰有功能分子的化学修饰电极被赋予了许多新的功能,归纳起来主要包括如下几个方面。

(1)富集作用

有些修饰分子对待测物具有富集作用,可提高待测物分析的灵敏度。如,乙二胺四乙酸(EDTA)可以富集溶液中的 Ag^+,将 EDTA 键合到玻碳电极表面,电极表面键合的 Ag^+ 含量增加,可以使循环伏安法测定 Ag^+ 时的灵敏度得到提高。

（2）化学转化

化学转换是一种利用非电活性物与电极表面修饰物之间特异性的化学相互作用,通过化学反应后产物的电信号实现非电活性物质测定的方法。化学转化可扩大分析对象的范围。如,聚乙烯吡啶-芳香醛化学修饰电极测定伯胺,利用的是伯胺与修饰层中芳香醛的反应,其反应产物亚胺在化学修饰电极上可被氧化产生阳极电流,基于该电流可实现伯胺的测定。

（3）电催化

电催化是化学修饰电极的一个重要功能。图 4-33 为一个典型的电催化过程的原理示意图。电极表面修饰有电活性物质,其还原态可被溶液中的氧化态物质氧化,生成的氧化态被电极再生还原,并继续与溶液中的氧化态物质反应。如此循环,修饰层中的电活性物质虽参与反应,但结束时其含量并不发生改变,即修饰层起到了催化剂的作用,催化电流往往远远大于溶液中电活性物质直接氧化还原所产生的电流,并与目标物浓度成正比。因此,利用电催化可放大检测信号,提高分析灵敏度。

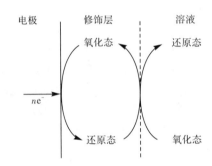

图 4-33　修饰电极的电催化过程的原理示意图

（4）选择渗透性

电极表面的某些修饰物,如 Nafion（一种带负电荷的高分子薄膜）,可排斥溶液中带负电荷的物质,使其不容易渗透进入电极,同时增强对带正电荷物质的吸引,改善电极对正电荷物质的选择性。

3. 电化学生物传感器

电化学生物传感器是一类特殊的化学修饰电极,是以生物分子作为识别元件,以电极作为信号转换元件,可按一定规律将生物化学识别行为转换成电信号输出的小型装置。电化学生物传感器通常由三电极系统组成,其工作电极界面修饰有生物功能分子,如酶、抗原/抗体、核酸或组织等。电化学生物传感器的制备方法与化学修饰电极相似,生物分子可以通过聚合物包埋、共价键联、吸附等方式修饰到工作电极表面。在修饰生物分子过程中,要注意保持生物分子的活性和电子的有效转移。

根据工作电极界面修饰的生物分子种类的不同,电化学生物传感器可分为酶传感器、免疫传感器和核酸传感器等。一些电化学生物传感器已经实现了商业应用,其中应用最广泛的是血糖仪,其核心部件是葡萄糖氧化酶修饰电极。葡萄糖氧化酶电极出现于 20 世纪 60 年代,经过数十年的发展,已有多代产品面世。目前普遍采用的是第二代酶电化学传感器,即媒介体型酶电极。如图 4-34 所示,该传感器的功能膜中除含有葡萄糖氧化酶外,还包含一种电子转移媒介体(M)。酶是一种对其底物具有高度特异性和高度催化效能的蛋白质。在复杂体系中,葡萄糖氧化酶可以高选择性地识别底物葡萄糖(glucose),并将葡萄糖氧化成葡糖酸内酯(gluconolactone),同时自身被还原。还原态的 GOx(Red)被电极表面的氧化态媒介体 M(Ox)氧化,恢复初始氧化状态,继续选择性氧化葡萄糖。媒介体被还原到还原态 M(Red)后被电极氧化,产生催化氧化电流,其大小在一定范围内与葡萄糖浓度成正比,可用于葡萄糖的定量分析。媒介体发生的是可逆的氧化还原反应,因此,在葡萄糖检测过程中不会出现第一代血糖仪具有的测定范围较窄的问题(第一代葡萄糖传感器以溶解氧作为中间体,溶液中氧气的消耗会导致葡萄糖检测范围变窄)。由此可见,加入媒介体既可以有效介导葡萄糖氧化酶的电子转移,还可以拓宽葡萄糖的检测范围。酶电化学传感器既具有酶的高特异性,又具有电化学方法的高灵敏度,在生化检测中具有广泛的应用。

酶层: GOx (Ox)＋glucose → gluconolactone＋GOx (Red)

修饰层:GOx (Red)＋M(Ox) → GOx(Ox)＋M (Red)

电极: M (Red) → M(Ox)＋ne^-

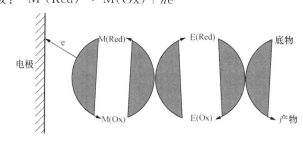

图 4-34 媒介体酶电极工作原理示意图

改变电化学生物传感器的生物识别分子,利用生物分子对目标物的高选择性,如,酶与底物、抗原与抗体、互补核酸的相互作用等,电化学生物传感器可选择性地识别糖类、有机酸、氨基酸、蛋白质、抗原、抗体、DNA、激素、肿瘤细胞、生化需氧量以及某些致癌物质等。电化学生物传感器的研究热潮始于 20 世纪 80 年代,经过多年的发展,已出现一系列在环境监测、临床检验和食品安全等领域具有实用价值的电化学生物传感器。进入 21 世纪以来,随着微加工技术和纳米技术的进步,生物传感器不断向微型化、集成化方向发展,便携式测试仪器得到了快速发展。

4.5.2 微电极与活体分析

对生物体内重要的生理、病理活性物质进行原位、在线检测对生理学研究、疾病诊断及相关药物的质量控制都有重要意义。要实现这一目的,检测技术需要满足响应快速、灵敏、微型和不影响生物体原有平衡等要求。微电极(也称超微电极)由此而生,成为电分析化学发展的一个重要方向。

1. 微电极

当电极的扩散层厚度大于电极本身直径时,这类电极被定义为微电极。通常,其至少在一个维度上的尺寸应小于 $50\ \mu m$。微电极的一维尺寸很小,形状各异(可制备成盘、柱、针、带,以及微电极阵列等),材料多样(制作微电极的材料常有碳纤维、铂丝、石墨粉、金、铜、银等)。图 4-35 为典型的针状微电极结构示意图。为了满足实际复杂生物体系选择性和灵敏度方面的需求,微电极界面常常需要修饰各种催化剂和功能识别基团等物质。

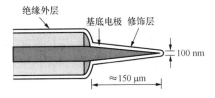

图 4-35　针状微电极结构示意图

微电极的基本特征如下:

(1)直径低至微米或纳米级,可直接插入单个细胞而不破坏其原有平衡,对生物体进行无损检测。

(2)电流正比于电极面积,微电极可通过的电流值通常为纳安(nA)或皮安(pA)级。体系 iR 降低,即使在高阻抗溶液(如某些有机溶剂和未加支持电解质的水溶液)中也可以不考虑 iR 降低的影响。

(3)电容正比于电极半径的平方,微电极的电双层充电电流小,电化学响应信噪比高。

(4)响应快速,电极表面液相传质速度快,建立稳态所需要时间短,适用于研究快速的电荷转移或化学反应,以及短寿命物质的监测。

对于半径为 r 的微盘电极,球形电极的非稳态扩散过程的扩散电流方程为

$$i = 4\pi z F c_0 \left(r + \frac{r^2}{\sqrt{\pi D t}} \right)$$

式中,c_0 为电化学活性物质在溶液中的浓度;r 为球形电极的半径;D 为扩散系数。扩散电流 i 为时间 t 的函数,i 随 t 的增加而减小,当 $t \to \infty$ 时,i 达到稳定。

对于微电极来说,r 很小,t 很快就能使第二项忽略不计,这时电流为稳态电流:

$$i_l = 4nFDrc^*$$

微电极得到的 $i\text{-}\varphi$ 曲线呈 S 形,而不呈峰形。微电极上获得的稳态电流与待测组分的浓度成正比,基于稳态电流与待测组分之间的比例关系可实现对待测组分的测定。

2. 微电极在活体分析中的应用

设计制备具有高选择性、高灵敏度和优异稳定性的化学修饰微电极,并将其用于原位检测大脑中重要化学神经递质类和生理活性物质,以探索脑神经生理和病理的物质基础,辅助揭示大脑的奥秘,成为近年来活体电化学分析关注的热点。1973 年 Adams 将直径为 1 mm 的石墨电极插入大白鼠的大脑尾核部位,获得第一张活体循环伏安图,表明测定部位有多巴胺的存在。Hubbard 等利用碘修饰的铂微电极作为工作电极,采用微分脉冲伏安法解决了维生素 C 和多巴胺两种化合物氧化峰容易重叠的问题,实现了两种物质的同时测定。经过多年的发展,活体电分析技术取得了长足的进步。目前,活体电化学分析法已经可以实现胆碱类、儿茶酚胺类、氨基酸类、神经肽类、一氧化氮自由基等化学神经递质类物质,以及葡萄糖、乳酸、丙酮酸、氧气、谷胱甘肽、抗坏血酸、金属离子等重要生理活性分子的在线检测。

4.5.3 光谱电化学分析法

光谱电化学分析法是一种以电化学产生激发信号，以光谱技术测量物质变化的分析方法。充分结合了电化学方法容易控制物质状态和光谱法有利于物质识别的特点。

光谱电化学实验需要在一种特殊的薄层电解池中进行。薄层电解池使用光透电极（Optically Transparent Electrode，OTE），其既要有良好的透光性，又要电阻低。如图 4-36 所示，电极通常分为光电薄膜电极和金属网栅电极。光电薄膜电极是将导电材料（SnO_2、In_2O_3、Au、Pt）涂或镀到玻璃（或石英）上，导电膜越薄，透光性越好，但导电性下降，电阻变大。使用金属网栅电极时，光从网格[如 400 条/(1 cm 金丝)]中透过，网孔径比扩散层厚度小得多，可看作平板电极。薄层电解池要有利于光的透过，体积要小，可放入普通光谱仪的样品室中。此类电解池的一个优点是本体电解可在几秒钟完成。图 4-36(b) 是一种夹心式金网栅电解池。溶液可从贮液器吸到电解池顶端。液层厚度为 0.2 mm，金网栅所覆盖的溶液体积仅为 40 mL 左右。电解很短的时间后，就可以观察到物质的明显变化。

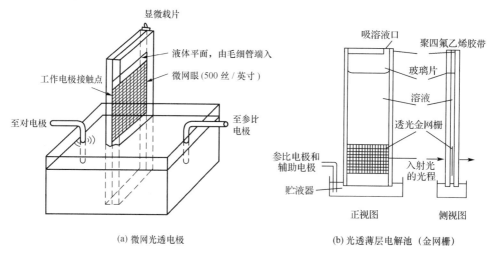

(a) 微网光透电极　　　　(b) 光透薄层电解池（金网栅）

图 4-36　微网光透电极和夹心式金网栅电极结构图

目前，电化学方法已经和红外吸收光谱、紫外可见吸收光谱、拉曼光谱、X-射线光电子能谱、核磁共振吸收光谱等多种分析技术联用，成为研究电极反应机理的有效工具。薄层电解池在设计时，通常需要考虑与其联用的分析方法的具体要求。如，在红外光谱电化学中，被探测物质在电极和距电极表面很薄的溶液层中，红外辐射通过一个窗口和溶液薄层，经电极表面的反射后被检测。由于大多数溶剂对红外辐射有很好的吸收，为了避免这部分吸收干扰，其窗口和电极之间的溶液层必须足够薄（1～100 nm）。

习　题

4-1　与电解分析法相比，经典极谱分析法的创新思想在哪里？

4-2　阐述极谱波形成的过程及条件。为什么要使用滴汞电极？

4-3　极谱定性、定量的依据是什么？

4-4　极谱波方程有什么作用？半波电位的作用是什么？

4-5　影响极谱灵敏度提高的关键因素是什么？如何解决？

4-6　为什么能够在经典极谱分析法的基础上发展起来一系列现代极谱分析法？创新思想是如何体现的？各种方法的主要特点是什么？

4-7　溶出伏安分析法为什么具有很高的灵敏度？

4-8　循环伏安法与单扫描极谱法有什么不同？循环伏安法如何判断反应的可逆与不可逆过程？

4-9　用直流极谱法测定某试样中铅的含量。准确称取 1.000 g 试样溶解后转移至 50 mL 容量瓶中，加入 5 mL 1 mol·L^{-1} KNO$_3$ 溶液，数滴饱和 Na$_2$SO$_3$ 溶液和 3 滴 0.5% 动物胶，稀释至刻度，然后移取 10.00 mL 于电解池中，在 $-1.0 \sim -0.2$ V 间记录极谱波。测得极限扩散电流 i_d 为 9.20 μA。再加入 1.0 mg·mL^{-1} Pb^{2+} 标准溶液 0.50 mL，在同样条件下测得 i_d 为 22.8 μA。试计算试样中铅的质量分数，扼要说明加入 KNO$_3$，Na$_2$SO$_3$ 和动物胶的作用是什么。

4-10　用单扫描极谱法测定某试液中 Ni^{2+} 的含量。在 25.00 mL 含 Ni^{2+} 的试液（已加支持电解质、动物胶并除氧）中测得的峰电流 i_p 为 2.36 μA。当加入 0.50 mL 2.87×10^{-2} mol·L^{-1} Ni^{2+} 标准溶液后测得 i_p 为 3.79 μA，试求试液中 Ni^{2+} 的浓度。

4-11　3.0 g 锡矿试样以 Na$_2$O 熔融后溶解，将溶液转移至 250 mL 容量瓶中，稀释至刻度。吸取稀释后的试液 25 mL 进行极谱分析，测得扩散电流为 24.9 μA。然后在此试液中加入 5 mL 浓度为 6.0×10^{-3} mol·L^{-1} 的标准锡溶液，测得扩散电流为 28.3 μA。计算锡矿试样中锡的质量分数。

4-12　在 25 ℃时，Cd^{2+} 在滴汞电极上的反应式为

$$Cd^{2+} + 2e^- + Hg \longrightarrow Cd(Hg)$$

若测得极限扩散电流 i_d 为 5.80 μA，当滴汞电极电位（vs. SCE）为 -0.602 V 时，电流为 1.2 μA。试计算 Cd^{2+} 的半波电位。

4-13　如图 4-37 所示为 Co(Ⅲ)-(B$_9$C$_2$H$_{11}$)$_2$ 在 1,2-二甲氧基乙烷溶液中的循环伏安图，说明每个波的电极反应是否可逆？反应中转移的电子数是多少？

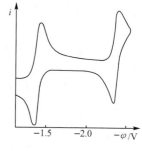

图 4-37

$\varphi_{1/2}$(vs. SCE)/mV	i_{pa}/i_{pc}	$(\varphi_{pa}-\varphi_{pc})$/mV
−1.38	1.01	60
−2.38	1.00	60

第5章

色谱分析基础

色谱分析在现代仪器分析中占有重要地位,其独有的高效、快速分离特性特别适合于复杂混合物的分离分析。据估计,目前的分析任务超过一半是由色谱分析法完成的。

5.1 色谱分析法概述

色谱分析法是由俄国植物学家茨维特(Tswett)于 1906 年最先建立的。他使用竖直装填有细颗粒碳酸钙的玻璃管作为分离柱,上部用石油醚不断淋洗,分离了植物叶提取液中的叶绿素。由于分离时,在柱中出现了不同的色层,故有"色谱法"之名,但此之后色谱分析法一直发展缓慢。1942 年汉斯(Hesse)以氮气为流动相,硅胶为固定相,分离了当时很难分离的苯与环己烷。马丁(Martin)和辛格(Synge)则将液体有机化合物涂渍在支持体上作为固定相,被分离组分通过分离柱时在气-液两相间进行分配,不但使色谱分离能力大大提高,而且有机固定相的使用也使分析对象的范围极大扩展,并建立了系统的色谱理论,极大地推动了色谱分析法的发展,由此获得了 1952 年度的诺贝尔化学奖。在此之后,色谱分析法进入快速发展期,先后建立了气相色谱、液相色谱、离子色谱及超临界流体色谱等一系列现代色谱分析法。20 世纪 80 年代末,又出现了具有更高分离效能的毛细管电泳,构成了现代仪器分析的重要组成部分。

5.1.1 色谱分析法的特点、分类和作用

虽然色谱分析法包括多种方法,但两相及两相的相对运动构成了各种色谱分析法的基础。试样混合物在色谱中的分离过程也就是试样混合物中各组分在色谱分离柱中的两相间不断进行着的分配过程,其中一相固定不动,称为固定相;另一相是携带试样混合物流过此固定相的流体(气体、液体或超临界流体),称为流动相。当流动相中携带的试样混合物流经固定相时,各组分与固定相发生相互作用,由于试样混合物中各组分在性质和结构上的差异,与固定相之间产生的作用力大小不同,随着流动相的移动,试样混合物在两相间经过反复多次的分配平衡,使得各组分被固定相保留的时间不同,从而按一定次序由分离柱中流出,此过程与适当的柱后检测方法结合,实现了试样混合物中各组分的分离与分析。

各种色谱分析法所使用的仪器种类较多,相互间差别较大,但均由以下几部分组成,如图 5-1 所示。

图 5-1　色谱分析法一般流程

色谱分析法分类如图 5-2 所示。现代色谱按流动相类型不同可分为：气相色谱、液相色谱、超临界流体色谱等。由于色谱中固定相的性质不同，决定了其分离机理的不同，故通常又按所使用的固定相进行分类。对于气相色谱，按所使用的分离柱不同可分为：填充柱气相色谱和毛细管气相色谱；按使用的固定相不同又分为：气固色谱和气液色谱。液相色谱已脱离了经典柱色谱的局限发展到以高压、高效、高速为特征的现代液相色谱，按固定相的不同可分为：分配色谱、离子交换色谱、离子色谱、凝胶色谱及亲和色谱等。超临界流体色谱是采用超临界流体如 CO_2 等为流动相的一类新型色谱。薄层色谱（薄板层析）和纸色谱（纸层析）属于比较简单的经典色谱分析法，应用范围不广。高效毛细管电泳具有很高的分离效率，也属于分离技术范畴，考虑到该方法自身的特点和快速发展，本教材将其单独列为一章讲授。

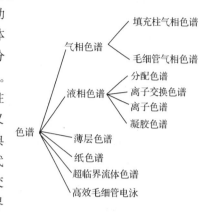

图 5-2　色谱分析法分类

与其他类型的分析方法相比，色谱分析法具有以下显著特点：

（1）分离效率高

可分离分析复杂混合物：有机同系物、异构体、手性异构体等。

（2）灵敏度高

可以检测出 $\mu g \cdot g^{-1}$（10^{-6}）级甚至 $ng \cdot g^{-1}$（10^{-9}）级的物质量。

（3）分析速度快

一般在几分钟或几十分钟内可以完成一个试样的分析。

（4）应用范围广

气相色谱适用于沸点低于 400 ℃的各种有机化合物或无机气体的分离分析。液相色谱适用于高沸点、热不稳定及生物试样的分离分析。离子色谱适用于无机离子及有机酸碱的分离分析。三者具有很好的互补性。

色谱分析法的不足之处是对被分离组分的定性较为困难。随着色谱与其他分析仪器联用技术的发展，这一问题已经得到较好解决。有关联用技术将在第 18 章中介绍。

5.1.2　色谱基本参数与色谱流出曲线的表征

色谱分析后所获得的色谱流出曲线提供了色谱分离过程的各种信息，是被分离组分在色谱分离过程中的热力学因素和动力学因素的综合体现，也是进行色谱理论计算和定量分析的基础。单组分的标准色谱流出曲线如图 5-3 所示，通常用以下术语和关系式对其进行表征。

1. 基线

无试样组分通过检测器时,检测记录到的信号即为基线,即如图 5-3 所示与时间轴平行的直线。

2. 保留值

保留值是用于表征试样组分被固定相滞留程度的参数。保留值越大,表明组分在固定相中滞留的时间越长,即组分与固定相之间有较大的作用力。如果某组分不被固定相滞留,则仅流经分离柱中颗粒之间的空隙,并在最短时间内流出。保留值受色谱分离过程中的热力学因素控制(如分离温度、固定相极性等),其可以用时间或体积表示。各组分的保留值参数可在色谱流出曲线上标注和测定,如图 5-3 所示。

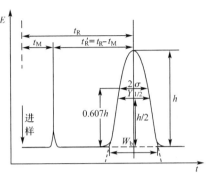

图 5-3 单组分的标准色谱流出曲线及参数

(1)用时间表示的保留值

保留时间(t_R):组分从进样到柱后出现浓度极大值时所需的时间。

死时间(t_M):不与固定相作用的组分的保留时间。

调整保留时间(t'_R):组分保留时间 t_R 去除死时间 t_M 后的保留时间,代表了组分在固定相中滞留的总时间。

$$t'_R = t_R - t_M \tag{5-1}$$

(2)用体积表示的保留值

保留体积(V_R):

$$V_R = t_R \times F_0 \tag{5-2}$$

式中,F_0 为柱出口处的载气流量,单位为 mL/ min。

死体积(V_M):

$$V_M = t_M \times F_0 \tag{5-3}$$

调整保留体积(V'_R):

$$V'_R = V_R - V_M \tag{5-4}$$

3. 相对保留值

相对保留值定义为组分 2 与组分 1 的调整保留值之比。

$$r_{21} = \frac{t'_{R_2}}{t'_{R_1}} = \frac{V'_{R_2}}{V'_{R_1}} \tag{5-5}$$

相对保留值只与柱温和固定相的性质有关,与其他色谱操作条件无关,它表示了固定相对这两种组分的选择性。

4. 区域宽度

色谱峰具有一定的宽度,其大小反映了组分在色谱分离过程中受到的动力学因素,如扩散及载气流速等的影响。衡量色谱峰宽度的参数有以下三种:

标准偏差(σ):即 0.607 倍峰高处色谱峰宽度的一半;

半峰宽($Y_{1/2}$):峰高一半处的色谱峰宽度 $Y_{1/2} = 2.354\sigma$;

峰底宽(W_b):$W_b = 4\sigma$。

5. 色谱流出曲线的数学描述

色谱峰为正态分布时,色谱流出曲线上的浓度与时间的关系为

$$c = \frac{c_0}{\sigma\sqrt{2\pi}} \mathrm{e}^{\frac{(t-t_R)^2}{2\sigma^2}} \tag{5-6}$$

当色谱峰为非正态分布时,可按正态分布函数加指数衰减函数构建关系式。

5.1.3　色谱一般分离过程与分配系数

色谱分离过程是在色谱柱(分离柱)内完成的,分离机理因固定相性质的不同而不同。当固定相为固体吸附剂颗粒时,固体吸附剂对试样中各组分的吸附能力的不同是分离的基础。当固定相由担体(具有较大比表面积的固体颗粒)及其表面涂渍的固定液组成时,试样中各组分在流动相和固定液两相间分配的差异则是分离的依据。当固定相为离子交换树脂时,组分与树脂上离子交换基团结合力的不同是分离的前提。色谱分离过程类似于两相萃取的重复进行,对于难分离物质(如性质比较接近的组分),只有通过单次分离过程的反复进行才有可能有效地获得分离。

1. 色谱一般分离过程

当试样由流动相携带进入分离柱并与固定相接触时,被固定相溶解或吸附。随着流动相的不断通入,被溶解或吸附的组分又从固定相中挥发或脱附,向前移动时又再次被固定相溶解或吸附,随着流动相的流动,溶解、挥发或吸附、脱附的过程反复地进行,由于试样中各组分在两相中分配比例的不同,被固定相溶解或吸附的组分越多,向前移动得越慢,从而实现了色谱分离。色谱分离过程如图 5-4 所示,将分离柱中的连续过程分割成多个单元过程,每个单元上进行一次两相分配。流动相每移动一次,组分即在两相间重新快速分配并平衡,最后流出时,各组分形成浓度正态分布的色谱峰。不参加分配的组分最先流出。

两相的相对运动及单次分离的反复进行构成了各种色谱分析过程的基础。

2. 分配系数

组分在固定相和流动相间发生的吸附、脱附或溶解、挥发的过程叫做分配过程。在一定温度下,组分在两相间分配达到平衡时的浓度(g/mL)比,称为分配系数(Partition Coefficient),用 K 表示,即

$$K = \frac{\text{组分在固定相中的浓度}}{\text{组分在流动相中的浓度}} = \frac{c_s}{c_M} \tag{5-7}$$

分配系数是色谱分离的主要参数。一定温度下,组分的分配系数 K 越大,即组分在固定相中的浓度越大,则出峰越慢。当试样一定时,K 主要取决于固定相的性质。不同组分在各种固定相上的分配系数 K 不同,因而选择适宜的固定相,增加组分间分配系数的差别,可显著改善分离效果。试样中各组分具有不同的 K 是能够实现色谱分离的前提和依据。对于某一固定相,如果两组分具有相同的分配系数,则无论如何改善操作条件都无法实现分离,即它们在同一时间流出分离柱。某组分的 $K=0$ 时,组分在固定相中的浓度为零,即不被固定相保留,最先流出。

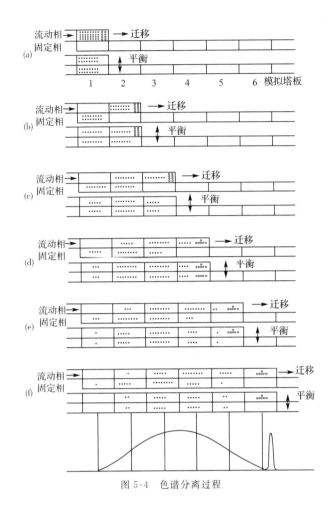

图 5-4　色谱分离过程

3. 分配比

在实际工作中,也常用分配比表征色谱分配平衡过程。分配比(Partition Ratio)是指在一定温度下,组分在两相间分配达到平衡时的质量比,即

$$k = \frac{\text{组分在固定相中的质量}}{\text{组分在流动相中的质量}} = \frac{m_s}{m_M} \tag{5-8}$$

分配比也称容量因子(Capacity Factor)和容量比(Capacity Ratio)。

4. 分配比与分配系数的关系

分配系数与分配比之间存在着联系,通过下式可以将两者关联起来

$$k = \frac{m_s}{m_M} = \frac{\frac{m_s}{V_s}V_s}{\frac{m_s}{V_M}V_M} = \frac{c_s}{c_M}\frac{V_s}{V_M} = \frac{K}{\beta} \tag{5-9}$$

式中,β为相比(填充柱的相比:6~35,毛细管的相比:50~1 500);V_M为柱内流动相体积,即柱内固定相颗粒间的空隙体积;V_s为固定相体积。

对不同类型的色谱柱,V_s的含义不同。对于气-液色谱柱,V_s为固定液体积;对于气-固色谱柱,V_s为吸附剂表面容量。

分配系数与分配比都是与组分、固定相及流动相的热力学性质有关的常数,随分离柱温度、压力的变化而变化,因而可通过改变操作条件来提高分离效果。分配系数与分配比也都是衡量色谱柱对组分保留能力的参数,数值越大,该组分的保留时间越长。分配系数不能直接获得,但分配比可以由实验测得。

5. 分配比与保留时间的关系

为求得分配比,需要将分配比与保留值参数关联起来。设分离柱中流动相的流速为 u,试样组分 x 的平均线速度为 u_x。显然 u_x 的大小取决于试样组分 x 分配在流动相中的分数 R_s 和流动相的流速 u,即

$$R_s = \frac{u_x}{u} \tag{5-10}$$

式中,R_s 也称为滞留因子(Retardation Factor)。

根据式(5-8)可得到

$$\frac{m_s}{m_M} + \frac{m_M}{m_M} = \frac{m_s + m_M}{m_M} = 1 + k \tag{5-11}$$

$$R_s = \frac{m_M}{m_s + m_M} = \frac{1}{1+k} \tag{5-12}$$

由于不被固定相吸附或溶解的物质通过长度为 L 的分离柱时,其速度与流动相的速度相近,故流动相在分离柱内的线速度可用下式计算:

$$u = \frac{L}{t_M} \tag{5-13}$$

而组分通过分离柱所需要的时间:

$$t_R = \frac{L}{u_x} \tag{5-14}$$

将式(5-13)代入式(5-14)得

$$\frac{t_M}{t_R} = \frac{u_x}{u} \tag{5-15}$$

将式(5-12)代入式(5-10)得

$$\frac{u_x}{u} = \frac{1}{1+k} \tag{5-16}$$

将式(5-16)代入式(5-15)得

$$k = \frac{t_R - t_M}{t_M} = \frac{t_R'}{t_M} \tag{5-17}$$

通过式(5-17)可直接由实验获得的保留值求出分配比,知道相比 β 后还可求得分配系数。

6. 分离因子

分离因子(Separation Factor)(也称为选择性因子)也可用来衡量两物质(难分离物质对)的分离程度,用 α 表示。可通过两物质的调整保留时间(分配系数或分配比)之比来计算分离因子:

$$\alpha = \frac{(t_R')_2}{(t_R')_1} = \frac{K_2}{K_1} = \frac{k_2}{k_1} \tag{5-18}$$

由上式可见,分离因子在数值上与相对保留值[式(5-5)]相同,但分离因子仅考虑了

色谱分离过程中的热力学因素,而没有考虑色谱分离过程中的动力学因素,即色谱峰变宽,故不能反映两物质的实际分离情况。下节将引入分离度的概念。

5.2 色谱理论基础

色谱分析研究的是混合物的分离分析问题,因此,色谱理论一方面需要解决的问题是如何评价色谱的分离效果,即建立分离柱效的评价指标体系及柱效与色谱参数间的关系等;另一方面则是讨论影响分离及柱效的因素,在理论的指导下寻找提高柱效的途径。色谱分离过程涉及热力学和动力学两个方面,组分保留时间受色谱分离过程中的热力学因素控制(温度及流动相和固定相的结构与性质),色谱峰变宽则受色谱分离过程中的动力学因素控制(组分在两相中的运动情况)。因此,色谱理论实际上也就是研究这两方面的问题。色谱分析中的基本理论有塔板理论和速率理论。塔板理论是一种半经验理论,从热力学的观点解释了色谱流出曲线,给出了分离柱效的评价指标。速率理论从动力学的角度出发,讨论了影响分离的因素及提高柱效的途径。

5.2.1 塔板理论

塔板理论(Plate Theory)将色谱分离过程比拟成蒸馏过程,将色谱分离柱中连续的色谱分离过程分割成组分在流动相和固定相之间的多次分配平衡过程的重复(类似于蒸馏塔中每块塔板上的平衡过程),并引入了理论塔板高度和理论塔板数的概念。

塔板理论的假设:①在每一个平衡过程间隔内,平衡可以迅速达到;②将载气看做脉动(间歇)过程;③试样沿色谱柱方向的扩散可忽略;④每次分配的分配系数相同。

色谱柱长(L)、理论塔板高度(H)与理论塔板数(n)三者的关系为

$$n=\frac{L}{H} \tag{5-19}$$

色谱峰的标准偏差与柱长和保留时间的关系为

$$H=\frac{\sigma_{\mathrm{L}}^2}{L}=\frac{\sigma_{\mathrm{t}}^2 L}{t_{\mathrm{R}}^2} \tag{5-20}$$

与柱长有关的标准偏差 σ_{L} 的单位是 cm^2,与保留时间有关的标准偏差 σ_{t} 的单位是 s^2。

标准色谱峰为正态分布时,在峰高 0.607 处的峰宽为 $2\sigma_{\mathrm{t}}$,峰底宽 $W_{\mathrm{b}}=4\sigma_{\mathrm{t}}$,则

$$H=\frac{\sigma_{\mathrm{L}}^2}{L}=\frac{W_{\mathrm{b}}^2}{16}\frac{L}{t_{\mathrm{R}}^2} \tag{5-21}$$

理论塔板数与色谱参数之间的关系为

$$n=16\left(\frac{t_{\mathrm{R}}}{W_{\mathrm{b}}}\right)^2=5.54\left(\frac{t_{\mathrm{R}}}{Y_{1/2}}\right)^2 \tag{5-22}$$

根据塔板理论,单位柱长的理论塔板数越多,表明柱效越高。由式(5-22),用不同物质的数据进行计算可得到不同的理论塔板数,故评价或比较色谱柱效时,应指明测定物质。另外,组分在 t_{M} 时间内并不参与柱内分配,与分离无关,故需要引入有效塔板数和有效塔板高度。

$$n_{有效} = 5.54\left(\frac{t_R - t_M}{Y_{1/2}}\right)^2 = 5.54\left(\frac{t_R'}{Y_{1/2}}\right)^2 = 16\left(\frac{t_R'}{W_b}\right)^2 \tag{5-23}$$

$$H_{有效} = \frac{L}{n_{有效}} \tag{5-24}$$

塔板理论给出了衡量色谱柱分离效能的指标,但柱效并不能表示被分离组分的实际分离效果,如果两组分的分配系数 K 相同,虽可计算出柱子的塔板数,但无论该色谱柱的塔板数多大,都无法实现分离。该理论无法解释同一色谱柱在不同的载气流速下柱效不同的实验结果,也无法指出影响柱效的因素及提高柱效的途径。由于流动相的快速流动及传质阻力的存在,分离柱中两相间的分配平衡不能快速建立,所以塔板理论只是近似地描述了发生在色谱柱中的实际过程。

5.2.2　速率理论

速率理论也称为动力学理论,其核心是速率方程,也称为范·弟姆特(Ven Deemter)方程。色谱分离过程中峰变宽的原因之一是由于有限传质速率而引起的动力学效应影响所致,故理论塔板高度与流动相的流速间有着必然的联系,如图 5-5 所示。

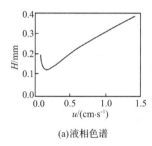
(a)液相色谱

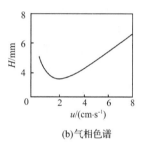
(b)气相色谱

图 5-5　理论塔板高度 H 与流动相流速 u 的关系

由图 5-5 可见,理论塔板高度是流速的函数,通过数学模型来描述两者间的关系可得到速率方程

$$H = A + \frac{B}{u} + Cu \tag{5-25}$$

式中,A、B、C 为常数,分别对应于涡流扩散、分子扩散和传质阻力三项;H 为理论塔板高度;u 为载气的线速度(cm·s^{-1})。

减小 A、B、C 可提高柱效,所以这三项各与哪些因素有关是解决如何提高柱效问题的关键所在,下面对这三项分别进行讨论。

(1)A——涡流扩散项

流动相携带试样组分分子在分离柱中向前运动时,组分分子碰到填充剂颗粒将改变方向形成紊乱的涡流,使组分分子各自通过的路径不同,从而引起色谱峰变宽,如图 5-6 所示。A 可表示为

$$A = 2\lambda d_p \tag{5-26}$$

式中,d_p 为固定相的平均颗粒直径;λ 为固定相的填充不均匀因子。

涡流扩散项的大小与固定相的平均颗粒直径和填充是否均匀有关,而与流动相的流

速无关。固定相颗粒越小,填充得越均匀,A 项的值越小,柱效越高,表现在由涡流扩散所引起的色谱峰变宽现象减轻,色谱峰较窄。

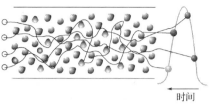

图 5-6 涡流扩散

(2)B/u——分子扩散项

当试样组分以很窄的"塞子"形式进入色谱柱后,由于在"塞子"前后存在着浓度差,当其随着流动相向前流动时,试样中组分分子将沿着柱子产生纵向扩散,导致色谱峰变宽。分子扩散与组分所通过路径的弯曲程度和扩散系数有关:

$$B = 2\nu D \tag{5-27}$$

式中,ν 为弯曲因子;D 为试样组分分子在流动相中的扩散系数($cm^2 \cdot s^{-1}$)。

分子扩散项还与流动相的流速有关,流速越小,组分在柱中滞留的时间越长,扩散越严重。组分分子在气相中的扩散系数要比在液相中的大,故气相色谱中的分子扩散要比液相色谱中的严重得多。在气相色谱中,采用摩尔质量较大的载气,可使 D 值减小,两者之间存在如下关系:

$$D_g \propto \frac{1}{\sqrt{M_{载气}}} \tag{5-28}$$

(3)Cu——传质阻力项

传质阻力包括流动相传质阻力 C_M 和固定相传质阻力 C_s,即

$$C = C_M + C_s \tag{5-29}$$

$$C_M = \frac{0.01k^2}{(1+k)^2}\frac{d_p^2}{D_M} \tag{5-30}$$

$$C_s = \frac{2}{3}\frac{k}{(1+k)^2}\frac{d_f^2}{D_s} \tag{5-31}$$

式中,k 为容量因子;D_M、D_s 分别为流动相和固定相中的扩散系数;d_p 为固定相颗粒半径;d_f 为液膜厚度。

由以上各关系式可见,减小固定相粒度,选择相对分子质量小的气体做载气,减小液膜厚度,可降低传质阻力。

速率方程中 B、C 两项对理论塔板高度的贡献随流动相流速的改变而不同,A 项与流速无关。在毛细管色谱中,分离柱为中空毛细管,则 $A=0$。流动相流速较高时,传质阻力项是影响柱效的主要因素。流速增加,传质不能快速达到平衡,柱效下降。载气流速低时试样由高浓度区向两侧纵向扩散加剧,分子扩散项成为影响柱效的主要因素,流速增加,柱效增加。B、C 两项对理论塔板高度的贡献随流动相流速的变化关系如图 5-7 所示。

由于流速对 B、C 两项的作用完全相反,流速对柱效的总影响使得存在一个最佳流速值,即速率方程中理论塔板高度对流速的一阶导数有一极小值。以理论塔板高度 H 对应流动相流速 u 作图 5-8,曲线最低点的流速即为最佳流速。

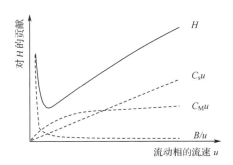

图 5-7　分子扩散项(B/u)和传质阻力项($C_M u$
与 $C_s u$)对理论塔板高度 H 的贡献

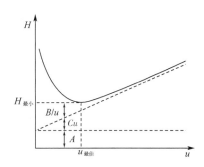

图 5-8　H-u 关系图与最佳流速

由以上讨论可以归纳出速率理论的要点：

（1）组分分子在柱内运行的多路径、涡流扩散、浓度梯度造成的分子扩散及传质阻力使气液两相间的分配平衡不能瞬间达到等因素是造成色谱峰变宽及柱效下降的主要原因。

（2）通过选择适当的固定相粒度、载气种类、液膜厚度及载气流速可提高柱效。

（3）速率理论为色谱分离和操作条件选择提供了理论指导，阐明了流速和柱温对柱效及分离的影响。

（4）各种因素相互制约，如流速增大，分子扩散项的影响减小，使柱效提高，但同时传质阻力项的影响增大，又使柱效下降；柱温升高，有利于传质，但又加剧了分子扩散项的影响。只有选择最佳操作条件，才能使柱效达到最高。

5.2.3　分离度

塔板理论和速率理论都难以描述难分离物质对的实际分离程度，即柱效为多大时，相邻两组分能够被完全分离。难分离物质对的分离度大小受色谱分离过程中两种因素的综合影响：保留值之差——色谱分离过程中的热力学因素；区域宽度——色谱分离过程中的动力学因素。

色谱分离中的四种情况如图 5-9 所示。对于图中①，由于柱效较高，两组分的 ΔK（分配系数之差）较大，分离完全。图中②的 ΔK 不是很大，但柱效较高，峰较窄，基本上分离完全。图中③的柱效较低，虽然 ΔK 较大，但分离得仍然不好。图中④的 ΔK 小，且柱效低，分离效果最差。

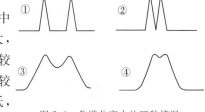

图 5-9　色谱分离中的四种情况

考虑色谱分离过程中的热力学因素和动力学因素，引入分离度（R）来定量描述混合物中相邻两组分的实际分离程度。分离度的表达式为

$$R = \frac{2(t_{R(2)} - t_{R(1)})}{W_{b(2)} + W_{b(1)}} = \frac{2(t_{R(2)} - t_{R(1)})}{1.699(Y_{1/2(2)} + Y_{1/2(1)})} \tag{5-32}$$

当 $R = 0.8$ 时，分离程度达到 89%；$R = 1$ 时分离程度达到 98%；$R = 1.5$ 时分离程度达到 99.7%，故以此定义为相邻两峰完全分离的标准。

如果 $W_{b(2)} = W_{b(1)} = W_b$（相邻两峰的峰底宽近似相等），则

$$R = \frac{2[t_{R(2)} - t_{R(1)}]}{W_{b(2)} + W_{b(1)}} = \frac{t'_{R(2)} - t'_{R(1)}}{W_b} \tag{5-33}$$

引入相对保留值和有效塔板数，可导出下式：

$$R = \frac{t'_{R(2)} - t'_{R(1)}}{W_b} = \frac{[t'_{R(2)}/t'_{R(1)} - 1]t'_{R(1)}}{W_b}$$

$$= \frac{(r_{21} - 1)}{t'_{R(2)}/t'_{R(1)}} \frac{t'_{R(2)}}{W_b} = \frac{(r_{21} - 1)}{r_{21}} \sqrt{\frac{n_{\text{有效}}}{16}} \tag{5-34}$$

$$n_{\text{有效}} = 16R^2 \left(\frac{r_{21}}{r_{21} - 1}\right)^2 \tag{5-35}$$

$$L = 16R^2 \left(\frac{r_{21}}{r_{21} - 1}\right)^2 H_{\text{有效}} \tag{5-36}$$

增大相对保留值 r_{21} 是提高分离度的最有效方法，但增大 r_{21} 的最有效方法是选择合适的固定液。在气相色谱中改变分离温度或在液相色谱中改变流动相组成均使容量因子改变，可通过优化操作条件改善分离效果。

【例 5-1】 在一定条件下，两个组分的调整保留时间分别为 85 s 和 100 s，要达到完全分离，即 $R = 1.5$，计算需要多少有效塔板。若填充柱的塔板高度为 0.1 cm，所需柱长是多少？

解
$$r_{21} = 100/85 = 1.18$$
$$n_{\text{有效}} = 16R^2[r_{21}/(r_{21} - 1)]^2 = 16 \times 1.5^2 \times (1.18/0.18)^2 = 1\,547 \text{ 块}$$
$$L_{\text{有效}} = n_{\text{有效}} H_{\text{有效}} = 1\,547 \times 0.1 = 155 \text{ cm}$$

即柱长为 1.55 m 时，两组分可以达到完全分离。

【例 5-2】 在一定条件下，两个组分的保留时间分别为 12.2 s 和 12.8 s，$n = 3\,600$ 块，计算分离度（设柱长为 1 m）。若要达到完全分离，即 $R = 1.5$，求所需要的柱长。

解
$$W_{b1} = 4\frac{t_{R1}}{\sqrt{n}} = \frac{4 \times 12.2}{\sqrt{3\,600}} = 0.813\,3$$
$$W_{b2} = 4\frac{t_{R2}}{\sqrt{n}} = \frac{4 \times 12.8}{\sqrt{3\,600}} = 0.853\,3$$
$$R = \frac{2 \times (12.8 - 12.2)}{0.853\,3 + 0.813\,3} = 0.72$$
$$L_2 = \left(\frac{R_2}{R_1}\right)^2 \times L_1 = \left(\frac{1.5}{0.72}\right)^2 \times 1 = 4.34 \text{ m}$$

5.3 色谱定性与定量分析方法

色谱分析的目的是获得试样的组成和各组分含量等信息，以降低试样系统的不确定度。但在所获得的色谱图中，并不能直接给出每个色谱峰所代表何种组分及其准确含量，需要掌握一定的定性与定量分析方法。

5.3.1 色谱定性鉴定方法

色谱分析的简单定性可以采取以下几种方法，但均属于间接法，不能提供有关组分分子的结构信息。利用色谱对混合物的高分离能力和其他结构鉴定仪器相结合而发展起来

的联用技术,使得色谱分析的定性问题得到较好的解决。有关联用技术将在第 18 章中介绍。

1. 利用纯物质定性

利用保留值定性:在完全相同的条件下,分别对试样和纯物质进行分析。通过对比试样中具有与纯物质相同保留值的色谱峰,确定试样中是否含有该物质及在色谱图中的位置,但这种方法不适用于在不同仪器上获得的数据之间的对比。对于保留值接近或分离不完全的组分,该方法难以准确判断。

利用加入法定性:将纯物质加入到试样中,观察各组分色谱峰的相对变化,确定与纯物质相同的组分。

分离不完全时,不同物质可能在同一色谱柱上具有相同的保留值,在一支色谱柱上按上述方法定性的结果并不可靠,需要在两支不同性质的色谱柱上进行对比。当缺乏标准试样时,可以采用以下方法定性。

2. 利用文献保留值定性

相对保留值 r_{21} 仅与柱温和固定液的性质有关。在色谱手册中都列有各种物质在不同固定液上的相对保留值数据,可以用来进行定性鉴定。

3. 利用保留指数定性

保留指数又称 Kovats 指数(I),是一种重现性较好的定性参数。测定方法是将正构烷烃作为标准,规定其保留指数为分子中的碳原子个数乘以 100(如正己烷的保留指数为 600)。其他物质的保留指数(I_X)是通过选定两个相邻的正构烷烃,其分别具有 Z 和 $Z+1$ 个碳原子。被测物质 X 的调整保留时间应在两个相邻正构烷烃的调整保留时间之间,如图 5-10 所示。

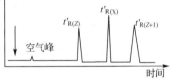

保留指数的计算方法为

$$t'_{R(Z+1)} > t'_{R(X)} > t'_{R(Z)}$$

$$I_X = 100 \left[\frac{\lg t'_{R(X)} - \lg t'_{R(Z)}}{\lg t'_{R(Z+1)} - \lg t'_{R(Z)}} \right] \tag{5-37}$$

图 5-10　保留指数测定示意图

5.3.2　色谱定量分析方法

在一定的色谱分离条件下,检测器的响应信号,即色谱图上的峰面积与进入检测器的质量(或浓度)成正比,这是色谱定量分析的基础。定量计算前需要正确测量峰面积和比例系数(定量校正因子)。

1. 峰面积的测量

(1)峰高(h)乘半峰宽($Y_{1/2}$)法

该法是近似将色谱峰当做等腰三角形,但此法算出的面积是实际峰面积的 0.94 倍,故实际峰面积 A 应为

$$A = 1.064 h Y_{1/2} \tag{5-38}$$

(2)峰高乘平均峰宽法

当峰形不对称时,可在峰高 0.15 和 0.85 处分别测定峰宽,由下式计算峰面积:

$$A = h(Y_{0.15} + Y_{0.85})/2 \qquad (5-39)$$

(3)峰高乘保留时间法

在一定的操作条件下,同系物的半峰宽与保留时间成正比,对于难以测量半峰宽的窄峰、重叠峰(未完全重叠),可用此法测定峰面积:

$$A = hbt_R \qquad (5-40)$$

(4)自动积分和微机处理法

新型仪器多配备微机,可自动采集数据并进行数据处理给出峰面积及含量等结果。

2. 定量校正因子

试样中各组分的量(m_i)与其色谱峰面积(A_i)成正比,即

$$m_i = f_i A_i \qquad (5-41)$$

式中,比例系数f_i称为绝对校正因子,表示单位面积对应的物质量。

$$f_i = m_i/A_i \qquad (5-42)$$

配制一系列标准溶液进行色谱分析,在严格一致的条件下,由所测定的峰面积对应浓度作图,所绘直线的斜率即为绝对校正因子。

在定量分析计算中,经常使用相对校正因子f_i',即组分的绝对校正因子与标准溶液的绝对校正因子之比,即

$$f_i' = \frac{f_i}{f_s} = \frac{m_i/A_i}{m_s/A_s} = \frac{m_i}{m_s}\frac{A_s}{A_i} \qquad (5-43)$$

当m_i、m_s以摩尔为单位时,所得相对校正因子称为相对摩尔校正因子,用f_M'表示;当m_i、m_s以克为单位时,所得相对校正因子称为相对质量校正因子,用f_W'表示。

3. 常用的几种定量分析方法

(1)归一化法

当试样中有n个组分,各组分的量分别为$m_1, m_2, \cdots, m_n$,则

$$c_i = \frac{m_i}{m_1 + m_2 + \cdots + m_n} \times 100\% = \frac{f_i' A_i}{\sum\limits_{i=1}^{n}(f_i' A_i)} \times 100\% \qquad (5-44)$$

式中,校正因子可以是质量校正因子,也可以是摩尔校正因子,但要保持统一。

若试样中各组分的校正因子接近(如沸点接近的同系物),可以略去,则上式为

$$c_i = \frac{A_i}{\sum\limits_{i=1}^{n} A_i} \times 100\% \qquad (5-45)$$

若试样中各组分色谱峰的峰宽接近时,也可以用峰高代替峰面积作近似计算。归一化法简便、准确。由于计算的是相对值,进样量的准确性和操作条件的变动对测定结果影响不大,但该方法只适用于试样中所有组分全出峰的情况,如果试样中有不挥发性组分或易分解组分时,采用该方法将产生较大误差。

(2)外标法

外标法也称为标准曲线法。配制一系列标准溶液进行色谱分析,在严格一致的条件下,由所测定的峰面积对应浓度作图,得到标准曲线,如图5-11所示。

外标法不使用校正因子,准确性较高,但操作条件变化对结果的准确性影响较大,对

进样量的准确性控制要求较高,适用于大批量试样的快速分析。

(3)内标法

内标法是选择一种物质作为内标物,与试样混合后进行分析。这样内标物与试样组分的分析条件完全相同,两者峰面积的相对比值固定,可采用相对比较法进行计算。内标法的关键是选择一种与试样组分性质接近的物质作为内标物,其应满足以下要求:①试样中不含有该物质;②与试样组分性质比较接近;③不与试样发生化学反应;④出峰位置应位于试样组分附近,且无组分峰影响。

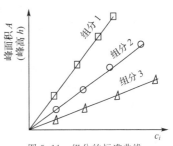

图 5-11　组分的标准曲线

选定内标物后,需要重新配制试样:准确称取一定量的原试样(W),再准确加入一定量的内标物(m_s),则试样中内标物与待测物的质量比为

$$\frac{m_i}{m_s}=\frac{f'_i A_i}{f'_s A_s}$$

则

$$m_i = m_s \frac{f'_i A_i}{f'_s A_s} \tag{5-46}$$

$$c_i = \frac{m_i}{W}\times 100\% = \frac{m_s \frac{f'_i A_i}{f'_s A_s}}{W}\times 100\% = \frac{m_s}{W}\frac{f'_i A_i}{f'_s A_s}\times 100\% \tag{5-47}$$

内标法的准确性较高,操作条件和进样量的稍许变动对定量结果的影响不大,但对于每个试样的分析,都要先进行两次称量,不适合大批量试样的快速分析。若将试样的取样量和内标物的加入量固定,则

$$c_i = \frac{A_i}{A_s}\times 常数 \times 100\% \tag{5-48}$$

由上式,可以配制一系列试样的标准溶液进行分析,绘制标准曲线,即内标法标准曲线。

习　题

5-1　色谱分析法区别于其他分析方法的主要特点是什么?

5-2　色谱分析分离的依据是什么?

5-3　只要色谱柱的塔板数足够多,任何两物质都能被分离吗?

5-4　塔板理论无法解释哪些问题?

5-5　根据速率理论,提高色谱柱效的途径有哪些?

5-6　为什么存在一个最佳流速? 流动相的流速较低或较高时,影响柱效的主要因素各是什么?

5-7　色谱定量分析方法有哪几种? 各有什么特点?

5-8　某试样的色谱图上仅出现一个峰,试样的纯度一定高吗?

5-9　色谱分离过程中的热力学因素和动力学因素分别由哪两个参数表现出来? 两个色谱峰的保留时间较大就一定分离完全吗?

5-10　某气相色谱柱的范·弟姆特方程中的常数如下:$A = 0.01$ cm,$B = 0.57$ cm$^2 \cdot$ s^{-1},$C = 0.13$ s。计算最小塔板高度和最佳流速。

5-11　已知某色谱柱固定相和流动相的体积比为1:12,空气、丙酮、甲乙酮的保留时间分别为

0.4 min,5.6 min,8.4 min。计算丙酮、甲乙酮的分配比和分配系数。

    5-12 某物质色谱峰的保留时间为 65 s,半峰宽为 5.5 s。若柱长为 3 m,则该柱子的理论塔板数为多少?

    5-13 某试样中,难分离物质对的保留时间分别为 40 s 和 45 s,填充柱的塔板高度近似为 1 mm。假设两者的峰底宽相等。若要完全分离($R=1.5$),柱长应为多少?

    5-14 气相色谱柱长 2 m,当载气流量为 15 mL/min 时,相应的理论塔板数为 2 450 块,而当载气流量为 40 mL/min 时,相应的理论塔板数为 2 200 块。试计算最佳载气流速是多少?在最佳载气流速时色谱柱的理论塔板数是多少($A=0$)?

    5-15 用气相色谱分析乙苯和二甲苯混合物,测得色谱数据如下,试计算各组分的含量。

组分	峰面积 A/cm^2	校正因子 $/f'_M$
乙苯	70	0.97
对二甲苯	90	1.00
间二甲苯	120	0.96
邻二甲苯	80	0.98

    5-16 测定试样中一氯乙烷、二氯乙烷和三氯乙烷的含量,用甲苯做内标,甲苯质量为 0.120 0 g,试样质量为 1.440 g。校正因子及测得峰面积如下,计算各组分的含量。

组分	f_i	A/cm^2
甲苯	1.00	1.08
一氯乙烷	1.15	1.48
二氯乙烷	1.47	1.17
三氯乙烷	1.65	1.98

第6章

气相色谱分析法

在各种色谱分析法中,气相色谱分析法的应用最为普及,在石油化工、医药卫生、环境监测、食品检验、合成材料等行业都有广泛的应用。气相色谱分析法主要应用于气体和沸点低于 400 ℃的各类混合物的快速分离分析。采用特殊技术,还可以分析高聚物的裂解产物,并进而对聚合物的结构进行鉴定。气相色谱与其他仪器联用技术的快速发展使其应用进一步扩展。仪器的微型化是气相色谱的重要发展方向之一。

6.1 气相色谱仪

6.1.1 气相色谱仪结构流程

气相色谱仪的型号较多,随着计算机的广泛使用,仪器的自动化程度也越来越高,但各类仪器的基本结构相同。如图 6-1 所示是使用热导检测器的气相色谱仪结构流程。

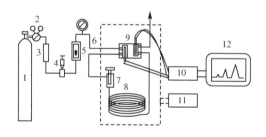

图 6-1 气相色谱仪结构流程

1—载气钢瓶;2—减压阀;3—净化干燥管;4—针形阀;
5—流量计;6—压力表;7—汽化室;8—分离柱;9—热导
检测器;10—放大器;11—温度控制器;12—记录装置

气相色谱仪中的流动相为气体,称为载气,通常由高压气体钢瓶供给。高压气体经减压阀降压后,由气体调节阀调节到所需压力,通过净化干燥管净化后,再由针形阀和流量计调节保持稳定流量,经热导检测器的参考臂再到汽化室,携带汽化后的试样进入分离柱,分离的组分进入热导检测器的检测臂后放空。热导检测器的参考臂和检测臂的差值信号送入放大器,由记录装置记录得到色谱图。

6.1.2 气相色谱仪主要组成部分

气相色谱仪通常由载气系统、进样系统、分离柱、检测系统及温度控制系统五部分组成。

1. 载气系统

载气系统包括气源、净化干燥管和载气流速控制与显示等。分析过程中载气流速的波动将影响到保留时间的确定,通常采用针形稳压阀控制,保持载气流速恒定。常用的载气有氢气、氮气、氦气等。净化干燥管的作用是除去载气中的微量水、有机物等杂质(依次通过分子筛、活性炭等)。

2. 进样系统

进样系统包括汽化室和色谱微量液体进样器。当试样为液体时,使用进样器将一定量的液体试样注射到汽化室。试样在此快速汽化后由载气携带进入分离柱。液体进样器有不同规格,填充柱色谱常用 $10 \mu L$,毛细管色谱常用 $1 \mu L$。新型仪器带有全自动液体进样器,清洗、润冲、取样、进样、换样等过程自动完成,一次可放置几十个试样。如果试样在室温下为气体,通常采用六通阀气体进样器进样,其结构如图 6-2 所示,有推拉式和旋转式两种。准备状态时,试样首先充满定量管,切入流路后进入进样状态,载气携带定量管中的试样气体进入分离柱完成一次进样过程。

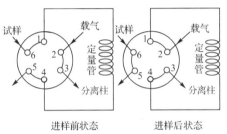

图 6-2 六通阀气体进样器进样

3. 分离柱

分离柱即色谱柱,是色谱仪的核心部件,决定了色谱的分离性能,填充分离柱的材质通常为不锈钢管,内径为 $3 \sim 6$ mm,长度可根据需要确定。柱内装有粒度为 $60 \sim 80$ 目或 $80 \sim 100$ 目的色谱固定相填料。柱制备的好坏对柱效有较大影响,填料装填得太紧,将造成柱前压力大、载气流速慢或将柱堵死;反之,空隙体积大,柱效低。有关分离柱填料性质见 6.2 节。

4. 检测系统

检测系统通常由检测元件、放大器、显示记录三部分组成。气相色谱仪常用的检测器有热导检测器、氢火焰离子化检测器等,可分为广谱型(对所有物质均有响应)和专属型(对特定物质有高灵敏响应)两类。按检测原理可分为质量型和浓度型两类。

经分离柱分离后的组分依次进入检测器,按其浓度或质量随时间的变化,转变成相应的电信号,经放大后记录和显示,给出色谱图。有关检测器的原理及结构见 6.3 节。

5. 温度控制系统

温度是色谱分离条件的重要选择参数。汽化室、分离室、检测器三部分在色谱仪操作时均需控制温度。汽化室温度的控制是为了保证液体试样在瞬间汽化而不发生热分解。控制检测器温度是为了保证被分离后的组分通过时不在此冷凝,同时检测器温度变化将影响检测灵敏度和基线的稳定。分离过程中需要准确控制分离需要的温度,当分析复杂试样时,需要先设定分离室温度变化程序,在分析过程中分离温度按程序改变,使各组分在最佳温度下分离。

新型仪器多采用计算机控制各部分并完成数据处理。

6.2　气相色谱固定相

色谱分离过程是在分离柱中完成的,而分离效果主要取决于柱中固定相的性质。分离对象的多样性决定了没有一种固定相能够满足所有试样的分离需要,因此,对于不同的被分离对象,需要根据其性质选择适当的固定相。色谱固定相的种类繁多,通常按分离机理的不同分为气固色谱固定相和气液色谱固定相。

6.2.1　气固色谱固定相

气固色谱固定相通常是具有一定活性的吸附剂颗粒,经活化处理后直接填充到空分离柱中使用。这类固定相种类有限,常用的主要有以下几种。

(1)活性炭　属于非极性物质,具有较大的比表面积,吸附性较强,分析乙烷、乙烯、乙炔时,按上述相反的顺序流出。

(2)活性氧化铝　弱极性物质,适用于常温下 O_2、N_2、CO、CH_4、C_2H_6、C_2H_4 等气体的分离。CO_2 能被活性氧化铝强烈吸附而不能用这种固定相进行分析。

(3)硅胶　具有较强极性,与活性氧化铝具有大致相同的分离性能,除能分析上述物质外,还能分析 CO_2、N_2O、NO、NO_2 等,且能够分析臭氧,但由于臭氧在硅胶和热导检测器电阻丝上的分解作用使定量不够准确。

(4)分子筛　分子筛为碱及碱土金属的硅铝酸盐,也称沸石,具有多孔性,属极性固定相。按其孔径大小分为多种类型,如 3A、4A、5A、10X 及 13X 分子筛等。在气相色谱中常用的是 5A 和 13X 分子筛。分子筛除了广泛用于 H_2、O_2、N_2、CH_4、CO 等的分离外,还能够测定 He、Ne、Ar、NO、N_2O 等。5A 分子筛特别适用于空气中 O_2、N_2 的分离,13X 分子筛适用于 CH_4、CO 等的分离。

高分子多孔微球(GDX 系列)由苯乙烯与二乙烯苯共聚合成而得,有多种型号,如GDX-01、GDX-02、GDX-03 等。适用于气相和液相中水的分析、气体及低级脂肪醇混合物的分析。

气固色谱固定相的性能与制备及活化条件有很大关系。同一种固定相,不同批次、不同厂家及不同活化条件都可能使分离效果差异很大,使用时应特别注意。气固色谱固定相使用方便,但种类有限,能分离的对象不多,通常只应用于气体和低沸点物质的分离,远不如气液色谱固定相应用广泛。

6.2.2 气液色谱固定相

气液色谱固定相由于具有较高的可选择性而受到普遍重视。针对特定待分离组分，人们总是可以从众多类别中选择出适宜的固定液以达到好的分离效果。气液色谱固定相是在小颗粒表面涂敷一薄层固定液构成，故可分为担体（支持体）和固定液两部分。

1. 担体

担体的作用是用来支撑固定液，故其通常为化学惰性的多孔性固体颗粒，比表面积较大，孔径分布均匀，表面无吸附性或吸附性很弱，与被分离组分不起反应，具有较高的热稳定性和机械强度，不易破碎。担体颗粒应大小均匀、适度，一般常用 $60\sim80$ 目或 $80\sim100$ 目的担体。担体主要有硅藻土和非硅藻土两大类，后者主要有氟担体、玻璃微球担体和高分子微球担体等。目前使用较多的担体主要是硅藻土型，它由天然硅藻土经过煅烧而成，分为红色担体和白色担体两类。

（1）红色担体 孔径较小，表孔密集，比表面积较大，机械强度好，但表面存在活性吸附中心点。适宜涂敷非极性固定液，分离非极性或弱极性组分的试样。若与极性固定液配合使用，则易造成涂敷不均而影响柱效。

（2）白色担体 原料在煅烧前加入了少量助溶剂（碳酸钠），颗粒疏松，孔径较大，比表面积较小，机械强度较红色担体差，但吸附性显著减小，适宜分离极性组分的试样。

硅藻土型担体表面存在硅羟基及其他杂质，为改进担体孔隙结构，屏蔽活性吸附中心，使用前通常需要对担体进行预处理。采取的预处理方法有酸洗和碱洗、硅烷化、釉化等。

（1）酸洗和碱洗 用浓盐酸和氢氧化钾的甲醇溶液分别浸泡以除去铁、氧化铝及其他金属氧化物杂质，减少活性吸附中心。

（2）硅烷化 用硅烷化试剂（如二甲基二氯硅烷等）与硅藻土表面的硅羟基反应，消除担体表面的氢键结合能力。

已有各种经过预处理后的商品担体销售，可根据需要进行选用。对于具有强腐蚀性的组分，选择氟担体较为适宜。

2. 固定液

固定液通常是高沸点、难挥发的有机化合物或聚合物。由于分析试样的多样性，不可能有一种物质能满足所有组分的分离要求，也就决定了固定液品种的多样性，已被使用过的、可以作为色谱固定液的化合物多达数千种。一种有效的固定液应对被分离试样中的各组分具有不同的溶解能力（即分配系数不同），同时具有良好的热稳定性和化学稳定性。固定液的种类繁多，也使得分析前选择合适的固定液变得较为困难，通常需要由专业人员或实验确定。选择固定液时应遵守的一条基本原则是"相似相溶"，即根据试样的性质来选择与其相近或相似的固定液。

为了方便选择，需要将固定液进行分类。分类方法有多种，如按分子结构、极性、应用等的分类方法。在各种色谱手册中，一般将固定液按有机化合物的分类方法分为脂肪烃、芳烃、醇、酯、聚酯、胺、聚硅氧烷等，并给出每种固定液的相对极性、最高及最低使用温度、常用溶剂、分析对象等数据，以便选用时参考。在众多的固定液中，按使用频率、应用范围、极性、使用温度区间分布等因素筛选出一部分(十几种)组成优选固定液组合,基本可满足大部分分析任务的需要。表 6-1 给出了一组优选固定液组合。对于复杂的难分析组分通常采用特殊固定液或将两种(或多种)固定液配制成混合固定液使用。

表 6-1   优选固定液

固定液名称	商品牌号	使用温度(最高)/℃	溶剂	相对极性	麦氏常数总和	分析对象(参考)
角鲨烷(异三十烷)	SQ	150	乙醚	0	0	烃类及非极性化合物
阿皮松 L	APL	300	苯	+1	143	非极性和弱极性各类高沸点有机化合物
硅油	OV-101	350	丙酮	+1	229	各类高沸点弱极性有机化合物,如芳烃
苯基(10%)甲基聚硅氧烷	OV-3	350	甲苯	+1	423	含氯农药、多核芳烃
苯基(20%)甲基聚硅氧烷	OV-7	350	甲苯	+2	592	含氯农药、多核芳烃
苯基(50%)甲基聚硅氧烷	OV-17	300	甲苯	+2	827	含氯农药、多核芳烃
苯基(60%)甲基聚硅氧烷	OV-22	350	甲苯	+2	1 075	含氯农药、多核芳烃
邻苯二甲酸二壬酯	DNP	160	乙醚	+2	—	芳香族化合物、不饱和化合物及各种含氧化合物
三氟丙基甲基聚硅氧烷	OV-210	250	氯仿	+2	1 500	含氯化合物、多核芳烃、甾类化合物
氰丙基(25%)苯基(25%)甲基聚硅氧烷	OV-225	250	氯仿	+3	1 813	含氯化合物、多核芳烃、甾类化合物
聚乙醇	PEG20M	250	乙醇	氢键	2 308	醇、醛酮、脂肪酸、酯等极性化合物
丁二酸二乙二醇聚酯	DEGS	225	氯仿	氢键	3 430	脂肪酸、氨基酸等

原则上,任何高沸点的化合物都有可能作为固定液使用,但根据色谱分析法的特点,作为固定液使用的物质需要满足以下的要求:

(1)挥发性小,在操作温度下具有较低的蒸气压,以免在长时间的载气流动下造成固定液流失。

(2)热稳定性好,在操作温度下不发生分解,故每种固定液应给出最高使用温度。

(3)熔点不能太高,固定液在室温下不一定为液体,但在操作温度下一定呈液体状态,以保持试样在气液两相中的分配,故每种固定液也应给出最低使用温度。

(4)对试样中各组分有适当的溶解能力,具有高选择性。

(5)化学稳定性好,不与试样发生不可逆化学反应。

(6)有合适溶剂溶解,使固定液能均匀涂敷在担体表面,形成液膜。

3. 固定液的极性

极性是区分和表征固定液特性的重要参数,也是选择固定液的重要参考依据。由电负性不同的原子所构成的分子,其正负电中心不重合时,就形成极性分子。如果试样组分分子与固定液分子的极性接近,且两者之间的作用力强,则试样组分在固定液中的溶解度大,即分配系数大,被保留的时间长。故试样组分在色谱分离过程中的行为与试样组分分子和固定液分子之间的相互作用力大小有着直接关系。

分子间的作用力包括范德华力(定向力、诱导力和色散力)和氢键。采用极性固定液分离极性组分时,分子间的主要作用力为定向力,被分离组分极性越大,作用力越大。在分离极性组分和可极化组分的混合物时,可利用极性组分分子与可极化组分分子之间存在的诱导力进行分离,如苯与环己烷的沸点十分接近(80.10 ℃和80.81 ℃),采用非极性固定液很难分离,利用苯比环己烷容易极化的特性,采用极性固定液,使苯产生诱导偶极,造成苯的保留时间增加而实现分离。采用非极性固定液分离非极性或弱极性试样组分时,主要依靠色散力的差异实现分离。固定液分子中含有—OH、—COOH、—COOR、—NH₂、═NH基团时,对含氟、氧、氮的化合物具有氢键作用力,作用力越强,保留时间越长。氢键型固定液属极性固定液,但氢键的作用更加突出。

对于固定液的极性,通常采用相对极性(P)来表示。规定非极性固定液角鲨烷(异三十烷)的相对极性为零,强极性固定液β,β'-氧二丙腈的相对极性为100。其他固定液的相对极性采用一对物质(如苯与环己烷)由实验确定,即分别在角鲨烷、β,β'-氧二丙腈及待测固定液的三支色谱柱上测定对物质的调整保留时间,按下式计算出待测固定液的相对极性:

$$q = \lg \frac{t'_R(\text{苯})}{t'_R(\text{环己烷})} \tag{6-1}$$

$$P_x = 100 - \frac{100(q_1 - q_x)}{q_1 - q_2} \tag{6-2}$$

式中下标1、2及x分别表示β,β'-氧二丙腈、角鲨烷及待测固定液。

这样测得的其他固定液的相对极性均在0～100之间,每20为一级,分为五级,如图6-3所示。P在0～+1之间的固定液称为非极性固定液,+1～+2间的称为弱极性固定液,+3左右的为中等极性固定液,+4～+5间的为强极性固定液。非极性固定液也可用"—"表示。

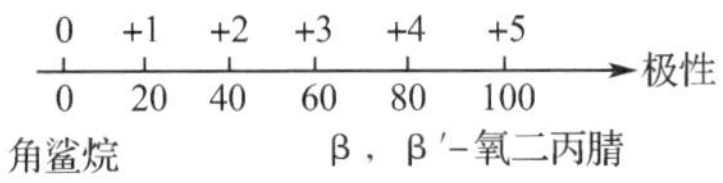

图6-3 固定液的相对极性分级

4. 固定液特征常数

应用相对极性并不能完全反映待测组分与固定液之间的全部作用力。罗胥耐特(Rohrschneider L,简称罗氏)和麦克雷诺(McReynolds W O,简称麦氏)在相对极性的基础上提出了改进的固定液特征常数。

罗氏选用5种化合物作为标准来表征固定液的特性,每种化合物代表其与固定液之间的一种作用力类型,即苯(电子给予体)、乙醇(质子给予体)、甲乙酮(偶极定向力)、硝基甲烷(电子接受体)、吡啶(质子接受体)。分别测定这5种化合物在待测固定液和参比固定液(角鲨烷)上的保留指数差值ΔI,称为罗氏常数。

麦氏在罗氏工作的基础上,提出了改进方案,即选用10种化合物(苯、正丁醇、2-戊酮、1-硝基丙烷、吡啶、2-甲基-2-戊醇、碘丁烷、2-辛炔、二氧六环、顺八氢化茚),在柱温120 ℃时分别测定它们在待测固定液和参比固定液(角鲨烷)上的保留指数差值ΔI。通常使用前5种化合物,分别用X'、Y'、Z'、U'、S'表示各相应的作用力,即麦氏常数。五项之和称为总极性,平均值称为平均极性。总极性越大,表明该固定液的极性越强,单项值越大表明该项所代表的作用力越大。利用麦氏常数有助于更准确地对固定液进行评价、分类和选择。

6.3　气相色谱检测器

检测器是色谱的重要部件,其作用是将分离后的组分通过检测器时,按其浓度或质量变化转换成相应的电信号。色谱仪灵敏度的高低主要取决于检测器性能的好坏。

6.3.1　检测器类型及性能评价指标

1. 检测器类型

气相色谱检测器有多种类型,其原理和结构各异。根据应用对象的不同,检测器可分为广谱型和专属型两类:

(1)广谱型检测器　对所有物质均有响应,如热导检测器。

(2)专属型检测器　对特定物质有高灵敏响应,如火焰光度检测器仅对含硫、磷的化合物有响应。

根据检测原理的不同,检测器可分为浓度型和质量型两类:

(1)浓度型检测器　测量的是载气中某组分通过检测器时的浓度变化,即检测信号值与组分的浓度成正比,如热导检测器。

(2)质量型检测器　测量的是载气中某组分通过检测器时的质量变化,即检测信号值与单位时间内通过检测器的组分质量成正比,如氢火焰离子化检测器。

2. 检测器性能与评价指标

检测器性能常用评价指标有:响应值、线性范围及检测下限等。

(1)响应值(也称灵敏度)S

表示单位质量的物质通过检测器时,产生响应信号的大小。在一定范围内,信号 E 与通过检测器的物质质量 m 成线性关系,即

$$E = Sm \qquad (6-3)$$

$$S = E/m \qquad (6-4)$$

对于浓度型检测器,S 单位为 $mV/(mg/mL)$;对于质量型检测器,S 单位为 $mV/(mg/s)$。

S 越大,检测器的灵敏度(也即色谱仪的灵敏度)就越高。检测信号通常显示为色谱峰,则响应值也可由色谱峰面积(A)除以试样质量求得,即

$$S = A/m \qquad (6-5)$$

(2)色谱检出限与最小检出量

当检测信号放大输出时,信号和噪声一起被放大,因此不可能通过无限制放大信号来降低检测器的检出限。由图 6-4 可见,如果要把信号从本底噪声中识别出来,则试样组分

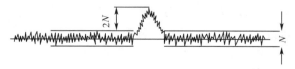

图 6-4　色谱噪声与检出限

的响应值就一定要高于 N。噪声水平决定着能被检测到的试样浓度(或质量)。色谱检测器的响应值为 2 倍噪声水平时的试样浓度(或质量)被定义为最低检出限。

热导检测器的检出限一般为 10^{-5} mg·mL^{-1},即每 mL 载气中约有 10^{-5} mg 溶质所产生的响应值相当于噪声水平的 2 倍。氢火焰离子化检测器的检出限一般为 10^{-9} mg·s^{-1}。最小检出量则是指产生 2 倍噪声峰高时,色谱仪所需的进样量。检出限主要用来衡量检测器的性能,而实际最小检出量不但与检测器有关,还与分离柱及操作条件有关。

(3)线性度与线性范围

检测器的线性度是指检测器响应值的对数值与试样量对数值之间成比例的状况。检测器的线性范围是指检测器在线性范围内工作时,试样的最大浓度(或质量)与最小浓度(或质量)之比。

(4)响应时间

是指进入检测器的某一组分的输出信号达到其真值的 63% 时所需要的时间。响应时间与检测器的体积有关,检测器的死体积越小,电路的延迟现象越小,则响应速度越快。响应时间一般应小于 1 s。

6.3.2 热导检测器

热导检测器(Thermal Conductivity Detector,TCD)是根据不同物质具有不同热导率的原理制成的,具有结构简单、性能稳定、通用性好、线性范围宽等优点,是最为成熟的气相色谱检测器,缺点是其灵敏度较低。

1. 结构

热导检测器由池体和热敏元件构成。池体一般由不锈钢制成,热敏元件为电阻率高、电阻温度系数大且价廉易加工的钨丝。依据结构的不同,热导检测器的池体分为双臂热导池和四臂热导池,如图 6-5 所示。四臂热导池电阻丝的阻值比双臂热导池电阻丝的阻值大一倍,其灵敏度也比双臂热导池的灵敏度高一倍,目前通常都采用四臂热导池。热导池具有参考臂和测量臂,参考臂仅允许纯载气通过,通常连接在进样装置之前,测量臂连接在紧靠分离柱出口处,载气携带被分离后的组分流过测量臂时热导池产生响应信号。

2. 检测原理

将热导池的参考臂和测量臂的电阻丝与电阻 R_1 和 R_2 组成平衡电桥,如图 6-6 所示。参考臂和测量臂的电阻丝被载气包围。接通电源,热导池的加热与散热达到平衡后,调节两臂电阻值,使 $R_{参} = R_{测}$,$R_1 = R_2$,则

$$\frac{R_{参}}{R_{测}} = \frac{R_1}{R_2}$$

桥路中 a,b 两端无电流流过,放大器也无电压信号输出,记录装置走直线(基线)。进样后,载气携带试样组分流过测量臂,而这时参考臂流过的仍是纯载气。由于测量臂中传热介质(试样组分和载气)的热导率与参考臂中传热介质(纯载气)的差异,传出的热量不同,导致测量臂的温度改变,从而引起热敏元件电阻的变化,使测量臂和参考臂的电阻值不等,即

$$R_{参} \neq R_{测}$$

则
$$R_{\text{参}}\,R_2 \neq R_{\text{测}}\,R_1$$

此时电桥失去平衡,a,b 两端产生电位差,有电流流过电阻 R,给出电压信号并输出到放大器和记录装置。信号与试样组分的浓度相关,即进入检测臂中试样组分的浓度越大,对热传导影响越大,温度改变越大,电阻值变化越大。由记录装置记录试样组分进入检测器的浓度随时间变化的曲线,即得到试样组分的色谱峰。浓度高、色谱峰太大时,改变图 6-6 中串联电阻 R 输出点的位置,可调整色谱峰的大小,即改变检测器的量程。

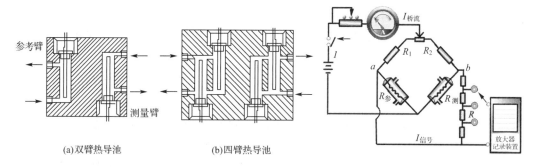

图 6-5　热导池　　　　　　　图 6-6　热导检测器的检测原理示意图

3. 影响热导检测器灵敏度的因素

（1）桥路电流 I

桥路电流增加,钨丝的温度增加,钨丝与池体之间的温差增加,有利于热传导,检测器的灵敏度提高($S \propto I^3$)。但灵敏度的提高导致稳定性下降,易造成基线不稳。桥路电流太高时,还可能使钨丝烧坏。一般桥路电流控制在 $100 \sim 200$ mA。

（2）池体温度

池体温度与钨丝温度相差越大,越有利于热传导,检测器的灵敏度也就越高,但池体温度不能低于分离柱温度,以防止试样组分在检测器中被冷凝。

（3）载气种类

载气与试样的热导率相差越大,在检测器两臂中产生的温差和电阻差也就越大,检测器的灵敏度也就越高。载气的热导率大,传热好,通过的桥路电流也可适当加大,则检测器的灵敏度相应提高。由表 6-2 可见,氢气具有较大的热导率,较为常用,氦气也具有较大的热导率,但价格较高,不常使用。

表 6-2　　　　　　　　　　某些气体的热导率（100 ℃）

气体	$\lambda/(10^{-3}\ \text{W} \cdot \text{m}^{-1} \cdot \text{K}^{-1})$	气体	$\lambda/(10^{-3}\ \text{W} \cdot \text{m}^{-1} \cdot \text{K}^{-1})$
氢	224.3	甲烷	45.8
氦	175.6	乙烷	30.7
氧	31.9	丙烷	26.4
空气	31.5	甲醇	23.1
氮	31.5	乙醇	22.3
氩	21.8	丙酮	17.6

6.3.3　氢火焰离子化检测器

氢火焰离子化检测器（Flame Ionization Detector,FID）具有很高的灵敏度,对有机化合物的检测特别有效,是目前应用较广的气相色谱检测器之一。

1. 特点

(1)属于典型的质量型检测器。

(2)对有机化合物具有很高的灵敏度。比热导检测器的灵敏度高出近3个数量级,检出限可达10^{-9} mg·s^{-1}。

(3)结构简单、稳定性好。

(4)响应迅速、线性范围宽。

(5)缺点是对无机气体、水、四氯化碳等含氢少或不含氢的物质灵敏度低或不响应。

2. 结构

氢火焰离子化检测器的结构如图6-7所示。在收集极和发射极之间加有$100\sim300$ V的直流电压,构成一个外加电场,发射极兼做点火电极。采用氢火焰离子化检测器时,以氮气为载气,氢气为燃气,空气为助燃气。氢气在进入检测器时与载气混合,在石英喷嘴处被点燃,有机化合物通过火焰时,电离生成正离子,在电场中定向流动,形成微电流,产生微电流信号。使用时需要调整三种气体的比例关系,使检测器的灵敏度达到最佳。

3. 微电流形成机理

组分在氢火焰中的离子化与微电流形成过程如下:

当含有机物C_nH_m的载气由喷嘴喷出进入火焰时,在C层(图6-8)发生裂解反应,产生自由基:

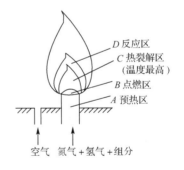

图6-7 氢火焰离子化检测器
结构示意图

图6-8 氢火焰温区图

$$C_nH_m \longrightarrow \cdot CH$$

产生的自由基在D层火焰中与外面扩散进来的激发态氧原子发生反应:

$$\cdot CH + O \longrightarrow CHO^+ + e^-$$

生成的正离子CHO^+与火焰中的大量水分子碰撞,发生分子离子反应:

$$CHO^+ + H_2O \longrightarrow H_3^+O + CO$$

电离产生的正离子和电子在外加恒定直流电场的作用下,分别向两极定向运动而产生微电流($10^{-14}\sim10^{-6}$ A)。在一定范围内,微电流的大小与进入离子室的被测组分的质量成正比,所以氢火焰离子化检测器属于质量型检测器。组分在氢火焰中的电离效率很低,约五十万分之一的碳原子被电离,所以微电流很小,需要经过放大后才能被检测到。

4. 影响氢火焰离子化检测器灵敏度的因素

载气、氢气、空气三种气体的流速和相互比例关系(体积比)对氢火焰离子化检测器的性能影响较大。调节时,以载气(N_2)流速为基准(载气流速主要考虑分离效果),调节氢气的流速。氢气与氮气之间存在一个最佳流速配比,在此比值下,检测器的灵敏度最高,稳定性好。最佳比值由实验确定,一般 N_2:H_2=1:1~1:1.5。空气在流速较低时,离子化信号随空气流速的增大而增大,增大到一定值后,改变空气流速对检测信号几乎无影响。一般氢气:空气=1:10。

正常极化电压选择在 $100\sim300$ V 范围内。极化电压低时,增大极化电压,检测信号增大,超过一定值,影响不大。

6.3.4　电子捕获检测器

电子捕获检测器(Electron Capture Detector,ECD)是对含有卤素、磷、硫、氧等元素的电负性化合物有很高灵敏度的选择性检测器。在生物化学、药物、农药、环境监测、食品检验、法庭医学等领域有着广泛应用,特别适合于农产品和蔬菜中农药残留量的检测,但该检测器也存在着线性范围窄、受操作条件影响大及重现性差等不足。

电子捕获检测器的结构如图 6-9 所示。特别之处在于检测器内有一筒状 β 射线放射源(^{63}Ni或^{3}H)。载气(N_2 或 Ar)在 β 射线的作用下发生电离,所产生的电子和正离子在电场作用下定向移动形成恒定的基电流。当载气携带电负性化合物组分进入检测器时,电负性化合物捕获电子,形成稳定的负离子,再与载气电离产生的正离子结合生成中性化合物,使基电流减小而产生负信号(倒峰)。进入检测器的组分浓度越大,基电流越小,倒峰越大。

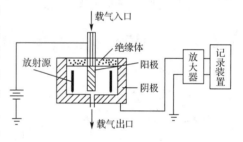

图 6-9　电子捕获检测器结构示意图

电子捕获机理可以用以下过程说明:

$$N_2 \xrightarrow{\beta} N_2^+ + e^- \quad 产生基电流$$
$$B + e^- \longrightarrow B^-$$
$$B^- + N_2^+ \longrightarrow B + N_2 \quad\left.\right\} 使基电流减小,产生负信号$$

6.3.5　其他检测器

在气相色谱仪中,热导检测器和氢火焰离子化检测器已成为仪器的标准配置,除以上三种应用较多的检测器外,还有以下几种类型的检测器。

1. 火焰光度检测器

火焰光度检测器(Flame Photometric Detector,FPD)是对含硫、磷化合物具有高灵敏度的选择性检测器。含硫、磷化合物在富氢火焰中被还原,激发后发生化学发光效应,辐射出特征波长的光,含硫、磷化合物的 λ_{max} 分别为 394 nm 和 526 nm。可采用光电倍增管来检测光的强度信号,信号强度与进入检测器的化合物质量成正比。火焰光度检测器对有机硫、磷的检出限比碳氢化合物低 1 万倍,可以排除大量的溶剂峰和碳氢化合物的干扰,所以特别适合于含硫、磷化合物的分析。

FPD 与 FID 一样,使用三种气体,即 N_2、空气和 H_2。在 FPD 的基础上又出现了脉冲火焰光度检测器(PFPD),其是近几年气相色谱仪中开发最成功的检测器,能直接检测出至少 28 种元素,可达到无碳元素基体干扰的高选择性、高灵敏度检测。

2. 热离子检测器

热离子检测器(Thermal Ion Detector,TID)是对含氮、磷化合物具有高灵敏度的色谱检测器。在 FID 的喷嘴与收集极之间加一个含硅酸铷的玻璃球,含氮、磷化合物在受热分解时,受硅酸铷作用产生大量电子,信号增强。

色谱与其他分析仪器联用发展迅速,也可将所联用的仪器作为色谱的检测器,有关联用型仪器将在第 18 章中介绍。

6.4 气相色谱分离操作条件的选择

色谱理论为改善分离、正确选择操作条件提供了理论指导。本节主要讨论固定相、分离温度及载气种类等操作条件的选择。

6.4.1 色谱柱及使用条件的选择

1. 固定相的选择

对于气固色谱,固定相的种类较少,可根据试样的性质,参考各种吸附剂的特性和应用范围进行选择。对于气液色谱,一种方案是查阅色谱手册,根据所列各种固定液的应用范围进行筛选,另一种方案是根据"相似相溶"原则,在优选固定液中进行选择。无论哪种方案,最终均需要通过实验来确定。根据"相似相溶"原则选择固定液及组分出峰顺序如下:

(1)分离非极性组分时,通常选用非极性固定液。各组分按其沸点高低顺序出峰,低沸点组分先出峰。

(2)分离极性组分时,一般选用极性固定液。各组分按其极性大小顺序出峰,极性小的先出峰。

(3)分离非极性和极性(或易被极化的)混合物,一般选用极性固定液。此时,非极性组分先出峰,极性(或易被极化的)组分后出峰。

(4)醇、胺、水等强极性并能形成氢键的化合物的分离,通常选择极性或氢键性的固定液。

(5)组成复杂、较难分离的试样,通常使用特殊固定液或混合固定液,出峰顺序需要由实验来确定。

2. 固定液配比(涂渍量)的选择与涂渍

固定液在担体上的涂渍量称为配比,一般指的是固定液与担体的质量比。配比通常控制在 5%～25% 之间。根据速率理论,配比越低,担体上所形成的液膜越薄,则传质阻力越小,柱效越高,分析速度也就越快。但配比较低时,固定液的负载量低,允许的进样量较小,易造成试样过载。分析工作中通常倾向于使用较低的配比。

确定了固定液和配比后,称取一定量的担体(满足一次装柱需要),再根据担体量和配比称取固定液,将其用溶剂(溶剂量应能使固定液完全溶解,并以能完全浸没担体为宜)完全溶解后倒入担体中,使溶剂缓慢挥发完全后即完成涂渍。

3. 柱长和柱内径的选择

根据塔板理论,增加柱长对提高分离度有利,分离度 R^2 正比于柱长 L:

$$\left(\frac{R_1}{R_2}\right)^2 = \frac{n_1}{n_2} = \frac{L_1}{L_2} \tag{6-6}$$

由上式计算可得,当柱长由 1 m 增加到 4.87 m 时,分离度由 0.68 增加到 1.50。但根据色谱动力学理论,当柱长增加时,不但组分的保留时间 t_R 增加,峰也变得更宽,有可能反而使分离度下降,同时,柱阻力也增加,不便操作,所以不可能通过无限制增加柱长来提高分离度。柱长的选用原则是在能满足分离目的的前提下,尽可能选用较短的柱,以有利于缩短分析时间。填充色谱柱的柱长通常为 1～3 m。

小柱径有利于提高分离度,但不便装填,且柱阻力较大,柱内径一般为 3～4 mm。

4. 色谱柱装填与使用前的预处理

空色谱柱装填前需要清洗和干燥。装填通常采取减压方式进行,将空色谱柱一端用玻璃棉堵塞后与减压系统(真空泵、保护塔、缓冲瓶)连接,另一端接装料漏斗(仪器配件)。用螺丝刀木柄轻轻敲击柱子,同时慢慢将填料倒进漏斗。填满后,也用玻璃棉堵塞,并做标记(保证该端与色谱仪中的进样端连接,另一端与检测器连接)。装填的关键是均匀,不能用力敲击,避免造成柱子装填的太实,载气无法流过;也不能太松,不能形成柱压,或使用过程中填料被压缩形成部分空柱。

色谱柱装填必须经过预处理后才能使用,即先不将色谱柱与检测器连接(避免污染检测器)而直接接至室外,在通载气的情况下加热(加热温度高于分析温度)一段时间后再与检测器连接,继续通载气加热至记录的基线平直。

5. 柱温的确定

在气相色谱中,柱温(即分离温度)是需要控制的重要操作参数,直接影响分离度和组分的保留时间。但这种影响是多方面的,需要综合考虑。确定柱温时,首先应使柱温控制在固定液的最高使用温度(超过该温度,固定液易流失)和最低使用温度(低于此温度,固定液以固体形式存在)范围之内。根据速率理论,升高柱温,组分在两相间的传质速率加快,有利于降低塔板高度,缩短分析时间;但同时,也使得分子扩散作用加剧,导致柱效下降。柱温升高,被测组分在气相中的浓度增加,K 变小,t_R 缩短,色谱峰变窄变高,低沸点组分峰易产生重叠,分离度下降。对于难分离物质对,降低柱温虽然可在一定程度内使分离得到改善,但是不可能使之完全分离。这是由于两组分的相对保留值增大的同时,两组分的峰宽也在增加,当后者的增加速度大于前者时,两峰的重叠更为严重。柱温一般选择在接近或略低于组分平均沸点时的温度。

对于组分复杂、沸程宽的试样,保持恒定柱温不能满足所有组分在合适的温度下分离,且可能造成低沸点组分出峰太快,而高沸点组分出峰太慢或不出峰。在这种情况下,通常需要采取程序升温,即在分离过程中,柱温按一定程序由低到高变化,使各组分均能在最适宜的温度下分离,如图 6-10 所示。

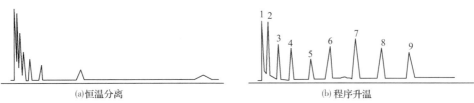

(a)恒温分离　　　　　　　　　(b)程序升温

图 6-10　恒温分离与程序升温分离效果对比图

1—甲醇;2—乙醇;3—1-丙醇;4—1-丁醇;5—1-戊醇;6—环丙醇;7—1-辛醇;8—1-庚醇;9—十二烷醇

6.4.2　载气种类和流速的选择

1.载气种类的选择

载气种类的选择应考虑三个方面:载气对柱效的影响、检测器的要求及载气的性质。当载气流速较小时,分子扩散项是影响柱效的主要因素,选择摩尔质量大的载气,可抑制试样的纵向扩散,提高柱效。载气流速较大时,传质阻力项起主要作用,采用摩尔质量较小的载气(如 H_2,He),可减小传质阻力,提高柱效。

热导检测器需要使用热导率较大的氢气以有利于提高检测灵敏度。在氢火焰离子化检测器中,氮气仍是首选载气。

在选择载气时,还应综合考虑载气的安全性、经济性及来源是否广泛等因素。

2.载气流速的选择

载气流速也是提高分离效率的重要操作参数。根据速率方程可求解最佳流速(u_{opt}),即速率方程对流速的一阶导数为零时的 u_{opt}。

$$H=A+\frac{B}{u}+Cu, \quad \frac{\mathrm{d}H}{\mathrm{d}u}=-\frac{B}{u^2}+C=0$$

$$u_{opt}=\sqrt{\frac{B}{C}} \tag{6-7}$$

实际流速通常稍大于最佳流速,以缩短分析时间。

3.其他操作条件的选择

(1)进样方式和进样量的选择

液体试样采用色谱微量进样器(图 6-11)进样,其规格有 1 μL、5 μL、10 μL 等。进样量应控制在柱容量允许范围及检测器线性检测范围之内。进样要求动作快、时间短。气体试样应采用气体进样阀进样。

(2)汽化温度的选择

色谱仪进样口下端有一汽化室,液体试样进样后,在此瞬间汽化。汽化温度一般较柱温高 30～70 ℃。应防止汽化温度太高造成试样分解。

图 6-11　进样器

6.5　气相色谱应用技术

气相色谱除进行一般分析外,与一些辅助方法结合还可进行一些特殊要求的分析。常见的技术有针对高分子聚合物试样的裂解气相色谱分析法,及适用于固体试样中挥发性气体的顶空气相色谱分析法。

6.5.1　裂解气相色谱分析法的原理与应用

裂解气相色谱分析法(Pyrolysis Gas Chromatography,PyGC)是常规气相色谱分析法的扩展,是将热裂解和气相色谱两种技术结合的产物,适用于一些相对分子质量较大、结构复杂、难挥发、难溶解的固体物质的分析、鉴定,如聚合物的分析等。

热裂解是在热能的作用下,物质发生的化学降解过程。热裂解＋气相色谱＋质谱(红外、核磁)技术已成为研究高分子化合物的有力工具,在高分子、生物医学、环境科学、考古学、地球化学、矿物燃料、炸药等领域有广泛应用。

1. 基本原理及方法

在一定条件下,高分子及非挥发性有机化合物的裂解遵循一定规律,即特定的试样能够产生特征的裂解产物及产物分布。采用气相色谱分析法来鉴定裂解产物,可据此对原试样进行表征。

将试样置于裂解器中,在严格控制的条件下,快速加热,使之迅速分解成为挥发性的小分子产物,然后直接将裂解产物送入色谱柱中进行分离,获得定性、定量数据。

裂解气相色谱分析法具有以下显著特点:

(1)分离效率和灵敏度高(色谱分析法自身的特点)。

(2)快速裂解、分析速度快、不丢失信息。

(3)信息量大。可进行试样组成与裂解产物、裂解条件、裂解机理及裂解反应动力学过程的研究。

(4)适合于各种形态试样,如黏稠液体、粉末、纤维及弹性体、固化树脂、涂料、硫化橡胶、塑料等。

(5)简单易行。

2. 流程

裂解气相色谱并不需要对普通气相色谱的结构进行大的改动。通常将气体进样装置(六通阀)连接到仪器接口上,用裂解器取代六通阀上的气体定量管即可。裂解气相色谱流程如图 6-12 所示。

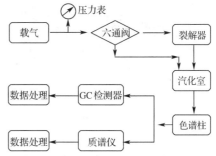

图 6-12　裂解气相色谱流程示意图

3. 对裂解器的要求

(1)裂解反应可控　需要能够精确控制裂解温度。因为裂解温度不同,裂解产物不同。精确控制裂解温度使得分析可重复进行。

(2)裂解温度范围可调　以满足不同物质需要的不同裂解温度。裂解温度范围

400～1 500 ℃。

（3）裂解器与接口的体积小　减小死体积，防止色谱峰变宽。

（4）对裂解反应无催化反应　防止裂解器的材质在高温下催化歧化反应和二次反应的发生。

4. 裂解器的种类

裂解器是 PyGC 的关键部件，分为连续式和间歇式两类。按加热方式可分为电阻加热型、感应加热型和辐射加热型。下面介绍较为常见的几种类型。

（1）管式炉裂解器

这是常用的连续式裂解器，由一个外壁加热的圆管构成，当温度达到 T_{eq} 时，将试样放在一个铂金盘（铂舟）内，送入管中，其结构如图 6-13 所示。这种裂解器结构简单、易于控制，但死体积大、二次反应突出。

（2）热丝（带）裂解器

这类裂解器目前应用最广，其所使用的铂丝既是加热元件，也是温度传感器，通常将其作为惠斯登电桥的一臂，可控制裂解温度。热丝（带）裂解器的试样放置在加热丝的螺旋管中。

（3）居里点裂解器

利用电磁感应加热。铁磁性材料置于高频电场中，吸收射频能量迅速升温，达到居里点温度时，变为顺磁质，不再吸收能量，温度稳定在该点。试样放置在铁磁性材料制成的加热元件上，可利用不同组成的铁磁质合金具有不同的居里点温度来控制温度。

（4）激光裂解器

其结构如图 6-14 所示。所使用的试样不需要特别处理，升温时间很短（1 ms 可升温到 3 200 ℃），裂解可以只在表面进行。但激光裂解器存在着试样的平均温度很难测量的严重不足。

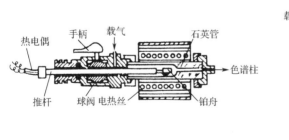

图 6-13　管式炉裂解器示意图

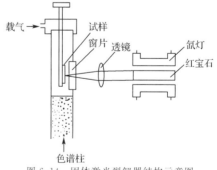

图 6-14　固体激光裂解器结构示意图

6.5.2　顶空气相色谱分析法的原理与应用

顶空气相色谱分析法是对液体或固体试样中的挥发性成分进行分析的最有效方法，如塑料食品包装袋中挥发性成分的分析；人在有毒环境中工作后，体液中有毒组分含量的分析等。

1. 过程与理论依据

顶空气相色谱分析法通常是将试样置于密闭的恒温系统中,当气液(气固)两相达到热力学平衡后,取样,用气相色谱分析法测定气相组成。测定可通过两种方法进行。

(1)静态法

在恒温密闭系统中达到气液两相平衡后,取样,测定气相组成。该方法适用于试样量较大的情况。

(2)动态法

也称吹扫-捕集法。利用吸附剂吸附挥发性成分,再将吸附管连接到色谱仪的六通阀上(取代定量管),加热解吸,组分被载气携带进入色谱柱。该方法适用于试样量较少或特殊的情况。

顶空气相色谱分析法的理论依据是当顶空瓶中试样上面的蒸气压相当低时,峰面积 A_i 的大小与试样上面的气相中挥发性组分 i 的蒸气压 p_i 成正比:

$$A_i = f_i p_i \tag{6-8}$$

式中,f_i 为校正因子。

在真实体系中,蒸气压通常用下式表示:

$$p_i = p_i^* \gamma_i x_i \tag{6-9}$$

式中,p_i^* 为气相中组分 i 的饱和蒸气压;x_i 为试样中组分 i 的摩尔分数;γ_i 为组分 i 的活度系数。

$$A_i = f_i p_i = f_i \gamma_i x_i p_i^* \tag{6-10}$$

当系统平衡时:

$$A_i = f_i p_i = k_i x_i \tag{6-11}$$

通过顶空分析,可确定试样中待测组分的含量。

2. 实际应用

(1)在职业病和法庭分析中,经常要测定体液中的苯、甲苯、二甲苯等有毒成分,采用顶空分析是一种有效、方便、快速的方法。司法部司法鉴定科学技术学院制定了分析水、尿、血中苯类化合物的静态顶空分析法:取 1 mL 试样(水、尿、血)放入 5 mL 青霉素小瓶中,加入 0.4 g 内标物和约 1 g 硫酸铵至饱和,加盖密封,置于 80 ℃ 的恒温器中恒温 30 min,取 0.6 mL 顶空的气样进行色谱分析。色谱分析的条件为:色谱柱 2 m × 2 mm,80~100 目,固定液 PEG-20M,柱温以 10 ℃/min 升温到 110 ℃。

(2)分析血样中的酒精含量是顶空气相色谱应用最广泛的方法,可检查司机是否酒后驾车。将试样在温度为 50 ℃ 的恒温器中平衡 30 min 后,取一定量顶空的气体进行色谱分析。色谱柱为 30 m × 0.53 mm 的石英毛细管,固定液为聚二甲苯硅氧烷。

(3)固体试样(塑料、食品等)的顶空分析,塑料食品包装袋中的甲苯残留量的测定。将塑料食品包装袋剪成 30 mm × 10 mm 碎片,装入 100 mL 玻璃注射器,在 80 ℃ 下预热 20 min,用空气稀释为 100 mL,恒温 10 min 后进样分析。填充色谱柱为 0.5 m × 3 mm,固定液为 20% 的 PEG-20M,柱温为 80 ℃。最小检测浓度为 0.031 mg/m³。

6.6 毛细管气相色谱

6.6.1 特 点

如何才能大幅度提高色谱分离的能力？根据塔板理论，增加柱长，减小柱径，即增加柱子的塔板数。根据速率理论，减小组分在柱中的涡流扩散和传质阻力，可降低柱子的塔板高度。当采用毛细管作为气相色谱分离柱时，柱内不装填料，空心柱（管径 0.2 mm）阻力小，长度可达百米。载气气流以单途径通过柱子，完全消除了组分在柱中的涡流扩散现象。此外，将固定液直接涂在管壁上，总柱内壁面积较大，涂层很薄，则气相和液相的传质阻力大大降低。故毛细管分离柱的特性使毛细管色谱具有以下突出优点：

（1）分离效率高。比填充柱的高 10～100 倍。其柱效高达每米 3 000～4 000 块理论塔板，较多采用程序升温方式，特别适合复杂试样的分析。

（2）分析速度快。比用填充柱色谱分析的速度快得多。

（3）色谱峰窄、峰形对称。

（4）一般采用氢火焰离子化检测器，灵敏度高。

由于毛细管色谱的突出分离特性，使其有逐渐取代填充柱的趋势。另外，由于毛细管具有很高的分离性能，拥有几支不同性能的毛细管，即可满足大部分的分析任务，避免了固定液选择和色谱柱制备的麻烦。

6.6.2 毛细管与毛细管色谱结构流程

毛细管按其制备方法可分为以下几种：

（1）涂壁开管柱（Wall Coated Open Tubular，WCOT）

将固定液直接涂敷在管内壁上。柱制作相对简单，但柱制备的重现性差、寿命短。

（2）多孔层开管柱（Porous Layer Open Tubular，PLOT）

在管壁上涂敷一层多孔性吸附剂固体微粒。构成毛细管气固色谱。

（3）载体涂渍开管柱（Support Coated Open Tubular，SCOT）

将非常细的担体微粒粘接在管壁上，再涂固定液。其柱效较 WCOT 的高。

（4）化学键合或交联柱

将固定液通过化学反应键合在管壁上或交联在一起，使柱效和柱寿命进一步提高。其是应用最广的毛细管。

毛细管色谱的结构如图 6-15 所示。用毛细管代替填充柱，带来两个必须解决的问题：一是由于毛细管内径很小，柱容量很小，允许的进样量很小。这可以通过采用分流技术来解决，即在柱前安装分流阀，使载气携带大部分试样放空，仅少部分进入毛细管。放空的试样量与进入毛细管的试样量之比称为分流比，一般在 50∶1～500∶1 之间。二是柱后流出的试样组分量少、流速慢，易产生扩

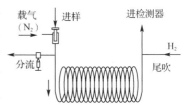
图 6-15 毛细管色谱的结构示意图

散而影响分离效果,同时也需要高灵敏度的检测器。在毛细管色谱中采取的解决方法是采用尾吹技术,即用气流将柱后流出物快速吹至检测器,并采用高灵敏度的氢火焰离子化检测器进行检测。

毛细管色谱的高分离性能使其广泛应用于复杂试样的分析。如图 6-16 所示是在一支长度为 30 m、内径为0.25 mm、固定液为 PEG-20M(聚乙二醇类)的键合相毛细管上,采用程序升温方式分析一种香水的色谱图。

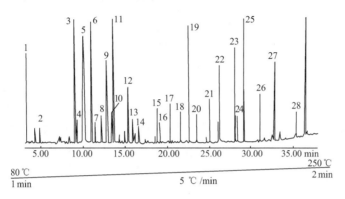

图 6-16　香水的毛细管色谱分析图

1—L-萱烯;2—未知;3—芳樟醇;4—乙酸里酯;5—1,2-丙二醇;6—薄荷醇;7—2,7-二甲基-1-辛醇;8—α-萜品烯;9—乙酸苄酯;10—香叶烯乙酸酯;11—β-香茅醇;12—香叶醇;13—苯甲醇;14—苯乙醇;15—茴香醛;16—水杨酸异戊酯;17—水杨酸酯;18—绿叶醇;19—天芥菜精;20—OTMS;21—邻苯二甲酸二乙酯;22—香豆素;23—香草醛;24—磨香黄葵;25—苯甲酸苄酯;26—磨香 T;27—麝香酮;28—安息香酸(苯甲酸)

习　题

6-1　气相色谱仪的核心部件是什么?

6-2　气相色谱仪的检测类型有哪几种? 分别有什么特点? 分别适合哪类物质的分析?

6-3　氢火焰离子化检测器不能检测哪些物质?

6-4　可作为固定液使用的化合物必须满足哪些条件? 化合物的极性是如何规定的?

6-5　选择气液色谱固定液的基本原则是什么? 如何判断化合物的出峰顺序?

6-6　分离温度与组分保留时间有什么关系? 温度升高,色谱峰形将如何改变?

6-7　降低载气流速,分离度是否一定增加?

6-8　裂解色谱分析法的原理是什么? 具有什么特点?

6-9　顶空色谱分析法的原理是什么? 具有什么特点?

6-10　毛细管色谱的结构特点是什么? 为什么具有很高的分离效率?

6-11　为什么毛细管色谱多使用氢火焰离子化检测器而不使用热导检测器?

第7章

高效液相色谱分析法

　　高效液相色谱分析法（High Performance Liquid Chromatography，HPLC）是在传统柱色谱的基础上于 20 世纪 70 年代初快速发展起来的高效分离分析技术，目前已成为一种非常重要的分析方法，在复杂物质的高效、快速分离分析方面发挥着十分重要的作用，特别是在对高沸点、热不稳定性有机化合物、天然产物及生化试样的分析方面有着其他分析方法难以取代的地位。

7.1　高效液相色谱仪

　　气相色谱分析法的建立解决了约占 20％的低沸点（350 ℃以下）有机化合物的分析问题，但对大量高沸点、热稳定性差的有机化合物及生化试样却无能为力。而现代液相色谱分析法则为这类物质提供了高效分离分析方法。

7.1.1　高效液相色谱仪结构流程

　　在气相色谱快速发展和色谱理论建立的基础上，针对传统经典的柱层分离分析的不足，通过引入高压输液泵、高效分离柱和高灵敏度检测器而建立起来了以高压、高效、高速为特征的现代液相色谱分析法。

　　高效液相色谱仪一般可分为 5 个主要部分：梯度淋洗系统、高压输液泵与流量控制系统、进样系统、分离柱及检测系统，其结构流程如图 7-1 所示。高效液相色谱的流动相（也称为淋洗液）存放在储液瓶中。储液瓶可以是一个，也可以是多个。当流动相为多组分时，既可以配制成混合物使用，也可以采用多个储液瓶分别存放，应用外梯度或内梯度法使用。流动相由高压泵来输送和控制流量，使用前需要过滤和脱气，并在抽液管的进口端设置有一微孔沙芯过滤器，

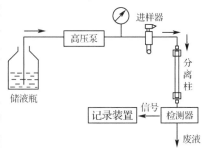

图 7-1　高效液相色谱仪的结构流程

防止微小固体颗粒进入高压泵造成损坏。位于分离柱前的进样器为耐高压的六通阀进样器。试样在流动相的携带下进入分离柱而被分离，各组分依次流出进入检测器，检测信号

输入计算机进行处理,最后流出液收集在废液瓶中。

7.1.2　高压输液泵与高效分离柱

在高效液相色谱中,为了获得高柱效而使用粒度很小的固定相(直径小于 $10~\mu m$)。液体流动相高速通过时,将产生很高的压力,其工作压力范围为 $150\times10^5\sim350\times10^5$ Pa。因此,高压、高速和高效是现代液相色谱分析法的显著特点。

高压输液泵应具有压力平稳、脉冲小、流量稳定可调、耐腐蚀等特性。常用的高压输液泵有恒流泵和恒压泵两种类型。恒流泵可在工作中保持给出稳定的流量,流量不随系统阻力变化。恒压泵使输出的流动相压力稳定,流量则随系统阻力改变,造成组分保留时间的重现性差。目前在高效液相色谱中采用的主要是恒流泵,有机械注射泵和机械往复柱塞泵两种主要类型,其中又以机械往复柱塞泵为主。

机械往复柱塞泵的结构如图 7-2 所示。在泵入口和出口装有单向阀,依靠液体压力控制。吸入液体时,入口阀打开,出口阀关闭,排出液体时相反。由其原理可知,这种泵存在着输液脉冲,可通过采取双柱塞和脉冲阻尼器来减小脉冲。

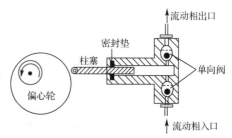

图 7-2　机械往复柱塞泵的结构示意图

高效液相色谱的流路处于高压力工作状态,对进样装置要求较高。目前通常采用高压六通阀进样装置,其原理与气相色谱的六通阀一样,但由于需要在高压力下工作,对其制作工艺和密封性的要求要高得多。六通阀可通过更换不同规格的定量管调节进样量。

高效液相色谱的分离柱通常为直形不锈钢管,内径为 $1\sim6$ mm,柱长为 $5\sim40$ cm,内填充固定相。为获得高的分离效能,高效液相色谱的发展趋势是减小填料粒度和柱径以提高柱效,目前所使用的固定相颗粒粒度已达 $5\sim10~\mu m$,柱压达 $40\sim50$ MPa。高效液相色谱分离柱的柱填料制备较困难,柱的填充要求较高,一般不自行制备。为保护分离柱,通常在分离柱前加一支填料与分离柱相同的短保护柱(前置柱)。

7.1.3　梯度淋洗装置

在气相色谱中,可以通过控制柱温来改善分离、调节出峰时间。而在液相色谱中,分离温度则必须保持在相对较低(通常为室温)和恒定状态。改善分离、调节出峰时间的目的,可通过改变流动相组成和极性的方法达到,即流动相组成的改变可使溶质在两相中的分配系数改变。在工作状态下改变流动相组成需要采用梯度淋洗装置,其分为外梯度(高压梯度)和内梯度(低压梯度)两种方式,如图 7-3 所示。这两种方式都可以使流动相组成按设定程序实现连续变化。内梯度是使用一台高压泵,通过比例调节阀,将两种或多种不同极性的溶剂按一定比例抽入混合器中混合,而外梯度则是利用两台高压输液泵,将两种不同极性的溶剂按一定比例送入混合器,混合后进入色谱柱。

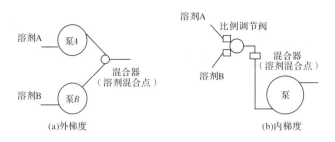

图 7-3 梯度淋洗方式

7.1.4 液相色谱检测器

无论是气相色谱还是液相色谱,对检测器的要求基本一致,如均需要具备灵敏度高、线性范围宽等特性,但对于高效液相色谱还需要考虑流动相的脉冲及特性对检测的影响。在高效液相色谱中可以使用的检测器有多种类型,常见的有紫外、荧光、电导、示差折光、电化学检测器等。

1. 紫外检测器

这是目前应用最广的液相色谱检测器,对大部分有机化合物均有响应,已成为高效液相色谱的标准配置。它具有灵敏度高、线性范围宽、死体积小、波长可选、易于操作等特点,其重要特性是对流动相的脉冲和温度变化不敏感,可用于梯度淋洗。

紫外检测器的结构如图 7-4 所示。其基本原理是试样组分对特定波长的紫外光具有选择性吸收,吸光度与试样组分浓度之间的定量关系符合朗伯-比耳定律。紫外检测器有固定波长和可变波长两种,前者在检测过程中选择某确定波长进行检测,而后者在检测过程中可对组分进行全波长范围(紫外-可见)扫描,因而能够获得试样组分的紫外-可见光谱图,可应用于定性,使其应用范围扩大。可变波长紫外检测器也相当于一台微型化的紫外-可见分光光度计。为适应色谱的需要,紫外检测器的流通池需要做得很小(1 mm×10 mm,容积8 μL)。其死体积小,吸光度随进入流通池的试样组分浓度变化快、灵敏度高。紫外检测器的检出限可达到 10^{-9} g·mL^{-1}。

将紫外检测器与光电二极管阵列检测器结合在一起的紫外阵列检测器,结合计算机处理技术,可获得组分的三维色谱-光谱图(图 7-5 和图 7-6)。

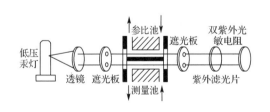

图 7-4 双光路紫外检测器结构示意图

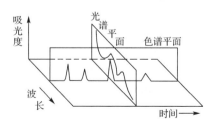

图 7-5 三维色谱-光谱图

紫外阵列检测器中的光电二极管阵列,可由多达 1 024 个二极管组成,各接受一定波长的光谱。由光源发射的光通过测量池时被组分吸收,透射光中包含了组分对各波长吸

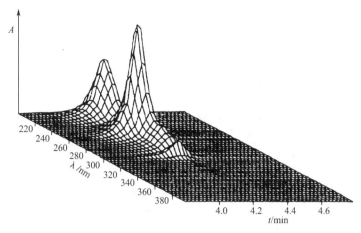

图 7-6　HPLC 测定菲的二极管阵列检测器三维图

收的信息,分光后投射到二极管阵列上(如图 7-7 所示),因而不需要停流扫描即可获得色谱流出物各个瞬间的动态光谱吸收图。

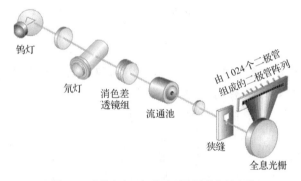

图 7-7　紫外光电二极管阵列检测器的原理图

　　紫外检测器的主要缺点是对无紫外-可见吸收的组分不响应,而对紫外光吸收较大的溶剂,如苯不能使光透过,则无法作为流动相使用,使流动相的选择受到一定限制。

2. 示差折光检测器

　　示差折光检测器是除紫外检测器之外应用最多的液相色谱检测器。由于每种物质都具有不同的折光指数,故示差折光检测器属于通用型检测器。其基本原理是连续检测参比池和试样池中流动相之间的折光指数差值,该值与试样池流动相中的组分浓度成正比。示差折光检测器有偏转式、反射式和干涉型三种,如图 7-8 所示为偏转式示差折光检测器的光路图。

　　从光源射出的光线由透镜聚焦后,从遮光板的狭缝射出一条细窄光束,经反射镜反射后,由透镜汇聚两次,穿过工作池和参比池,被平面反射镜反射出来,成像于棱镜的棱口上,然后光束均匀分解为两束,到达左右两个对称的光电管上。如果工作池和参比池皆通过的是纯流动相,光束无偏转,左右两个光电管的信号相等,此时输出平衡信号。如果工作池中有试样通过,由于折射率改变,造成了光束的偏移,从而使到达棱镜的光束偏离,左右两个光电管所接受的光束能量不等,因此输出一个代表偏转角大小,也就是试样浓度的

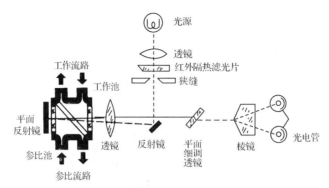

图 7-8　偏转式示差折光检测器的光路图

信号而被检测。红外隔热滤光片可以阻止那些容易引起流通池发热的红外光通过,以保证系统工作的热稳定性。平面细调透镜用来调整光路系统的不平衡性。

示差折光检测器的检出限可达到 10^{-7} g·mL^{-1}。其主要缺点是其对温度变化特别敏感,折射率的温度系数为 10^{-4} RTU/℃(RTU 为折射率单位),因此,该检测器的温度变化应控制在 $\pm 10^{-3}$ ℃。梯度淋洗造成流动相折光指数不断变化,故示差折光检测器也不能用于梯度淋洗。

3. 荧光检测器

荧光检测器属于高灵敏度、高选择性的检测器,仅对某些具有荧光特性的物质有响应,如多环芳烃,维生素 B、黄曲霉素、卟啉类化合物、农药、药物、氨基酸、甾类化合物等。其基本原理是在一定条件下,荧光强度与流动相中的物质浓度成正比。典型荧光检测器的光路如图 7-9 所示。为避免光源对产生的荧光进行干扰,光电倍增管与光源成 90°角。荧光检测器的灵敏度较高,比紫外检测器的高 2～3 个数量级,检出限可达 10^{-12} g·mL^{-1}。但线性范围仅为 10^{3},且适用范围较窄。该检测器对流动相脉冲不敏感,常用流动相也无荧光特性,故可用于梯度淋洗。

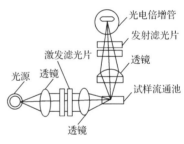

图 7-9　荧光检测器的光路示意图

除以上介绍的检测器外,电化学检测器也常用于特定物质的检测,电导检测器在离子色谱中普遍使用。近年来,高效液相色谱与其他仪器的联用技术也发展迅速,该部分内容将在第 18 章中介绍。

7.2　主要分离类型

液相色谱具有多种分离类型,每种分离类型适用的分离对象不同。根据使用的固定相不同,通常有液-固吸附色谱、液-液分配色谱、离子交换色谱、排阻色谱、亲和色谱等。

7.2.1　液-固吸附色谱

液-固吸附色谱中所使用的固定相为固体吸附剂,如硅胶、氧化铝等。与气相色谱不同的是,在液-固吸附色谱中所使用的固定相颗粒的粒度较小,如经常使用 $5\sim10~\mu m$ 的硅胶吸附剂。液-固吸附色谱中所使用的流动相为各种不同极性的一元或多元溶剂。其分离机理为流动相中的溶质分子(X)与溶剂分子(S)在固体吸附剂上的竞争吸附:

$$X_M + nS_s = X_s + nS_M$$

式中,下标 M、s 分别表示流动相和固定相;n 是被吸附的溶剂分子数。

达到吸附平衡时,吸附平衡常数(K)可表示为

$$K = \frac{c(X_s)[c(S_M)]^n}{c(X_M)[c(S_s)]^n} \tag{7-1}$$

吸附平衡常数 K 并不等于分配系数,但 K 值越大,表明该溶质分子在固定相上被吸附的越多,吸附作用越强。其色谱行为表现在该组分的保留时间越长,则分配系数也越大。吸附平衡常数 K 可以由等温吸附线数据求出。

在液-固吸附色谱中,色谱峰形经常出现非对称情况,这种现象可以通过等温吸附线来解释。在一定温度下,被吸附的溶质质量随溶质浓度的变化曲线(等温吸附线)可分为三种类型,如图 7-10 所示。

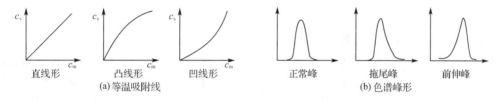

图 7-10 等温吸附线与其对应的色谱峰形

以色谱分离过程中比较常见的拖尾峰形(对应于凸线形等温吸附线)为例。因为在吸附剂表面存在着具有不同吸附力的点,被吸附分子首先占据强吸附力的点。在溶质浓度较低时,溶质分子主要被强吸附力的点吸附,吸附力强,保留时间长。在溶质浓度较高时,较多溶质分子被弱吸附力的点吸附,吸附力相对较弱,造成色谱峰中心部分运动速度较快,即色谱峰前移,而后沿部分吸附力相对较强,运动速度较慢,形成拖尾峰。由凸线形等温吸附线可以看出,在溶质浓度较低时,近似为直线,故可以判断,在低浓度时,可减小拖尾现象。

液-固吸附色谱适用于分离相对分子质量中等的油溶性试样,对具有官能团的化合物和异构体有较高选择性。

7.2.2 液-液分配与化学键合相色谱

液-液分配色谱中所使用的固定相与流动相均为液体,且互不相溶。其基本原理与气相色谱中的气-液分配色谱一样,即组分在固定相和流动相上的多次分配。但不同的是气相色谱中流动相的性质对分配系数影响不大,而液-液分配色谱中流动相的性质对分配系数却有较大影响,故采取改变流动相的性质(如梯度淋洗)来改进分离效果成为液相色谱的重要手段。在液-液分配色谱中,对于亲水性固定液,采用疏水性流动相,即流动相的极性小于固定液的极性,称为正相分配色谱(色谱柱称为正相柱),适合极性化合物

的分离,极性小的组分先流出,极性大的组分后流出;反之,流动相的极性大于固定液的极性,称为反相分配色谱(色谱柱称为反相柱),适合非极性化合物的分离,出峰顺序与正相分配色谱相反。早期的固定相是将固定液直接涂渍在担体上,制备方便,但固定液容易流失,目前已很少采用。现多采用化学键合固定相,即将各种不同基团通过化学反应键合到硅胶(担体)表面的游离硅羟基上,形成了化学键合相色谱。键合的方法极大改善了固定相的分离性能,扩大了液相色谱的应用范围。从固定相的结构来说,由涂渍到键合的转变,使键合固定相的表面不再是一层液膜,而是一层分子膜,使液相传质阻力大大减小,柱效提高。两相之间的分配也从液-液分配转变为液-分子膜之间的分配。

化学键合固定相的基体基本上都采用硅胶,这是因为硅胶表面大量存在的硅羟基(Si—OH)容易发生化学反应成键而连接上各种基团。根据连接基团的类型不同,也将装填化学键合固定相的色谱柱分为正相柱和反相柱。如键合不同碳原子数的烷烃(如 C_8 或 C_{18})或苯基等疏水基团的固定相,称为反相柱(C-18 柱即 ODS 柱为最常见的反相柱),当键合氰乙基、氨丙基、醚或醇等极性基团,称为正相柱。

使用反相化学键合固定相分离柱,以极性较强的溶剂为流动相时,构成反相键合色谱,多用于分离多环芳烃等弱极性化合物。当采用水-甲醇、水-乙腈等二元溶剂作为流动相时,也可分离极性化合物。

使用正相化学键合固定相分离柱,以非极性(如烃类)溶剂为流动相时,构成正相键合色谱,适用于分离异构体、极性不同的混合物等。在非极性或极性较弱的流动相中加入适量的极性溶剂(如氯仿、醇、乙腈等),也可用于分离极性化合物,此时,组分的分配比随其极性的增强而增大,但随流动相极性的增强而降低。

化学键合固定相具有优良的分离性能,尽管制备困难,价格较贵,但拥有几支不同性质的分离柱,结合选择合适的流动相及梯度淋洗技术,基本可以满足大部分分析任务的需要。化学键合固定相已成为液相色谱中最重要的色谱固定相。

7.2.3　离子交换色谱

传统离子交换分离技术被广泛应用于去离子水制备、稀土元素和各种裂变产物分离与大规模制备。采用专门制备的离子交换色谱分离柱填料,则可以使液相色谱能够用于各种无机离子、有机酸碱及各种生物大分子的快速分析。

在离子交换色谱中使用的固定相为阴离子交换树脂或阳离子交换树脂,也属于一种键合固定相,但通常采用苯乙烯-二乙烯苯共聚微球作为担体,在苯环上键合阳离子交换基团(磺酸基)或阴离子交换基团(季胺基)。含有磺酸基的阳离子交换树脂固定相,采用酸性水溶液作为流动相,通过控制溶液 pH,可分离各种阳离子混合物。含有季胺基的阴离子交换树脂固定相,采用碱性水溶液作为流动相,通过控制溶液 pH,可分离各种阴离子混合物。

离子交换色谱的基本原理是利用试样组分在固定相上反复进行的离子交换反应:

阳离子交换:　　　　　　　$R—SO_3H + M^+ \rightleftharpoons R—SO_3M + H^+$

阴离子交换：$\qquad R\!-\!NR_4OH+X^-\rightleftharpoons R\!-\!NR_4X+OH^-$

一般形式：$\qquad\qquad R\!-\!A+B\rightleftharpoons R\!-\!B+A$

平衡时,平衡常数为

$$K_{B/A}=\frac{c(R-B)c(A)}{c(B)c(R-A)} \tag{7-2}$$

式中,R 表示树脂体。试样组分与交换基团之间的作用力大小决定了色谱的保留行为。$K_{B/A}$ 越大,表示 B 离子与交换基团之间的作用力越大,在固定相中的浓度越大,色谱保留值越大,出峰时间越长。试样组分与离子交换剂之间作用力的大小与离子半径、电荷、存在形式等有关。

对于典型的磺酸型阳离子交换树脂,一价阳离子的 $K_{B/A}$ 大小顺序为

$$Cs^+>Rb^+>K^+>NH_4^+>Na^+>H^+>Li^+$$

二价阳离子的 $K_{B/A}$ 大小顺序为

$$Ba^{2+}>Pb^{2+}>Sr^{2+}>Ca^{2+}>Cd^{2+}>Cu^{2+}$$

对于典型的季胺型阴离子交换树脂,一价阴离子的 $K_{B/A}$ 大小顺序为

$$ClO_4^->I^->HSO_4^->SCN^->NO_3^->Br^->NO_2^->CN^->Cl^->BrO_3^->$$
$$OH^->HCO_3^->H_2PO_4^->IO_3^->CH_3COO^->F^-$$

离子交换色谱使液相色谱的应用领域进一步扩展,但以高分子树脂为基体的柱填料不耐高压,无机离子的保留时间较长,需要用浓度较大的淋洗液洗脱,检测灵敏度受到限制。

离子色谱是在 20 世纪 70 年代中期发展起来的一种技术,与离子交换色谱的区别是其采用了特制的、具有极低交换容量的离子交换树脂作为柱填料,并采用淋洗液本底电导抑制技术和电导检测器,是测定混合阴离子的有效方法,有关内容将在 7.5 节中介绍。

7.2.4　离子对色谱

离子对色谱对于有机酸碱等强极性化合物有良好的分离效果。将一种(或数种)与溶质离子电荷相反的离子(称为对离子或反离子)加到流动相或固定相中,使其与溶质离子结合形成疏水性离子对化合物,并能够在两相之间进行分配,从而控制溶质离子的色谱保留行为。分离阴离子时,可以加入烷基铵类,如氢氧化四丁基铵或氢氧化十六烷基三甲铵作为对离子。分离阳离子时,常采用烷基磺酸类,如己烷磺酸钠作为对离子。

关于离子对色谱的分离机理有各种解释,如离子对形成机理、离子对分配机理、离子交换机理、离子相互作用机理等。在离子对色谱分离过程中,流动相中待分离的有机离子 X^+(或 X^-)与流动相或固定相中的对离子 Y^- 结合,形成离子对化合物 X^+Y^-,并在两相间进行分配：

$$X^+_{\text{水相}}+Y^-_{\text{水相}}\rightleftharpoons X^+Y^-_{\text{有机相}}$$

平衡常数 K_{XY} 为

$$K_{XY} = \frac{c(X^+ Y^-)_{有机相}}{c(X^+)_{水相} c(Y^-)_{水相}} \tag{7-3}$$

溶质在两相间的分配系数 D_X 为

$$D_X = \frac{c(X^+ Y^-)_{有机相}}{c(X^+)_{水相}} = K_{XY} \cdot c(Y^-)_{水相} \tag{7-4}$$

上式表明,分配系数 D_X 与水相中加入的对离子 Y^- 的浓度和平衡常数 K_{XY} 有关。待测离子的性质不同,与对离子形成离子对的能力不同,形成的离子对的疏水性也不同,则在两相间的分配系数存在差异,导致待分离的各组分离子在固定相中的滞留时间不同,从而实现色谱分离。

离子对色谱也可分为正相和反相。在较常见的反相离子对色谱中,采用非极性的疏水性键合固定相(如 C_{18} 键合固定相),以甲醇-水(或乙腈-水)溶液作为极性流动相,在流动相中加入对离子 Y^-,试样离子 X^+ 进入流动相后,生成疏水性离子对 $X^+ Y^-$。

离子对的容量因子 k 可表示为

$$k = D_X \frac{V_s}{V_M} = K_{XY} \frac{1}{\beta} c(Y^-)_{水相} \tag{7-5}$$

则组分的保留时间为

$$t_R = \frac{L}{u} \left(1 + K_{XY} \frac{1}{\beta} c(Y^-)_{水相}\right) \tag{7-6}$$

保留时间随 K_{XY} 和 $c(Y^-)_{水相}$ 的增大而延长,而 K_{XY} 取决于对离子和有机相的性质。控制流动相中加入的对离子特性和浓度可以调整组分保留时间,达到提高色谱分离选择性的目的。

7.2.5 空间排阻色谱

空间排阻色谱也称凝胶色谱,以具有一定大小孔径分布的凝胶为固定相,能溶解被分离组分的水或有机溶剂为流动相,利用凝胶的筛分作用实现化合物按相对分子质量的大小分离,如图 7-11 所示。

空间排阻色谱的基本原理是利用凝胶中孔径大小的不同,当溶质通过时,小分子可以通过所有孔径而形成全渗透(图 7-12 中 B 点),色谱保留时间最长;大分子由于不能进入孔径而被全部排斥(图 7-12 中 A 点),色谱保留时间最短;体积在小分子和大分子之间的分子则仅能进入部分合适的孔径,在两者之间流出。空间排阻色谱的分离过程类似于分子筛的筛分作用,但凝胶的孔径要比分子筛大得多,一般为数纳米到数百纳米。

空间排阻色谱中组分的色谱保留行为与凝胶中各部分体积有着直接关系。色谱柱的总体积为

$$V_{tol} = V_M + V_P + V_g \tag{7-7}$$

式中,V_M 为死体积,即对应于完全排斥分子的流出体积;V_P 为孔体积;V_g 为凝胶体积(去除孔体积)。

组分的保留体积为

$$V_R = V_M + KV_P$$

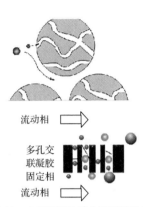

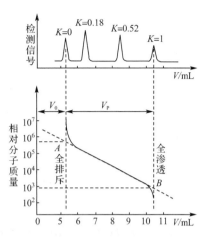

图 7-11　空间排阻色谱分离原理示意图　　　　　图 7-12　空间排阻色谱分离过程示意图

分配系数为

$$K = \frac{V_R - V_M}{V_P} = \frac{c_s}{c_M} \tag{7-8}$$

分子被完全排斥时，$K=0$；可自由进入孔径时，$K=1$；部分进入孔径时，$K = 0 \sim 1$。尽管空间排阻色谱与其他类型的色谱有着完全不同的分离机理，但色谱理论同样适用。

空间排阻色谱分离过程如图 7-12 所示。图中 A 点为凝胶固定相的全排斥极限，即所有大于 A 点所对应的相对分子质量的分子，均被排斥在凝胶孔径之外，出现单一的、保留时间最短的峰，对应的保留体积为死体积 V_M，分配系数 $K=0$。图中 B 点为凝胶固定相的全渗透极限，所有小于 B 点所对应的相对分子质量的分子，均可自由进出所有凝胶孔，则出现单一的、保留时间最长的峰，对应的保留体积为最大保留体积 $V_M + V_P$，分配系数 $K=1$。相对分子质量位于两者之间的化合物，按相对分子质量由大到小顺序，其保留体积位于 V_M 和 $V_M + V_P$ 之间，即

$$V_M < V_R < V_M + V_P \tag{7-9}$$

这一范围也称为分级范围。只有混合物分子的大小不同，而且又在此分级范围之内时，才可能被分离。

空间排阻色谱中，被分离组分在分离柱内停留的时间短，柱内峰扩展很小，色谱峰窄，易于检测，固定相和流动相选择简便。相对分子质量为 $100 \sim 8 \times 10^5$ 的任何类型化合物，只要在流动相中能够溶解，均可以采用空间排阻色谱按相对分子质量大小实现分离，但仅能分离相对分子质量相差 10% 的分子。采用空间排阻色谱可以十分方便地测量高分子聚合产物的相对分子质量分布。

7.2.6 亲和色谱

亲和色谱（Affinity Chromatography，AC）的基本原理是利用生物大分子和固定相表面存在的某种特性亲和力，进行选择性分离的一种色谱分离方法，如图 7-13 所示。通常是先在载体表面键合上一种具有反应活性的连接链（环氧、联胺等），再连接上配基（酶、抗原等），这种固载化的配基将只能与具有亲和力特性吸附的生物大分子作用而被保留。例如，酶与底物、抗体与抗原、激素与受体等。被保留在柱上的组分，可以通过改变淋洗液的 pH 或组成进行洗脱。

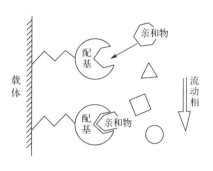

图 7-13　亲和色谱示意图

7.3　液相色谱的固定相与流动相

7.3.1　固定相

1.分配色谱固定相

全多孔型固定相：由氧化硅、氧化铝或硅藻土等制成的多孔球体。早期采用 $100\ \mu m$ 的大颗粒，表面涂渍固定液，性能不佳，已不多见。

表面多孔型固定相：在薄壳型微珠担体（如 $30\sim40\ \mu m$ 的玻璃微球，表面附着一层厚度为 $1\sim2\ \mu m$ 的多孔硅胶）上涂渍固定液。这类担体粒度均匀、重现性好，在 20 世纪 70 年代应用较多。由于比表面积小，柱容量低，对检测器要求高，目前也不多见。

化学键合固定相：由于具有十分突出的优良性能，是目前性能最佳、应用最广的液相色谱固定相。化学键合固定相利用硅胶表面存在的硅羟基，通过化学反应将有机分子键合到硅胶表面。根据在硅胶表面的化学反应不同，化学键合固定相可分为以下四种：

（1）硅氧碳键型：　　　　$\equiv Si—O—C$

（2）硅氧硅碳键型：　　　$\equiv Si—O—Si—C$

（3）硅碳键型：　　　　　$\equiv Si—C$

（4）硅氮键型：　　　　　$\equiv Si—N$

在这四种类型中，由于硅氧硅碳键型的稳定、耐水、耐光、耐有机溶剂等特性最为突出，应用最广，如应用较多的 C_{18} 键合固定相即属于这种类型，其键合反应如图 7-14 所示。

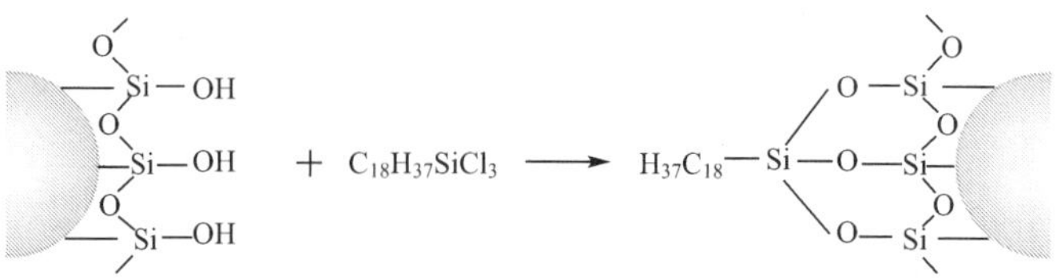

图 7-14　C_{18} 键合固定相的键合反应

化学键合固定相具有以下主要特点：

(1)传质快,表面无深凹陷。

(2)由于采用的是化学键合,基本无固定液流失,耐流动相冲击、耐水、耐光、耐有机溶剂、稳定。

(4)可键合不同官能团,提高选择性。

(5)有利于梯度淋洗,受流动相变化的影响小。

化学键合固定相表面键合基团的覆盖率对分离效果和分离机理有着一定影响,随覆盖率的不同可能存在着两种分离机理。覆盖率较高时,组分在两相间以分配为主;而当覆盖率较低时,则可能以吸附为主。

2. 液-固吸附色谱固定相

常见的液-固吸附色谱固定相有硅胶、氧化铝、分子筛、聚酰胺等。结构类型主要以全多孔型和薄壳型为主,粒度为 $5 \sim 10 ~\mu m$。

3. 离子交换色谱固定相

薄壳型离子交换树脂:薄壳玻璃珠为担体,表面涂约 1% 的离子交换树脂。

离子交换键合固定相:在微粒硅胶表面键合离子交换基团。

根据交换基团的不同,离子交换树脂也常称为阳离子交换树脂(强酸性、弱酸性)和阴离子交换树脂(强碱性、弱碱性)。

4. 空间排阻色谱固定相

空间排阻色谱固定相有多种类型,一般可分为以下三类:

软质凝胶:葡聚糖凝胶、琼脂凝胶等,这类凝胶呈多孔网状结构。水为流动相时,凝胶能溶胀到干体的数倍。这类凝胶仅适用于常压排阻分离,不适合高压液相色谱。

半硬质凝胶:苯乙烯-二乙烯苯交联共聚物,也称有机凝胶,常使用非极性有机溶剂为流动相,不能用丙酮、乙醇等极性溶剂,溶胀性比软质凝胶小。

硬质凝胶:多孔硅胶、多孔玻璃珠等,如可控孔径玻璃微球,具有恒定孔径和窄粒度分布。硬质凝胶具有化学稳定性、热稳定性好,机械强度大,流动相性质影响小等特点,可在较高流速和压力下使用,既可采用水做流动相,也可使用有机流动相。

5. 手性固定相

在生物、药物分子和天然有机物中有大量的对映异构体。例如,约 40% 的药物是对映异构体,而这些异构体在生理和药理中有时又起着完全不同的作用。对映异构体的分离分析已成为高效液相色谱的重要任务。其分离主要取决于手性固定相的选择,目前研究过的手性固定相有 700 多种,应用较多的有手性冠醚和环糊精。

环糊精(Cyclic Dextrin,CD)是由 6、7、8 个 $D(+)$-吡喃糖型葡萄糖单元组成的环状低聚糖,分别简称为 α-CD、β-CD、γ-CD,统称为 CDs。CDs 分子为两端开口的锥体空腔,如图 7-15 所示。空腔尺寸及物理性质取决于所含的葡萄糖单元数。CDs 的空腔内壁为弱疏水性,所有羟基在空腔的外沿呈亲水性,这种结构使其能与各种极性和非极性分子、离子形成包含化合物(主客体配合物)。1984 年 Armstrong 首次将环糊精键合到二氧化硅上用做 HPLC 的手性固定相,目前已成为十分普及的手性固定相,如全苯基环糊精分离柱特别适合于分离氨基醇类 β 阻断剂,而这类手性药物在其他类型手性固定相上则很难分离。

诺贝尔化学奖获得者 Cram 在 1978 年用手性冠醚作为液相色谱固定相,开创了"主-客"体作用色谱。另外一类重要的手性固定相是以蛋白质为基础的固定相。将蛋白质、酶和抗体等生物大分子键合到硅胶上,是 HPLC 手性固定相常用的方法。如将牛血清白蛋白固定在硅胶表面作为手性固定相使用。Enomoto 用酶催化聚合的方法制备了在硅胶上化学键合直链淀粉的固定相,研究了其对苯基氨基甲酸酯衍生物手性识别的能力。

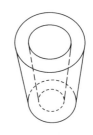

图 7-15　环糊精模型示意图

近年来出现了分子印迹固定相,Hosoya 合成了以聚合物为基质的粒度均匀的 HPLC 分子印迹固定相,形成的交联聚合物网络具有分子识别的功能,具有特殊应用价值。

7.3.2　流动相

液相色谱的流动相又称为淋洗液、洗脱液等。流动相的组成、极性改变可显著改变组分的分离状况,故改变流动相的组成和极性是提高分离度的重要手段。亲水性固定液常采用疏水性流动相,即流动相的极性小于固定液的极性;而疏水性固定液常采用亲水性流动相。流动相按组成可分为单组分(纯溶剂)和多组分(混合溶剂);按极性可分为极性、弱极性、非极性;按使用方式可分为固定组成淋洗和梯度淋洗。

常用做流动相的溶剂有:己烷、环己烷、四氯化碳、甲苯、乙酸乙酯、乙醇、乙腈、水等。可根据分离要求选择合适的纯溶剂或混合溶剂。采用二组分或多组分溶剂作为流动相时,可以通过改变配比来灵活调节流动相的极性以增加选择性,达到改进分离或调整出峰时间的效果。

7.3.3　流动相的选择

溶剂的极性是选择流动相的重要依据。采用正相液-液分配分离时,首先选择中等极性溶剂,若组分的保留时间太短,降低溶剂极性;反之增加。也可在低极性溶剂中,逐渐增加其中的极性溶剂含量,使保留时间缩短,即梯度淋洗。

常用溶剂的极性大小顺序为

水＞甲酰胺＞乙腈＞甲醇＞乙醇＞丙醇＞丙酮＞二氧六环＞四氢呋喃＞甲乙酮＞正丁醇＞乙酸乙酯＞乙醚＞异丙醚＞二氯甲烷＞氯仿＞溴乙烷＞苯＞四氯化碳＞二硫化碳＞环己烷＞己烷＞煤油

选择流动相时应注意以下几个问题:

(1)尽量使用高纯度试剂做流动相,防止微量杂质长期累积损坏色谱柱,并使检测器噪声增加。

（2）避免流动相与固定相发生作用而使柱效下降或损坏柱子。如使固定液溶解流失，酸性溶剂破坏氧化铝固定相等。

（3）试样在流动相中应有适宜的溶解度，防止产生沉淀并在柱中沉积。

（4）流动相还应满足检测器的要求。当使用紫外检测器时，流动相不应有紫外吸收。

7.4　影响分离的因素与分离类型的选择

7.4.1　影响分离的因素

在高效液相色谱中，液体的扩散系数仅为气体的万分之一，则速率方程中的分子扩散项 B/u 较小，可以忽略不计，即

$$H = A + Cu$$

而液体的黏度为气体的 100 倍，密度为气体的 1 000 倍，故降低传质阻力是液相色谱中提高柱效的主要途径。由速率方程，降低固定相粒度和液膜厚度可显著提高柱效，故在液相色谱中；担体粒度由早期的 100 μm 降低为 5～10 μm。化学键合使固定相表面有机层的传质阻力大大降低。液相色谱中，不可能通过增加柱温来改善传质。改变淋洗液的组成、极性是改善分离的最直接因素。

液相色谱中流速变化对柱效的影响较大，流速增加也使分离柱压力迅速增加，但在实际操作中，流速仍是一个调整分离度和出峰时间的重要可选择参数。

7.4.2　分离类型选择

在液相色谱中，各种分离类型间的差别较大，需要根据分析目的、试样性质、化合物的结构来选择，但有时一种方法难于达到分析目的，各种方法需要配合使用。分离类型选择的重要依据之一是试样的相对分子质量。液相色谱适宜分离化合物的相对分子质量的范围在 200～2 000。相对分子质量大于 2 000 时，通常采用空间排阻色谱。另外，试样的溶解度也是分离类型选择需要考虑的因素。分离类型选择途径如图 7-16 所示。

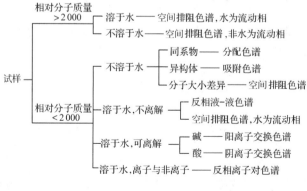

图 7-16　分离类型选择途径

7.5 制备型液相色谱

在许多情况下,需要制备少量高纯度的试样,如天然有机物及中草药中有效组分的获得、确定组分结构需要的试样等。色谱分析法是获得少量高纯物质(色谱纯)的最有效途径。由于液相色谱具有高分离能力、适用对象广、检测器不破坏试样、分离后组分易收集及组分与溶剂易分离等特点,因此在少量高纯物质制备中,色谱分析法起着很大的作用。

制备型液相色谱与分析型的主要不同在于色谱柱。制备型的色谱柱通常要大一些,以获得相对较多的纯品,但柱后需要配置馏分收集器。一般半制备柱(内径 8 mm,长度 15～30 cm)的一次制备量为 0.1～1 mg。

1. 色谱柱的柱容量

当色谱柱一定时,可否用增加进样量来提高一次制备量,提高制备效率? 这取决于色谱柱的柱容量及所要求分离产品的纯度。色谱柱的柱容量(也称柱负荷)对分析柱和制备柱有不同的含义。对于分析柱,柱容量为不影响柱效时的最大进样量,而对于制备柱则为不影响收集物纯度时的最大进样量。色谱操作时,如果超载,即进样量超过柱容量,则柱效迅速下降,峰变宽。对于易分离组分,超载可提高制备效率,但以柱效下降一半或容量因子 k 降低 10% 为宜。

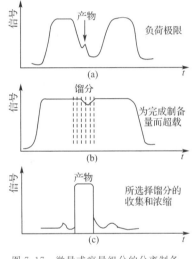

2. 组分收集方法

组分收集方法通常有以下情况:

(1)制备的组分为可获得良好分离的主峰,操作时可通过超载来提高效率。

(2)制备的组分为两主成分之间的小组分,如图 7-17 所示。这时可先超载,分离馏分使待分离组分成为主成分(富集)后,再次进行分离制备。

图 7-17　微量或痕量组分的分离制备

7.6 离子色谱分析法

离子色谱分析法是在 20 世纪 70 年代出现、80 年代迅速发展起来的,以无机、特别是无机阴离子混合物为主要分析对象的新的分析方法。从原理来讲,离子色谱的分离方式仍是基于离子交换的分离机理,属于液相色谱分离模式中的一种。但由于离子色谱仪器及分离检测过程的一些特殊性,往往作为一种独立的分析仪器出现。

7.6.1 离子色谱分析法概述

长期以来,有机酸碱及无机阴离子混合物的高灵敏快速分离分析一直是分析化学领域中的难题。基于传统的离子交换原理分离这类物质存在着两个难以解决的问题:

(1)待分离离子与离子交换树脂之间存在着较大的作用力,洗脱时间很长,且需要高浓度淋洗液洗脱,淋洗液一般为强酸或强碱水溶液,具有较大的腐蚀性。

（2）被分离后的组分淹没在高浓度淋洗液中，缺乏灵敏、快速的在线检测方法。

高效液相色谱采用离子交换和离子对分离模式，虽然可在一定程度上解决无机离子和有机酸碱等的分析问题，但仍存在一些问题，如检测灵敏度不高，高浓度淋洗液对高压泵的腐蚀作用，离子对分离模式中对离子的选择受到一定限制等。

虽然离子色谱也是基于离子交换原理，但与传统离子交换色谱相比，其具有以下特点：

（1）采用了交换容量非常低的特制离子交换树脂为固定相。

（2）采用了细颗粒柱填料和高压输液泵，柱效提高，在适宜的条件下，可分离各种常见的阴离子混合物，已成为混合阴离子分离的十分有效的方法。

（3）使用了特制低交换容量的柱填料，待分离离子与树脂间的作用力下降，可以用低浓度淋洗液洗脱，保留时间缩短，分析速度快，可在数分钟内完成一个试样的分析。

（4）低浓度淋洗液的本底电导较小，在分离柱后，还可采用抑制装置来消除淋洗液的本底电导，为采用通用型电导检测器创造了条件，使检测灵敏度提高。

（5）离子色谱的工作压力低于高效液相色谱，通常采用全塑组件与玻璃分离柱，耐腐蚀。

各种抑制装置及无抑制方法的出现，使离子色谱分析法的应用不断扩展。

7.6.2　离子色谱的结构流程与装置类型

离子色谱是由 Small 等人建立的，其特别之处是在分离流程中巧妙地引入了抑制柱，即在分离柱后，淋洗液携带被测离子首先进入一个填充有与分离柱树脂性质相反的柱中，如图 7-18 所示。分离过程中，抑制柱中发生两个简单而重要的反应，一个是将淋洗液本身转变成低电导溶液的反应，另一个是将淋洗液中的试样离子转变为相应的酸或碱，以增加其电导。对于阴离子分离，分离柱中使用特制的低容量阴离子交换树脂为柱填料，碱性溶液为淋洗液，而抑制柱中填充高容量阳离子交换树脂（氢型），当淋洗液经过时，溶液中的 OH^- 与树脂上的 H^+ 发生反应生成水。对于阳离子分离，分离柱中使用特制的低容量阳离子交换树脂为柱填料，酸性溶液为淋洗液，而抑制柱中填充高容量阴离子交换树脂（碱型），当淋洗液经过时，溶液中的 H^+ 与树脂上的 OH^- 发生反应，同样也生成水，则淋洗液中待测离子的电导突出来，可以采用电导检测器方便、灵敏地检测。这样的离子色谱称为抑制柱型离子色谱，但随着抑制反应的不断进行，抑制柱中的树脂将被完全作用而失去抑制效果，即抑制柱需要不断再生。在分离过程中，抑制柱中的树脂由氢（或碱）型逐渐转变为相应的盐型，组分的保留时间发生变化，影响重现性。抑制柱中树脂的交换容量通常比较高，以增加使用时间。为解决抑制柱需要不断再生的问题，出现了连续抑制装置（图 7-19）。

连续抑制装置有电化学连续抑制装置和纤维管连续抑制装置等多种类型。以阴离子分析中使用的中空磺化纤维管抑制装置为例，纤维管本身是一种离子交换膜，类似于一个半透膜，膜上的磺酸根排斥阴离子，只允许阳离子通过。再生液中的 H^+ 可以透过膜与淋洗液中的 OH^- 反应，而淋洗液中的 Na^+ 渗出到再生液中。连续抑制装置使离子色谱的重现性、灵敏度都得到提高。在抑制柱型、连续抑制型离子色谱中，分离柱中离子交换树脂的交换容量通常在 0.01～0.05 mmol/g 干树脂。在传统离子交换色谱中，淋洗液的本底电导要比待测离子的高 2～3 个数量级，检测信号被本底电导淹没。在抑制柱型离子色谱出现后，人们不断降低分离柱的交换容量和淋洗液的浓度，当分离柱中树脂的交换容量降低到 0.007～0.07 mmol/g 干树脂范围时，使用低浓度、低电离度的有机弱酸及弱酸盐做淋洗液，如苯甲酸、苯甲酸盐等，既可使离子洗脱，又可省略抑制柱。检测器直接与分离柱相连，使直接采用电导检测成为可能，由此建立了无抑制离子色谱。

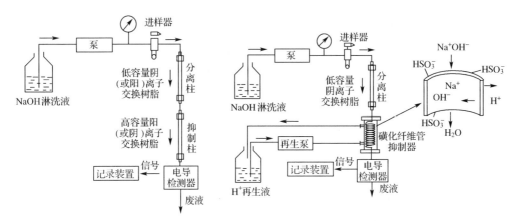

图 7-18 双柱抑制型离子色谱流程图   图 7-19 连续抑制装置

7.6.3 离子色谱分析法的应用

离子色谱分析法在无机阴离子和阳离子、有机酸碱及生物试样等方面发挥了重要作用。特别是对无机阴离子，能分析各类试样中约 40 多种阴离子，发挥着其他分析方法难以取代的作用。

1. 阴离子分析

阴离子分离的标准色谱图如图 7-20 所示。抑制柱型离子色谱的淋洗液必须具备两个主要条件：一是能从分离柱树脂上置换被测离子，即淋洗离子对离子交换树脂的亲和力与被测离子对离子交换树脂的亲和力相近或稍大；二是能发生抑制反应，反应产物为电导很低的弱电解质或水。符合条件的阴离子淋洗液有 $B_4O_7^{2-}$、OH^-、HCO_3^-、CO_3^{2-}、甘氨酸、对氰基酚等，前四种最常用。一般是一价离子淋洗液用于一价离

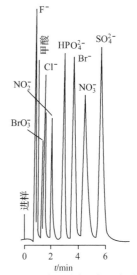

图 7-20 阴离子分离的标准色谱图

分离柱：HPIC-AS4A；淋洗液：0.000 75 mol·L^{-1} $NaHCO_3$＋0.002 2 mol·$L^{-1}$$Na_2CO_3$；流速：2 mL/min；进样体积：50 μL；浓度/（μg·g^{-1}）：F^-（3），甲酸（8），BrO_3^-（8），Cl^-（4），NO_2^-（10），HPO_4^{2-}（30），Br^-（30），NO_3^-（30），SO_4^{2-}（25）

子淋洗,二价离子用二价离子淋洗液淋洗。在阴离子淋洗液中,HCO_3^-/CO_3^{2-} 溶液既含有一价淋洗离子,又含有二价淋洗离子,可用于多种混合阴离子试样的分离,是通用的阴离子淋洗液,也称为标准阴离子淋洗液。通过改变 HCO_3^- 和 CO_3^{2-} 的比例,可改变淋洗液的 pH 和选择性;改变浓度,可改变待测离子洗脱速度而不改变被分离离子的洗脱顺序。

用单柱无抑制离子色谱分离阴离子时,淋洗液通常采用 pH4～9 的有机酸盐缓冲溶液。常用的有:苯甲酸盐水溶液,适用于分离一价、二价阴离子,浓度为 $0.5\times10^{-3}\sim5\times10^{-3}$ mol·L^{-1};邻苯二甲酸盐水溶液,分离能力比苯甲酸盐强,可用于二价阴离子及强保留离子的分离,调整 pH3～4,也可以作为分离乙酸、甲酸和琥珀酸等有机酸混合物的淋洗液;柠檬酸盐水溶液是一种较强的淋洗液,电荷为 3,可在分析强保留离子时使用。

2. 阳离子分析

双柱阳离子分析,通常使用两种基本的淋洗液:0.005 mol·L^{-1} HCl 用于淋洗一价阳离子;0.001 5 mol·L^{-1} HCl 和 0.001 5 mol·L^{-1} 间苯二胺混合溶液用于淋洗碱土金属。分离效果分别如图 7-21 和图 7-22 所示。

对于单柱阳离子分析,分离碱金属和氨离子时,淋洗液常采用 0.002 mol·L^{-1} 的盐酸、硝酸及高氯酸等。碱土金属的分离采用间苯二胺和乙二胺的硝酸盐作为淋洗液。使用含有配位剂的淋洗液可以大大提高分离的选择性,如在乙二胺的硝酸盐溶液中加入酒石酸根或羟基丁酸根,可分离过渡金属离子,如图 7-23 所示。

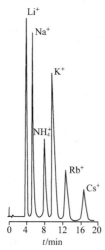

图 7-21　一价阳离子标准色谱图

分离柱:HPIC-CS1;淋洗液:0.005 mol·L^{-1} HCl;流速:2.3 mL·min^{-1};进样体积:50 μL;浓度/(μg·g^{-1}):Li$^+$(5),Na$^+$(5),NH$_4^+$(10),K$^+$(10),Rb$^+$(20),Cs$^+$(30)

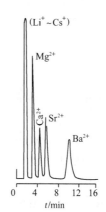

图 7-22　碱土金属离子分离色谱图

分离柱:HPIC-CS1;淋洗液:0.001 5 mol·L^{-1} HCl,0.001 5 mol·L^{-1} 间苯二胺;浓度/(μg·g^{-1}):Mg^{2+}(3),Ca^{2+}(3),Sr^{2+}(10),Ba^{2+}(25)

3. 有机物分析

离子色谱在有机酸、氨基酸、糖、有机胺化合物等的分析中也有着重要应用,特别在有机酸分析方面作用更大。有机酸离子色谱分析可采用常规的离子交换分离机理,也可以采用离子排斥分离机理。离子排斥分离即在分离柱中装填强酸性离子交换树脂,树脂上的磺酸基电离出氢离子后带有负电荷,对被分离的有机酸阴离子产生排斥作用,排斥力的大小与有机酸电荷、分子结构和大小有关。排斥力大的组分最先流出。采用离子排斥机理分离有机酸的色谱图如图7-24所示。

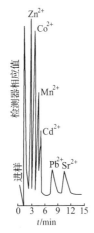

图 7-23 过渡金属离子分离色谱图
分离柱:阳离子交换分离柱;淋洗液:
$0.002 \ mol \cdot L^{-1}$乙二胺的酒石酸盐

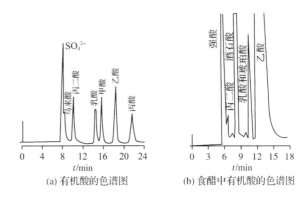

图 7-24 离子排斥色谱法分析有机酸色谱图
色谱柱:离子排斥色谱柱;淋洗液及流速:$0.005 \ mol \cdot L^{-1}$ HCl,
$0.8 \ mL \cdot min^{-1}$;检测方法:Ag 型抑制柱-电导

习 题

7-1 现代高效液相色谱分析法的显著特征是什么?

7-2 为什么高效液相色谱分离柱的柱压比较高?

7-3 高效液相色谱分析法中常用哪些检测器?各有什么特点?哪些适合梯度淋洗?

7-4 用甲苯做流动相时,不能使用哪种检测器?

7-5 哪种液相色谱检测器可获得三维不停留扫描谱图?原理是什么?

7-6 对比填充柱气相色谱、毛细管气相色谱、高效液相色谱的速率方程中三项的变化。

7-7 解释气相色谱和高效液相色谱的柱效与流速关系曲线的不同。

7-8 正相柱与反相柱是如何界定的?各适合哪类物质的分离?

7-9 高效液相色谱分析法中为什么要采用梯度淋洗?如果组分保留时间太长,可采取什么措施调节?

7-10 液相色谱中可否采用毛细管来提高分离效果?为什么?

7-11 离子色谱与离子交换色谱有什么差别?

7-12　连续抑制型离子色谱的抑制原理是什么？

7-13　分离阳离子时,采用的是阳离子交换树脂分离柱。为什么分析有机酸时,也可以使用阳离子交换树脂分离柱？原理是什么？

7-14　分离下列物质,宜采用何种分离模式？

(1)稠环芳烃混合物;(2)脂肪醇混合物;(3)有机酸;(4)聚合物;(5)过渡金属离子。

7-15　在硅胶分离柱上,用甲苯做流动相,某组分的保留时间为 25 min。若改用四氯化碳或三氯甲烷做流动相,分析哪种溶剂能缩短该组分的保留时间？

7-16　指出下列物质分别在正相柱和反相柱上的流出顺序：

(1)乙酸乙酯、乙醚、硝基丁烷;(2)正己烷、正己醇、苯。

第8章

超临界流体色谱及色谱分析新方法

色谱分析法作为一种混合物的高效快速分离技术而不断得到发展,并相继出现了许多新的分离技术,如超临界流体色谱、激光色谱等,使色谱分析法的内容更加丰富。

8.1 超临界流体色谱

超临界流体色谱(Supercritical Fluid Chromatography,SFC)是以超临界流体作为流动相的色谱分离方法。

8.1.1 超临界流体色谱的基本原理

所谓超临界流体是指在高于临界压力与临界温度时物质的一种状态,如图 8-1 所示。超临界流体的性质介于液体和气体之间,即具有气体的低黏度、液体的高密度以及介于气、液之间较高的扩散系数等特点。

超临界流体色谱在 20 世纪 60 年代提出,80 年代毛细管超临界流体色谱的出现使其得到了快速发展。毛细管超临界流体色谱具有液相、气相色谱不具有的优点。与气相色谱

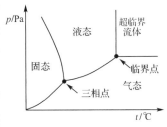

图 8-1 纯物质的相图

相比,可处理高沸点、不挥发性试样;与高效液相色谱相比,流速快、具有更高的柱效和分离效率。三种色谱流动相的性质对比见表 8-1。

表 8-1 　　　　　三种色谱流动相(气体、超临界流体和液体)的性质对比

流动相	密度/(g·cm^{-3})	黏度/(g·cm^{-1}·s^{-1})	扩散系数/(g·cm^{-1}·s^{-1})
气体	$(0.6\sim2)\times10^{-3}$	$(1\sim3)\times10^{-4}$	$(1\sim4)\times10^{-1}$
超临界流体	$0.2\sim0.5$	$(1\sim3)\times10^{-4}$	$10^{-4}\sim10^{-3}$
液体	$0.6\sim2$	$(0.2\sim3)\times10^{-2}$	$(0.2\sim2)\times10^{-5}$

可以作为超临界流体色谱流动相使用的超临界流体有 CO_2、N_2O、NH_3 等,一些超临界流体的性质见表 8-2。超临界流体色谱也可分为填充 SFC 和毛细管 SFC。固定相有固体吸附剂(硅胶)或键合到载体(硅胶或毛细管壁)上的高聚物,也可使用液相色谱的柱填料。超临界流体色谱的分离机理与气相色谱和液相色谱的相同,因组分在两相间的分配

系数不同而被分离。

表 8-2　　　　　　　用于超临界流体色谱的流动相的临界值

流体	温度 $t_c/℃$	压力 p_c/MPa	密度 $p_c/(g \cdot cm^{-3})$
CO_2	31.3	7.39	0.468
N_2O	36.5	7.27	0.457
NH_3	132.5	11.40	0.235
甲醇	239.4	8.10	0.272
正丁烷	152.0	3.80	0.228
二氯二氟甲烷	111.8	4.12	0.558
乙醚	195.6	3.64	0.265

在超临界流体色谱中,通过调节流动相的压力(程序升压),可改变流动相的密度,使组分在两相间的分配比例发生变化,从而可调整组分的保留时间,提高分离效果,如图 8-2 所示。这类似于气相色谱中的程序升温和液相色谱中的梯度淋洗的作用,也是超临界流体色谱的重要特点。

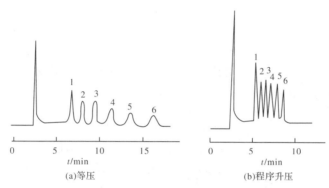

(a)等压　　　　　　　　　(b)程序升压

图 8-2　程序升压对 SFC 分离改善的效果图

实验条件:柱:DB-1;流动相:CO_2;温度:90 ℃;检测器:FID

试样:1—胆甾辛酸酯;2—胆甾癸酸酯;3—胆甾月桂酸酯;

4—胆甾十四酸酯;5—胆甾十六酸酯;6—胆甾十八酸酯

在超临界流体色谱中,分离柱的柱压降比较大(比毛细管色谱的大 30 倍),这种情况对分离产生较大的影响,即在分离柱前端与末端,组分的分配系数相差很大,这主要是由于压力变化造成的流动相密度改变所引起的。超临界流体的密度受压力影响,在临界压力处最大,超过该点影响变小,当超过临界压力的 20% 时,柱压降对分离产生的影响较小。

在 SFC 中压力变化对容量因子产生显著影响,超临界流体的密度随压力的增加而增加,溶剂效率随之提高,即试样组分在流动相中的浓度增大,淋洗时间缩短,这种现象称为压力效应。例如,采用 CO_2 流动相,当压力由 7.0 MPa 增加到 9.0 MPa 时,$C_{16}H_{34}$ 的保留时间由 25 min 缩短到 5 min。

色谱理论对于超临界流体色谱依然适用,但与液相色谱相比,流速对柱效的影响要小,如图 8-3 所

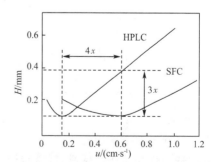

图 8-3　SFC 与 HPLC 中的流速与理论塔板高度
关系对比

示。在线速度为 0.6 cm/s 时,SFC 的理论塔板高度比液相色谱的小 3 倍,也表明 SFC 的峰宽比 HPLC 的小约 $\sqrt{3}$ 倍;SFC 对应的最佳流速要比 HPLC 的大 4 倍,即相同柱效下,SFC 的分析速度要比 HPLC 的快得多。

超临界流体色谱的特殊性是使用了超临界流体作为流动相,从热力学观点来看,由于超临界流体的密度高、溶剂化能力强,因而可以分析气相色谱不能分析的高沸点、低挥发、热不稳定及相对分子质量较高的化合物。另外,超临界流体与组分间存在着作用力的差异,还存在着萃取选择作用,这有利于分离效率的提高。从动力学角度来看,由于组分在超临界流体中的扩散系数比在气相中的要小,在峰展宽减小的同时也由此而带来分离过程中两相传质速率的下降,使得柱效下降,故在超临界流体色谱中必须使用小内径的毛细管以加强两相传质,提高柱效。

8.1.2　超临界流体色谱仪的结构流程

超临界流体色谱仪的一般结构流程如图 8-4 所示,超临界流体(如 CO_2)在进入高压泵之前需要预冷却,高压泵将液态流体经脉冲抑制器注入恒温箱中的预平衡柱中,进行压力和温度的平衡,形成超临界状态的流体后,再进入分离柱,为保持柱系统的压力,还需要在流体出口处安装限流阀(可采用长为 2～10 cm,内径为 5～10 μm 的毛细管),这也是SFC 与 GC 和 LC 在结构上的不同之处。

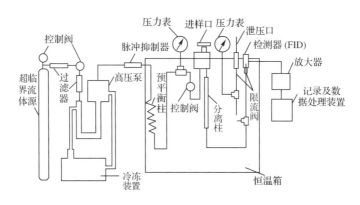

图 8-4　超临界流体色谱仪的结构流程示意图

超临界流体色谱的主要部件包括以下几方面:

(1)高压泵

在毛细管超临界流体色谱中,通常使用低流速($\mu L \cdot min^{-1}$)、无脉冲的注射泵,通过电子压力传感器和流量检测器,用计算机来控制流动相的密度和流量的改变。

(2)固定相与流动相

在超临界流体色谱中,超临界流体对分离柱填料的萃取作用比较大,多使用固体吸附剂(硅胶)作为填充柱填料使用,也可以采用液相色谱中的键合固定相。SFC 毛细管具有很高的分离效率。通常柱内径为 50 μm 和 100 μm,长度为 10～25 m,内部涂渍的固定相必须进行交联形成高聚物,或键合到毛细管上,以防止被萃取流失。一般使用专用的商品

SFC 毛细管。

SFC 流动相有 CO_2、N_2O、NH_3、C_5H_{12}、SF_6、Xe、CCl_2F_2、甲醇、乙醇、乙醚等。其中，由于 CO_2 无色、无味、无毒、易得、价廉，且对各类有机物溶解性好、在紫外光区无吸收，应用最为广泛。其缺点是极性太弱，可加入少量甲醇等改进选择性。

（3）检测器

在超临界流体色谱中，既可采用液相色谱检测器，也可采用气相色谱检测器。流动相在进入检测器之前，将超临界状态转变为液态后，即可使用液相色谱检测器，其中以紫外检测器应用较多。如果在检测器之前通过限流阀将超临界状态的流动相转变为气体，即可使用气相色谱检测器，其中以 FID 检测器应用较多。使用 FID 检测器检测相对分子质量较小的化合物可得到很好的结果，对相对分子质量较大的化合物常得不到单峰，而是一簇峰。如将检测器加热可使相对分子质量大于 2 000 的化合物获得满意的结果。

8.1.3　超临界流体色谱的应用

由于超临界流体色谱的分离特性及在使用检测器方面的更大灵活性，使不能转化为气相、热不稳定化合物等气相色谱无法分析的试样，及不具有任何活性官能团、无法检测也不能用液相色谱分析的试样，均可以方便地采用 SFC 分析。如图 8-5 所示为用填充柱 SFC 采用程序升压分析平均相对分子质量较低的聚乙烯的色谱图。

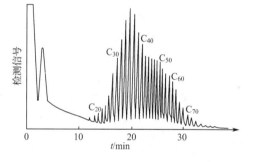

图 8-5　平均相对分子质量为 740 的聚乙烯的 SFC 分析

分离柱：10×0.01 cm，5 μm 氧化铝正相填充柱；流动相：CO_2；压力：10 MPa 保持 7 min，然后在 25 min 内升至 36 MPa，保持 36 MPa 至结束；柱温 100 ℃；检测器：FID

聚苯醚低聚物的 SFC 分离采用键合二甲基聚硅氧烷为固定相，毛细管色谱柱为 10 m $\times$ 63 μm（i.d.），CO_2 为流动相，柱温为 120 ℃。如图 8-6 所示为其程序升压分离色谱图。

甘油三酸酯中的四种组分仅双键数目和位置不同，一般方法难以分离。当采用 SFC 分离时，色谱柱为 DB-225 SFC 毛细管，CO_2 为流动相，从 15 MPa 程序升压到 27 MPa，可在 2.5 h 内达到完全分离，结果如图 8-7 所示。

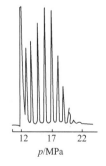

图 8-6　SFC 分离聚苯醚低聚物的色谱图

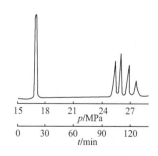

图 8-7　SFC 分离甘油三酸酯的四种组分

8.2 激光色谱

激光色谱(Laser Chromatography)是板今太郎于 1995 年首次提出的利用激光作为推动力的一类新型的色谱分离技术,是分析化学领域的又一个前沿课题。它的出现为人们提供了一个用于研究微米区域内(甚至更小)粒子的物理、化学及生物特性的全新方法,这将对化学、分子生物学和生物医学工程等领域产生重大影响。

8.2.1 激光色谱的基本原理

激光色谱是指以激光的辐射压力为色谱分离的推动力,将待分离组分(或粒子)按几何尺寸大小分离的技术。激光色谱是建立在"激光捕集"原理基础之上的分离技术。1970年 Ashkin 首次报道了光捕集技术(Optical Trap Technique,OTT)的基础性研究工作,他通过一束聚焦激光将粒子(微米级)捕集在焦点处,使粒子就像被钳住一样束缚住。Ashkin 把这种技术称为光捕集技术(在物理上将将这种现象称为激光制冷)。利用光捕集技术,可以在原位对被捕集的粒子进行有关物理、化学性质和反应方面的研究。

光捕集技术的出现,立刻引起了化学家、生物学家的极大关注,并对这一技术进行了较深入的研究和探讨。人们利用光捕集技术,已经对被捕集的单个粒子进行了光化学修饰、激光消融、荧光光谱分析和对多个粒子的定向位移排序研究。在光捕集技术中,"粒子"是指高分子聚合物、细胞核生物大分子等。光捕集技术为人们提供了在微米区域内(或更小区域内)对这些粒子进行研究的有力手段,同时也为光色谱的诞生奠定了基础。

如果待分离的粒子随流动相以一定的流速流过一个内径为 200 μm 的毛细管时,用适当方法将一定频率的激光束聚焦于毛细管的出口处,激光束与毛细管同轴并与流动相的流动方向相反。这时,粒子受到两种方向相反的力共同作用,即流动相的推动力 $f_{推}$ 和激光束的辐射压力 $f_{辐}$。由于待分离粒子的折光指数大于溶剂的折光指数,粒子受辐射压力的作用聚焦在激光束的中心线上。当 $f_{辐} > f_{推}$ 时,粒子运动方向发生反转并获得一定的加速度,沿激光束的中心线运动并通过激光束的"光腰",然后由于受到流动相的推动力而逐渐减速;当 $f_{辐} = f_{推}$ 时,粒子在该处停留。由于粒子所受到的作用力大小与其几何尺寸大小和特性有关,故不同大小的粒子停留的位置不同,尺寸大的粒子受到的辐射压力大。所以粒子的尺寸越大,离激光光源位置越远,从而实现分离。激光色谱分离过程如图8-8 所示。

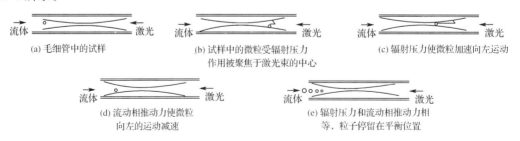

(a) 毛细管中的试样　　(b)试样中的微粒受辐射压力　　(c)辐射压力使微粒加速向左运动
　　　　　　　　　　　　　作用被聚焦于激光束的中心

(d) 流动相推动力使微粒　　(e)辐射压力和流动相推动力相
　　向右的运动减速　　　　　等,粒子停留在平衡位置

图 8-8　激光色谱分离过程示意图

8.2.2　激光色谱的特点

与其他色谱分离技术相比,激光色谱具有如下特点:

1. 进样简单

可以将试样滴加到流动相中,也可以事先加到流动相中,试样随流动相一起流经毛细管而分离。

2. 优化分离条件容易

只要改变激光束的聚焦条件就可以控制粒子的分离效果,而不必像其他色谱分离技术那样,需要先根据试样组成及其分子结构来选择色谱柱和流动相。激光色谱可以通过适当地延长测定时间,比较准确地测定待分离粒子的位置,以提高分离度。而其他色谱分离技术中,因为试样在色谱柱中停留时间越长,各种扩散现象越严重,使分离效率下降,不利于分离,所以不能用延长分离时间的办法来提高分离度。

3. 不需要用标准物质对照定性

激光色谱的定性依据是待分离粒子的尺寸大小和折光指数,只要预先知道待分离粒子的尺寸大小和折光指数,就可以通过计算来确定粒子的位置而定性,不必像其他色谱分离技术那样,必须先进行标准物质保留时间的测定以建立定性依据。

4. 可以随时检测

分离的粒子可以随时采用适当的检测手段进行检测,如用配有显微镜的摄像机记录,其检测效率是 100%,而其他色谱分离技术的检测效率远小于 100%。

5. 可同时实现分离和富集

改变激光器的输出功率就可以将粒子按几何尺寸大小收集,提高其浓度,达到富集的目的,而不需额外增加仪器和时间就可以同时完成分离和富集,而其他色谱分离技术中经分离后的试样都呈被稀释状态。

6. 可以更有效地分离单个"粒子"或"大分子"

如可有效分离单个生物细胞和生物大分子,而其他色谱分离技术在这方面往往无能为力。

7. 可以恢复试样的初始浓度

中断激光束辐射后,试样恢复初始状态,这对某些后续研究非常重要,而其他色谱分离技术则无法达到此要求。

8. 可以进行"原位"反应或对粒子的性质进行各方面的研究

由于粒子被激光捕集在确定位置,并可根据需要确定停留时间,故可在原位方便地对粒子进行化学反应或其他研究。

9. 柱的尺寸可以减小至微米级

由于柱子对分离不起作用,其内径可以小到微米级水平,这为微米区域内的化学或分子生物研究提供了场所。

8.2.3　激光色谱的应用前景与发展

目前,人们对激光色谱的研究和应用还不够深入,仪器也尚未商品化,但从激光色谱的特点可以看出,激光色谱具有重要的研究价值,开辟了分离科学与分子生物学交叉的研究新领域,为生命科学的研究提供了一个全新的方法。随着对激光色谱理论和技术的不断深入研究,激光色谱将可能成为研究分离科学和生命科学的一个非常有生命力的前沿领域。随着激光技术的不断完善和高性能激光器的出现,激光色谱仪也将商品化。

利用激光色谱可以对高分子聚合物微球、生物细胞、生物大分子,如蛋白质、肽、DNA、RNA 的细粒体进行分离。并且从理论上讲,激光色谱可以检测到一个蛋白质分子,这是其他分析方法所不具备的突出特点。今后几年,激光色谱的研究工作将会集中在以下几个方面:

(1)完善激光色谱理论,建立完善的激光色谱分离的数学模型,进而定量地研究影响激光色谱分离的各种因素。

(2)研制高灵敏度的检测器,进一步提高检测技术。

(3)研制性能优良、自动化程度高的激光色谱仪器。

(4)进行深入的应用研究,比如利用光捕集技术,对被分离和捕集的生物大分子进行微米区域的研究,揭示其立体结构及活性基团的反应活性。利用激光色谱对生物大分子进行分离制备。利用相干激光"主动控制"化学反应的方法研究已分离并被捕集的生物大分子,通过控制反应通道,揭示生物大分子的反应机理等。

习　题

8-1　比较超临界流体色谱、气相色谱和液相色谱各自的适用范围。

8-2　在超临界流体色谱分析过程中,程序升压对混合物分离产生什么作用?

8-3　在液相色谱中不能用毛细管分离柱,为什么在超临界流体色谱中可以?

8-4　超临界流体色谱中可以使用哪些检测器,使用的前提条件是什么?

8-5　超临界流体色谱中对固定相有什么特别要求?

8-6　超临界流体色谱仪的流动相出口需要安装什么部件?

8-7　哪种化合物经常作为超临界流体色谱仪的流动相? 为什么? 如何改变流动相的性质?

8-8　激光色谱是否可以使用固定相? 为什么?

8-9　激光色谱的分离机理是什么?

8-10　在激光色谱中提高分离度需要采取什么方法?

8-11　为什么在激光色谱中可以人为控制保留时间?

8-12　激光色谱具有哪些突出特点?

8-13　激光色谱在哪些方面特别具有发展潜力?

第9章

毛细管电泳分析法

　　毛细管电泳(Capillary Electrophoresis,CE)是一类以毛细管为分离通道,以高压电场为驱动力的液相分离分析新技术。虽然经典电泳技术早在20世纪30年代就已提出,但其分离度和柱效低等缺点制约了其发展。20世纪80年代Jorgenson和Lukacs提出用内径小于$80\mu m$的毛细管取代传统电泳中的分离柱和分离板,有效地解决了电泳过程中产生的热效应问题,极大地提高了分离效率,使之迅速发展起来,成为目前最有效的分离分析方法。毛细管电泳具有高效分离、快速分析和微量进样的特点,使分析科学得以从微升水平进入纳升水平,适合于从无机离子到生物大分子、从带电粒子到中性分子的分离分析。毛细管电泳已广泛用于分析氨基酸、手性药物、维生素、杀虫剂、无机离子、有机酸、染料、表面活性剂、肽、蛋白质、糖类、低聚核苷酸和DNA限制性内切片段,甚至整个细胞和病毒颗粒,已成为生命科学、环境及医药分析等领域常用的分析方法。

9.1　毛细管电泳的仪器装置

9.1.1　毛细管电泳仪的基本结构与流程

　　毛细管电泳的仪器装置较为简单,主要由高压电源、电极与缓冲溶液、进样系统、毛细管、检测器及数据处理等部分组成,其基本结构与流程如图9-1所示。

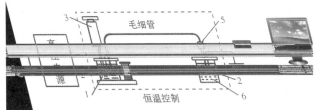

图 9-1　毛细管电泳仪的基本结构与流程
1—高压电极槽与缓冲溶液;2—铂丝电极;3—填灌清洗装置;
4—进样系统;5—检测器;6—低压电极槽与缓冲溶液

　　高压电源一般采用连续可调的直流高压电源(电流:$0\sim200~\mu A$,电压:$0\sim30~kV$),要求电压输出稳定在0.1%内,为方便操作,电源极性应易转换。电极通常由直径为$0.5\sim1~mm$的铂丝制成。缓冲溶液内含有电解质,并充满毛细管(不能有气泡隔断)。

毛细管是 CE 的分离通道,内径为 $25\sim100~\mu m$、外径为 $350\sim400~\mu m$,一般长度不超过 1 m。毛细管的材质可以是石英、玻璃、聚四氟乙烯、聚乙烯等。由于石英材质的毛细管透光性好(有利于柱上紫外检测),化学惰性,且外壁涂聚酰亚胺涂层后柔韧性大大提高,故被广泛使用。毛细管两端分别插在两个电极槽内的缓冲溶液中。高压电源、电极、缓冲溶液、毛细管一起构成电流回路,并在毛细管中形成高压电场。由于毛细管内径很小,必须使用填灌清洗,使得缓冲溶液改变时,能清洗和充满毛细管以构成电流回路并保证好的重现性。常用的填灌清洗方式有加压、抽吸等。

检测器位于毛细管一端,并尽量安装在接地端。检测方式有多种,通常可在毛细管端口处除去外壁的保护层而使用柱上紫外检测器。

9.1.2 进样系统

由于毛细管内径很小,需要的试样量很少(仅数纳升),所以,色谱分析中采用的进样方式由于存在较大的死体积而不能使用。毛细管电泳中的进样通常是让毛细管与试样直接接触,然后采用重力、电场力或其他动力来驱动试样进入柱头,进样量可通过控制驱动力的大小和时间来调节。

1. 电迁移进样方式

电迁移进样方式也称为电动进样方式。如图 9-2 所示,将毛细管进样端先直接置于试样池中,在很短的时间内施加进样电压,使试样通过电迁移作用进入毛细管内。在电迁移进样时,试样组分同时受到电泳和电渗的作用,因此,其突出的特征是实际进样量与试样组分的表观淌度有关。实际进样量 Q 可由下式计算:

$$Q=\frac{\pi\mu_{app}Vr^{2}ct}{L} \tag{9-1}$$

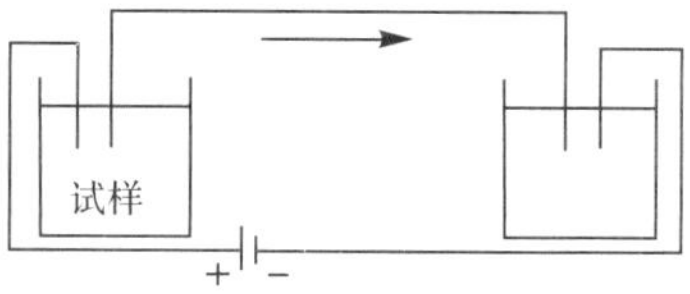

图 9-2　电迁移进样方式

式中,μ_{app} 为试样组分的表观淌度;L 为毛细管的总长度;r 为毛细管的内半径;c 为试样中待测组分的浓度;t 为进样时间;V 为进样电压。

在电迁移进样中,通过改变进样电压和进样时间可以控制试样的进样量。由于电迁移进样与电泳淌度有关,因此,在电迁移进样中存在一种歧视效应,即电泳淌度大的组分进样量大,电泳淌度小的组分进样量小。另外,还存在离子丢失现象,即电泳淌度大且与电渗流方向相反的离子可能进不到毛细管中。

2. 流体力学进样方式

流体力学进样方式是应用最广泛的一种毛细管电泳进样方式。当毛细管中的溶液具有较好的流动性时,可采取流体力学进样方式,包括进样端加压、虹吸和出口端抽真空三种方法,如图 9-3 所示。

设毛细管的总长度为 L、内半径为 r、两端压差为 Δp,毛细管中溶液的黏度为 η,试样中待测组分的浓度为 c,当进样时间控制为 t 时,进样量为

$$Q=\frac{\pi\Delta pr^{4}ct}{8\eta L} \tag{9-2}$$

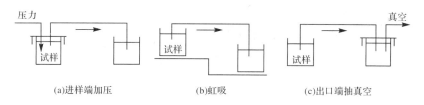

(a)进样端加压　　　　　　　(b)虹吸　　　　　　　(c)出口端抽真空

图 9-3　流体力学进样方式

由上式可见,其进样量与试样组分的电泳淌度无关,因此,在流体力学进样方式中不存在电迁移进样方式中的歧视效应。

虹吸进样方式是根据具体的条件,将试样池水平抬起 $5\sim10$ cm 的相对高度,维持 $10\sim30$ s 的进样时间。虹吸进样方式一般被没有压力进样功能的仪器系统所采纳。

9.1.3　检测器

在毛细管电泳中,由于使用的毛细管内径一般仅为 $25\sim100$ μm,因此,信号检测是其突出的问题。毛细管电泳中使用的检测方法有光谱法、电化学法和质谱法等。其中,紫外-可见吸收光谱法已日趋成熟,是最普遍的检测方法。荧光检测器具有较高的灵敏度,但属于非普适性方法。如将普通荧光激发光源用激光代替,就成为激光诱导荧光检测器(Laser Induced Fluorescence,LIF),其在所有检测器中灵敏度最高,检出限可达 10^{-21} mol,甚至达到单分子检测水平。毛细管电泳与质谱仪可构成联用仪器,质谱仪作为毛细管电泳的检测器,能提供分子结构信息。表 9-1 给出了常见毛细管电泳检测器的检出限及特点。

表 9-1　　　　　　常见毛细管电泳检测器的检出限及特点

类型	检出限/mol	特点
紫外-可见吸收光谱	$10^{-15}\sim10^{-13}$	接近通用型,加二极管阵列可获得光谱信息
荧光	$10^{-17}\sim10^{-15}$	灵敏度高,试样通常需要衍生化处理
激光诱导荧光	$10^{-21}\sim10^{-18}$	灵敏度极高,试样通常需要衍生化处理,价格高
电导	$10^{-16}\sim10^{-15}$	通用型,毛细管需要处理
安培	$10^{-19}\sim10^{-18}$	灵敏度、选择性高

典型毛细管电泳实验操作步骤如下:

(1)将运行缓冲溶液充满毛细管;

(2)移去进样端缓冲溶液池,用试样池代替;

(3)用电迁移或流体力学(压力)进样方式进样;

(4)将进样端缓冲溶液放回;

(5)毛细管两端加操作电压进行电泳分离;

(6)分离试样迁移至检测窗口检测,数据记录和处理。

毛细管电泳仪器和技术的研究发展十分迅速,微型化、新型检测器、联用仪器、阵列毛细管凝胶电泳等都不断有文献报道和应用。

9.2　毛细管电泳的基本原理

9.2.1　电泳和电渗

在毛细管电泳中,带电粒子的运动受到两种作用:电泳和电渗。电泳和电渗是毛细管电泳分离理论中最基本的概念。电泳(Electrophoresis)是指溶液中带电粒子(离子、胶团)在电场中定向移动的现象,是驱动毛细管中电解质运动的一种作用力。电渗(Electro-osmosis)是在电场的作用下,毛细管中的溶液表层聚集的正电荷向负极运动的现象。

当带电离子在电场中移动时,受到大小相等、方向相反的电场推动力和平动摩擦阻力的作用。电场推动力的大小 $F_{ep}=QE$,平动摩擦阻力的大小 $F=v_{ep}f$,故

$$QE=fv_{ep}, \quad \frac{Q}{f}=\frac{v_{ep}}{E} \tag{9-3}$$

式中,Q 为离子所带的有效电荷;E 为电场强度;v_{ep} 为离子在电场中的电泳迁移速度;f 为摩擦阻力系数。

带电离子在单位电场强度下的电泳迁移速度称为电泳迁移率(Electrophoresis Mobility)μ_{ep},又称为电泳淌度。即

$$\mu_{ep}=\frac{v_{ep}}{E}=\frac{Q}{f} \tag{9-4}$$

式中,μ_{ep} 的单位为 $cm^2 \cdot V^{-1} \cdot s^{-1}$。

由于溶液中存在着相互作用力,因此,定义无限稀释溶液中带电离子的电泳淌度为绝对电泳淌度 μ_{ep}^0。电泳淌度与绝对电泳淌度 μ_{ep}^0 的关系为

$$\mu_{ep}=\sum \alpha_i \gamma_i \mu_{ep}^0 \tag{9-5}$$

式中,α_i 为溶质在所处条件下的解离度;γ_i 为溶质分子的活度系数。

电解质溶液中带电离子的电泳迁移速度 v_{ep} 为

$$v_{ep}=\mu_{ep}E=\frac{QV}{fL} \tag{9-6}$$

式中,E 为电场强度;V 为毛细管两端的外加电压;L 为毛细管的总长度。

对于球形离子,$f=6\pi\eta R_s$,其中,η 是缓冲溶液的动力学黏度,R_s 是离子的有效半径(包括溶剂化层),故式(9-6)又可表示成

$$v_{ep}=\frac{QV}{fL}=\frac{QV}{6\pi\eta R_s L} \tag{9-7}$$

从式(9-7)可以看出,当毛细管长度一定时,带电离子的迁移速度与溶质离子的电荷、毛细管两端的外加电压、缓冲溶液的黏度及带电离子的大小有关。当外电场一定时,不同离子由于性质不同而在溶液中的迁移速度存在差异,这就是电泳分离的基本依据。

毛细管中的电渗流是如何引起的?石英或玻璃毛细管内壁表面上的硅羟基在 pH＞3 的水溶液中,可电离产生—Si—O⁻ 负离子,使毛细管内壁带上负电荷,因此,溶液中的一部分正离子(如 H^+)依靠静电作用而吸附于毛细管内壁表面上,在毛细管内壁与溶液接触表面间形成一个双电层(Electric Double Layer),如图 9-4 所示。其中一层是带负电荷

的内壁,另一层是带正电荷的溶液表层。在电场的作用下,溶液表层聚集的正电荷向负极移动,由于溶剂化作用,将带动毛细管中的溶液整体向阴极移动,形成了电渗流(Electroosmotic Flow,EOF),即溶剂流,如图 9-5 所示。

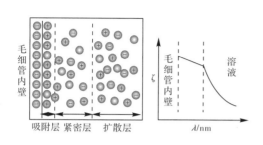

图 9-4　毛细管中双电层与电位分布示意图　　图 9-5　毛细管电泳分析柱中双电层与电渗流

在双电层中的溶液表层聚集着正电荷,且离表层越远,分布的正电荷越少,呈自由状态(如图 9-4 所示),于是在吸附层之外还存在着一个扩散层。此处的电动势称为界面电动势,也称为 ζ 电位(Zeta-potential)。

$$\zeta = \frac{4\pi\delta e}{\varepsilon} \tag{9-8}$$

式中,ε 为缓冲溶液的介电常数;δ 为扩散层的距离;e 为扩散层中过量离子的电荷密度。

ζ 电位与固体表面以及溶液中离子状态(如不同 pH 和离子强度下离子的存在形态)的性质有关。当溶液为极性溶剂(如水)时,ζ 电位可达到 $10\sim100$ mV。非极性溶剂与极性固体表面接触时,通常不产生 ζ 电位,但在非极性溶液中加入少量可以解离的物质时,也将产生与极性溶剂相同数量级的 ζ 电位。

电渗流的速度约等于一般离子电泳迁移速度的 $5\sim7$ 倍,在毛细管电泳分离中起着极其重要的作用,改变电渗流的大小和方向可以改变分离效率和选择性。电渗流在分离过程中受 pH 等条件的影响很大,很容易发生变化,且微小变化就会影响分离测定结果的重现性,因而必须加以控制,使其在一定范围内保持恒定。

电渗流也可以用电渗迁移率(又称电渗淌度)μ_{eo} 和电渗流的速度 v_{eo} 来表征。μ_{eo} 的大小与双电层的 ζ 电位成正比,即

$$\mu_{eo} = \frac{\varepsilon\zeta}{\eta} \tag{9-9}$$

式中,ε 为介质的介电常数;η 为介质的黏度。

$$v_{eo} = \mu_{eo}E = \frac{\varepsilon\zeta E}{\eta} \tag{9-10}$$

即电渗流的速度 v_{eo} 与双电层的 ζ 电位、介质的介电常数 ε 及电场强度 E 成正比,而与介质的黏度 η 成反比。

毛细管中带电离子的实际迁移速度,即表观迁移速度(v_{app})等于电解质中带电离子的电泳迁移速度(v_{ep})与电渗流速度(v_{eo})的矢量和。

$$v_{app} = v_{ep} + v_{eo} \tag{9-11}$$

$$\mu_{\mathrm{app}} = \mu_{\mathrm{ep}} + \mu_{\mathrm{eo}} \tag{9-12}$$

式中，μ_{app} 是考虑电渗流影响后的电泳迁移率，称为带电离子的表观电泳迁移率。

μ_{app}、v_{app} 与电场强度之间也符合以下关系：

$$v_{\mathrm{app}} = \mu_{\mathrm{app}} E \tag{9-13}$$

在实际实验中 μ_{app} 可用下式求得

$$\mu_{\mathrm{app}} = \frac{l/t}{V/L} = \frac{lL}{tV} \tag{9-14}$$

式中，l 为毛细管进样端到检测窗口的距离（有效长度）；L 为毛细管的总长度；t 为迁移时间；V 为毛细管两端的外加电压。

当把试样从阳极端注入毛细管时，电渗流向阴极运动，阳离子受电场力的作用向阴极迁移，与电渗流方向一致，故阳离子的运动速度为电泳迁移速度 v_{ep} 与电渗流速度 v_{eo} 的和（$v_{\mathrm{ep}} + v_{\mathrm{eo}}$）；中性分子仅随电渗流向阴极运动，运动速度等于电渗流速度 v_{eo}，故毛细管有效长度一定时，测定中性分子到达检测器的时间，即可计算毛细管中的电渗流速度 $v_{\mathrm{eo}} = l/t$；阴离子受电场力的作用向阳极运动，与电渗流方向相反，由于电渗流速度大于电泳迁移速度，故阴离子的运动速度为 $v_{\mathrm{eo}} - v_{\mathrm{ep}}$。阳离子、阴离子和中性分子均在阴极流出，且由于总迁移时间的差异而被分离。三种粒子的分离原理如图 9-6 所示。

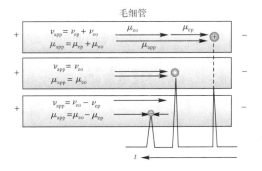

图 9-6　三种粒子的毛细管电泳分离原理示意图

9.2.2　柱效和分离度

被分离组分在毛细管中的迁移时间 t（也称保留时间）为

$$t = \frac{l}{v_{\mathrm{app}}} = \frac{l}{\mu_{\mathrm{app}} E} = \frac{lL}{\mu_{\mathrm{app}} V} \tag{9-15}$$

式中，l 为毛细管进样端到检测窗口的距离（有效长度）；L 为毛细管的总长度；E 为电场强度；V 为毛细管两端的外加电压。

毛细管电泳的柱效也可按色谱柱理论表示为

$$n = \left(\frac{l}{\sigma}\right)^2 \tag{9-16}$$

式中，n 为理论塔板数；σ 为以标准偏差表示的峰宽度；l 为毛细管的有效长度。

与高效液相色谱不同，高效毛细管电泳中的液流是在电场作用下的整体移动（电渗流），界面滞留现象很小，即以塞式移动（平流），而高效液相色谱中则是以抛物线形状流动

（层流），如图 9-7 所示，故高效毛细管电泳中的峰展宽很小，柱效要高得多。

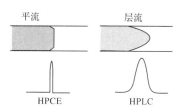

图 9-7 高效毛细管电泳与高效液相
色谱液流的流动形式对比

在高效毛细管电泳中，纵向分子扩散是造成峰展宽的惟一因素。根据扩散定律，峰展宽表示为

$$\sigma^2 = 2Dt \tag{9-17}$$

式中，D 为溶质的扩散系数；t 为迁移时间。

将式（9-17）代入式（9-16），再结合式（9-15）得毛细管电泳分离的柱效方程为

$$n = \left(\frac{l}{\sigma}\right)^2 = \frac{l^2}{2Dt} = \frac{\mu_{app}Vl}{2DL} \tag{9-18}$$

从式（9-18）可以看出，提高外加电压是增加柱效的主要途径。在高电场和较大电渗流下，溶质在毛细管中的迁移速度快，停留时间短，溶质扩散机会小，峰展宽小，理论塔板数高。此外，n 与溶质的扩散系数 D 成反比，所以可以预测，用毛细管电泳分离大分子（D 小）时，可得到高的柱效，即 D 越小，柱效越高，这就是毛细管电泳能高效分离生物大分子如蛋白质、肽及核酸等的理论依据。在理想条件下，毛细管电泳分离中的理论塔板数可达 100×10^4 块/m。在通常的操作条件下，柱效 n 可达到 $(10 \sim 20) \times 10^4$ 块/m。

若不知扩散系数，也可按色谱中的公式计算理论塔板数 n，即

$$n = 5.54\left(\frac{t}{Y_{1/2}}\right)^2 = 16\left(\frac{t}{W}\right)^2 \tag{9-19}$$

式中，t 为迁移时间；$Y_{1/2}$ 为半峰宽；W 为峰底宽。

与色谱中的定义相同，以不同线速度迁移的两组分的分离度 R 为

$$R = \frac{\Delta L}{W} = \frac{\Delta L}{4\sigma} \tag{9-20}$$

式中，ΔL 为两峰间的距离差，即峰间距；W 为两峰峰底宽的平均值；σ 为两峰标准偏差的平均值。

ΔL 正比于两组分的迁移速度差 Δv，则

$$\frac{\Delta L}{l} = \frac{\Delta v}{\bar{v}} \tag{9-21}$$

式中，l 为毛细管的有效长度；$\bar{v}$ 为两组分的平均速度。

将式（9-21）代入式（9-20），得

$$R = \frac{\Delta L}{4\sigma} = \frac{l}{4\sigma}\frac{\Delta v}{\bar{v}} \tag{9-22}$$

将式（9-16）代入式（9-22），得

$$R = \frac{\sqrt{n}}{4}\frac{\Delta v}{\bar{v}} = \frac{\sqrt{n}}{4}\frac{\Delta \mu}{\bar{\mu}} \tag{9-23}$$

式中，$\bar{\mu}$ 为两组分的平均电泳迁移率。

将式（9-18）代入式（9-23），得

$$R = 0.177\frac{\Delta \mu}{\bar{\mu}}\sqrt{\frac{\mu_{app}Vl}{DL}} \tag{9-24}$$

将组分的表观淌度看成近似等于两组分的平均淌度时,式(9-24)整理得

$$R = 0.177\Delta\mu\sqrt{\frac{V}{D(\mu_{ep}+\mu_{eo})}\frac{l}{L}} \tag{9-25}$$

由式(9-25)可见,影响分离度的因素主要有分离电压、毛细管有效长度 l 与总长度的比 l/L、电泳迁移率和电渗迁移率。提高毛细管电泳分离度的途径有两条:一是通过增大分离电压来提高柱效;二是控制电渗流。当电渗流移动方向与分离组分的迁移方向相反,而速度大小相等时,分离度将趋于无穷大。在实际工作中,分离度的计算与色谱中的相同,即

$$R = \frac{2(t_2-t_1)}{W_2+W_1} \tag{9-26}$$

式中,t 和 W 分别为两组分的保留时间和峰底宽。

【例 9-1】 在毛细管区带电泳分离装置中,毛细管的总长度为 45 cm,进样端到检测器的长度为 40 cm,施加的分离电压为 15 kV。已知某中性分子 A 的迁移时间为 10 s,其扩散系数 $D = 5.0\times10^{-9}$ $m^2 \cdot s^{-1}$。某阴离子 B 的迁移时间为 8 s。试计算:

(1)该系统的电渗淌度 μ_{eo};

(2)阴离子 B 的表观淌度 $\mu_{app,B}$;

(3)阴离子 B 的电泳淌度 $\mu_{ep,B}$;

(4)以中性分子 A 计算的理论塔板数 n;

(5)A 与 B 的分离度 R。

解 (1)该系统的电渗淌度 μ_{eo}

$$\mu_{eo} = \frac{l/t}{V/L} = \frac{lL}{tV} = \frac{0.40\times0.45}{10\times15\,000} = 1.2\times10^{-6}\ m^2 \cdot V^{-1} \cdot s^{-1}$$

(2)阴离子 B 的表观淌度 $\mu_{app,B}$

$$\mu_{app,B} = \frac{l/t}{V/L} = \frac{lL}{tV} = \frac{0.40\times0.45}{8\times15\,000} = 1.5\times10^{-6}\ m^2 \cdot V^{-1} \cdot s^{-1}$$

(3)阴离子 B 的电泳淌度 $\mu_{ep,B}$

$$\mu_{ep,B} = \mu_{app,B} - \mu_{eo} = 1.5\times10^{-6} - 1.2\times10^{-6} = 0.3\times10^{-6}\ m^2 \cdot V^{-1} \cdot s^{-1}$$

(4)以中性分子 A 计算的理论塔板数 n

$$n = \left(\frac{l}{\sigma}\right)^2 = \frac{l^2}{2Dt} = \frac{\mu_{app,A}Vl}{2DL} = \frac{1.2\times10^{-6}\times15\,000}{2\times5.0\times10^{-9}}\times\frac{0.40}{0.45} = 1.6\times10^{6}\ 块/m$$

(5)A 与 B 的分离度 R

$$R = \frac{\sqrt{n}}{4}\frac{\Delta v}{\bar{v}} = \frac{\sqrt{1.6\times10^6}}{4}\times\frac{0.40/8-0.40/10}{(0.40/8+0.40/10)/2} = 70.27$$

9.3 毛细管电泳的分离模式

毛细管电泳的分离模式可分为两大类:电泳模式、电泳加色谱模式。利用试样中各种离子在电场中电泳淌度的差异是毛细管电泳分离带电离子的最基本模式。根据试样的性质不同,毛细管电泳分离还可以采用不同的分离类型。由于每种分离类型的机理和选择性不尽相同,使得毛细管电泳的应用范围大大扩展。下面介绍几种常见的 CE 分离模式。

9.3.1　毛细管区带电泳

毛细管区带电泳（Capillary Zone Electrophoresis，CZE）是毛细管电泳中最基本的一种分离模式，也是其他分离模式的基础。CZE 模式所采用的背景电解质是缓冲溶液，分离是基于试样中各种离子组分间荷质比的差异，依靠试样中的不同离子组分在外加电场作用下电泳淌度的不同而实现的（图 9-8），有时需在缓冲溶液中加入一定的添加剂，以提高分离选择性、改变电渗流的大小和方向或抑制毛细管壁的吸附等。

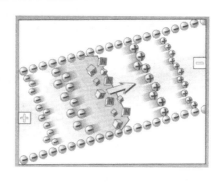

图 9-8　毛细管区带电泳分离示意图

CZE 模式的突出特点是简单，但由于电中性物质的淌度差为零，所以不能用于分离电中性物质。

9.3.2　胶束电动毛细管色谱

胶束电动毛细管色谱（Micellar Electrokinetic Chromatography，MEKC）是将电泳技术和色谱技术很好地结合在一起的一种 CE 分离模式，是毛细管电泳中同时既能分离带电组分又能分离中性组分的分离模式。在背景电解质中加入超过临界胶束浓度的表面活性剂使之在溶液中形成胶束（疏水端聚集在一起，带电荷端向外，胶束在溶液中构成独立的相）。在电泳中，这些胶束按其所带电荷的不同朝着与电渗流相同或相反的方向迁移，作为一种"准固定相"，使试样组分中的中性粒子在随电渗流移动时，能够像色谱分离一样，在电解质溶液和"准固定相"两相间进行多次分配，依据其分配行为的不同而获得分离（图 9-9）。

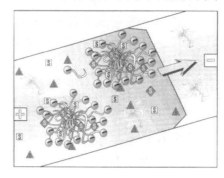

图 9-9　胶束电动毛细管色谱分离示意图

9.3.3　毛细管凝胶电泳

毛细管凝胶电泳（Capillary Gel Electrophoresis，CGE）是各种分离模式中柱效最高的一种 CE 分离模式（$n > 10^7$ 块/m），这是由于毛细管内填充有凝胶，试样组分在分离中不仅受电场力的作用，同时还受到凝胶尺寸排阻效应的作用。

9.3.4　毛细管等速电泳

毛细管等速电泳（Capillary Isotachophoresis，CITP）也是依据试样组分电泳淌度的不同进行分离的一种 CE 分离模式，但使用了两种电解质，一种为前导电解质（Leading

Electrolyte），含有比所有组分电泳淌度都大的前导离子，另一种为尾随电解质（Terminating Electrolyte），含有比所有组分电泳淌度都小的尾随离子，试样组分分布在这两种电解质界面中间，如图 9-10 所示。施加电场后，试样组分夹在前导离子和尾随离子间移动，沿柱出口到进口，将不同区带依次排序 1、2、3、…，电场强度依次增大。假设"2"号区中的离子扩散到"3"号区，由于"3"号区电场强度大，离子被加速，返回到"2"号区；当"2"号区中的离子扩散到"1"号区，离子将被减速使之归队。当达到电泳稳定时，各组分按其淌度的大小依次排列，并都以前导离子的速度移动，故称为等速电泳。

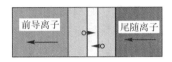

图 9-10　毛细管等速电泳分离示意图

9.3.5　毛细管等电聚焦

毛细管等电聚焦（Capillary Isoelectric Focus，CIEF）是依据试样组分（两性组分）的等电点不同而实现分离的一种 CE 分离模式。分离时需将待分离的两性组分与能在毛细管内形成一定 pH 梯度的两性电解质同时引入毛细管，并以酸性溶液作为阳极缓冲溶液，以碱性溶液作为阴极缓冲溶液。施加电场后，毛细管中的两性电解质能在一定的 pH 范围内迅速建立起稳定的 pH 梯度。与此同时，具有不同 pI（等电点）的两性组分开始聚焦，即在电场作用下，向着各自的 pH＝pI 处移动，迁移至其等电点的 pH 区域时，两性组分的净电荷为零，在电场中不再移动，这样各组分被分别聚焦在柱内很窄的 pH 区域内。聚焦完成后，通过向毛细管一端施加电压或在电极槽中加入电解质破坏已形成的 pH 梯度，使两性组分重新带电，在电场作用下依次迁移流出柱子，进行检测。

9.3.6　毛细管电色谱

毛细管电色谱（Capillary Electric Chromatography，CEC）主要是基于色谱分离机制而进行分离的一种 CE 分离模式。它在毛细管中填充了类似于液相色谱用的固定相载体，使被分离组分在这些载体上进行保留和分配。与液相色谱的区别在于其采用电场驱动溶液流动。

毛细管电泳的分离模式有很多种，且还在不断出现，因此，在应用时应根据每种模式的特点及试样的性质作出适宜的选择，表 9-2 给出了不同试样可选择的高效毛细管电泳（HPCE）分离模式，其中，每栏中的第一种模式都能在最短的分离时间内获得最佳分离效果。如图 9-11 所示为 HPCE 分离模式与检测方法选择流程。

表 9-2　　　　　　　　　　　　　　HPCE 分离模式选择

离子	分子	肽	蛋白质	多聚核酸	DNA
CZE	MEKC	CZE	CZE	CGE	CGE
CITP	CZE	MEKC	CGE	MEKC	
	CITP	CIEF	CIEF		
		CGE	CITP		
		CITP			

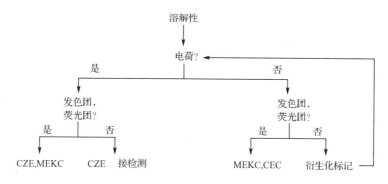

图 9-11　HPCE 分离模式与检测方法选择流程

9.4　影响分离度的因素

影响分离度的因素主要包括工作电压、溶液的 pH 和离子强度、缓冲溶液的类型和浓度、缓冲溶液改性剂以及毛细管的内壁处理等，这些因素不仅影响分离的质量，而且还影响分离的速度，尤其是石英毛细管内壁对蛋白质、多肽等大分子的吸附会使试样组分的分离效率大大降低，这是分析该类试样时需要重点解决的问题。

9.4.1　工作电压的选择

在毛细管电泳分离中，工作电压提供了溶液和离子迁移的动力。由式(9-25)可见，施加的工作电压越大，分离度越大。同时，当毛细管的内径和长度确定后，工作电压对分离的影响还表现在焦耳热的产生及其所造成的峰展宽方面。工作电压越大，毛细管中流过的电流越大，产生的热量越多，焦耳热效应也越严重。毛细管内温度的升高，引起溶液的黏度下降，电渗流增大，同时引起区带展宽，使柱效、分离度降低。理论和实践均表明，分离效率与工作电压间存在着最佳值，该值可通过作电流-电压曲线获得。

工作电压的施加方式有：恒压、恒流及线性升压等，目前多采用恒压分离方式。实际上，利用恒流分离方式有利于提高分离的重现性，在没有良好的恒温控制系统上进行电泳分离时，建议采用恒流分离方式。线性升压分离方式可有效提高分离度，有条件时应采用。

9.4.2　毛细管选择与温度控制

目前主要采用外壁有聚酰亚胺涂层(增加柔韧性)的熔融石英毛细管。毛细管尺寸的选择与分离模式和试样有关。若管子太细，则检测过于困难，故区带电泳多选用内径为 $75\ \mu m$ 的毛细管，有效长度通常控制在 $40\sim60\ cm$，一般不超过 $1\ m$。在特殊情况下，可能需要使用大内径的毛细管，如大颗粒红细胞的分离则需要内径大于 $300\ \mu m$ 的毛细管。另外，在大分子生物试样分析中，毛细管内壁的吸附作用对分离产生较大的影响，需对毛细管内壁进行惰性化处理。有时为了加强电渗或改变其方向，也需要使用内壁涂层的毛细管。

由于焦耳热效应的存在，在毛细管内产生径向温度梯度(图 9-12)。径向温度梯度引起电解质溶液的径向黏度梯度(温度变化 1 ℃将引起电解质溶液的黏度改变 2%～3%)，也引起迁移速度的分布，即管中心处的迁移速度最快，使分离效率降低。另外，温度的变化还会导致分离结果的重现性下降,因此,分离过程中毛细管的温度控制非常重要。通常将毛细管置于温度可调的恒温环境中,温度控制在 0～70 ℃(但有些研究如 DNA 杂交等需要较高温度),恒温精度为 ±0.1 ℃。温度控制一般采取风冷(强制空气对流)和液冷两种方式,液冷的效果好而风冷系统的结构简单。采取液冷方式时,一般在 20 kV 以下电泳可用水做冷却介质,20 kV

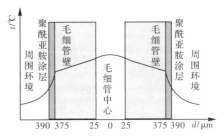

图 9-12　毛细管内的径向温度梯度示意图

以上需要用煤油或氟代烷烃做冷却介质。毛细管内径的不同对温度控制有较大影响(见表 9-3),因此,选择细管径毛细管对温度控制有利,这也正是使用细管径的毛细管电泳比传统电泳效率高得多的重要原因。

表 9-3　　　　不同内径毛细管中的温度梯度

内径/μm	温度/K	管壁与中心的温度差/K
25	299.0	0.53
60	301.2	1.35
75	304.2	3.14
100	307.7	5.58
125	311.6	8.72

9.4.3　毛细管电泳中的电解效应及分离介质的选择

在毛细管电泳分离中,电渗流和电泳起着关键作用,而其大小受溶液的 pH、黏度和离子强度影响较大,因此分离介质的选择和控制对提高分离效率十分重要。分离介质的选择包括缓冲试剂、pH 调节剂、溶剂和添加剂及其浓度等。随分离模式的不同,所用的分离介质也有差异。下面以 CZE 模式为例,简要讨论分离介质选择中的一些共性问题。

在高压电泳分离过程中,阴、阳两极最有可能发生的电极反应分别为

阳极：$\quad\quad 4OH^- \longrightarrow 2H_2O + O_2 + 4e^-$

阴极：$\quad\quad 2H^+ + 2e^- \longrightarrow H_2$

电极反应的结果将导致阳极端因 OH^- 被消耗而使 H^+ 量相对增加,阴极端则因 H^+ 被消耗而使 OH^- 量相对增加,通电时间越长,电流越大,H^+ 或 OH^- 的增量就越大,两极溶液 pH 差也就越大。如前所述,试样组分的电迁移速度受电渗流影响很大,而电渗流则受溶液 pH 的影响很大,因此,进行毛细管电泳时,必须使用均一的、具有 pH 缓冲能力的溶液为分离介质,以抑制电解效应引起的 pH 变化,这种分离介质称为电泳缓冲溶液。

电渗流与毛细管内表面和电解质溶液间形成的双电层有关,当缓冲溶液的浓度(或离子强度)增加时,双电层的厚度降低,ζ 电位减小,溶液的黏度增大,由式(9-10)可见,电渗流速度将减小。由式(9-25)可见,减小电渗流会增加分离度。不过使用过高浓度的电解质溶液容易导致溶液过热,引起电泳区带展宽,使分离度降低。

选择缓冲溶液时,需要考虑以下几个方面：①有效缓冲范围；②组成缓冲溶液的物质本身的电泳淌度要小,如电荷少而体积大的电解质(硼酸盐、组氨酸、三羟甲基氨基甲烷等),这使得一定工作电压下的电流小,产生的焦耳热小；③尽量选择与溶质电泳淌度相近的物质组成缓冲溶液,这有利于减少电荷分散作用引起的区带展宽；④组成缓冲溶液的物

质对溶质有配位作用时,可提高分离的选择性,如硼砂对多元醇具有配位作用,在分离多元醇、糖类等时,应选择硼砂做缓冲溶液;⑤对检测影响小,如采用紫外检测时,组成缓冲溶液的物质在所用检测波长处的紫外吸收要小,以降低背景吸收,提高检测灵敏度;⑥同一种阴离子用不同种阳离子缓冲溶液或同一种阳离子用不同种阴离子缓冲溶液对电渗流都有不同影响。毛细管电泳中最常用的缓冲溶液是磷酸盐溶液。

　　在 pH4～7 范围内,石英玻璃毛细管的电渗流随 pH 增大而明显增大,提高缓冲溶液 pH,使电渗流增大,表观淌度增大,可缩短分离时间,有利于提高分离效率。从提高选择性来看,改变缓冲溶液的 pH,可改变溶质所带电荷的性质或数量,使溶质淌度改变,从而改变分离的选择性。如分离等电点相近的肽和蛋白质,当缓冲溶液的 pH 大于溶质的等电点时,溶质带负电荷,表观迁移速度小于电渗流速度,溶质在中性物质后流出;反之,当缓冲溶液的 pH 小于溶质的等电点时,溶质带正电荷,表观迁移速度大于电渗流速度,溶质在中性物质前流出。

　　有人研究认为,CE 分离的最适宜 pH 可按下式计算:

$$pH = pK_a - \lg 2 \tag{9-27}$$

式中,K_a 为被分离化合物的解离常数。

　　当分离表观淌度相近的化合物时,可以选择 pH 略低于其解离常数的缓冲溶液,诱导产生电荷差异使溶质的表观淌度产生差别而分离。

　　在缓冲溶液中加入添加剂是提高分离效果所常用的手段。常见的添加剂有:表面活性剂、有机溶剂、无机或有机电解质、两性物质、手性选择剂等,最简单的添加剂是无机电解质 NaCl、KCl 等。较高浓度的电解质可以压缩区带,抑制蛋白质等分子在管壁上的吸附,但高浓度的电解质容易导致溶液过热,使分离效率反而下降,热严重时管内产生气泡使分离不能进行。使用两性有机电解质可有效地克服过热问题,当 pH=pI 时,两性有机电解质的净电荷为零,不参与导电,两性有机电解质是分离蛋白质的有效添加剂。表面活性剂具有吸附、增溶、形成胶束等功能,是最常用的添加剂。低浓度的阳离子表面活性剂(如十六烷基三甲基溴化胺)能在石英毛细管表面形成单层或双层吸附层,常用于电渗控制或抑制蛋白质在管壁的吸附。表面活性剂的浓度对分离有较大影响,应注意当浓度超过其临界值时,形成胶束,转变成 MEKC 分离模式。缓冲溶液通常为水溶液,为改善分离和试样的溶解度,可加入低挥发性的有机化合物形成混合溶剂。类似于高效液相色谱,分离手性化合物时,需要在缓冲溶液中加入手性选择剂,如环糊精、手性冠醚及天然手性化合物等。

9.5　毛细管电泳的应用

　　毛细管电泳极高的分离效率和多种分离模式使其适用于离子化合物、中性化合物、两性化合物、生物大分子、细胞等多种对象的分析,因而在分析化学、生物化学、环境化学等领域得到了广泛应用,特别是对生物大分子分离所具有的高效率,更是其他分析方法所无法比拟的,使其成为一种十分重要的分析方法。

9.5.1　离子化合物的分析

　　毛细管电泳是基于组分在电场中电泳淌度的差异而实现分离的,与其他分析方法相比,特别适合各种离子混合物的分离分析,并具有非常高的柱效。对于阴离子分析,由于其电泳方向和电渗流方向相反、迁移速度接近、分析时间长、效率低,特别是质量小、电荷密度大的离子如 SO_4^{2-}、Cl^-、F^- 等,电泳迁移速度大于电渗流速度,组分从阳极端流出,在阴极端无法检测到。此时,可加入电渗流改性剂(如十六烷基三甲基溴化胺等),使电泳方向和电渗流方向一致。对于单纯的阴离子分析,可采取阴极端进样、阳极端检测的方式,可在3.1 min内分离 36 种阴离子,如图 9-13 所示。阳离子在毛细管中的迁移方向和电渗流方向一致,可采取阳极端进样、阴极端检测的方式,可在 4.5 min 内分离 24 种金属阳离子,如图 9-14所示。

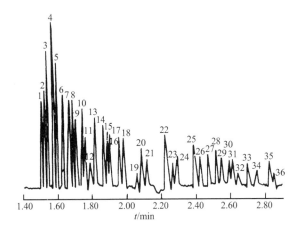

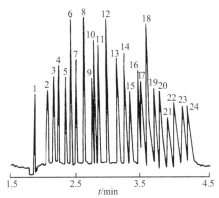

图 9-13　36 种阴离子的毛细管电泳分析条件与图谱

毛细管:60 cm×50 μm i. d.;工作电压:−30 kV;
缓冲溶液:5 mmol·L^{-1}铬酸盐+OFM-BT(pH8.0);
检测:阳极端,UV254 nm 间接检测;
1—$S_2O_3^{2-}$;2—Br^-;3—Cl^-;4—SO_4^{2-};5—NO_2^-;6—NO_3^-;7—钼酸根;8—叠氮化物;9—WO_4^{2-};10——氟磷酸根;11—ClO_3^-;12—柠檬酸根;13—F^-;14—甲酸根;15—磷酸根;16—亚磷酸根;17—次氯酸根;18—戊二酸根;19—邻苯二甲酸根;20—半乳糖二酸根;21—碳酸根;22—乙酸根;23—氯乙酸根;24—乙基磺酸根;25—丙酸根;26—丙基磺酸根;27—天冬酸根;28—巴豆酸根;29—丁酸根;30—丁基磺酸根;31—戊酸根;32—苯甲酸根;33—L-谷氨酸根;34—戊基磺酸根;35—D-葡萄糖酸根;36—D-半乳糖醛酸根

图 9-14　24 种金属阳离子的毛细管电泳分析条件与图谱

分离条件:毛细管:36.5 cm×75 μm i. d.;工作电压:35 kV;缓冲溶液:1 mmol·L^{-1}4-甲基苄胺+15 mmol·L^{-1}乳酸(pH4.8);检测:阴极端,UV214 nm 间接检测;1—K^+;2—Ba^{2+};3—Sr^{2+};4—Ca^{2+};5—Mg^{2+};6—Mn^{2+};7—Cd^{2+};8—Co^{2+};9—Pb^{2+};10—Ni^{2+};11—Zn^{2+};12—La^{3+};13—Ce^{3+};14—Pr^{3+};15—Nd^{3+};16—Sm^{3+};17—Gd^{3+};18—Cu^{2+};19—Dy^{3+};20—Ho^{3+};21—Er^{3+};22—Tm^{3+};23—Yb^{3+};24—Lu^{3+}

9.5.2　在生物化学中的应用

在生物化学及生命工程研究中,常常要求建立能够分离和分析超痕量、超微量生物活性物质的方法。生物化学、生化工艺学和生物医学所研究的物质多种多样,相对分子质量范围也很大,尤其是对高极性、热不稳定性、难挥发的生物大分子(如氨基酸、多肽、蛋白质、酶、核酸、糖蛋白、多糖等)的分离分析十分重要。

1. 氨基酸分析

氨基酸的分离分析在医药、食品等领域具有十分重要的意义,一直是生物化学界关注的一个热点。分离游离氨基酸可以采用高效离子交换色谱法,但是分离时间较长而且还需要梯度淋洗。毛细管凝胶电泳(MEKC)是近年来发展的另一种重要分析方法,与高效液相色谱法相比,它是一种更为简便、快速的氨基酸分析方法。如图 9-15 所示为 23 种丹酰化氨基酸的 MEKC 图谱。

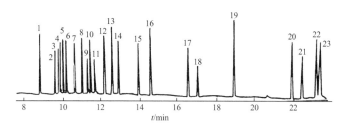

图 9-15　23 种丹酰化氨基酸的 MEKC 分离图谱

背景电解质溶液:20 mmol/L 硼砂＋100 mmol/L SDS;

检测波长:214 nm;电泳中控制温度在 10 ℃

在氨基酸的毛细管电泳分析中存在的主要问题是毛细管内壁对溶质的吸附及检测困难,吸附问题主要采取毛细管涂层改性的方法解决。检测问题主要采用衍生法解决,即试样分析前先与荧光物质反应,生成具有荧光的衍生物后使用荧光检测器检测,操作相对繁琐,也可以采取间接荧光法检测,即在背景缓冲溶液中加入荧光物质,利用组分出峰时造成的背景荧光减弱进行检测。间接荧光法检测操作简单,不破坏试样。

2. 中药的鉴别及组成的分析

利用毛细管电泳分析中药的组成及有效成分,特别是在建立中药指纹图谱分析方面有着重要的意义。如名贵中药冬虫夏草为麦角科植物冬虫夏草菌的子座及其寄主虫草蝙蝠蛾的幼虫尸体的复合体,含有不饱和脂肪酸、虫草酸、虫草素及核苷类等主要成分。由于天然资源几近枯竭,伪品、次品泛滥,鉴别其真品非常必要。采用高效液相色谱仅能获得十几个峰,较难鉴别,而采用毛细管区带电泳(CZE)分离可获得 44 个峰,很容易区分冬虫夏草、人工冬虫夏草、蛹虫草、人工蛹虫草、伪品及次品等,同时还可测定冬虫夏草中的核苷类成分的含量。其分析图谱如图 9-16 所示。

3. 蛋白质分析

蛋白质是构成生物体中一类重要的有机含氮物质,是生命的物质基础,由氨基酸组成。与氨基酸一样,蛋白质也是两性电解质,在一定 pH 条件下能解离为带电的基团而使其带电,在电场中能发生定向迁移。蛋白质的分离可采用毛细管等电聚焦(CIEF)分离模式,即基于不同蛋白质之间等电点(pI)的差异进行电泳分离的方法。

各种蛋白质具有其特定的等电点,这与蛋白质所含酸性和碱性氨基酸的比例有关,如细胞色素 C 的等电点为 9.8～10.8,每分子细胞色素 C 含酸性氨基酸残基 12 个,碱性氨

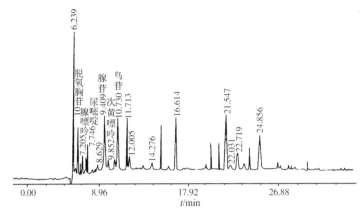

图 9-16　冬虫夏草的 CZE 分离图谱

实验条件：工作电压 14 kV；毛细管有效长度 50 cm；毛细管内径 75 μm；

缓冲溶液为 36 mmol·L^{-1}硼砂＋15 mmol·L^{-1}磷酸氢二钠(pH9.2)；

紫外检测波长 254 nm

基酸残基 25 个。酶也是蛋白质，所以分离纯化蛋白质的方法也适用于酶。如图 9-17 所示是采用 CIEF 模式分离蛋白质混合物的图谱。

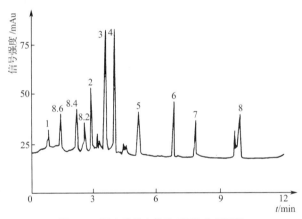

图 9-17　蛋白质混合物的 CIEF 分离图谱

毛细管：14 cm×0.1 nm i.d.聚丙烯酰胺涂层毛细管；

等电聚焦介质：2‰Bio-LYte5/7，pH3～10；

聚焦电压：4 kV/cm；检测波长：280 nm；

峰序：8.6、8.4、8.2—分别代表流出的两性电解质；1—外源凝集素；2—人血红蛋白 A(7.5)；3—人血红蛋白 A(7.1)；4—马肌红蛋白(7.0)；5—马肌红蛋白(6.8)；6—人碳酐酶(6.5)；7—牛碳酐酶(6.0)；8—β-乳球蛋白 B(5.1)

4. DNA 片段分析

核酸是一类重要的生物高分子化合物，分为脱氧核糖核酸(DNA)和核糖核酸(RNA)

两类。核酸尤其 DNA,其主要功能是储存、传递和表达生物体的遗传性能,这些功能与其结构紧密相关。DNA 由多种核苷酸组成,并含有 4 种碱基:腺嘌呤(A)、鸟嘌呤(G)、胞嘧啶(C)和胸腺嘧啶(T)。DNA 分子中的碱基 A 与 T、G、C 配对存在,由 DNA 降解产物测定碱基对的数目和碱基排列的次序,能够反映 DNA 的结构。毛细管电泳是研究 DNA 结构的一种有效方法。如图 9-18 所示是采用 CGE 模式分离碱基对相差 1 000 倍的 DNA 片段的毛细管电泳图谱。

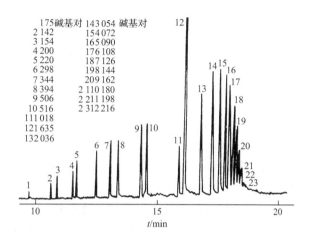

图 9-18　CGE 模式分离碱基对相差 1 000 倍的 DNA 片段的 CE 图谱

毛细管:聚丙烯酰胺涂层毛细管 40 cm×75 μm i. d. ,有效长度 30 cm;凝胶是二度交联的聚丙烯酰胺(3%T,0.5%C);

流动相:100 mmol/LTris-硼砂缓冲溶液,pH8.3;

电场强度:250 V/cm;电流 12.5 μA;检测波长:260 nm

9.5.3　在手性化合物分离中的应用

手性化合物的分离对药物研究和医药工业发展具有重要意义。生物机体和药物的选择性反应与药物的分子结构密切相关,左旋体和右旋体药物通常具有不同的生理、生化和药理作用,但由于对映异构体的物理化学性质极为相近,所以手性化合物的分离难度较大。毛细管电泳已被证明是分离分析手性化合物最简单的高效方法,所采取的主要方法是通过添加手性试剂来构建手性环境,实现对映异构体的分离。如图 9-19 所示是将手性冠醚(C-18-冠-6-四甲酸)作为添加剂,利用 CZE 模式进行的色氨酸、多巴胺化合物的手性分离图谱。MEKC 模式在手性分离中应用较多,其主要方法是在背景溶液中加入可溶性手性试剂进行旋光异构体的分离。用于 MEKC 分离模式的手性试剂有胆酸盐、长链烷基手性表面活性剂、高分子手性表面活性剂和环糊精等。利用环糊精为手性试剂分离四种手性药物的图谱如图 9-20 所示。

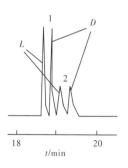

图 9-19　利用手性冠醚的 CZE 分离图谱

缓冲溶液:30 mmol/L C-18-冠-6-四甲酸,pH2.2;毛细管:50 cm×75μm i. d.;检测波长:254 nm;试样组分:1—色氨酸;2—多巴胺

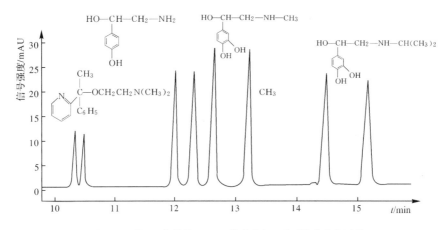

图 9-20　利用环糊精的 MEKC 模式分离四种手性药物的图谱

实验条件:毛细管总长度 64.5 cm,有效长度 56 cm;缓冲溶液为 50 mmol·L^{-1}磷酸 + 20 mmol·L^{-1}二甲基-β-环糊精;工作电压 30 kV;检测波长 200 nm

利用 CE 进行对映异构体转化的动力学研究也有着十分重要的价值。其试样分析损耗可以忽略不计,也无需复杂繁琐的试样预处理,是一种比较理想的分析方法。Regan 等利用 CE 研究了生物技术制备 BCH-189(抗艾滋病药物)过程中的某些反应,如其中的有效成分(＋)-BCH-189 是在胞苷脱氨酶催化下经生物转化合成的,转化过程可持续 51 h,可采用 CE 分析监测转化过程中对映异构体的转化,如图 9-21 所示。利用图 9-21 中的数据可计算此转化反应的反应速率、反应级数和半衰期等。

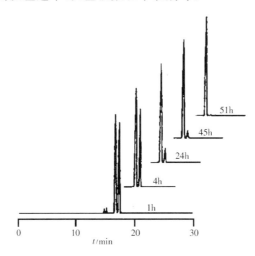

图 9-21　对映异构体随时间转化的 CE 监测图谱
(分离的手性试剂为二甲基-β-环糊精)

毛细管电泳手性分离存在的问题是缺乏光谱和低紫外吸收背景的手性添加剂。手性试剂的选择、分离条件的优化等方面也缺乏必要的理论指导,但这也将不断促进毛细管电泳手性分离技术和理论的发展。

习　题

9-1　毛细管电泳中,电渗流是如何产生的? 朝何方向移动? 对阴离子分离是否有利?

9-2　与传统电泳相比,高效毛细管电泳有哪些改进?

9-3　为什么毛细管电泳具有非常高的分离效率?

9-4　什么是电渗淌度? 电渗淌度与电泳淌度有什么不同?

9-5　影响毛细管电泳分离的关键因素有哪些?

9-6　胶束电动毛细管电泳为什么能够分离中性组分,其分离原理与色谱有哪些异同点?

9-7　为什么毛细管电泳在生命科学领域有较多应用?

9-8　当分离电压为 20 kV,毛细管的总长度为 55 cm,有效长度为 50 cm,某物质的扩散系数 $D = 2.0 \times 10^{-9}\ \text{m}^2 \cdot \text{s}^{-1}$,通过毛细管的时间为 10 s,求理论塔板数。

9-9　在毛细管区带电泳分离装置中,毛细管的总长度为 55 cm,进样端到检测器的长度为 50 cm,施加的分离电压为 20 kV。已知某中性分子 A 的迁移时间为 12 s,其扩散系数 $D = 5.0 \times 10^{-9}\ \text{m}^2 \cdot \text{s}^{-1}$。某阴离子 B 的迁移时间为 10 s。试计算:

(1)该系统的电渗淌度 μ_{eo};

(2)阴离子 B 的表观淌度 μ_{app};

(3)阴离子 B 的电泳淌度 μ_{ep};

(4)以中性分子 A 计算的理论塔板数 n;

(5)A 与 B 的分离度 R。

第10章

光分析法基础

光分析法包含的内容较多,是仪器分析的重要组成部分。该类分析法的重要特征是涉及辐射能与待测物质间的相互作用及原子或分子内的能级跃迁。除一般的定量分析外,凡涉及物质光谱的光分析法,还能提供化合物的大量结构信息,在研究待测物质组成、结构表征、表面分析等方面具有其他分析方法难以取代的地位。

10.1 光分析法概述

10.1.1 光分析法及其基本特征

光分析法是基于电磁辐射能与待测物质相互作用后,由所产生的辐射信号来确定待测物质组成和结构的分析方法。光分析法所涉及的电磁辐射覆盖了由射线到无线电波的所有波长范围,相互作用的方式则包括了发射、吸收、反射、折射、散射、干涉、衍射等,并通过波长、频率、波数、强度等参数来进行表征。各种电磁辐射能与待测物质的作用类型见表 10-1。电磁辐射按波长顺序排列称为电磁波谱(光波谱)。由表 10-1 可见,待测物质吸收或发射不同范围的能量(波长),引起相应的原子或分子内能级跃迁,据此建立了各种光分析法,如紫外-可见吸收光谱分析法、红外吸收光谱分析法、核磁共振波谱分析法、X-射线光谱分析法等。

光分析法虽然较多,原理各异,但均涉及以下三个基本过程:

(1)提供能量的能源(光源、辐射源等)及辐射控制。

(2)辐射能与待测物质之间的相互作用过程。

(3)信号产生过程。

光分析法与电化学分析法和色谱分析法的区别之一是分析过程不涉及混合物分离,某些方法可进行混合物选择性测量,仪器涉及大量光学器件,具有灵敏度高、选择性好、用途广泛等特点。由于光分析法涉及物质分子内能级的变化,故测量其光谱的方法均可用于物质结构测定或定性分析。光分析法中的波谱分析与化学计量学关系密切,如通过数学计算,可由化合物光谱图中挖掘更多的信息。

表 10-1　　电磁辐射能的波谱性质、分类及其与待测物质的相互作用

能量 kcal/mol	能量 eV	波数 σ / cm⁻¹	波长 λ / cm	频率 ν / Hz	辐射类型	光谱类型	量子跃迁类型
9.4×10^{7}	4.1×10^{6}	3.3×10^{10}	3×10^{-11}	10^{21}	γ-射线	γ-射线发射	核
9.4×10^{5}	4.1×10^{4}	3.3×10^{8}	3×10^{-9}	10^{19}	X-射线	X-射线吸收发射	内层电子
9.4×10^{3}	4.1×10^{2}	3.3×10^{6}	3×10^{-7}	10^{17}	紫外	真空 UV 吸收	外层电子
9.4×10^{1}	4.1×10^{0}	3.3×10^{4}	3×10^{-5}	10^{15}	可见	UV 发射 V｜S 荧光	
9.4×10^{-1}	4.1×10^{-2}	3.3×10^{2}	3×10^{-3}	10^{13}	红外	IR 吸收 拉曼	分子振动
9.4×10^{-3}	4.1×10^{-4}	3.3×10^{0}	3×10^{-1}	10^{11}	微波	微波吸收 电子自旋共振	分子转动
9.4×10^{-5}	4.1×10^{-6}	3.3×10^{-2}	3×10^{1}	10^{9}			磁诱导
9.4×10^{-7}	4.1×10^{-8}	3.3×10^{-4}	3×10^{3}	10^{7}	无线电波	核磁共振	自旋能态

注　1 kcal＝4.186 8 kJ。

10.1.2　电磁辐射的基本性质

电磁辐射(电磁波)是以接近光速(真空中光速为 c)传播的能量。电磁辐射具有波动性和微粒性。

$$c=\lambda\nu=\frac{\nu}{\sigma} \tag{10-1}$$

$$E=h\nu=\frac{hc}{\lambda} \tag{10-2}$$

式中,c 为光速;λ 为波长;ν 为频率;σ 为波数;E 为能量;h 为普朗克常数。

物质能够选择性吸收特定频率的辐射能,从基态或低能级跃迁到高能级,并能够再通过光的形式将吸收的能量释放出来跃迁回到低能级或基态。此外,光作用于物质时,还可发生折射、反射、衍射、偏振及散射等。对于散射可分为丁铎尔散射和分子散射。

丁铎尔散射是指光通过含有许多大质点(其颗粒大小的数量级等于光波的波长)的介质时产生的散射光。乳浊液、悬浮液、胶体溶液等所引起的散射均为丁铎尔散射。

分子散射是指辐射能与比辐射波长小得多的分子或分子聚集体之间的相互作用而产生的散射光。分子散射又可分为瑞利散射和拉曼散射。瑞利散射是指光子与分子间发生"弹性碰撞"时产生的散射光现象。由于发生瑞利散射时,光子的能量小,分子外层电子不跃迁,而分子跃迁到"受激虚态"(较高的振动能级,不稳定),并在 $10^{-15}\sim10^{-12}$ s 回到基态,将吸收的能量以入射光同样的波长释放,其结果仅相当于光子改变了运动方向,如图 10-1 所示。拉曼散射则是指光子与分子间发生"非弹性碰撞",两者之间发生能量交换,产

生与入射光波长不同的散射光,即拉曼散射光。非弹性碰撞可能发生两种结果,分子由高能级返回基态发出的光的波长短于入射光的波长称为"反斯托克线",反之称为"斯托克线",如图 10-2 所示。拉曼散射光与瑞利散射光的频率差,称为拉曼位移,其大小与物质分子的振动能级和转动能级有关。不同分子有不同的拉曼位移。拉曼位移是表征物质分子振动能级和转动能级特性的一个物理量,反映了分子极化率的变化,可用于物质分子的结构分析。

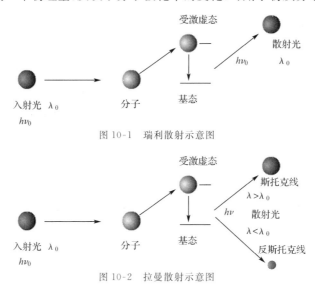

图 10-1　瑞利散射示意图

图 10-2　拉曼散射示意图

10.1.3　光分析法分类

依据物质与辐射能作用的方式不同,光分析法可分为光谱分析法和非光谱分析法两大类。光谱分析法是基于物质与辐射能作用时,依据分子发生能级跃迁而产生的发射、吸收或散射光的波长或强度等信号变化进行分析的方法。非光谱分析法则是指不涉及能级跃迁,物质与辐射能作用时,仅改变传播方向等物理性质的方法,如偏振、干涉、旋光等。各种光分析法建立的物理基础见表 10-2。对于光谱分析法,依据作用的对象不同可分为分子光谱分析法和原子光谱分析法;依据作用的能量范围(光谱区)不同又可分为表 10-3 中的各种光谱分析法。

表 10-2　　　　　　　　　各种光分析法建立的物理基础

物理基础	光分析法
辐射的吸收	分光光度法(γ-射线、X-射线、紫外-可见、红外)、比色法、原子吸收光谱法、光声光谱法、电子自旋共振波谱法、核磁共振波谱法
辐射的发射	发射光谱法(X-射线、紫外-可见)、火焰光度法、荧光光谱法(X-射线、紫外-可见)、磁光光谱法、放射化学法
辐射的散射	浊度法、散射浊度法、拉曼光谱法
辐射的折射	折射法、干涉法、激光热透镜光谱法、激光热偏转光谱法
辐射的衍射	X-射线衍射法、电子衍射法
辐射的旋转	偏振法、旋光色散法、圆二色性法

表 10-3	各光谱区的光谱分析法
光谱区	光谱分析法
γ-射线区	γ-射线吸收光谱法
X-射线区	电子探针微区分析法、X-射线荧光光谱法
紫外-可见区	原子发射光谱法、原子吸收光谱法、原子荧光光谱法、紫外-可见吸收光谱法
红外区	红外发射光谱法、红外吸收光谱法、拉曼光谱法
微波区	电子自旋共振波谱法
无线电频率区	核磁共振波谱法

在原子光谱分析法中,基于原子外层电子跃迁的有原子吸收光谱分析法(Atomic Absorption Spectrometry,AAS)、原子发射光谱分析法(Atomic Emission Spectrometry,AES)和原子荧光光谱分析法(Atomic Fluorescence Spectrometry,AFS);基于原子内层电子跃迁的有 X-射线荧光光谱分析法(X-ray Fluorescence Spectrometry,XFS);基于原子核与射线作用的有穆斯堡谱法。在分子光谱分析法中,紫外-可见吸收光谱分析法、荧光光谱分析法、磷光光谱分析法都基于分子外层电子跃迁,称为电子光谱分析法。红外吸收光谱分析法则是基于分子内部的振动能级和转动能级的跃迁,又称为振-转光谱分析法。光分析法的一般分类方法如图 10-3 所示。

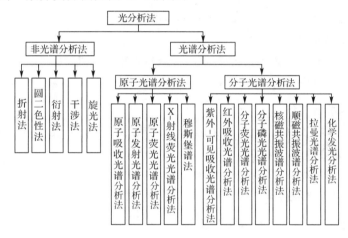

图 10-3　光分析法的一般分类方法

10.1.4　各种光分析法简介

1. 原子发射光谱分析法

以火焰、电弧、等离子炬等作为光源,使气态原子的外层电子受激发,发射出特征光谱,根据特征光谱中谱线位置和强度进行定性和定量分析的方法。

2. 原子吸收光谱分析法

利用特殊光源发射出待测元素的共振线,并将溶液中的离子转变成气态原子后,测定气态原子对共振线吸收的变化而进行定量分析的方法。

3. 原子荧光光谱分析法

气态原子吸收特征波长的辐射能后,外层电子从基态或低能级跃迁到高能级,在 10^{-8} s 后跃回基态或低能级时,发射出与吸收波长相同或不同的荧光辐射,在与光源成 $90°$ 的方向上,测定荧光强度进行定量分析的方法。

4. 分子荧光光谱分析法

某些物质被紫外光照射激发后,在回到基态的过程中发射出比原激发光波长更长的荧光,通过测量荧光强度进行定量分析的方法。

5. 分子磷光光谱分析法

处于第一最低单重激发态(S_1)的分子以无辐射弛豫方式进入第一、三重激发态(T_1),再跃迁返回基态发出磷光,测定磷光强度进行定量分析的方法。

6. X-射线荧光光谱分析法

原子受高能辐射时,其内层电子发生能级跃迁,发射出特征 X-射线(X-射线荧光),测定其强度进行定量分析的方法。

7. 化学发光分析法

利用化学反应提供能量,使待测分子激发,返回基态时发出一定波长的光,依据其强度与待测物浓度之间的线性关系进行定量分析的方法。

8. 紫外-可见吸收光谱分析法

利用溶液中分子吸收紫外光和可见光产生跃迁所记录到的吸收光谱图,进行化合物结构分析,根据最大吸收波长光的强度随溶液浓度变化的线性关系进行定量分析的方法。

9. 红外吸收光谱分析法

利用分子中基团吸收红外光产生的振动-转动吸收光谱进行化合物结构分析的方法。

10. 拉曼光谱分析法

利用拉曼位移研究物质结构的方法。

11. 核磁共振波谱分析法

在外磁场的作用下,核自旋磁矩与磁场相互作用而裂分为能量不同的核磁能级,吸收射频辐射后产生能级跃迁,根据其所产生的吸收光谱进行有机化合物结构分析的方法。

12. 顺磁共振波谱分析法

在外磁场的作用下,电子的自旋磁矩与磁场相互作用而裂分为磁量子数不同的磁能级,吸收微波辐射能后产生能级跃迁,根据其吸收光谱进行结构分析的方法。

13. 穆斯堡谱法

以与被测元素相同的同位素作为光源,使被测元素的原子核产生无反冲的 γ-射线共振吸收所形成的光谱分析法。可获得原子的氧化态、原子核周围的电子云分布或邻近环境电荷分布的不对称性以及原子核所处的有效磁场等信息。

14. 旋光法

溶液的旋光性与分子的非对称结构有密切关系,可利用旋光法研究某些天然产物及配合物的立体化学问题。可利用旋光计测定糖的含量。

15. 衍射法

X-射线衍射：不同晶体具有不同衍射图，是研究晶体结构的重要分析方法。

电子衍射：电子衍射是透射电子显微镜的基础，可用来研究物质的内部组织结构。

10.2　原子光谱与分子光谱

原子光谱和分子光谱是光谱分析法的主要研究对象。原子和分子是产生光谱的基本粒子，由于两者的结构不同，其光谱特性差异较大。一般来讲，分子光谱远比原子光谱复杂，原子光谱为线状光谱，而分子光谱为带状光谱。

10.2.1　原子光谱

原子光谱是由原子外层电子受到辐射后，在不同能级之间跃迁所产生的各种光谱线的集合，每条谱线代表了一种跃迁。原子的能级通常用光谱项符号来表示。

原子外层有一个电子时，其能级可由四个量子数决定：主量子数 n、角量子数 l、磁量子数 m、自旋量子数 s。原子外层有多个电子时，则其运动状态用总角量子数 L、总自旋量子数 S、内量子数 J 来描述。

总角量子数 L 的数值为外层电子角量子数的矢量和：$L = \sum l$，若有两个价电子，则

$$L = |l_1 + l_2|, |l_1 + l_2 - 1|, \cdots, |l_1 - l_2|$$

即由两个角量子数 l_1 与 l_2 之和变到它们的差，间隔为 1，共有 $(2L+1)$ 个数值，分别用 S，P，D，F，$\cdots$ 表示 $L = 0, 1, 2, 3, \cdots$。例如碳原子，基态的电子层结构为 $(1s)^2(2s)^2(2p)^2$，两个外层 2p 电子的 $l_1 = l_2 = 1$，则有 $L = 2, 1, 0$ 三个数值。

总自旋量子数 S 是外层电子自旋量子数的矢量和：$S = \sum s$，有 $(2S+1)$ 个数值：

$$S = 0, \pm\frac{1}{2}, \pm 1, \pm\frac{3}{2}, \pm 2, \cdots, \pm s$$

对于碳原子的两个外层 2p 电子，总自旋量子数 S 有：$S = 0, \pm 1$ 三个不同的数值。需要指出的是，由于 L 与 S 之间存在着的电磁相互作用，可产生 $(2S+1)$ 个裂分能级，这也是产生光谱多重线的原因，通常用 M 表示，称为谱线的多重性。例如钠原子，只有一个外层电子，$S = 1/2$，因此，$M = 2S + 1 = 2$，将产生双重线。而碱土金属外层有 2 个电子，若自旋方向相同，则 $S = 1/2 + 1/2 = 1$，$M = 3$，产生三重线；若自旋方向相反，$S = 1/2 - 1/2 = 0$，$M = 1$，产生单重线。

内量子数 J 是总角量子数 L 与总自旋量子数 S 的矢量和：

$$J = (L+S), (L+S-1), \cdots, (L-S)$$

若 $L \geqslant S$，有 $(2S+1)$ 个数值；若 $L < S$，则有 $(2L+1)$ 个数值。例如，$L = 2$，$S = 1$ 时，J 有三个值，$J = 3, 2, 1$；$L = 0$，$S = 1/2$ 时，则 J 仅有一个值，$J = 1/2$。J 值称为光谱支项。

原子的能级通常用光谱项符号表示：$n^M L_J$。如钠原子的价电子结构为 $(3s)^1$，光谱项

符号为 $3^2S_{1/2}$，表示钠原子的电子处于 $n=3,M=2(S=1/2),L=0,J=1/2$ 的能级状态（基态能级），J 只有一个取向，即只有一个光谱支项。钠原子的第一激发态的电子结构为 $(3p)^1,n=3,M=2(S=1/2),L=1,J=1/2,3/2$，有两个光谱支项，$3^2P_{1/2}$，$3^2P_{3/2}$。

一条谱线是由原子的外层电子在两个能级之间的跃迁产生的，可用两个光谱项符号表示各种跃迁或跃迁谱线。例如，钠原子的双重线（图 10-4 中的 D_1、D_2）：

Na   5895.9；$3^2S_{1/2}$-$3^2P_{1/2}$

Na   5889.9；$3^2S_{1/2}$-$3^2P_{3/2}$

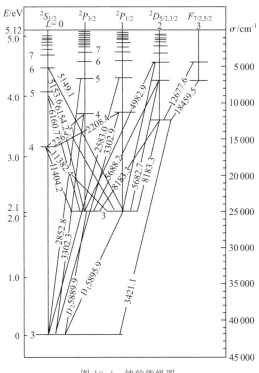

图 10-4　钠的能级图

光谱支项包含了 $(2J+1)$ 个可能的状态，在无外加磁场时，它们的能级相同；在外加磁场作用下可裂分为 $(2J+1)$ 个能级，一条谱线也裂分为 $(2J+1)$ 条谱线。根据量子力学原理，电子的跃迁不能在任意两个能级之间进行，必须遵循一定的"选择定则"：

（1）主量子数的变化 Δn 为整数，包括零。

（2）总角量子数的变化 $\Delta L=\pm 1$。

（3）内量子数的变化 $\Delta J=0,\pm 1$；但是当 $J=0$ 时，$\Delta J=0$ 的跃迁被禁阻。

（4）总自旋量子数的变化 $\Delta S=0$，即不同多重态之间的跃迁被禁阻。

不符合"选择定则"的跃迁发生的几率很小，强度很弱。由各种高能级跃迁到同一低能级时发射的一系列光谱线称为线系，元素的光谱线系常用能级图来表示，最上面的是光谱项符号，最下面的横线表示基态，上面的横线表示激发态，可以产生的跃迁用线连接，如图 10-4 所示。

元素由第一激发态到基态的跃迁最易发生,需要的能量最低,产生的谱线也最强,该谱线称为共振线,也称为该元素的特征谱线。

10.2.2　分子光谱

分子中不但有更多的原子个数和种类,还包含各种基团和结构单元,所产生的光谱比较复杂,但同时也提供了更丰富的结构信息,故分子光谱不但在定量分析中有着广泛应用,在复杂化合物的结构分析方面更是其他方法无法比拟的。

辐射能与分子发生相互作用时,同样能够使分子能级发生跃迁,但分子中的能量构成比较复杂,通常包括分子中原子的核能 E_n、分子的平移能 E_t、电子运动能 E_e、原子间相对振动能 E_v、分子转动能 E_r、基团间的内旋能 E_i 等。

$$E = E_e + E_v + E_r + E_n + E_t + E_i \tag{10-3}$$

在一般化学反应中,E_n 不变,E_t 和 E_i 较小,则

$$E = E_e + E_v + E_r \tag{10-4}$$

分子产生跃迁所吸收能量的辐射频率为

$$\nu = \Delta E_e/h + \Delta E_v/h + \Delta E_r/h \tag{10-5}$$

分子可吸收不同辐射频率的能量而发生不同能级跃迁。分子中电子能级间的能量差 ΔE_e 约为 419 kJ · mol^{-1}。在同一电子能级上,不同振动能级之间的能级差 ΔE_v 约为 21 kJ · mol^{-1}。在同一电子能级和振动能级上,转动能级的能级差 ΔE_r 约为 0.042 kJ · mol^{-1}。如果分子激发时仅发生转动能级跃迁,则产生远红外吸收光谱;发生振动能级跃迁则产生红外吸收光谱,故红外光谱也称振转光谱。当用紫外-可见光照射后分子则将发生电子能级跃迁,产生分子的紫外-可见吸收光谱,也称为电子光谱。在发生振动能级跃迁时,也不可避免地引起转动能级变化,同样在电子能级跃迁时,也必然存在振动能级和转动能级变化,所以分子光谱为带状光谱而不是线状光谱。双原子分子的能级图如图 10-5 所示。

分子一般都处于电子成对的单重基态 S_0 分子轨道上。若吸收了辐射能,就可以激发一个电子到较高能级的激发态分子轨道上。若激发态与基态中电子的自旋方向相反,称为单重激发态,用 S_1、S_2、… 表示。反之,若激发过程发生了电子自旋状态的改变,即激发态与基态中电子的自旋方向相同,称为三重激发态,用 T_1、T_2、… 表示,如图 10-6 所示。单重态分子具有抗磁性,三重态分子具有顺磁性。一般分子多发生基态至单重激发态的跃迁,而由基态跃迁至三重激发态的几率很小,即属于禁阻跃迁。当由第一单重激发态的最低振动能级跃迁回到基态时,发射出荧光,而由最低三重激发态跃迁回到基态时,发射出磷光。

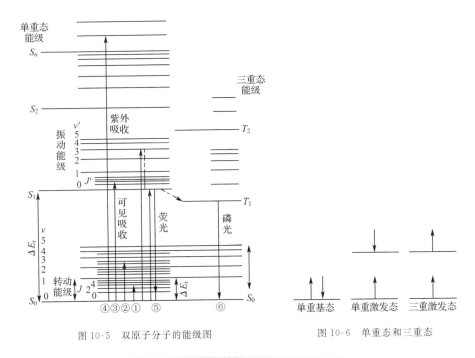

图 10-5　双原子分子的能级图　　　　图 10-6　单重态和三重态

10.3　光分析仪器与光学器件

光分析仪器种类型号繁多,原理各异,具体结构与复杂程度差别较大,但也具有许多共性。

10.3.1　光分析仪器的基本流程

光分析仪器通常包括五个基本单元:光源、单色器、试样室、检测器、信息处理与显示装置。这类仪器按单色器和试样在仪器流程中所处相对位置不同,可分为两种基本类型,如图10-7所示,一类是单色器位于试样之后,试样接受连续波长光的同时辐射;另一类是单色器位于试样之前,试样接受单色光的辐射。光分析仪器也可分为:信号发生、信号检测、信息处理与显示三大部分。信号发生部分是被测物质与辐射能作用后,所产生的包含物质某些物理或化学性质信息的分析信号;信号检测部分为各类光检测器或热检测器,即将分析信号转变为易于测量处理的电信号;信息处理与显示部分的作用是将信号和结果以便于人们观看的形式展现出来,现代光分析仪器中多采用计算机进行复杂的信息处理和显示。

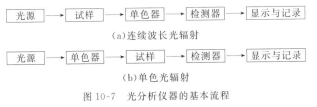

（a）连续波长光辐射

（b）单色光辐射

图 10-7　光分析仪器的基本流程

10.3.2　光分析仪器的基本单元与器件

1. 光源

光谱分析中可根据方法特征采用不同的光源,但通常需要保持光源具有一定的强度和稳定性。不同光源所覆盖的波长范围如图 10-8 所示。光源可分为连续光源和线光源。

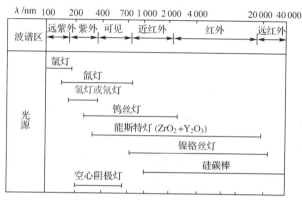

图 10-8　不同光源所覆盖的波长范围

连续光源是指能够发射覆盖较大波长范围的连续波长的光源,如在可见光谱分析法中通常使用钨丝灯,所覆盖的波长范围为 320~2 500 nm;紫外光谱分析法中通常使用氢灯和氘灯,所覆盖的波长范围为 160~375 nm;红外光谱分析法中则经常使用能斯特灯。

将连续波长范围内的光通过单色器分光后所获得的单色光并不是严格意义上的单色光,即不是单一波长,而是很窄波长范围的光(光量子的能量有微小差异)。

线光源是指能够提供特定波长的光源,较常使用的有激光光源和空心阴极灯。激光的强度非常高,单色性好,使光谱分析的灵敏度和分辨率大大改善,在拉曼光谱、荧光光谱、发射光谱等方面受到极大关注。激光光源有气体激光器、固体激光器、染料激光器和半导体激光器等,常见的有强发射线为 693.4 nm 的红宝石激光器,发射线为 632.8 nm 的 He-Ne 气体激光器,发射线为 514.5 nm、488.0 nm 的 Ar^+ 离子激光器。空心阴极灯是原子吸收光谱分析法中常用的光源,每种灯提供特定金属的发射光谱。

新型光源的研制一直是光谱分析法中十分活跃的研究领域。

2. 单色器

单色器包括色散元件(光栅和棱镜)、狭缝、准直镜等元件(图 10-9),其作用是将多色光色散成光谱带,提供光谱带或单色光。色散元件是光分析仪器的核心部件之一,其性能决定了光分析仪器的分辨率。目前,在某些现代色谱仪器中已普遍采用傅立叶变换技术,而不再使用传统的单色器,如傅立叶变换红外光谱仪、傅立叶变换核磁共振波谱仪等,使得仪器结构更加紧凑、精巧。

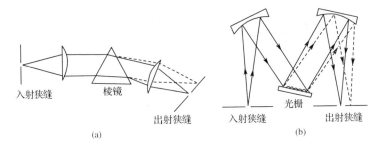

入射狭缝　　　棱镜

出射狭缝

入射狭缝　　　光栅　　　出射狭缝

(a)　　　　　　　　　　　　(b)

图 10-9　单色器

（1）棱镜和光栅

棱镜是由一块左旋石英和一块右旋石英组成的三棱体,顶角为 $60°$。一束平行复合光经过棱镜分光后,形成按波长顺序排列的光谱带,聚焦后在焦面上的不同位置上成像,依次通过狭缝,可获得不同波长的单色光。棱镜对不同波长的光具有不同的折射率。波长长的光,折射率小;波长短的光,折射率大。棱镜的分辨率随波长而变化,波长越短,分辨率越高,因此由棱镜所获得的是非均匀排列光谱。目前,现代的光谱仪器中已很少使用棱镜。

光栅是广泛使用的色散元件,可分为透射光栅和反射光栅,目前采用的多为反射光栅。反射光栅又分为平面反射光栅(也称闪耀光栅)和凹面反射光栅。平面反射光栅(图10-10)是将光栅刻成三角形的槽线,通过将小反射面与光栅平面的夹角 β 保持一定,来控制每一个小反射面对光的反射方向,使之集中在所需要的一级光谱附近,获得特别明亮的光谱。β 为闪耀角,α 为入射角,θ 为衍射角。当 $\alpha=\theta=\beta$ 时,在衍射角 θ 方向上得到的光线最强,称为闪耀波长 λ_{β},由光栅方程可得

$$d(\sin \alpha \pm \sin \theta)=n\lambda \tag{10-6}$$

$$2d\sin \beta=n\lambda_{\beta} \tag{10-7}$$

n 称为光谱级次,当 $n=0,\pm1,\pm2,\cdots$ 时,可得到零级、一级、二级、$\cdots$ 的光栅光谱。对于 $n=0$ 的零级光谱,衍射光与波长无关,为白光;当 $n>0$ 时,衍射角随波长变化,即不同波长的多色混合光经光栅衍射后将成为单色光,一级、二级、$\cdots$ 均匀排列在零级光谱两侧,如图10-11所示。有时不同级次的光谱线会出现重叠,如波长为 600 nm 的一级光谱,将与波长为 300 nm 的二级光谱和波长为 200 nm 的三级光谱相互重叠,产生干扰,在实际应用中可采用滤光片或棱镜来消除干扰。

光栅的特性可用色散率和分辨率来表征,当入射角 α 不变时,可对式(10-6)求导得光栅的角色散率:

$$\frac{\mathrm{d}\theta}{\mathrm{d}\lambda}=\frac{n}{d\cos \theta} \tag{10-8}$$

衍射角对波长的变化率 $\mathrm{d}\theta/\mathrm{d}\lambda$,即为光栅的角色散率。当 θ 很小且变化不大时,可认为 $\cos \theta \approx 1$,因此,光栅的角色散率只取决于光栅常数 d 和光谱级次 n,为一常数,不随波长变化,这样的光谱称为"匀排光谱",这也是光栅优于棱镜的一个方面。

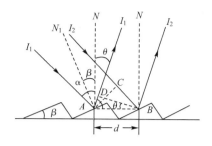

图 10-10　平面反射光栅

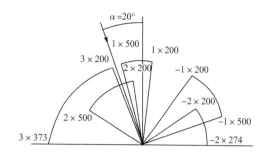

图 10-11　光栅形成不同级次的光谱图

$N=1200$ 条/mm，$\alpha=20°$，$\lambda=200\sim500$ nm

在实际工作中，经常使用线色散率：

$$\frac{\mathrm{d}l}{\mathrm{d}\lambda}=\frac{\mathrm{d}\theta}{\mathrm{d}\lambda}f=\frac{nf}{d\cos\theta} \qquad (10\text{-}9)$$

式中，f 为会聚透镜的焦距。由于 $\cos\theta\approx1(\theta\approx6°)$，则

$$\frac{\mathrm{d}l}{\mathrm{d}\lambda}\approx\frac{nf}{d} \qquad (10\text{-}10)$$

对于凹面光栅（图 10-12），线色散率为

$$\frac{\mathrm{d}l}{\mathrm{d}\lambda}=\frac{nr}{d} \qquad (10\text{-}11)$$

式中，r 为凹面光栅的曲率半径。

光栅的分辨率为

$$R=\frac{\overline{\lambda}}{\Delta\lambda}=nN \qquad (10\text{-}12)$$

式中，N 为光栅的总刻线数，$N=W/d$，W 为总刻线宽度。总刻线数越多，分辨率越高，一般光栅的刻线数为 $300\sim2\,000$ 条/mm。两条等强度的相邻谱线的分离如图 10-13 所示，一条的衍射最大强度落在另一条的第一最小强度上时，$\Delta\lambda$ 即为光栅能分离的最小值。

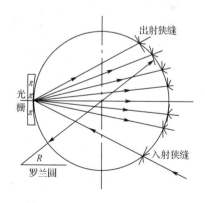

图 10-12　罗兰圆与凹面光栅

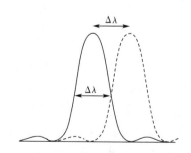

图 10-13　等强度的相邻谱线的分离图

（2）中阶梯光栅

中阶梯光栅是目前使用较多的一种光栅。与普通光栅相比，其刻线数较少，且呈锯齿状，每一个阶梯状刻槽的宽度是其高度的几倍，阶梯之间的距离是欲色散波长的 $10\sim200$

倍,闪耀角大,如图 10-14 所示。一般来讲,中阶梯光栅多在 $\alpha=\theta$ 时使用,故式(10-6)变为

$$n\lambda = 2d\sin\theta$$

$$n = \frac{2d\sin\theta}{\lambda} \tag{10-13}$$

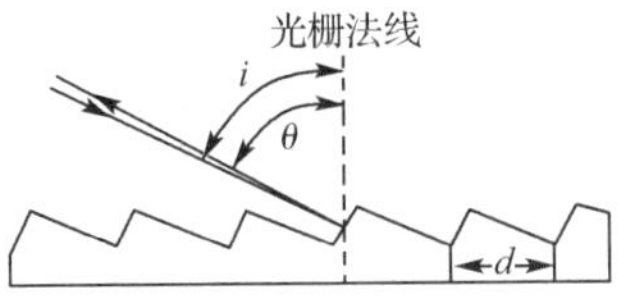

图 10-14 中阶梯光栅

则中阶梯光栅的分辨率为

$$R = \frac{\bar{\lambda}}{\Delta\lambda} = nN = \frac{2W}{\lambda}\sin\theta \tag{10-14}$$

即用高的光谱级次(即衍射角 θ 大,闪耀角 β 也大)和大的光栅宽度 W,也可以达到很高的分辨率,如 254 mm 宽的中阶梯光栅,在紫外光区的分辨率可达到 10^6 以上,而普通光栅则在 10^5 以下。

将中阶梯光栅与低色散率的棱镜配合使用,可使 $200\sim800$ nm 的光谱形成光谱级次-波长的二维色散光谱,全部光谱集中在 40 mm^2 的聚焦面上,特别适合多道检测器的同时检测,如图10-15 所示。

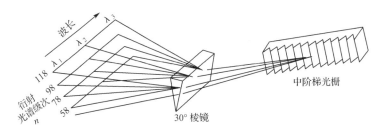

图 10-15 中阶梯光栅+棱镜获取二维色散光谱装置图

(3)凹面光栅

Rowland(罗兰)发现在曲率半径为 r 的凹面反射光栅上存在着一个直径为 R 的圆,不同波长的光都成像在圆上,即在圆上形成一个光谱带,如图 10-12 所示。凹面光栅既具有色散作用也具有聚焦作用(凹面反射镜将色散后的光聚焦)。在圆的焦面上设置一系列出射狭缝,则可以同时获得各种波长的单色光,既可以在出射狭缝后进行扫描,也可放置多检测器实现多元素的多道同时分析。在原子发射光谱分析法中采用凹面光栅设计出了多道原子发射光谱仪。

(4)狭缝

狭缝也是单色器的重要组件,包括入射狭缝和出射狭缝,由两片精密加工的、具有锐利边缘的金属片组成,两边必须保持相互平行并位于同一平面内,如图10-16所示。单色器的入射狭缝起着系统的虚拟光源的作用。经色散后的不同波长的单色平行光束(光谱)由物镜聚焦在出射狭缝的平面上,调节狭缝宽度,可控制光强。单色器的分辨能力与狭缝宽度有直接关系,可分辨的最小波长间隔可用有效带宽 S 表示:

$$S = DW \tag{10-15}$$

式中,D 为线色散率的倒数,W 为狭缝宽度。对于色散率固定的仪器,S 随 W 变化。

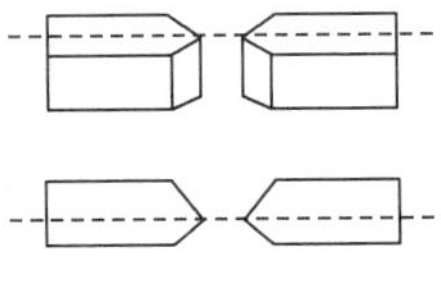

仪器中狭缝宽度可设计成固定式或可调节式。

图 10-16 狭缝示意图

3. 检测器

光谱仪器多采用光检测器和热检测器两种,都是将光信号转变为易检测的电信号装置。光检测器又可分为单道型检测器和阵列型(多道型)检测器。单道型检测器有光电池检测器、光电管检测器和光电倍增管检测器等,阵列型检测器有光电二极管阵列(PDAs)检测器和电荷转移元件阵列(CTDs)检测器等。热检测器有真空热电偶检测器和热电检测器。真空热电偶检测器是利用两种金属导体构成回路时的温差,使温差转变为电位差的装置,是红外光谱仪中常用的检测器。热电检测器是利用热电材料的热敏极化性质,将光辐射的热能转变为电信号的装置。如将氘代硫酸三苷肽晶体置于两支电极之间(一支为光透电极),形成一个随温度变化的电容器,当红外光辐射到晶体上时,晶体温度发生变化,改变了晶体两面的电荷分布,在外部电路中产生电流。该类检测器响应速度快,在傅立叶变换红外光谱仪中有较多应用。

4. 信息处理与显示装置

现代分析仪器基本上都配置了计算机,可将检测器检测到的信号通过模-数转换器输入到计算机,配合专用的工作站(软件系统)进行数据处理并显示在计算机屏幕上,有的还具有显示三维图像的能力。

10.4　光分析法进展简介

光分析法是分析化学中最富活力的领域之一,发展十分迅速,特别是新材料、新技术、新器件的不断发展,不但促进了各种新的光分析法和仪器的不断出现,如激光光谱、光声光谱等,也使传统光分析仪器的性能和作用大大提高,如新光源的采用使原子发射光谱分析法的应用出现新的高峰。光分析法领域的发展集中在以下几个方面。

1. 采用新光源,提高灵敏度

激光、级联光源等新光源使光谱分析仪器的灵敏度、选择性等都有了极大提高,如激光增强电离光谱有效避免了一般光学检测所遇到的光散射、背景发射等干扰,使仪器的选择性大为提高,当采用两束不同波长的激光对原子分步激发时,检出限可降低 2~3 个数量级。在原子发射光谱仪中,通过采用电感耦合等离子体光源使检出限低达 $10^{-10} \sim 10^{-9}$ g。应用电感耦合等离子体-辉光放电、激光蒸发-微波等离子体级联光源,分别控制原子化和激发过程,可以有效减少基体干扰和背景影响,获得更低的检出限。激光石墨炉原子荧光光谱的检出限可达到 10^{-15} g 级的水平,激光荧光光谱法结合时间分辨技术,使 Eu 的检出限达到了 0.4 fg。激光诱导荧光光谱法则可达到检测单个分子的水平。

2. 联用技术

联用技术是分析化学研究的热点,可以将各方法的优点结合在一起,解决复杂试样的分析与物质的形态分析等问题,使应用领域得到扩大。如色谱与红外光谱的联用技术、色谱与原子吸收光谱的联用技术,有效地结合了色谱的高效分离特性和光谱分析仪器的高灵敏度特性。电感耦合高频等离子体(ICP)-质谱联用仪器可使 40 多种元素的检出限达到 10~60 pg/mL。

3. 新器件与检测器的发展

通过研制新器件和新型检测器,增强多组分的同时检测能力和三维光谱显示,大大提高仪器获取信息的效率。如三维荧(磷)光光谱与普通荧(磷)光光谱分析的主要区别是能获得激发波长和发射波长同时变化时的荧(磷)光强度信息,如图 10-17 所示。电荷耦合阵列检测器的光谱范围宽、效率高、噪声低,可实现多道同时检测,获得波长-强度-时间的三维谱图。在原子吸收光谱仪中,多元素同时分析检测方法的研究将使原子吸收光谱分析法具有更大的吸引力。

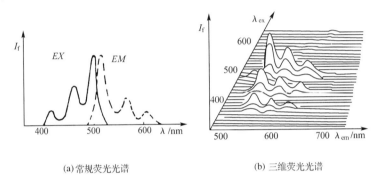

(a)常规荧光光谱   (b) 三维荧光光谱

图 10-17   常规荧光光谱与三维荧光光谱对比

习 题

10-1   光分析法与其他分析法相比有什么突出优点?

10-2   光分析法有哪些主要类别?

10-3   光栅与棱镜相比有哪些优点?

10-4   为什么中阶梯光栅的刻线数少,分辨率反而高?

10-5   为什么中阶梯光栅与棱镜结合可获得二维光谱? 有什么作用?

10-6   当入射角为 $60°$,衍射角为 $40°$ 时,为了得到波长为 400 nm 的一级光谱,光栅的刻线数为多少?

10-7   若光栅的宽度为 6.00 mm,每 mm 刻有 680 条刻线,则该光栅的一级光谱的分辨率是多少?

10-8   光、热检测器的基本原理是什么?

第11章

原子光谱分析法

原子光谱分析法主要包括原子发射光谱（Atomic Emission Spectrometry，AES）、原子吸收光谱（Atomic Absorption Spectrometry，AAS）和原子荧光光谱（Atomic Fluore-scence Spectrometry，AFS）三种分析方法，在金属元素痕量分析方面具有突出优点，广泛应用于材料、环境、食品、药物及生化等方面。原子吸收能量后由基态跃迁到激发态，引起辐射光强度改变，而位于激发态的原子跃迁回到基态时，发射出该元素的特征光谱，因此，可见吸收与发射是光与原子相互作用的两个过程，相互关联，据此分别建立了原子发射光谱分析法和原子吸收光谱分析法。

11.1 原子发射光谱分析法

早在19世纪初，Brewster等就从酒精灯的火焰中观察到了原子发射现象，并认识到原子发射光谱可以替代"繁琐的化学分析方法"。1877年，Gouy证实了原子发射强度正比于试样量。1928年，Lundegardh应用气动喷雾器和空气-乙炔火焰装置，并建立了光强度与试样浓度间定量分析的线性关系，出现了火焰光度分析法。20世纪40年代以电火花和电弧为光源的光电直读发射光谱仪的出现，克服了火焰发射光谱分析法只能用于少数几种元素分析的局限性，使原子发射光谱分析法可用于周期表中大多数元素的固体试样的快速分析，在钢铁工业中有着广泛应用。随着20世纪60年代原子吸收光谱分析法的建立，原子发射光谱分析法在分析化学中的作用下降。20世纪70年代等离子体光源发射光谱仪的出现使原子发射光谱不但具有多元素同时分析的能力，也适用于液体试样分析，性能也大大提高，使其应用范围迅速扩大。

11.1.1 原子发射光谱分析法的基本原理

1. 元素的特征谱线

在正常状态下，元素外层电子处于基态，元素在受到热能（火焰）或电能（电火花）等激发时，由基态跃迁到激发态，返回到基态时，可发射出由一系列谱线组成的线状光谱，如铝原子在一次电离能下，有46个能级，在176～1 000 nm范围内相应有118条光谱线；其一次电离原子有226个能级，在160～1 000 nm范围内相应有318条光谱线（如图11-1所示是其中的部分谱线），而铀则能发射出几万条光谱线。周期表中的每一个元素都能显示出一系列的光谱线，这些光谱线对元素具有特征性和专一性，称为元素的特征光谱，这也是

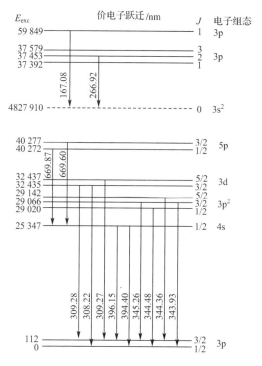

图 11-1　Al 原子和离子的基态、激发态能级跃迁图

E_{exc}—激发能，J—内量子数

元素定性的基础。原子由第一激发态到基态的跃迁能量最小,最易发生,强度也最大,称为第一共振线。如果原子获得足够的能量(电离能),将失去一个电子发生电离(一次电离)。当离子由第一激发态跃迁回到基态时,产生离子谱线(离子发射的谱线),离子谱线与电离能大小无关,是离子的特征共振线。在原子谱线表中,通常用 I 表示原子发射的谱线,II 表示一次电离离子发射的谱线,III 表示二次电离离子发射的谱线,如 Al:I 396.15 nm;II 167.08 nm。利用色散系统对光谱进行线色散,可获得按序排列的光谱线谱图(图 11-19)。选择元素特征光谱中的较强谱线(通常是第一共振线)作为分析线,依据谱线的强度与激发态原子数成正比,而激发态原子数与试样中对应元素的原子总数成正比的关系就可以进行定量分析。

2. 谱线强度

谱线的强度与下列因素有关:

(1)高能级(E_m)与低能级(E_k)间的能量差。

(2)高能级(E_m)上的原子总数 n_m。

(3)单位时间内在 E_m 和 E_k 间可能发生跃迁的原子数,用跃迁几率 A 表示。

发射谱线的强度 I 可表示为

$$I \propto (E_m - E_k) \tag{11-1}$$

在热力学平衡时,各种能级上原子数的分布遵守玻耳兹曼分布定律,即能级 E_m 和 E_k 上的原子数分别为 n_m 和 n_k 时,

$$\frac{n_m}{n_k}=\frac{g_m\exp(-E_m/kT)}{g_k\exp(-E_k/kT)} \tag{11-2}$$

式中, g 为统计权重。

设基态原子的能量 $E_0=0$, 则

$$\frac{n_m}{n_0}=\frac{g_m\exp(-E_m/kT)}{g_0} \tag{11-3}$$

式中, n_0 为基态上的原子数。

因此, 在各能级上的原子总数为

$$N=n_0+n_1+n_2+\cdots+n_m+\cdots$$

对于全部能级求和, 定义总分配函数为 Z, 则

$$Z=g_0+g_1\exp(-E_1/kT)+g_2\exp(-E_2/kT)+\cdots+g_m\exp(-E_m/kT)+\cdots \tag{11-4}$$

所以, 玻耳兹曼分布定律可修正为

$$\frac{n_m}{N}=\frac{g_m\exp(-E_m/kT)}{Z} \tag{11-5}$$

其中, 分配函数 Z 为温度 T 的函数。由于分析中的温度通常在 $2\,000\sim7\,000$ K, Z 变化很小, 谱线强度为

$$I=\Phi\left(\frac{hcg_mAN}{4\pi\lambda Z}\right)\exp(-E_m/kT) \tag{11-6}$$

式中, Φ 为系数; A 为跃迁几率。

当光源稳定, 温度一定时, 分配函数 Z 可视为常数, 对于某待测元素, 选定分析线后, g_m、A、λ 和 E_m 也均可视为常数, 则

$$I=ac \tag{11-7}$$

即在理想情况下, 谱线强度正比于试样浓度。这是原子发射光谱定量的基础, 但在使用传统光源的发射光谱中, 往往出现谱线的自吸与自蚀现象, 则定量公式为

$$I=ac^b \tag{11-8}$$

式中, a 为与试样在光源中的蒸发、原子化及激发过程有关的常数; b 为与自吸与自蚀现象有关的常数。

3. 谱线的自吸与自蚀

等离子体是指以气态形式存在的包含分子、离子、电子等粒子整体电中性的集合体。等离子体内温度和原子浓度的分布不均匀, 中心的温度和激发态原子浓度高, 边缘反之。因此, 位于中心的激发态原子发出的辐射被边缘的同种基态原子吸收, 导致谱线中心强度降低的现象, 称为自吸。原子浓度低时, 一般不出现自吸。随浓度增加, 自吸现象增强, 当达到一定值时, 谱线中心完全吸收, 如同出现两条线, 这种现象称为自蚀, 如图 11-2 所示。在光谱波长表中, 自吸线用 r 表示, 自蚀线用 R 表示。在其他原子吸收光源的弧焰中也有这种现象, 而在电感耦合等离子焰炬光源中, 温度分布情况与此相反, 则可有效消除自吸现象。

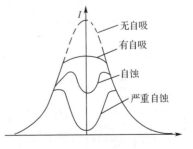

图 11-2 自吸与自蚀谱线轮廓图

171

11.1.2 原子发射光谱仪器类型与结构流程

原子发射光谱仪是将光源发射的光在空间分散开,分离成含待测元素特征光谱的光谱带,通过一个或多个检测器测量光谱线强度,据此确定试样中待测元素含量的一种光学分析仪器。原子发射光谱仪的类型有多种,如早期的火焰光谱仪和摄谱仪及现代的直流等离子体光谱仪、电感耦合等离子体光谱仪、微波等离子体光谱仪等。火焰光谱仪是以空气-乙炔火焰作为光源的光谱仪。摄谱仪不同于一般的光谱仪,它是通过将某试样的全范围的光谱线记录在光谱板(照相底片)上,通过查对光谱板上有关待测元素的若干分析线是否存在来进行定性分析,用黑度计测量谱线强度进行定量分析,这两种仪器目前已基本淘汰,本书不再进行介绍。虽然原子发射光谱仪的类型较多,但都可分为光源、分光系统、检测器三大主要部分,如图 11-3 所示,其中光源起着十分关键的作用。

1.光源

光源的作用是将试样蒸发生成基态的原子蒸气,再吸收能量跃迁至激发态,返回基态时发射出元素的特征光谱信号。原子发射光谱仪中使用的光源有两类:

①适宜液体试样分析的光源:早期的火焰和目前应用最广泛的等离子体光源。

②适宜固体试样直接分析的光源:电弧和普遍使用的电火花光源。

火焰光源是最早应用于原子发射光谱的光源,常用的有乙炔-空气、丙烷-空气、乙炔-氧气火焰,所产生的火焰温度分别为 2 200 K、2 500 K、3 300 K。火焰光源具有低消耗的特点,仅在碱金属和碱土金属元素分析方面有少量应用。

较多使用的光源主要有以下几种:

(1)直流电弧

电弧是指在两个电极间施加高电流密度和低燃点电压的稳定放电。直流电弧是以直流电作为激发能源,工作电压为 150～380 V,电流为 5～30 A,使用石墨作为电极材料的放电。试样放置在一支电极(下电极)的凹槽内,如图 11-4 所示。使两电极接触或用导体接触两电极,通电后,电极尖端被烧热,点燃电弧,再使电极相距 4～6 mm。通常电极直径约 6 mm,长 3～4 mm,试样槽直径 3～4 mm,深 3～6 mm,试样量 10～20 mg。

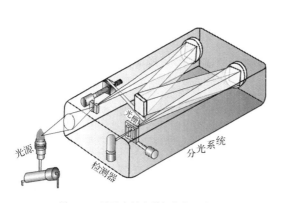

图 11-3 原子发射光谱仪结构示意图

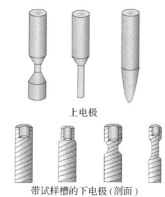

图 11-4 电极类型

电弧点燃后,热电子流高速通过分析间隙冲向阳极,产生高热,试样蒸发并原子化,电子与原子碰撞电离出的正离子冲向阴极。电子、原子、离子间的相互碰撞,使基态原子跃迁到激发态,返回基态时发射出该原子的特征光谱。弧焰温度可达 4 000~7 000 K,能使约 70 多种元素激发,具有绝对灵敏度高、背景小、适合定性分析等特点。但弧光不稳、再现性差、易发生自吸现象,不适合定量分析。以电弧为光源的仪器流程如图 11-5 所示。

图 11-5　电弧或电火花发射测量的基本部件

（2）低压交流电弧

低压交流电弧的工作电压为 110~220 V。采用高频引燃装置点燃电弧,在每一交流半周时引燃一次,保持电弧不灭,交流电弧发生器如图 11-6 所示。接通电源,由变压器 B_1 升压至 2.5~3 kV,电容器 C_1 充电。达到一定值时,放电盘 G_1 被击穿,由 G_1-C_1-L_1 构成振荡回路,产生高频振荡。振荡电压经 B_2 的次级线圈升压到 10 kV,通过电容器 C_2 将电极间隙 G 的空气击穿,产生高频振荡放电。当 G 被击穿时,电源的低压部分沿着已造成的电离气体通道,通过 G 进行电弧放电,在放电的短暂瞬间,电压降低直至电弧熄灭,交流下半周高频再次点燃,重复进行。

低压交流电弧的温度高,激发能力强,其电弧的稳定性比直流电弧高,使得分析的重现性好,适用于定量分析。不足之处是其电极温度比直流电弧的稍低,蒸发能力也稍弱,灵敏度降低。

（3）高压电火花

高压电火花发生器如图 11-7 所示。交流电压经变压器 T 后,产生 10~25 kV 的高压,然后通过扼流圈 D 向电容器 C 充电,达到分析间隙 G 的击穿电压时,放电产生电火花,在交流下半周时,电容器重新充电、放电,产生振荡性的火花放电。转动电极 M 每转动 180° 对接一次,转动频率（50 r/s）,接通 100 次/s,保证每半周电流最大值瞬间放电一次。

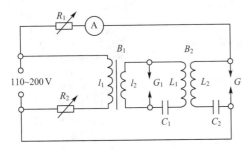

图 11-6　交流电弧发生器示意图　　　图 11-7　高压电火花发生器

电火花不同于交流电弧,产生的电火花持续时间在几微秒,在放电瞬间的能量很大,产生的温度高,激发能力强,某些难激发元素也可被激发,同时放电间隔长,使得电极温度低,蒸发能力稍低,但适于低熔点金属与合金的分析。电火花光源的良好稳定性和重现性适用于定量分析,缺点是灵敏度较差,但可做较高含量组分的分析。

（4）激光微探针

激光微探针使试样的蒸发和激发分别由激光和电极放电来完成,激光脉冲使试样表面微小区域(直径 10～50 μm)上的元素蒸发,原子蒸气通过电极间隙时,电极放电将其激发,产生发射光谱,如图 11-8 所示。

(5)等离子体焰炬

1960 年,工程热物理学家 Reed 设计了环形电感耦合等离子体焰炬,可用做原子发射光谱分析中的激发光源,20 世纪 70 年代出现了第一台采用等离子体喷焰作为发射光谱光源的仪器。目前等离子体光源主要有以下三种形式。

①直流等离子体喷焰(Direct Currut Plasmajet,DCP):是最早应用的等离子体光源。目前主要应用的是三电极装置(图 11-9),由两支石墨阳极和一支阴极组成,阴极为钨电极。由于冷却气流从电极周围流出,产生显著的热箍缩效应,放电被约束在狭窄通道内,产生很高的电流密度,电弧中心温度达 10 000 K。观察区位于弧交叉处的下方,温度约 5 000 K,此处背景发射强度低。DCP 装置简单,工作气体(氩气)用量少,运行成本低,稳定性好,精度接近 ICP。

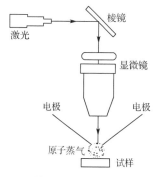

图 11-8　激光微探针

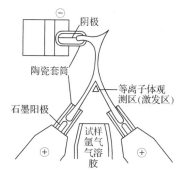

图 11-9　三电极直流等离子体发生器

②微波感生等离子体(Microwave Induced Plasma,MIP):温度 5 000～6 000 K,激发能量高,可激发许多很难激发的非金属元素如 C、N、F、Br、Cl、H、O 等,可用于有机物成分分析,测定金属元素的灵敏度不如 DCP 和 ICP。

③电感耦合等离子体(Inductively Coupled Plasma,ICP):具有优越的性能,已成为目前最主要的应用方式。ICP 由高频发生器和等离子体焰炬组成。

晶体控制高频发生器作为振源,经电压和功率放大,产生具有一定频率和功率的高频信号,用来产生和维持等离子体放电。

ICP 焰炬结构如图 11-10 所示,三层同心石英玻璃炬管置于高频感应线圈中,等离子体工作气体 Ar 从管内通过,试样在雾化器中雾化后,由中心管进入火焰,外层 Ar 气从切线方向进入,保护石英管不被烧熔,中层 Ar 气用来点燃等离子体。

当高频发生器接通电源后,高频电流 I 通过感应线圈产生交变磁场。开始时,管内为 Ar 气,不导电,需要用高压电火花触发。气体电离后,在高

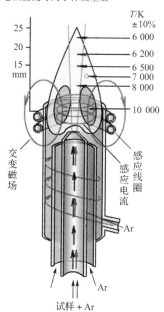

图 11-10　ICP 焰炬结构图

频交流电场的作用下,带电粒子高速运动,碰撞,形成"雪崩"式放电,产生等离子体气流。在垂直于磁场方向将产生感应电流(涡电流),其电阻很小,电流很大(数百安),产生高温,又将气体加热、电离,在管口形成稳定的等离子体焰炬。

　　ICP 具有十分突出的特点:温度高、惰性气氛、原子化条件好,有利于难熔化合物的分解和元素激发,有很高的灵敏度和稳定性;具有"趋肤效应",即感应电流在外表面处密度大,使表面温度高,轴心温度低,中心通道进样对等离子体的稳定性影响小;可有效消除自吸现象,线性范围宽(4～5 个数量级);电子密度大,碱金属电离造成的影响小,Ar 气产生的背景干扰小,也无电极放电,无电极污染。不足之处是对非金属测定的灵敏度低、仪器昂贵、操作费用高。ICP 焰炬外形像火焰,但不是化学燃烧火焰,而是气体放电。

2. 分光系统

　　目前原子发射光谱仪中采用的分光系统主要有三种类型:平面反射光栅的分光系统、凹面光栅的分光系统、中阶梯光栅的分光系统。平面反射光栅的分光系统主要用于单道仪器,每次仅能选择一条光谱线作为分析线,检测一种元素,两种不同平面反射光栅的分光系统如图 11-11 所示。凹面光栅的分光系统使发射光谱实现多道多元素的同时检测,如图 11-12 所示。中阶梯光栅的分光系统也被广泛使用,特别是中阶梯光栅与棱镜结合使用(图 11-13),形成了二维光谱,配合阵列检测器,可实现多元素的同时测定,且结构紧凑,已出现在新一代原子发射光谱仪中。采用后两种类型的光谱仪也称多色光谱仪。

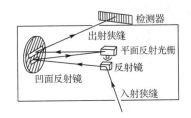
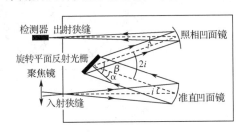

图 11-11　平面反射光栅的分光系统

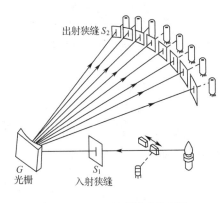

图 11-12　凹面光栅的分光系统

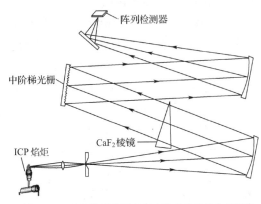

图 11-13　使用阵列检测器的中阶梯光栅的分光系统

3. 进样系统

　　对于以电弧、电火花及激光为光源的发射光谱仪,主要分析固体试样,分析时将试样放置在石墨对电极的下电极的凹槽内,如图11-4所示。而以等离子体为光源时,则需要将试样配制成溶液后进样。在分析过程中液体试样中的组分经过雾化、蒸发、原子化、激发四个阶段。电感耦合等离子体光源中,光源与雾化器连接在一起,如图 11-14 所示。液体试样被 Ar 气流吸入雾化器后,与气流混合雾化,由石英炬管中心进入等离子焰炬中。

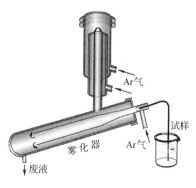

图 11-14　电感耦合等离子体光源中的进样系统

4. 检测器

发射光谱仪中采用的检测器主要有光电倍增管和阵列检测器两类。

光电倍增管的原理与结构如图 11-15 所示。光电倍增管的外壳由玻璃或石英制成,内部抽成真空,光敏阴极上涂有能发射电子的光敏物质,在阴极和阳极之间连有一系列次级电子发射极,即电子倍增极,阴极和阳极之间加以约 1 000 V 的直流电压,在每两个相邻电极之间有 $50\sim100$ V 的电位差。当光照射在阴极上时,光敏物质发射的电子首先被电场加速,落在第一个倍增极上,并击出二次电子,这些二次电子又被电场加速,落在第二个倍增极上,击出更多的三次电子,以此类推。可见,光电倍增管不仅起着光电转换的作用,而且还起着电流放大的作用。

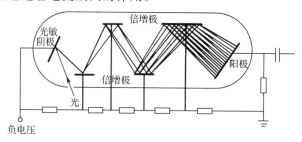

图 11-15　光电倍增管的原理与结构示意图

在光电倍增管中,每个倍增极可产生 $2\sim5$ 倍的电子,在第 n 个倍增极上,可产生 $2n\sim5n$ 倍于阴极的电子。由于光电倍增管具有灵敏度高(电子放大系数可达 $10^8\sim10^9$)、线性影响范围宽(光电流在 $10^{-9}\sim10^{-4}$ A 范围内与光通量成正比)、响应时间短(约10^{-9} s)等特点,因此被广泛应用于光谱分析仪器中。

阵列检测器的发展迅速,应用越来越普遍,目前主要有以下几种类型。

(1)光敏二极管阵列检测器

这类检测器是较早使用的阵列检测器,可供使用的光敏二极管阵列分别由 256、512 及 1 024 个光敏二极管元件组成,为了降低噪声,这类检测器需要在 -10 ℃以下使用。

(2)光导摄像管阵列检测器

光导摄像管是一种半导体光敏器件,通常在一个12.5 cm² 的面积内排列 517×512 个传感器组成一个阵列。将光导摄像管冷却到 -20 ℃,对分析线在 260 nm 以上的元素,测定的检出限与光电倍增管的接近。

(3)电荷转移阵列检测器

这类阵列检测器已被应用在原子发射光谱仪中。检测器单元是通过对硅半导体基体吸收光子后产生流动的电荷,进行转移、收集、放大及检测,可分为电荷耦合阵列检测器(CCD)和电荷注入阵列检测器(CID)。在 CID 检测器中,检测单元是用 n-型硅半导体材料作为基体,该材料中多数载流子是电子,少数载流子是孔穴,检测器收集检测的是光照产生的孔穴。由图 11-16 可见,两支电极和硅半导体基体组成了电容器,该电容器能储存光照射硅半导体时所产生的电荷。在两支电极上施加一个负向偏压,结果在电极下方形成了一个反向正电荷区。当光照射时,由于吸收光子,在硅半导体基体中产生流动的孔穴,电极的负向偏压使这些孔穴迁移到电极下方的反向正电荷区并被收集,反向正电

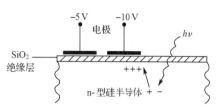

图 11-16　CID 检测器原理图

荷区能保持多达 $10^5 \sim 10^6$ 的电荷数。根据两支电极上所加电压值不同,电压较负的电极作为电荷收集电极,另一支电极作为信号测量的传感电极。在 CCD 检测器中,检测单元是用 p-型硅半导体材料作为基体,该材料中多数载流子是孔穴,少数载流子是电子,检测器收集检测的是光照产生的电子,电极上施加的是正向偏压,并采用三电极装置。

5. 主要仪器类型

(1)光电直读等离子体发射光谱仪

光电直读是利用光电法直接获得光谱线的强度,分为两种类型:多道固定狭缝式光谱仪和单道扫描式光谱仪。单道扫描式光谱仪是转动光栅进行扫描,在不同时间检测不同谱线。多道固定狭缝式光谱仪则是安装多个光电倍增管,同时测定多个元素的谱线,如图 11-17 所示。

多道固定狭缝式光谱仪具有多达 70 个通道,可选择设置,能同时进行多元素分析,这是其他金属分析方法所不具备的,且分析速度快,准确度高,线性范围宽达 4～5 个数量级,在高、中、低浓度范围都可进行分析。不足之处是出射狭缝固定,各通道检测的元素谱线一定。已出现改进型仪器:$n+1$ 型 ICP 光谱仪,即在多道仪器的基础上,设置一个扫描单色器,增加一个可变通道。

(2)全谱直读等离子体光谱仪

这类仪器结构如图 11-18 所示,采用 CID 或 CCD 检测器,可同时检测 165～800 nm 波长范围内出现的全部谱线,且中阶梯光栅加棱镜分光系统,使得仪器结构紧凑,体积大大缩小,兼具多道固定狭缝式和单道扫描式光谱仪的特点。28×28 mm CCD 检测器的芯片上,可排列 26 万个感光点点阵,具有同时检测几千条谱线的能力。

该仪器特点显著,测定每个元素可同时选用多条谱线,能在 1 min 内完成 70 个元素的定性、定量测定,试样用量少,1 mL 试样即可检测所有可分析元素,全自动操作,线性范围达 4～6 个数量级,可测不同含量的试样,分析精度高,CV0.5%,绝对检出限通常在 0.1～50 ng·mL^{-1}。由于等离子体温度太高,该仪器不适合测量碱金属元素,同时高温引起的光谱干扰也是限制其应用的一个问题,特别是在 U、Fe 和 Co 存在时,光谱干扰更明显。对非金属元素不能检测或灵敏度低则是原子发射光谱分析法普遍存在的问题。

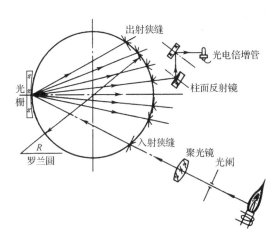

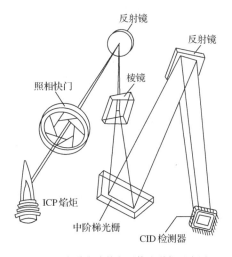

图 11-17　光电直读等离子体发射光谱仪示意图　　　　图 11-18　全谱直读等离子体光谱仪示意图

11.1.3　原子发射光谱分析法的应用

1. 元素的分析线、最后线、灵敏线、共振线

复杂元素的谱线可能多达数千条,检测时只能选择其中几条特征谱线,称其为分析线。当试样的浓度逐渐减小时,谱线强度减小直至消失,最后消失的谱线称为最后线。每种元素都有一条或几条最强的谱线,即这几个能级间的跃迁最易发生,这样的谱线称为灵敏线,最后线也是最灵敏线。基于原子由第一激发态跃迁回到基态所产生的谱线称为共振线,通常也是最灵敏线、最后线。

2. 定性方法

元素的发射光谱具有特征性和惟一性,这是定性的依据,但元素一般都有许多条特征谱线,分析时不必检出所有谱线,只要检出该元素的两条以上的灵敏线或最后线,就可以确定该元素的存在。

进行谱线检查时,通常采取与标准光谱图比较法来确定谱线位置,即将试样与纯铁在完全相同的条件下摄谱,将两谱片在映谱器上对齐、放大,检查待测元素的分析线是否存在,并与标准光谱图对比,这样也可同时进行多元素测定,如图 11-19 所示。这些工作现多在与仪器配套的计算机上来完成。实际工作中通常以铁谱作为标准(波长标尺),这是因为铁谱的谱线多,在 $210 \sim 660$ nm 范围内有数千条谱线,谱线间距离分配均匀,容易对比,适用面广,且铁谱上每一条谱线的波长都已被准确测量,定位准确。

3. 定量分析

由式(11-8),得

$$\lg I = b\lg c + \lg a \tag{11-9}$$

上式称为塞伯-罗马金公式(经验式)。自吸常数 b 随试样浓度 c 增加而减小,当试样浓度很小时,自吸消失,$b=1$。在光谱分析中,试样的蒸发和激发条件、组成、稳定性等都会影响谱线的强度,要完全控制这些条件比较困难,故用测量谱线绝对强度的方法来进行定量分析难以获得准确的结果,实际工作中一般采用以下几种方法。

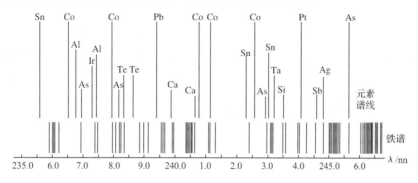

图 11-19　标准光谱图与试样光谱图的比较

(1)内标法

内标法是一种相对强度法,即在被测元素的谱线中选择一条作为分析线(强度为 I),再选择内标元素的一条谱线(强度为 I_0),组成分析线对,则

$$I=ac^b, \quad I_0=a_0c_0^{b_0}$$

相对强度 R 为

$$R=\frac{I}{I_0}=\frac{ac^b}{a_0c_0^{b_0}}=Ac^b \tag{11-10}$$

$$\lg R=b\lg c+\lg A \tag{11-11}$$

式中,A 为其他三项合并后的常数项。式(11-11)即为内标法定量的基本关系式。以 $\lg R$ 对应 $\lg c$ 作图,绘制标准曲线,在相同条件下,测定试样中待测元素的 $\lg R$,在标准曲线上即可求得未知试样的 $\lg c$。

内标元素与分析线对的选择:

①内标元素可以选择基体元素,或另外加入,其含量固定。

②内标元素与待测元素具有相近的蒸发特性。

③分析线对对应匹配,同为原子线或离子线,且激发电位相近(谱线靠近),形成"匀称线对"。

④分析线对的强度相差不大,无相邻谱线干扰,无自吸或自吸小。

(2)标准加入法

无合适内标元素时,可采用标准加入法定量。取若干份试液(c_x),依次按比例加入不同量的待测试样的标准溶液(c_0),调整体积相同,则浓度依次为

$$c_x,c_x+c_0,c_x+2c_0,c_x+3c_0,c_x+4c_0,\cdots$$

在相同条件下测定其相对强度为 $R_x,R_1,R_2,R_3,R_4,\cdots$。无自吸时,以 R 对应 c 作图得一直线,如图 11-20 所示。图中 c_x 点的绝对值即为待测试样的浓度。

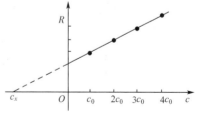

图 11-20　标准加入法

4. 应用

以电弧为光源的原子发射光谱分析法,用于测量金属(如纯铜)中的痕量元素,其灵敏度比 X-射线荧光光谱分析法的高,可直接分析金属丝和粉末,省略了试样制备过程,方便

快捷。以电火花为光源的原子发射光谱分析法广泛应用于各种金属和合金的直接快速测定。由于其分析速度快、精度高,特别适合在钢铁工业中应用。AES 的电火花光源部分可安装在信号枪上并与移动系统相连,可在现场进行分析。ICP-AES 适用于可配制成溶液的各类试样的分析,在金属与合金试样、矿石试样、环境试样、生物和医学临床试样、农业和食品试样、电子材料和高纯试剂试样等方面应用广泛,已成为重要的仪器分析方法。

11.2 原子吸收光谱分析法

虽然早在 1802 年 Wollaston 在观察太阳光谱黑线时就首次发现了原子吸收现象,但原子吸收光谱分析法(AAS)却比原子发射光谱分析法(AES)发展晚得多。1955 年,澳大利亚物理学家瓦尔西(Walsh)发表了著名的论文"原子吸收光谱分析法在分析化学中的应用",并设计出第一台火焰原子吸收光谱仪,为原子吸收光谱分析法的快速发展奠定了基础。20 世纪 60 年代初出现了石墨炉为原子化器的商品仪器。AAS 法建立后,由于其高灵敏度而迅速发展,应用领域不断扩大,成为金属元素分析的一种重要的分析方法。

11.2.1 原子吸收光谱分析法的基本原理

原子吸收光谱分析法是基于原子由基态跃迁至激发态时对辐射光吸收的测量。通过选择一定波长的辐射光源,使之满足某一元素的原子由基态跃迁到激发态能级的能量要求,则辐射后基态的原子数减少,辐射吸收值与基态原子数有关,即由吸收前后辐射光强度的变化可确定待测元素的含量信息。原子吸收光谱通常出现在可见光区和紫外区。

一般情况下,原子发生在基态与第一激发态能级之间的跃迁几率较大。不同能级间的原子数服从玻尔兹曼分布定律,但原子数正比于相应能级间激发能(E)的幂指数,E 增加时,对应激发态能级上的原子数将迅速地减少,即维持原子化温度在 5 000 K 以下,绝大多数原子仍处于基态。辐射吸收值正比于基态原子数,这也是 AAS 法具有高灵敏度的原因之一。另外,原子吸收光谱远比原子发射光谱简单,对于前者,由谱线重叠引起光谱干扰的可能性很小。与 AES 法相比,吸收与发射是原子价电子跃迁过程中相互依存的两个方面,另外,在 AES 法中原子的蒸发与激发过程都在同一能源中完成,而 AAS 法则分别由原子化器和辐射光源提供。AAS 法的原理如图 11-21 所示。

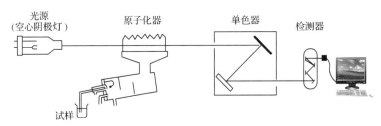

图 11-21　AAS 法的原理示意图

1. 谱线的轮廓与谱线变宽

原子结构较分子结构简单,当用特征吸收频率的辐射光照射时,理论上应产生线状光谱吸收线。但在实际上,原子吸收谱线并不是严格意义上的线,而是相当窄的具有一定宽度(相当窄的波长或频率范围)的吸收峰。当一束不同频率、强度为 I_0 的平行光通过厚度为 l 的原子蒸气时,透过光的强度 I_ν 服从吸收定律:

$$I_\nu = I_0 e^{-K_\nu l} \tag{11-12}$$

式中,K_ν 为基态原子对频率为 ν 的光的吸收系数。

以 I_ν 和 K_ν 分别对应 ν 作图,如图 11-22 所示。由图可见,不同频率下光的吸收系数不同,在 ν_0 处最大,称为峰值吸收系数,ν_0 为中心频率(或中心波长),$K_0/2$ 处的峰宽为半宽度 $\Delta\nu_0$,可以用 ν_0 和 $\Delta\nu_0$ 表征吸收线轮廓(峰)。

引起吸收峰变宽的原因主要有以下因素:

(1)自然变宽

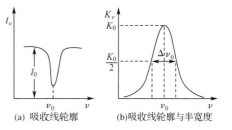

(a) 吸收线轮廓　　(b)吸收线轮廓与半宽度

图 11-22　吸收峰形状与表征

在没有外界影响下,谱线仍具有一定的变宽,此宽度称为自然变宽。它与激发态原子的平均寿命有关。平均寿命越长,谱线宽度越窄。不同谱线有不同的自然变宽,一般约为 10^{-5} nm 数量级。

(2)温度变宽

温度变宽(也称多普勒变宽,$\Delta\nu_D$)是由原子无规则的热运动引起的。原子处于无规则热运动时,对于一个运动着的原子发出的光,如果运动方向离开观察者(接受器),则在观察者看来,其频率较静止原子所发出的频率低,反之,较静止原子所发出的频率高,这种现象称为多普勒(Doppler)效应。原子化器中气态原子的无规则热运动,对检测器来说具有不同的运动速度分量,使检测器接收到的光的频率稍有差异,故造成谱线变宽。多普勒变宽($\Delta\nu_D$)与热力学温度 T 之间的关系为

$$\Delta\nu_D = 7.162 \times 10^{-7} \nu_0 \sqrt{\frac{T}{M}} \tag{11-13}$$

式中,M 为相对原子质量。在火焰原子化器中,温度变宽是造成谱线变宽的主要因素,可达 10^{-3} nm 数量级。温度变宽不引起吸收峰中心频率偏移。

(3)压力变宽(劳伦兹变宽、赫鲁兹马克变宽,$\Delta\nu_L$)

在原子化蒸气中,由于大量粒子相互碰撞而使各粒子能量发生稍微变化,由此而造成谱线变宽。原子间相互碰撞的几率与原子吸收区的气体压力有关,故称为压力变宽($\Delta\nu_L$)。依据相互碰撞的粒子不同,压力变宽又分为劳伦兹(Lorentz)变宽和赫鲁兹马克(Holtsmark)变宽(也称共振变宽)。

劳伦兹变宽是指待测原子和其他原子碰撞,而赫鲁兹马克变宽则是指同种原子之间的碰撞。当待测原子浓度较低时,赫鲁兹马克变宽的影响可忽略,由此可见,原子吸收光谱分析法适合测定低浓度试样。压力变宽引起吸收峰中心频率偏移,使吸收峰变得不对称,造成辐射线与吸收线中心错位,影响原子吸收光谱分析法的灵敏度。劳伦兹变宽与多普勒变宽具有相同的数量级,两者是谱线变宽的主要因素。在石墨炉原子化器中,后者是主要影响因素。劳伦兹变宽可表示为

$$\Delta\nu_L = 2N_A \sigma p \sqrt{\frac{2}{\pi RT}\left(\frac{1}{M_1} + \frac{1}{M_2}\right)} \tag{11-14}$$

式中，N_A 为阿伏加德罗常数；σ 为碰撞截面积；M_1、M_2 分别为两碰撞原子的相对原子质量。

（4）自吸变宽

空心阴极灯发射的共振线被灯内同种基态原子所吸收，产生自吸现象，灯电流越大，自吸现象越严重，造成谱线变宽。

（5）场致变宽

指外界电场、带电粒子、离子形成的电场及磁场的作用使谱线变宽的现象，但一般影响较小。

（6）同位素变宽

同一种元素存在多种同位素，这些同位素均具有一定的宽度，可以观察到谱线变宽，这种宽度并不小于多普勒变宽以及劳伦兹变宽。

2. 积分吸收

在原子吸收光谱分析法中，如果采用连续光源，则一般的分光系统获得的光谱通带为 0.2 nm，而原子吸收线半宽度为 10^{-3} nm，如图 11-23 所示。这样，要在相对较强的入射光背景下测量吸收后仅有 0.5% 的光强度变化，无疑其灵敏度极差。如果将图 11-23 中吸收线所包含的面积进行积分，代表总的吸收，即积分吸收，其数学表达式为

$$A = \int K_\nu \mathrm{d}\nu = \frac{\pi e^2}{mc} N_0 f = k N_0 \tag{11-15}$$

式中，N_0 为单位体积内的基态原子数；f 为吸收振子强度，表示每个原子中能够吸收或发射特定频率光的平均电子数；k 为将各项常数合并后的新常数。

由上式可见，峰面积与基态原子数成正比。若能获得积分值，则是一种理想的定量方法。但设定波长为 400 nm 时，相邻波长的 $\Delta\lambda$ 至少应为 0.000 1 nm（吸收线半宽度为 10^{-3} nm），则需要单色器的分辨率为 $R = 400/0.000\ 1 = 4 \times 10^6$，目前的制造技术无法达到，这也是原子吸收光谱分析法长期不能走向实际应用的原因所在。1955 年，Walsh 提出了以锐线光源作为激发光源，用测量峰值吸收系数代替积分值的方法，使这一难题获得解决。所谓的锐线光源是指给出的发射线半宽度要比吸收线半宽度窄，即发射线的 $\Delta\nu_e$ 小于吸收线的 $\Delta\nu_a$，如图 11-24 所示。

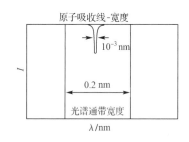

图 11-23　光谱通带宽度与吸收线半
宽度的对比示意图

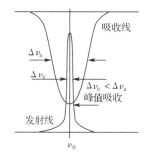

图 11-24　发射线与吸收线

3. 峰值吸收与定量基础

若仅考虑原子的热运动，即多普勒变宽是主要影响因素，则吸收系数为

$$K_\nu = K_0 \exp\left[-\frac{2(\nu-\nu_0)\sqrt{\ln2}}{\Delta\nu_D}\right]^2 \tag{11-16}$$

积分后得

$$\int K_\nu \mathrm{d}\nu = \frac{1}{2}\sqrt{\frac{\pi}{\ln2}}K_0\Delta\nu_D \tag{11-17}$$

由式(11-15)和式(11-17),得

$$\frac{1}{2}\sqrt{\frac{\pi}{\ln2}}K_0\Delta\nu_D = \frac{\pi e^2}{mc}N_0 f$$

$$K_0 = \frac{2}{\Delta\nu_D}\sqrt{\frac{\ln2}{\pi}}\frac{\pi e^2}{mc}N_0 f \tag{11-18}$$

如果使锐线光源的中心频率与待测原子吸收线的中心频率相同,在 $\Delta\nu$ 很窄的范围内,可认为 $K_\nu \approx K_0$,即可用峰值吸收系数 K_0 代替吸收系数 K_ν。由吸收定律,吸光度 A 为

$$A = \lg\frac{I_0}{I_\nu} = \lg\frac{\int_0^{\Delta\nu}I_0\mathrm{d}\nu}{\int_0^{\Delta\nu}I_0 e^{-K_\nu l}\mathrm{d}\nu} = \lg\frac{\int_0^{\Delta\nu}I_0\mathrm{d}\nu}{e^{-K_\nu l}\int_0^{\Delta\nu}I_0\mathrm{d}\nu} = 0.434K_0 l \tag{11-19}$$

将式(11-18)代入式(11-19),得

$$A = \left(0.434\frac{2}{\Delta\nu_D}\sqrt{\frac{\ln2}{\pi}}\frac{\pi e^2}{mc}fl\right)N_0 = kN_0 \tag{11-20}$$

式(11-20)说明吸光度 A 与基态原子数成正比,但定量还需要考虑在高温原子化过程中,原子蒸气中激发态原子与待测元素原子数之间的定量关系。热力学平衡时,两者符合玻耳兹曼分布定律:

$$\frac{N_j}{N_0} = \frac{g_j}{g_0}e^{-\frac{E_j-E_0}{kT}} = \frac{g_j}{g_0}e^{-\frac{\Delta E}{kT}} = \frac{g_j}{g_0}e^{-\frac{h\nu}{kT}} \tag{11-21}$$

式中,g_j 和 g_0 分别为激发态和基态的统计权重;公式右边除温度 T 外,都是常数,T 一定,比值一定。

在通常的原子化温度($< 3\,000$ K)和最强共振线波长低于 600 nm 时,最低激发上的原子数 N_j 与基态原子数 N_0 之比小于 10^{-3},所有激发态上的原子数之和与基态原子数 N_0 相比也很小,则可以用基态原子数代表待测元素的原子数,而原子数与被测元素的浓度成正比:

$$N_0 \approx N \propto c$$

则
$$A = ac \tag{11-22}$$

式中,a 为常数。这就是原子吸收光谱分析法的定量基础,但要注意应用的前提条件是:低浓度(可只考虑多普勒变宽)、发射线的中心频率与待测原子吸收线的中心频率相同且发射线半宽度比吸收线半宽度小(可以用峰值吸收系数 K_0 代替吸收系数 K_ν)。

11.2.2 原子吸收光谱仪器类型与结构流程

原子吸收光谱仪有单光束和双光束之分,主要由光源、原子化系统、单色器、检测器及数据处理系统组成,单色器位于火焰与检测器之间,如图 11-25 所示。单光束仪器结构简

单,操作方便,但受光源稳定性影响较大,易造成基线漂移。为了消除火焰发射的辐射线的干扰,空心阴极灯可采取脉冲供电,或使用机械扇形板斩光器将光束调成具有固定频率的辐射光通过火焰,使检测器获得交流信号,而火焰所发出的直流辐射信号被过滤掉。双光束仪器中,光源发出的光被斩光器分成两束,一束通过火焰(原子蒸气),另一束绕过火焰为参比光束,两束光线交替进入单色器。双光束仪器可以使光源的漂移通过参比光束的作用进行补偿,能获得稳定的输出信号。

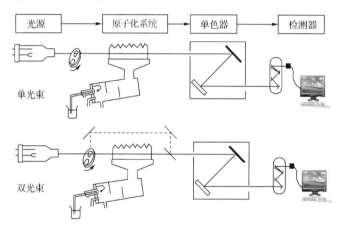

图 11-25　原子吸收光谱仪器类型与结构流程

1. 光源

原子吸收光谱分析法中要求使用锐线光源,目前普遍使用的锐线光源是空心阴极灯(Hollow Cathode Lamp,HCL),之外还有高频无极放电灯、蒸气放电灯等。光源应能满足辐射光强度大、稳定性好、背景辐射小等要求。

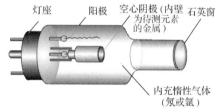

空心阴极灯的结构如图 11-26 所示,阴极为一空心金属管,内壁衬或熔有待测元素的金属,阳极为钨、镍或钛等金属,灯内充有一定压力的惰性气体。

当两电极间施加适当电压时,电子将从空心阴极内壁流向阳极,与充入的惰性气体碰撞而使之电离,产生正电荷。正电荷在电场作用下,向阴极内

图 11-26　空心阴极灯的结构

壁猛烈轰击,使阴极表面的金属原子溅射出来,溅射出来的金属原子与电子、惰性气体原子及离子发生撞碰而被激发,产生的辉光中便出现了阴极表面金属的特征光谱,过程如图 11-27所示。用不同待测元素的金属做阴极材料,可获得相应元素的特征光谱。空心阴极灯的辐射强度与灯的工作电流有关,灯电流增大可使辐射光强度增大,有利于检测,但灯电流太大时,温度变宽和自蚀现象增强,反而使谱线强度减弱,对测定不利。空心阴极灯具有辐射光强度大、稳定、谱线窄、灯容易更换等优点,但每测一种元素需更换相应的灯。新型仪器中将多个灯放置在旋转灯架上,按需要进行旋转切换。

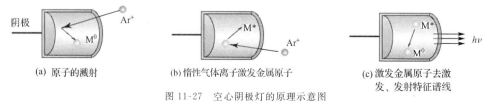

图 11-27　空心阴极灯的原理示意图

2. 原子化系统

试样分析前需要制备成溶液,故试样中的待测元素以离子态或配合物的形式存在,而原子化系统的作用就是将离子态待测元素转变为原子态蒸气。常用的原子化方法有火焰法和非火焰法。

(1)火焰原子化法

火焰原子化法的装置结构如图 11-28 所示,包括雾化器和燃烧器两部分。为保证辐射光被原子蒸气有效吸收,燃烧器喷嘴设计成长条型,高度和方向可调,当试样浓度较小时,能够使辐射光平行通过火焰中原子蒸气浓度最大的部分。雾化器的作用是使试液雾化形成气溶胶后进入燃烧器火焰中,气溶胶粒子的直径越小,在火焰中生成的基态原子越多。雾化过程如图 11-29 所示,试液被高速气流吸入并雾化,与撞击球进一步碰撞生成细小颗粒的气溶胶。雾化器稍微倾斜放置,可使大雾滴和冷凝液由废液口排出。工作时废液口要形成一定的液封,防止火焰不稳或造成回火。

试样气溶胶粒子在火焰中经蒸发、干燥、还原(离解)等过程产生大量基态原子。原子化过程中,火焰的性质对不同元素的基态原子的产生具有很大影响。根据使用的燃气和助燃气的比例,火焰可分为三种类型:

①化学计量火焰:使用的燃气和助燃气的比例符合化学反应的计量比,产生的火焰温度高、干扰少、稳定、背景低,是最常用的火焰类型。

②富燃火焰:也称还原焰,即燃气过量,使得燃烧不完全,火焰中含有大量碳,温度较化学计量火焰的略低,适合测定较易形成难熔氧化物的元素如 Mo、Cr 及稀土元素等。

③贫燃火焰:也称氧化焰,即助燃气过量。这种火焰的氧化性较强,过量助燃气带走火焰中的热量,使火焰温度降低,适用于易分解、易电离的碱金属及 Cu、Ag、Au 等元素的测定。

火焰温度越高越有利于离子的原子化,扩大测定范围,但同时高温产生的热激发态原子增多对定量不利。在保证待测元素充分还原为基态原子的前提下,应尽量采用低温火焰,使基态原子的激发依赖于对光的吸收。火焰温度取决于燃气与助燃气类型,常用的空气-乙炔火焰温度达 2 600 K,可测 35 种元素。几种常见的火焰温度见表 11-1。

选择火焰时,还应考虑火焰本身对光的吸收。可根据待测元素的共振线,选择不同类型的火焰,避开干扰。例如,As 的共振线为 193.7 nm,由图 11-30 可见,采用 $N_2O\text{-}C_2H_2$ 火焰较好,而采用空气-乙炔火焰或其他火焰时,火焰产生较大吸收。通常空气-乙炔火焰最为常用,可测定 30 多种元素,而 $N_2O\text{-}C_2H_2$ 火焰温度较高,可使测定的元素增加到 70 多种。

表 11-1　火焰的温度

火焰种类	发火温度 ℃	燃烧速度 cm·s⁻¹	火焰温度 ℃	火焰种类	发火温度 ℃	燃烧速度 cm·s⁻¹	火焰温度 ℃
煤气-空气	560	55	1 840	氢气-氧气	450	900	2 700
煤气-氧气	450	—	2 730	乙炔-空气	350	160	2 300
丙烷-空气	510	82	1 935	乙炔-氧气	335	1 130	3 060
丙烷-氧气	490	—	2 850	乙炔-氧化亚氮	400	180	2 955
氢气-空气	530	320~2 050	2 318	乙炔-氧化氮	—	90	3 095

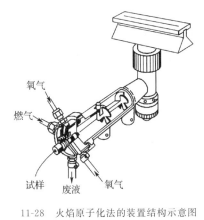

图 11-28 火焰原子化法的装置结构示意图

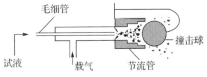

图 11-29 雾化过程示意图

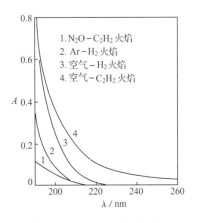

图 11-30 不同火焰的背景吸收

(2)非火焰原子化法

非火焰原子化法包括石墨炉原子化法、氢化物原子化法及冷原子化法等,其中石墨炉原子化法最为常用,其装置结构如图11-31所示。外气路中 Ar 气沿石墨管外壁流动,冷却保护石墨管不被烧熔,内气路中 Ar 气由管两端流向管中心,从中心孔流出,用来保护原子不被氧化,同时排除干燥和灰化过程中产生的蒸气。

原子化过程分为干燥、灰化(去除基体)、原子化、净化(去除残渣)四个阶段,如图11-32所示。待测元素在高温下生成基态原子蒸气。石墨炉原子化法的优点是原子化程度高,试样用量少(1~100 μL),可测固体及黏稠试样,灵敏度高(10^{-12} g)。缺点是精度差,测定速度慢,操作不够简便,装置复杂,大量使用 Ar 气,使得操作成本高。

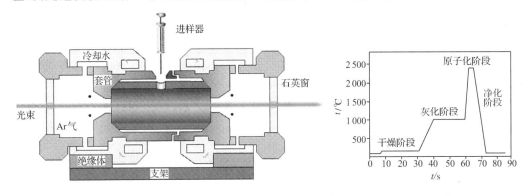

图 11-31 石墨炉原子化法的装置结构示意图   图 11-32 原子化过程

测定 As、Sb、Bi、Sn、Ge、Se、Pb、Te 等元素时常用氢化物原子化法,原子化温度为700~900 ℃。氢化物原子化法的原理是在酸性介质中,待测试样与强还原剂硼氢化钠反应生成气态氢化物。如

$$AsCl_3 + 4NaBH_4 + HCl + 8H_2O \longrightarrow AsH_3 + 4NaCl + 4HBO_2 + 13H_2$$

$$2AsH_3 \longrightarrow 2As + 3H_2 \uparrow$$

将待测试样在专门的氢化物生成器中产生气态氢化物,送入原子化器中使之分解成基态原子。这种方法的原子化温度低,其有灵敏度高(对砷、硒可达 10^{-9} g)、基体干扰和化学干扰小等优点。

各种试样中 Hg 元素的测量多采用冷原子化法,即在室温下将试样中的汞离子用 $SnCl_2$ 或盐酸羟胺完全还原为金属汞后,用气流(如氮气、空气等)将汞蒸气带入具有石英窗的气体测量管中进行吸光度测定。该方法准确度、灵敏度较高(10^{-8} g)。

在原子吸收光谱分析法中,由于使用了锐线光源,对单色器的要求不高,多采用平面反射光栅,单色器仅需要将共振线与邻近线分开即可,如测 Mn 元素时,单色器只需要能将共振线 279.48 nm 和邻近线 279.8 nm 分开即可。原子吸收光谱仪的检测器多采用光电倍增管。

3. 进样系统

原子吸收光谱仪进样方式可以手动利用微量注射器进样,也可以自动(如采用蠕动泵装置)进行流动注射进样。自动进样装置还分为火焰法进样器和外置式石墨炉进样器。

有的光谱仪配有固体样品直接进样装置,只需将固体样品进行粉碎研磨即可。具有用量少、污染小,不需要预处理等优点。

原子吸收光谱仪的分光系统,其作用主要是分出被测元素的分析线,如测 Mn 元素时,只需要分开其共振线 279.48 nm 和邻近线 279.8 nm。检测系统的作用就是完成光电信号的转换。分光系统及检测系统等结构单元与 AES 仪器的基本构造相类似。

11.2.3　干扰及其抑制

1. 光谱干扰与抑制

光谱干扰是指待测元素的共振线与干扰物质的谱线分离不完全及背景吸收所造成的影响,这类干扰主要来自光源、试样中的共存元素和原子化器。

(1)谱线干扰

如果分析线附近有单色器不能分离的待测元素的邻近线,或两种元素共存并有不能分离的相邻谱线时,产生谱线干扰。如 Cd 的分析线为 228.80 nm,而 As 的 228.81 nm 谱线将对 Cd 产生谱线干扰。这种情况下可以通过调小狭缝或选其他分析线的方法来抑制或消除这种干扰。同样,分析 Cd 时,如果空心阴极灯中内衬金属 Cd 的纯度不够高而含有微量 As,也产生干扰。这时,可换用纯度较高的单元素空心阴极灯减小干扰。

(2)背景干扰

背景干扰主要是指分子吸收和光的散射所产生的背景吸收。在原子化过程中,共存的其他物质形成分子和自由基时,同样也会产生一定的干扰吸收,如卤化物在 $200 \sim 400$ nm 所产生的分子吸收谱带;当试样溶液中盐含量较高时,在火焰中能够形成固体颗粒,对光产生散射,都会引起待测元素的吸光度增加,产生正误差。通常石墨炉原子化法比火焰原子化法产生的干扰严重。在一般过程中通常采用的空白溶液校正背景干扰的方法,仅适合由化合物产生背景干扰的理想溶液。目前在原子吸收仪器中,一般采用氘灯背景扣除法和塞曼(Zeeman)效应背景扣除法来消除背景干扰。

氘灯背景扣除法也称连续光源背景扣除法,其原理如图11-33所示。用空心阴极灯进行正常测定时,总吸光度包括了待测原子吸收和背景吸收。校正时,由于原子对连续辐射的吸收可以忽略,氘灯发射的连续光谱通过原子蒸气产生的吸收则主要是由背景吸收和光的散射造成的,总吸光度与连续光源产生的吸光度之差即为待测原子的净吸光度。校正时,要求两束光的中心重合,否则将影响校正效果。

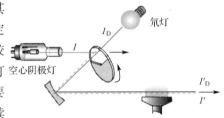

图11-33 氘灯背景校正原理示意图

塞曼效应背景扣除法是根据磁场作用下谱线分裂的现象(塞曼效应),利用磁场将简并的谱线分裂成具有不同偏振特性的成分。原子化器加磁场后,待测原子的吸收线分裂成一个与磁场平行的 π 成分和两个与磁场垂直的 σ_+、σ_- 成分,如图11-34所示。三者之和的总强度等于未分裂时谱线的总强度。

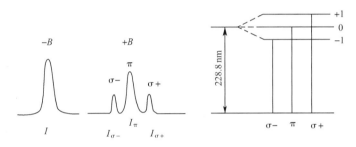

图11-34 Cd I228.8 nm谱线的塞曼效应

由空心阴极灯发出的光线通过旋转偏振器成为偏振光。随旋转偏振器的转动,当平行磁场的偏振光通过火焰时,产生总吸收;当垂直磁场的偏振光通过火焰时,只产生背景吸收,如图11-35所示。两次测量之差为待测元素的净吸光度。塞曼效应背景校正与连续光源背景校正相比,校正波长范围宽(190～900 nm),背景校正准确度高,但测定的灵敏度低,仪器复杂,价格高。

2. 化学干扰及抑制

化学干扰是指待测元素与其他共存组分之间的化学作用所引起的干扰效应,主要影响到待测元素的原子化效率,是主要干扰源。当待测元素与其共存组分作用生成难挥发的化合物时,可使参与吸收的基态原子减少。另外,如果待测元素容易电离生成离子,则对原子的分析线不产生吸收,这都使得待测元素的总吸光度减弱,产生负误差。例如,钴、硅、硼、钛、铍在火焰中易生成难熔化合物;硫酸盐、硅酸盐易与铝生成难挥发物;电离电位 $\leqslant 6$ eV 的元素易发生电离(如碱及碱土元素)等都会引起负误差。

可通过在标准溶液和试样中加入某种光谱化学缓冲剂来抑制或减少化学干扰,常用的有:

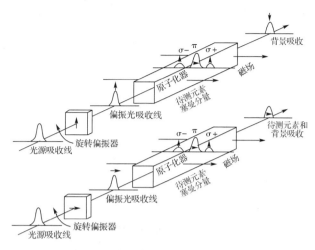

图 11-35　塞曼效应背景校正原理示意图

（1）释放剂

与干扰元素生成更稳定的化合物，使待测元素释放出来。例如，锶和镧可有效消除磷酸根对钙的干扰。

（2）保护剂

与待测元素形成稳定的配合物，防止干扰组分与其作用。例如，加入 EDTA 生成 $EDTA\text{-}Ca^{2+}$，避免磷酸根与钙离子作用。

（3）饱和剂

加入足够的干扰元素，使干扰趋于稳定。例如，用 $N_2O\text{-}C_2H_2$ 火焰测钛时，在试样和标准溶液中加入 $300\ mg \cdot L^{-1}$ 以上的铝盐，可以使铝对钛的干扰趋于稳定。

（4）电离缓冲剂

大量加入一种易电离的缓冲剂，以抑制待测元素的电离。例如，加入足量的更易电离的铯盐，抑制 K、Na 等元素的电离。

3. 物理干扰及抑制

物理干扰是指试样在转移、蒸发过程中因物理因素变化所引起的干扰效应，主要影响试样喷入火焰的速度、雾化效率、雾滴大小等。这种情况可通过控制试样和标准溶液的组成尽量一致来抑制。

11.2.4　原子吸收光谱分析法的应用

1. 特征参数

（1）灵敏度

灵敏度（S）是指在一定浓度（或质量）时，测定值（吸光度）的增量（ΔA）与相应待测元素的浓度（或质量）增量（Δc 或 Δm）的比值。

$$S_c = \frac{\Delta A}{\Delta c}, \quad S_m = \frac{\Delta A}{\Delta m} \tag{11-23}$$

灵敏度（S）也即标准曲线的斜率。

（2）特征浓度与特征质量

特征浓度或待征质量是指对应于 1% 净吸收的待测元素的浓度（c_0）或质量（m_0），或对应于 0.004 34 吸光度的待测元素的浓度或质量。火焰原子化法中常用特征浓度,石墨炉原子化法中常用特征质量。计算式分别为

$$c_0 = \frac{0.004\ 34 c_x}{A_x} \quad [\mu g/(mL/1\%)] \tag{11-24}$$

$$m_0 = \frac{0.004\ 34 m_x}{A_x} \quad [\mu g/(g/1\%)] \tag{11-25}$$

例如,$1\ \mu g \cdot g^{-1}$ 的镁离子溶液,测得其吸光度为 0.54,则镁的特征质量为

$$\frac{1}{0.54} \times 0.004\ 34 = 0.008\ \mu g/(g/1\%)$$

（3）检出限

检出限是指在适当置信度下,能检测出待测元素的最小浓度或最小质量。用空白溶液经若干次（10～20 次）重复测定所得吸光度标准偏差 s_0 的 3 倍求得。

$$D.L = \frac{3s_0}{S} = \frac{c \times 3s_0}{\overline{A}} \tag{11-26}$$

式中,s_0 为空白溶液的标准偏差;S 为灵敏度;c 为待测元素的浓度;$\overline{A}$ 为吸光度的平均值。绝对检出限也可用 g 表示。灵敏度和检出限是衡量分析方法和仪器性能的重要指标。

2. 测定条件的选择

（1）分析线

一般选待测元素的共振线作为分析线,测量高浓度时,也可选次灵敏线,各种元素的分析线如图 11-36 所示。

图 11-36 用原子吸收光谱法分析的元素、分析线波长及火焰

（2）狭缝宽度

狭缝宽度(W)影响光谱通带宽度(S)和通过狭缝到达检测器的能量。$S=DW$。无邻近干扰线(如测碱金属及碱土金属)时,通常选较大的通带;反之(如测过渡金属及稀土金属),宜选较小通带。单色器的分辨率大时,可使用较宽的狭缝;反之,选较窄的狭缝。

（3）空心阴极灯电流

测定前,空心阴极灯需要预热 30 min。灯电流低时,一般不产生自蚀,谱线宽度小。但灯电流太低,则放电不稳;灯电流过高,谱线轮廓变坏,灯寿命短。一般来说,在保证有稳定和足够的辐射光通量的情况下,应尽量选较低的灯电流,通常控制在额定电流的 $40\%\sim60\%$ 范围内。

（4）火焰

可依据待测元素的性质来选择不同的火焰类型。对于吸收线在 200 nm 以下的 As、Se 等元素,空气-乙炔火焰的背景吸收较大(图 11-30),可选择其他火焰,如 $N_2O\text{-}C_2H_2$ 火焰。易电离的元素应选择温度较低的火焰,易生成难离解化合物的元素则需要采用高温火焰,氧化物熔点较高的元素选用富燃火焰,氧化物不稳定的元素选择化学计量火焰或贫燃火焰。

（5）燃烧器高度

调节合适的燃烧器高度,可使元素通过原子浓度最大的火焰区,则灵敏度高,稳定性好。合适的燃烧器高度通常需要由实验确定。

3. 定量分析方法

在原子吸收光谱分析法中,通常采用标准曲线法和标准加入法来定量。标准曲线法是以吸光度 A 对应于浓度作标准曲线,但应注意在高浓度时,标准曲线易发生弯曲,这是由于压力变宽的影响所致。标准加入法通常采用作图外推法来确定试样浓度。取若干份试样(c_x),依次按比例加入不同量的待测试样的标准溶液(c_0),定容后浓度依次为

$$c_x,c_x+c_0,c_x+2c_0,c_x+3c_0,c_x+4c_0,\cdots$$

分别测得吸光度 A 为 $A_x,A_1,A_2,A_3,A_4,\cdots$。以吸光度 A 对应浓度 c 作图得一直线,如图 11-37 所示。图中 c_x 的绝对值即为待测试样的浓度。

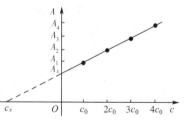

图 11-37　标准加入法作图曲线

4. 应用

原子吸收光谱分析法已成为一种非常成熟的仪器分析方法,可分析元素周期表中 70 多种元素(图 11-36),是元素分析中最灵敏的分析方法之一,应用广泛。可快速测定各种试样,如金属、合金、生物材料、血液、建筑材料、煤、头发、环境试样、农副产品、化学试剂等中的各种微量元素。

原子吸收光谱分析法的主要不足是每测定一种元素需要更换对应的空心阴极灯,虽然可将几种灯放在旋转灯架上进行自动转换,但仍有不便。其发展趋势是应用多道式检测器,开发多元素同时测定的仪器,如目前已制造出可同时测定 6 种元素的 AAS 仪器。

11.3　原子荧光光谱分析法

原子荧光光谱分析法(AFS)是通过测定待测原子蒸气在辐射激发下发射的荧光强度来进行定量分析的方法。AFS法是在1964年以后发展起来的分析方法,近年来发展较快。从原理来看,该方法属原子发射光谱范畴,但所用仪器与原子吸收光谱仪器相近。

11.3.1　原子荧光光谱分析法的基本原理

1.原子荧光的产生与类型

当气态原子受到强的特征辐射时,由基态跃迁到激发态,约在10^{-8} s后,再由激发态跃迁回到基态,辐射出与吸收光波长相同或不同的荧光,即为原子的荧光光谱。不同元素的荧光光谱不同。原子荧光的产生既有原子吸收光的过程,又有原子发射光的过程,是两种过程综合发生的结果。激发光源停止后,荧光立即消失,所以原子荧光也可称为光致发光或者二次发光。

依据激发与发射过程的不同,原子荧光可分为共振荧光、非共振荧光、敏化荧光和多光子荧光四种类型。

（1）共振荧光

气态原子吸收共振线波长的光被激发后,激发态原子再发射出与共振线波长相同的荧光回到基态,如图11-38(a)所示的A、C过程。由于共振荧光激发态与基态之间的共振跃迁几率最大,发出的共振荧光最强,所以在分析中最有用。若原子受热激发后处于亚稳态,并再吸收辐射进一步光激发,然后发射出与光激发相同波长的共振荧光,仍回到亚稳态,称为热助共振荧光,如图11-38(a)所示的B、D过程。

（2）非共振荧光

当产生的荧光与激发光的波长不相同时,产生非共振荧光,即跃迁前后所处的能级发生了变化。非共振荧光又可分为:直跃线荧光、阶跃线荧光、Anti-Stokes荧光三种。

直跃线荧光(Stokes荧光)是指跃迁回到高于激发前所处的能级所发射的荧光,即荧光波长大于激发光波长(荧光能量间隔小于激发光能量间隔),如图11-38(b)所示。如铅原子的吸收线为283.13 nm,荧光线为407.78 nm,而铊原子则同时存在两种荧光形式,如吸收线337.6 nm,共振荧光线337.6 nm与直跃线荧光线535.0 nm。

阶跃线荧光是指辐射激发后,先以非辐射方式释放部分能量到较低能量的激发态,再发射荧光返回基态,或光激发,再热激发,返至高于基态的能级,发射荧光,如图11-38(c)所示,这时所发出的荧光波长大于激发光波长(荧光能量间隔小于激发能量间隔)。非辐射释放能量的方式有碰撞、放热等。例如,钠原子吸收330.30 nm的光,发射的荧光波长为588.99 nm,即属于这种情况。

Anti-Stokes荧光的波长小于激发光波长,即先热激发再光激发(或反之),之后再发射荧光直接返回基态,即荧光波长小于激发光波长(荧光能量间隔大于激发能量间隔),如图11-38(d)所示。例如铟原子,先热激发,再吸收451.13 nm的光跃迁,发射的荧光波长为410.18 nm。

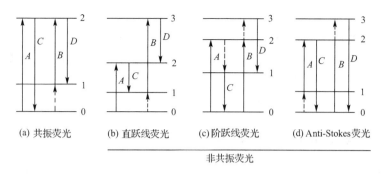

| (a) 共振荧光 | (b) 直跃线荧光 | (c) 阶跃线荧光 | (d) Anti-Stokes荧光 |

非共振荧光

图 11-38　原子荧光产生的过程

（3）敏化荧光

受光激发的原子与另一种原子碰撞时，把激发能传递给另一个原子使其激发，由后者发射荧光。

$$D + h\nu \longrightarrow D^*$$
$$D^* + A \longrightarrow D + A^*$$
$$A^* \longrightarrow A + h\nu$$

在火焰原子化法中观察不到敏化荧光，在非火焰原子化法中才可观察到。

（4）多光子荧光

吸收两种以上不同波长能量的光子经两次跃迁至较高的激发态，发射出荧光返回至基态的过程中所发射的荧光称为多光子荧光，如图 11-39 所示。

若高能态和低能态均属激发态，由这种过程产生的荧光称为激发态荧光。若激发过程先辐射激发，再热激发，由这种过程产生的荧光称为热助荧光。

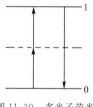

图 11-39　多光子荧光

以上所有类型中，共振荧光的强度最大，最为有用，其次是非共振荧光。

2. 荧光猝灭与荧光量子效率

在产生荧光的过程中，同时也存在着非辐射去激发的现象。如当受激发原子与其他原子碰撞，能量以热或其他非荧光发射的方式给出后回到基态，发生非荧光去激发过程，使荧光减弱或完全不发生的现象称为荧光猝灭。荧光猝灭的程度与原子化气氛有关，氩气气氛中荧光猝灭程度最小，因此，存在着如何衡量荧光量子效率的问题。通常定义荧光量子效率为

$$\Phi = \frac{F_f}{F_a} \tag{11-27}$$

式中，F_f 为发射荧光的光量子数；F_a 为吸收荧光的光量子数。通常荧光量子效率小于 1。

3. 待测元素浓度与荧光的强度

当光源强度稳定、辐射光平行及自吸可忽略时，发射荧光的强度 I_f 正比于基态原子对特定频率光的吸收强度 I_a，即

$$I_f = \Phi I_a \tag{11-28}$$

在理想情况下：

$$I_f = \Phi I_0 A K_0 l N = Kc \qquad (11\text{-}29)$$

式中，I_0 为原子化火焰单位面积接受到的光源强度；A 为受光照射在检测器中观察到的有效面积；K_0 为峰值吸收系数；l 为吸收光程；N 为单位体积内待测元素的基态原子数；K 为常数；c 为试样中待测元素的浓度。

式(11-29)即为原子荧光定量的基础。

11.3.2　原子荧光光谱仪器类型与结构流程

原子荧光光谱仪包括：激发光源、原子化器、单色器、检测器及信号处理显示系统，与原子吸收光谱仪的结构基本相同。由于测量的是向各方向发射的原子荧光，为避免光源的影响，检测器与光源不能在同一光路上，一般成 $90°$，也可根据需要设定，如图 11-40 所示。

空心阴极灯是应用最为广泛的 AFS 激发光源，除此之外，激光、无极放电灯、氙弧灯等也有应用。适用于原子荧光光谱分析的激光光源必须能够在紫外-可见光范围内提供任意波长的辐射，目前仅可调谐染料激光器能基本满足这方面的要求。采用激光光源可获得多种元素的最佳检出限。AFS 法的原子化器、检测器等与 AAS 法的基本相同。在 AFS 法中，采用氢化物原子化法和冷原子化法，冷原子荧光测汞已是美国环境保护署的标准方法，汞的检出限可达 $pg \cdot mL^{-1}$ 数量级。

在各种原子荧光光谱仪中，单道原子荧光光谱仪的应用较多。也有利用两个空心阴极灯供电脉冲之间的相位差，采用一个检测器的双道仪器，分析效率提高。还有用于多元素分析的多道原子荧光光谱仪，其结构流程如图 11-41 所示。

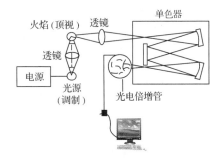

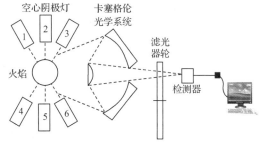

图 11-40　原子荧光光谱仪示意图　　　　图 11-41　多元素分析的多道原子荧光光谱仪示意图

11.3.3　原子荧光光谱分析法的应用

原子荧光光谱分析法具有检出限低、灵敏度高、谱线简单、干扰小、线性范围宽（3～5 个数量级）及选择性极佳、不需要基体分离可直接测定等特点。如对 Cd 的检出限可达 $10^{-12}\ g \cdot mL^{-1}$，Zn 的检出限可达 $10^{-11}\ g \cdot mL^{-1}$，20 多种元素的检出限优于 AAS 法，特别是采用激光作为激发光源及冷原子化法测定，性能更加突出，同时也易实现多元素的同时测定，提高工作效率。不足之处是存在荧光猝灭效应及散射光干扰等问题。原子荧光光谱分析法在食品卫生、生物及环境监测等方面有较重要的应用。

11.4　原子光谱分析的技术展望

原子光谱的发现最早可追溯到 16 世纪,在 1666 年牛顿通过实验提出了光的色散理论,从此开创了光谱学(Spectrum)。原子光谱分析发展最早的是原子发射光谱分析,自从 1928 年出现第一台商品摄谱仪以来,原子光谱分析就已成为工业上重要的分析方法,广泛应用于冶金、地质等领域,在科学研究以及生产控制中起着非常重要的作用。

随着电子技术、制造技术的发展,原子光谱仪器也逐步向光电化、自动化、便携化以及智能化的方向迈进。科学家们从原子光谱仪器的光源、色散系统、检测系统等方面不断地进行深入研究,加以改进,创立了等离子体焰炬、氙弧灯、色谱-原子荧光光谱联用等不同特点的原子光谱分析方法和现代仪器,将原子光谱分析技术一步一步推向更新的发展阶段。

在 21 世纪初,由德国耶拿(Analytik Jena,AG)公司研制的第一台商品化的连续光源原子吸收光谱仪 contrAA 面世。连续光源原子吸收光谱仪是原子光谱仪器发展史上划时代的产品,开创性地实现了无需锐线光源的多元素原子吸收光谱分析。

连续光源原子吸收光谱仪采用特制的高聚焦短弧氙灯作为连续光源,取代空心阴极灯。该灯是一个气体放电光源,灯内充有高压氙气,在高频电压激发下形成高聚焦弧光放电,辐射出从紫外线到近红外线的强连续光谱。一只灯即可满足全波长(190~900 nm)所有元素的测定要求,并可以选择任何一条谱线进行分析,可测量元素周期表中 60 多个金属元素,甚至可以测定一些具有锐线分子光谱的非金属元素。使用这样的连续光源既不用更换空心阴极灯,也不需要预热。

该仪器的色散系统是由石英棱镜和高分辨率的大面积中阶梯光栅组成的双单色器,检测系统采用高性能线阵电荷耦合器件(Charge Coupled Device,CCD)检测器,使仪器能同时测定特征吸收和背景吸收,不需要传统的背景校正方式和附加装置,不需要氘灯和塞曼,一次测量背景校正即可。该仪器色散率和分辨率很高,可达 0.002 nm;测定速度快,可达到甚至超过 ICP 技术水平;能同时顺序分析 10~20 个元素。

连续光源原子吸收光谱改变了原子吸收光谱分析一定要用锐线光源的传统观念,以及只能单元素测定的现状。该类仪器的商品化也将对现有原子吸收光谱仪以及等离子体光谱仪器的发展产生重要影响。

随着"元素形态分析"越来越受到人们的重视,各种原子光谱分析方法及仪器的研发和商品化进程都在不断地取得进展。电感耦合等离子体-原子发射光谱技术(ICP-AES)与色谱联用是目前应用最为广泛的分析技术之一,该技术综合了色谱的高分离效率和原子发射光谱检测的高度专一性和高灵敏度的优点,为原子发射光谱法开拓了新的应用领域。虽然微波等离子体-原子发射光谱技术(MPT-AES)还处于发展阶段,但由于 MPT 对于包括氮、氧、二氧化碳及许多有机分子气体在内的各种气体样品均具有良好的承受能力,用氩等离子体-原子发射光谱技术可以检测周期表中几乎所有天然存在的、从痕量到常量的元素(即"全元素全量程分析"能力),因此,MPT-AES 的进一步研发必将迎来原子发射光谱技术应用和研究领域的新局面,更有望解决当前社会发展过程中出现的重大科学技术难题,如大气污染物中有毒有害元素的适时连续检测和溯源问题等。

进入 21 世纪以来,我们国家在原子光谱与其他分析技术联用方面的研究也取得了重大进步。其中蒸气发生-原子荧光光谱商品仪器的研发与应用技术一直居于国际领先地位。蒸气发生是指将待测元素通过一定的化学反应生成气态氢化物、汞蒸气和容易挥发的化合物。蒸气发生-原子荧光光谱仪由氢化反应系统和原子荧光光谱仪组成,产生的蒸气样品导入原子化器中实现原子化,被空心阴极灯激发后发出原子荧光。

此外,原子荧光光谱分析与色谱联用技术的研发,如我国科学家开发的液相色谱-原子荧光(HPLC-AFS)联用仪、气相色谱-原子荧光(GC-AFS)联用仪、毛细管电泳-原子荧光(CE-AFS)联用装置,已经成为 As、Sb、Se、Hg 等元素不同化学形态分析的最灵敏手段之一,其检测能力可与价格昂贵的 ICP-MS 相媲美。

尽管如此,随着高新技术的引入,原子光谱仪器在新光源的开发、色散系统以及检测元件等方面的改进,将继续朝着更高精度、更宽应用范围的方向发展。

习 题

11-1 原子发射光谱仪由哪几大部分组成?

11-2 原子发射光谱分析法的定性、定量依据是什么?

11-3 谱线的强度与哪些因素有关?能否根据谱线的绝对强度直接定量?

11-4 AES 法中使用哪些光源?各有什么特点?

11-5 何为等离子体?直流等离子体与电感耦合等离子体光源的区别是什么?

11-6 什么是自吸与自蚀现象?为什么在电感耦合等离子体光源中可有效消除自吸现象?

11-7 电弧与电火花光源的区别是什么?

11-8 光谱仪、摄谱仪和分光仪之间的区别是什么?

11-9 不同光源的 AES 在应用方面有哪些区别?

11-10 单道和多道仪器有哪些主要不同点?

11-11 液体试样在 ICP-AES 分析过程中,试样组分经过哪几个过程?

11-12 蒸发与激发有什么不同?各发生什么变化?

11-13 AES 法中主要采用哪些检测器?有何特点?

11-14 分析线、灵敏线、最后线、共振线各表示什么意义?相互之间有什么关系?

11-15 什么是内标元素和分析线对?应如何选择?

11-16 ICP-AES 应用广泛,但仍存在哪些限制?

11-17 原子吸收分析法的基本原理是什么?与原子发射分析法的区别是什么?

11-18 为什么原子吸收分析法比原子发射分析法建立得晚?原子吸收分析法的建立解决了哪些关键问题?

11-19 为什么 AES 法不需要辐射光源,而 AAS 法需要?为什么 AAS 法需要锐线光源?

11-20 用峰值吸收系数代替吸收系数的前提条件是什么?

11-21 什么是锐线光源?应具有什么特征?哪些光源是锐线光源?

11-22 空心阴极灯的基本原理是什么?

11-23 原子吸收谱线变宽的原因是什么?

11-24 原子化方法有哪些?各有什么特点?

11-25 干扰因素有哪些?如何抑制干扰?

11-26 荧光有哪几种类型?什么是激发态荧光和热助荧光?

11-27 什么是荧光猝灭?它是如何发生的?

11-28 原子荧光分光光度计的结构特点是什么?

第12章

X-射线光谱和表面分析法

随着材料科学的快速发展,从单原子层到几微米的材料表面以及微区分析显得日益重要。在许多情况下需要对试样进行无损检测和表面特性测定,如催化剂表面活性研究、古画颜料与纸质分析、古瓷器组成与年代分析、固态物质的表面形态与组成结构及晶体特性分析等。X-射线光谱与电子能谱等分析方法在这些方面发挥着极其重要的作用。X-射线光谱分析法包括:X-射线荧光分析法(X-ray Fluorescence Spectrometry,XRF)、X-射线衍射分析法(X-ray Diffraction,XRD)。X-射线荧光分析法是利用元素内层电子跃迁产生的荧光光谱,应用于元素定性、定量分析的方法,特别适合于固体表面成分分析。X-射线衍射分析法则是测定晶体结构的有效方法。电子能谱分析法是近几十年来发展起来的多种分析方法的总称,包括 X-射线光电子能谱分析法(X-ray Photoelectron Spectroscopy,XPS)、紫外光电子能谱分析法(Ultraviolet Photoelectron Spectroscopy,UPS)、Auger 电子能谱分析法(Auger Electron Spectroscopy,AES)等,是通过测量辐射能作用下发出的电子能量分布来研究物质表面特性的新方法。这些方法使用微小光束、电子束及离子束等探测试样表面某一微小区域的化学成分,故也称为光探针、电子探针及离子探针技术等。

12.1 X-射线荧光光谱分析法

X-射线是介于紫外线和 γ-射线之间的一种电磁辐射,波长范围为 $0.001\sim10$ nm。对于元素分析来说,主要应用的是 $0.05\sim10$ nm 范围的波长。波长大于 0.1 nm 的 X-射线称为"软"X-射线,而较短波长的 X-射线称为"硬"X-射线,如图 12-1 所示。X-射线与晶体相互作用产生衍射现象,这是 X-射线作为电磁波谱的特征,所以 X-射线可以用波长来描述。X-射线也可看做是具有一定能量的光子。

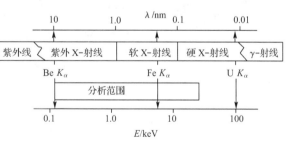

图 12-1 电磁波谱中 X-射线的范围

12.1.1 X-射线荧光光谱分析法的基本原理

X-射线的能量与原子轨道能级差的数量级相当,待测元素经 X-射线照射后,发生 X-射线吸收,产生光电转换效应,即 X-射线的光子被原子吸收,同时从内层(如 K 层)逐出一

197

个电子。光子的部分能量用于克服电子的结合能,其余的能量则以动能的形式转移给电子,故初级 X-射线(由 X-射线管发出)光子的能量稍大于待测元素原子内层电子的能量时,才能击出相应的电子。光子与原子作用后,在原子内层中形成空穴,使原子处于不稳定的高激发态,在随后的 $10^{-14}\sim10^{-7}$ s 内,较外层轨道(如 L 层)上的电子发生跃迁来填充空穴,原子恢复稳定的电子组态,并发射出待测元素的特征 X-射线荧光(荧光波长与待测元素的电子层结构有关,发射的 X-射线荧光波长总是比相应的初级 X-射线波长要长)。另外,所发射的能量也可能被原子内部吸收后再次激发出较外层的另一个电子,这种现象称为 Auger(俄歇)效应,所逐出的电子称 Auger 电子,过程如图 12-2 所示。各元素的 Auger 电子的能量都有固定值(特征值),在此基础上建立了 Auger 电子能谱分析法。

原子在 X-射线激发的作用下发射荧光还是发射 Auger 电子是两个相互竞争的过程。对于一个原子来说,激发态原子所释放出的能量只能用于一种发射,即发射 X-射线荧光或 Auger 电子。但对于大量原子来说,两种过程的发生存在着一个几率问题。对于原子序数小于 11 的元素,以发射 Auger 电子为主,而重元素则主要发射 X-射线荧光。Auger 电子产生的几率除与元素的原子序数有关外,还随对应的能级差的缩小而增加。一般较重元素的最内层(K 层)空穴的填充,以发射 X-射线荧光为主,Auger 效应不显著。当空穴外移时,Auger 效应越来越占优势。因此,X-射线荧光光谱分析法多采用 K 系和 L 系荧光,其他系则较少采用。

产生 X-射线荧光发射的几率通常定义为荧光产率 ω:

$$\omega = \frac{\text{发射 } K \text{ 层 X-射线数}}{\text{产生 } K \text{ 层空穴数}} \tag{12-1}$$

对于原子序数小于钠($Z=11$)的元素,ω 非常小(≈0.01),原子序数大的元素 ω 趋近于 1。所以尽管轻元素能产生空穴,但仅发射很弱的特征 X-射线荧光,故 X-射线荧光光谱分析法对轻元素的灵敏度很低。元素的原子序数(Z)与 K 层、L_3 层的荧光产率的关系曲线如图 12-3 所示。

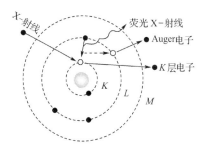

图 12-2 X-射线与 Auger 电子产生过程

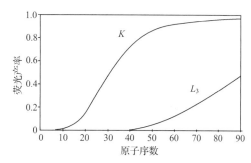

图 12-3 原子序数和 K 层、L_3 层的荧光产率关系曲线

对于每种元素来说,由于各自的能级分布不同,所发出的 X-射线的能量(或波长)互不相同,将这些 X-射线称为特征谱线。特征谱线的频率取决于电子跃迁始态和终态的能量差:

$$h\nu_{n_1\to n_2} = E_{n_1} - E_{n_2} = \Delta E_{n_1\to n_2} \tag{12-2}$$

特征谱线的频率:

$$\nu_{n_1\to n_2} = \frac{E_{n_1} - E_{n_2}}{h} = cR(Z-\sigma)^2\left(\frac{1}{n_2^2 - n_1^2}\right) \tag{12-3}$$

式中，$R=1.097×10^7$ m^{-1}，称为 Rydberg 常数；σ 为核外电子对核电荷的屏蔽常数；n 为电子层数；c 为光速；Z 为元素的原子序数。

莫斯莱(Moseley)定律指出，元素的 X-射线荧光的波长(λ)随元素的原子序数(Z)增加，有规律地向短波长方向移动。两者的关系可表示为

$$\sqrt{\frac{1}{\lambda}}=K(Z-S) \tag{12-4}$$

式中，K 和 S 是与线系有关的常数。不同元素具有其特定的特征谱线，根据特征谱线的存在，可判断元素的存在，这是定性的基础。由特征谱线的强度则可进行定量分析。

特征 X-射线的产生也必须满足跃迁定则，即主量子数 $\Delta n\neq0$，角量子数 $\Delta L=\pm1$，内量子数 $\Delta J=\pm1$ 或 0。符合跃迁定则产生的谱线称为允许线(主线)，强度大；而由跃迁禁阻产生的谱线，强度很低(跃迁发生的几率很低)。在原子中由两个或多个空穴间的跃迁产生的谱线称为"辅助线"。X-射线的特征谱线可分成若干线系，由各能级上的电子向同一层跃迁的为同一线系。

(1)K 系谱线

由 K 层空穴产生的所有特征 X-射线称为 K 系谱线，如图 12-4 所示是铁的跃迁图。K 空穴分别可由 L_2、L_3 或 $M_{3,2}$ 能态的电子填入，$L_3\to K$ 的跃迁产生能量为 6.404 keV(193.60 nm)的 X-射线，以 Fe K-L_3(或 Fe K_{a1})表示。另外一条 K_a 线即 K_{a2} 线是由 $L_2\to K$ 跃迁产生的。这两条谱线符合跃迁定则，均为主线，故相对强度较大(见表 12-1)。由于这两条谱线的能量差相当小，在光谱仪上往往不能分辨，故也可用符号 K-$L_{3,2}$(或 K_a)表示这对双线。涉及 M 或 N 层的跃迁称为 K_β 线，K_β 线比 K_a 线有较高的能量(较短的波长)，相对强度较弱。X-射线原先的符号(K_a，K_β，…)是由 Siegbahn 于 1920 年引入的。目前最好使用 IUPAC 推荐的由原子的始态和终态来表示的符号，如 K-L_3、K-$M_{3,2}$ 等。两种方法对照见表 12-1。

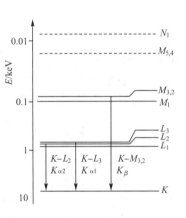

图 12-4　产生 Fe K_a 和 Fe K_β 线的跃迁图

表 12-1　　　　　IUPAC 和 Siegbahn 符号表示的主要 X-射线系表

	符号		相对强度*		符号		相对强度*
	IUPAC	Siegbahn			IUPAC	Siegbahn	
K 线系	K-L_3	K_{a_1}	100	L_3 线系	L_3-M_5	L_{a_1}	100
	K-L_2	K_{a_2}	≈50		L_3-M_4	L_{a_2}	≈10
	K-M_3	K_{β_1}	≈17		L_3-$N_{5,4}$	$L_{\beta_{2,15}}$	≈25
	K-M_2	K_{β_3}	≈8		L_3-N_2	L_{β_6}	≈1
L_1 线系	L_1-M_3	L_{β_3}	100	M 线系	M_5-N_7	M_{a_1}	—
	L_1-M_2	L_{β_4}	≈70		M_5-N_6	M_{a_2}	—
	L_1-N_3	L_{γ_3}	≈30		M_4-N_6	M_β	—
	L_1-N_2	L_{γ_2}	≈30				
L_2 线系	L_2-M_4	L_{β_1}	100				
	L_2-N_4	L_{γ_1}	≈20				
	L_2-M_1	L_η	3				
	L_2-O_1	L_{γ_6}	3				

* 相对强度是相对于每一亚层的主线强度而言的。

由表 12-1 可见,K 系的各谱线具有不同的强度,这是由于不同的跃迁具有不同的几率所致。$K\text{-}L_3(K_{a_1})$ 线是其中强度最强的一条。$K\text{-}L_2$ 线与 $K\text{-}L_3$ 线强度之比近似为 0.5,这是因为 L_3 能级具有 4 个电子,而 L_2 能级仅有 2 个电子。电子层越远,跃迁几率越小。由于 $K\text{-}L_{3,2}(K_a)$ 线是最强的 K 线,故在 X-射线荧光光谱分析中经常用 K_a 线。只有当 $K\text{-}L_{3,2}$ 线与另一元素的线相重叠时,才用 $K\text{-}M_{3,2}(K_\beta)$ 线。

(2)L 系谱线和 M 系谱线

L 系谱线是由外层电子填入 L 层的空穴所产生的,由于空穴可处于 L_1、L_2 或 L_3 三层中的任何一层,因此 L 系谱线比 K 系谱线复杂。L 线常用于测定原子序数大于 45 的元素(Rh 以后的元素)。由于这些元素具有较高的 K 层吸收限能,激发出 K 系谱线很困难。另外,具有 25 keV 以上能量的 X-射线,采用一般的 X-射线光谱仪测量也有一定难度。$L_3\text{-}M_{5,4}(L_a)$ 线是最适宜的分析线,在有干扰的情况下可选用 $L_2\text{-}M_4(L_\beta)$ 线。M 系谱线更为复杂,很少用于 X-射线荧光光谱分析中。

表 12-2 给出一些元素的主要特征 X-射线的能量,其对应的特征波长可由下式换算得出:

$$E=\frac{1.24}{\lambda} \tag{12-5}$$

式中,E 和 λ 的单位分别为 keV 和 nm。

表 12-2　　　　　一些元素的主要特征 X-射线的能量　　　　　(keV)

元素	原子序数	$K\text{-}L_3$ (K_{a_1})	$K\text{-}L_2$ (K_{a_2})	$K\text{-}M_3$ (K_{β_1})	$K\text{-}M_2$ (K_{β_3})	$L_3\text{-}M_5$ (L_{a_1})	$L_2\text{-}M_4$ (L_{β_1})
C	6	0.525					
Si	14	1.740					
Ca	20	3.692	3.688	4.013		0.341	
Cr	24	5.415	5.406	5.947		0.573	0.583
Fe	26	6.404	6.391	7.058		0.705	0.719
Ni	28	7.478	7.461	8.265		0.852	0.869
Sr	38	14.165	14.098	15.836	15.825	1.807	1.872
Rh	45	20.216	20.074	22.724	22.699	2.697	2.834
Ba	56	32.194	31.817	36.378	36.304	4.451	4.828
W	74	59.318	57.982	67.244	66.951	8.398	9.672
Pb	82	74.969	72.804	84.936	84.450	10.522	12.614
U	92	98.439	94.665	111.300	110.406	13.615	17.220

若用 X-射线照射固体试样后,其强度的衰减率与其穿过的厚度成正比,即符合光吸收定律。

$$\frac{\mathrm{d}I}{I}=\mu_l \mathrm{d}l \tag{12-6}$$

将上式积分后得到

$$I=I_0 \exp(-\mu_l l) \tag{12-7}$$

式中,I_0 和 I 分别为入射和透射的 X-射线强度;l 为试样厚度;μ_l 为线性衰减系数。

在 X-射线光谱分析法中,对于固体试样,最方便的是采用质量衰减系数 μ_m,而 $\mu_m = \mu_l/\rho(\mathrm{cm}^2 \cdot \mathrm{g}^{-1})$。其中,$\rho$ 为固体试样的密度($\mathrm{g} \cdot \mathrm{cm}^{-3}$)。$\mu_m$ 的物理意义是一束平行的 X-射线穿过截面积为 1 cm^2 的 1 g 固体试样时,X-射线强度的衰减程度。

实际上,X-射线通过固体试样时的强度衰减是其受到固体试样的吸收和散射的结果。可以将 μ_m 表示为质量光电吸收系数(或质量真吸收系数)τ_m 和质量散射系数 σ_m 之和,即

$$\mu_m = \tau_m + \sigma_m$$

μ_m 是总的质量衰减系数,在实验中比质量光电吸收系数易于测得,故一般表值中多以 μ_m 给出。

质量衰减系数 μ_m 是波长 λ 和元素的原子序数 Z 的函数,符合关系

$$\mu_m = kZ^4\lambda^3\frac{N_A}{A_r} \tag{12-8}$$

式中,N_A 为阿伏加德罗常数;A_r 为相对原子质量;k 为随吸收限改变的常数;Z 为原子序数;λ 为波长。

由式(12-8)可见,X-射线的波长越长,待测元素的 Z 越大,越易被吸收;而波长越短,Z 越小,穿透力越强。元素的吸收光谱也是由几个宽而且位置确定的吸收峰所组成,这些吸收峰的波长也是元素的特征,且很大程度上与其化学状态无关。在 X-射线吸收光谱上,当波长在某个数值时,质量吸收系数发生突变,有明显的不连续性,叫做"吸收限"或"吸收边",是指一个特征 X-射线谱系的临界激发波长。如图 12-5 所示,当 X-射线光子的能量恰好能激发 Mo 原子中 K 层电子时,即波长略小于 Mo 的 K 吸收限时,入射的 X-射线大部分被吸收而产生次级 X-射线,这时 μ_m 最大;但波长再增加,能量就不足以激发 K 层电子,因此吸收减小,μ_m 也变小。L 吸收限是入射 X-射线激发 L 层电子而产生的,由于 L 层有 3 个支能级,有 3 个吸收限($\lambda_{L\mathrm{I}}$、$\lambda_{L\mathrm{II}}$、$\lambda_{L\mathrm{III}}$)。以此类推,M 层有 5 个吸收限,N 层有 7 个吸收限。能级越接近原子核,吸收限的波长越短。

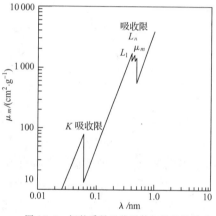

图 12-5　钼的质量吸收系数与波长的关系

12.1.2　X-射线荧光光谱仪

X-射线荧光光谱分析法(XRF)所用仪器按其分光原理分为两类:波长色散型(晶体分光)和能量色散型(高分辨半导体检测器分光)。两种仪器的原理差别较大,下面将分别介绍。

1. 波长色散型 X-射线荧光光谱仪

波长色散型 X-射线荧光光谱仪(WD-XRF)的结构流程如图 12-6 所示,由 X-射线源、分光晶体和检测器三个主要部分组成。由 X-射线源射出的 X-射线照射在试样上,所产生的荧光将向各个方向发射,其中的一部分通过准直器之后产生平行光束,照射在分光晶体(或分析晶体)上,晶体将入射光束按 Bragg 方程进行色散,测量其强度最大的一级光谱($n=1$)。检测器位于与平行光束成 2θ 角度的位置上,正好对准入射角为 θ 的光线。将分光晶体与检测器同步转动进行扫描,可获得光强与 2θ 表示的荧光光谱图。如图 12-7 所示

为不锈钢试样的 X-射线荧光光谱图,图中给出了各元素的特征谱线,应注意各元素的特征谱线不只有一条。X-射线荧光光谱仪与其他光分析法中所使用的分光装置不同,由于 X-射线的特殊性质(穿透性),该仪器中只能使用晶体进行分光,有关晶体分光的原理将在下面晶体分光器部分中进行介绍。

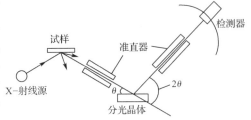

图 12-6　波长色散型 X-射线荧光光谱仪示意图

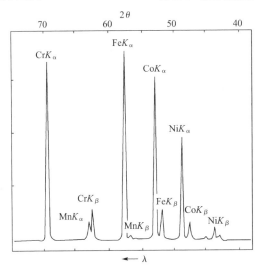

图 12-7　不锈钢试样的 X-射线荧光光谱图

(1)X-射线源

在 X-射线荧光光谱分析中产生 X-射线的方式有两种,即 X-射线管和放射性同位素源,前者在波长色散型仪器中普遍使用,后者在能量色散型仪器中采用较多。

X-射线管所发射的 X-射线也称为初级 X-射线或一次 X-射线。X-射线管的结构如图 12-8 所示。阳极是由 Cu、Fe、Cr、Mo 等重金属制成的电子轰击靶,当在两电极间施加几万伏的高压时,从阴极钨丝上发射出高速电子轰击金属靶,碰撞时电子所具有的能量和方向存在着微小差别,在与靶金属原子碰撞时的能量转换也是一个随机过程,故获得的是具有连续波长的 X-射线谱。当高速电子的动能高到足以使靶金属原子内层电子跳到能级较高的空电子轨道或脱离原子束缚时,原子内层出现空穴,原子处于不稳定的激发态或电离态,随后在 $10^{-14} \sim 10^{-7}$ s 内,外层电子自高能级向低能级的空穴跃迁,辐射出元素的特征谱线(X-射线)后,原子回到稳定状态。X-射线管的效率非常低,仅约 1% 的能量转变成 X-射线辐射,电子的大部分能量转变为热能,故阳极靶需要用水冷却。

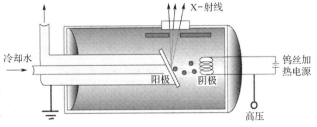

图 12-8　X-射线管结构示意图

X-射线管发出的是连续谱和靶金属特征线的叠加。光谱形状主要取决于阴极的电压,连续谱的总强度随靶金属元素的原子序数的增加和管电流的线性增加而变强。如图 12-9 所示是以 Rh 为阳极,在电压为 45 kV 时的 X-射线谱。为了获得 X-射线管的连续谱和特征线的最佳激发,必须正确选择靶金属材料和施加电压。对于高原子序数元素的试样分析,必须施加高的加速电压。通常分析重元素时采用钨靶,分析轻元素时采用铬靶。靶金属元素的原子序数越大,X-射线管的管压越高,连续谱的强度越大。

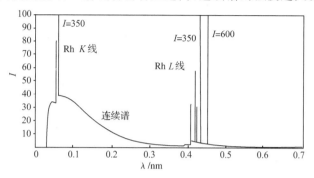

图 12-9　操作电压为 45 kV 时 Rh 阳极的 X-射线谱

(图中标明了 Rh K_{α}、Rh L_{α} 和 Rh L_{β_1} 线的强度)

　　能够发射 X-射线或发射具有足够低能量的 γ-射线的核素也可作为 X-射线源使用。如 ^{55}Fe 可发射Mn-XK 射线(能量为 5.89 keV、6.49 keV),^{109}Cd 可发射 Ag-XK 射线(能量为22.10 keV、24.99 keV)。放射性核素 X-射线源可用于野外用的手提式仪器。

　　(2)晶体分光器

　　晶体分光器的基本原理是当晶体中离子间的距离近似等于 X-射线的波长时,晶体本身就是一个反射衍射光栅。由图 12-10 可见,具有波长 λ 的一束平行 X-射线以 θ 角入射晶体,X-射线分别被第一晶体平面和第二晶体平面的原子弹性反射后,产生光程差 $DBF = 2d\sin\theta$,仅当光程差为波长的整数倍时,干涉而产生最大限度加强的光束,即满足布拉格(Bragg)衍射方程:

$$DB = BF = d\sin\theta \tag{12-9}$$

$$n\lambda = 2d\sin\theta \tag{12-10}$$

$n=1$ 对应于强度最大的一级衍射。当入射 X-射线波长 λ 小于等于晶面间距的 2 倍时,才能产生衍射,故对于不同的波长范围需要选用不同的晶体。

　　(3)准直器

　　准直器是由一系列间距很小的平行金属板组成。撞击到金属板上的 X-射线被吸收,只有与金属板平行的 X-射线才能从间隙中穿过,从而获得平行的 X-射线。

　　(4)检测器

　　检测器的作用是将待测元素辐射出的 X-射线荧光强度转换成可观察的信号。常用的检测器有正比检测器、闪烁检测器和半导体检测器等。

　　流动式正比检测器(充气型)的结构如图 12-11 所示,当 X-射线通过窗口射入管内与 Ar 气作用,产生 Ar^+ 离子和光电子。在高电场作用下,光电子继续与其他 Ar 气作用产生更多的 Ar^+ 离子和光电子,连续反应将产生大量的 Ar^+ 离子和光电子(产生雪崩式放电),产生的光电子总数正比于光电子的起始数,即正比于 X-射线的能量。最终,所有光电子到达阳极,引起电容的瞬间放电。电容与前置放大器相连,完成 X-射线能量到电压信号的转化。但对于短波 X-射线,高能光电子通过时不被气体吸收,导致效率很低,故波长小于 0.2 nm 的 X-射线不采用流动式正比检测器而使用闪烁检测器。

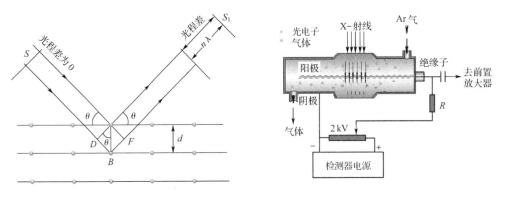

图 12-10　晶体产生 X-射线衍射的条件　　　　图 12-11　流动式正比检测器

闪烁检测器的结构如图 12-12 所示。在光电倍增管前面放置用铊活化的 NaI(Tl) 单晶,X-射线通过时被单晶吸收并产生 410 nm 波长的轻光子(闪烁光),光子进入光电倍增管形成足够大的电流信号。

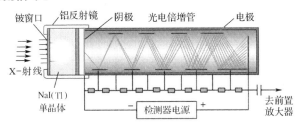

图 12-12　闪烁检测器

由检测器和电子线路处理 X-射线时有一个限量时间,即 X-射线到达检测器系统后有一段不计数的时间,称为"死时间",一般为 200~300 ns。

2. 能量色散型 X-射线荧光光谱仪

能量色散型 X-射线荧光光谱仪(ED-XRF)与波长色散型仪器的不同之处是没有分光系统,而是利用具有一定能量分辨率的 X-射线检测器,同时检测试样所发射出的特征 X-射线的各种能量大小和强度。这种检测器通常是半导体检测器,可紧靠试样放置,增加了接受辐射的立体角,效率要比波长色散型仪器的高 2~3 个数量级,故可使用不需要水冷的小型、低功率 X-射线管,使仪器结构紧凑精巧。仪器结构流程如图 12-13 所示。

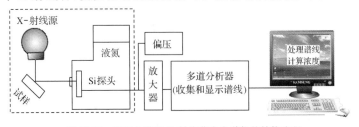

图 12-13　能量色散型 X-射线荧光光谱仪的结构流程

能量色散型仪器有两种测量类型:二次靶和全反射,如图 12-14 所示。二次靶装置首先是将 X-射线辐射到一个金属盘(二次靶)上,由靶金属产生的 X-射线荧光辐射束来激发试样,这样可极大地消除 X-射线管产生的连续谱,背景小,检出限低。二次靶装置所产生的 X-射线荧光效率低,需要较高功率的 X-射线管。全反射装置是将试样放在石英盘上,盘面与 X-射线间的夹角小于 0.1°,X-射线仅与很薄的试样起作用,可视做试样似乎在空气中悬浮,谱图中看不到主要由于散射引起的连续谱干扰。该装置特别适合于液体分析,可将水滴在石英盘上蒸发后测定残渣。检出限可达 10^{-9} g 数量级,绝对检出限为 10^{-12} g 数量级。

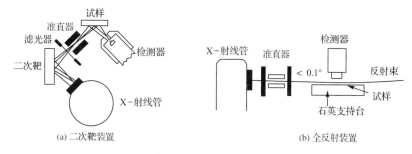

(a) 二次靶装置　　　　　　　　　　(b) 全反射装置

图 12-14　ED-XRF 仪的两种装置

能量色散型仪器所用的半导体检测器的结构如图 12-15 所示。所用半导体可以是 Li 掺杂硅单晶[Si(Li)]或是超纯锗单晶,并在其两面真空喷镀一层约 20 nm 的金膜构成电极,在 n、p 区之间有一个 Li 漂移区,如图 12-16 所示。单晶的导带和价带之间存在着 0.4 eV 的能量差,在室温下,多数电子处于导带,此时晶体属于半导体。如果晶体处于液氮冷却温度(−196 ℃)时,则几乎所有电子处于价带,此时当某一电压加到晶体上时电子不流动。当一个负电压(−500 V)加到晶体的前端,X-射线照射时能量被晶体吸收,形成"电子-空穴"对,促使电子由价带移向导带,在价带留下带正电的空穴,此时晶体暂时变成导体。由于采用偏置电压,电子偏移到尾部接点而空穴偏移到前部接点,电流瞬间流过晶体,该电流正比于射入的 X-射线的能量,如产生一个"电子-空穴"对,需要约 3.85 eV 能量的 X-射线;对于具有 6.4 keV 能量(Fe $K\text{-}L_{3,2}$)的 X-射线,可产生 1 662 个"电子-空穴"对。

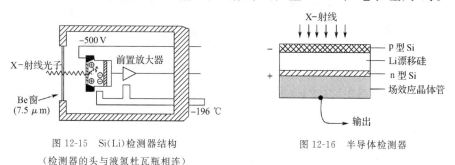

图 12-15　Si(Li)检测器结构　　　　　　图 12-16　半导体检测器
(检测器的头与液氮杜瓦瓶相连)

检测器的前置放大器将产生的电荷转变成脉冲电压。由于每一个进入检测器的 X-射线光子将产生一个脉冲电压,不同能量的 X-射线进入检测器时,同时测量与每条 X-射线能量成正比的脉冲高度(这可通过线性放大器、模-数转换器和存储器来完成)。每条 X-射线的能量由对应能量的光子产生的脉冲电压在存储器中累加,所以能量色散型仪器能同时测量由试样发射的全部 X-射线,而波长色散型仪器只能逐个连续地记录 X-射线。

不同能量的X-射线在不同通道上检测,但并不是所有相同能量的X-射线都被累加在同一个通道上,即存在着误差,所以在谱图中观察到的是近似高斯峰,而不是一条尖锐的谱线,如图12-17所示。峰宽随着能量增大而增大,故能量色散型仪器的分辨率较低。在低能级区,波长色散型仪器有较好的分辨率;在高能级区,能量色散型和波长色散型仪器的分辨率相差不大。

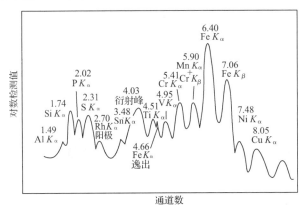

图 12-17　能量色散型 X-射线荧光光谱图

12.1.3　X-射线荧光光谱分析法的应用

1.定性分析

精确测量荧光线的能量或波长,由波长与元素的原子序数间的关系,通过比较元素的特征谱线是否存在来进行元素定性。对于波长色散型仪器获得的谱图,可查谱线-2θ表确定待测元素。例如,以 LiF 作为分光晶体,试样在 $2\theta=44.59°$ 处有一强峰,谱线-2θ表显示为 Ir(K_α),故试样中含 Ir。

2.定量分析

谱线强度与元素的含量成正比,可通过标准曲线法、增量法及内标法来定量。由于信噪比和选择性较低及谱线重叠,测定净峰强度较复杂,需要在计算机上用专门的程序进行光谱数据处理。另外,在 X-射线荧光光谱分析法中还存在着"增强效应",即在试样中,由初级辐射产生特征 X-射线的过程称为初级荧光,而由试样中产生的其他元素特征 X-射线引起另一元素发射特征 X-射线的过程称为次级荧光。如果有次级荧光产生,观察到的 X-射线荧光强度增强。如合金中 Fe-K-$L_{3,2}$(6.4 keV)能有效激发 Cr 原子($E_k=5.989$ keV)。Ni-K-$L_{3,2}$ 既能激发 Fe 又能激发 Cr。增强效应和基体吸收引起标准曲线的非线性如图 12-18 所示。

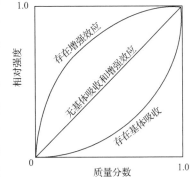

图 12-18　增强效应与基体吸收对定量的影响

3.应用

X-射线荧光光谱分析法具有谱线简单、无损检测等特点,应用不断扩大,已成为国际标准(ISO)分析方法。对于金属试样可压成圆盘,表面抛光后测定。矿石、无机物、残渣及冷冻干燥的生物试样等,可研磨成粉末后压片测定。矿石等试样也可熔融固化后形成

206

均匀光滑表面后测定。液体试样可直接将一滴溶液滴在试样台上测定。对于微量和痕量组分元素,可用离子交换树脂富集后,将负载的树脂压片后测定;对于大气污染物可采取将一定体积的空气连续通过一个 $0.4~\mu m$ 孔径的 Nuclepore 滤纸,形成薄膜后分析。X-射线荧光光谱分析法还可直接测定蛋白质中的硫,血清中的氯、锶等元素以及对组织、骨骼、体液等进行分析,也是鉴别文物、艺术品等的一种十分有效的分析方法。

12.2　X-射线衍射分析法

由上节可知,晶体中离子间的距离近似等于 X-射线的波长时,晶体本身就是反射衍射光栅,测定相关数据可获得有关晶体的结构信息。迄今为止,X-射线衍射分析法是目前测定晶体结构的最重要手段,特别是计算机的使用,使原本复杂繁琐的测定和晶体结构解析过程可自动完成,应用更加广泛。

12.2.1　X-射线衍射分析法的基本原理

晶体是由原子、离子或分子在空间周期性排列构成,具有在三维空间延伸的点阵结构。晶体结构可以用点阵＋结构基元来描述。晶胞是晶体结构中空间点阵的最小单位。晶胞的三个向量 a、b、c 及其夹角 α、β、γ 称为晶胞参数,可表示晶胞的大小和形状。当一个晶面与三个晶轴坐标相交,其截距的倒数比为 $h:k:l$,可用晶面指标 $(h\,k\,l)$ 符号表示。X-射线衍射分析法可以用来确定晶胞参数和晶面指标。

X-射线的波长短,穿透力极强,照射晶体时大部分射线将穿透晶体,部分被吸收,仅极少部分发生反射。吸收的能量使晶体中的电子和原子核产生周期性振动,因原子核的质量比电子大得多,故其振动可忽略,所以振动着的电子就成为一个新的发射电磁波的波源,以球面波方式发射出与入射 X-射线波长、频率相同的电磁波。当入射 X-射线按一定方向射入晶体并与电子作用后,再向其他方向发射 X-射线的现象称为散射。原子散射 X-射线的能力与原子中所含电子数目成正比,电子越多,散射能力越强。由于晶体中原子散射的电磁波相互干涉而在某一方向得到加强或抵消的现象称为衍射,其相应的方向称为衍射方向。由图 12-10 可见,满足布拉格方程时,晶体才能发生衍射。当 X-射线的波长 λ 已知时,测定出入射角 θ,就可计算出晶面间距,这是 X-射线衍射进行晶体结构分析的基础,故在 X-射线衍射分析时,需要采用单波长的 X-射线。

晶体中原子对 X-射线的散射能力取决于原子的电子数,晶体衍射 X-射线的方向与构成晶体的晶胞大小、形状以及入射 X-射线的波长有关,衍射光的强度则与晶体内原子的位置有关,所以每种晶体都有自己的衍射图,从图中可获得晶体结构的相关信息。例如用 Ca-K_α 线,入射角为 $14.72°$ 时,发生一级衍射,由布拉格方程可计算出两晶面间的距离为 $0.030\,3~nm$,并可进一步推断晶体结构。

在实际应用中,X-射线衍射分析法可分为粉末衍射分析法和单晶衍射分析法。

12.2.2 粉末衍射分析法

粉末 X-射线衍射仪的结构如图 12-19 所示。仪器由单色 X-射线源、试样台和检测器组成。X-射线源一般采用 X-射线管,其阳极通常采用金属铜为靶材料,产生 K_α 线和 K_β 线,通过薄镍箔后可将其中的 K_β 线过滤掉,获得 K_α 线。K_α 线照射试样晶体后发生衍射,采用闪烁检测器记录衍射图。测定时,通常使试样晶体平面旋转,使 X-射线能对晶体各部位进行照射。光源对试样以不同的 θ 角进行扫描,检测器则在 2θ 角位置进行检测。

粉末衍射分析法常用于测定立方晶系的晶体结构。如果物质的化学式已知,根据测得的衍射数据,由布拉格方程,通过计算机处理获得晶面间距、晶胞参数等数据,文献库中已存有数千种粉末衍射图,可对固体未知物进行检索,对比鉴定。粉末衍射分析法也可以用来确定粒子大小。高聚物、固体催化剂、蛋白质等粒子的大小与其性能有密切关系,这些物质的晶粒太小($10^{-6} \sim 10^{-4}$ cm),所得到的衍射线条不够尖锐且具有一定的宽度,可根据谱线宽度经过计算获得颗粒的平均大小。如图 12-20 所示为 BaS 的粉末衍射图。

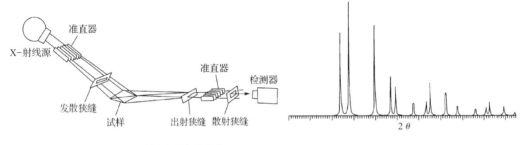

图 12-19 粉末 X-射线衍射仪的结构   图 12-20 BaS 的粉末衍射图

12.2.3 单晶衍射分析法

以单晶作为研究对象比多晶更方便可靠,获得的信息也更多。测定单晶结构的主要装置是 X-射线四圆衍射仪。被分析的单晶尺寸一般为 0.1～0.5 mm,通常在显微镜下选择近似于圆球形或圆柱形的晶体,粘接在玻璃丝的顶端,并位于中心位置,如图 12-21 所示。检测器通常采用闪烁检测器(近年来新型的成像板区域检测器受到重视,其可以存储 X-射线的潜像),当用 He-Ne 激光照射时,发射出与其接受到的 X-射线光子数目成比例的辐射,检测速度比其他检测器的高 10 倍,数据收集速度大大加快。

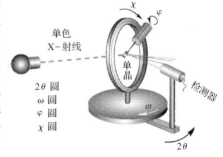

图 12-21 四圆衍射仪示意图

四圆衍射仪的四个圆分别称为:φ、χ、ω、2θ 圆。其相对位置如图 12-22 所示。晶体的定向由 φ、χ、ω 圆的运动轨迹决定。晶体与 X-射线及检测器在同一平面内,测角仪安装在 φ 轴上,φ 圆位于 χ 圆上并围绕安置晶体的轴旋转。φ 轴随 χ 圆转动。ω 圆旋转时则带动 φ 圆和 χ 圆一起运动。φ 圆和 χ 圆的作用是共同调节晶体的取向,使晶体中的某一组平面点阵垂直于衍射仪的平面,让平面点阵组的法线与入射 X-射线都处在水平面上。ω 圆的作用是使晶体旋转到使该平面点阵组能产生衍射的位置,此时入射线与平面点阵组的夹角为 2θ 角。2θ 圆的作用是调节检测器的位置,使衍射线刚好进入检测器。检测器采用闪烁检测器。

　　四圆衍射仪四个圆的动作都分别由微电机带动,晶体的定向、晶胞参数及衍射强度的测量由计算机自动控制,从而获得准确的晶体衍射数据。

　　X-射线衍射分析法可以测定普通晶体的结构、立体构型、构象、化学键类型、键长、键角、分子间距离及配合物的配位数等重要结构化学数据,借助电子云密度函数还可以计算出电子云密度分布图(图 12-23)。X-射线衍射分析法已可以达到原子分辨率的水平,如研究出氨基酸、核苷酸、单糖分子晶胞大小为 0.5~2.0 nm,分子中的原子个数达 100 个。用 X-射线衍射分析法研究生物大分子的立体结构已成为目前活跃的领域,使生物大分子的研究发生了巨大变化。

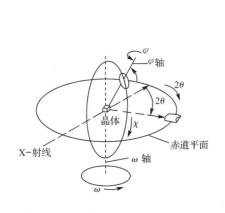

图 12-22　四圆的相对位置

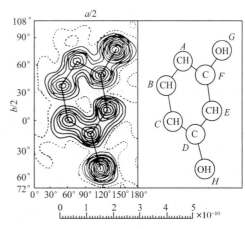

图 12-23　β-间苯二酚(0 0 1)面衍射图

12.3　光电子能谱与光探针分析法

　　表面分析通常用来表征材料表面微区的组成、结构、化学键及形貌等特性,而且要在非常小的空间范围内和非常少的原子上进行,如 1 μm^2 微区内供分析的原子总数为 10^7 个,分析一个原子层中十万分之一(10^{-5})的组分时,可供分析的原子数仅有 100 个。因此,表面分析法应具有高信息容量、高空间分辨率及高检测能力,也决定了其只能基于光子、电子、离子和电场与材料表面原子间的相互作用。目前最广泛使用的表面分析法有:X-射线光电子能谱(XPS)、紫外光电子能谱(UPS)等光探针分析法,各种电子能谱(AES)等电子探针分析法及离子散射能谱等离子探针分析法。

12.3.1　光电子能谱分析法

　　具有足够能量的电磁辐射(X-射线和紫外光)被物质吸收后能够导致光电子的发射,但只有产生于固体最外层原子的那些光电子才能从表面向真空发射并被检测,所以光电子能谱是一种灵敏的表面敏感分析技术。

当入射光与物质表面上的原子作用而使某一层的电子脱离核的束缚,并以一定的动能发射出去时,这种电子称为光电子,其现象称为光电离或光致发射,原子则成为激发态离子,所以光电子能谱的基本原理是光电离作用。

$$A + h\nu \longrightarrow A^{+*} + e^-$$

X-射线光电子能谱、Auger(俄歇)电子能谱和紫外光电子能谱产生光电子的过程如图 12-24 所示。原子的内层电子容易吸收 X-射线光量子而受到激发,紫外光所具有的能量比 X-射线的小,只能将原子价层电子激发。当原子内层电子被激发而出现空穴时,其他层电子向空穴跃迁发出的能量使另一电子发射产生 Auger 电子,而真空中的自由电子对光量子只产生散射而不能吸收。

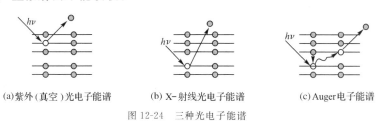

(a)紫外(真空)光电子能谱　　(b) X-射线光电子能谱　　(c) Auger电子能谱

图 12-24　三种光电子能谱

对于气态原子或分子,光电离过程的能量守恒关系可表示为

$$h\nu = E_b + E_k + E_r \tag{12-11}$$

即入射光的能量 $h\nu$ 一部分用来克服光电子的结合能 E_b,使其激发成为自由的光电子;另一部分转移给光电子使其具有一定的动能 E_k;此外,光电子离开使原子或分子产生一个反冲运动,其能量为 E_r。反冲动能 E_r 一般很小,可忽略,则

$$E_b = h\nu - E_k \tag{12-12}$$

测定发射的光电子动能 E_k,即可确定结合能 E_b。不同原子发生光电离作用需要具有一个确定的最小光电子能量值,该值称为临阈光电子能量 $h\nu_0$。对于气体原子,这个值就是原子的第一电离能。当 X-射线照射固体试样时,能量分配为:①内层电子跃迁到费米能级 *,即克服该电子的结合能 E_b;②电子由费米能级进入真空成为静止电子,即克服试样功函数 Φ_s;③自由光电子的动能 E_k,可表示为

$$h\nu = E_b + E_k + \Phi_s \tag{12-13}$$

当试样置于仪器中的试样架上时,试样材料与仪器试样架材料的不同,两者的功函数不同,产生接触电势 ΔE。若仪器功函数 $\Phi_{sp} > \Phi_s$,ΔE 将对激发电子产生加速作用,使自由光电子具有的动能增大。试样功函数随试样不同而改变,而仪器功函数为定值,若照射光能量和仪器功函数为已知时,测定光电子动能即可得到该电子的结合能,进而确定原子种类,即定性的依据。

单波长 X-射线可激发多种核内电子(或不同能级上的电子),即具有不同结合能和动能的电子,产生由一系列峰组成的电子能谱图,每个峰对应于一个原子能级(s、p、d、f)。

光电子的发射过程中还存在着产生光电离几率(可用光电离截面 σ 表示)和电子逃逸深度(以 λ 表示)问题。光电离几率与原子电子层的平均半径、入射光子能量和原子序数

---

　* 费米能级是指 0 K 时,固体材料的原子中充满电子的最高能级。

有关。一般来说,光电离几率与原子半径的平方成反比。对于轻原子,1 s 电子的光电离几率比 2 s 电子的要大 20 倍。对于重原子,由于随着原子序数增加,原子轨道紧缩,原子半径的影响变得不太重要,不同原子同一层电子的光电离几率随原子序数增加而增大。上面讨论的能量关系系指试样表面的原子,光电子从产生处向固体表面逸出的过程中与定域束缚的电子发生非弹性碰撞,其能量不断地按指数关系衰减,电子能谱分析法所能研究的信息深度取决于逸出电子的非弹性散射的平均自由程,简称"电子逃逸深度"(或平均自由程),以 λ 表示。λ 随试样性质而变,在金属中为 0.5～2 nm;氧化物中为 1.5～4 nm;对于有机化合物和高分子化合物为 4～10 nm。通常认为 X-射线电子能谱分析法的取样深度 d 为电子平均自由程的 3 倍,可见光电子能谱分析法是一种良好的表面分析法。

12.3.2　X-射线光电子能谱分析法

X-射线光电子能谱分析法(XPS)是由西格巴赫(Siegbahn)等人在 20 世纪 50 年代提出并成功用于物质表面元素定性和定量分析的方法。西格巴赫由于对光电子能谱的谱仪技术和谱学理论的杰出贡献而获得了 1981 年度的诺贝尔奖。

X-射线光电子能谱仪的结构如图 12-25 所示。X-射线源通常采用铝或镁为阳极靶元素的 X-射线管。Mg 的 K_α 双线具有 1.25 keV 的能量,复合线的半宽度约为 0.7 eV。Ag 的 K_α 双线具有 1.49 keV 的能量,复合线的半宽度约为 0.85 eV,这些 X-射线经石英晶体聚焦后可获得半宽度为 0.3 eV 以下的单色 X-射线,能够聚焦于相对小的试样点上(通常直径为 10～200 μm)。照射后试样所发射出的光电子经能量分析器分离到达检测器,信号由计算机处理。能量分析器有磁场型和静电型两类,其中静电型具有体积小、外磁场屏蔽简单、易安装调试等特点,较多使用。当电子束通过半球形静电场电子能量分析器时,连续改变电场可使不同能量的电子产生不同的偏转而依次通过分析器到达检测器。检测器采用单道或多道电子倍增器。

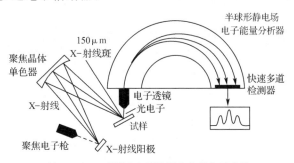

图 12-25　X-射线光电子能谱仪的结构示意图

在获得的电子能谱图上,出现各种元素的特征谱峰群,即每种元素都有一系列结合能不同的光电子能谱峰,如图 12-26 所示。峰强度的一般规律为:主量子数 n 越小,峰强度越大;主量子数相同时,角量子数 L 越大,峰强度越大;对于两个自旋分裂峰,内量子数 J 越大,峰强度越大。一般选择元素的最强特征峰来鉴定元素。在电子能谱图上,有时出现非光电子峰,称为伴峰,如 Auger 电子峰、激发源的 X-射线峰等。实际测定时,试样表面必须保持高度清洁,防止出现污染峰。

电子能谱图中元素的特征峰位置受其他因素影响而发生变化。由固体的热效应与表面电荷的作用引起的谱峰位移称为物理位移。元素的价态和存在形式的不同,可以使特征峰位置产生较大位移,由原子所处化学环境的变化引起的谱峰位移称为化学位移。通过确定化学位移则可研究元素在固体微区的存在形态。如图 12-27 所示是气态丙酸乙酯的 X-射线光电子能谱图,图中氧原子的 1s 峰为两个峰面积相同的峰,说明该化合物分子中的氧有两种存在形式且个数相同;图中碳原子的 1s 出现三个峰,甲基和亚甲基的 3 个碳原子形成 A 峰,羰基碳原子和与羟基氧连接的碳原子分别形成 B、C 峰(各 1 个碳原子)。由此可见,峰面积与分子中化学环境相同的原子个数成正比。

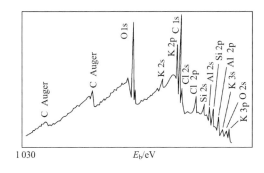

图 12-26　月球土壤的 X-射线光电子能谱图　　图 12-27　丙酸乙酯(气态)的 X-射线光电子能谱图

X-射线光电子能谱分析法是一种无损分析法,试样用量极少,约 10^{-8} g 即可,属痕量分析法,其绝对灵敏度高,可达 10^{-18} g。不足之处是仪器昂贵,相对灵敏度低,一般仅能检测出含量在 0.1% 以上的组分。在仪器分析中的应用主要包括以下几个方面:

(1)元素定性分析

各元素的电子结合能有固定值,一次扫描后,通过查对谱峰,可确定所含元素(H、He 除外),如图 12-26 所示是月球土壤的成分分析。

(2)元素定量分析

一定条件下,峰强度与元素的含量成正比,但影响因素较多,精度为 1%~2%,标准偏差为 10%。

(3)化学结构分析

原子的化学位移与所处的化学环境有关。内层电子的结合能随氧化态增高而增大,化学位移随之增大。化学位移还与相邻原子的电负性有关。峰强度与化学环境相同的原子个数成正比,故由电子能谱图测定化学位移和峰强度比可获得有关的结构化学信息。

(4)固体化合物表面分析

X-射线光电子能谱的无损、微区分析特性特别适合对催化剂表面活性的测定,如图 12-28 所示是钯催化剂在失活前后的 X-射线光电子能谱分析结果对比,由谱图可看出催化剂失活前后的明显差别,这是其他分析方法所难达到的。表面

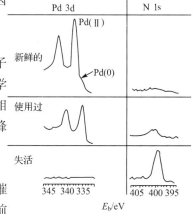

图 12-28　不同状态钯催化剂的 X-射线电子能谱

分析涉及氧化、还原、腐蚀、吸附、聚集等过程所引起的物质表面组分与结构的变化。

12.3.3　紫外光电子能谱分析法

　　紫外光电子能谱分析法(UPS)与 XPS 法在原理、仪器等方面有较多相同之处。但紫外光电子只能使原子的外层电子被激发,研究的是原子的外层电子而不是内层电子,故从另一方面提供了物质的结构信息,特别是大量有关非键电子和成键电子的信息,这使两种方法具有互补性。在 UPS 法中通常使用 $10\sim40$ eV 的紫外辐射,如使用氦放电灯时,提供具有 21.21 eV(HeI)和 40.82 eV(HeII)的谱线,由于光源线很窄(线宽仅有数 meV),可得到很高的分辨率。同时,因为光电子发生在所研究材料表面的几个原子层中,得到的紫外光电子能谱同时包含了材料表面和主体的状态信息,若采取小角度测量时,可使来自主体的信息减少,而主要提供表面状态信息。

　　UPS 法是研究固体表面电子结构及对表面吸附物进行表征的最重要方法,对于研究催化剂和表面吸附特别有用。通过测定谱峰强度,可获得被吸附物质在主体表面的覆盖度及占据的单分析层分数。若将一束紫外或可见激光束通过光学显微镜聚焦在试样表面直径 $1\sim2$ μm 的微区内,导致表面物质解吸,通过控制激光能量的大小,可产生非热解过程和热解过程两种不同的解吸过程。能量小时,以非热解过程为主,生成被吸附物分子;能量大时,则使表面物质原子化。这种被激光解吸产生的原子离子或分子离子可引入飞行时间质谱仪或离子回旋共振的傅立叶变换质谱仪加以分析,这种技术称为激光微质谱法(Laser Micro Mass Spectrometry,LAMMS)。LAMMS 法是一种相当灵敏的微量分析法,元素的检出限可达到 $1\sim100$ $\mu g/g$,特别适合微区中痕量元素的分布分析,如生物材料中痕量元素分布的研究及底物上有机层的研究。

12.4　电子能谱与电子探针分析法

　　利用聚焦微电子束照射物质表面,并对所激发出的电子进行能量测定,以获取有关表面化学与结构信息的方法称为电子探针分析法。与光探针分析法相比,电子探针分析法中电子束与物质作用的横截面积较大,分析信号强,具有高的横向分辨率。电子探针分析法包括了 Auger 电子能谱分析法(AES)、电子探针 X-射线微分析法(Electron Prob X-ray Micro Analysis,EPXMA)及扫描电子显微镜法(Scanning Electron Microscopy,SEM)。这些方法有较多的共同之处,如 EPXMA 法和 SEM 法使用的仪器组成基本相同,前者属表面元素分析技术,而后者属于表面成像技术,但通常是在同一台仪器上完成两项任务。Auger 电子能谱分析法与 X-射线光电子能谱分析法类似。

12.4.1　Auger 电子能谱分析法

1. 基本原理

　　原子受到电子或光激发后,内层的电子层出现空穴,产生的离子位于激发态,如图 12-29(a)所示。外层电子向空穴跃迁并释放能量(可发射 X-射线荧光),如图 12-29(b)所示。同时,这种能量也可以使同一层或更高层的另一电子电离,即发射 Auger 电子,如图

12-29(c)所示,使原子最后呈双电离态。

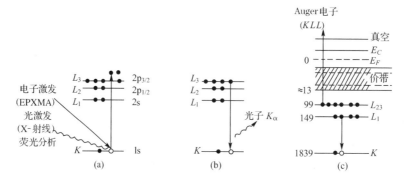

图12-29　X-射线光子与KL_1L_2Auger电子产生过程

发射X-射线荧光和发射Auger电子是两个相互关联和竞争的过程,其荧光产率ω_{KX}和Auger电子产率ω_{KA}之间必然存在以下关系:

$$\omega_{KA}=1-\omega_{KX} \tag{12-14}$$

ω_{KX}和ω_{KA}均随原子序数而变化,如图12-30所示。由图可见,原子序数在11以下的轻元素发射Auger电子的产率在90%以上,随着原子序数的增加,Auger电子的产率下降,故Auger电子能谱分析法更适合原子序数小于32的元素分析。Auger电子的产生涉及始态和终态两个空穴,可用3个电子轨道符号表示,如图12-29所示发射的KLLAuger电子。

当用具有一定能量的电子束(或X-射线)激发试样时,记录所产生的各种二次电子的能量分布,从中可得到Auger电子信号,但相对于大背景来说,Auger电子信号峰小且宽(图12-31中(b)区所出现的峰)。Auger电子离开原子时具有一定的动能,由其产生过程可见,Auger电子的能量与激发源的能量无关,而与其在原子中所处状态的能级有关。当具有一定能量的电子束作用在试样表面时,在原子中的库仑电场力作用下,入射电子将发生弹性散射和非弹性散射,可以产生多种电子信息,Auger电子峰即叠加在二次电子谱和散射电子谱上,如图12-31所示。入射电子束从试样中激发电子,这些电子又激发别的电子,产生大量能量较低的二次电子,即图12-31中(a)区宽且强的峰。当入射电子与原子发生弹性碰撞时,电子改变方向,则在电子能谱中与入射电子能量相近处(E_{in})出现一个较强峰,即图12-31中(b)区与(c)区交界处的峰,该峰一般可作为校准能量的参考。在高灵敏和高分辨仪器中,可观察到两强峰之间存在着许多小峰,其中包括Auger电子峰,因

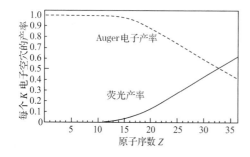

图12-30　荧光产率与Auger电子产率

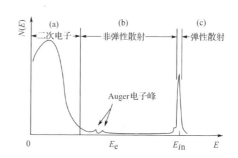

图12-31　入射电子与原子碰撞后各种电子信息的能量分布

为 Auger 电子的能量与入射电子的能量无关,故可通过改变入射电子的能量使其他峰产生移动而 Auger 电子峰位置不变来确认。Auger 电子峰太小,一般通过将 $N(E)$-E 能谱图微分绘制成 $dN(E)$-dE 图,使 Auger 电子峰变得十分尖锐而易于区别。如图 12-32 所示,曲线 A 为正常能量分布 $N(E)$-E 曲线,从图中很难辨认出 Auger 电子峰,放大 10 倍后可见小的 Auger 电子峰(曲线 B),曲线 C 则为曲线 A 的一阶导数($dN(E)$-dE),Auger 电子峰很容易确认。

Auger 电子的能量可用下式表示,对于 KLL Auger 电子:

$$E_{KL_{\mathrm{I}}L_{\mathrm{II}}}(Z)=E_K(Z)-E_{L_1}(Z)-E_{L_{\mathrm{II}}}(Z+\Delta)-\varPhi \tag{12-15}$$

式中,Z 为原子序数;$(Z+\Delta)$ 值介于 Z 和 $Z+1$ 之间,Δ 的实验值为 $1/2\sim1/3$;$\varPhi$ 为仪器的功函数。

Auger 电流强度 I_A 主要由电离截面 Q_i 和 Auger 电子发射几率 P_A 决定。

$$I_A\propto Q_iP_A \tag{12-16}$$

电子碰撞激发的电离截面取决于被束缚电子的能量 E_{bi} 和入射电子的能量 E_{in},如果 $E_{in}<E_{bi}$,入射电子的能量不能使 i 能级上的电子激发,Auger 电子产率为零。但如果 E_{in} 过大,电子与原子作用的时间过短,也不利于提高 Auger 电子产率,一般 $E_{in}/E_{bi}\approx3$ 较合适。

2. 仪器

X-射线光电子能谱仪、紫外光电子能谱仪和 Auger 电子能谱仪都是测量低能电子的仪器,三者的主要区别在于激发源不同。通常可将三种激发源组装在一起或能够互换,使一台仪器具有多种功能,称为电子能谱仪,其结构如图 12-33 所示。为了获得较高强度的信号,在能量分析器外部再放置一电子枪,使电子束能以较小的角度轰击。溅射离子枪的作用是通过溅射去除试样表层原子,对暴露出的新层进行分析,溅射和分析可同时或交替进行,获得试样深度纵断面组成分布图。

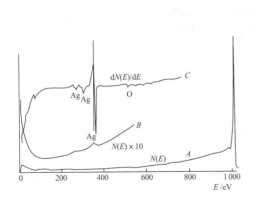

图 12-32　银试样的 Auger 电子能谱(激发源为 1 keV 电子束)

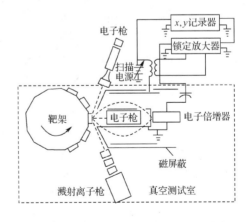

图 12-33　电子能谱仪

3. 应用

Auger 电子能谱分析法是应用最广泛的表面分析法,所获得的信息深度为 $0.5\sim10$ nm,既可以进行点分析和高分辨率的横向分布分析,也可以进行薄膜和试样深度纵断面组成分布分析,能测定除氢和氦以外所有元素的各种状态。在 Auger 电子能谱分析法中,结合能不同所产生的化学位移差别非常小,检测困难,故不能用来鉴别元素的形态。

12.4.2 电子微探针分析法与扫描电子显微镜法

电子微探针分析法也称为电子探针 X-射线微分析法(EPXMA),其仪器结构如图 12-34所示。电子枪发射的电子流被阳极电压加速后,能量在 1~50 keV 之间,电流为 10 pA~1 μA。将其聚焦后形成直径为0.001~0.1 μm 的电子束,照射在试样上时,试样元素被激发产生 X-射线,可用波长色散或能量色散 X-射线光谱仪检测,并同时记录 Be~U 所有元素的信号强度。分析的相对检测准确度在 1%~10%,检出限达 0.01%~0.1%。利用目镜可将电子束准确定位在固体表面需要分析的微区内。除可进行点分析外,也可以进行线或面的扫描分析,电子微探针分析法是进行固体微区分析的最重要方法,可对金属、合金及陶瓷等进行研究,也可分析有毒尘埃颗粒及石棉纤维鉴别。

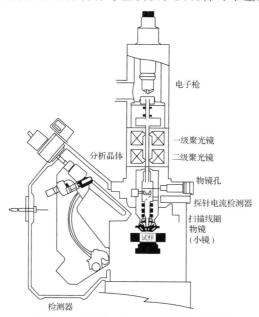

电子枪

一级聚光镜
二级聚光镜

分析晶体

物镜孔
探针电流检测器
扫描线圈
物镜
(小镜)
试样

检测器

图 12-34 EPXMA 及扫描电子显微镜示意图

扫描电子显微镜法(SEM)与电子微探针分析法的主要区别在于检测和显示方式不同。电子显微镜中扫描电子束被聚焦到 1~100 nm,再投射到试样表面。从试样表面逐出的二次电子由闪烁检测器检测,所产生的光脉冲由光电倍增管放大后,调制投射至阴极射线管上的电子束强度,当电子束对试样表面进行扫描时,试样表面的间接图像显示在阴极射线管上,所得到的图像与光学显微镜得到的图像相似,但放大率更高。将试样制成薄片,如 100 nm,由穿过试样的发射电子得到试样的图像,即为扫描透射电子显微镜法(Scanning Transmission Electron Microscopy,STEM),也称分析电子显微镜法(Analytical Electron Microscopy,AEM)。

12.5　离子散射能谱与离子探针分析法

当几百至几兆 eV 能量的离子束作用于物质表面时,与光束和电子束类似,同样发生各种相互作用而给出有关物质表面性质的各种分析信号,这构成了离子散射能谱与离子探针分析法的基础。离子探针分析法是表面分析的重要方法之一,在所建立的各种离子探针分析法中,离子散射能谱分析法(Ion Scattering Spectroscopy,ISS)和次级离子质谱分析法(Secondary Ion Mass Spectrometry,SIMS)发挥着重要作用。

离子束的能量不同,将使离子束与物质表面的主要作用方式发生改变,形成表 12-3 中的各种离子探针分析法。

表 12-3　　　　　　　　　　　　　　　　离子探针分析法

基本过程		信号产生机理	离子能量	技术	应用
弹性过程	散射	轻离子(He^{2+}、Ne^+)的背散射	$1\sim3$ MeV	RBS	定量薄膜分析
			$0.5\sim6$ keV	ISS	单原子层的定性分析
		前向反冲发射	$1\sim30$ MeV	ERD	H、C、N 和 O 定量薄膜分析
非弹性过程	核反应	核粒子发射	MeV	NRA	轻元素定量的薄膜分析
				CPAA	表面痕量分析
	溅射	溅射和表面电离	$1\sim30$ keV	SIMS	痕量元素的微分析和纳分析、同位素分析
		溅射和中性粒子的后电离	$0.2\sim20$ keV	SNMS	定量薄膜分析、痕量分析

12.5.1　离子散射能谱分析法

当小质量的离子束(如 He^{2+})轰击物质表面时,弹性核-核库仑作用将成为主要的作用方式,从而引起初级离子的弹性大角度散射,如图 12-35 所示。测量背散射初级离子能量损失谱可获得物质表面散射原子的质量,即为离子散射能谱分析法。由于发生了弹性碰撞,能量和动量守恒,对于给定的散射角 θ,在粒子质量和能量之间存在以下关系:

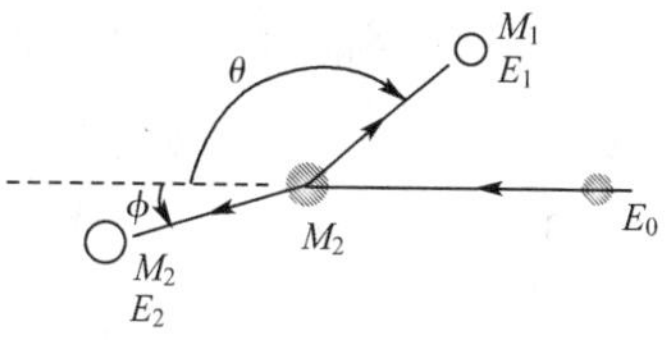

图 12-35　轰击离子与原子间的弹性碰撞

$$\frac{E_S}{E_0}=\left[\frac{(M_S^2-M_0^2\sin^2\theta)^{1/2}+M_0\cos\theta}{M_S+M_0}\right]^2 \tag{12-17}$$

当 $\theta=90°$ 时:

$$\frac{E_S}{E_0}=\frac{M_S-M_0}{M_S+M_0} \tag{12-18}$$

式中,E_S 为散射离子的能量;E_0 为轰击离子的能量;M_0 为轰击离子的质量;M_S 为试样粒子的质量。

发生散射的机理是 He^{2+} 核与靶核之间的库仑排斥作用力,但只有当两核靠得极其近时,一般小于 10^{-4} nm(K 层的半径为 10^{-3} nm),这种力才可能产生。在所发生的核-核碰撞中,被散射的 He^{2+} 将其具有的一部分动能转移给了靶原子而导致能量损失,能量损失的大小取决于所涉及原子的质量和散射角,从散射离子的能量就可以获得试样表面的原子质量和原子所处位置的信息。按离子束的能量不同,离子散射能谱分析法又分为卢瑟福背散射能谱分析法(Rutherford Backscattering Spectroscopy,RBS)和低能离子散射能谱分析法(Low Energy Ion Scattering Spectroscopy,LEISS),前者离子束的能量为1～3 MeV,后者为 0.5～6 keV。离子散射能谱分析法对于研究表面层原子是极其灵敏的,特别是 LEISS 法,只有当固体表面发生弹性碰撞的瞬间,离子才能被检测。LEISS 法是目前惟一对单原子层有选择性而不考虑下层原子种类的表面分析法。由于其独特的性能,LEISS 法被大量地应用于基础研究中。

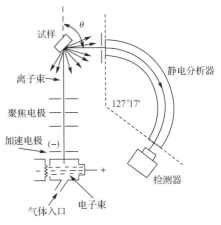

图 12-36   离子散射能谱仪

离子散射能谱仪的结构如图 12-36 所示。电子束轰击气体原子生成离子(如 He^{2+}),经过负电压加速以 45°角聚焦于试样表面。原子散射的离子向各个方向发散,但只有以合适角度散射的离子才能进入静电分析器,整个仪器(包括试样)置于真空系统中。

12.5.2   次级离子质谱分析法

当具有中等或较高质量且能量在 keV 范围内的离子束轰击靶时,非弹性碰撞的溅射成为相互作用的主要方式,即惰性气体离子取代靶表面的粒子而使表面粒子射出。这些被逐出的粒子可以是正离子、负离子或中性粒子(90%为中性粒子)。对于金属元素通常利用正离子进行分析,而对于非金属离子需要利用负离子进行分析。在离子束轰击下,试样表面原子产生离子的几率可用溅射产率 Y 表示,即一个入射离子平均从表面上溅出的离子数。对于多数金属,$Y=1～10$。

次级离子质谱法(SIMS)可分为静态法和动态法。静态法中的初级电流密度低,分析时只有单原子层的部分原子被溅出,减少了分析时分子的碎裂,常用于非常薄的表面层和有机材料的表面分析;动态法中的初级电流密度高,试样表面以每秒 0.1～100 原子层的速度被除去,可用于不同深度轮廓测量和三维组成分布分析。另外,静态法需要在高真空条件下工作($<10^{-7}$ Pa);动态法因受表面污染的影响不大,可在中等真空条件下工作($<10^{-4}$ Pa)。

动态法次级离子质谱仪的结构如图 12-37 所示。常用的离子束有 Ar^+、Xe^+、Kr^+、Ga^+、O_2^+、Cs^+ 和 O^- 等。如图 12-38 所示为碱玻璃的次级离子质谱图。

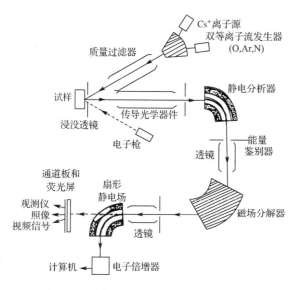

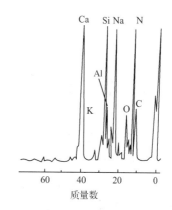

图 12-37　动态法次级离子质谱仪的结构示意图　　　　图 12-38　碱玻璃的次级离子质谱图

习　题

12-1　为什么表面分析法较多使用 X-射线作为激发源？

12-2　为什么 X-射线荧光光谱分析法对轻元素的灵敏度很低？

12-3　元素的 X-射线荧光的波长(λ)随元素的原子序数(Z)增加,发生什么变化？

12-4　发射 Auger 电子的原理是什么？ 发射过程涉及几个轨道？ 如何表示？

12-5　涉及 X-射线的分析中,能使用普通光学光栅吗？ 什么条件下,晶体可作为光栅使用？

12-6　粉末和单晶 X-射线衍射分析法的原理和主要应用是什么？

12-7　X-射线管是如何产生连续 X-射线和特征 X-射线的？ 如何获得单色 X-射线？

12-8　比较波长色散型和能量色散型 X-射线荧光仪器的差异。

12-9　XPS 和 UPS 的典型应用是什么？ 哪些性质决定了它们的应用范围？

12-10　列出为解决某一给定问题选择一种表面分析法时的依据。

12-11　哪些表面分析法可以进行深度轮廓分析？

12-12　如果需要对固体表面单原子层进行分析,可采用哪一种方法,为什么？

12-13　如果需要分别对固体表面吸附层和表层进行分析,可采用什么方法？

12-14　总结光探针、电子探针、离子探针三种表面分析法的异同点。

第13章

分子发光分析法

分子发光分析法(Molecular Luminescence Spectrometry)主要包括:分子荧光(Molecular Fluorescence)分析法、分子磷光(Molecular Phosphorescene)分析法和化学发光(Chemiluminescene)分析法。前两种属于光致发光,化学发光分析法则是利用化学反应过程中的发光现象所建立的分析方法,包括化学发光分析和生物发光(Bioluminescence)分析。分子发光分析法属于分子发射光谱分析法的范畴,具有较高的检测灵敏度,在有机大分子和生物大分子分析方面有着重要应用。特别是激光诱导荧光分析法因具有超高灵敏度而受到关注。

13.1 分子荧光与磷光分析法的基本原理

13.1.1 荧光与磷光的产生过程

无论是在原子发射光谱还是在分子发射光谱分析中,光发射过程均涉及原子或分子内部电子能级的跃迁。当分子从激发态跃迁回到基态时多出的能量以光的形式发出时,产生发光现象。当分子受到光照射时,分子吸收特定波长的能量,由基态(S_0)跃迁到激发态(S_i)的各振动能级上。有机分子中的电子基本为偶数,则分子中的总自旋量子数 $S=0$,即基态分子内的电子是自旋成对的。由光谱的多重性定义 $M=2S+1$,总自旋量子数 $S=0$ 时,$M=1$,称为单重态,基态的单重态以 S_0 表示。若跃迁电子在激发态与在基态时的自旋方向相同,则激发态仍然是单重态,以 S_i 表示,由基态到第一单重激发态和第二单重激发态的跃迁分别为 $S_0 \rightarrow S_1$,$S_0 \rightarrow S_2$。如果在激发过程中电子的自旋方向发生改变,即与在基态时的自旋方向相反,则 $S=1$,$M=2S+1=3$,这样的激发态为三重态,以符号 T_i 表示。由于自旋平行比自旋相反的状态稳定,故三重态的能级要比相应单重态的能级低。根据跃迁定则,由基态到三重态之间的跃迁属于禁阻跃迁,即发生的几率很小。分子能级要比原子能级复杂得多,每个电子能级上都有多个振动能级和转动能级,故发生跃迁时,分子的吸收光谱和发射光谱都是带状光谱。

分子荧光与磷光的发射过程如图 13-1 所示,两者经历的过程不同。分子由激发态去激发回到基态能够产生发光现象,但去激发过程并不一定产生光或产生与吸收光具有完全相同波长的光,即存在多种去激发的途径和方式,既可能以辐射方式,也可能以非辐射方式失去能量回到基态,如图 13-2 所示。电子在激发态停留的时间短、返回过程简单时,该过程发生的几率大,发光强度相对也大。

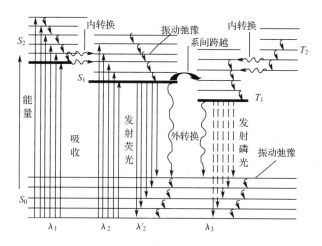

图 13-1　分子荧光与磷光的发射过程

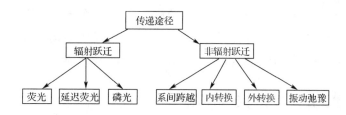

图 13-2　去激发能量传递的途径

1. 非辐射能量传递过程

非辐射能量传递过程包括以下几种:

(1)振动弛豫

同一电子能级内以热能量交换形式由高振动能级至低相邻振动能级间的跃迁称为振动弛豫。发生振动弛豫的时间约为 10^{-12} s。

(2)内转换

在相同多重态的电子能级中,相等能级间的非辐射能级交换称为内转换。如通过振动弛豫和内转换,激发态电子可由 S_2 转移到 S_1,由 T_2 转移到 T_1。发生内转换的时间约为 10^{-12} s。

(3)外转换

激发态分子与溶剂或其他分子之间产生相互碰撞而失去能量回到基态的非辐射跃迁称为外转换。外转换可使荧光或磷光减弱或发生"猝灭"。

(4)系间跨越

指不同多重态在有重叠的转动能级间的非辐射跃迁,如图 13-1 所示由 S_1 到 T_1 的跃迁。系间跨越改变了电子自旋状态,属禁阻跃迁,可通过自旋-轨道偶合进行。

各种非辐射能量传递过程在分子荧光和磷光发射过程中的作用如图 13-1 所示。

2. 辐射能量传递过程

辐射能量传递过程包括以下几种:

(1)荧光发射

分子受到光激发后,可能跃迁至高电子能级的各振动能级上,由于电子发生振动弛豫和内转换的过程要远比由第一激发单重态的最低振动能级到基态各振动能级的跃迁快得多,故分子的荧光发射多为由第一激发单重态的最低振动能级到基态各振动能级的跃迁所产生的辐射($S_1 \rightarrow S_0$ 跃迁,发射的荧光波长为 λ_2')。荧光的发射时间约为 $10^{-9} \sim 10^{-7}$ s。由图 13-1 可见,发射荧光的能量比分子吸收的能量小,波长长,$\lambda_2' > \lambda_2 > \lambda_1$。

(2)磷光发射

电子由第一激发三重态的最低振动能级到基态各振动能级的跃迁($T_1 \rightarrow S_0$ 跃迁)产生磷光。由图 13-1 可见,三重激发态比单重激发态的能量还要低一些,故产生磷光的波长要比产生荧光的波长长。由于 $S_0 \rightarrow T_1$ 的跃迁属于禁阻跃迁,电子由基态直接进入三重激发态的几率很小,同时发生 $T_1 \rightarrow S_0$ 的跃迁也较难进行。另外,磷光的产生包括多个过程:$S_0 \rightarrow$ 激发 $\rightarrow$ 振动弛豫 $\rightarrow$ 内转换 $\rightarrow$ 系间跨越 $\rightarrow$ 振动弛豫 $\rightarrow T_1 \rightarrow S_0$,所以磷光的发射速度与荧光的相比很慢,其发射时间约为 $10^{-4} \sim 100$ s。光照停止后,产生磷光的某些过程仍在进行,且 $T_1 \rightarrow S_0$ 的跃迁慢,故磷光发射还可持续一段时间。

13.1.2 荧光光谱的类型与基本特征

1. 荧光光谱的类型

由于能发射荧光的分子结构具有特殊性,任何具有荧光(或磷光)的分子都具有两个特征光谱:发射光谱和激发光谱。根据测量与表示方式的不同,荧光光谱还可分为同步荧光光谱、三维荧光光谱和时间分辨荧光光谱。

(1)发射光谱

当固定激发光波长(选最大激发光波长),扫描记录荧光物质发射的各波长荧光(或磷光)强度,可获得荧光强度与发射光波长的关系曲线,即荧光物质的发射光谱,如图 13-3 所示。

(2)激发光谱

当固定发射光波长(选最大发射光波长),扫描记录激发光波长,可获得荧光强度与激发光波长的关系曲线,即荧光物质的激发光谱。

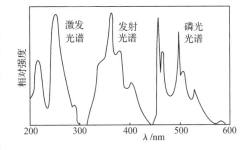

图 13-3 菲的激发、发射和磷光光谱

由此可见,在一台仪器上要既能获得发射光谱又能获得激发光谱,试样前后必须分别设置单色器,即具有两个单色器(图 13-11)。

（3）同步荧光光谱

荧光物质既具有发射光谱又具有激发光谱，如果采用同步扫描技术（两个单色器同步转动），同时记录所获得的谱图，称为同步荧光光谱，如图 13-4（a）所示。同步扫描可采取三种方式进行：①固定波长差同步扫描法，即在扫描过程中，保持激发光波长和发射光波长的波长差固定（$\Delta\lambda=\lambda_{em}-\lambda_{ex}=$ 常数）；②固定能量差同步扫描法，即在扫描过程中，激发光波长和发射光波长之间保持一个恒定的波数差 $\Delta\sigma$［$\Delta\sigma=(1/\lambda_{ex}-1/\lambda_{em})\times10^7=$ 常数］；③可变波长（可变角）同步扫描法，即使两个单色器分别以不同速度进行扫描，扫描过程中激发光波长和发射光波长的波长差是不固定的。

同步荧光光谱并不是荧光物质的激发光谱与发射光谱［图 13-4（b）］的简单叠加。同步扫描至激发光谱与发射光谱重叠波长处，才同时产生信号，所以必须要选择合适的扫描波长差值。在固定波长差同步扫描法中，$\Delta\lambda$ 的选择直接影响到所得到的同步光谱的形状、带宽和信号强度。通过控制 $\Delta\lambda$ 提供了一种提高选择性的途径。例如，酪氨酸和色氨酸的激发光谱很相似，发射光谱重叠严重，但 $\Delta\lambda<15$ nm 时的同步荧光光谱只显示酪氨酸的光谱特征，$\Delta\lambda>60$ nm 时，只显示色氨酸的光谱特征，从而可实现分别测定。

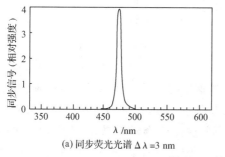 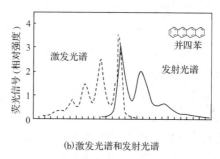

（a）同步荧光光谱 $\Delta\lambda=3$ nm　　（b）激发光谱和发射光谱

图 13-4　并四苯的荧光光谱

同步荧光光谱的谱图简单，谱带窄，减小了谱图重叠现象和散射光的影响，提高了分析测定的选择性，如图 13-5 所示。但同步荧光光谱损失了其他光谱带，提供的信息量减少。

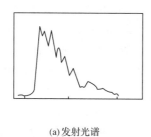 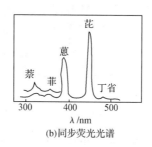

（a）发射光谱　　（b）同步荧光光谱

图 13-5　混合物的荧光光谱

（4）三维荧光光谱

20 世纪 80 年代，随着计算机应用的普及，使得三维荧光光谱技术发展起来。以荧光强度、激发光波长和发射光波长为坐标可获得三维荧光光谱图，也称为总发光光谱图。三维荧光光谱图可用两种图形方式表示:平面显示的等强度线光谱图(等高线光谱图)和三维曲线光谱图,如图13-6和图13-7所示。如图13-6中部所示为等高线光谱,激发光谱 A 是三维光谱沿 $\lambda_{em}=440$ nm 剖面上的轮廓线;发射光谱 B 是沿 $\lambda_{ex}=390$ nm 剖面上的轮廓线;曲线 C 是 $\Delta\lambda=50$ nm 的同步荧光光谱,它是沿 $\Delta\lambda=50$ nm 的对角线切割并投影在 λ_{ex} 轴上的轮廓线。三维荧光光谱图可清楚表现出激发光波长和发射光波长变化时荧光强度的变化信息,提供了更加完整的荧光光谱信息。作为一种指纹鉴定技术,进一步扩展了荧光光谱法的应用范围。

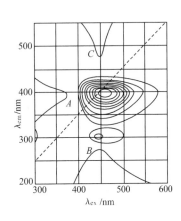

图 13-6　7-羟基苯并芘的等高线光谱图　　　　图 13-7　蒽和萘的三维荧光光谱图

(5)时间分辨荧光光谱

时间分辨荧光光谱是基于不同发光体寿命衰减速率的不同,采用时间延迟装置,用发射单色器进行扫描而获得的。可以对光谱重叠但寿命存在差异的组分进行分辨和分别测定。时间分辨荧光技术还能利用不同发光体形成速率的不同进行选择性测定,如铕-桑色素-TOPO-SLS体系中,干扰元素 Zr、Al 形成发光体系慢,在 12 s 内测定铕可消除 Zr、Al 的干扰。

2. 荧光光谱的基本特征

荧光光谱显示的某些基本特征为荧光物质的识别提供了基本原则。

(1)Stokes 位移

在溶液中,分子发射光谱的波长总比激发光谱的长,分子发射的荧光波长相对于吸收波长而言,位移到较长的波长处,称为 Stokes 位移。产生位移的原因是由于激发与发射之间产生了能量消耗,即位于激发态时,受激分子通过振动弛豫消耗了部分能量,同时溶剂分子与受激分子的碰撞也会失去部分能量,故产生了 Stokes 位移现象。如图13-1所示也反映出了这种现象。

(2)发射光谱的形状与激发光波长无关

由图13-1可见,引起荧光分子激发的波长是 λ_1 和 λ_2,但荧光发射均是由第一激发单重态的最低振动能级再跃迁回到基态的各振动能级。所发射的荧光光谱由第一激发单重态的最低振动能级和基态各振动能级之间的能量决定,与激发光波长无关。

(3)镜像对称规则

通常发射光谱与激发光谱形状成镜像对称关系,如图13-8和图13-9所示。

镜像对称规则产生的原因是由于吸收光谱的形状表明了分子第一激发单重态的振动能级结构,而发射光谱则表明了分子基态的振动能级结构,基态与激发态两者的振动能级结构相似,激发与去激发组成相反的两个过程,如基态上的零振动能级与第一激发单重态的第二振动能级之间的跃迁几率最大,相反跃迁亦然。由此可知,用不同波长的激发光照射荧光分子时,都可以获得形状相同的荧光光谱。

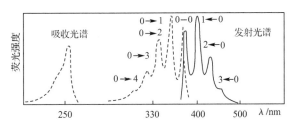
图 13-8　蒽的乙醇溶液的发射光谱(右)和吸收光谱(左)图

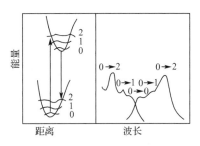
图 13-9　镜像对称规则

13.1.3　荧光的产率与分子结构的关系

并不是任何物质都具有可观察到的荧光发射,能产生荧光的分子称为荧光分子。

1. 产生荧光的分子必须具备的条件

(1)具有合适的结构

荧光分子通常为含有苯环或稠环的刚性结构的有机分子,如典型的荧光物质荧光素的分子结构,如图 13-10 所示。

(2)具有一定的荧光量子产率

由荧光产生过程可知,物质被激发后,既能通过发射荧光回到基态,也可以非辐射去激发回到基态,有的物质以发射荧光为主,有的则以非辐射跃迁为主,因此需要用荧光量子产率(Φ)来衡量荧光物质的荧光发光能力,即

$$\Phi = \frac{发射的光量子数}{吸收的光量子数} \quad (13\text{-}1)$$

Φ 与激发态能量释放各过程的速率常数有关,如果外转换过程速率很快,则不出现荧光发射,因此也可以用各过程的速率常数来表示荧光量子产率:

$$\Phi = \frac{K_f}{K_f + \sum K_i} \quad (13\text{-}2)$$

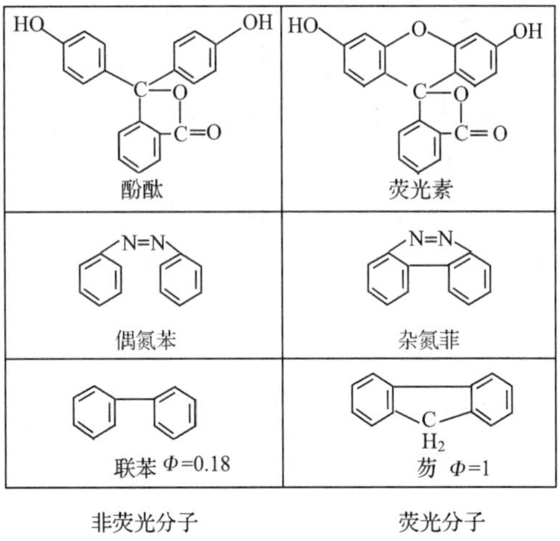

图 13-10　荧光分子与非荧光分子结构对比

式中,K_f 是荧光发射过程的速率常数;$\sum K_i$ 为外转换及系间跨越等有关非辐射跃迁过程的速率常数之和。一般而言,K_f 取决于分子结构,$\sum K_i$ 则主要与分子所处的化学环境

有关。

2. 化合物的结构与荧光

（1）跃迁类型

分子结构中存在 $\pi^* \rightarrow \pi$、$\pi^* \rightarrow n$ 跃迁的荧光量子产率高,系间跨越过程的速率常数小,有利于荧光的产生。

（2）共轭效应

提高分子中的共轭度有利于增加荧光量子产率并发生红移。

（3）刚性平面结构

分子具有刚性平面结构可降低分子振动,减少与溶剂的相互作用,故具有很强的荧光。如荧光素和酚酞有相似结构,刚性平面结构的荧光素具有很强的荧光,酚酞却没有,如图 13-10 所示。

（4）取代基效应

芳环上有供电子基团,如—NH_2、—OH、—OCH_3 等,可使荧光增强。有吸电子基团,如—X、—NO_2、—COOH 等,可使荧光减弱。

13.1.4 影响荧光强度的环境因素

荧光分子所处的外部化学环境对荧光强度有直接影响,选择合适的条件不但可以使荧光加强,提高测定的灵敏度,同时,还可以控制干扰物质的荧光产生,改善分析的选择性。

1. 溶剂

溶剂对荧光强度和形状的影响主要表现在溶剂的极性、氢键及配位键的形成等方面。溶剂极性增大时,通常使荧光光谱发生红移,荧光强度也增大。氢键及配位键的形成更使荧光强度和形状发生较大变化。

2. 温度

荧光强度对温度变化十分敏感。温度增加,溶剂的弛豫作用减小,溶剂分子与荧光分子激发态的碰撞频率增加,外转换去激发的几率增加,荧光量子产率下降。由于低温可以使荧光显著地加强,提高分析的灵敏度,使低温荧光分析受到重视。

3. 溶液的 pH

对含有酸碱基团的荧光分子,荧光发射受溶液 pH 的影响较大,需要严格控制溶液的pH。如苯胺在 pH5～12 的溶液中,以分子形式存在,产生蓝色荧光;而在 pH＜5 和pH＞12的溶液中,则分别形成阳离子和阴离子,均无荧光产生。

4. 内滤光作用和自吸现象

内滤光作用是指溶液中含有能吸收荧光的组分,使荧光分子发射的荧光强度减弱的现象。如色氨酸中有重铬酸钾存在时,重铬酸钾正好吸收了色氨酸发射的荧光,测得色氨酸的荧光强度显著降低。

自吸现象是指荧光分子的荧光发射光谱的短波长端与其吸收光谱的长波长端重叠(图 13-8),在溶液浓度较大时,一些分子的荧光发射光谱被其他分子吸收的现象。自吸现象也使荧光分子的荧光强度降低,浓度越大这种影响越严重。

5.荧光猝灭

荧光分子与溶剂分子或其他分子之间存在着的相互作用,使荧光强度降低或消失的现象称为荧光猝灭。能引起荧光强度降低或消失的物质称为猝灭剂。发生荧光猝灭现象的原因有碰撞猝灭(动态猝灭)、静态猝灭、转入三重态猝灭、自吸猝灭等。碰撞猝灭是由于激发态荧光分子与猝灭剂分子碰撞失去能量,无辐射回到基态,这是引起荧光猝灭的主要原因。静态猝灭是指荧光分子与猝灭剂分子生成不能产生荧光的配合物。O_2 是最常见的猝灭剂,荧光分析时需要除去溶液中的氧。荧光分子由激发单重态转入激发三重态后也不能发射荧光。浓度高时,荧光分子发生自吸现象也是发生荧光猝灭的原因之一。

13.2　分子荧光分析法

13.2.1　分子荧光仪器的结构流程

分子荧光分析法通常采用荧光分光光度计,其基本结构流程如图 13-11 所示。仪器主要由四个部分组成:激发光源、试样池、双单色器系统及检测器。与其他分析法所用仪器的不同是其具有两个单色器且光源与检测器通常成直角。试样前的第一单色器(激发单色器)可对光源进行分光,选择激发光波长,实现激发

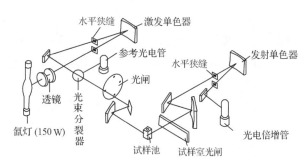

图 13-11　荧光分光光度计的结构流程

光波长扫描以获得激发光谱。用某一固定单色光照射试样,吸收辐射光后发射出荧光,通过第二单色器(发射单色器)来选择发射光(测量)波长,或扫描测定各发射光波长下的荧光强度,可获得试样的发射光谱。仪器由计算机控制,可获得同步荧光光谱、三维荧光光谱和时间分辨荧光光谱。为避免光源的背景干扰,将检测器与光源设计成直角。荧光分光光度计通常使用氙灯或高压汞灯作为光源,采用染料激光器(发射可见光与紫外光)作为光源时可提高荧光测量的灵敏度,检测器通常为光电倍增管。

13.2.2　分子荧光分析法的应用

1.特点

(1)灵敏度高。由于是在黑背景下测定荧光发射强度,一般而言,分子荧光分析法的灵敏度比紫外-可见吸收光谱分析法高 2～4 个数量级;检出限可达 $0.1～0.001~\mu g \cdot cm^{-3}$。

(2)选择性强。既可根据特征发射光谱,又可根据特征吸收光谱来鉴定物质,还可以采用同步荧光光谱和时间分辨荧光光谱测量方法,进一步提高选择性。

（3）试样量少。分子荧光分析法的主要不足是应用范围小，这是由于本身能够发射荧光的物质及能形成荧光测量体系的物质相对较少所致。另外，方法灵敏度高的同时受环境因素的影响也较大。

2. 定量依据与方法

荧光强度 I_f 正比于吸收的光强度 I_a 和荧光量子产率 Φ：

$$I_f = \Phi I_a \tag{13-3}$$

由朗伯-比耳定律得

$$I_a = I_0 - I_v = I_0(1 - 10^{-\varepsilon lc}) \tag{13-4}$$

$$I_f = \Phi I_0(1 - 10^{-\varepsilon lc}) = \Phi I_0(1 - e^{-2.303\varepsilon lc}) \tag{13-5}$$

浓度很低时，将上式按 Taylor 展开，并作近似处理后可得

$$I_f = 2.303\Phi I_0 \varepsilon lc = kc \tag{13-6}$$

上式即为定量的依据。常用的定量方法有标准曲线法和比较法。

当被测物质本身能够产生荧光时，可通过直接测定荧光强度来确定该物质的浓度。但大多数无机和有机化合物本身并不产生荧光或荧光量子产率很低而不能直接测定，此时，可采用间接测定法测定。间接测定法有两种方式，一是通过化学反应使非荧光物质转变成荧光物质，如荧光标记法；二是通过荧光猝灭法测定，即有些化合物具有使荧光体发生荧光猝灭的作用，荧光强度降低值与猝灭剂浓度成线性关系，可进行定量分析。

3. 应用

无机化合物本身不产生荧光，可与有机荧光试剂配位构成发光体系后测量，约可测量60多种元素。测定无机化合物时常用的几种荧光试剂有：8-羟基喹啉、2-羟基-3-萘甲酸、2,2′-二羟基偶氮苯及安息香等。铍、铝、硼、镓、硒、镁、稀土金属等元素的分析可采用普通荧光分析法；氟、硫、铁、银、钴、镍等元素可采用荧光猝灭法测定；铬、铌、铀、碲等元素可采用低温荧光法测定。具有荧光特性的有机化合物、生物及药物化合物可直接采用荧光分析法测定。目前荧光分析法已成为测定肾上腺素、青霉素、苯巴比妥、维生素、普鲁卡因等药物的灵敏测定方法。对于不产生荧光的甾族化合物，经浓硫酸处理后，可使其不产生荧光的环状醇类结构变成能产生荧光的酚类结构，然后测定。对于多组分荧光物质的测定，如果谱峰不相互重叠，则可分别测定；有部分重叠时，也可利用同步扫描方式，通过控制 $\Delta\lambda$ 来提高分辨率。

在分子荧光分析法中，利用激光诱导产生超高灵敏度，已能实时检测到溶液中单分子的行为，如溶液中罗丹明 6G 分子、荧光素分子的单分子行为研究等，使该方面的研究工作受到广泛关注。在生物和基因检测方面，由于 DNA 自身的荧光量子产率很低而不能直接检测到，但以某些荧光分子作为探针，可通过探针标记分子的荧光变化来研究 DNA。典型的荧光探针为溴化乙锭（EB），Tb^{3+}、吖啶类荧光染料、钌的配合物等也被使用。在基因检测方面，目前也已逐步采用荧光染料作为标记物来取代同位素标记物。

13.3 分子磷光分析法

分子磷光与分子荧光在各方面都具有非常相似的特性，由于产生磷光比产生荧光涉

及更多的分子能级跃迁过程,以及三重激发态与基态之间的跃迁禁阻特性,使磷光与荧光相比具有以下四点不同之处:①磷光的发光速率较慢,发光速率常数比荧光的要小得多,但也使其发光寿命比荧光的长,约为 $10^{-4} \sim 10$ s;②磷光辐射的波长比荧光的长,即分子的 T_1 能级比 S_1 能级的能量低;③磷光的发光寿命和辐射强度对于重原子和顺磁性离子极其敏感,如使用含碘甲烷的混合溶剂,磷光产率增大;④发光产率受温度影响大,由于在三重激发态能级停留的时间长,更易受碰撞因素影响,故在低温时磷光强度大。

13.3.1　低温磷光与室温磷光的测量

1. 低温磷光的测量

由于分子在三重激发态的寿命长,激发态分子与溶剂分子发生碰撞去激发的几率增大,使磷光强度减弱甚至完全消失,为减少这些去激发过程的影响,通常需要在很低的温度下测量以保持有较大的荧光强度。

低温测量一般在液氮温度(-196 ℃)下进行,所使用的溶剂应具有低的磷光背景,并在-196 ℃下具有足够的黏度以便能形成透明的刚性玻璃体,以减少磷光的碰撞猝灭。最常用的溶剂是 EPA,即由乙醇、异戊烷和二乙醚按体积比 2∶5∶5 混合配制而成。当溶剂中含重原子组分时,如 IEPA 溶剂(由 EPA 和碘甲烷按体积比 10∶1 配制而成)中的碘甲烷,发现其具有有利于系间跨越跃迁,促进电子进入三重激发态,导致磷光量子产率增加的效果。这是由于重原子的高核电荷引起或增强了溶质分子的自旋-轨道偶合作用,从而增大了 $S_0 \rightarrow T_1$ 的吸收跃迁和 $S_1 \rightarrow T_1$ 的系间跨越跃迁的几率,有利于磷光量子产率的增加。溶剂中引入重原子所产生的作用称为外部重原子效应,分子中引入重原子取代基所产生的作用称为内部重原子效应。

2. 室温磷光的测量

低温测量不可避免地带来操作上的不便和溶剂选择的限制,但也促进了室温磷光测量的研究和方法的不断建立。目前采用的室温磷光的测量方法主要有以下几种。

(1)固体基质法

该方法是将磷光物质吸附在固体载体上直接进行测量。吸附固化后消除了溶剂分子与三重激发态磷光分子间的碰撞,增强了磷光强度。常用的固体基质有纤维载体(滤纸、玻璃纤维)、无机载体(硅胶、氧化铝)及有机载体(乙酸钠、聚合物、纤维素膜)等。

(2)溶剂胶束增稳法

在溶液中加入表面活性剂,当其浓度达到胶束临界值时,便相互聚集形成胶束。室温下,磷光分子与胶束形成缔合物,改变了磷光基团的微环境和定向的约束力,使其刚性增强,减小了内转换和碰撞能量损失等非辐射去激发过程发生的几率,明显增强了三重态的稳定性,从而实现溶液中的室温磷光测定。胶束增稳、重原子效应和溶液除氧构成了该方法的基础。例如,在含有表面活性剂十二烷基硫酸盐的溶液中加入重原子离子 Tl(Ⅰ)和 Pb(Ⅱ),化学除氧后,溶液中的萘、芘、联苯在室温下可发出很强的磷光,检出限达 $10^{-7} \sim 10^{-6}$ mol·L^{-1}。环糊精也可与合适的磷光分子形成刚性较好的包含缔合物,用于室温磷光测定。例如,在重原子溶剂 1,2-二溴乙烷存在下,通过形成环糊精-磷光团-二溴乙烷缔合物,其对氧不敏感,室温下可产生很强的磷光,选择性较好,菲和䓛的检出限分别为 5×10^{-13} mol·L^{-1} 和 1×10^{-11} mol·L^{-1}。

(3)敏化溶液法

与溶剂胶束增稳法不同,敏化溶液法不加入表面活性剂,而是加入称为"能量受体"的组分。磷光不是由分析组分发射,而是由能量受体发射,分析组分作为能量给予体将能量转移给能量受体,引发受体在室温发射磷光。能量转移过程如图 13-12 所示。敏化溶液法中需要选择合适的能量受体。

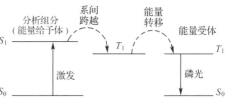

图 13-12　敏化磷光产生示意图

3. 磷光测量装置

通常在荧光计上配上磷光测量附件即可对磷光进行测量。磷光测量附件如图 13-13 所示,分转盘式磷光镜和转筒式磷光镜两种。低温测量时,可在杜瓦瓶中放置液氮以保持测量在液氮温度下进行。磷光镜的作用是利用荧光和磷光发光寿命的差别,在辐射光被旋转斩光片阻断时,荧光停止发射,而磷光则持续发射,故可在试样同时有荧光和磷光发射时,分别测量磷光强度和荧光强度。两斩光片可调节成同相或异相,同相时,测定的是磷光和荧光的总强度;异相时,测定的是磷光强度。磷光的测量还可采用脉冲光源和可控检测及时间分辨技术。

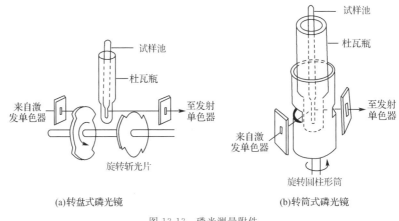

(a)转盘式磷光镜　　　　　　　　　(b)转筒式磷光镜

图 13-13　磷光测量附件

13.3.2　分子磷光分析法的应用

能够发射磷光的物质并不多,分子磷光分析法通常用于稠环芳烃、染料、农药、医药、生物碱、植物生长激素等化合物的分析,在环境、农药和医药工业、精细化工、生物试剂等方面有较重要的应用。

1. 稠环芳烃和杂环化合物的分析

由于许多稠环芳烃和杂环化合物具有较大的致癌性,因而这些化合物的高灵敏快速分析法受到重视。稠环芳烃和杂环化合物通常能够产生磷光,可以进行直接测定,使得室温磷光分析法成为快速灵敏测定这些化合物的重要手段。表 13-1 给出了某些稠环芳烃和杂环化合物的分析条件,分子磷光分析法对这些化合物的分析具有较低的检出限。

表 13-1　　某些稠环芳烃和杂环化合物的室温磷光分析条件

化合物	λ_{ex}/nm	λ_{em}/nm	含重原子的化合物	检出限/ng
吖啶	360	640	$Pb(OAc)_2$	0.4
苯并(a)芘	395	698	$Pb(OAc)_2$	0.5
苯并(e)芘	335	545	CsI	0.01
2,3-苯并芴	343	505	NaI	0.028
咔唑	296	415	CsI	0.005
䓛	330	518	NaI	0.03
1,2,3,4-二苯并蒽	295	567	CsI	0.08
1,2,5,6-二苯并蒽	305	555	NaI	0.005
13-H-二苯并(a,i)咔唑	295	475	NaI	0.002
萤蒽	365	545	$Pb(OAc)_2$	0.05
芴	270	428	CsI	0.2
1-萘酚	310	530	NaI	0.03
芘	343	595	$Pb(OAc)_2$	0.1

2. 农药和生物碱的分析

低温磷光分析法已经用于 DDT 等 52 种农药和烟碱、降烟碱、新烟碱等生物碱及 2,4-D 和萘乙酸等 17 种植物生长激素的分析,其检出限约为 $0.01\ mg \cdot mL^{-1}$。

3. 药物和临床分析

在药物和临床分析方面,分子磷光分析法得到了广泛应用。如血液和尿中的阿司匹林、普鲁卡因、苯巴比妥、可卡因、阿托品、对硝基苯酚、犬尿烯酸、磺胺嘧啶等药物和组分的检测,致幻剂、维生素、抗凝剂(双香豆醇、苯茚二酮等)等药物的分析,及腺嘌呤、鸟嘌呤、色氨酸、色氨酸甲酯、酪氨酸、吲哚等生物试剂的分析。

13.4　化学发光分析法

化学发光是指在化学反应过程中由反应能激发物质所产生的发光现象及生物体系中的化学发光现象,后者也称生物发光。化学发光分析装置简单,试样本身即为发射光源,不需要额外光源和单色器,是在无背景辐射影响下的检测,故灵敏度很高,在痕量元素分析、环境监测及生物医药分析等方面有着重要应用。

13.4.1　化学发光分析法的基本原理

1. 化学发光反应

生物发光现象在自然界多有存在,如萤火虫、细菌、真菌、原生动物、甲壳动物及深海生物等自身都能发光。生物发光是特指发生在生物体内的一种化学发光反应过程,也属于化学发光范畴。通过对生物发光现象的研究,发现和研究了一系列化学发光反应。在化学发光反应过程中,某些化合物能够接受能量而被激发,从激发态返回基态时,发射出一定波长的可见光。化学发光反应的机理比较复杂,可以用以下过程来表示:

$$A+B \rightarrow C+D^*$$
$$D^* \rightarrow D+h\nu$$

化合物 A 与 B 反应生成产物 C 和 D,且 D 在反应过程中获得能量,由基态跃迁至激发态,返回基态时发光。

在某些类型的化学发光反应中,需要加入一种称为"能量受体"的物质,该物质不参与化学反应,但它可接受化学能从基态跃迁到激发态,返回基态时发射出一定波长的光。由于该物质在发光过程中不损耗,故用量很少,这一过程也称为间接发光,其过程可表示为

$$A+B \rightarrow C+D^*$$

$$D^* + X \rightarrow F + X^*$$
$$X^* \rightarrow X + h\nu$$

上述过程中，X 为能量受体，D^* 为能量给予体。

能够发光的化学反应和化合物较少，故发光的化学反应需要具备以下条件：

（1）化学反应必须能够放出合适的能量，满足物质激发需要。能够在可见光范围内发生化学发光反应的化合物大多为有机化合物，其发色基团的激发态能量 ΔE 通常在150～4 000 $kJ \cdot mol^{-1}$，与氧化还原反应所提供的能量相当，故化学发光反应多发生在氧化还原反应过程中。

（2）要有有利于化学发光反应的历程。化学反应能持续进行，所产生的能量能够不断地产生激发态分子，使发光持续一定时间。

（3）激发态分子跃迁回到基态时，以光辐射为主，即具有较高的发光效率。

2. 化学发光效率

化学发光效率（φ_{cl}）即化学发光的总光量子产率，取决于生成激发态产物分子的化学效率（φ_{ce}）和激发态分子的发光效率（φ_{cm}），可分别表示如下。

化学效率：

$$\varphi_{ce} = \frac{激发态分子数}{参加反应分子数} \tag{13-7}$$

激发态分子的发光效率：

$$\varphi_{cm} = \frac{产生光量子数}{激发态分子数} \tag{13-8}$$

化学发光效率：

$$\varphi_{cl} = \frac{产生光量子数}{参加反应分子数} = \varphi_{ce}\varphi_{cm} \tag{13-9}$$

3. 化学发光强度与化学发光反应过程的依据

化学发光反应的发光效率、发光强度及光谱范围由反应物的性质决定。每个化学发光反应都具有其特征的化学发光光谱和化学发光效率。化学发光是一个持续的过程，在某一时刻（t）的化学发光强度，即单位时间内发射的光量子数，等于单位时间内发生反应的被测物质 A 的浓度变化率（dc_A/dt）与化学发光效率的乘积，可用下式表示

$$I_{cl}(t) = \varphi_{cl} \times \frac{dc_A}{dt} \tag{13-10}$$

在化学发光反应过程中，被测物质的浓度相对于发光试剂要小得多，发光试剂的浓度可认为是一常数，故发光反应可视为一级动力学反应，则

$$\frac{dc_A}{dt} = kt \tag{13-11}$$

式中，k 为反应速率常数。通过测定化学发光反应过程中某一时刻的化学发光强度就可以定量确定被测物质的浓度。化学发光强度与时间的关系曲线如图 13-14 所示。曲线下面积即为发光总强度（S），其与被测物质的浓度成线性关系，即

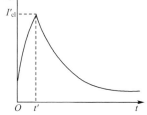

图 13-14　化学发光强度与时间的关系曲线

$$S = \int_0^t I_{cl}(t)dt = \varphi_{cl}\int_0^t \frac{dc_A}{dt}dt = \varphi_{cl}c_A \tag{13-12}$$

在一定条件下,峰值光强度也与被测物质的浓度成线性关系。通常采用测定峰值光强度来定量较为方便。

4. 抑制化学发光分析法

抑制化学发光分析法是利用某物质对化学发光反应的抑制作用进行定量分析的方法。如在鲁米诺-$KMnO_4$ 发光体系中,Cu^{2+} 对该化学发光反应产生抑制作用,使化学发光强度显著降低,化学发光强度的降低值与 Cu^{2+} 的浓度有关。该方法已用于水中微量铜的定量测定。

13.4.2　化学发光反应的类型

化学发光反应按其过程可分为直接化学发光反应和间接化学发光反应两种。直接化学发光反应是指被测物质作为发光反应物之一参与了化学反应。间接化学发光反应则是指被测物质不参与化学反应,但参与发光过程。按反应体系的状态,化学发光反应还可分为气相化学发光反应、液相化学发光反应和生物发光反应。

1. 气相化学发光反应

气相化学发光反应涉及臭氧的反应较多,其可与 40 多种有机化合物发生化学发光反应,多应用于监测大气中的 O_3、CO、氮氧化物及硫化物等。

(1)O_3 的化学发光测定

臭氧与罗丹明 B 的发光反应最为灵敏,可用于大气中微量 O_3 的测定。臭氧与罗丹明 B-没食子酸的乙醇溶液发生化学发光反应的过程为

$$没食子酸 + O_3 \longrightarrow A^* + O_2$$
$$罗丹明 B + A^* \longrightarrow 罗丹明 B^* + D$$
$$罗丹明 B^* \longrightarrow 罗丹明 B + h\nu$$

A^* 为没食子酸与臭氧反应所产生的受激中间体,D 为最终氧化产物。发光的最大波长为 584 nm。

(2)氮氧化物与 O_3 的发光反应

$$O_3 \longrightarrow O_2 + O \quad (1\,000 \ ℃ 石英管中进行)$$
$$NO + O \longrightarrow NO_2^*$$
$$NO_2^* \longrightarrow NO_2 + h\nu$$

发射的光谱范围为 400~875 nm,灵敏度为 $1 \ ng \cdot mL^{-1}$。

(3)SO_2 与 O_3 的发光反应

$$O_3 \longrightarrow O_2 + O$$
$$SO_2 + 2O \longrightarrow SO_2^* + O_2$$
$$SO_2^* \longrightarrow SO_2 + h\nu$$

最大发射波长为 200 nm,灵敏度为 $1 \ ng \cdot mL^{-1}$。

(4)CO 与 O_3 的发光反应

$$O_3 \longrightarrow O_2 + O$$
$$CO + O \longrightarrow CO_2^*$$
$$CO_2^* \longrightarrow CO_2 + h\nu$$

发射光谱范围为 300~500 nm,灵敏度为 $1 \ ng \cdot mL^{-1}$。

（5）乙烯与 O_3 的发光反应

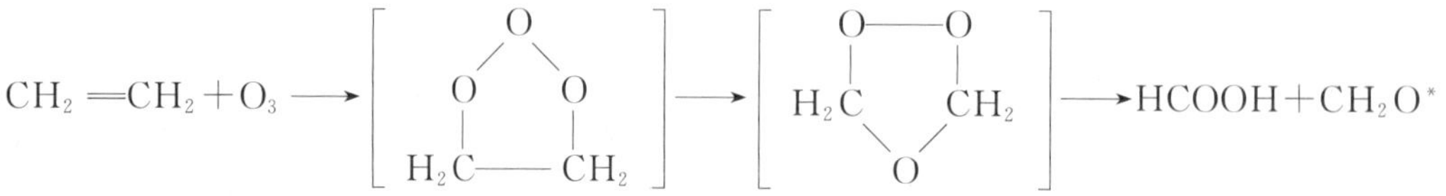

$$CH_2O^* \rightarrow CH_2O + h\nu$$

最大发射波长为 435 nm，线性响应范围为 1 ng·mL^{-1}～1 μg·mL^{-1}。该反应对 O_3 有特效，可用于测定 O_3。

2. 液相化学发光反应

液相化学发光反应在分析中应用最多，可测定 H_2O_2 及痕量的过渡金属离子等。一般过程是用氧化剂氧化发光试剂，使其生成激发态产物，返回基态时给出光辐射。常用的氧化剂有 H_2O_2、次氯酸盐或铁氰酸盐等。应用最多的化学发光试剂有鲁米诺（3-氨基苯二甲酰肼）、光泽精（N，N-二甲基二吖啶硝酸盐）、洛粉碱（2,4,5-三苯基咪唑）等，其化学结构如图 13-15 所示。化学发光效率为 0.15～0.05。

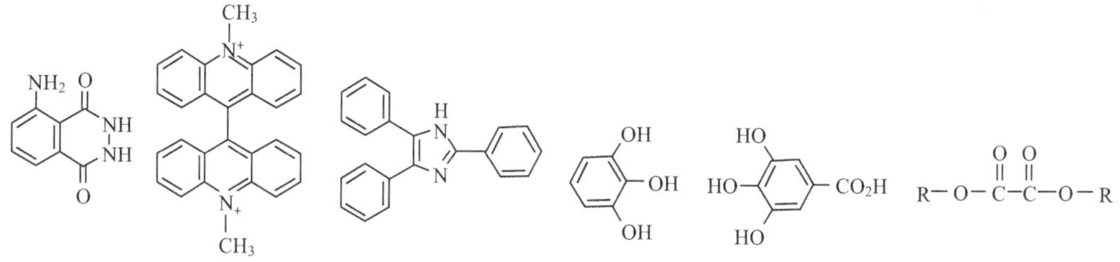

| 鲁米诺 | 光泽精 | 洛粉碱 | 焦桐酚 | 没食子酸 | 过氧草酸衍生物 |

图 13-15　常用化学发光试剂的结构

鲁米诺在碱性溶液中与过氧化氢反应的发光过程为

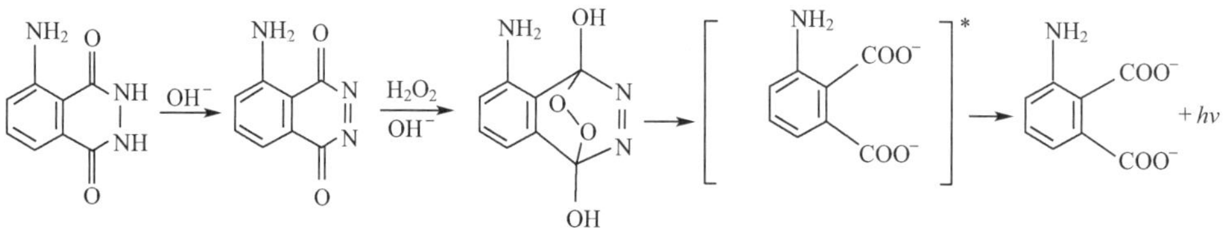

该化学发光反应速率慢，可以被一些痕量的过渡金属离子催化，使化学发光强度大大增加。利用这一现象可测定某些金属离子，如 Ag^+、Co^{2+}、Cu^{2+}、Ni^{2+}、Fe^{2+}、Mn^{2+}、Hg^{2+}、Cr^{3+}、Fe^{3+}、Au^{3+}、V^{4+} 等。也可检测低至 10^{-6} mol·L^{-1} 的 H_2O_2。

3. 生物发光反应

生物发光是涉及生物或酶反应的一类化学发光，生物体内的发光即是如此，具有非常高的发光效率（>50％）。最著名的萤火虫发光反应的过程为

$$ATP + LH_2 + E + Mg^{2+} \xrightarrow{pH7～8} AMP \cdot LH_2 \cdot E + MgPPi + 2H^+$$

$$AMP \cdot LH_2 \cdot E + O_2 \longrightarrow [氧化荧光素]^* + AMP + CO_2 + H_2O$$

$$[氧化荧光素]^* \longrightarrow 氧化荧光素 + h\nu$$

式中，LH_2 为荧光素；E 是荧光素酶；PPi 是焦磷酸盐；ATP 是三磷酸腺苷；AMP 是单磷

酸腺苷。

利用上述反应可测定 ATP，最大发射波长为 562 nm，对 10 μg 试样，绝对检出限可低达 10^{-14} g。许多生化反应通常都涉及 H_2O_2 的生成或 H_2O_2 参与反应，可利用鲁米诺发光体系来测定许多生化试剂。如

$$氨基酸 + O_2 \xrightarrow{\text{氨基酸氧化酶}} 酮酸 + NH_3 + H_2O_2$$

或

$$葡萄糖 + O_2 \xrightarrow{\text{葡萄糖氧化酶}} 葡萄糖酸 + NH_3 + H_2O_2$$

$$鲁米诺 + H_2O_2 \longrightarrow 产物 + h\nu$$

13.4.3　化学发光分析测量装置与技术

化学发光分析测量装置十分简单，试样发光体系自身为光源，不需要单色器分光。仪器主要包括发光反应器、光检测器、信号放大及记录与显示系统。反应发出的光直接照射在检测器上，常用的检测器为光电流检测器。

试样与试剂的混合可采用静态或流动注射的方式进行。静态方式是用注射器分别将试剂加入到反应器中混合，测定最大光强度或总发光量。这种方式操作简单，试剂用量小，但重复性差。流动注射（见第 20 章）方式是采用蠕动泵分别将试剂连续送入混合器，试样定时加入在管路中混合反应，反应液持续发光通过检测器，记录通过检测器时的光强度进行定量。该方式结果稳定、精度高，但试剂消耗量大。如图 13-16 所示为采用化学发光分析法测定葡萄糖的流动注射分析（FIA）装置，将装有固定化葡萄糖氧化酶的微反应器安装在管路中，含葡萄糖的试样溶液进样后在微反应器中首先反应生成葡萄糖酸和过氧化氢，再与氧化剂六氰化铁（Ⅲ）酸盐和鲁米诺在 a 处混合通过检测器。a 处的管子即为发光反应器，管长控制了反应时间（到达检测器的时间），可根据需要确定管长。如图 13-17所示为如图 13-16 所示装置的微型组合专用分析系统。

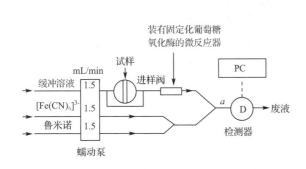

图 13-16　化学发光分析法测定葡萄糖的 FIA 装置

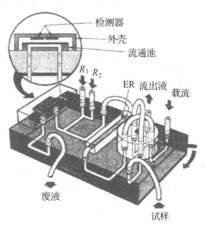

图 13-17　化学发光分析法测定葡萄糖的 FIA
微型组合专用分析系统
ER—装有固定化葡萄糖氧化酶的微反应
器，R_1—鲁米诺入口，R_2—六氰化铁（Ⅲ）
酸盐（氧化剂）入口

13.4.4　化学发光分析法的特点及应用

1. 特点

(1)灵敏度极高

例如,荧光素酶和三磷酸腺苷(ATP)的化学发光分析,最低可测定 2×10^{-17} mol・L^{-1} 的 ATP,即可检测出一个细菌中的 ATP 含量。以没食子酸为发光试剂,测定 Co^{2+} 时,检出限可达 4×10^{-4} $\mu g \cdot g^{-1}$。

(2)仪器设备简单

自身发光,不需要额外光源、单色器和背景校正(无背景测量)等装置,仪器大为简化。

(3)发射光强度测量无干扰

可直接测量试样的发射光强度,且无背景光、散射光等干扰。

(4)线性范围宽、分析速度快。

化学发光分析法所存在的主要问题是可供发光用的试剂少,化学发光效率低(大大低于生物体中的发光效率),机理研究少。

2. 应用

由于化学发光分析法的突出特点,使其应用范围不断扩大。在环境监测方面,大气中的某些有毒气体可直接采用气相化学发光分析法,方便快捷,灵敏度为 1 ng・g^{-1}。废水中金属离子的分析也越来越多地采用液相化学发光分析法。如溶液中 Cr(Ⅲ)和 Cr(Ⅵ)共存时,可在碱性条件下,采用 Cr(Ⅲ)-鲁米诺-H_2O_2 发光体系测定,而 Cr(Ⅵ)在酸性条件下可被 H_2O_2 还原为 Cr(Ⅲ),因此可分别测得 Cr(Ⅲ)和 Cr(Ⅵ)的含量。

在生物和药物试样分析方面,化学发光分析法也发挥着重要作用,如对氨基酸、葡萄糖、三磷酸腺苷、酰胺腺嘌呤二核苷酸(NADH)、乳酸脱氢酶、乙醇脱氢酶睾酮、己糖激酶等的分析,具有很高的灵敏度。

利用化学发光分析法的高灵敏度和选择性,将其与流动注射分析法、高效液相色谱分析法和高效毛细管电泳分离相结合将发挥更大作用。如高效毛细管电泳分离-化学发光检测的联用技术,使丹酰化的牛血清白蛋白和鸡蛋白蛋白的分离与检测都达到了很好的效果。

高灵敏度的化学发光分析法结合光纤和波导技术,极大促进了光化学传感器的迅速发展。20 世纪 80 年代 Lubbers 和 Opitz 提出了"Optode"和"Optical Electrode"(光极)概念,即光化学传感器。将光纤端修饰一层化学识别敏感膜和生物敏感膜,利用敏感膜与测定物间的发光现象,极大提高了光化学传感器对分子和离子的识别能力,奠定了选择性分析测定的基础。光化学传感器具有小巧、轻便和对空间适应性强等优点,探头直径可小至 μm 和 nm 级,且具有很强的抗电、磁等干扰特性,可直接测定发射光强度而不必使用参比方式获取信号,避免了介质条件的影响,定量准确。光化学传感器的突出特性受到极大关注,已成为光学分析法研究的前沿领域。

13.5　分子发光分析法新技术

分子发光分析法具有灵敏度高、选择性强、线性范围宽、方法简便、分析速度快、信息量丰富等优点,吸引了大量科学家的密切关注。近年来,分子发光分析技术发展迅速,新的技术和方法不断涌现。下面介绍几种目前应用较广泛的新型分子发光分析技术。

13.5.1　荧光标记与探针技术

虽然荧光分析具有众多的优点,但自身具有荧光的物质相对较少,大多数人关注的待测目标分子并不具有荧光活性,这大大限制了荧光分析方法的实际应用。为了克服这一缺陷,科学家们开发了荧光标记与探针技术。将强荧光物质与待测目标分子通过化学键或分子间相互作用偶联形成荧光复合物(即荧光标记),通过检测荧光复合物的发光行为就可以获得待测目标分子的定性和定量信息。此外,还可以通过待测目标分子与荧光物质的相互作用来调控荧光物质的发光性质,如荧光强度的增强或减弱,荧光发射波长的位移及荧光寿命的改变。而且,这些荧光性质物理参数的改变量与待测目标分子的浓度成定量的依存关系。通过监测荧光物质发光行为的变化就可实现待测目标分子的荧光传感检测。荧光标记与探针技术在生命科学研究和临床检测中具有广泛的应用,利用荧光物质标记蛋白或核酸等生物大分子,为生物大分子的快速准确的定性和定量分析提供了最为有力的工具。目前荧光标记与探针技术被广泛用于核酸和蛋白质的定量分析,如免疫荧光分析、DNA 测序、定量 PCR 技术和核酸杂交技术等。荧光探针技术为研究者提供了一种高灵敏度、高选择性的检测人们感兴趣的各种活性分子的手段,被广泛用于各种生理活性离子(如钙离子、钾离子、锌离子等)、活性氧和活性氮组分、氨基酸、pH、生物酶活性的测定。目前,常用的荧光材料有有机荧光染料、金属发光配合物、荧光量子点、碳点等无机荧光纳米材料和荧光蛋白(相关技术获得 2008 年诺贝尔化学奖)。同时,大量的商品化荧光材料为荧光标记与探针技术的广泛应用奠定了基础。

13.5.2　荧光成像技术

相对于体外的定性和定量分析,在生物医学研究和临床检测中,人们更希望能实时原位地看到目标待测分子在生物活体内动态的分布和量的变化。目前的荧光成像技术可以为研究者们提供一个从单分子水平到生物活体水平实时原位检测目标分子的有力工具。在亚细胞水平,超分辨显微成像技术(获得 2014 年诺贝尔化学奖)具有纳米尺度的光学分辨本领,可以在不破坏生物样品的条件下连续监测生物大分子和细胞器微小结构的演化。在细胞水平,激光共聚焦荧光显微镜可以无损伤实时监测细胞内的活性物质,研究细胞信号传导、生物活性分子的细胞生理功能与病理效应等。此外,激光共聚焦荧光显微成像技术可提供目标分子的三维空间分布信息。受光在生物组织中穿透深度的制约,活体荧光成像技术的发展一直受到限制。随着大量近红外荧光探针和双光子荧光显微镜的发展,荧光成像技术目前已大量用于生物组织、器官和活体小动物中生物活性分子的实时原位监测。目前,荧光成像技术已发展成为生命科学领域最重要的研究工具之一。

13.5.3　时间分辨荧光分析技术

在分析化学中,我们通常所说的时间分辨荧光分析技术(Time-Resolved Fluorescence,TRF)是 20 世纪 80 年代发展起来的高灵敏度荧光分析技术。它是以发光稀土配合物(主要研究和应用的有发红光的 Eu^{3+} 配合物和发绿光的 Tb^{3+} 配合物)为荧光信号基团,利用稀土荧光配合物超长荧光寿命的特点(比普通荧光化合物的荧光寿命长 10^5 倍左右,为几百微秒~几毫秒),在样品被脉冲光激发后、荧光信号采集前,引入一定的延迟时间(Delay Time),使得短寿命的背景荧光完全淬灭后,再对长寿命的稀土配合物荧光信号进行测定,其原理如图 13-18 所示。采用时间分辨荧光测定技术可以有效消除来自样品、试剂、仪器等的短寿命非特异性荧光的干扰,从而极大地提高荧光检测的灵敏度。例如,利用 Eu^{3+} 配合物标记的核酸探针,通过核酸杂交技术检测靶标 DNA,采用解离增强时间分辨荧光检测法可检出 $10^{-18} \sim 10^{-16}$ mol 的 DNA。稀土离子荧光探针除了具有超长的荧光寿命,其发光还具有以下特点:Stokes 位移大(200 nm 以上);发射峰非常尖锐,半峰宽通常在 $10 \sim 15$ nm,为类线性光谱,有利于降低本底,提高分辨率;抗光漂白能力强;同一种稀土离子与不同配位体形成的配合物的荧光发射峰形状基本不变,辨识度高。因此,基于稀土发光配合物的时间分辨荧光分析技术正逐渐成为荧光分析领域的研究热点。

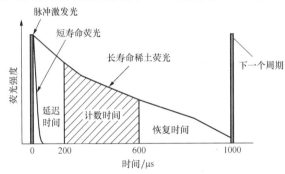

图 13-18　时间分辨荧光测定的原理

目前,时间分辨荧光分析技术应用最为成功的领域是时间分辨荧光免疫分析(Time-Resolved Fluoroimmunoassay,TRFIA),该方法最突出的特点就是超高灵敏度,最低检测值已达到 10^{-19} mol·$well^{-1}$,远远超过酶联免疫分析法的 10^{-9} mol·$well^{-1}$、普通荧光免疫分析的 10^{-10} mol·$well^{-1}$ 和放射免疫分析的 10^{-15} mol·$well^{-1}$,达到或超过化学发光免疫分析法的 10^{-18} mol·$well^{-1}$,成为免疫分析发展的一个新里程碑。〔注:免疫分析法是一种利用免疫反应即使用抗体-抗原高特异性、高亲和性反应来对抗原(或抗体)进行定性和定量测定的分析方法。由于免疫反应的生成物不能直接进行高灵敏度检测,因此需要使用可实现高灵敏度检测的标记物对抗体或抗原进行标记,从而进行免疫分析测定。〕已建立的、在生物医学研究和临床生化检验中应用较为成熟的时间分辨荧光免疫分析体系主要有以下几种:

1. 解离增强时间分辨荧光免疫分析法

DELFIA(Dissociation-Enhanced Lanthanide Fluoroimmunoassay)体系采用 N^1-(p-isothiocyanatobenzyl)-diethylenetriamine-N^1,N^2,N^3,N^3-tetraacetic acid(SCN-Ph-DTTA)-Eu^{3+} 作为标记物。由于这种标记物为非荧光性 Eu^{3+} 配合物,故该体系在免疫反应之后要加入含有 β-萘酰三氟丙酮(β-NTA)、三辛基氧化膦(TOPO)及 Triton X-100 的弱酸性(pH=3.2)荧光增强溶液,使 Eu^{3+} 从免疫复合体中解离出来,在荧光增强

溶液中形成 Eu^{3+} 三元荧光配合物 $Eu(\beta\text{-}NTA)_3(TOPO)_2$，从而进行时间分辨荧光测定。其测定原理如图 13-19 所示。

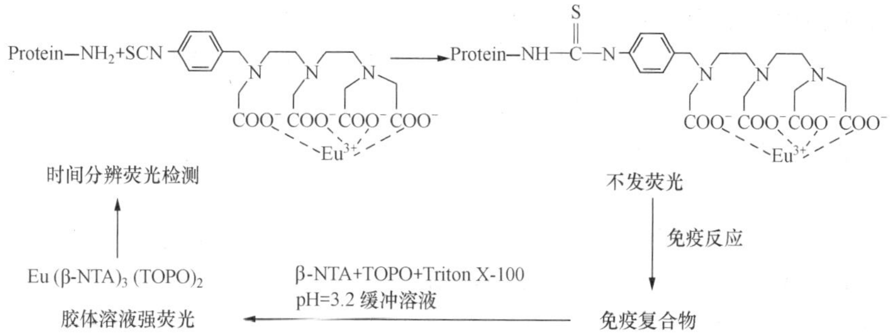

图 13-19　DELFIA 时间分辨荧光免疫分析体系的测定原理

DELFIA 体系的优点是灵敏度高,用其荧光增强溶液对 Eu^{3+} 进行时间分辨荧光测定的检出下限在 $10^{-13}\sim10^{-14}$ mol·L^{-1}。但由于在该体系的荧光测定溶液中含有大量的 β-二酮类配位体及三辛基氧化膦,所以该测定体系的最大缺点是极易受到测定环境、测定样品及测定用溶液中 Eu^{3+} 的污染,对测定操作环境及所用试剂要求极其严格。DELFIA 体系是目前临床检验应用最多的时间分辨荧光免疫分析方法,许多商品化的 DELFIA 体系免疫试剂盒在临床检验中被广泛使用,如人绒毛膜促性腺激素、甲胎蛋白、前列腺特异抗原、癌胚抗原、肝炎诊断、肾脏病诊断等。

2. CyberFluor 或 FIAgen 体系的时间分辨荧光免疫分析法

FIAgen(或 CyberFluor)体系最早是以铕荧光配合物 4,7-bis-(chlorosulfophenyl)-1,10-phenanthroline-2,9-dicarboxylic acid-Eu^{3+}($BCPDA\text{-}Eu^{3+}$)作为标记物的时间分辨荧光免疫分析法,该体系的测定原理如图 13-20 所示。使用 $BCPDA\text{-}Eu^{3+}$ 作为标记物来标记抗体、抗原等物质并用于免疫反应,当免疫反应结束后不需加入荧光增强溶液即可直接对免疫复合物进行时间分辨荧光测定。虽然该体系比 DELFIA 体系操作更为简单,但受 $BCPDA\text{-}Eu^{3+}$ 检出下限的限制($10^{-11}\sim10^{-10}$ mol·L^{-1}),该法的检测灵敏度较低。提高 FIAgen 体系检测灵敏度的关键是要使用荧光强度更高的标记物,许多荧光性能更佳的稀土荧光配合物被合成出来,如含联杂环芳基和多羧基的稀土配合物 Eu-W8044、Tb-

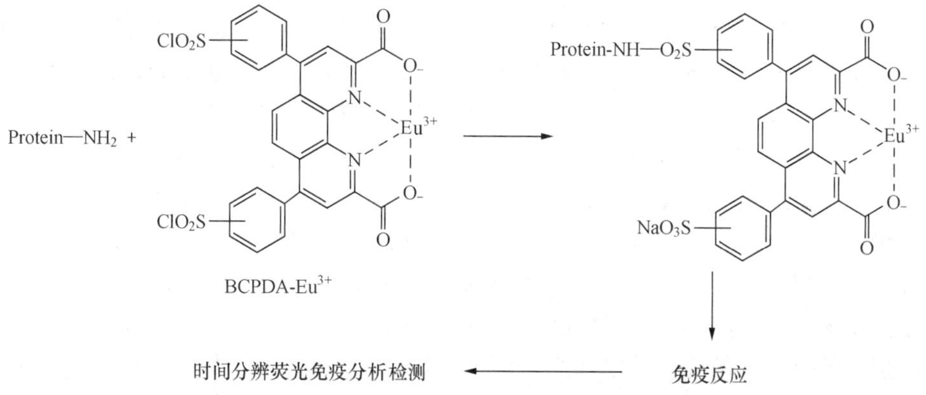

图 13-20　FIAgen 时间分辨荧光免疫分析体系的测定原理

14016、TMT-Eu^{3+}、BPTA-Tb^{3+} 等，及四齿 β-二酮 Eu 配合物 BHHCT-Eu^{3+}、BHHBCB-Eu^{3+}，它们已经成功地应用于超高灵敏度时间分辨荧光免疫分析。

3. 酶增幅时间分辨荧光免疫分析法

酶增幅时间分辨荧光免疫分析法是最灵敏的时间分辨荧光免疫分析方法之一，该体系以酶作为标记物用于标记抗体或抗原，然后利用免疫反应生成免疫复合物。标记在免疫复合物上的酶使其底物转换成可与稀土离子或稀土配合物生成荧光配合物的形式，并利用产生的长寿命荧光信号进行时间分辨荧光免疫分析。如利用碱性磷酸酶（ALP）标记抗体或抗原，生成免疫复合物后加入水杨酸磷酸酯作为 ALP 的底物，使之在 ALP 催化下水解成水杨酸（SA）。随后加入的乙二胺四乙酸铽（EDTA-Tb^{3+}）配合物与水杨酸形成长荧光寿命的 EDTA-Tb^{3+}-SA 三元荧光配合物，从而进行时间分辨荧光免疫分析。该体系的测定原理如图 13-21 所示。

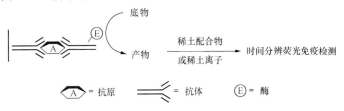

图 13-21 酶增幅时间分辨荧光免疫分析法的原理

4. TRACE 均相时间分辨荧光免疫分析法

TRACE 体系是一种基于荧光共振能量传递原理的均相时间分辨荧光免疫分析法。该体系使用铕荧光配合物 tris(bipyridine)cryptate-Eu^{3+}（TBP-Eu^{3+}）作为荧光能量传递的能量给予体，荧光色素 allophycocyanin（cross-linked allophycocyanin，也称别藻篮蛋白，相对分子质量为 104 kD 的色素蛋白，最大荧光发光波长 665 nm，荧光量子产率约 0.7，TRACE 体系中称之为 XL665）作为荧光能量传递的能量接受体。当两种荧光标记物标记的单克隆抗体与抗原形成夹心型免疫复合物后，两种荧光标记物间的距离变短，使 TBP-Eu^{3+} 发出的长寿命荧光（τ=1 000 μs）的能量有效地传递给 XL665，导致 XL665 在 665 nm 发出特异性的长寿命荧光（τ=250 μs，自由 XL665 的 τ=2.5 ns），同时 TBP-Eu^{3+} 的荧光寿命降低到 250 μs。然后同时测量给予体和接受体的时间分辨荧光强度，接受体和给予体的荧光强度的比值与样品中抗原的浓度成正比，其测定原理如图 13-22 所示。该体系的优点是不需要使用固相材料包被抗体，省去了分离洗涤步骤，操作简单，并且准确性、特异性等指标与其他三种方法相当，缺点是灵敏度比较低。

经过 30 多年的发展，时间分辨荧光免疫分析技术在免疫分析领域得到广泛的应用，研究者们还不断地拓展其应用领域，开发了众多的基于稀土荧光配合物的荧光分析检测技术，使时间分辨荧光免疫分析技术在生物医学研究和环境检测中得到了长足的进展。目前已报道的相关应用分析技术有：时间分辨荧光核酸杂交分析技术、时间分辨荧光细胞活性分析技术、时间分辨荧光生物成像分析技术、时间分辨荧光流式细胞分析技术和时间分辨荧光分子探针技术等。其中，时间分辨荧光分子探针技术是目前时间分辨荧光免疫分析技术最受瞩目的研究方向。时间分辨荧光分子探针不仅具有普通荧光探针的优点，而且在复杂生物样品检测中发挥着独特的高信噪比的优点。特别是对于细胞、血清、生物

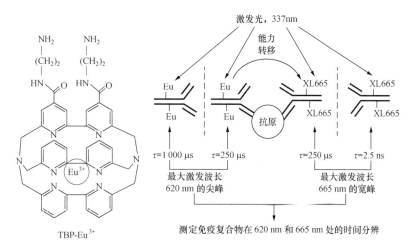

图 13-22　TBP-Eu³⁺结构及 TRACE 均相时间分辨荧光免疫分析体系的测定原理

组织和活体样品,由于存在大量内源性荧光物质(如黄素类化合物、NADH 和卟啉类化合物等),对探针分子的荧光检测产生很大的干扰;而时间分辨荧光免疫分析技术可有效地消除短寿命的生物样品内源性的背景荧光,极大地提高长荧光寿命稀土配合物荧光分子探针的荧光检测灵敏度。近十几年来,大量的稀土配合物荧光分子探针被开发和研制出来,并成功地用于阴离子(磷酸根、碳酸氢根、乙酸根及焦磷酸根等)、金属离子(钾离子、锌离子、汞离子及铜离子等)、pH、活性氧与活性氮组分(过氧化氢、次氯酸、羟基自由基、单线态氧、一氧化氮及过氧化亚硝基等)、生物酶(亮氨酸氨基肽酶、乙酰转移酶、酪氨酸激酶等)、生物硫醇(谷胱甘肽、半胱氨酸、同型半胱氨酸)及其他生理活性小分子(一氧化碳、硫化氢等)的检测。

随着分子成像和荧光成像技术的发展,时间分辨荧光生物成像分析技术也应运而生。与传统的荧光成像技术相比,时间分辨荧光生物成像技术通过在脉冲激发光与荧光成像检测之间设置一定的延迟时间,从而有效消除来自本底短寿命荧光的干扰,实现对目标物的高灵敏度成像检测。近十年来,基于稀土配合物荧光分子探针的时间分辨荧光生物成像技术在生化分析方面已经逐渐得到深入发展,并在免疫细胞化学、免疫组织化学、原位核酸杂交、生物活性分子可视化和定量测定、细胞中特定离子检测及环境微生物检测等生化分析方面得到了广泛应用。

习　题

13-1　为什么分子的荧光波长比激发光波长长? 而磷光波长又比荧光波长长? 两者有哪些共性和不同?

13-2　$S_0 \rightarrow T_1$ 的跃迁属禁阻跃迁,为什么 T_1 能级上还能有电子存在,并发射磷光?

13-3　磷光发射经过了哪些过程?

13-4　为什么荧光分子既有激发光谱又有发射光谱? 为什么两者之间存在波长差?

13-5　什么是分子的同步荧光光谱,如何获得? 有什么特点和作用?

13-6　荧光光谱具有哪些普遍特征?

13-7　为什么有的分子能够发射荧光,有的不能? 荧光分子的结构具有什么特点?

13-8 什么是荧光猝灭？如何利用这种现象？

13-9 通过下列方法能否改变荧光量子产率,解释之。

(1)降低或升高温度;(2)改变荧光分子的浓度;(3)改变溶剂的黏度或极性;(4)加入静态或动态猝灭剂。

13-10 在高浓度条件下分子荧光的标准曲线变成非线性曲线,分析是由什么原因引起的。

13-11 什么是重原子效应、外部重原子效应、内部重原子效应？

13-12 化学发光反应的基本原理和定量分析的基础是什么？

13-13 列举 O_3 的分析方法。

第14章

紫外-可见吸收光谱分析法

紫外-可见吸收光谱(UV-Vis)的波长范围为 $100\sim800$ nm,有机分子电子跃迁与此光区密切相关,所有的有机化合物均在这一区域产生吸收带。紫外-可见吸收光谱分析法广泛地用于有机和无机化合物的定性和定量分析,具有仪器普及、操作简单且灵敏度较高等优点。

14.1 紫外-可见吸收光谱分析法基础

14.1.1 紫外-可见吸收光谱概述

紫外-可见吸收光谱是由成键原子的分子轨道中电子跃迁产生的,分子的紫外吸收和可见吸收的光谱区域依赖于分子的电子结构。谱图中最大吸收峰的波长 λ_{max} 和相应的摩尔吸光系数 ε_{max} 反映了构成有机分子部分结构发色团的特征。根据助色团取代、电子效应、共轭效应、溶剂效应等对 λ_{max}(红移和蓝移)和 ε_{max}(浓色或浅色效应)的影响规律,可以提供有机化合物骨架结构信息或进行异构体鉴别等。

紫外-可见光区又可细分为:(1)$100\sim200$ nm:远紫外光区;(2)$200\sim400$ nm:近紫外光区;(3)$400\sim800$ nm:可见光区。

近紫外光区又称石英紫外区,对结构研究很重要。由于大气在远紫外光区波长范围内有吸收,所以在远紫外光区的测量必须在真空条件下操作,故也称为真空紫外区。由于实验技术的困难,远紫外光区的吸收光谱现在研究得很少。

14.1.2 紫外-可见吸收光谱的产生

紫外-可见吸收光谱属于分子光谱的范畴。通过分子内部运动,化合物分子吸收或发射光量子时产生的光谱称为分子光谱。分子的内部运动可分为分子内价电子(外层电子)的运动、分子内原子的振动、分子绕其重心的转动三种形式。根据量子力学原理,分子的每一种运动形式都有一定的能级而且是量子化的。因此分子具有电子能级、振动能级和转动能级。分子所处的能级状态可用量子数表示:电子量子数($n=1,2,\cdots$)表示电子能级,振动量子数($v=1,2,\cdots$)表示振动能级,转动量子数($j=1,2,\cdots$)表示转动能级。分子在一定状态下所具有的总内部能量为其电子能量(E_e)、振动能量(E_v)和转动能量(E_r)之和:

$$E = E_e + E_v + E_r \tag{14-1}$$

当分子从一个状态 E_1 变化到另一个状态 E_2 时,必然伴随有能级(即量子数 n,v,j)的变化,两个状态能级之间的能量差:

$$\Delta E = E_2 - E_1 \tag{14-2}$$

在吸收光谱中,只有照射光的能量 $E=h\nu$ 等于两个能级间的能量差 ΔE 时,分子才能由低能级 E_1 跃迁到高能级 E_2,即能被分子吸收的光的频率为

$$\nu = \Delta E / h \tag{14-3}$$

转换为波长 $$\lambda = c/\nu = hc/\Delta E \tag{14-4}$$

式中,h 是普朗克常数;c 是光速;ΔE 是分子中的电子从低能级跃迁到高能级时吸收的能量。

由于不同分子在发生能级跃迁时所吸收光的频率(或波长)不同,所以可以根据 ν(或 λ)和分子结构的关系(光谱图中谱峰在横轴上的位置)来认识和区别不同的化合物。能量的吸收依赖于基态和激发态之间能量的差异,能量差越小,吸收光的波长越长。额外的激发态的能量可能导致分子裂分、分子离子化或重新发射光和热。以光的形式释放能量导致荧光或磷光现象。

下面以双原子分子为例讨论紫外-可见吸收光谱的产生(图 14-1)。A 和 B 是两个电子能级,当分子吸收足够的能量时(如用钨灯或氖灯照射)就会发生从 A 电子能级到 B 电子能级的跃迁。在电子能级发生跃迁的同时振动能级也发生了改变,有时转动能级也会发生改变,即在紫外-可见吸收光谱中电子能级发生跃迁的同时也必定伴随着振-转级的变化。所以分子光谱远比原子光谱复杂,分子光谱是带状光谱,而原子光谱是线光谱。紫外-可见吸收曲线都是宽峰,这是由于电子能级跃迁与振动能级的变化相叠加所致。

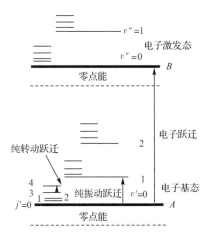

图 14-1 双原子分子能级图

通常情况下,发生电子能级跃迁需要的能量约为 $1\sim20$ eV,由式(14-3)可计算出与该能量相应的波长为 $1\,230\sim62$ nm。可见由电子能级跃迁产生的吸收光谱主要处于紫外-可见光区($100\sim800$ nm)。这种分子光谱称为电子光谱或紫外-可见吸收光谱。

14.1.3 光吸收定律

光吸收定律俗称比耳定律,是比色和光谱定量分析的基础。比耳定律表述为:当一束

单色光通过介质时,光被介质吸收的比例正比于吸收光的分子数,而与入射光的强度无关。其数学表达式为

$$A=-\lg I/I_0=-\lg T=\varepsilon cl \tag{14-5}$$

式中,A 为吸光度或光密度;I_0,I 分别为入射光和透射光的强度;T 为透过率;ε 为试样的摩尔吸光系数($\mathrm{L \cdot mol^{-1} \cdot cm^{-1}}$);$c$ 为试样溶液的摩尔浓度($\mathrm{mol \cdot L^{-1}}$);$l$ 为试样池的光程长度(cm)。

在紫外-可见吸收光谱中,吸收带的强度常用 λ_{max} 处摩尔吸光系数的最大值 ε_{max} 表示。通常 $\varepsilon>7\,000$ 为强吸收带,$\varepsilon<100$ 为弱吸收带。

比耳定律成立的条件是待测物为均一的稀溶液、气体等;无溶质、溶剂及悬浊物引起的散射;入射光为单色平行光。实际测量过程中经常出现偏离比耳定律线性的情况,这是由于溶液的化学因素和仪器因素等引起的。比如试样浓度过高($>0.01\ \mathrm{mol \cdot L^{-1}}$)、溶液中粒子的散射和入射光的非单色性等。

14.2　紫外-可见分光光度计

紫外-可见分光光度计所使用的波长范围通常在 180~1 000 nm。180~380 nm 是近紫外,380~1 000 nm 为可见光。紫外-可见分光光度计有单光束和双光束两类。国产751 型及英国 Unican SP500 型都属于单光束仪器。国产 710 型、Unican SP700 型和岛津UV-260 型等都属于双光束仪器。

14.2.1　结构类型

单光束仪器可以满足一般定量分析的要求,有固定波长光源和连续波长光源两种类型。固定波长光源的单光束仪器是最简单的紫外-可见分光光度计(如由发光二极管光源、试样室和光二极管检测器组成的紫外-可见分光光度计)。连续波长光源的单光束仪器可以通过色散元件和狭缝来选择波长。单光束仪器必须分别手动测量每个波长下溶剂和试样的吸光度,而且对光源的稳定性要求特高,若在测量过程中电源发生波动,则光源的强度不稳定,将对测量产生影响,导致重复性不好。双光束仪器则没有这种弊端,可同时扫描测量溶剂和试样的紫外-可见吸收光谱,而且可以实现自动记录。如图 14-2 所示是一台双光束紫外-可见分光光度计的光学示意图。新近出现了采用光二极

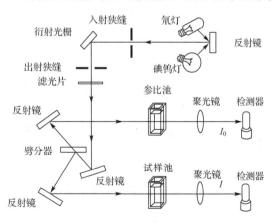

图 14-2　双光束紫外-可见分光光度计的光学示意图

管阵列检测器的多道紫外-可见分光光度计,整个仪器由计算机控制,该类仪器可在 200 ~820 nm 的光谱范围内保持波长分辨率达到 2 nm。光二极管阵列检测器具有多道、测量快速、信噪比高于单道仪器的特点。

14.2.2 主要部件

通常紫外-可见分光光度计都是由光源、单色器、试样室、检测器及信号显示与数据处理系统五个部分组成。

1. 光源

光源有氘灯(190~400 nm)和碘钨灯(360~800 nm)。两者在波长扫描过程中自动切换,反射镜使两个光源发射的任一光反射,经入射狭缝进入单色器。

2. 单色器

单色器为石英棱镜或光栅。来自光源的光通过入射狭缝由衍射光栅散射成单色光,经出射狭缝聚焦,经滤光片去掉杂散光,由斩光镜脉冲输送,并将光束劈分成两束光,一束是试样光束,另一束是参比光束,两束光由劈分器到反射镜,再由反射镜反射进入参比池和试样池。

3. 试样室

进入试样室的两束光,一束经过试样池射向检测器,另一束经过参比池射向检测器,试样池和参比池均为石英材质。

4. 检测器

常用的检测器有光电池、光电管、光电倍增管等。其中光电倍增管的灵敏度高,而且不易疲劳,是目前紫外-可见分光光度计中应用最广的一种检测器。进入检测器的光束被聚焦在光电倍增管上,产生的电流与照射到检测器上的能量成正比。多道紫外-可见分光光度计与常规仪器的不同之处在于其使用了一个光二极管阵列检测器。

5. 信号显示与数据处理系统

常用的信号显示与数据处理系统有检流计、数字显示仪、微型计算机等。采用光电倍增管作为检测器,由于试样光束吸收能量,产生不平衡电压,此不平衡电压被一个滑线电阻的等价电压所平衡,通过电学系统的比较和放大,记录笔随滑线的触点移动,记录笔的移动反映了试样吸收能量的大小,记录试样的吸收曲线。新型紫外-可见分光光度计的信号显示与数据处理系统大多采用微型计算机,既可用于仪器自动控制,实现自动分析;又可用于记录试样的吸收曲线,进行数据处理,并大大提高了仪器的精度、灵敏度和稳定性。

14.3 吸收带类型与溶剂效应

14.3.1 电子跃迁和吸收带类型

分子的电子结构和分子吸收光后电子状态的变化等可用分子轨道理论说明。分子轨道在任何情况下都是成键轨道比反键轨道稳定(即 $\sigma < \sigma^*$,$\pi < \pi^*$),一般 $\sigma < \pi < n < \pi^* < \sigma^*$ (图 14-3)。根据这个顺序可以大致比较不同类型能级跃迁所需要能量的大小,以及与

吸收光波长的关系。由于不同物质中分子轨道的种类及各能级间能量差 ΔE 不同,发生电子跃迁时,吸收光的波长(λ)和强度(ε)也不同,具有特征性,所以电子光谱可用于研究化合物的结构。

电子跃迁发生在电子基态分子轨道和反键轨道之间或基态原子的非键轨道和反键轨道之间。处于基态的电子吸收了一定能量的光子后,可分别发生 $\sigma \to \sigma^*$,$\sigma \to \pi^*$,$\pi \to \sigma^*$,$n \to \sigma^*$,$\pi \to \pi^*$,$n \to \pi^*$ 等跃迁类型。由图 14-3 可见,各种电子跃迁所需能量的大小为:$\sigma \to \sigma^* > n \to \sigma^* > \pi \to \pi^* > n \to \pi^*$。其中 $\sigma \to \sigma^*$,$\sigma \to \pi^*$,$\pi \to \sigma^*$ 电子跃迁所需的能量较大,与此相对应的吸收光谱都处于 200 nm 以下的远紫外光区。常见电子跃迁的波长范围及强度如图 14-4 所示。

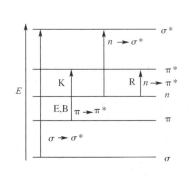
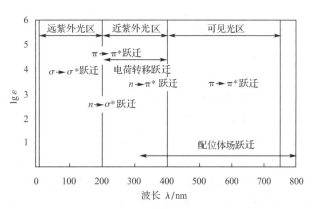

图 14-3　电子跃迁能级图示意图　　　　　图 14-4　常见电子跃迁的波长范围及强度

试样吸收紫外-可见光发生电子跃迁主要有以下几种类型:

1. $\sigma \to \sigma^*$ 跃迁

由图 14-3 可见,$\sigma \to \sigma^*$ 跃迁所需能量最大,所以最不易激发,如饱和烃,只含有 σ 键电子,其跃迁出现在远紫外光区,波长小于 200 nm。如甲烷的最大吸收波长为 125 nm,乙烷的最大吸收波长为 135 nm,即使环丙烷的最大吸收波长是饱和烃中最长者,也仅为 190 nm。因此,饱和烃在近紫外光区不产生吸收光谱。

2. $n \to \sigma^*$ 跃迁

杂原子 O、N、S、X 都含有 n 非键电子,如 C—Cl,C—OH,C—NH$_2$ 等都能发生 $n \to \sigma^*$ 跃迁,由于 n 电子比 σ 电子能量高得多,$n \to \sigma^*$ 跃迁要比 $\sigma \to \sigma^*$ 跃迁所需要的能量小,所以 $n \to \sigma^*$ 跃迁比 $\sigma \to \sigma^*$ 跃迁产生谱带的波长略长。含有杂原子饱和烃的 $n \to \sigma^*$ 跃迁一般在 150～250 nm,但主要在 200 nm 以下,即大部分出现在远紫外光区。

既然都含有杂原子,为什么有的在近紫外光区有吸收,而有的却在远紫外光区有吸收? 这是因为 $n \to \sigma^*$ 跃迁所需要的能量取决于带有 n 电子原子的性质以及分子结构,虽然同是 $n \to \sigma^*$ 跃迁,但不同原子其价电子能级分布不同,所以,由其组成的分子轨道的能级也不同。例如,CH$_3$Cl,CH$_3$Br,CH$_3$I,由 Cl 到 I 其 n 电子的能量依次增大,发生 $n \to \sigma^*$ 跃迁的 ΔE 依次降低,所以,波长依次增长。又如 (CH$_3$)$_2$S 的 $n \to \sigma^*$ 跃迁 $\lambda = 229$ nm,(CH$_3$)$_2$O 的 $n \to \sigma^*$ 跃迁 $\lambda = 184$ nm,因为 S 原子中的 n 电子比 O 原子中的 n 电子束缚得松,激发所需要的能量小,即 ΔE 小,所以 λ 就长。

3. $n \rightarrow \pi^*$ 跃迁

由 $n \rightarrow \pi^*$ 跃迁产生的吸收带称为 R 带(由德文 Radikal 而来,是基团的意思)。只有分子中同时存在杂原子(具有 n 非键电子)和双键 π 电子时才有可能发生 $n \rightarrow \pi^*$ 跃迁,如 C=O,N=N,N=O,C=S 等,都能发生杂原子上的 n 非键电子向反键 π^* 轨道的跃迁。由图 14-3 可见,$n \rightarrow \pi^*$ 跃迁所需能量最小,因此,大部分在 $200 \sim 700$ nm 范围内有吸收,但 $n \rightarrow \pi^*$ 跃迁的 ε_{max} 较小,是弱吸收,属于 $\varepsilon_{max} < 10^3$(一般小于 100)的禁阻跃迁。通常基团中的氧原子被硫原子取代后吸收峰发生红移,如 C=O 的 $n \rightarrow \pi^*$ 跃迁 $\lambda_{max} = 280 \sim 290$ nm,C=S 的 $n \rightarrow \pi^*$ 跃迁 λ_{max} 在 400 nm 左右,若被 Se,Te 取代则波长更长。R 带在极性溶剂中发生蓝移,溶剂对丙酮 $n \rightarrow \pi^*$ 跃迁的影响已经被测量,在正己烷中吸收波长最大为 279 nm,乙醇和水做溶剂时,吸收波长分别减小到 272 nm 和 264.5 nm。

4. $\pi \rightarrow \pi^*$ 跃迁

$\pi \rightarrow \pi^*$ 跃迁是双键中 π 电子由 π 成键轨道向 π^* 反键轨道的跃迁,引起这种跃迁的能量比 $n \rightarrow \pi^*$ 跃迁的大,比 $n \rightarrow \sigma^*$ 跃迁的小,因此,这种跃迁也大部分出现在近紫外光区,其 ε_{max} 较大,一般 $\varepsilon_{max} > 10^3 \sim 10^4$,属于允许跃迁,大多数是强吸收峰。根据 $\pi \rightarrow \pi^*$ 跃迁产生的体系不同,其吸收带可表示为以下几种。

(1)K 带

在共轭非封闭体系中 $\pi \rightarrow \pi^*$ 跃迁产生的吸收带称为 K 带(由德文 Konjugation 而来,是共轭的意思)。其特征是 $\varepsilon_{max} > 10^4$,为强吸收带。具有共轭双键结构的分子产生 K 带,如丁二烯(CH_2=CH—CH=CH_2)K 带的 $\lambda_{max} = 217$ nm,$\varepsilon_{max} = 21\ 000$。在芳环上有发色团取代时,如苯乙烯、苯甲醛、乙酰苯等,也都会产生 K 带,因为它们都具有 π-π 共轭双键结构。这些 $\pi \rightarrow \pi^*$ 跃迁通常具有高摩尔吸光系数,$\varepsilon_{max} > 10\ 000$。极性溶剂使 K 带发生红移。

K 带和 R 带具有不同的特征:①K 带 $\varepsilon_{max} > 10\ 000$,而 R 带 $\varepsilon_{max} < 10^3$,通常在 100 以下;②在极性溶剂中 K 带发生红移,而 R 带发生蓝移;③K 带 λ_{max} 随共轭体系的增大而发生红移,而 R 带的变化不如 K 带的明显。

(2)B 带(苯吸收带)

芳香族和杂环芳香族化合物光谱的特征谱带,也是由 $\pi \rightarrow \pi^*$ 跃迁产生的。芳环的 B 带在 $230 \sim 270$ nm 的近紫外范围内是一个宽峰,属于跃迁几率较小的禁阻跃迁产生的弱吸收带($\varepsilon_{max} \approx 200$),其中包含多重峰(或称精细结构)。这是由于振动能级对电子跃迁的影响所引起的。当芳环上连有一个发色团时(取代基与芳环间有 π-π 共轭)不仅可以观察到一个 K 带,而且可以观察到芳环特征的 B 带,如对于苯乙烯,可观察到两个吸收带,K 带:$\lambda_{max} = 244$ nm,$\varepsilon_{max} = 12\ 000$;B 带:$\lambda_{max} = 282$ nm,$\varepsilon_{max} = 450$。

当芳环上有取代基时,B 带的精细结构减弱或消失。在极性溶剂中,由于溶质与溶剂的相互作用,B 带的精细结构也被破坏。

(3)E 带

在封闭共轭体系(如芳香族和杂环芳香族化合物)中,由 $\pi \rightarrow \pi^*$ 跃迁产生的 K 带又称为 E 带(Ethylenic Band),属于跃迁几率较大或中等的允许跃迁。E 带类似于 B 带,也是芳香结构的特征谱带。其中，E_1 带 $\varepsilon_{max} > 10^4$，而 E_2 带 $\varepsilon_{max} \approx 10^3$。

5. 电荷转移吸收带

电荷转移跃迁是指光辐射到某些无机或有机化合物时，可能发生电子从体系中的电子给予体（Donator）转移到该体系中的电子接受体（Accepter）所产生的跃迁。此跃迁所产生的吸收带称为电荷转移吸收带，其特点是吸收强度大（$\varepsilon_{max} > 10^4$）。对于金属配合物，中心金属离子为电子接受体，配位体为电子给予体。$[Co(NH_3)_5X]^{n+}$ 的紫外-可见吸收光谱如图 14-5 所示。

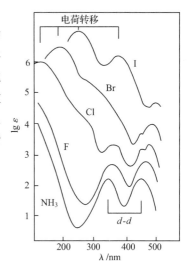

图 14-5　$[Co(NH_3)_5X]^{n+}$ 的紫外-可见吸收光谱

$$D \overset{h\nu}{———} A \longrightarrow D^+ + A^-$$

电子给予体　　电子接受体

例如：

$$[Fe^{3+}—SCN^-]^{2+} \overset{h\nu}{\longrightarrow} [Fe^{2+}—SCN]^{2+}$$

6. 配位体场吸收带

在配位体场作用下，过渡金属离子的 d 轨道和镧系、锕系的 f 轨道裂分，吸收辐射后，产生 d-d 和 f-f 电子跃迁。根据配位场理论，d 电子层未填满的第一、二过渡金属离子（中心离子）具有能量相同的 d 轨道，而配位体（如 NH_3、H_2O 等极性分子或 Cl^-、CN^- 等阴离子）按一定的几何形状排列在中心离子周围，将导致原来能量相等的 d 轨道分裂出不同能量的 d 轨道。d-d 电子跃迁吸收带是过渡金属离子的 d 电子在配位体场作用下分裂出的不同能量 d 轨道之间的电子跃迁而产生的。由于这种 d-d 电子跃迁所需能量较小，产生的吸收带多在可见光区，强度较弱（$\varepsilon_{max} = 0.1 \sim 100$）。$f$-$f$ 电子跃迁吸收带在紫外-可见光区，它是由镧系、锕系的 $4f$ 或 $5f$ 轨道裂分出不同能量的 f 轨道之间的电子跃迁而产生的。

14.3.2　紫外-可见吸收光谱常用术语

1. 非发色团

非发色团指的是在 $200 \sim 800$ nm 近紫外光区和可见光区内无吸收的基团。因此，只具有 σ 键电子或具有 σ 键电子和 n 非键电子的基团为非发色团，一般指的是饱和烃和大部分含有 O、N、S、X 等杂原子的饱和烃衍生物。非发色团对应的跃迁类型为 $\sigma \rightarrow \sigma^*$ 跃迁和 $n \rightarrow \sigma^*$ 跃迁，吸收光的波长大部分都出现在远紫外光区。

2. 发色团

在紫外-可见吸收光谱中，发色团并非有颜色，指的是在近紫外光区和可见光区有特征吸收的基团。发色团的电子结构特征是具有 π 电子，如 C=C，C=O，C≡N，N=N，

N=O，—NO_2 等都是发色团。大量实验数据表明，单个发色团（只有一个双键）的 $\pi \rightarrow \pi^*$ 跃迁虽是强吸收，但却出现在远紫外光区；当分子具有多个发色团时（共轭双键），其吸收出现在近紫外光区；发色团对应的跃迁类型为 $\pi \rightarrow \pi^*$ 和 $n \rightarrow \pi^*$ 跃迁。某些发色团的特征见表 14-1。

表 14-1 某些发色团的特征

发色团	实例	跃迁类型	λ_{max}/nm	ε_{max}	溶剂
C=C	乙烯	$\pi \rightarrow \pi^*$	165	10 000	气态
—C≡C—	乙炔	$\pi \rightarrow \pi^*$	173	6 000	气态
C=O	丙酮	$n \rightarrow \sigma^*$ $n \rightarrow \pi^*$	188 279	900 15	正己烷
C=O	乙醛	$n \rightarrow \pi^*$	290	16	庚烷
C=O	乙酸	$n \rightarrow \pi^*$	204	60	水
C=O	乙酸乙酯	$n \rightarrow \pi^*$	207	69	石油醚
C=O	乙酰氯	$n \rightarrow \pi^*$	235	53	正己烷
C=O	乙酰胺	$n \rightarrow \pi^*$	214	60	水
C=N—	丙酮肟	$\pi \rightarrow \pi^*$	190	5 000	水
C=S	丙硫酮	$n \rightarrow \pi^*$	400	20	水
—C≡N	乙腈	$\pi \rightarrow \pi^*$	<160	—	—
—N=N—	重氮甲烷	$n \rightarrow \pi^*$	347	4.5	二氧六环
—N=O	亚硝基丁烷	$\pi \rightarrow \pi^*$ $n \rightarrow \pi^*$	300 665	100 20	乙醚
—ONO	亚硝酸戊酯	$\pi \rightarrow \pi^*$ $n \rightarrow \pi^*$	218.5 346.5	1120	石油醚
—NO_2	硝基甲烷	$n \rightarrow \pi^*$	271	18.6	乙醇
—ONO_2	硝酸乙酯	$n \rightarrow \pi^*$	270	12	二氧六环

3. 助色团

助色团的电子结构特征是具有 n 非键电子，即含杂原子的基团，如—NH_2，—NR_2，—OH，—OR，—SR，—Cl，—SO_3H，—COOH 等。这些基团至少有一对能与 π 电子相互作用的 n 电子，本身在紫外光区和可见光区无吸收，当它们与发色团相连时，n 电子与 π 电子相互作用（相当于增大了共轭体系使 π 轨道间能级差 ΔE 变小），使发色团的最大吸收波长向长波长位移（红移），并且有时吸收峰强度增加。助色团对应的跃迁类型是 $n \rightarrow \pi^*$ 跃迁，各种基团的"助色"能力（即使发色团的吸收峰位置向长波长方向位移的距离）：—F < —CH_3 < —Cl < —Br < —OH < —OCH_3 < —NH_2 < —$NHCH_3$ < —$N(CH_3)_2$ < —NHC_6H_5 < —O^-。

4. 红移

由取代基或溶剂效应引起的使吸收向长波长方向移动称为红移,如图 14-6 所示。

5. 蓝移

由取代基或溶剂效应引起的使吸收向短波长方向移动称为蓝移。

6. 增色效应

最大吸收带的摩尔吸光系数 ε_{max} 增加时称为增(浓)色效应。

7. 减色效应

最大吸收带的摩尔吸光系数 ε_{max} 减小时称为减(浅)色效应。

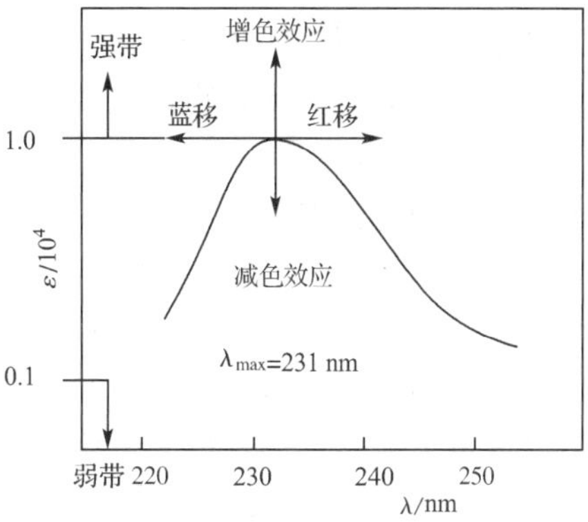

8. 强带

最大摩尔吸光系数 $\varepsilon_{max} \geqslant 10^4$ 的吸收带称为强带(多由允许跃迁产生)。

9. 弱带

最大摩尔吸光系数 $\varepsilon_{max} < 10^3$ 的吸收带称为弱带(多由禁阻跃迁产生)。

图 14-6　紫外-可见吸收光谱常用术语的说明

14.3.3　溶剂对紫外-可见吸收光谱的影响

1. 常用溶剂

很多化合物可以在紫外-可见吸收光谱中作为溶剂(表 14-2)。三种最常见的溶剂是环己烷、95% 的乙醇和 1,4-二氧六环。可以采用活性硅胶过滤的方法来除去溶剂中微量的芳香烃和烯烃杂质。环己烷的"透明"极限波长是 210 nm。芳香化合物特别是多环芳香烃,在环己烷中测定时,能够保持它们的精细结构,而如果采用极性溶剂则精细结构往往消失。当需要使用极性溶剂时,采用 95% 的乙醇通常是一个好的选择。乙醇中残留的苯杂质可以通过分馏的方法除去。乙醇的"透明"极限波长是 210 nm。

表 14-2　　　　　　　　　　　紫外-可见吸收光谱中常用的溶剂

溶剂	极限波长/nm	溶剂	极限波长/nm	溶剂	极限波长/nm
乙腈	190	乙醇	210	甲酸甲酯	260
水	191	正丁醇	210	N,N-二甲基甲酰胺	270
己烷	195	异丙醇	215	苯	280
十二烷	200	乙醚	215	四氯乙烯	290
十氢萘	200	1,4-二氧六环	220	二甲苯	295
甲醇	205	二氯甲烷	235	吡啶	305
环己烷	210	1,2-二氯乙烷	235	丙酮	330
庚烷	210	氯仿	237	二硫化碳	380
异辛烷	210	乙酸乙酯	255	硝基苯	380
甲基环己烷	210	四氯化碳	257		

选择溶剂时需要考虑的因素:(1)溶剂本身的透明范围;(2)溶剂对溶质是惰性的;(3)溶剂对溶质要有良好的溶解性。

例如,甲醇和乙醇在 210 nm 以下是不透明的,而丙烯醛的 $\lambda_{max}=207$ nm,不宜选醇作为其溶剂;而氯仿在 237 nm 以下是不透明的,丁二烯的 $\lambda_{max}=217$ nm,不能用氯仿作为其溶剂。通常非极性化合物选用非极性溶剂,如环己烷等;极性化合物则选用极性溶剂,如醇等,否则溶解性不好。

2. 溶剂的影响

化合物的紫外-可见吸收光谱通常在溶液中测定,溶剂可能会影响到吸收峰的位置和强度,这种影响是不能被忽视的,因此,在表示紫外-可见吸收光谱数据时,一定要标明所使用的溶剂。通常溶剂的极性对烯类和炔类碳氢化合物的吸收峰位置和强度影响较小,但会使酮类化合物的峰值发生位移。极性溶剂一般使 $n \rightarrow \pi^*$ 吸收带发生蓝移,ε_{max} 随之增加;使 $\pi \rightarrow \pi^*$ 吸收带发生红移,而 ε_{max} 略有降低。

(1)极性溶剂对 $n \rightarrow \pi^*$ 跃迁的影响

基团中的杂原子具有孤对电子(n 电子),如 C=O 中的 n 电子会发生 $n \rightarrow \pi^*$ 跃迁。C=O 在基态时由于 O 原子的电负性,所以 $C^+=O^-$ 有极性。当发生 n 电子跃迁后,n 电子跃到 π^* 轨道上去,在激发态时 O 原子一侧的电子云小于基态,故 C=O 基态比激发态时的极性大,因此,基态容易与极性溶剂产生较强的作用,使基态能量下降较大,而激发态能量下降较小,使两个能级间的能量差反而增加,如图 14-7(a)所示,极性溶剂致使 $n \rightarrow \pi^*$ 跃迁发生蓝移。溶剂的极性越大这种蓝移的幅度也就越大。

(2)极性溶剂对 $\pi \rightarrow \pi^*$ 跃迁的影响

含有 C=C 的化合物在基态时,两个 π 电子在 π 成键轨道上,当发生 $\pi \rightarrow \pi^*$ 跃迁时,一个电子在 π 成键轨道上,另一个电子在 π^* 反键轨道上。两个电子在 π 成键轨道时 C=C 无极性,当 π 电子跃迁到 π^* 反键轨道时 $C^+=C^-$ 就有极性了,所以 C=C 激发态时的极性大于基态,因此,极性大的 π^* 反键轨道与极性溶剂作用强,π^* 反键轨道能量下降得多,而 π 成键轨道能量下降得少,从而两个能级的能量差减少,如图 14-7(b)所示。极性溶剂致使 $\pi \rightarrow \pi^*$ 跃迁的 K 带发生红移。因此,化合物的紫外-可见吸收光谱既有 K 带又有 R 带时(图 14-8),使用的溶剂极性越大,则 K 带与 R 带的距离越近(K 带红移,R 带蓝移),而随着溶剂极性的变小两个吸收带则逐渐远离,见表 14-3。

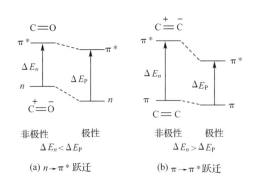

图 14-7 溶剂极性对 $n \rightarrow \pi^*$ 和 $\pi \rightarrow \pi^*$ 跃迁的影响

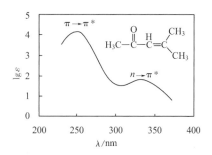

图 14-8 异丙叉丙酮的紫外-可见吸收光谱

表 14-3		异丙叉丙酮的溶剂效应		（nm）
跃迁类型	λ_{max}（正己烷）	λ_{max}（氯仿）	λ_{max}（甲醇）	λ_{max}（水）
$\pi \to \pi^*$	230	238	237	243
$n \to \pi^*$	329	315	309	305
$\Delta\lambda_{max}$	99	77	72	62

（3）溶剂对苯环 $\pi \to \pi^*$ 跃迁的影响

苯环 E 带的溶剂效应由取代基的性质决定。当取代基为供电子基时，溶剂效应很小，当取代基为吸电子基时，随着溶剂极性的增大，E 带发生红移（见表 14-4）。

表 14-4			苯环 E_2 带的溶剂效应			（nm）
化合物	λ_{max}（水）	λ_{max}（乙醇）	$\Delta\lambda$（水-乙醇）	化合物	λ_{max}（水）	λ_{max}（乙醇）	$\Delta\lambda$（水-乙醇）
苯甲酸	230	228	2	苯甲醛	249	244	5
苯乙酮	245	240	5	硝基苯	268	260	8

溶剂除影响苯环 E 带位置外，对 B 带的精细结构也有明显影响。如苯酚的 B 带，在极性溶剂中其精细结构消失，如图 14-9 所示。

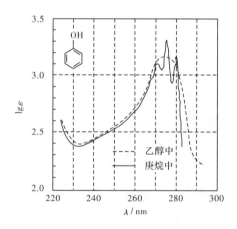

图 14-9　苯酚紫外-可见吸收光谱的溶剂效应

14.4　重要有机化合物的紫外-可见吸收光谱

有机化合物吸收紫外-可见辐射的能力依赖于其电子结构。下面将讨论各类有机化合物的特征吸收及其取代基对特征吸收的影响。

14.4.1　饱和烃

饱和烃中只有 σ 键，其跃迁类型为 $\sigma-\sigma^*$ 跃迁，最大吸收波长都落在远紫外光区，在紫外-可见光区无吸收，是"透明"的，因此紫外-可见吸收光谱通常不用来研究饱和烃。相反，饱和烃则常用做测定有机化合物紫外-可见吸收光谱时的溶剂。

14.4.2 饱和烃衍生物

含有如氧、氮、硫或卤素等杂原子的饱和烃衍生物，除了具有 σ 电子外，还有 n 非键电子，其跃迁类型为 $n \rightarrow \sigma^*$ 跃迁。$n \rightarrow \sigma^*$ 跃迁所需的能量小于 $\sigma \rightarrow \sigma^*$ 跃迁，但大部分饱和烃衍生物在近紫外光区仍然没有吸收，是"透明"的、惰性的，所以它们是测定紫外-可见吸收光谱的良好溶剂。某些饱和烃及其衍生物的吸收光谱数据见表14-5。

表 14-5　　　　　某些饱和烃及其衍生物的吸收光谱数据

化合物	跃迁类型	λ_{max}/nm	ε_{max}	溶剂	化合物	跃迁类型	λ_{max}/nm	ε_{max}	溶剂
甲烷	$\sigma \rightarrow \sigma^*$	125	10 000	气态	1-己硫醇	$n \rightarrow \sigma^*$	224	126	环己烷
乙烷	$\sigma \rightarrow \sigma^*$	135	10 000	气态	甲硫醚	$n \rightarrow \sigma^*$	210	1 020	乙醇
甲醇	$n \rightarrow \sigma^*$	183.5	150	己烷		$\sigma \rightarrow \sigma^*$	229(肩)	140	
	$\sigma \rightarrow \sigma^*$	174.2	356		二甲二硫	$n \rightarrow \sigma^*$	195	400	乙醇
乙醇	$n \rightarrow \sigma^*$	181.5	320	己烷		$\sigma \rightarrow \sigma^*$	253	290	
	$\sigma \rightarrow \sigma^*$	174	670		氯仿	$n \rightarrow \sigma^*$	173	200	己烷
乙醚	$n \rightarrow \sigma^*$	188	1 995	气态	溴丙烷	$n \rightarrow \sigma^*$	208	300	己烷
	$\sigma \rightarrow \sigma^*$	171	3 981		碘甲烷	$n \rightarrow \sigma^*$	259	400	己烷
甲胺	$n \rightarrow \sigma^*$	173	2 200	气态	二溴甲烷	$n \rightarrow \sigma^*$	220.5	1 050	
	$\sigma \rightarrow \sigma^*$	215	600				198	970	
二乙胺	$n \rightarrow \sigma^*$	195	2 800	己烷	二碘甲烷	$n \rightarrow \sigma^*$	291.9	1 270	己烷
三甲胺	$n \rightarrow \sigma^*$	199	3 950	己烷		$\sigma \rightarrow \sigma^*$	250.9	600	
甲硫醇	$n \rightarrow \sigma^*$	195	1 400	乙醇					

14.4.3 不饱和脂肪烃

这类化合物包括单烯烃(如乙烯)、多烯烃(如丁二烯)和炔烃等，它们都含有 π 电子，其跃迁类型为 $\pi \rightarrow \pi^*$ 跃迁。

两个双键仅被一个单键隔开时的烯烃称为共轭烯烃。共轭二烯中由于存在 π-π 共轭作用，形成了离域的 π 分子轨道，即共轭二烯中两个双键共轭的结果使最高成键轨道与最低反键轨道之间的能量差减小，因此，丁二烯的 $\pi \rightarrow \pi^*$ 跃迁显然要比乙烯的 $\pi \rightarrow \pi^*$ 跃迁所需能量小得多，其吸收光波长就长得多，如图14-10所示。

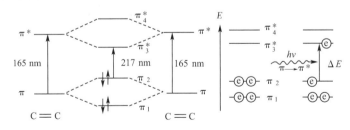

图 14-10　丁二烯的 π 分子轨道及 $\pi \rightarrow \pi^*$ 跃迁示意图

共轭多烯(不多于四个双键)的 $\pi \rightarrow \pi^*$ 跃迁吸收带的最大吸收波长，可以用伍德沃德-菲泽(Wood Ward-Fieser)规则来估算。

$$\lambda_{max} = \lambda_{基} + \sum n_i \lambda_i \tag{14-6}$$

式中，$\lambda_{\text{基}}$ 是由非环或六元环共轭二烯母体结构决定的基准值；$\sum n_i\lambda_i$ 是由双键上取代基的种类(λ_i)和个数(n_i)决定的校正值。$\lambda_{\text{基}}$ 和校正值见表 14-6。

表 14-6　　　　　　伍德沃德-菲泽规则中的 $\lambda_{\text{基}}$ 和校正值

母体	结构	$\lambda_{\text{基}}$ / nm
(1)无环或非稠环(同一环中只有一个双键)二烯母体		217
(2)异环(稠环)二烯母体		214
(3)同环(非稠环或稠环)二烯母体		253

校正项	校正值/nm
(1)增加共轭双键	+30
(2)环外双键	+5
(3)烯基上取代基	
①烷基(—R)或将环切开剩下烷基	+5
②酰基(—OCOR)	0
③烷氧基(—OR)	+6
④卤素(—Cl,—Br)	+5
⑤硫烷基(—SR)	+30
⑥氮二烷基(—NR₂)	+60

用伍德沃德-菲泽规则计算共轭多烯 $\pi \to \pi^*$ 跃迁的 $\lambda_{\max}$ 时应注意，分子中与共轭体系无关的孤立双键不参与计算；不在双键上的取代基不进行校正；环外双键是指在某一环的环外并与该环直接相连的双键(共轭体系中)。某些共轭烯烃的吸收光谱数据见表 14-7。

表 14-7　　　　　　某些共轭烯烃的吸收光谱数据

化合物	K 带($\pi \to \pi^*$)		溶剂
	$\lambda_{\max}$ / nm	$\varepsilon_{\max}$/(L·mol⁻¹·cm⁻¹)	
1,3-丁二烯	217	21 000	正己烷
2,3-二甲基-1,3-丁二烯	226	21 400	环己烷
1,3,5-己三烯	268	43 000	异辛烷
1,3,5,7-辛四烯	304	52 000	环己烷
1,3-环己二烯	256	8 000	正己烷
1,3-环戊二烯	239	3 400	正己烷

由此可见，通过 $\lambda_{\max}$ 的估算，可以帮助确定有机化合物的结构。

【例 14-1】

		(nm)
$\lambda_{基}$	无环二烯母体	217
校正值	3 个烷基(—R)取代　3×5	+15
λ_{max}(计算值)		232
λ_{max}(实测值)		234

【例 14-2】

		(nm)
$\lambda_{基}$	异环二烯(稠环)母体	214
校正值	①3 个烷基(—R)或将环切开剩下烷基　3×5	+15
	②1 个环外双键　1×5	+5
λ_{max}(计算值)		234
λ_{max}(实测值)		235

【例 14-3】

		(nm)
$\lambda_{基}$	同环二烯(稠环)母体	253
校正值	①4 个烷基(—R)或将环切开剩下烷基　4×5	+20
	②1 个环外双键　1×5	+5
λ_{max}(计算值)		278
λ_{max}(实测值)		275

【例 14-4】

		(nm)
$\lambda_{基}$	非稠环二烯母体	217
校正值	①4 个烷基(—R)或将环切开剩下烷基　4×5	+20
	②1 个环外双键　1×5	+5
λ_{max}(计算值)		242
λ_{max}(实测值)		243

14.4.4　羰基化合物

羰基化合物(O=CRY)包括醛(Y=H)、酮(Y=R)、脂肪酸(Y=OH)及其衍生物酯(Y=OR)、酰氯(Y=Cl)、酰胺(Y=NH_2)等。羰基碳原子可形成三个 σ 键、一个 π 键,氧原子上还剩余有两对 n 电子,因此羰基化合物的主要谱带来自于 $n \rightarrow \sigma^*$,$n \rightarrow \pi^*$ 和 $\pi \rightarrow \pi^*$ 跃迁。

1. 饱和醛及酮

饱和醛及酮的特征谱带是由 $n \rightarrow \pi^*$ 跃迁(R 带)在 $\lambda_{max}=270 \sim 300$ nm 处产生的弱吸收带($\varepsilon_{max}=10 \sim 50$);其 $n \rightarrow \sigma^*$ 跃迁 $\lambda_{max}=170 \sim 190$ nm($\varepsilon=10^3 \sim 10^5$);但 $\pi \rightarrow \pi^*$ 跃迁 $\lambda_{max}<150$ nm。由表 14-8 可见,一般环酮的 $n \rightarrow \pi^*$ 跃迁吸收光的波长比开链化合物的要长,另外,当羰基 α 位有烷基(或其他基团)取代或在极性溶剂中时,其吸收峰波长会发生蓝移。由于饱和醛及酮的 ε_{max} 都较小,因此,测定时要用高浓度的溶液去观察其紫外-可见吸收光谱。

表 14-8　　　　　　　　　某些饱和醛及酮的吸收谱带特征

化合物	R 带($n \rightarrow \pi^*$)		溶剂
	λ_{max}/nm	ε_{max}/(L·mol^{-1}·cm^{-1})	
丙酮	279	13	异辛烷
乙醛	290	12.5	气态
甲基乙基酮	279	16	异辛烷
2-戊酮	278	15	正己烷
环戊酮	299	20	正己烷
环己酮	285	14	正己烷
丙醛	292	21	异辛烷
异丁醛	290	16	正己烷

2. 饱和脂肪酸及其衍生物

饱和脂肪酸及其衍生物与醛酮一样虽然也含有羰基，但是由于有助色团(Y＝OH、Cl、Br、OR、NR$_2$、SH 等)直接与羰基碳原子相连，助色团上的 n 电子与羰基双键的 π 电子会产生 n-π 共轭效应，这时虽然 n 轨道的势能不变，但是 π 成键轨道势能的提高比 π^* 反键轨道势能的提高要大，使 $\pi \rightarrow \pi^*$ 跃迁所需能量 ΔE 变小，发生红移；$n \rightarrow \pi^*$ 跃迁所需能量 ΔE 变大，发生蓝移，如图 14-11 所示。所以饱和脂肪酸及其衍生物中羰基的吸收谱带与醛酮有很大不同。因此，可以利用紫外-可见吸收光谱将醛酮与酸、酯、酰胺区别开来，如果红外光谱证明有C＝O峰，还可以用紫外-可见光谱来区别是醛酮类还是酸酯类。饱和脂肪酸及其衍生物 R 带($n \rightarrow \pi^*$)最大吸收波长见表 14-9。

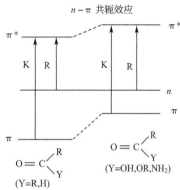

图 14-11　饱和脂肪酸及其衍生物分子轨道能级示意图

表 14-9　　　　饱和脂肪酸及其衍生物的吸收谱带特征

化合物	R 带($n \rightarrow \pi^*$)		溶剂
	λ_{max}/nm	ε_{max}/(L·mol^{-1}·cm^{-1})	
乙酸	204	41	乙醇
乙酸乙酯	207	69	石油醚
乙酰胺	205	160	甲醇
乙酰氯	235	53	正己烷
乙酸酐	225	47	异辛烷

3. 不饱和醛及酮

在同时含有羰基(C＝O)和乙烯基(C＝C)发色团的不饱和醛及酮中，若它们被两个以上单键隔开，则和孤立多烯类似，实际观测到吸收光谱是两个发色团的"加合"。但对于羰基和乙烯基共轭的 α,β-不饱和醛及酮，由于 π-π 共轭效应形成离域 π 分子轨道，乙烯键的 $\pi \rightarrow \pi^*$ 跃迁能量 ΔE 变小，其 K 带($\pi \rightarrow \pi^*$)将由单个乙烯键的 $\lambda_{max} = 165$ nm($\varepsilon_{max} \approx 10^4$)红移到 $\lambda_{max} = 210 \sim 250$ nm($\varepsilon_{max} \approx 10^4$)；而 R 带($n \rightarrow \pi^*$)将由单个羰基的 $\lambda_{max} = 270 \sim 290$ nm($\varepsilon_{max} < 100$)红移到 $\lambda_{max} = 310 \sim 330$ nm($\varepsilon_{max} < 100$)(图 14-12)。它们可用于 α,β-不饱和醛及酮及其衍生物的鉴别。

当共轭双键数目增多时，$\pi \rightarrow \pi^*$ 跃迁吸收带(K 带)红移，有时会掩盖弱的 $n \rightarrow \pi^*$ 跃迁吸收带(R 带)。极性溶剂和取代基(如烷基)使 π→π* 跃迁吸收带(K 带)发生红移,使 n→π* 跃迁吸收带(R 带)发生蓝移。

取代基和溶剂对 α,β-不饱和羰基化合物(包括不饱和酸酯)π→π* 跃迁 λ_{max} 的影响可由伍德沃德-菲泽规则来估算。

有关基准值和校正值见表 14-10,注意该表只适用于乙醇做溶剂时,由于羰基化合物的 π→π* 跃迁和 n→π* 跃迁吸收带不但受取代基的影响,而且还明显受到溶剂极性的影响,若使用其他溶剂必须进行校正。

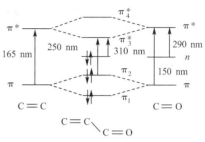

图 14-12　α,β-不饱和醛及酮分子轨道能级示意图

表 14-10　　　计算 α,β-不饱和羰基化合物 λ_{max} 伍德沃德-菲泽规则

(乙醇中)

母体	结构	$\lambda_{基}$ / nm
(1)α,β-烯酮母体(Y=R)(无环或六元环以上)		215
(2)α,β-五元环烯酮母体(Y=R)		202
(3)α,β-烯醛母体(Y=H)		210
(4)α,β-烯酸及酯母体(Y=OH、OR)		193

校正项	校正值/nm				
(1) 每增加 1 个共轭双键(对烯基而言)	+30				
(2) 环外双键(只算环外碳碳双键)	+5				
(3) 烯酸及酯五元及七元环中的环内双键(共轭体系中)	+5				
(4) 同环二烯	+39				
(5) 烯基上取代基	α	β	γ	δ	δ 以上
①烷基(—R)或将环切开剩下烷基	+10	+12	+18	+18	+18
②酰基(—OC(O)R)	+6	+6	+6	+6	
③羟基(—OH)	+35	+30	+30	+50	
④烷氧基(—OR)	+35	+30	+17	+31	
⑤氯(—Cl)	+15	+12	+12	+12	
⑥溴(—Br)	+25	+30	+25	+25	
⑦硫烷基(—SR)	+85				
⑧氮二烷基(—NR₂)	+95				

(6) 溶剂校正	乙醇	甲醇	二氧六环	氯仿	乙醚	水	己烷	环己烷
	0	0	−5	−1	−7	+8	−11	−11

【例 14-5】

				(nm)
$\lambda_{基}$		无环二烯母体		215
校正值	①1 个 α 烷基（—R）	1×10		+10
	②2 个 β 烷基（—R）	2×12		+24
λ_{max}（计算值）				249
λ_{max}（实测值）				249

【例 14-6】

			(nm)
$\lambda_{基}$	五元环烯酮母体		202
校正值	①2 个 β 烷基（—R）	2×12	+24
	②环外双键	1×5	+5
λ_{max}（计算值）			231
λ_{max}（实测值）			226

【例 14-7】

			(nm)
$\lambda_{基}$	六元环烯酮母体		215
校正值	①1 个 α 羟基（—OH）	1×35	+35
	②2 个 β 烷基（—R）	2×12	+24
λ_{max}（计算值）			274
λ_{max}（实测值）			270

【例 14-8】

			(nm)
$\lambda_{基}$	烯酸母体		193
校正值	①1 个 α 烷基（—R）	1×10	+10
	②1 个 β 烷基（—R）	1×12	+12
λ_{max}（计算值）			215
λ_{max}（实测值）			217

14.4.5　芳　烃

1. 苯

根据分子轨道理论,苯分子中每一个碳原子都有一个未参与杂化的 p 原子轨道,这 6 个 p 原子轨道形成 6 个离域的 π 分子轨道。如图 14-13 所示,π_1、π_2、π_3 是成键轨道,其中 π_1 的能量最低,π_2、π_3 的能量相同称为简并轨道,是最高填充轨道(HOMO);π_4^*、π_5^*、π_6^* 是反键轨道,其中 π_4^*、π_5^* 为能量最低的反键轨道,其能量相同也是简并轨道,是最低空轨道(LUMO),π_6^* 是能量最高的反键轨道。苯分子在基态时,6 个 π 电子以自旋相反相互配对的方式填充到 3 个 π 成键轨道。基态时的电子状态用点群符号 $1A_{1g}$ 表示。

当苯分子吸收一定能量的紫外光后,基态的一个 π 电子从能量最高的成键轨道(如 π_2)跃迁到能量最低的反键轨道(如 π_4^*)。这就是说苯分子的 $\pi\rightarrow\pi^*$ 跃迁只有一个吸收带,但实际观察到苯的紫外吸收光谱在 184 nm、204 nm 和 254 nm 附近出现三个吸收带。这是因为分子轨道理论中忽略了电子之间的相互作用,实际上苯的激发态由于电子之间的相互作用裂分为 $1E_{1u}$、$1B_{1u}$ 和 $1B_{2u}$ 三种能态,所以 $\pi\rightarrow\pi^*$ 跃迁产生三个吸收带。$1A_{1g}\rightarrow1E_{1u}$ 跃迁产生 184 nm 附

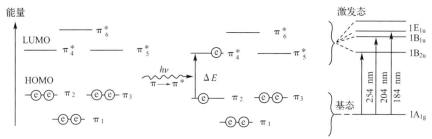

图 14-13　苯分子的分子轨道和 $\pi \rightarrow \pi^*$ 跃迁能级示意图

近的强吸收带,常称为 E_1 带。$1A_{1g} \rightarrow 1B_{1u}$ 跃迁产生 204 nm 附近的中等强吸收带,称为 E_2 带。$1A_{1g} \rightarrow 1B_{2u}$ 跃迁产生 254 nm 附近具有精细结构的弱吸收带,称为 B 带,如图 14-14 (a)所示。

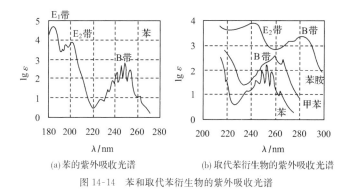

(a)苯的紫外吸收光谱　　　　　(b)取代苯衍生物的紫外吸收光谱

图 14-14　苯和取代苯衍生物的紫外吸收光谱

苯的三个吸收带中,最重要的是落在近紫外光区的 E_2 带(或称主带)和具有精细结构的 B 带(或称苯吸收带),后者在苯及其衍生物中的强度不变($\varepsilon_{max} \approx 250$),是苯环的特征吸收带,但在极性溶剂中其精细结构不明显甚至会消失。

2. 取代苯衍生物

如图 14-14(b)所示,单取代苯衍生物的 E_2 带和 B 带都产生红移且有一定增色效应。尤其对含 n 电子的取代基,由于 n-π 共轭效应,使 $\pi \rightarrow \pi^*$ 跃迁所需能量 ΔE 降低,所以红移距离更大。

(1)烷基取代

苯环上有烷基取代时,苯的 B 带(254 nm)要发生红移,E_2 带没有明显变化。如图 14-14(b)所示甲苯吸收带显著红移是由于烷基 C—H 键的 σ 电子与苯环产生 σ-π 超共轭引起的,同时烷基苯的 B 带精细结构减弱或消失。某些烷基取代苯衍生物的吸收光谱数据见表 14-11。

表 14-11　某些烷基取代苯衍生物的吸收光谱数据

化合物	B 带($\pi \rightarrow \pi^*$)		化合物	B 带($\pi \rightarrow \pi^*$)	
	λ_{max}/ nm	ε_{max}		λ_{max}/ nm	ε_{max}
苯	254	250	1,3,5-三甲苯	266	305
甲苯	261	300	六甲苯	272	300
间二甲苯	262.5	300			

（2）助色团取代

助色团取代即含有 n 电子的基团取代,如—OH、—NH$_2$ 等,它能与苯环发生 n-π 共轭效应,会使 E 带和 B 带发生红移,强度也增加,且 B 带的精细结构消失。部分数据见表 14-12。

表 14-12　　某些助色团单取代苯衍生物的吸收光谱数据

取代基	化合物	E$_2$ 带($\pi \rightarrow \pi^*$)		B 带($\pi \rightarrow \pi^*$)		溶剂
		λ_{max} / nm	ε_{max}	λ_{max} / nm	ε_{max}	
—H	苯	204	7 900	254	250	乙醇
—NH$_3^+$	苯胺盐	203	7 500	254	200	水
—CH$_3$	甲苯	207	7 000	261	300	乙醇
—I	碘苯	207	7 000	257	700	乙醇
—Br	溴苯	210	7 900	161	192	甲醇(2%)
—Cl	氯苯	210	7 400	264	200	乙醇
—OH	苯酚	211	6 200	270	1 500	水
—OCH$_3$	苯甲醚	217	6 400	269	1 500	水
—CN	苯腈	224	13 000	271	1 000	水
—NH$_2$	苯胺	230	8 600	280	1 400	水
—O$^-$	苯酚盐	235	9 400	287	2 600	水
—SH	硫酚	236	10 000	269	700	己烷
—NHCOCH$_3$	N-苯基乙酰胺	238	10 500	—	—	水
—N(CH$_3$)$_2$	N,N-二甲基苯胺	251	14 000	298	2 100	乙醇
—OC$_6$H$_5$	二苯醚	255	11 000	272	2 000	环己烷

由表 14-12 可见,当助色团氨基(—NH$_2$)取代后,E 带、B 带都发生红移。若苯胺变成了盐酸盐,这时 n 电子成键,不存在 n-π 共轭,从苯到苯胺吸收带的红移和增色效应均消失,苯胺盐酸盐的紫外吸收和苯相近。因此可以利用紫外吸收光谱来确定是否有苯胺结构单元存在,若未知物由中性溶液测得紫外吸收光谱Ⅰ后,加入 1～2 滴 HCl 后再作其紫外吸收光谱Ⅱ,若光谱Ⅱ吸收带有蓝移和减色效应,再加 1～2 滴 NaOH 后则紫外吸收光谱Ⅱ又恢复到紫外吸收光谱Ⅰ,则可以证明有苯胺结构单元存在。

苯酚则与苯胺相反,当苯酚形成酚盐时氧原子外的 n 电子增多,使 n-π 共轭效应增强,所以 E 带、B 带都发生红移,强度也增强。因此苯酚结构单元的存在可由中性溶液测得紫外吸收光谱,再测得加 1～2 滴 NaOH 后形成酚盐的紫外吸收光谱,吸收带均发生红移和增色效应,若再加 1～2 滴 HCl 后又恢复到苯酚的紫外吸收光谱来证明。

（3）发色团取代

发色团取代即具有双键基团的取代,它与苯环共轭,在 200～250 nm 出现 K 带,使 B 带发生强烈的红移,有时 B 带被淹没在 K 带之中。表 14-13 列出了某些发色团取代苯衍生物的吸收光谱数据。

表 14-13　　　　　　　　　某些发色团取代苯衍生物的吸收光谱数据

取代基	化合物	K 带($\pi\to\pi^*$)		B 带($\pi\to\pi^*$)		R 带($n\to\pi^*$)		溶剂
		λ_{max}/ nm	ε_{max}	λ_{max}/nm	ε_{max}	λ_{max}/ nm	ε_{max}	
—H	苯	204	7 900	254	250	—	—	乙醇
—SO$_2$CH$_3$	苯基甲基砜	217	6 700	264	977			—
—SO$_2$NH$_2$	苯磺酰胺	217.5	6 700	264.5	740	—	—	甲醇(2%)
—CN	苯腈	224	13 000	271	1 000	—	—	水
—COO$^-$	苯甲酸盐	224	8 700	268	560	—	—	甲醇(2%)
—COOH	苯甲酸	230	1 000	270	800	—	—	水
—SOC$_6$H$_5$	二苯亚砜	232	14 000	262	2 400	—	—	乙醇
—C≡CH	苯乙炔	236	12 500	278	700			己烷
—COCH$_3$	苯乙酮	240	13 000	278	1 100	319	50	乙醇
—CH=CH$_2$	苯乙烯	244	12 000	282	500			乙醇
—CHO	苯甲醛	244	15 000	280	1 500	328	30	乙醇
—C$_6$H$_5$	联苯	246	20 000	—	—			乙醇
—NO$_2$	硝基苯	252	10 000	280	1 000	330	125	己烷
—COC$_6$H$_5$	二苯甲酮	252	20 000	—	—	325	180	乙醇
—N=N—C$_6$H$_5$	重氮苯	320	21 300	443	510			—
	顺式均二苯乙烯	283	12 300					乙醇
	反式均二苯乙烯	295	25 000					乙醇
	1-苯基-1,3—丁二烯(顺式)	268	18 500					异辛烷
	1-苯基-1,3—丁二烯(反式)	280	27 000					异辛烷

3. 稠环芳烃

稠环芳烃与苯环相比由于形成了更大的共轭体系,所以稠环芳烃的紫外-可见吸收均比苯环移向长波长方向,精细结构比苯环更明显。稠环芳烃可分为链型(如萘、蒽、丁省和戊省等)和角型(如菲、芘和䓛等)两类。其吸收光谱图如图 14-15 所示。链型稠环芳烃随着苯环数目的增加,各吸收带都发生红移,当苯环数目增加到一定时,吸收带可达可见光区,因而产生颜色。

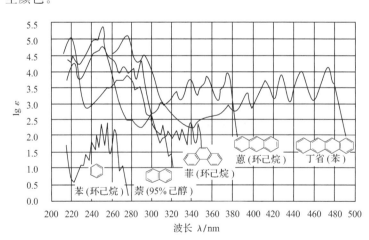

图 14-15　稠环芳烃的紫外-可见吸收光谱图

14.5　影响紫外-可见吸收光谱的因素

14.5.1　立体效应

立体效应如顺反异构、空间位阻和构象异构等对吸收带均有影响。

1. 顺反异构

$\lambda_{max}=280$ nm　　　　　　　$\lambda_{max}=295.5$ nm

$\varepsilon_{max}=10\,500$　　　　　　　$\varepsilon_{max}=29\,000$

顺式和反式 1,2-二苯代乙烯的 λ_{max} 不同。顺式 1,2-二苯代乙烯的两个苯环由于空间位阻，使苯环和乙烯双键的共平面性减小；反式 1,2-二苯代乙烯的两个苯环和乙烯双键共平面，所以，顺式 1,2-二苯代乙烯的 π-π 共轭作用不如反式 1,2-二苯代乙烯的完全，$\pi \rightarrow \pi^*$ 跃迁所需能量较高，反式 1,2-二苯代乙烯的 λ_{max} 和 ε_{max} 一般比顺式 1,2-二苯代乙烯的大。这一特征可用于顺反异构体的鉴定。

2. 空间位阻

两个空间异构体，构型(a)中 R_1 和 R_2（R_1、R_2 $=CH_3$、Cl、OCH_3 等）非常接近，使两个苯环不能共平面，共轭不完全，所以，其紫外吸收光谱类似于烷基取代苯的紫外吸收光谱，只是 ε_{max} 发生了增色效应。而构型(b)中两个苯环可以共平面，共轭完全，因而强化了共轭作用，λ_{max} 和 ε_{max} 都增大，如图 14-16 所示。

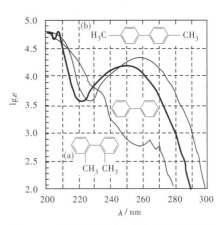

图 14-16　几个联苯化合物的紫外吸收光谱图

又如苯乙酮、2-甲基苯乙酮和 2,4,6-三甲基苯乙酮，由于 2 位或 6 位上甲基的空间位阻破坏了苯环和羰基的共平面性，使共轭不完全，ε_{max} 大为减小。取代基越大，ε_{max} 越小。因此，应用 Scott 规则估算 2,6-二取代羰基化合物的最大吸收波长时，误差较大。

$\lambda_{max}=240$ nm　　　　$\lambda_{max}=243$ nm　　　　$\lambda_{max}=240$ nm

$\varepsilon_{max}=13\,000$　　　　$\varepsilon_{max}=1\,400$　　　　$\varepsilon_{max}=3\,500$

3. 构象异构

可以利用紫外吸收光谱来研究一些化合物的构型和构象。例如，α 取代环己酮的 α

位 Cl 取代在横键和竖键时 λ_{max} 不同。

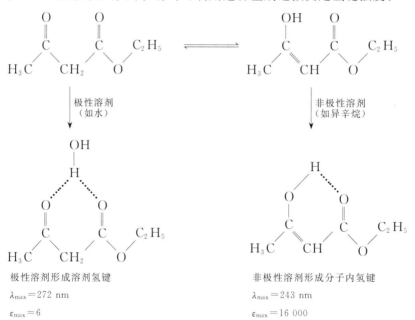

λ_{max}＝313 nm λ_{max}＝291 nm λ_{max}＝284 nm

$\Delta\lambda$＝＋22 nm $\Delta\lambda$＝－7 nm

14.5.2 互变异构

互变异构体有不同的紫外吸收带位置,例如,乙酰乙酸乙酯的酮-烯醇式互变异构体,在酮式异构体中两个羰基没有共轭,其 $n \rightarrow \pi$ 跃迁最大吸收波长 λ_{max}＝272 nm,但在烯醇式异构体中羰基和乙烯的双键发生共轭,其 $\pi \rightarrow \pi$ 跃迁最大吸收波长 λ_{max}＝243 nm。在极性溶剂(如水)中,由于酮式异构体可和水分子缔合形成溶剂氢键而增加其稳定性,所以,在极性溶剂中以酮式异构体为主。此外,由于不同溶剂与溶质(如羰基化合物)分子生成氢键时对 $n \rightarrow \pi$ 跃迁的影响不同,有时可利用这种差别近似测定氢键强度。

极性溶剂形成溶剂氢键

λ_{max}＝272 nm

ε_{max}＝6

非极性溶剂形成分子内氢键

λ_{max}＝243 nm

ε_{max}＝16 000

又如 1,3-环己二酮,即使在极性溶剂中也是以烯醇式异构体为主。若在碱性溶液中,最大吸收波长可红移到 270～300 nm(强吸收带)。

λ_{max}＝253 nm(乙醇)

ε_{max}＝22 000

λ_{max}＝270～300 nm

14.5.3　溶液的 pH

改变溶液的 pH，化合物的紫外吸收光谱会发生变化。例如酚性化合物和苯胺类化合物，溶液从中性变碱性时（加 NaOH），若吸收带发生红移则是酚性化合物（如苯酚、烯醇或不饱和酸）；溶液从中性变酸性时（加 HCl），若吸收带发生蓝移则表示含 Ar—N，基团，即 —N 与苯环共轭。例如，改变溶液的 pH 时，苯酚和苯胺的 K 带和 R 带均发生位移。

K 带：λ_{max}＝211 nm(6 200)　　λ_{max}＝236 nm(9 400)　　　λ_{max}＝230 nm(8 600)　　λ_{max}＝204 nm(7 500)

R 带：λ_{max}＝270 nm(1 450)　　λ_{max}＝287 nm(2 600)　　　λ_{max}＝280 nm(1 470)　　λ_{max}＝254 nm(160)

14.5.4　乙酰化位移

乙酰化位移在紫外吸收光谱中的应用就是利用乙酰化的方法将酚羟基变成乙酰基。此方法常用在多羟基芳烃化合物的结构研究上，利用此方法消去羟基的影响，就可以了解化合物的骨架结构信息。例如，邻甲基苯酚乙酰化后，其 B 带吸收和甲苯相近。

B 带：λ_{max}＝274 nm　　　　λ_{max}＝261 nm　　　　λ_{max}＝262 nm

　　　ε_{max}＝2 040　　　　　ε_{max}＝300　　　　　ε_{max}＝302

14.6　紫外-可见吸收光谱的应用

因为紫外-可见吸收光谱反映的是分子结构中发色团和助色团的特征，具有相同发色团、助色团的化合物的谱图特征基本相同，而且紫外-可见吸收光谱的信息量比较少，所以它虽然可以提供化合物骨架结构（如共轭烯烃、不饱和醛酮、芳环和稠环等）和是否存在某些发色团或助色团（羰基、硝基等）的线索，但有时难以确定取代基的种类及位置等结构细节。单靠紫外-可见吸收光谱常常不易推断官能团和分子结构。但紫外-可见吸收光谱仪普及，分析快速、方便，若紫外-可见吸收光谱与红外吸收光谱（IR）、核磁共振波谱（NMR）、质谱（MS）等以及化学方法相配合还是可以发挥较大作用的。

14.6.1　紫外-可见吸收光谱提供的结构信息

根据紫外-可见吸收光谱可以得到如下信息：

(1)在 200～800 nm 范围内没有吸收带，说明此化合物是脂肪烃、脂环烃或其衍生物（卤代物、醇、醚、羧酸等），也可能是单烯或孤立多烯等。

（2）在 220～250 nm 范围内有强吸收带（$\varepsilon_{max} \geqslant 10\ 000$），说明有两个双键共轭，此吸收带为 $\pi \rightarrow \pi^*$ 跃迁产生的 K 带，那么该化合物一定含有共轭二烯结构或 α,β-不饱和醛酮结构。但 α,β-不饱和酮除了具有 K 带，还应在 320 nm 附近有 R 带出现。

（3）在 270～350 nm 范围内有弱吸收带（$\varepsilon_{max} = 10～100$），但在 200 nm 附近无其他吸收带，则该吸收带为醛酮中羰基 $n \rightarrow \pi^*$ 跃迁产生的 R 带。

（4）在 260～300 nm 范围内有中等强度吸收带（$\varepsilon_{max} = 200～2\ 000$），该吸收带可能带有精细结构，很可能有芳环，则该吸收带为单个苯环的特征 B 带或某些杂环的特征吸收带。

（5）在 260 nm、300 nm、330 nm 附近有强吸收带（$\varepsilon_{max} > 10\ 000$），那么该化合物就可能存在 3、4、5 个双键的共轭体系。若在大于 300 nm 或吸收延伸到可见光区有高强度吸收，且具有明显的精细结构，说明有稠环芳烃、稠环杂芳烃或其衍生物存在。

14.6.2　紫外-可见吸收光谱在结构分析中的应用

1. 谱图解析方法

光谱图的三大要素为谱峰在横轴的位置、谱峰的强度和谱峰的形状。谱峰在横轴的位置和谱峰的形状为化合物的定性指标，而谱峰的强度为化合物的定量指标，因此，谱图解析应同时考虑上述三大要素。对于紫外-可见吸收光谱解析，基本参数是最大吸收峰的位置 λ_{max} 和相应吸收带的强度 ε_{max}，通过谱峰位置可判断产生该吸收带化合物的类型和骨架结构；谱峰的强度 ε_{max} 有助于 K 带、B 带和 R 带等吸收带类型的识别；谱峰的形状也可帮助判断化合物的类型。例如，某芳烃和杂环芳烃衍生物吸收带都有一定程度的精细结构，这对推测结构很有帮助。

在解析紫外-可见吸收光谱之前，应通过其他方法得到化合物的分子式，计算出该化合物的不饱和度，并结合其他分析方法如 MS、IR、NMR 和元素分析等，了解尽可能多的结构信息。在解析紫外-可见吸收光谱时，首先要确认最大吸收波长 λ_{max}，并计算出摩尔吸光系数 ε_{max}，根据 λ_{max} 和 ε_{max} 可初步估计属于何种吸收带，属于何种共轭体系。ε_{max} 在 10 000～200 000 通常是 α,β-不饱和醛酮或共轭二烯骨架结构；ε_{max} 在 1 000～10 000 一般含有芳环骨架结构；ε_{max} 小于 100 一般含有非共轭的醛酮羰基。

2. 不饱和度的计算

不饱和度就是有机化合物分子中含有双键（db）、环（r）的个数，用 U 表示。若一般分子式为 $C_x H_y N_z O_n$，不饱和度的计算公式为

$$U = r + db = x - y/2 + z/2 + 1 = x + (z - y)/2 + 1 \tag{14-7}$$

式中，x 为 4 价元素（C、Si 等）的个数；y 为 1 价元素（H、F、Cl、Br 等）的个数；z 为 3 价元素（N、P 等）的个数。

稠环化合物的不饱和度可用环数（r）和共边数（s）计算：

$$U = 4r - s \tag{14-8}$$

3. 结构分析实例

【例 14-9】　某化合物分子式 $C_{10} H_{16}$。紫外吸收光谱 $\lambda_{max} = 231$ nm（$\varepsilon_{max} = 9\ 000$）。红外吸收光谱在 1 645 cm^{-1} 有中等强度吸收峰，则表示有双键（小于 1 660 cm^{-1} 则是顺式、乙烯基或亚乙烯基结构）。加氢反应能吸收 2 mol H_2，所以可能有两个双键。红外吸收光谱有 1 383 cm^{-1}（强）和 1 370 cm^{-1}（强）双

峰表示有异丙基,试确定其结构。

解　(1)计算不饱和度

$$U = 10 - 16/2 + 1 = 3$$

根据不饱和度等于 3,紫外吸收光谱 $\lambda_{max} = 231$ nm,可能有两个双键共轭和一个环,或三个双键(两个双键共轭),又因为加氢反应能吸收 2 mol H_2,所以化合物中只能有两个双键共轭和一个环。

(2)可能结构

红外吸收光谱证明有异丙基存在,初步断定可能的结构为以下 4 种。

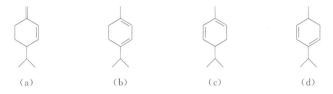

(a)　　　　　　(b)　　　　　　(c)　　　　　　(d)

(3)计算 λ_{max} 确定结构

(a)结构:λ_{max} = 六环二烯母体 + 2 个烷基取代 + 环外双键 = 217 + (2×5) + 5 = 232 nm

(b)结构:λ_{max} = 同环二烯母体 + 4 个烷基取代 = 253 + (4×5) = 273 nm

(c)结构:λ_{max} = 同环二烯母体 + 3 个烷基取代 = 253 + (3×5) = 268 nm

(d)结构:λ_{max} = 同环二烯母体 + 3 个烷基取代 = 253 + (3×5) = 268 nm

通过计算证明(a)结构 $\lambda_{max} = 232$ nm 最接近实测值。

(4)验证结构

进一步的结构确定,可采用与标准谱图对照或与结构类似的化合物对比,也可以采用按分析的结果合成标准试样,若谱图特征完全相同并与其他分析方法所得结果吻合,即可确认此化合物的结构正确。

应该注意,在测试条件相同时,试样与标准化合物为同一物质的必要条件是两者的谱图完全一致。但是对紫外吸收光谱而言,有时不同的物质具有相似的谱图,所以谱图"完全一致"并不是确认结构的充分条件。

【例 14-10】　某化合物可能有以下两种结构,乙醇中紫外吸收光谱 $\lambda_{max} = 281$ nm($\varepsilon_{max} = 9\,700$),确定其属何种结构。

(a)　　　　　　　　　　　　　　　　(b)

解　计算 λ_{max} 确定结构:

(a)结构:λ_{max} = 五元环烯酮母体 + α-OH + β-R + β-OR = 202 + 35 + 12 + 30 = 279 nm

(b)结构:λ_{max} = 烯酯母体 + α-OH + 2×β-R + 环内双键 = 193 + 35 + (2×12) + 5 = 257 nm

通过计算证明(a)结构 $\lambda_{max} = 279$ nm 最接近实测值。

当未知化合物与已知化合物的紫外吸收光谱一致时,可以认为两者具有同样的发色团,即具有同样的骨架结构,因此可以推定未知物的骨架结构。

14.6.3　紫外-可见吸收光谱的定量分析

紫外-可见吸收光谱定量分析的基础是光的吸收定律——比耳定律:

$$A = -\lg I/I_0 = -\lg T = \varepsilon cl$$

进行定量分析时,首先必须选定被测试样的特征吸收 λ_{max} 作为工作波长,主要定量方法有:

(1)已知标准试样求出 ε,再由 ε 求得被测试样的含量。

(2)组分工作曲线法、光密度比值法等。

(3)多组分解联立方程法

需要同时测定试样中的 n 个组分,若它们在吸收曲线上的吸收峰相互不重叠,可以不经分离分别选择适当的波长,按单组分的方法进行定量分析。

若试样中多个组分的吸收峰相互重叠,但不严重,仍然服从比耳定律,则根据吸光度的加和性,可不经分离,在 n 个指定的波长处测定试样混合组分的吸光度,然后解 n 个联立方程,求出各组分的含量。如图 14-17 所示是最简单的两组分混合物的分析,被测试样组分 X 与 Y 的吸收曲线相互重叠,但服从比耳定律。若选定两个波长 λ_1 和 λ_2 测得被测试样的吸光度 A_1 和 A_2,则联立方程为

$$A_{\lambda_1} = \varepsilon_{X_1} c_X l + \varepsilon_{Y_1} c_Y l \quad (波长 \lambda_1 处)$$
$$A_{\lambda_2} = \varepsilon_{X_2} c_X l + \varepsilon_{Y_2} c_Y l \quad (波长 \lambda_2 处)$$

式中,4 个摩尔吸光系数(ε_{X_1}、ε_{X_2}、ε_{Y_1}、ε_{Y_2})可分别测定纯物质 X 和 Y 在 λ_1 和 λ_2 处的吸光度而求得。解此联立方程即可求出被测试样中组分 X 和 Y 的浓度(c_X 和 c_Y)。

(4)双波长定量法

近年来已广泛采用双波长定量法和三波长定量法。多波长定量法可以消除干扰组分的影响,并且已经有了双波长记录式分光光度计,仪器本身就有多波长定量功能,但一般分光光度计也可进行多波长定量。

双波长定量法和三波长定量法都可以消除干扰成分对测定的影响。双波长定量法一般是寻找干扰成分的等吸光点来消除干扰。如图 14-18 所示,组分在 λ_1(工作波长)处有最大吸收,而干扰在 λ_1 也有弱吸收,影响了主成分的测定,λ_2 处干扰成分具有与 λ_1 处相等的吸收,λ_2 称为参比波长,因此当干扰成分共存时:$\Delta A = A_1 - A_2$。ΔA 的大小与组分的含量 c 成正比,消除干扰成分对测定的影响。

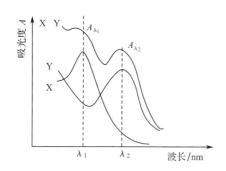

图 14-17　两组分混合物联立方程法定量

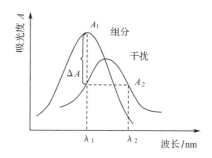

图 14-18　双波长定量法的干扰和扣除

14.6.4　导数分光光度法

紫外-可见吸收光谱分析法虽然灵敏度较高,但由于其谱峰较少且谱带较宽,所以无

论作定性或定量分析都缺乏选择性,在作混合物分析时一般需要先进行分离提纯等繁杂的前期工作。为了克服以上问题发展了很多新技术,导数分光光度法就是其中之一。导数分光光度法是根据光吸收(或透过)对波长求导所形成的光谱进行定性或定量分析的方法。其特点是灵敏度高,尤其是选择性获得显著提高,能有效地消除基体(低频信号)的干扰,并适用于混浊试样。高阶导数能分辨重叠光谱甚至提供"指纹"特征,而特别适用于消除干扰或多组分同时测定。

将比耳定律改写成指数形式:

$$I = I_0 10^{-\varepsilon c l} \tag{14-9}$$

当入射光 I_0 在整个波长范围内为常数,即 $\dfrac{\mathrm{d}I_0}{\mathrm{d}\lambda} = 0$ 时,式(14-9)的一、二、三阶导数分别为

$$\frac{\mathrm{d}I}{\mathrm{d}\lambda} = -I_0 c l \frac{\mathrm{d}\varepsilon}{\mathrm{d}\lambda} \tag{14-10}$$

$$\frac{\mathrm{d}^2 I}{\mathrm{d}\lambda^2} = I_0 c^2 l^2 \left(\frac{\mathrm{d}\varepsilon}{\mathrm{d}\lambda}\right)^2 - I_0 c l \frac{\mathrm{d}^2 \varepsilon}{\mathrm{d}\lambda^2} \tag{14-11}$$

$$\frac{\mathrm{d}^3 I}{\mathrm{d}\lambda^3} = -I_0 c l \frac{\mathrm{d}^3 \varepsilon}{\mathrm{d}\lambda^3} + 3 I_0 c^2 l^2 \frac{\mathrm{d}\varepsilon}{\mathrm{d}\lambda} \frac{\mathrm{d}^2 \varepsilon}{\mathrm{d}\lambda^2} + I_0 c^3 l^3 \left(\frac{\mathrm{d}\varepsilon}{\mathrm{d}\lambda}\right)^3 \tag{14-12}$$

在一阶导数式(14-10)中,信号与浓度 c 成线性关系,比直接光谱法的对数关系更适用。此外,信号的灵敏度取决于吸光系数在特定波长下的变化速率 $\mathrm{d}\varepsilon/\mathrm{d}\lambda$,所以选择在吸收曲线拐点处波长附近进行测量($\mathrm{d}\varepsilon/\mathrm{d}\lambda$ 在此处存在极值)可得到最高灵敏度。而由二阶导数式(14-11)可知,吸光系数的一阶导数 $\mathrm{d}\varepsilon/\mathrm{d}\lambda = 0$ 时,二阶导数信号与浓度成正比。测定波长选在吸收峰顶附近(这时 $\mathrm{d}\varepsilon/\mathrm{d}\lambda = 0$,而 $\mathrm{d}^2\varepsilon/\mathrm{d}\lambda^2$ 有极值)时二阶导数与浓度成正比且灵敏度最高。同理,对于三阶导数式(14-12),若使三阶导数与浓度成正比,必须 $\mathrm{d}\varepsilon/\mathrm{d}\lambda = 0$,这时只有在具有水平正切线或曲率半径最小的肩峰处附近选择波长。更高阶导数的情况与此类同。

如图 14-19(a)所示,单峰的一阶微分是基本曲线(0)的两个拐点对应一阶导数(1)的两个极值,而峰顶点的一阶导数为零,一阶微分得一正一负的两个峰。由图可见,基本曲线的拐点在奇阶导数中产生极值而在偶阶导数中通过零点,基本曲线的顶点则分别对应于零或一个极值,随着导数阶数的增加,由微分产生的谱峰数目增加(n 阶微分产生 $n+1$ 个峰,即出现精细结构)而宽度变小(信号变尖锐,使分辨能力增加)。由于导数光谱对强度随波长的变化很敏感,如图 14-19(c),它不仅能分开重叠的谱带,而且能精确地测定出肩峰的位置,或从强干扰本底中检测出信号。导数分光光度法提高了紫外-可见吸收光谱分析法的选择性和灵敏度并扩展了其应用范围。

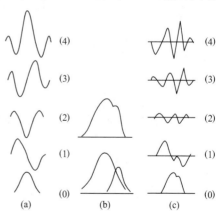

图 14-19　基本吸收曲线及 1 阶到 4 阶导数曲线示意图

(a) $A_\lambda = A_0 \exp(-C\lambda^2)$ 基本吸收曲线及 1 阶到 4 阶导数

(b) $A_\lambda = A_1(\lambda_0) + A_2(\lambda_0 - \Delta\lambda)$ 的两个不等高曲线叠加

(c) 叠加的基本吸收曲线及 1 阶到 4 阶导数

习 题

14-1 试说明紫外-可见吸收光谱产生的原理。

14-2 试说明有机化合物的紫外-可见吸收光谱的电子跃迁有哪几种类型及吸收带类型。

14-3 下列两组化合物,分别说明它们的紫外-可见吸收光谱有何异同。

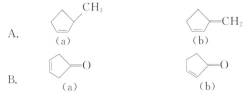

14-4 将下列两组化合物按 λ_{max} 大小顺序排列,并说明理由(只考虑 $\pi \rightarrow \pi^*$ 跃迁)

A. (a) $H_2C\!=\!CH\!-\!CH\!=\!CH\!-\!CH_3$

   (b) $H_2C\!=\!CH\!-\!CH\!=\!CH\!-\!CH\!=\!CH\!-\!CH_3$

   (c) $H_2C\!=\!CH\!-\!CH_2\!-\!CH_2\!-\!CH\!=\!CH\!-\!CH_3$

B.

14-5 根据伍德沃德-菲泽规则计算下列共轭烯烃的 λ_{max}。

14-6 根据伍德沃德-菲泽规则计算下列 α,β-不饱和酮在乙醇中的 λ_{max}。

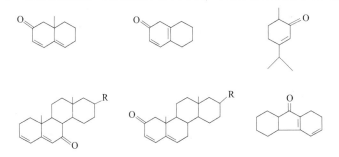

14-7 下列三种 α,β-不饱和酮在乙醇中的 λ_{max} 分别为 241 nm,254 nm 和 259 nm,它们分别属于哪个结构。

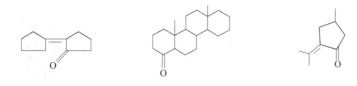

        (a)   (b)   (c)

14-8　苯甲醛能发生几种类型的电子跃迁,在近紫外光区能出现哪几个吸收带?

14-9　某化合物在环己烷中 λ_{max} 为 305 nm,在乙醇中 λ_{max} 为 307 nm,试问该吸收带为 R 带还是 K 带?

14-10　$(CH_3)_3\ddot{N}$能发生 $n \rightarrow \sigma^*$ 跃迁,其 λ_{max} 为 227 nm($\varepsilon_{max}=900$),若在酸性溶液中测定,该吸收峰会怎样变化?并说明原因。

第15章

红外吸收光谱分析法

利用物质的分子对红外辐射的吸收,并由其振动或转动引起偶极矩的净变化,产生分子振动能级和转动能级从基态到激发态的跃迁,得到分子振动能级和转动能级变化产生的振动-转动光谱,又称为红外光谱(Infrared Spectroscopy,IR),属于分子吸收光谱的范畴。早在 20 世纪 40 年代,商品红外光谱仪就已经投入应用,揭开了有机化合物结构鉴定的新篇章。红外光谱经历了棱镜红外光谱、光栅红外光谱,目前已进入傅立叶变换红外光谱(FTIR)发展阶段,并积累了十几万张标准谱图,使红外光谱成为有机化合物结构鉴定的重要手段。

15.1 红外吸收光谱分析法基础

红外吸收光谱分析法是定性鉴定化合物及其结构的重要方法之一,在生物学、化学和环境科学等研究领域发挥着重要作用。

15.1.1 红外光谱概述

红外光谱对试样具有较好的适应性,无论试样是固体、液体还是气体,纯物质还是混合物,有机物还是无机物,都可以进行红外吸收光谱分析,红外光谱具有用量少、分析速度快、不破坏试样的特点。几乎所有的有机和无机化合物在红外光区均有吸收。除光学异构体、某些相对分子质量较高的高聚物以及一些同系物外,凡是结构不同的两个化合物,一定不会有相同的红外光谱。红外谱峰在横轴的位置、谱峰的形状以及谱峰的强度反映了分子结构上的特点,可以用来鉴定未知物的结构或确定其官能团;而谱峰的强度与分子组成或官能团的含量有关,可用以进行定量分析和纯度鉴定。红外光谱之所以得到广泛的应用有两个原因。首先,许多振动频率基本上是分子中官能团(或原子团)的振动频率,并且这些频率就是这些官能团的特征,而与分子的其他部分无关,这与紫外-可见吸收光谱中发色团的特征谱带相似;其次,红外光谱吸收峰的位置等可以用经典力学(牛顿力学)的简正振动理论来说明。

15.1.2 红外光谱基本知识

1.红外光区的划分

红外光与 X-射线、紫外光、可见光以及无线电波等都是电磁波的一种,只不过它们的波长不同而已,红外光是一种波长大于可见光的电磁波。红外光区位于可见光区和微波区之间,波长范围为 $0.75 \sim 1\,000\ \mu m$。根据仪器技术和应用不同,习惯上又将红外光区分为三个区(表 15-1):近红外光区($0.75 \sim 2.5\ \mu m$)、中红外光区($2.5 \sim 50\ \mu m$)和远红外光区($50 \sim 1\,000\ \mu m$)。

表 15-1　　　　　　　　　红外光区波段及常用波段的划分

波段名称	波长范围/μm	波数范围/cm^{-1}	频率范围/Hz
近红外光区	$0.75 \sim 2.5$	$13\,300 \sim 4\,000$	$4.0 \times 10^{14} \sim 1.2 \times 10^{14}$
中红外光区	$2.5 \sim 50$	$4\,000 \sim 200$	$1.2 \times 10^{14} \sim 6.0 \times 10^{12}$
远红外光区	$50 \sim 1\,000$	$200 \sim 10$	$6.0 \times 10^{12} \sim 3.0 \times 10^{11}$
常用波段	$2.5 \sim 25$	$4\,000 \sim 400$	$1.2 \times 10^{14} \sim 1.2 \times 10^{13}$

近红外光区的波长范围为 $0.75 \sim 2.5\ \mu m$,其波长靠近可见光,故称为近红外光区。低能电子跃迁、含氢原子团(如 O—H、N—H、C—H)伸缩振动的倍频吸收都在此区。该区的光谱可用来研究稀土和其他过渡金属离子的化合物,并适用于水、醇、某些高分子化合物以及含氢原子团化合物的定量分析。中红外光区波长范围为 $2.5 \sim 50\ \mu m$,绝大多数有机化合物和无机离子的基频峰[由基态振动能级($v=0$)跃迁至第一激发态振动能级($v=1$)时,所产生的吸收峰称为基频峰]都在此区。由于基频振动是分子中吸收最强的振动,所以该区最适于进行化合物的定性和定量分析。同时,由于中红外光谱仪最为成熟、简单,而且目前已积累了大量该区的标准谱图数据,因此中红外光区是应用极为广泛的光区。通常的红外光谱即是指中红外光区的光谱。远红外光区波长范围为 $50 \sim 1\,000\ \mu m$,气体分子中的纯转动跃迁、振动-转动跃迁,液体和固体分子中重原子的伸缩振动、某些变角振动、骨架振动以及晶体中的晶格振动都在此区。由于低频骨架振动能灵敏地反映出结构变化,所以对异构体的研究特别方便。此外,中红外光区还能用于金属有机化合物(包括络合物)、氢键、吸附现象的研究。但由于该光区能量弱,除非中红外光区没有特征谱带,否则一般不在此区进行分析。

2. 红外光谱的产生

物质的分子在不断地运动。分子本身的运动很复杂,作为一级近似,分子运动可以区分为分子的平动、转动、振动和分子内价电子(外层电子)相对于原子核的运动。平动是不会产生光谱的,与产生光谱有关的运动方式有三种:

(1)分子内价电子(外层电子)相对于原子核的运动;

(2)分子内原子的振动;

(3)分子绕其重心的转动。

根据量子力学理论,分子内部的每一种运动形式都有一定的能级而且是量子化的。分子中转动能级间隔最小($\Delta E < 0.05\ eV$),其能级跃迁仅需远红外光或微波照射即可;分子中振动能级间隔较大($\Delta E = 0.05 \sim 1.0\ eV$),若要产生振动能级的跃迁需要吸收较短波长的光,所以振动光谱出现在中红外光区;在振动跃迁的过程中往往伴随有转动跃迁的发生,因此中红外光区的光谱是分子中振动和转动联合吸收引起的,常称为分子的振动-转动光谱;分子中电子能级间隔更大($\Delta E = 1.0 \sim 20\ eV$),其光谱出现在可见、紫外或波长更短的光区。

在红外吸收光谱分析中,只有照射光的能量 $E = h\nu$ 等于两个振动能级间的能量差

ΔE 时,分子才能由低振动能级 E_1 跃迁到高振动能级 E_2,即 $\Delta E = E_2 - E_1$,则产生红外吸收。在此还需强调指出,前述分子振动和转动产生红外吸收的前提必须是能引起偶极矩变化的红外活性振动,分子吸收光的频率为

$$\nu = \Delta E / h \tag{15-1}$$

在发生振动跃迁的同时,分子旋转能级也发生改变,因而红外光谱可以形成带状光谱。

3. 红外光谱图

当试样受到频率连续变化的红外光照射时,分子吸收某些频率的辐射,产生分子振动能级和转动能级从基态到激发态的跃迁,使相应于这些吸收区域的透射光强度减弱。记录红外光的透过率与波数或波长的关系曲线,就得到红外光谱图。红外光谱图通常以红外光通过试样的透过率($T/\%$)或吸光度(A)为纵坐标,以红外光的波数(σ)或波长(λ)为横坐标,如图 15-1 所示。

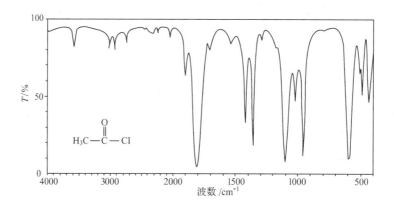

图 15-1　乙酰氯的红外光谱图

透过率为入射光被试样吸收后透过光强度与入射光强度的百分比,即

$$T = I / I_0 \times 100\% \tag{15-2}$$

$$A = \lg I_0 / I = \lg (1/T) \tag{15-3}$$

对于分子振动来说,入射光的频率(ν)是一个很大的数值,使用很不方便,因此使用波数(σ)来表示光的能量。波数(σ)是用频率(ν)除以光速(c)得到的,即

$$\sigma = \frac{\nu}{c} = \frac{1}{\lambda} \tag{15-4}$$

由于不同化合物在发生振动能级跃迁时 ΔE[即其所吸收光的频率(或能量)]不同,所以可根据频率(ν)、波长(λ)或波数(σ)和分子结构的相关关系——光谱图来认识和区别不同的化合物。因此,红外光谱图中吸收峰在横轴的位置、吸收峰的形状和强度可以提供化合物分子的结构信息,用于物质的定性和定量分析。

15.1.3　分子振动和特征振动频率

1. 分子振动模型

分子绝大多数是由多原子构成的,其振动方式非常复杂,但是多原子分子可以看成是

双原子分子的集合,下面以双原子分子的振动为例来讨论分子振动模型。

(1)谐振子

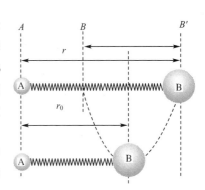

如图 15-2 所示,若将 A—B 型双原子分子的化学键看做是弹簧,两个原子是沿键轴方向在各自的平衡位置附近作伸缩振动的质点,图中假定 A 是固定的,B 相对于 A 在其平衡位置 r_0 附近($B \sim B'$ 之间)作周期性振动,则根据虎克定律,弹簧在压缩或伸长时将产生一个恢复力 f:

$$f = -k\Delta r \tag{15-5}$$

其中,k 为力常数(或键的弹性系数);$\Delta r = r - r_0$ 表示原子相对平衡位置的位移。

图 15-2　双原子分子振动示意图

因为 f 和 Δr 成正比,所以这个质点系统是一种谐振子,作简正振动,其势能函数 E 和动能函数 T 分别为

$$E = \frac{1}{2} k(\Delta r)^2 \tag{15-6}$$

$$T = \frac{1}{2} \mu \frac{\mathrm{d}^2(\Delta r)}{\mathrm{d}t^2} \tag{15-7}$$

其中 μ 为折合质量。若设 A 和 B 的质量分别为 m_1 和 m_2,则

$$\mu = \left[\left(\frac{1}{m_1} \right) + \left(\frac{1}{m_2} \right) \right]^{-1} = \frac{m_1 m_2}{m_1 + m_2} \tag{15-8}$$

质点系统的运动方程为

$$\mu \frac{\mathrm{d}^2 \Delta r}{\mathrm{d}t^2} + k\Delta r = 0 \tag{15-9}$$

其解为

$$\Delta r = A\cos\left(\sqrt{\frac{k}{\mu}} \times t \right) = A\cos(2\pi\nu t) \tag{15-10}$$

谐振子的机械振动频率 ν(或波数 σ)为

$$\nu = c\sigma = \frac{1}{2\pi} \sqrt{\frac{k}{\mu}} \tag{15-11}$$

或

$$\sigma = \frac{1}{2\pi c} \sqrt{\frac{k}{\mu}} \tag{15-12}$$

如图 15-3 所示,势能曲线 E 是一条以 r_0 为中心的连续抛物线,在振动过程中谐振子的总能量(动能和势能之和)可以用线段 BB' 在 E 轴投影的位置表示。根据量子力学理论,谐振子的能量不能连续任意取值,而是量子化的,该体系不含时间变量的薛定谔方程为

$$-\frac{h^2}{8\pi^2\mu} \cdot \frac{\mathrm{d}^2\Psi}{\mathrm{d}(\Delta r)^2} + \frac{1}{2} k(\Delta r)^2 \Psi = E\Psi \tag{15-13}$$

式中,Ψ 为与能级 E 相对应的波函数。此方程的解为

$$E_v = \left(v + \frac{1}{2} \right) \frac{h}{2\pi} \sqrt{\frac{k}{\mu}} \quad (v = 0, 1, \cdots) \tag{15-14}$$

式中,v 为振动量子数,E_v 为与振动量子数 v 相对应的体系能量。

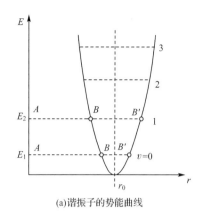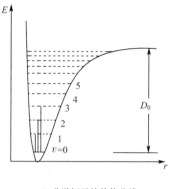

(a)谐振子的势能曲线　　　　　　　　　　(b)非谐振子的势能曲线

图 15-3　双原子分子势能曲线、能级及跃迁

利用从经典力学得出的式(15-11),可将式(15-14)改写为

$$E_v = \left(v + \frac{1}{2}\right)h\nu \tag{15-15}$$

从式(15-15)可以看出,当 $v=0$ 时,体系能量 E_v 不等于零,此时的能量称为零点能。$v=0$ 时为基态($E_0 = h\nu/2$);$v \neq 0$ 时为激发态。室温下绝大多数分子处于基态,受到光照射时分子可以吸收光的能量从基态跃迁到激发态,但振动能级跃迁应遵守选择规则。对于谐振子体系,只有两个相邻能级间的跃迁才是允许的,其振动量子数的变化应为

$$\Delta v = \pm 1 \tag{15-16}$$

由基态($v=0$)跃迁到第一激发态($v=1$)所产生的吸收称为基频吸收,在光谱中的相应谱带称为基频吸收带。ν 随力常数 k(表 15-2)的增加或 μ 的减少(取决于 m_1 和 m_2 中较小的一个)而增大。以 HCl 的单键伸缩振动为例:

$$\mu = \left(\frac{m_H m_{Cl}}{m_H + m_{Cl}}\right) / N_0 = \left(\frac{1 \times 35.5}{1 + 35.5}\right) / (6.02 \times 10^{23}) = 1.62 \times 10^{-24} \text{ g}$$

$$\sigma = \frac{1}{2\pi c}\sqrt{\frac{k}{\mu}} = \frac{1}{2 \times 3.14 \times 3 \times 10^{10}}\sqrt{\frac{5.15 \times 10^5}{1.62 \times 10^{-24}}} = 2\,992.7 \text{ cm}^{-1}$$

实测值为 $2\,886$ cm^{-1}。若以 D 取代 H,这时力常数不变,由同位素基频间的关系:$\sigma_{DCl} = (\mu_{HCl}/\mu_{DCl})^{\frac{1}{2}}\sigma_{HCl} = 0.72 \times 2\,886 = 2\,078$ cm^{-1},结果与实测值($2\,090.8$ cm^{-1})相近,重同位素取代使基频降低。一些化学键的 R,μ 与 σ 的关系见表 15-2。

(2)非谐振子

真实分子的化学键虽然有一定的弹性,但其振动并不完全符合虎克定律,它并不是理想的谐振子,所以谐振子模型应用于真实分子时应加以修正。这时式(15-6)和式(15-15)应改写为

$$E = \frac{1}{2}k(\Delta r)^2 + k'(\Delta r)^3 + k''(\Delta r)^4 + \cdots \tag{15-17}$$

$$E_v = h\nu\left[\left(v + \frac{1}{2}\right) + x_e\left(v + \frac{1}{2}\right)^2 + y_e\left(v + \frac{1}{2}\right)^3 + \cdots\right] \tag{15-18}$$

式中,$v = 0, 1, 2, \cdots$ 为振动量子数;x_e 和 y_e 为非谐振性校正系数;ν 为特征振动频率,即将

振动视为谐振子模型时计算得到的振动频率[见式(15-11)]。

只有在分子中原子间的振幅 Δr 非常小(或能级较低)时,其振动才可以与谐振子一样近似地按简正振动处理,否则应加以非谐振性校正。如前例 HCl 的 $x_e=0.017\,4$,对于 $v=0\rightarrow v=1$ 的跃迁修正后 $\sigma=2\,992.7(1-2x_e)=2\,888.6\ \text{cm}^{-1}$。如图 15-3(b)所示,曲线发生变化,而且势能曲线也不是抛物线。非谐振性校正系数 x_e 和 y_e 远小于 $1(1\gg x_e\gg y_e)$,表示分子振动的非谐振程度。当振动量子数 v 较小时影响不大,例如 CO 的 $x_e\approx0.006\,1$,但随着 v 的增大振动能级将不再按等距排列,其间距越来越小,当振动量子数 v(或核间距 r)增加到一定程度时势能将不再增加,由于引力变为零,键将断裂而分子解离(分子解离能为 D_0)。对于真实分子(非谐振子),其振动跃迁的选律不再局限于 $\Delta v=\pm 1$,而是 $\Delta v=\pm 1,\pm 2,\cdots$,这就是为什么红外光谱中,除了可以观察到强的基频吸收外,还可以观察到弱的倍频和组合频吸收的缘故。除了 $\Delta v=\pm 1$ 外,由于其他跃迁的几率很小(产生弱吸收带),所以红外光谱中一般只考虑 $v=0\rightarrow v=1$ 的基频吸收带 $v_{0\rightarrow1}$ 和 $v=0\rightarrow v=2$ 的第一倍频带(或泛频带)$v_{0\rightarrow2}$,当 x_e 和 y_e 较小时 $v_{0\rightarrow2}\approx2v_{0\rightarrow1}$。

表 15-2　　　　　　　　　　　　一些化学键的 k、μ 与 σ

化学键	分子	折合质量 μ/amu	力常数 $k/(\text{N/cm})$	波数(σ)/cm^{-1}
H—F	HF	9.67	0.95	4 156
H—Cl	HCl	0.972	5.15	2 888
H—S	H_2S	0.970	4.30	2 740
H—O	H_2O	0.941	7.80	3 750
H—P	—	0.969	3.10	2 330
H—N	NH_3	0.933	6.5	3 438
H—C	CH_3X	0.923	4.7	2 940～3 040
H—C	C_2H_4	0.923	5.1	2 940～3 040
H—C	C_6H_6	0.923	5.1	2 940～3 040
C—C	—	6.0	4.5～5.6	1 198
C=C	C_6H_6	6.0	7.62	1 500～1 600
C=C	C_2H_4	6.0	9.5～9.9	1 681
C=N	—	6.462	10～11	1 620～1 699
C=O	—	6.857	11.8～13.4	1 709～1 821
C≡C	—	6.0	15.6～17	2 059
C≡N	—	6.462	16.2～18.2	2 062～2 186
C—O	—	6.857	5.0～5.8	1 112～1 198
C—N	—	6.462	4.9～5.6	1 134～1 212
C—Cl	CH_3Cl	8.936	3.4	803
N—N	—	7.0	3.5～5.5	921～1 154
O—O	—	8.0	3.5～5.0	861～1 030
N=N	—	7.0	13.0～13.5	—
N≡N	N_2	7.0	22.9	—
C—Br	—	10.43	2.8	
H—Br	HBr	0.988	4.11	—
H—I	HI	0.992	3.16	—

2. 分子振动类型

(1)振动自由度

由 N 个原子构成的复杂分子内的原子振动有多种形式,通常称为多原子分子的简正振动。多原子分子简正振动的数目称为振动自由度,每个振动自由度对应于红外光谱图上一个基频吸收带。在直角坐标系中,每个质点都可以在 x、y、z 三个方向上运动,所以

N 个质点运动的自由度为 $3N$ 个,除去整个分子平动的 3 个自由度和整个分子转动的 3 个自由度,则分子内原子振动自由度为 $3N-6$ 个。但对于线性分子,若贯穿所有原子的轴是在 x 方向,则整个分子只能绕 y、z 轴转动,因此,线性分子的振动自由度为 $3N-5$ 个。由 N 个原子构成的非线性分子有 $N-1$ 个化学键,所以伸缩振动(键长变化)有 $N-1$ 种,其余的 $2N-5$ 种为变形振动(键角变化),由 N 个原子构成的线性分子的伸缩振动和变形振动分别有 $N-1$ 和 $2N-4$ 种。

以 CO_2 分子(线性分子)为例,它有 $3N-5=4$ 个振动自由度,各简正振动的形式和频率如图 15-4 所示。如图 15-4(a)所示为对称伸缩振动,如图 15-4(b)所示为不(反)对称伸缩振动,如图 15-4(c)所示为面内变形(弯曲或变角)振动,如图 15-4(d)所示为面外变形(弯曲或变角)振动。如图 15-4(c)和图 15-4(d)所示的振动频率相等,它们可以合称为简并振动。

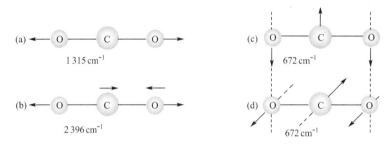

图 15-4 CO_2 分子的简正振动

(2)伸缩振动

原子沿键轴方向伸长和收缩的振动,键长周期性发生变化而键角不变,称为伸缩振动(用 ν 表示)。若原子振动时所有键都同时伸长或收缩,称为对称伸缩振动(用 ν_s 表示);若原子振动时有些键伸长而另一些键收缩,称为不(反或非)对称伸缩振动(用 ν_{as} 表示)。

以甲基(—CH_3)和亚甲基(CH_2)为例(图 15-5),甲基的对称伸缩振动可用 $\nu_s(CH_3)$ 表示,不对称伸缩振动可用 $\nu_{as}(CH_3)$ 表示;亚甲基的对称伸缩振动可用 $\nu_s(CH_2)$ 表示,不对称伸缩振动可用 $\nu_{as}(CH_2)$ 表示。一般不对称伸缩振动的频率比对称伸缩振动的频率高。

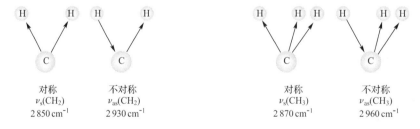

图 15-5 甲基和亚甲基的伸缩振动

(3)变形振动(又称弯曲振动或变角振动)

原子与键轴成垂直方向振动,键角发生周期性变化而键长不变的振动称为变形振动,

用符号 δ 表示。根据对称性不同可以分为对称变形振动(δ_s)和不对称变形振动(δ_{as});根据振动方向是否在原子团所在平面又分为面内变形振动(β)和面外变形振动(γ)。面内变形振动又分为剪式(以 δ 或 β 表示)和平面摇摆振动(以 γ 或 ρ 表示);面外变形振动又分为垂直摇摆(以 ω 表示)和扭曲振动(以 τ 或 t 表示)。

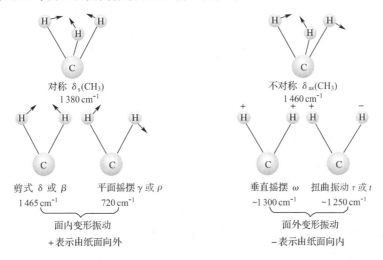

图 15-6　甲基和亚甲基的变形振动

3. 红外光谱吸收频率

多原子分子有 $3N-6$ 种独立的振动形式,若令相应的振动频率分别为 $\nu_1, \nu_2, \cdots,$ ν_{3N-6},每种振动形式都可写成式(15-15)的形式,则分子的总振动能量为

$$E = h\nu_1\left(v_1 + \frac{1}{2}\right) + h\nu_2\left(v_2 + \frac{1}{2}\right) + \cdots + h\nu_{3N-6}\left(v_{3N-6} + \frac{1}{2}\right) \tag{15-19}$$

在振动量子数 $v_1 = v_2 = \cdots = v_{3N-6} = 0$ 时,基态分子的能量为

$$E_0 = \frac{1}{2}h\nu_1 + \frac{1}{2}h\nu_2 + \cdots + \frac{1}{2}h\nu_{3N-6} \tag{15-20}$$

振动光谱的跃迁选律是 $\Delta v = \pm 1, \pm 2, \pm 3, \cdots$,因此当红外辐射的能量与分子中振动能级跃迁所需能量相当时就会产生吸收光谱。由于振动量子数的取值可以任意形式组合,所以由式(15-19)可知,多原子分子振动能量总数很大,但由于存在各振动能级上的分子数分布、振动的简并、振动跃迁选择规则以及某种振动是否为红外活性振动等原因,红外光谱并非想象的那样复杂,而是相当清晰和简单。红外吸收峰的数目一般比理论振动数目少,这是因为有些振动是非红外活性的,如 CO_2 的对称伸缩振动;有些分子因对称性的原因,某些振动是简并的,如 CO_2 的两种变形振动;有些振动频率相近,仪器分辨不开;有的振动能级跃迁太小,落在仪器测量范围之外等。

(1)基频

根据玻尔兹曼分布定律,通常情况下(一定温度下)处于基态的分子数比处于激发态的分子数多,例如,在 300 K 振动频率为 1 000 cm^{-1} 时,处于 $v=0$ 振动基态的分子数大约为 $v=1$ 振动激发态分子数的 100 倍,因此,通常 $v=0 \rightarrow v=1$ 跃迁几率最大,出现的相应吸收峰的强度也最强,称为基频吸收峰,一般特征峰都是基频吸收峰。其他跃迁的几率较小,如 $v=0 \to v=2$ 或 $v=1 \to v=2$ 等,出现的吸收峰强度较弱。

(2)倍频

振动能级由基态($v=0$)跃迁至第二激发态($v=2$)、第三激发态($v=3$)、…所产生的吸收峰称为倍频吸收峰(又称为泛频峰)。由于振动的非谐振性,能级的间隔不是等距离的,所以倍频往往不是基频波数的整数倍,而是略小些(表 15-3)。

表 15-3 　　　　　　　　　　 HCl 的基频和倍频吸收

吸收峰	跃迁类型	波数/cm^{-1}	强度
基频峰	$v=0 \to v=1$	2 885.9	最强
二倍频峰	$v=0 \to v=2$	5 668.0	较弱
三倍频峰	$v=0 \to v=3$	8 346.9	较弱
四倍频峰	$v=0 \to v=4$	10 923.1	较弱
五倍频峰	$v=0 \to v=5$	13 396.5	较弱

(3)合频

合频是两个(或更多)不同频率(如 $\nu_1 + \nu_2$,$2\nu_1 + \nu_2$)之和,这是由于吸收光子同时激发两个(或更多)频率的振动。

(4)差频

差频是两个频率之差(如 $\nu_2 - \nu_1$),是已处于一个激发态的分子吸收足够的外加辐射而跃迁到另一个激发态。

合频和差频统称为组合频。

4. 红外光谱吸收带的强度

红外光谱吸收带的强度取决于跃迁几率,跃迁几率越大,吸收越强。理论计算有

$$跃迁几率 = \frac{4\pi^2}{h^2} |\mu_{ab}|^2 E_0^2 t \qquad (15-21)$$

式中,E_0 为红外电磁波的电场矢量;μ_{ab} 为跃迁偶极矩。

μ_{ab} 不同于分子的永久偶极矩 μ_0,它反映了振动时偶极矩变化的大小。由式(15-21)可知,红外光谱吸收带的强度与振动时偶极矩变化的大小有关,偶极矩变化越大,吸收越强。而偶极矩与分子结构的对称性有关,分子的对称性越高,振动中分子偶极矩变化越小,红外光谱吸收带的强度也就越弱。最典型的例子是 C=O 基和 C=C 基,C=O 基的红外吸收非常强,常常是红外光谱图中最强的吸收带;而 C=C 基的红外吸收强度较弱,有时不出现。这就是因为 C=O 基在伸缩振动时偶极矩变化很大,因而 C=O 基的跃迁几率大;而 C=C 基在伸缩振动时偶极矩变化很小。

在红外光谱定性分析中,强度以极强(vs)、强(s)、中强(m)、弱(w)和极弱(vw)等表示,这些标记常由谱图直观得出。如果采用表观摩尔吸光系数 ε^a 来表示吸收带的强度,对应关系见表 15-4。

表 15-4 　　　　　　　　　　 红外吸收带的强度

吸收带的强度	表观摩尔吸光系数 ε^a	吸收带的强度	表观摩尔吸光系数 ε^a
极强(vs)	200	弱(w)	5～25
强(s)	75～200	极弱(vw)	0～5
中强(m)	25～75		

5. 基团特征频率

(1)基团特征频率与红外光谱区域的关系

物质的红外光谱反映了其分子结构的信息,谱图中的吸收峰与分子中各基团的振动形式相对应。多原子分子的红外光谱与其结构的关系一般通过实验获得,即通过比较大量已知化合物的红外光谱,从中总结出各种基团的振动频率变化的规律。结果表明,组成分子的各种基团,如 C—H、O—H、N—H、C=C、C=O、C≡C、C≡N 等,都有自己特定的红外吸收区域,分子的其他部分对其吸收带位置的影响较小。通常把这种能代表基团存在并有较高强度的吸收带称为基团特征频率,其所在的位置一般又称为特征吸收峰。基团特征频率虽然是经验总结,但是这些特征频率的产生有坚实的经典力学理论基础。只要掌握了各种官能团的特征频率及其位移规律,就可以应用红外光谱来确定化合物中官能团的存在及其在化合物中的相对位置。

红外光谱(中红外)的工作范围一般是 $4\,000\sim400\ cm^{-1}$,常见官能团都在这个区域产生吸收带。按照红外光谱与分子结构的关系,可将整个红外光谱区分为基团频率区($4\,000\sim1\,300\ cm^{-1}$)和指纹区($1\,300\sim400\ cm^{-1}$)两个区域。

①基团频率区($4\,000\sim1\,300\ cm^{-1}$)

该区域称为基团频率区、官能团区或特征区,是官能团特征吸收峰出现较多的波数区域,而且该区域官能团的特征频率受分子中其他部分的影响比较小,大多产生官能团特征吸收峰。实际上由于内部或外部因素的影响,特征频率会在一个较窄的范围内产生位移,但这种位移往往与分子结构的细节相关联,不但不会影响吸收峰的特征性,而且还会为分子结构的确定提供一些基团连接方式等有用的结构信息。基团频率区又可细分为三个区域。

a. X—H 伸缩振动频率区($4\,000\sim2\,500\ cm^{-1}$),这个区域主要是 C—H、O—H、N—H 和 S—H 键伸缩振动频率区。C—H 的伸缩振动可分为饱和碳氢伸缩振动和不饱和碳氢伸缩振动两种。饱和碳氢伸缩振动出现在 $3\,000\ cm^{-1}$ 以下,约在 $2\,800\sim3\,000\ cm^{-1}$,并且是强吸收峰(vs),取代基对其影响很小。常以此区域的强吸收峰来判断化合物中是否存在饱和碳氢基团。如甲基的不对称伸缩振动和对称伸缩振动分别在 $2\,960\ cm^{-1}$ 和 $2\,870\ cm^{-1}$ 附近产生吸收峰;亚甲基的不对称伸缩振动和对称伸缩振动分别在 $2\,930\ cm^{-1}$ 和 $2\,850\ cm^{-1}$ 附近产生吸收峰;次甲基的伸缩振动在 $2\,890\ cm^{-1}$ 附近产生吸收峰,但强度很弱。不饱和碳氢伸缩振动在 $3\,000\ cm^{-1}$ 以上产生吸收峰,以此来判别化合物中是否含有不饱和碳氢基团。苯环的 C—H 键伸缩振动在 $3\,000\sim3\,100\ cm^{-1}$ 产生几个吸收峰,其特征是强度比饱和碳氢(C—H)的小,但谱带比较尖锐。不饱和双键的碳氢(=C—H)伸缩振动在 $3\,010\sim3\,100\ cm^{-1}$ 产生吸收峰,端部(=CH$_2$)的碳氢(=C—H)伸缩振动在 $3\,085\ cm^{-1}$ 附近产生吸收峰。不饱和叁键的碳氢(≡C—H)伸缩振动在更高的区域 $3\,300\ cm^{-1}$ 附近产生吸收峰。O—H 键的伸缩振动在 $3\,200\sim3\,650\ cm^{-1}$ 产生吸收峰,谱带较强,可以作为判断有无醇类、酚类和有机酸类的重要依据。脂肪胺和酰胺的 N—H 伸缩振动在 $3\,100\sim3\,500\ cm^{-1}$ 产生吸收峰,但吸收带强度与 O—H 伸缩振动相比弱一些,且谱带尖锐一些。因此,吸收带可能被 O—H 伸缩振动掩盖。O—H 和 N—H 伸缩振动吸收峰受氢键的影响比较大,氢键使其伸缩振动吸收峰向低波数方向位移。

b. 叁键和累积双键伸缩振动频率区($2\,500\sim1\,900\ cm^{-1}$),这个区域主要是 C≡C 和 C≡N 键伸缩振动频率区,以及 C=C=C、C=C=O 等累积双键的不对称伸缩振动频率区。炔烃C≡C键的伸缩振动在 2 140～2 260 cm^{-1}产生吸收峰;C≡N 键的伸缩振动在非共轭的情况下,在 2 240～2 260 cm^{-1}产生吸收峰,当与不饱和键或芳环共轭时,该峰移到 2 220～2 230 cm^{-1}附近。由于只有少数一些官能团在此区域产生吸收峰,因此应用红外光谱来确定化合物中是否存在氰基(C≡N)是非常特征的方法。

c.双键伸缩振动频率区(1 900～1 300 cm^{-1}),这个区域主要是 C═O 和 C═C 键伸缩振动频率区。C═O 键伸缩振动在 1 900～1 650 cm^{-1}产生吸收峰,是红外光谱中最特征的谱带,且往往也是该区域最强(vs)的谱带,根据 C═O 键伸缩振动的谱带很容易判断酮类、醛类、酸类、酯类以及酸酐等有机化合物。酸酐和酰亚胺中的羰基(C═O)吸收带由于振动偶合而呈现双峰。烯烃 C═C 键的伸缩振动在 1 620～1 680 cm^{-1}内产生吸收峰,一般很弱。单环芳烃的 C═C 伸缩振动在 1 600 cm^{-1}和 1 500 cm^{-1}附近产生两个峰(有时裂分成四个峰),这是芳环骨架结构的特征谱带,用于确认有无芳环存在。取代苯的碳氢(═C—H)变形振动的倍频谱带在 1 650～2 000 cm^{-1}产生吸收峰,虽然强度很弱,但它们的谱带形状对确定芳环取代位置有一定的作用。

②指纹区(1 300～400 cm^{-1})

这个区域的吸收光谱比较复杂,重原子单键的伸缩振动和各种变形振动都出现在这个区域。由于它们的振动频率相近,不同振动形式之间容易发生振动偶合,虽然吸收带位置与官能团之间没有固定的对应关系,但是它们能够灵敏地反映分子结构的微小差异,可以作为鉴定化合物的"指纹"使用,故称为指纹区。但是,并非所有的吸收谱带都能与化合物中的官能团有对应关系,特别是指纹区的吸收谱带。指纹区的主要价值在于可用来鉴别不同的化合物,且宜于和标准谱图(或已知化合物谱图)进行比较,即凡是具有不同结构的两个化合物,一定不会有相同的"指纹"特征。尽管如此,某些同系物和光学异构体的"指纹"特征可能相似;不同的制样条件也可能引起指纹区吸收谱带的变化。

a.1 300～900 cm^{-1}区域主要是 C—O,C—N,C—F,C—P,C—S,P—O,Si—O 等单键的伸缩振动频率区和 C═S、S═O、P═O 等双键的伸缩振动频率区,以及一些变形振动频率区。其中甲基(CH$_3$)对称变形振动在 1 380 cm^{-1}附近产生吸收峰,对判断是否存在甲基十分有价值;C—O 键伸缩振动在 1 000～1 300 cm^{-1}产生吸收峰,是该区域最强(vs)的吸收带,非常容易识别。

b.900～400 cm^{-1}区域是一些重原子伸缩振动和一些变形振动的频率区。利用这一区域苯环的═C—H 面外变形振动吸收峰和在 1 650～2 000 cm^{-1}区域苯环的═C—H 变形振动的倍频(或组合频)吸收峰,可以共同配合确定苯环的取代类型。某些吸收峰也可以用来确定化合物的顺反构型。

(2)常见官能团的特征频率

红外光谱的特征频率反映了化合物结构上的特点,可以用来鉴定未知物的结构或确定其官能团。各种官能团和化学键的特征频率与化合物的结构有关,通过对大量红外光谱数据的研究,可以证明官能团的特征频率出现的位置是有规律的。各种官能团的特征吸收频率(波数)都以图或表的形式被详细加以总结,一般都是参考这些类似的图或表,利用红外光谱进行化合物的结构分析。常见官能团的特征频率范围及数据如图 15-7 和表 15-5 所示。详细的特征频率数据请参考有关参考书。

在图 15-7 中,3 700~2 500 cm^{-1} 是 X—H(X=C、O、N、S)的伸缩振动频率区;2 300~2 000 cm^{-1} 是 C≡C 和 C≡N 的伸缩振动频率区;1 900~1 500 cm^{-1} 是 C=X(X=C、O、N)的伸缩振动频率区;1 300~800 cm^{-1} 是 C—X(X=C、O、N)的伸缩振动频率区;1 650~500 cm^{-1} 是 X—H(X=C、O、N)的变形振动频率区。

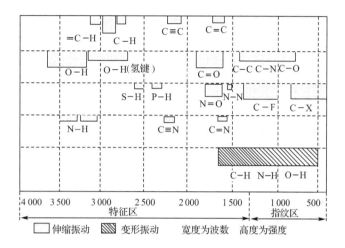

图 15-7　常见官能团的特征频率范围

表 15-5　常见官能团的特征频率数据

化合物类型	振动形式	波数范围/cm^{-1}
烷烃	C—H 伸缩振动	2 975~2 800
	CH$_2$ 变形振动	~1 465
	CH$_3$ 变形振动	1 385~1 370
	CH$_2$ 变形振动(4 个以上)	~720
烯烃	=CH 伸缩振动	3 100~3 010
	C=C 伸缩振动(孤立)	1 690~1 630
	C=C 伸缩振动(共轭)	1 640~1 610
	C—H 面内变形振动	1 430~1 290
	C—H 变形振动(—CH=CH$_2$)	~990 和~910
	C—H 变形振动(反式)	~970
	C—H 变形振动(C=CH$_2$)	~890
	C—H 变形振动(顺式)	~700
	C—H 变形振动(三取代)	~815
炔烃	≡C—H 伸缩振动	~3 300
	C≡C 伸缩振动	~2 150
	≡C—H 变形振动	650~600
芳烃	=C—H 伸缩振动	3 100~3 000
	C=C 骨架伸缩振动	~1 600 和~1 500
	C—H 变形振动和 δ 环(单取代)	770~730 和 715~685
	C—H 变形振动(邻位二取代)	770~735
	C—H 变形振动和 δ 环(间位二取代)	~880,~780 和~690
	C—H 变形振动(对位二取代)	850~800
醇	O—H 伸缩振动	~3 650 或 3 400~3 300(氢键)
	C—O 伸缩振动	1 260~1 000

（续表）

化合物类型	振动形式	波数范围/cm⁻¹
醚	C—O—C 伸缩振动（脂肪）	1 300～1 000
	C—O—C 伸缩振动（芳香）	～1 250 和～1 120
醛	O=C—H 伸缩振动	～2 820 和～2 720
	C=O 伸缩振动	～1 725
酮	C=O 缩振动	～1 715
	C—C 伸缩振动	1 300～1 100
酸	O—H 伸缩振动	3 400～2 400
	C=O 伸缩振动	1 760 或 1 710（氢键）
	C—O 伸缩振动	1 320～1 210
	O—H 变形振动	1 440～1 400
	O—H 面外变形振动	950～900
酯	C=O 伸缩振动	1 750～1 735
	C—O—C 伸缩振动（乙酸酯）	1 260～1 230
	C—O—C 伸缩振动	1 210～1 160
酰卤	C=O 伸缩振动	1 810～1 775
	C—Cl 伸缩振动	730～550
酸酐	C=O 伸缩振动	1 830～1 800 和 1 775～1 740
	C—O 伸缩振动	1 300～900
胺	N—H 伸缩振动	3 500～3 300
	N—H 变形振动	1 640～1 500
	C—N 伸缩振动（烷基碳）	1 200～1 025
	C—N 伸缩振动（芳基碳）	1 360～1 250
	N—H 变形振动	～800
酰胺	N—H 伸缩振动	3 500～3 180
	C=O 变形振动（伯酰胺）	1 680～1 630
	N—H 变形振动（伯酰胺）	1 640～1 550
	N—H 变形振动（仲酰胺）	1 570～1 515
	N—H 面外变形振动	～700
卤代烃	C—F 伸缩振动	1 400～1 000
	C—Cl 伸缩振动	785～540
	C—Br 伸缩振动	650～510
	C—I 伸缩振动	600～485
氰基化合物	C≡N 伸缩振动	～2 250
硝基化合物	—NO₂（脂肪族）	1 600～1 530 和 1 390～1 300
	—NO₂（芳香族）	1 550～1 490 和 1 355～1 315

15.2　红外光谱仪

红外光谱仪可分为两大类:色散型和干涉型。色散型红外光谱仪又有棱镜分光型和光栅分光型两种,干涉型为傅立叶变换红外光谱仪(FTIR)。

15.2.1　色散型红外光谱仪

早期色散型红外光谱仪为棱镜分光型红外光谱仪;后来多采用光栅分光型红外光谱仪,由光学系统、机械传动系统和电学系统三大部分组成,如图 15-8 所示。现仅就光学系统作简单介绍。

来自光源的光束被分成两束,其中一束通过试样池,另一束通过参比池,再经过切光

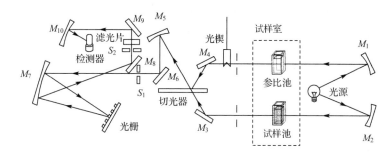

图 15-8　色散型双光束红外光谱仪的光路图

器(斩光镜)作用,使两束光交替通过入射狭缝 S_1,并交替进入单色器中的光栅,最后抵达检测器。如果这两束光强度相等,则检测器(如热电偶)将不产生电信号;如果这两束光强度不等,则产生一个交变的电信号(交流电压即热电偶产生的电位差),此电信号与双光束强度差成正比,电信号经过放大后,用伺服电机驱动光楔运动,光楔的运动补偿了试样光的吸收(即光楔进入光路中挡去一部分参比光),使两束光强度达到平衡(光学零位法)。被遮挡掉的那部分光即等于被试样吸收掉的那部分光。当波长连续改变时,试样对不同波长单色光吸收不同,检测器就要输出不同大小的电信号,使光楔随机运动,自动调节参比光束的强度,光楔的运动带动了记录笔,记录了试样的吸收光谱。

光学系统由光源、试样室、单色器及检测器等组成。

(1)光源

常用的红外辐射光源是能斯特灯。有的仪器也用硅碳棒作光源,其使用波长范围比能斯特灯的宽,发光面大,操作方便,价格较低。

(2)试样室

因玻璃、石英等材料不能透过红外光,红外吸收池要用可透过红外光的 NaCl、KBr、CsI、KRS-5(TlI 58%,TlBr 42%)等材料制成窗片。用 NaCl、KBr、CsI 等材料制成的窗片需注意防潮,CaF 和 KRS-5 可用于水溶液的测定。固体试样常与纯 KBr 混合后压片进行测定。

(3)单色器

色散型仪器的单色器多为光栅,这类仪器测定的波长范围是 $650 \sim 4\,000\ \mathrm{cm}^{-1}$。目前的红外光谱仪多为分辨率比色散型仪器高得多的傅立叶变换红外光谱仪(FTIR)。

(4)检测器

色散型红外光谱仪的检测器有两类:热检测器和光检测器。热检测器包括热电偶、测辐射热计、热电检测器等。常用的光检测器为碲镉汞检测器。目前常用热电检测器。

热电检测器(TGS 检测器)是利用硫酸三苷肽的单晶片(TGS)作为检测元件。将 TGS 薄片正面真空镀铬(半透明),背面镀金,形成两电极。其极化强度与温度有关,温度升高,其极化强度降低。当红外辐射光照射到 TGS 薄片上时,引起温度升高,其极化强度改变,表面电荷减少,相当于"释放"了部分电荷,经放大,转变成电压或电流进行测量。

碲镉汞检测器(MCT 检测器)是由宽频带的半导体碲化镉和半金属化合物碲化汞混合形成,可获得测量波段不同、灵敏度各异的各种 MCT 检测器。MCT 检测器比 TGS 检测器有更快的响应时间和更高的灵敏度,但需要液氮冷却。因此,与 TGS 检测器相比,MCT 检测器更适合傅立叶变换红外光谱仪(FTIR)。

15.2.2 傅立叶变换红外光谱仪

傅立叶变换红外光谱仪(FTIR)的工作原理(图 15-9)和色散型红外光谱仪完全不同,它没有单色器和狭缝,而是利用一个迈克耳逊干涉仪获得入射光的干涉图,通过数学运算(傅立叶变换)将干涉图变成红外光谱图。

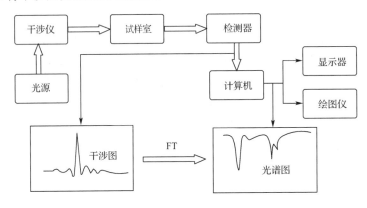

图 15-9　FTIR 工作原理框图

傅立叶变换红外光谱仪(FTIR)主要由光源(硅碳棒、高压汞灯等)、干涉仪、检测器、计算机和记录装置组成。大多数傅立叶变换红外光谱仪使用迈克耳逊(Michelson)干涉仪,首先记录光源的干涉图,然后通过计算机将干涉图进行快速傅立叶变换,最后得到以波长或波数为横坐标的光谱图。

迈克耳逊干涉仪由固定反射镜 M_1(定镜)、移动反射镜 M_2(动镜)和分束器(BS)组成。如图 15-10 所示,定镜和动镜相互垂直放置,分束器是一半透膜,放置在定镜和动镜之间成 45°角,它能将来自光源的光束分成相等的两部分。当入射光照到分束器(BS)上时,有 50% 的光透过 BS 即透射光,另 50% 的光被 BS 反射即反射光。透射光被动镜 M_2

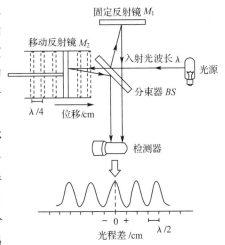

图 15-10　迈克耳逊干涉仪光学示意图

反射回到 BS 上,再被 BS 反射到检测器;反射光被定镜 M_1 反射,再透过 BS 而到达检测器。这样在检测器上得到的是两束光的相干光。当动镜 M_2 移动距离是入射光波长 λ 的 1/4 时,则透射光的光程变化为 λ/2,在检测器上两束光的光程差为 λ/2,位相差 180°,发生相消干涉,亮度最暗。当动镜移动距离是 λ/4 的奇数倍时,都会发生这种相消干涉,亮度最暗;当动镜移动距离是 λ/4 的偶数倍时,则发生相长干涉,亮度最亮。若动镜 M_2 处于上述两种位移之间,则发生部分相消干涉,亮度介于两者之间。如果动镜 M_2 以匀速 v 向分束器移动即动镜扫描,动镜每移动 λ/4 距离,讯号强度就会从暗到亮周期性改变,即在检测器上得到一个强度为余弦变化的讯号。

如图 15-11(a)和图 15-11(b)所示分别为入射单色光 ν_1 和 ν_2 产生的干涉图;如果两种频率的光一起进入干涉仪,则产生图如 15-11(c)所示的两种单色光叠加的干涉图;如图 15-11(d)所示,当入射光为连续波长的多色光时,就会产生中心极大并向两边迅速衰减的对称干涉图,入射多色光的干涉图等于所含各单色光干涉图的和,在这种复杂的干涉图中,包含着入射光源提供的所有光谱信息。在傅立叶变换红外光谱测量中,就是在上述干涉光束中放置能够吸收红外辐射的试样,由于试样吸收了某些频率的红外辐射,就会得到一种复杂的干涉图,该干涉图是一个时间域函数,难以解释,通过计算机对该干涉图进行傅立叶变换,将时间域函数变换为频率域函数,即得到常见的以波长或波数为函数的光谱图。

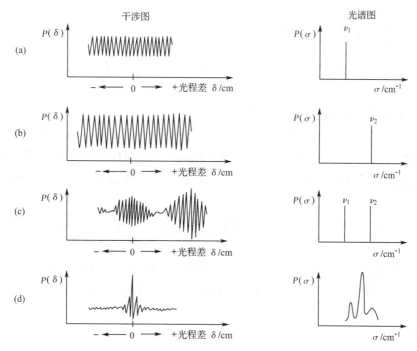

图 15-11 干涉图和光谱图

傅立叶变换红外光谱仪具有以下主要特点:

(1)测量速度快

在几秒内就可完成一张红外光谱图的测量工作,比色散型红外光谱仪快几百倍。由于扫描速度快,一些联用技术得到了发展。

(2)能量大,灵敏度高

由于傅立叶变换红外光谱仪没有狭缝和单色器,反射镜面又大,因此到达检测器上的能量大,它可以检出 $10 \sim 100~\mu g$ 的试样,一些细小的试样如一根 $\phi 10~\mu m$ 单丝也能直接测定。对于一般红外光谱不能测定的、散射很强的试样,傅立叶变换红外光谱仪采用漫反射附件可以测得满意的光谱,如薄板层析的试样,可不经剥离,直接用傅立叶变换红外光谱仪测漫反射光谱。

（3）分辨率高

分辨率取决于动镜线性移动距离,距离增加,分辨率提高,傅立叶变换红外光谱仪在整个波长范围内具有恒定的分辨率,通常可达 $0.1\ cm^{-1}$,最高可达 $0.005\ cm^{-1}$。棱镜分光型红外光谱仪的分辨率很难达到 $1\ cm^{-1}$,光栅分光型红外光谱仪也仅在 $0.2\ cm^{-1}$ 以上。

（4）波数精确度高

在实际的傅立叶变换红外光谱仪中,除了红外光源的主干涉仪外,还引入了激光参比干涉仪,用激光干涉条纹准确测定光程差,从而使波数更为准确。

（5）测定波数范围宽

傅立叶变换红外光谱仪测定的波数范围可达 $10\sim10\ 000\ cm^{-1}$。

15.2.3 试样的处理和制样方法

要获得一张高质量的红外光谱图,除了仪器本身的因素外,还必须有合适的制样方法。

1. 红外吸收光谱分析法对试样的要求

（1）利用红外光谱进行结构分析时,为了便于与纯物质的标准光谱进行对照,试样最好是单一组分的纯物质(一般纯度>98%)。混合物试样测定前尽量用分馏、萃取、重结晶等方法进行分离提纯或采用联用方法进行分析,否则各组分光谱相互重叠,谱图很难解析。

（2）由于水本身有红外吸收,且严重干扰试样光谱,此外,水还会浸蚀盐片(NaCl 或 KBr),所以试样中不应含有游离态的水。

（3）试样的浓度和测试厚度对红外吸收光谱分析的影响较大,尤其对定量分析的影响更大,因此,利用红外吸收光谱分析时应使光谱图中大多数吸收峰的透过率在 $10\%\sim80\%$。

2. 制样方法

（1）气体试样

气体试样可在两端粘有可透过红外光的 NaCl 或 KBr 窗片的气体池内进行测定。

（2）液体和溶液试样

①液体池法

沸点较低、挥发性较大的液体和溶液试样,可在封闭液体池(液层厚度一般为 $0.01\sim1\ mm$)中进行测定。测定时采用液体池,将试样溶于适当溶剂中配成一定浓度的溶液[一般以 10%(质量分数)左右为宜],用注射器注入液体池中进行测定。所用溶剂应易于溶解试样、非极性、不与试样形成氢键、吸收不与试样吸收重合。常用的溶剂为 CS_2、CCl_4、$CHCl_3$ 等。

②液膜法

沸点较高的液体试样,直接滴在两块盐片之间形成液膜进行测定。将液体滴 1～2 滴到一块盐片上,用另一块盐片将其夹住,用螺丝固定后放入试样室测量。若测定碳氢类吸收较低的化合物,可在两块盐片中间放入夹片(Spacer,厚度为 $0.05\sim0.1$ mm),增加膜厚。测定时需注意不要让气泡混入,螺丝不应拧得过紧以免窗片破裂。使用以后要立即拆除,用脱脂棉沾氯仿、丙酮擦净。

③水溶液的简易测定法

由于水会浸蚀盐片,因此一般水溶液不能测定其红外光谱。利用聚乙烯薄膜是水溶液红外光谱测定的一种简易方法,在金属管上铺一层聚乙烯薄膜,其上压入一橡胶圈。滴下水溶液后,再盖一层聚乙烯薄膜,用另一橡胶圈固定后测定。需注意的是,聚乙烯、水及重水都有红外吸收。

(3) 固体试样

①压片法

将经过干燥处理的试样和 KBr(质量比 1∶100 左右)混合均匀,并且研磨到粒度小于 2 μm,置于模具中压成透明薄片进行测定。

②石蜡糊法

将干燥处理后的试样研细,与液体石蜡混合调成糊状,夹在两块盐片之间形成液膜进行测定。

③薄膜法

薄膜法主要用于高分子化合物的测定,可将试样直接加热熔融后涂制或压制成膜;也可将试样溶解在低沸点的易挥发溶剂中,涂在盐片上,待溶剂挥发成膜后进行测定。

15.2.4　其他测定方法和联机技术

采用一些附件可实现以下测定方法和联机技术。

(1)衰减全反射法

衰减全反射法(ATR)可用于试样深度方向及表面分析。利用一特殊棱镜(如 TlBr 和 TlI 做成的 KRS-5 棱镜在 250 cm^{-1} 以上透明),在其两面夹上试样,入射光从试样一侧照射进入(入射角为 $35°\sim50°$),经在试样、棱镜中多次反射后到达检测器。ATR 法常用于测定不易溶解、熔化,难于粉碎的弹性或黏性试样,如涂料、橡胶、合成革、聚氨基甲酸乙酯等表面及其涂层。

(2)漫反射法

漫反射法(DIR)又称为粉末反射法,照射到粉末试样上的光首先在其表面反射,一部分直接进入检测器,另一部分进入试样内部经多次透射、散射后再从表面射出,后者称为扩散散射光。DIR 法就是利用扩散散射光获取红外光谱的方法。与压片法相比,由于 DIR 法测定的是多次透过试样的光,因此两者的光谱强度比不同,压片法中的弱峰有时会增强。在利用 DIR 法进行定量分析时要进行 K-M(Kubelka-Munk)变换,一般仪器软件可以自动进行。漫反射法用于粉末试样以及表面涂层等分析。

（3）红外光声光谱法

傅立叶变换红外光声光谱仪（PAS）采用光声池、前置放大器代替傅立叶变换红外吸收光谱仪的检测器，将试样置于光声池中测定。红外光声光谱法主要用于下列试样的测定：强吸收、高分散的试样（如深色催化剂、煤样等），橡胶、高聚物等难以制样的试样，不允许加工处理的试样。

（4）显微红外联机技术

显微红外联机技术（MIC-FTIR）将红外吸收光谱仪与显微镜结合起来，形成红外成像技术，可以用于研究非均相体系的形态结构。显微红外分析有反射和透射两种形式，可以通过切换一组反射镜进行试样投射或反射分析。显微红外联机技术适用于微量和微区分析，具有灵敏度高、制样方法简便等优点。与薄片切片机（Microtome）等并用，显微红外联机技术可以进行微小部分的结构解析。检出限可达 pg 级，空间分辨率为 10 μm。

（5）气相色谱红外联机技术

气相色谱红外联机技术（GC-FTIR）为深化认识复杂混合物体系中各种组分的化学结构创造了机会。GC-FTIR 联机技术将气相色谱的分离能力与红外的定性分析能力相结合，是分析多组分有机试样的有效手段。气相色谱红外联机最关键的部位是 GC 和 FTIR 的接口，接口多采用与色谱流出气体相适应的流通形气体吸收小池，称为"光管"。一方面光管不断接收 GC 馏分，另一方面 FTIR 同步跟踪扫描以检测光管中的 GC 馏分。采集到的数据经过计算机处理可以获得与 GC-MS 类似的重建色谱图，进而可以得到色谱图中每一个谱峰的红外光谱图。GC-FTIR 是一种有效的分离和鉴定相结合的分析方法，而且在某些方面克服了 GC-MS 的不足。GC-FTIR 在对分子特征官能团的鉴定和有机污染物同分异构体的鉴定方面得到了广泛应用。

15.3　影响频率位移的因素

红外光谱的特点是，一方面官能团特征频率的位置基本上是固定的；另一方面它们又不是绝对不变的，其频率位移可以反映分子的结构特点，从而使红外光谱成为有机结构分析的重要工具。例如，某一含 C=O 的化合物在 1 680 cm^{-1} 有吸收峰，就要考虑有两种可能性，一种可能是酰胺中的 C=O；另一种则可能是由于酮中的 C=O 与某基团共轭而导致频率位移。若是酰胺则要进一步确定—NH 的特征吸收峰；若是共轭酮的 C=O 则要进一步确定与之共轭的基团的特征吸收峰。这就说明，掌握了频率位移的规律，有助于正确地推断结构。产生频率位移的因素有与分子结构有关的内部因素和与测定状态有关的外部因素。

15.3.1　外部因素

外部因素包括试样的物理状态、粒度、溶剂、重结晶条件及制样方法等，都会引起红外光谱吸收频率的改变。当与标准谱图对照时，必须在外部条件一致的情况下才能比较。

1. 物理状态

同一个试样的不同聚集态（气态、液态和固态），其光谱有很大差异，这是因为气态、液态、固态分子间的相互作用不同，气态分子间的相互作用很弱，分子可以自由旋转，而液态、固态分子间的相互作用就要强一些，所以它们的特征频率就有差异，从而红外光谱就产生差别。气态测得的频率最高，甚至可以观察到转动光谱的精细结构。如丙酮，气态时：$\nu_{C=O} = 1\,742\ cm^{-1}$；液态时：$\nu_{C=O} = 1\,718\ cm^{-1}$。又如羧酸（—COOH），气态时：单体 $\nu_{C=O} = 1\,780\ cm^{-1}$，二聚体 $\nu_{C=O} = 1\,730\ cm^{-1}$；纯液态二聚体：$\nu_{C=O} = 1\,712\ cm^{-1}$。

不同物理状态的试样测得的红外光谱差异很大，甚至会被认为是不同的化合物。另外，制样方法不同，如用液体池法测定和 KBr 压片法测定的光谱也会有较大差异。

2. 溶剂

由于溶剂和溶质的相互作用不同，同一物质在不同溶剂中测得光谱吸收带的频率也不同。有一个规律：极性基团如—OH、—NH、C=O、—CN 等的伸缩振动频率随溶剂极性的增大（相互作用增强）而向低波数移动，且强度增强，而变形振动频率则向高波数移动。

例如，羧基（—COOH），在非极性溶剂中（CCl_4 和 CS_2）羧酸单体：$\nu_{C=O} = 1\,762\ cm^{-1}$；在极性溶剂中：

乙醚中：$\nu_{C=O} = 1\,735\ cm^{-1}$

乙醇中：$\nu_{C=O} = 1\,720\ cm^{-1}$

由于乙醇的极性大，使羧基（—COOH）的 C=O 位移更大。

15.3.2　内部因素

1. 电子效应

电子效应包括诱导效应、共轭效应和中介效应，它们都是由化学键的电子分布不均匀引起的。

（1）诱导效应（I 效应）

诱导效应能够引起分子中电子分布发生改变，从而改变化学键的力常数，使基团的特征频率发生位移。如 C=O 中的氧原子有吸引电子倾向，形成 C^+—O^-，当羰基化合物在 C=O 邻位有电负性大的原子或官能团（如吸电子基团 Cl）时，它就要和氧原子争夺电子，由于取代基 Cl 的诱导效应会使电子云由氧原子转向双键的中间，使 C=O 双键性增强，力常数 k 增大，所以特征频率向高波数移动（参见双原子分子振动频率公式）。例如

$\nu_{C=O}(cm^{-1})$　1 715　　1 735　　1 802　　1 827　　1 928

由上可见,随着取代原子电负性的增大或取代数目的增加,诱导效应增强,吸收峰向高波数移动的程度越显著。

由表 15-6 可见,在周期表同一周期中,ν_{X-H}(或力常数)随原子序数的增加而线性增加;而在同族中,ν_{X-H} 自上而下有规则地递减。由此可以得出,ν_{X-H} 伸缩振动频率随 X 元素电负性的增加而增加,即与键强度的增加和键长的减少相对应。从表 15-7 可以看出,X—CH$_3$ 对称变形振动频率的顺序平行于表 15-6 中 X—H 伸缩振动频率的顺序,即甲基对称变形振动的频率随同周期中元素电负性的增加而增加(电负性 N<O<F),并随同族元素电负性的减少而递减(电负性 I<Br<Cl<F)。

表 15-6　　　　　　　　　一些 X—H 伸缩振动频率

X—H	σ/cm^{-1}	X—H	σ/cm^{-1}	X—H	σ/cm^{-1}	X—H	σ/cm^{-1}
B—H	2 400	Al—H	1 750	—	—	—	—
C—H	3 000	Si—H	2 150	Ge—H	2 070	Sn—H	1 850
N—H	3 400	P—H	2 350	As—H	2 150	Sb—H	1 890
O—H	3 600	S—H	2 570	Se—H	2 300		
F—H	4 000	Cl—H	2 890	Br—H	2 650	I—H	2 310

表 15-7　　　　　　　　　X—CH$_3$ 对称变形振动频率

X—CH$_3$	σ/cm^{-1}	X—CH$_3$	σ/cm^{-1}	X—CH$_3$	σ/cm^{-1}	X—CH$_3$	σ/cm^{-1}
B—CH$_3$	1 310	—	—	—	—	—	—
C—CH$_3$	1 380	Si—CH$_3$	1 265	Ge—CH$_3$	1 235	Sn—CH$_3$	1 165
N—CH$_3$	1 425	P—CH$_3$	1 295	As—CH$_3$	1 250	Sb—CH$_3$	1 200
O—CH$_3$	1 450	S—CH$_3$	1 310	Se—CH$_3$	1 282		
F—CH$_3$	1 475	Cl—CH$_3$	1 335	Br—CH$_3$	1 305	I—CH$_3$	1 252

(2)共轭效应(C 效应)

由分子中双键 π-π 共轭所引起的基团特征频率移动,称为共轭效应。共轭效应使共轭体系中的电子云密度趋于平均化,结果使原来的双键略有伸长(即电子云密度降低),力常数减小,使其特征频率向低波数方向移动。例如酮的 C=O,因与苯环或碳碳双键共轭而使 C=O 的力常数减小,振动频率向低波数方向移动。

$\nu_{C-O}(\mathrm{cm}^{-1})$　　　1 715　　　　　　　　1 685　　　　　　　　1 680　　　　　　　　1 665

$\nu_{C-O}(\mathrm{cm}^{-1})$ 1 705~1 725　　　　　　　1 665~1 685　　　　　　　1 660~1 670

(3)中介效应(M 效应)

当含有孤对电子的原子(O、S、N 等)与具有多重键的原子相连时,也可引起类似的共轭作用,由分子中 n 电子和双键产生 n-π 共轭(形成共振结构)所引起的基团特征频率移动,称为中介效应。例如,酰胺分子中存在如下共振结构:

酰胺中的 C＝O 键与 N 原子的孤对电子产生共轭作用,使 C＝O 键上的电子云更移向氧原子,C＝O 双键的电子云密度平均化,造成 C＝O 键的力常数下降,使 C＝O 键吸收频率向低波数方向移动。这种现象用诱导效应解释不了,若从诱导效应考虑,酰胺的C＝O峰也应与酰氯的一样向高波数方向移动(N 的电负性为 3.0,Cl 的电负性为 3.0),但实际上酰胺的C＝O 特征频率出现在 1 680 cm^{-1}。在酰胺分子中诱导效应和中介效应同时存在,因为 N 原子与 C 原子属于同一周期元素,n-π 重叠较好,所以中介效应占优势。

2. 空间位阻效应

形成氢键时特征频率向低波数方向移动。由于空间位阻的影响,分子间羟基不容易缔合(形成氢键),因而下例中羟基伸缩振动随着空间位阻变大,ν_{O-H}向高波数方向移动。

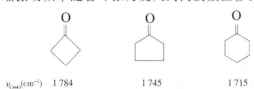

$\nu_{O-H}(cm^{-1})$ 3 380 　　　　　3 510 　　　　　3 530

在下例中,随着邻位引入的甲基数增多,空间位阻变大,使羰基不能与环己烯中的双键很好地共平面,使共轭不完全,所以 $\nu_{C=O}$ 向高波数方向移动。

$\nu_{C=O}(cm^{-1})$ 　　1 663 　　　　　1 668 　　　　　1 693

3. 环张力效应

环张力即键角张力,环越小,环张力效应越大。

(1)环张力对饱和 C—H 键伸缩振动频率的影响

环丙烷环张力大,其 CH$_2$ 伸缩振动频率比链烷烃 CH$_2$ 伸缩振动频率高一些;环己烷 CH$_2$ 伸缩振动频率与链烷烃 CH$_2$ 伸缩振动频率一致。

$\nu_{C-H}(cm^{-1})$ 　　3 060~3 030 　　　　　2 900~2 800

(2)环张力对 C＝O 键伸缩振动频率的影响

环酮中羰基伸缩振动频率随着环张力变大向高波数位移。

$\nu_{C=O}(cm^{-1})$ 　1 784 　　　　　1 745 　　　　　1 715

4. 氢键效应

氢键(可以写作 X—H…Y)通常是在给电子基团 X—H(如 OH，NH_2)中的氢和吸电子基团 Y 之间形成。Y 通常是 O、N 和卤素等，像 C=C 键这样的不饱和基团也可以作为质子接受体。氢键对红外光谱的主要作用是使峰变宽，使基团频率发生位移。氢键能够改变两个基团的力常数，X—H 伸缩振动频率被氢键降低，X—H 变形振动频率被氢键增大，但不如伸缩振动引起频率变化显著。吸电子基团 Y(如 C=O)的伸缩振动频率也减小，但是没有给电子基团(X—H)减小的显著。氢键作用可分为分子间氢键和分子内氢键两种。

(1)分子间氢键

分子间氢键包括两个或多个同种或不同种化合物分子之间的缔合。当给电子基团 X—H 和吸电子基团 Y 的键轴同轴时，氢键强度最大；当 X—H 和 Y 之间距离增大时，氢键强度减弱。分子间氢键可以产生二聚分子(如在羧酸中观察到的)或多缔合分子链。如

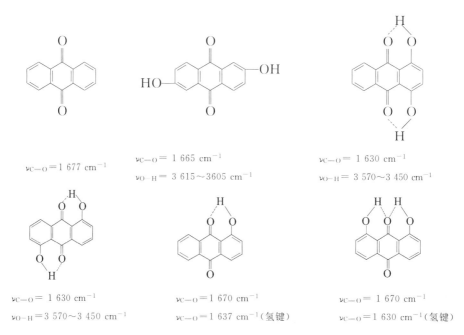

	ν_{C-O}	ν_{N-H}	δ_{N-H}
游离	1 690 cm^{-1}	3 500 cm^{-1}	1 620～1 590 cm^{-1}
氢键	1 650 cm^{-1}	3 400 cm^{-1}	1 650～1 620 cm^{-1}

(2)分子内氢键

分子内氢键的形成条件是给电子基团 X—H 和吸电子基团 Y 同时存在于一个分子中，且空间条件允许产生必要的轨道重叠，如五元环或六元环的形成。

$\nu_{C-O}=1\ 677\ cm^{-1}$

$\nu_{C-O}=1\ 665\ cm^{-1}$
$\nu_{O-H}=3\ 615～3605\ cm^{-1}$

$\nu_{C-O}=1\ 630\ cm^{-1}$
$\nu_{O-H}=3\ 570～3\ 450\ cm^{-1}$

$\nu_{C-O}=1\ 630\ cm^{-1}$
$\nu_{O-H}=3\ 570～3\ 450\ cm^{-1}$

$\nu_{C-O}=1\ 670\ cm^{-1}$
$\nu_{C-O}=1\ 637\ cm^{-1}$(氢键)

$\nu_{C-O}=1\ 670\ cm^{-1}$
$\nu_{C-O}=1\ 630\ cm^{-1}$(氢键)

分子内氢键大多发生在具有环状结构的相邻基团之间，形成分子内氢键时，伸缩振动谱带的位置、强度和形状的改变都较分子间氢键小，上述化合物形成分子内氢键时羰基和羟基伸缩振动频率减小，强度较弱，峰形较锐。分子间氢键和分子内氢键的键合程度都取决于温度，但分子间氢键和分子内氢键的浓度效应则大不一样。低浓度时(在非极性溶剂

中约低于 0.01 mol·L^{-1})分子间氢键产生的吸收带通常消失;分子内氢键是一种内部效应,在非常低的浓度下也能够存在。

如何区分分子间氢键和分子内氢键?除了从峰形、强度和位置来判断外,还可以用稀释的办法,稀释时随浓度改变的则是分子间氢键,分子内氢键则不随浓度而改变。氢键效应的一个重要方面是它包含了溶剂和溶质官能团之间的相互作用。如果溶质是极性的,那么注意溶剂的使用和溶质的浓度就十分重要。

5. 振动偶合效应

当两个化学键或基团的振动频率在相近(或相等)位置上,它们又直接相连或相接近时,彼此之间的相互作用会使原来的谱带裂分成两个峰,一个峰的频率比原来谱带的高一些,另一个峰的频率则低一些,这就称为振动偶合效应。

例如二元酸:丙二酸和丁二酸,它们的两个 C=O 键伸缩振动发生偶合,都出现两个吸收峰,当 $n \geqslant 3$ 时,两个 C=O 键相距较远,相互作用小,基本上不发生振动偶合。

ν_{C-O}　1 740 cm^{-1}　　　　　1 780 cm^{-1}　　　　　只有一个 ν_{C-O} 吸收峰
ν_{C-O}　1 710 cm^{-1}　　　　　1 700 cm^{-1}

15.4　常见有机化合物的红外光谱

15.4.1　饱和烃及其衍生物

除了环丙烷或卤素取代外,饱和烃及其衍生物的甲基伸缩振动 $\nu(CH_3)$ 和亚甲基伸缩振动 $\nu(CH_2)$ 小于 3 000 cm^{-1},是饱和烃与不饱和烃相区别的分界线。只要在~2 900 cm^{-1} 和~2 800 cm^{-1} 附近有强吸收峰,就可以判断化合物中含有饱和碳氢,如果在 3 000 cm^{-1}~3 100 cm^{-1} 附近有吸收峰,则可以判断化合物中含有不饱和碳氢。FTIR 或光栅分光型红外光谱仪可以将饱和碳氢 C—H 伸缩振动区里的 CH$_3$ 和 CH$_2$ 的对称伸缩振动和不对称伸缩振动的四个峰分开。但是分辨率低的仪器,如棱镜分光型红外光谱仪就只能分出两个峰。因为 CH$_3$ 和 CH$_2$(次甲基 CH 的谱峰较弱且易被其他吸收峰重叠掩盖,应用价值不大)基团是有机化合物的最基本构成单元,所以熟悉它们的谱峰特征是非常重要的。由于基团的特征吸收带与分子的其他部分无关,是孤立存在的,在此基础上如果将醇、醚、胺和卤代烃等都看做是饱和烃的衍生物,这时只要对附加基团(—OH、—NH$_2$)和键型(C—O、C—N、C—X)的特征吸收带加以补充,并弄清楚这些基团对 CH$_3$ 和 CH$_2$ 特征吸收带的影响,就很容易对饱和烃的衍生物加以区别和鉴定。

1. 烷烃

烷烃中甲基不对称伸缩振动 $\nu_{as}(CH_3)$ 和对称伸缩振动 $\nu_s(CH_3)$ 分别在~2 960 cm^{-1} 和~2 870 cm^{-1} 附近产生强吸收峰;亚甲基不对称伸缩振动 $\nu_{as}(CH_2)$ 和对称伸缩振动 $\nu_s(CH_2)$ 分别在~2 930 cm^{-1} 和~2 850 cm^{-1} 附近产生强吸收峰。甲基不对称变形振动

$\delta_{as}(CH_3)$ 和对称变形振动 $\delta_s(CH_3)$ 分别在 ~1 460 cm^{-1} 和 ~1 380 cm^{-1} 附近产生吸收峰；亚甲基的面内变形振动(剪式振动)$\delta(CH_2)$ 在 ~1 465 cm^{-1} 附近产生吸收峰；当有 4 个以上亚甲基相连—$(CH_2)_n$—($n \geqslant 4$)时其平面摇摆振动 $\gamma(CH_2)$ 在 ~720 cm^{-1} 附近产生吸收峰。异构烷烃可以从甲基对称变形振动 ~1 380 cm^{-1} 吸收峰的裂分峰强度比来推断,若裂分峰强度相等为异丙基,若强度比为 5∶4 则为偕二甲基,若强度比为 1∶2 则为叔丁基。但有时异丙基和偕二甲基的裂分峰强度比不好区分,可参见骨架振动 $\nu(C—C)$ 或用核磁共振波谱及质谱等方法证实。烷烃的骨架振动 $\nu(C—C)$ 出现在 1 000~1 200 cm^{-1},但由于振动偶合效应且强度较弱,这些吸收带的位置随分子结构而变化,在结构鉴定上意义不大。烷烃的谱图如图15-12所示。

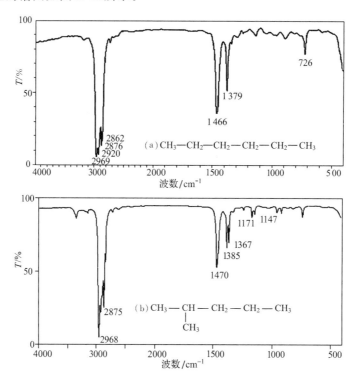

图 15-12 正己烷和 2-甲基-戊烷的红外光谱图

2. 醇

由于羟基的引入,在饱和碳氢吸收谱带的基础上增加了与羟基(—OH)有关的一些吸收谱带(如 O—H,C—O)。醇羟基(—OH)的特征频率与氢键的形成有密切关系,羟基是强极性基团,由于氢键的作用醇羟基(—OH)通常总是以缔合状态存在,只有在极稀溶液中,浓度大约小于 0.005 mol·L^{-1} 时基本上都是以游离羟基存在。游离羟基伸缩振动的频率 $\nu(O—H)$ 按伯醇(3 640 cm^{-1})＞仲醇(3 630 cm^{-1})＞叔醇(3 620 cm^{-1})＞酚(3 610 cm^{-1})的顺序下降。形成氢键时吸收带向低波数方向移动(二聚体 3 450~3 550 cm^{-1},多聚体 3 200~3 400 cm^{-1})且峰形变宽。在醇类化合物中强极性的 C—O 键的伸缩振动 $\nu(C—O)$ 在 1 000~1 150 cm^{-1} 产生强吸收峰,其中伯醇为 1 050 cm^{-1},仲醇为 1 100 cm^{-1},叔醇为 1 150 cm^{-1},酚为 1 200 cm^{-1},是区分伯、仲、叔醇的特征吸收峰。醇的红外光谱图如 15-13 所示。

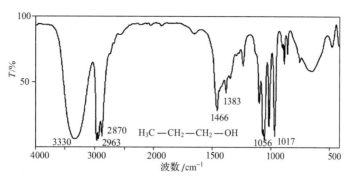

图 15-13　正丙醇的红外光谱图

3. 醚

醚的特征吸收峰是 C—O—C 伸缩振动产生的吸收谱带,脂肪醚 C—O—C 不对称伸缩振动 $\nu_{as}(C-O-C)$ 和对称伸缩振动 $\nu_s(C-O-C)$ 分别出现在 $1\,100\pm50\ cm^{-1}$(强而宽)和 $900\sim1\,000\ cm^{-1}$。芳香醚 C—O—C 不对称伸缩振动 $\nu_{as}(C-O-C)$ 和对称伸缩振动 $\nu_s(C-O-C)$ 分别出现在 $1\,220\sim1\,280\ cm^{-1}$(强度大)和 $1\,100\sim1\,050\ cm^{-1}$。根据醚不存在 $\nu(O-H)$,可与醇相区别。醚的红外光谱图如图 15-14 所示。

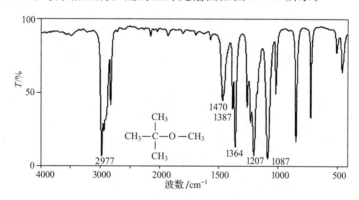

图 15-14　甲基叔丁基醚的红外光谱图

4. 胺

由于氨基的引入,在饱和碳氢吸收谱带的基础上增加了与氨基(—NH₂)有关的一些吸收谱带(如 N—H,C—N)。游离的伯胺 R—NH₂ 和 Ar—NH₂ 的 N—H 伸缩振动产生双峰 $\nu_{as}(-NH_2)$ 为 $3\,500\ cm^{-1}$,$\nu_s(-NH_2)$ 为 $3\,400\ cm^{-1}$;但游离的仲胺 N—H 伸缩振动产生单峰,R—NH—R′ 为 $3\,350\sim3\,310\ cm^{-1}$,Ar—NH—R 为 $3\,450\ cm^{-1}$。通常以此区的双峰或单峰来区别是伯胺还是仲胺,非常特征。氢键使 N—H 键伸缩振动 $\nu(N-H)$ 位移约 $100\ cm^{-1}$,但其谱峰一般较弱,峰形较尖,而且浓度对其影响不大。N—H 键变形振动 $\delta(-NH_2)$ 的 $1\,560\sim1\,640\ cm^{-1}$ 和 $650\sim900\ cm^{-1}$ 吸收峰分别与 CH₂ 的面内和面外变形振动相当,后者较为特征,它们都因氢键而向高波数方向移动。胺类化合物的 C—N 键伸缩振动 $\nu(C-N)$ 与 C—C 伸缩振动没太大区别,但由于 C—N 键的极性,其强度较 C—C 伸缩振动的强度大。脂肪胺 C—N 键伸缩振动 $\nu(C-N)$ 出现在 $1\,030\sim1\,203\ cm^{-1}$,芳香胺 C—N 键伸缩振动 ν(C—N)出现在 1 250～1 360 cm^{-1}。胺的红外光谱图如图 15-15 所示。

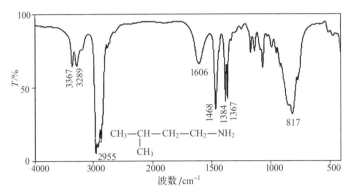

图 15-15　3-甲基丁胺的红外光谱图

15.4.2　烯烃和炔烃

　　由于不饱和键的引入增加了与双键和叁键相关振动的特征谱带。烯烃和炔烃不饱和碳氢分别在 3 080 cm^{-1} 和 3 300 cm^{-1} 附近产生吸收峰，它们都大于 3 000 cm^{-1}，是与饱和碳氢相区别的标志。但它们的吸收峰强度较弱，尤其分子中 CH$_3$ 和 CH$_2$ 数目较多时，只能以肩峰形式出现。碳碳双键的伸缩振动 ν(C=C)依分子的对称性不同强度变化很大，可以很强也可以完全消失。当分子具有对称中心时，C=C 键伸缩振动不可能产生偶极的改变，如乙烯分子就没有 C=C 键伸缩振动的峰，即红外非活性。ν(C=C)通常在 1 680～1 630 cm^{-1} 产生尖锐的谱带，其强度为中或强甚至弱。当预知 C=C 存在时，1 600 cm^{-1} 可以作为区分不同类型烯烃的标志，如果在 1 680～1 665 cm^{-1} 出现弱峰，说明可能有反式结构或三取代、四取代结构；若在 1 660～1 630 cm^{-1} 有一中强尖锐的峰则可能有顺式或乙烯基、亚乙烯基结构的烯烃。当 C=C 键与共轭基团（C=C、C=O、C≡N 等）相连时，ν(C=C)向低波数方向移动约 20 cm^{-1}。炔烃叁键的伸缩振动 ν(C≡C)，当为端炔时出现在 2 100～2 140 cm^{-1}，当叁键处于内部时出现在 2 190～2 260 cm^{-1}。

　　不饱和碳氢的面内剪式振动 β(=C—H)的吸收峰在 1 400～1 420 cm^{-1}，该峰较弱且与 CH$_3$ 和 CH$_2$ 的吸收峰重叠无法利用；但面外摇摆振动 γ(=C—H)的吸收峰出现在 1 000～700 cm^{-1}，是极好的特征频率（与其他振动无偶合，基本上不受共轭的影响），根据 1 000～700 cm^{-1} 区间吸收峰的位置可以确定烯类的取代类型及构型。对于乙烯型（—CH=CH$_2$）化合物，由于振动偶合在 990 cm^{-1} 和 910 cm^{-1} 附近产生两个很强的 γ(=C—H)吸收峰，是端烯存在的特征；反式烯烃 γ(=C—H)出现在 970 cm^{-1} 附近的强吸收峰非常稳定，是确定反式结构的重要相关峰；值得注意的是，顺式烯烃的 γ(=C—H)一般出现在 690～800 cm^{-1}，取代基的性质对此峰的影响很大，所以不是好的基团频率，只有排除了其他取代类型之后，若在 690～800 cm^{-1}（常接近 690 cm^{-1}）有峰，才可定为顺式结构。烯烃的红外光谱图如图 15-16 所示。

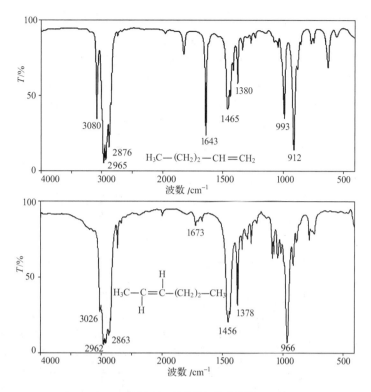

图 15-16　烯烃的红外光谱图

15.4.3　芳　烃

由于芳环具有刚性不能产生旋转构象,所以芳烃的红外吸收都是尖锐的针状谱带。芳环 $\nu(\!=\!C\!-\!H)$ 通常出现在 $3\,000\sim3\,100\ cm^{-1}$,其谱带与烯烃伸缩振动重叠,是弱峰。棱镜光谱中得到一个谱带 $3\,030\ cm^{-1}$(弱),当有烷基存在时,此谱带只是烷基 $C\!-\!H$ 键伸缩振动峰 $2\,963\ cm^{-1}$ 的一个肩峰。

光栅分光型红外光谱仪可以分辨出 $3\,030\ cm^{-1}$ 和 $3\,070\ cm^{-1}$(弱、中、相当尖锐)两个谱带,分辨率高的仪器(FTIR)可分辨出 $1\sim5$ 个峰。当结构对称时,如 1,3,5-三取代体系中因为三个峰孤立的 $C\!-\!H$ 是一样的,所以只产生 $3\,050\ cm^{-1}$ 一个谱峰。

苯环伸缩振动 $\nu(C\!=\!C)$ 产生 $1\,600\ cm^{-1}$ 和 $1\,500\ cm^{-1}$ 两个谱带,当苯环与 $C\!=\!O$、$C\!=\!C$、NO_2、$C\!\equiv\!N$ 和 Cl,S,P 等共轭时,$1600\ cm^{-1}$ 谱带会裂分为 $1\,600\ cm^{-1}$ 和 $1\,580\ cm^{-1}$ 两个谱带且强度增加(尤其 $1\,580\ cm^{-1}$ 吸收峰增加明显);$1\,500\ cm^{-1}$ 谱带会裂分为 $1\,500\ cm^{-1}$ 和 $1\,450\ cm^{-1}$ 两个谱带,但共轭效应使 $1\,500\ cm^{-1}$ 吸收峰变弱甚至消失,$1\,450\ cm^{-1}$ 吸收峰与饱和碳氢 $\delta_{as}(CH_3)$ 和 $\delta(CH_2)\sim1\,460\ cm^{-1}$ 等强峰重叠而缺乏价值。

苯环的面外变形振动 $\delta(环)$ 只有当苯环为单取代,1,3-二取代,1,3,5-三取代时才是红外活性的,因此可以根据 $\delta(环)$ 在 $690\sim710\ cm^{-1}$ 吸收峰的存在与否来区分取代类型。

Ar—H 面外变形振动 $\gamma(\!=\!C\!-\!H)$ 出现在 $650\sim900\ cm^{-1}$ 的吸收峰较强,由于相邻氢的强偶合作用,谱峰位置对于相邻氢的数目极为敏感(相邻氢数目少时频率高),同时谱峰数目只与取代情况有关而与取代基种类无关。此外 $\gamma(=C-H)$ 的倍频与芳环其他振动在 $1\,650\sim2\,000\ \mathrm{cm}^{-1}$ 出现由 $2\sim6$ 个峰组成的特征峰群,此倍频区域峰的形状与特定的取代类型相关联。芳烃在 $650\sim900\ \mathrm{cm}^{-1}$ 区域的吸收峰[包括 $\gamma(=C-H)$ 和 $\delta(环)$]的位置和数目以及 $1\,650\sim2\,000\ \mathrm{cm}^{-1}$ 泛频区峰的形状是表征苯环上取代位置和数目的主要依据,可以确定苯环化合物是单取代还是双取代,是邻位取代、间位取代还是对位取代,如图 15-17 所示。乙苯的红外光谱图如图 15-18 所示。二甲苯三种异构体的红外光谱图如图 15-19 所示。

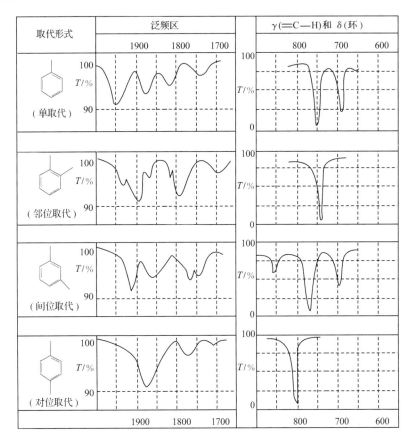

图 15-17　芳环面外变形振动和泛频区的谱图特征

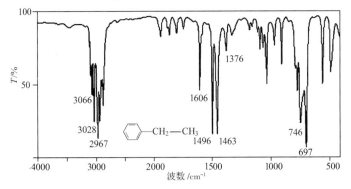

图 15-18　乙苯的红外光谱图

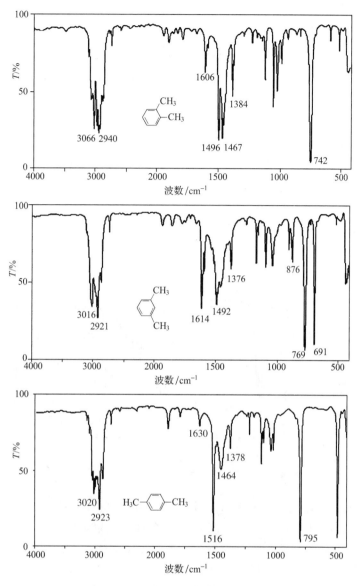

图 15-19　二甲苯三种异构体的红外光谱图

15.4.4　羰基化合物

羰基化合物的最大特征是存在羰基伸缩振动 $\nu(C{=}O)$ $1\,580{\sim}1\,928$ cm^{-1}（常见 $1\,650{\sim}1\,850$ cm^{-1}）强特征峰。具有羰基的化合物类型很多，如酰胺、酮、醛、酯、酸和酸酐等，其特征吸收峰的位置都在此范围内，具体依羰基所处的化学环境而异，如酰胺（$1\,680$ cm^{-1}）＜酮（$1\,715$ cm^{-1}）＜醛（$1\,725$ cm^{-1}）＜酯（$1\,735$ cm^{-1}）＜酸（$1\,760$ cm^{-1}）＜酸酐（$1\,817$ cm^{-1}）。一般共轭效应使 $\nu(C{=}O)$ 向低波数位移；诱导效应使 $\nu(C{=}O)$ 向高波数位移；当两种效应共存时，起主要作用的效应决定频率位移的方向。例如，酯中—OR 的诱导效应比氧原子的共轭效应强，所以酯的 $\nu(C{=}O)$（$1\,735$ cm^{-1}）比酮的 $\nu(C{=}O)$（$1\,715$ cm^{-1}）高；再如,酰胺中—NH_2 的共轭效应比氮原子的诱导效应强,所以酰胺的 $\nu(C=O)$(1 680 cm^{-1})比酮的 $\nu(C=O)$(1 715 cm^{-1})低。通常单依靠 $\nu(C=O)$ 来鉴定醛、酮、酸、酯是不够的,但一种基团往往有多种振动形式并产生相应的一组特征峰,它们构成了鉴定官能团是否存在的系列峰。该系列峰与分子部分结构相互依存,即分子中是否存在某种官能团决定了相应的系列峰是否出现,而与分子中其他基团的存在无关。如鉴定羧基(—COOH)的存在,需要在谱图中找到与其相应的系列峰:$\nu(C=O)$、$\nu(O-H)$、$\nu(C-O)$、$\delta(O-H)$ 和 $\gamma(O-H)$。用红外光谱确定基团是否存在,在某些情况下因某些峰与其他峰重叠或峰强度太弱,所以并非所有的系列峰都能观测到,只有在主要的系列峰都可找到时方能确认基团的存在。

1. 酮类

酮的红外光谱只有一个特征吸收带,即酮羰基 $\nu(C=O)$ 位于 1 715 cm^{-1} 附近。如果羰基和双键 $C=C$ 共轭,羰基 $\nu(C=O)$ 将移向 1 660～1 680 cm^{-1} 附近。酮的红外光谱图如图 15-20 所示。

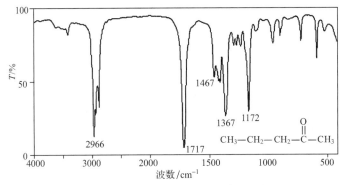

图 15-20 2-戊酮的红外光谱图

2. 醛类

确认醛基的存在,除了 $C=O$ 在 1 725 cm^{-1} 附近产生特征吸收峰外,还可以由醛基中的 C—H 伸缩振动和 C—H 变形振动倍频的偶合峰来加以证明。通常在 2 820 cm^{-1} 和 2 720 cm^{-1} 附近有弱的双峰,C—H 伸缩振动都比此频率高,所以醛基中的 C—H 伸缩振动在此范围的吸收峰较特征。醛的红外光谱图如图 15-21 所示。

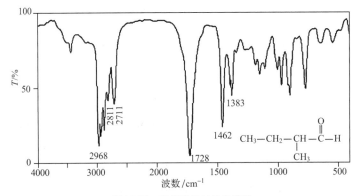

图 15-21 异戊醛的红外光谱图

3. 羧酸

在羧酸中,羧基(—COOH)的 $\nu(C\!=\!O)$、$\nu(O\!-\!H)$ 和 $\delta(O\!-\!H)$ 是红外光谱中识别羧酸的主要系列峰。羧羟基很容易缔合,所以羧酸通常以二聚体存在,羧羟基缔合时 $\nu(C\!=\!O)\sim1\,710\text{ cm}^{-1}$,羧羟基游离时 $\gamma(C\!=\!O)\sim1\,760\text{ cm}^{-1}$;$\nu(O\!-\!H)$ 在 $3\,400\sim2\,400\text{ cm}^{-1}$ 产生高低不平且很宽的吸收峰;二聚体 $\delta(O\!-\!H)$ 在 $\sim920\text{ cm}^{-1}$ 附近产生中等强度的宽吸收峰。羧酸的红外光谱图如图15-22所示。

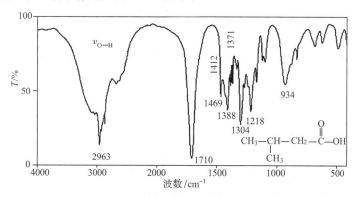

图 15-22　3-甲基丁酸的红外光谱图

4. 酯类

在酯类化合物中,$\nu(C\!=\!O)$ 在 $1\,735\text{ cm}^{-1}$ 附近产生特征吸收峰;还可以用 $1\,300\sim1\,030\text{ cm}^{-1}$ 的强吸收峰作证明,$1\,300\sim1\,030\text{ cm}^{-1}$ 一般产生两个峰,分别归属为 C—O—C 的不对称和对称伸缩振动,其中不对称伸缩振动的谱带通常比 C=O 伸缩振动的谱带强且宽,也称为酯谱带,偶尔也裂分为双峰,C—O—C 不对称伸缩振动的谱带较稳定且与酯的类型有关,甲酸酯 $\sim1\,180\text{ cm}^{-1}$,乙酸酯 $\sim1\,240\text{ cm}^{-1}$,丙酸以上的酯 $\sim1\,190\text{ cm}^{-1}$,甲酯 $\sim1\,165\text{ cm}^{-1}$。酯的红外光谱图如图15-23所示。

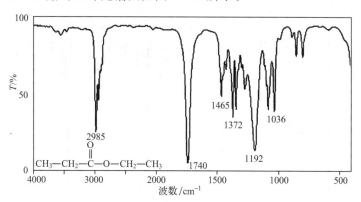

图 15-23　丙酸乙酯的红外光谱图

5. 酰胺

酰胺的 $\nu(N\!-\!H)$ 与胺类化合物相似,游离伯酰胺 $\nu(N\!-\!H)$ 在 $\sim3\,500\text{ cm}^{-1}$ 和 $\sim3\,400\text{ cm}^{-1}$ 出现双峰;游离仲酰胺 $\nu(N\!-\!H)$ 在 $\sim3\,450\text{ cm}^{-1}$ 出现单峰;缔合的伯酰胺 $\nu(N\!-\!H)$ 在 $3\,350\sim3\,100\text{ cm}^{-1}$ 产生几个峰;缔合的仲酰胺 $\nu(N\!-\!H)$ 在 $\sim3\,300\text{ cm}^{-1}$ 出现吸收峰,

在～3 070 cm^{-1}还产生一个弱谱带,是 N—H 变形振动的倍频谱峰。由于伯酰胺和仲酰胺的羰基(C═O)直接与—NH$_2$和—NHR 基团相连,共轭效应使 ν(C═O)向低波数位移。游离和缔合的伯酰胺 ν(C═O)分别在～1 690 cm^{-1}和～1 650 cm^{-1}产生吸收峰;游离和缔合的仲酰胺 ν(C═O)分别在～1 680 cm^{-1}和～1 665 cm^{-1}产生吸收峰。伯酰胺的N—H 面内变形振动 δ(N—H)出现在～1 620 cm^{-1},缔合移向高波数;仲酰胺的反式构型出现在 1 530～1 550 cm^{-1}附近。N—H 面外变形振动在～700 cm^{-1}产生强而宽的谱带。但叔酰胺只有 ν(C═O)1 630～1 670 cm^{-1}一个谱带可用于其结构鉴定。酰胺的红外光谱图如图 15-24 所示。

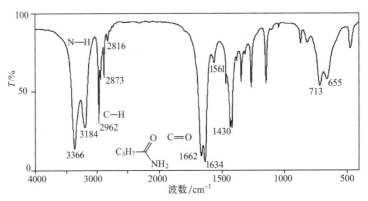

图 15-24　丁酰胺的红外光谱图

15.4.5　氰基(C≡N)化合物

氰基化合物中 C≡N 的伸缩振动出现在 2 240～2 260 cm^{-1},当与不饱和键或芳环共轭时通常约位移 30 cm^{-1}。ν(C≡N)峰形尖锐似针状,在谱图中很容易识别。氰基化合物的红外光谱图如图 15-25 所示。

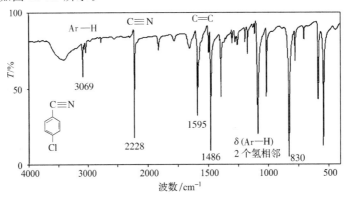

图 15-25　氰基化合物的红外光谱图

15.4.6　硝基(—NO$_2$)化合物

脂肪族硝基化合物 ν(—NO$_2$)不对称伸缩振动和对称伸缩振动分别在～1 550 cm^{-1}

和～1 370 cm^{-1}产生两个强峰,对硝基烷烃而言此谱带很稳定,但不对称伸缩振动谱带更强。芳香族硝基化合物 $\nu(—NO_2)$ 不对称伸缩振动和对称伸缩振动分别在～1 540 cm^{-1}和～1 350 cm^{-1}产生两个强峰,但两者的强度与脂肪族的相反,对称伸缩振动谱带更强。硝基化合物的红外光谱图如图 15-26 所示。

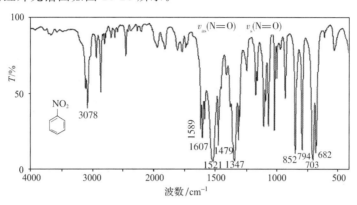

图 15-26　硝基化合物的红外光谱图

15.5　红外光谱的应用

15.5.1　红外光谱图解析步骤

用红外光谱图确定化合物的结构时,一般要求使用纯化合物的正确谱图,所以在谱图解析之前,首先要排除不属于试样的杂质峰、溶剂峰和"鬼"峰等(如 3 700～3 450 cm^{-1}的水峰,～2 400 cm^{-1}处可能出现的 CO_2 吸收峰)。采用何种谱图解析步骤并无严格的规定,可依个人习惯或具体谱图的特点及分析目的而异,谱图解析的一般原则有如下几点。

(1)解析前应了解尽可能多的信息

首先了解试样的来源及制备方法,了解其原料及可能产生的中间产物或副产物,了解其熔点、沸点、溶解性能等物理、化学性质以及用其他分析方法所测得的数据,如相对分子质量、元素分析数据等。分析试样需纯试样,否则将给解析工作带来困难,若采用气相色谱和红外光谱联用技术(GC-IR)则可分析多组分试样。

(2)计算不饱和度

根据质谱或元素分析数据求出分子式,由分子式计算出该化合物的不饱和度。

(3)确定所含的化学键或基团

首先解析特征区(4 000～1 300 cm^{-1})的谱带,根据基团特征频率的位置、强度、形状可初步推断所含的基团和化学键,如以 3 000 cm^{-1} 为界确定是否含有—OH、—NH$_2$,是饱和化合物还是不饱和化合物,在 2 300～1 500 cm^{-1}确定是否含有叁键、双键、羰基和芳环等键型或基团;然后在指纹区进一步找旁证信息,如芳香族取代位置的情况可以由指纹区获得。例如,在特征区 1 735 cm^{-1}附近产生一个吸收峰,可能是酯类的 C=O 伸缩振动特征峰,如果在指纹区能够找到 1 275～1 185 cm^{-1}附近的强吸收峰,通常比 C=O 伸缩振动吸收峰还强,这个吸收峰是由酯基不对称伸缩振动产生的,这样就更能确定是酯基了。一般来说,谱图中与某些特征官能团对应的吸收峰不出现,就可以断定该官能团不存在,但应注意有些振动形式是红外非活性的(如对称结构的双键和叁键的伸缩振动吸收峰很弱或不出现)。另外,并不是谱图中所有的吸收峰都能指出其明确归属,因为有些谱带是由振动偶合产生的组合,有些则是多个基团振动吸收的叠加。

(4)根据频率位移考虑邻接基团及其连接方式

由于邻接基团的性质、连接方式(即连在什么位置)对基团的特征频率有影响,会使基团的特征频率发生位移,如形成氢键、共轭体系、诱导作用等都使基团的特征频率发生位移,因此,可根据频率位移考虑邻接基团的性质(是否是电负性基团取代),确定连接方式,进而推断分子结构。

(5)与标准谱图对照

对于所推断的分子结构必须与标准谱图对照(注意所作的谱图与标准谱图的条件必须一致,如试样的状态及制样方法等)。谱图上峰的个数、位置、形状及强弱次序必须与标准谱图一致,才能推断化合物的结构与标准物完全相同。若无标准谱图可查,则可用已知的标准试样作图来对照。

(6)配合其他分析方法综合解析

对于一些较复杂的试样,单凭一张红外光谱图往往得不出结论,必须多种分析方法,如核磁、质谱、色谱等配合使用才能得出正确的结论。

15.5.2 红外光谱的定性分析

用红外光谱进行官能团或化合物定性分析的最大优点是特征性强。一方面由于不同官能团或化合物都具有各自不同的红外光谱图,其谱峰数目、位置、强度和形状只与官能团或化合物的种类有关,根据化合物的谱图可以像辨别人的指纹一样确定官能团或化合物,所以有人把用红外光谱进行定性分析称为指纹分析;另一方面,由于红外光谱测试方便,不受试样的相对分子质量、形态(气体、液体、固体和溶液均可)和溶解性能等方面的限制,测试用样量较少(常规分析约 20 mg,微量分析为 0.02~5 mg,气体约为 10~200 mL),所以在官能团或化合物结构鉴定,特别是化合物的确定或从几种可能结构中确定一种结构方面有广泛的应用。

1. 标准红外光谱图的应用

最常见的标准红外光谱图库有萨特勒(Sadtler)标准红外光谱图库、Aldrich 红外光谱图库和 Sigma Fourier 红外光谱图库和一些仪器厂商开发的联机检索谱图库。应用最多的是萨特勒(Sadtler)标准红外光谱图库,它收集了七万多张红外光谱图,而且每年都增补一些新的谱图;该谱图库有多种检索方法,如分子式索引、化合物名称索引、化合物分类索引和相对分子质量索引等,而且还可以同时检索紫外、核磁共振氢谱和核磁共振碳谱的标准谱图。

2. 已知化合物和官能团的结构鉴定

将合成已知化合物的红外光谱图与标准谱图进行对照,或者与文献上的谱图进行对照,是红外光谱用于化合物结构分析的重要应用之一。与标准谱图进行对照时,应采用与标准谱图相同的条件测试试样,如果两张谱图各吸收峰的位置和形状完全相同,峰的相对强度也相同,就可以认为此化合物的结构与标准物完全相同。如果比标准谱图的峰还多几个峰,那就可能是杂质的峰,可根据杂质峰的波数值推断是何种官能团,并根据反应过程推断可能带入的杂质或生成某种副产物。如果两张谱图不一样或峰位置不一致,则说明两者不为同一化合物。如用计算机谱图检索,则采用相似度来判别。使用文献上的谱图或红外光谱数据对照时,应当注意试样的形态、结晶状态、溶剂、测定条件以及所用仪器类型等方面的异同。

常用红外光谱图来鉴定化合物中的官能团。例如,某人合成了一个二酮化合物,结构

为 ，其红外光谱图如图 15-27 所示,但没有标准谱图可供对照,

那么只能根据谱图来判断这些官能团是否存在。

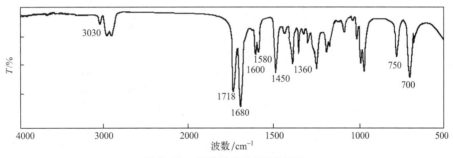

图 15-27　二酮化合物的红外光谱图

首先根据化合物结构的特点或含有的官能团分析红外光谱可能产生的吸收峰,然后与实测谱图进行对照。

(1)羰基吸收峰

化合物中含有两个酮羰基,其中一个 C=O 与苯环共轭,应在 1 680 cm^{-1} 附近出现强吸收峰,第二个 C=O 是甲基酮型,应在 1 715 cm^{-1} 附近出现强吸收峰。

(2)苯环吸收峰

化合物的红外光谱应该具有苯环的特征谱带,在 3 080 cm^{-1} 附近产生芳环碳氢伸缩振动吸收峰;由于苯环与 C=O 共轭,所以应出现 1 600 cm^{-1},1 580 cm^{-1} 一对苯环骨架伸缩振动峰($\nu_{C=C}$),还应有～1 450 cm^{-1} 苯环骨架伸缩振动峰($\nu_{C=C}$),在 1 500 cm^{-1} 附近的苯环骨架伸缩振动峰($\nu_{C=C}$)消失或减弱;应在 750 cm^{-1},700 cm^{-1} 出现两个苯环单取代的特征峰。

(3)饱和碳氢吸收峰

谱图中应产生～2 962 cm^{-1},～2 873 cm^{-1} 的甲基(CH$_3$)不对称与对称伸缩振动的特征吸收峰,由于有一个甲基和 C=O 相连(甲基酮结构),所以强度大大降低;甲基酮中甲基(CH$_3$)不对称变形振动在 1 420 cm^{-1} 附近,对称变形振动在 1 360 cm^{-1}(甲基酮特征)附近且强度增强,

由于结构中还有一个与饱和碳相连的甲基（C—CH_3 结构），所以在 1 380 cm^{-1}附近应产生甲基对称变形振动吸收峰（图中 1 380 cm^{-1}吸收峰为 1 360 cm^{-1}旁边的一个肩峰）。

通过与实测红外光谱图对照，此结构与谱图无矛盾，所含官能团在谱图中都有特征吸收峰与之相对应，但单独通过红外光谱还不能完全确定此化合物的结构，还必须结合其他分析方法（如 NMR、MS 等）进一步鉴定其结构。

3. 未知化合物结构分析

【例 15-1】 某液体化合物分子式为 C_6H_{12}，试根据其红外光谱图（图 15-28）推测其结构。

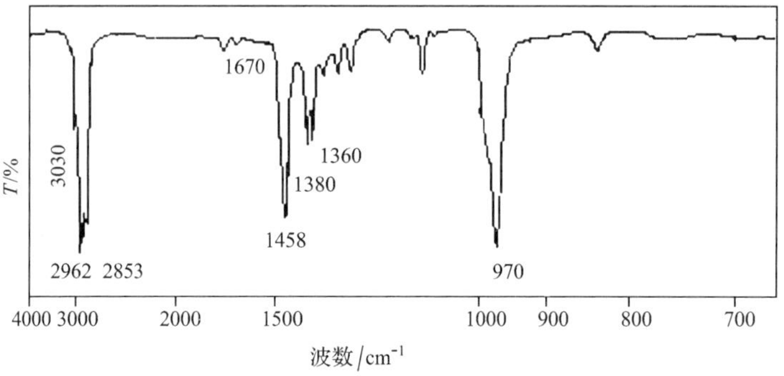

图 15-28　C_6H_{12}的红外光谱图

解

不饱和度	$U=1+6+1/2(0-12)=1$	可能含有双键 C═C 或环
谱峰归属	(1)　3 030 cm^{-1}	双键═C—H 伸缩振动，说明可能是烯烃。
	(2)　2 962～2 853 cm^{-1}	—CH_2 或—CH_3 的 C—H 伸缩振动。
	(3)　1 670 cm^{-1}	C═C 伸缩振动，由于 1 670 cm^{-1}＞1 660 cm^{-1}，所以应属于反式、三取代和四取代类型。
	(4)　1 458 cm^{-1}	CH_3 的 C—H 不对称变形振动和 CH_2 剪式振动的叠合。
	(5)　1 380 cm^{-1} 1 360 cm^{-1}	CH_3 的 C—H 对称变形振动，甲基特征。裂分可能为异丙基或偕二甲基。
	(6)　970 cm^{-1}	═C—H 面外变形振动强吸收峰，反式结构的特征。
可能结构	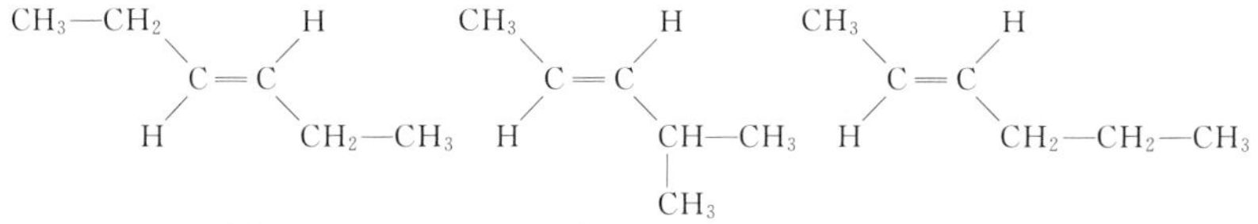 (a)　(b)　(c)	
确定结构	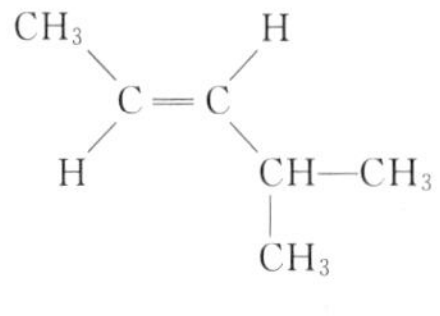	谱图中甲基对称变形振动 1 378 cm^{-1}发生裂分，(b)结构可能性大，但是异丙基 1 380 cm^{-1}，1 360 cm^{-1}双峰应该是等强度的，因为(b)结构中有另一个 CH_3 存在，所以使 1 380 cm^{-1}峰加高，致使裂分峰不是等强度的双峰。
结构验证	其不饱和度与计算结果相符，与标准谱图对照证明结构正确。	

【例 15-2】　某化合物分子式为 C_8H_8O,试根据其红外光谱图(图 15-29)推测其结构。

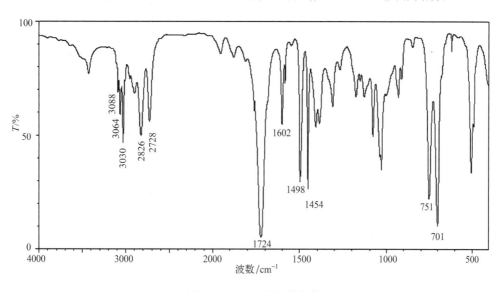

图 15-29　C_8H_8O 的红外光谱图

解

不饱和度	$U=1+8+(0-8)/2=5$	可能含有苯环和 C=O、C=C 或环
谱峰归属	(1)　3 088 cm^{-1}　3 064 cm^{-1}　3 030 cm^{-1}	苯环上=C—H 伸缩振动,说明可能是芳香族化合物。
	(2)　2 826 cm^{-1}　2 728 cm^{-1}	醛的 C—H 伸缩振动和变形振动信频的共振偶合峰,醛基的特征峰。
	(3)　1 724 cm^{-1}	C=O 的特征吸收峰(一般醛基 C=O 伸缩振动吸收峰在 1 725 cm^{-1}),如果 C=O 和苯环直接相连共轭效应使吸收峰向低波数位移,所以连接方式可能是 C=O 没有直接与苯环相连。
	(4)　1 602 cm^{-1}　1 498 cm^{-1}	芳环 C=C 骨架伸缩振动。
	(5)　751 cm^{-1}　701 cm^{-1}	苯环上相邻 5 个 H 原子=C—H 的面外变形振动和环骨架变形振动,苯环单取代的特征。
可能结构		苯环—CH₂—C(=O)—H
结构验证		其不饱和度与计算结果相符,并与标准谱图对照证明结构正确。

15.5.3　红外光谱的定量分析

红外光谱定量分析是通过对特征吸收谱带强度的测量来求出组分含量。其理论依据仍然是朗伯-比耳定律 $[A=\lg I_0/I=\lg(1/T)=\varepsilon cl]$。当一束单色光通过溶液时,溶质分子就要吸收一部分光能,那么透过光的强度就要减弱。减弱多少和溶液的浓度 (c) 有关,还和液层的厚度 (l) 有关。用红外光谱作定量分析,实际上与比色法相同。进行定量分析时要选定一个波长,由于红外光谱的谱带较多,选择的余地大,所以能方便地对单一组分和多组分进行定量分析。此外,由于红外光谱不受试样状态的限制,能定量测定气体、液体和固体试样,其中采用试样溶液进行定量最为普遍。但红外光谱定量灵敏度较低,尚不适用于微量组分的测定。

1. 选择吸收带的原则

(1)一般选组分的特征吸收峰,并且该峰应该是一个不受干扰且和其他峰不相重叠的孤立的峰。如分析酸、酯、醛、酮时,应该选择与羰基(C=O)振动有关的特征吸收带。

(2)所选择的吸收带强度应与被测物质的浓度成线性关系。

(3)若所选的特征峰附近有干扰峰时,也可以另选一个特征峰,但此峰必须是浓度变化时其强度变化灵敏的峰,这样定量分析误差较小。

2. 吸光度的测定

(1)一点法

该法不考虑背景吸收,直接从谱图中读取选定波数的透过率,再由公式 $A = \lg I_0/I = \lg(1/T)$ 计算吸光度。实际上这种背景可以忽略的情况较少,因此多用基线法。

(2)基线法

所谓基线法就是用基线来表示该吸收峰不存在时的背景吸收。一般情况可以通过吸收峰两侧最大透过率处作切线,作为该谱峰的基线(a),则分析波数处的垂线与基线的交点与最高吸收峰顶点的距离为峰高,其吸光度 $A = \lg(1/T) - \lg(1/T_0)$。基线的取法应当根据具体情况具体分析,基线取得是否合理对分析结果的准确性、重复性等都有影响,一般基线可有如下几种取法,如图 15-30 所示。

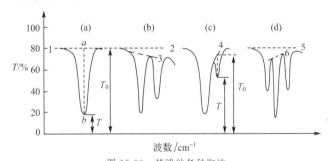

图 15-30 基线的各种取法

T—b 处的透过率;T_0—a 处的透过率

①若分析峰是一个不受干扰的孤立的峰,则按图 15-30 中 1 方式取基线。其峰高 ab 为 $A = \lg(T_0/T)$。

②若分析峰受相邻峰的干扰,则可作单点切线,如图 15-30 中 2 方式,也可按图15-30 中 3 方式作切线,只要切点位置比较稳定,即浓度改变时切点的位置变化不大即可。

③基线也可以不是直线,因吸收峰是对称的,其外推线很可能是相邻分析峰合适的基线,如图 15-30 中 4 方式。其峰高 $A = \lg(T_0/T)$。

④若干扰峰与分析峰紧靠在一起,当浓度变化时干扰峰的峰肩位置变化不太大(即干扰峰的影响实际上是恒定的),则可采取图 15-30 中 5 方式取基线,当然图 15-30 中 6 方式也可以。

3. 定量分析方法

红外光谱定量分析有吸光度法和吸光度面积法。吸光度法即峰高法,主要包括吸光度比值法、工作曲线法和解联立方程法。对于简单组分一般采用吸光度比值法;对于重复性的定量分析工作,宜采用工作曲线法;对于复杂组分的定量分析,由于多组分吸收峰互相干扰,所以要选出各组分用于定量的特征峰比较困难,但可以根据吸光度加和性的原理用解联立方程的方法来解决。吸光度法定量快速简便,但受仪器分辨率影响较大,测得的吸收系数不能通用于不同类型的仪器。

吸光度面积法即峰面积法是测量整个吸收峰的面积,由峰面积求得的表观吸收系数可通用于不同类型的仪器。分辨率对吸光度影响很大,分辨率改变引起吸光度改变达20%,而吸光度面积改变仅为3%。峰面积法比较麻烦,若基线画得不正确,产生的误差比吸光度法还大,若采用积分仪则较为方便。

当采用 KBr 压片法、石蜡糊法和液膜法进行定量分析时,由于试样的厚度难以精确控制,此时可采用内标法进行定量分析。在有些情况下,要求分析多组分混合物中各组分的相对含量,可以应用比例法。

习　题

15-1 试分析产生红外光谱的条件,为什么分子中有的振动形式不会产生红外光谱?

15-2 试说明何为基团频率,影响基团频率的因素有哪些?

15-3 试说明何为红外活性振动,指出 CO_2 分子的 4 种振动形式中哪些属于红外活性振动?

15-4 试说明傅立叶变换红外光谱仪与色散型红外光谱仪的最大区别是什么?

15-5 分子中不同振动能级之间能否相互影响,使红外光谱发生什么变化?

15-6 排列下列两组化合物 $\nu(C=O)$ 由高到低的顺序,并说明理由。

(a) $H_3C-\overset{O}{\underset{\|}{C}}-OH$　$H_3C-\overset{O}{\underset{\|}{C}}-Cl$　$H_3C-\overset{O}{\underset{\|}{C}}-CH_3$　$H_3C-\overset{O}{\underset{\|}{C}}-NH_2$

(b)

15-7 下列化合物在 $4\,000\sim1\,650\ cm^{-1}$ 的红外光谱中有何吸收峰?

$CH_3-CH_2-\overset{O}{\underset{\|}{C}}-OH$　(a)　　$CH_3-CH_2-\overset{O}{\underset{\|}{C}}-H$　(b)　　$CH_3-CH_2-\overset{O}{\underset{\|}{C}}-CH_2-CH_3$　(c)

15-8 下列两组化合物的红外光谱特征有何不同?

(A) (a) (b)　　(B) (a) (b)

15-9 化合物 C_8H_7N,根据红外光谱图(图 15-31)确定结构,并说明依据。

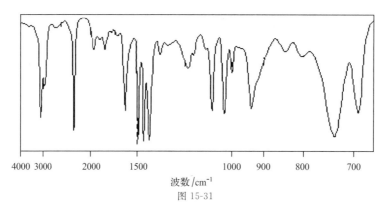

图 15-31

15-10 化合物 $C_4H_8O_2$，根据红外光谱图（图 15-32）确定结构，并说明依据。

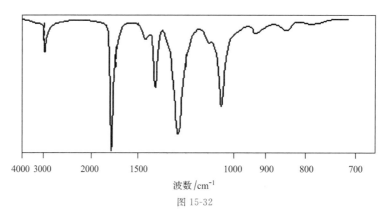

图 15-32

15-11 化合物 C_8H_8O，根据红外光谱图（图 15-33）确定结构，并说明依据。

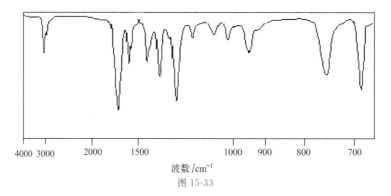

图 15-33

15-12 化合物 C_6H_{12}，根据红外光谱图（图 15-34）回答问题。

(1)指出该化合物的类型；

(2)归属谱峰 3 079 cm^{-1}，2 960 cm^{-1}，1 643 cm^{-1}，994 cm^{-1} 和 991 cm^{-1}；

(3)指出该化合物的结构特征；

(4)推测该化合物的结构。

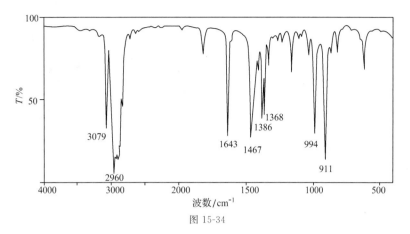

图 15-34

15-13　根据红外光谱图(图 15-35)回答问题。

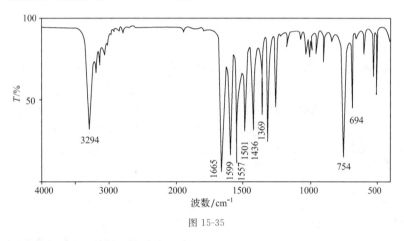

图 15-35

(1)指出该化合物是脂肪族还是芳香族;

(2)归属谱峰 3 294 cm^{-1},并说明该吸收峰反映的结构特征;

(3)归属谱峰 1 665 cm^{-1},并说明该吸收峰反映的结构特征;

(4)归属谱峰 1 599 cm^{-1}和 1 501 cm^{-1},并说明该组吸收峰反映的结构特征;

(5)归属谱峰 1 369 cm^{-1},并说明该吸收峰反映的结构特征;

(6)归属谱峰 754 cm^{-1}和 694 cm^{-1},并说明该组吸收峰反映的结构特征,指出该化合物的结构。

第16章

拉曼光谱分析法

　　拉曼光谱分析法是以拉曼散射效应为理论基础的一种光谱分析方法,通过对与入射光频率不同的散射光进行分析,得到分子振动、转动方面的信息,并应用于分子结构研究。与红外光谱类似,拉曼光谱也属于振动-转动光谱技术,所不同的是,前者是直接观察物质分子对辐射能量的吸收情况,而拉曼光谱则是分子对单色光的散射所引起的拉曼效应,属于间接观察分子能级振动跃迁情况。在分子的各种振动中,有些振动强烈地吸收红外光而出现强的红外谱带,但产生弱的拉曼谱带;有些振动产生强的拉曼谱带而只出现弱的红外谱带,因此两种方法具有很强的互补性,只有采用这两种技术才能得到完全的振动光谱。目前,拉曼光谱技术发展迅速,在生物医学、地质考古、刑事司法、食品、材料、珠宝鉴定和化学化工等领域得到了越来越重要的应用。此外,共振拉曼和表面增强拉曼等技术的应用也日益广泛。

16.1　概　述

　　当一束频率为 ν_0 的单色光入射到透明介质时,会引起向四面八方辐射的微弱的散射光。在散射光谱中,不仅能观察到与入射光频率 ν_0 相同的光谱线,而且在 ν_0 两侧还分布着成对的光谱线。这些对称分布于 ν_0 两侧的光谱线就是拉曼散射谱线,这种效应称为拉曼效应。拉曼效应早在 1923 年就被德国物理学家 ASmekal 等在理论上所预言。1928年,印度物理学家拉曼(C. V. Raman)首次在实验中观察到了这种现象,因此称为拉曼散射。因光散射方面的研究和拉曼效应的发现,拉曼获得了 1930 年诺贝尔物理学奖。

　　从 1928 年到 1945 年,拉曼光谱在结构化学的研究中起着重要作用。在这 17 年间共发表了 2 000 多篇论文,记载有 4 000 多种化合物的拉曼光谱图。

　　自 1946 年以后的十几年中,红外光谱很快发展起来,并且被广泛应用,特别是商品红外光谱的问世,用红外光谱仪获得有关分子振动光谱的信息,远远比拉曼光谱方便。因为在实验上拉曼光谱分析法存在很多困难,主要原因是拉曼效应很弱,测量拉曼光谱时对试样要求很苛刻,只有纯液体试样和浓溶液才适合作拉曼光谱(曝光时间也很长,因当时谱图是以照相方法记录的)。另外试样本身若产生荧光和杂散光对测定会有干扰等,由于这些因素给拉曼光谱的进一步发展带来了很大障碍,因而被逐步发展起来的红外光谱所取代,因此到 20 世纪 50 年代末期拉曼光谱技术已没有重大进展,基本上处于停顿状态。

20 世纪 60 年代初期随激光技术的迅速发展,人们很快把激光用作拉曼光谱的激发光源,使拉曼光谱得以复兴,通常称为激光拉曼光谱。它与早期使用汞弧灯做光源的拉曼光谱相比单色性好,偏振性能强,方向性好,亮度高。近年来电子计算机也被用于拉曼光谱仪的自动控制和数据处理,所以现代拉曼光谱仪已克服了早期拉曼实验上的许多困难,它与红外光谱相配合对于研究分子振动光谱的有关问题十分有利。

16.2　拉曼光谱产生的基本原理

16.2.1　瑞利散射与拉曼散射

分子可以看成是带正电的核和带负电的电子的集合体。当高频率(10^{15} s^{-1})的单色激光束打到分子时,和电子发生较强烈的作用,使分子被极化,产生一种以入射频率向所有方向散射的光,这一过程称为瑞利(Rayleigh)散射。瑞利散射被视为分子和光子间的弹性碰撞,由于光子能量没有变化,仍然是 $h\nu_0$,故瑞利散射是分子体系中最强的光散射现象。瑞利散射的强度与入射光频率的 4 次方成正比,即入射光的频率越大,瑞利散射的强度越强,也即入射光的波长越短,瑞利散射的强度越强。在瑞利散射的同时,也可以观察到偏移到瑞利散射较低或较高频率一侧的一些较弱的线——这是 Raman 在 1928 年从实验中观察到的,所以叫拉曼(Raman)散射。其强度是入射光的 $10^{-8} \sim 10^{-6}$,拉曼散射过程是非弹性的,这时光子从分子得到或失去能量,这种散射光的能量为 $h(\nu_0 - \nu_1)$ 或 $h(\nu_0 + \nu_1)$,失去或得到的能量为 $h\nu_1$,相当于分子振动能级的能量。

一个光子与试样分子之间产生非弹性碰撞,有能量的交换,产生的拉曼散射有如图 16-1 所示两种可能的情况:

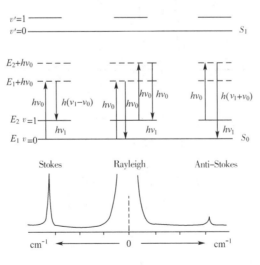

图 16-1　分子的散射能级图

(1)处于振动能级基态的分子($v=0$)被入射光 $h\nu_0$ 激发到一个虚拟的较高能级(一般停留 10^{-12} s,因为入射光的能量不足以引起电子能级的跃迁),然后回到 $v=1$ 的振动能级,发射出一个较小能量的光子——拉曼散射,发射出来的这个光子的能量要比入射光的能量低。

$$\Delta E = h(\nu_0 - \nu_1) \tag{16-1}$$

其频率则向低频位移,以 $\nu_R = \nu_0 - \Delta\nu$ 表示,产生的谱线叫斯托克斯(Stokes)线,$\Delta\nu$(入射光频率和拉曼散射光频率之差 $\Delta\nu = \nu_0 - \nu_R$)称为拉曼位移。

(2)处于第一振动能级的分子(即处于 $\upsilon = 1$ 的分子)被入射光 $h\nu_0$ 激发到虚拟的高能级(停留 10^{-12} s),然后回到 $\upsilon = 0$ 的基态,产生能量 $\Delta E = h(\nu_0 + \nu_1)$ 的拉曼散射。

其频率向高频位移,$\nu_R = \nu_0 + \Delta\nu$,这时产生了反斯托克斯(Anti-Stokes)线。可以看出 Raman 位移为负值的线叫 Stokes 线,Raman 位移为正值的线叫 Anti-Stokes 线,正位移和负位移的线的跃迁几率是相同的,但是 Anti-Stokes 线起因于振动的激发态,而 Stokes 线起因于振动的基态。由于处于基态的分子比处于激发态的分子多,所以 Stokes 线比 Anti-Stokes 线的强度高。

16.2.2 拉曼光谱

如图 16-2 所示是 CCl_4 液体的拉曼光谱图,入射光是可见光,约 22 938 cm^{-1}。CCl_4 液体产生的拉曼散射光也是可见光。中心位置是瑞利散射,它是由弹性碰撞产生的,强度很强,频率是 22 938 cm^{-1}。

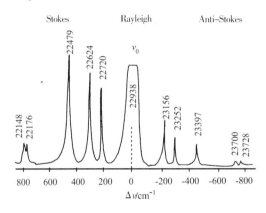

图 16-2　CCl_4 液体的拉曼光谱图

左侧有:22 720 cm^{-1}、22 624 cm^{-1}、22 479 cm^{-1}、22 176 cm^{-1}、22 148 cm^{-1},$\nu_0 - \Delta\nu$

右侧有:23 156 cm^{-1}、23 252 cm^{-1}、23 397 cm^{-1}、23 700 cm^{-1}、23 728 cm^{-1},$\nu_0 + \Delta\nu$

然而在拉曼光谱中记录的是拉曼位移,即与瑞利散射频率的差值。

负拉曼位移:-218 cm^{-1}、-314 cm^{-1}、-459 cm^{-1}、-762 cm^{-1}、-790 cm^{-1}(Stokes)

正拉曼位移:218 cm^{-1}、314 cm^{-1}、459 cm^{-1}、762 cm^{-1}、790 cm^{-1}(Anti-Stokes)

通常拉曼光谱记录的是 Stokes 线,而 Rayleigh 散射和 Anti-Stokes 线就不记录了。

拉曼光谱是测量相对单色激发光(入射光)频率的位移,将入射光频率位置作为零,那么频率位移(拉曼位移)的数值正好相应于分子振动或转动能级跃迁的频率(间接观察到的)。由于激发光是可见光,所以拉曼方法的本质是在可见光区测定分子振动光谱。拉曼光谱一般采用氩离子激光器作为激发光源,所以又称为激光拉曼光谱。在拉曼光谱中所测量的基团振动频率往往和红外光谱相同,如酮羰基的伸缩振动在红外光谱中位于 $1\ 710\ cm^{-1}$,而在拉曼光谱中不管激光光源的频率如何,它总是 $1\ 710\pm3\ cm^{-1}$。

16.2.3　拉曼光谱选律

分子振动光谱的理论分析表明,分子振动模式在红外光谱和拉曼光谱中出现的几率是受选律严格限制的。红外光谱起源于偶极矩的变化,即分子振动过程中偶极矩 μ 有变化。拉曼光谱起源于极化率 α 的变化,即分子振动过程中极化率 α 有变化,这种振动模式在拉曼光谱中出现谱带——拉曼活性。偶极矩和极化率的变化取决于分子的结构和振动的对称性。

拉曼光谱中入射光照射试样分子不足以引起电子能级的跃迁,但是光子的电场可以使分子的电子云变形或极化。极化率是指分子的电子云分布可以改变的难易程度,对于简单分子如 CS_2、CO_2 和 SO_2 等可以从其振动模式的分析得到其光谱的选律。

以线性三原子分子二硫化碳为例,它有 $3N-5=4$ 个振动形式,如图 16-3 所示。对称伸缩振动由于分子的伸长或缩短平衡状态前后电子云形状是不同的,极化率发生改变,因此对称伸缩振动是拉曼活性的。不对称伸缩振动和变形振动在通过其平衡状态前后电子云形状是相同的,因此是拉曼非活性的,而偶极矩随分子振动不断地变化着,所以它们是红外活性的。

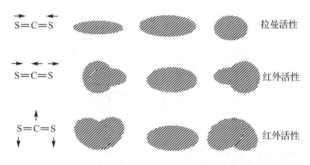

图 16-3　CS_2 的振动形式、电子云和极化率变化

具有对称中心的分子如 CO_2、CS_2 等,其对称伸缩振动是拉曼活性的、红外非活性的;不对称伸缩振动是红外活性的、拉曼非活性的。这种极端的情况称为选律互不相容性,但这只适用于具有对称中心的分子。对于无对称中心的分子如 SO_2,不满足选律互不相容性,其三个振动形式都是拉曼和红外活性的。至于较复杂的分子就不能用这种直观的、简单的方法讨论光谱选律,通常要先确定分子所属的对称点群,然后查阅点群的特征表得到红外和拉曼活性的选律,它是根据量子力学计算出来的。

16.2.4　红外光谱与拉曼光谱的比较

红外光谱和拉曼光谱同属分子光谱范畴,在化学领域中研究的对象大致相同,但是在产生光谱的机理方面、选律、实验技术和光谱解释等方面有较大的差别。为了更好地了解拉曼光谱的应用,有必要将红外光谱和拉曼光谱作简单的比较。

(1)拉曼光谱的常规范围是 $40\sim4\ 000\ cm^{-1}$,一台拉曼光谱仪就包括了完整的振动频率范围。而红外光谱包括近、中、远范围,通常需要用几台仪器或者用一台仪器分几次扫描才能完成整个光谱的记录。

(2)虽然红外光谱可用于任何状态的试样(气、固、液),但对于水溶液、单晶和聚合物是比较困难的;而拉曼光谱就比较方便,几乎可以不必特别制样处理就可以进行拉曼光谱分析。拉曼光谱可以分析固体、液体和气体试样,固体试样可以直接进行测定,不需要研磨或制成 KBr 压片。但在测定过程中试样可能被高强度的激光束烧焦,所以应该检查试样是否变质。拉曼光谱分析法的灵敏度很低,因为拉曼散射很弱,只有入射光的 $10^{-8} \sim 10^{-6}$,所以早期的拉曼光谱需要采用相当浓缩的溶液,其浓度可以由 1 mol·L^{-1} 至饱和溶液,采用激光作为光源后试样量可以减少到毫克级。

(3)红外光谱一般不能用水做溶剂,因为红外池窗片都是金属卤化物,大多溶于水且水本身有红外吸收。但水的拉曼散射极弱,所以水是拉曼光谱的一种优良溶剂。由于水很容易溶解大量无机物,因此无机物的拉曼光谱研究很多。可以用在研究多原子无机离子和金属络合物。同样还可以通过拉曼谱带的积分强度测定溶液中物质的浓度,因此可以用来研究溶液中的离子平衡。

(4)拉曼光谱是利用可见光获得的,所以拉曼光谱可用普通的玻璃毛细管做试样池(也可以用石英池),拉曼散射光能全部透过玻璃,而红外光谱的试样池需要用特殊材料做成。

(5)一般说来,极性基团的振动和分子不对称振动使分子的偶极矩变化,所以是红外活性的。非极性基团的振动和分子的对称振动使分子极化率变化,所以是拉曼活性的。因此,拉曼光谱最适用于研究同种原子的非极性键如 S—S、N≡N、 C=C、C≡C 等的振动;红外光谱适用于研究不同种原子的极性键如 C=O、C—H、N—H、O—H 等的振动。由此可见,对分子结构的鉴定,红外和拉曼是两种相互补充而不能相互代替的光谱分析法。

16.3 拉曼光谱仪

拉曼散射光位于可见光及近红外光区,因此对仪器所用的光学元件及材料的要求比红外光谱简单。拉曼散射光谱仪可分为两大类:色散型和干涉型。色散型为激光共焦拉曼光谱仪,干涉型为傅立叶变换近红外拉曼光谱仪。

16.3.1 色散型拉曼光谱仪

色散型拉曼光谱仪主要由激光光源、样品池、单色器及检测器等组成。

1. 激光光源

拉曼散射光较弱,需要使用高强度的单色光源激发样品,才能产生足够强的拉曼散射信号。早期的光源是汞弧灯,其激光波长为 435.8 nm。20 世纪 60 年代初期,随着激光技术的发展,人们很快把激光作为拉曼光谱仪的激发光源。与汞弧灯相比,激光具有强度高、稳定、单色性好、方向性好以及偏振性能优良等优点。应用于拉曼光谱仪的激光器的波长已覆盖紫外到近红外区域,例如 Ar^+ 激光器(488.0 nm 和 514.5 nm)、Kr^+ 激光器

（530.9 nm 和 647.1 nm）、He-Ne 激光器（632.8 nm）、二极管激光器（785.0 nm 和 830 nm）和掺钕钇铝石榴石激光器（1 064 nm）等。

前两种激光器属于可见光辐射,其优点在于能提高拉曼光谱强度,但可见光激发的一个较大局限性在于可见光能量可以激发试样分子的外层电子跃迁,而产生较大的荧光背景噪声干扰。后几种激光器属于近红外光源,由于近红外辐射的能量较低,基态电子很难被激发,故可以有效避免荧光的产生,但由于拉曼散射光的强度与波长的四次方成反比,所以采用近红外激光器得到的拉曼散射强度较弱。此外,紫外光激光器（< 250 nm）也可以作为激发光源,其优点在于荧光的斯托克斯位移比拉曼位移大得多,因此即使有荧光物质存在,也可以充分区别荧光与拉曼散射光,但由于紫外激发光能量太高,测量时可能会导致样品分解。

在实际样品的拉曼光谱测试过程中,往往需要根据研究对象、样品性质、测试要求选择适合的激发光源。例如,在材料的组成、界面、晶界等研究方面多采用可见光激发光源,而生物大分子、聚合物的研究方面往往采用近红外激发光源。紫外激发光源在研究分子筛骨架杂原子配位结构等催化领域有着较为广泛的应用。

2. 样品池

由于在可见光区域拉曼散射光并不会被玻璃吸收,因此拉曼光谱可以使用玻璃制成的各种样品池。样品池可以设计成不同的形状以满足不同的实验要求和样品形态。液体样品较易处理,可将液体置于毛细管、试管及其他常规的样品池中进行测定。常量固体粉末样品可以装入毛细管或直接将其在载玻片表面压片后测定,块状或片状固体试样可置于试样架上直接进行测定,气体试样往往需要使用多重反射气槽进行测定。需要指出的是,若使用近红外光作为激发光源,由于玻璃的荧光干扰,往往需要石英制成的样品池。

3. 单色器

经过物质分子散射的光绝大部分为瑞利散射光,拉曼散射光强度仅为瑞利散射光强度的 $10^{-10} \sim 10^{-6}$。为了降低瑞利散射光对检测强度较弱的拉曼散射光的影响,通常采用全息光栅的双单色器,有时甚至采用三单色器来进一步降低杂散光,提高分辨率。单色器是色散型拉曼光谱仪的心脏部分,具有杂散光少、色散度高等特点。而傅立叶拉曼光谱仪由于采用了迈克耳逊干涉仪,不需要使用单色器。

4. 检测器

拉曼光谱仪中常用光电倍增管作为检测器,由于拉曼散射强度很弱,这就要求光电倍增管具有较高的量子效率和尽可能低的热离子暗电流。色散型拉曼光谱仪常用 Ga-As 光阴极光电倍增管。目前,拉曼光谱仪多采用液氮冷却的 CCD 探测器,其优点是提高了探测器的灵敏度,同时降低了荧光的干扰。

16.3.2　傅立叶变换拉曼光谱仪

傅立叶变换拉曼光谱仪的光路设计类似于傅立叶变换红外光谱仪,但干涉仪与试样池的排列次序不同,它通常由激光光源、试样室、迈克耳逊干涉仪、滤光器、检测器及控制的计算机等组成,如图 16-4 所示。激光光源为掺钕钇铝石榴石激光器,其激发光波长为 1 064 nm,属于近红外激发光。由于它的辐射能量较低,可以有效避免荧光背景干扰。在傅立叶变换拉曼光谱仪测量中,从激光器发射出的光被试样散射后,经过干涉仪,得到散射光的干涉图,再经过计算机对该干涉图进行傅立叶变换,即得到以拉曼位移为函数的拉曼光谱图。

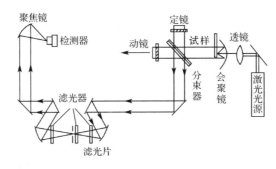

图 16-4 傅立叶变换拉曼光谱仪的光路图

傅立叶变换拉曼光谱仪与传统的可见光激发色散型拉曼光谱仪相比具有如下特点:

(1)用近红外光作激发光容易测定有荧光和对光不稳定的物质分子的拉曼光谱。

(2)由于使用了迈克耳逊干涉仪,傅立叶变换拉曼光谱仪具有测量速度快、分辨率高、波数精确度高、信噪比高等优点。

(3)近红外光足以穿透生物组织,用近红外光激发可以直接提取到生物组织内分子的有用信息。傅立叶变换拉曼光谱仪在化学、生物和生物医学样品的非破坏性结构分析方面显示出巨大的应用潜力。

16.4 激光拉曼光谱法的应用

16.4.1 定性分析

1. 有机化合物的结构分析

拉曼光谱属于振动-转动光谱技术,有机官能团同样具有特征拉曼散射频率,并且拉曼散射频率和红外特征吸收频率一般是对应的,因此拉曼光谱也可以应用于有机化合物的结构研究。与红外光谱相比,拉曼光谱更适合测定有机化合物的骨架结构,并能够方便地区分各种异构体。由于分子振动在红外和拉曼光谱中的谱带数目和强度受光谱选律的影响,因此为了阐明有机化合物的结构,同时应用红外和拉曼光谱才能得到更加完备的结构信息。

有机化合物的拉曼光谱的谱图特征如下:

(1)同种原子的非极性键如 $S-S$、$C=C$、$N=N$、$C\equiv C$ 产生强的拉曼谱带,从单键、双键到叁键由于含有可变形的电子逐渐增加,所以谱带强度依次增加。

(2)在红外光谱中 $C=N$、$C=S$、$S-H$ 伸缩振动谱带强度弱或可变,而在拉曼光谱中则是强带。

(3)强极性基团如 $C=O$ 在拉曼光谱中是弱谱带,而在红外光谱中是强谱带。

(4)环状化合物的对称环呼吸振动,常是最强的拉曼谱带。这种振动形式是形成环状骨架的所有键同时发生伸缩振动。

（5）在拉曼光谱中 X=Y=Z、N=S=O 和 C=C=O 这类键的对称伸缩振动是强谱带，而在红外光谱中是弱谱带；反之，不对称伸缩振动在拉曼光谱中是弱谱带，而在红外光谱中是强谱带。

（6）C—C 伸缩振动在红外光谱中是弱谱带，在拉曼光谱中则是强谱带，但广泛产生偶合。

（7）醇和烷烃的拉曼光谱相似，这是由于 C—O 键与 C—C 键的力常数或键的强度差别不大（同是单键）；羟基与甲基质量仅差 2 个单位。但是 O—H 拉曼谱带比 C—H 拉曼谱带弱。

环己烷的红外光谱和拉曼光谱如图 16-5 和图 16-6 所示。

如图 16-5 所示，在环己烷的红外光谱中，2 928 cm^{-1} 和 2 862 cm^{-1} 为 CH_2 的 ν_{C-H} 不对称和对称伸缩振动吸收峰，1 460 cm^{-1} 为 CH_2 的 δ_{C-H} 变形振动吸收峰。如图 16-6 所示，在环己烷的拉曼光谱中，2 938 cm^{-1} 和 2 853 cm^{-1} 为 CH_2 的 ν_{C-H} 不对称和对称伸缩振动吸收峰，其强度相对于红外光谱较弱，而且对称伸缩振动强于不对称伸缩振动；1 446 cm^{-1} 的弱峰为 CH_2 的 δ_{C-H} 变形振动吸收峰；803 cm^{-1} 的强峰为环呼吸振动吸收峰，这些吸收峰在红外光谱中不特征。通过谱图比较可以看出，红外光谱与拉曼光谱产生的特征吸收峰的波数相近，但相对强度差别很大。红外光谱与拉曼光谱在化合物结构分析中是可以互补的。

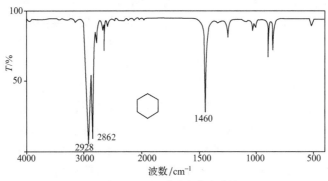

图 16-5　环己烷的红外光谱图

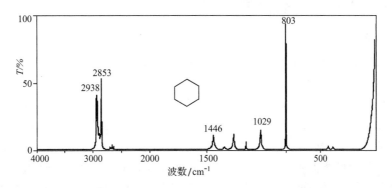

图 16-6　环己烷的拉曼光谱图

2. 材料科学研究中的应用

在材料科学中,拉曼光谱是研究物质结构的有力工具。通过对拉曼光谱的分析,可以了解材料的组成、晶体的对称性、晶格取向及晶态等微观结构信息。由于这些微观结构信息与材料的性质密切相关,因此拉曼光谱可以用于材料的基础表征,并指导材料的制备与合成工艺。拉曼光谱在碳纳米管、石墨烯等碳基材料科学及硅基半导体器件研究中发挥着重要的作用。此外,拉曼光谱法以光子为探针,通过进行无损、实时检测来获取物质的结构信息,可以有效地鉴别珠宝、玉石的类别与品质。

3. 生命科学研究中的应用

拉曼光谱能够从分子层面对生命科学领域的样品提供丰富的信息,拉曼光谱广泛应用于蛋白质组学、生物组织与细胞水平疾病诊断等方面。蛋白质等生物大分子多处在水溶液环境中,研究它们在水溶液中的结构、构象等化学问题对了解生物大分子的结构与性能的关系非常重要。由于水的红外吸收很强,因此用红外光谱研究生物体系有很大局限性,而水的拉曼散射很弱,故拉曼光谱可以在更接近自然状态下研究生物大分子的结构及其变化。另外,拉曼光谱已成为研究生物大分子间相互作用的有效手段,例如生物膜中蛋白质与脂质的相互作用、脂类和生物膜的相互作用、DNA与其他分子间的相互作用等。

16.4.2 定量分析

与荧光光谱类似,拉曼散射光强度与待测物质的浓度成正比,原则上可以利用拉曼光谱进行定量分析。但是拉曼散射信号弱,一般分子的拉曼散射截面分别只有红外过程和荧光过程的 10^{-6} 和 10^{-14},这种内在低灵敏度的缺陷曾经极大地制约了拉曼光谱应用于定量分析和痕量检测领域,直到共振拉曼光谱法和表面增强拉曼光谱法的出现。共振拉曼光谱使拉曼散射的强度增大 $10^2 \sim 10^6$ 倍,因此可以检测到浓度低至 $10^{-7} \sim 10^{-5}$ mol/L 的微量分析物。表面增强拉曼光谱具有更高的检测灵敏度,可检测的分析物浓度在 $10^{-9} \sim 10^{-6}$ mol/L,完全可以满足微量分析的需求。将共振拉曼光谱技术与表面增强拉曼光谱技术结合可以实现单分子水平检测,与荧光和化学发光方法相比,拉曼光谱在检测单分子信号的同时还可以得到单个分子的结构信息,具有明显的优势。

16.4.3 其他拉曼光谱法

1. 共振拉曼光谱法

当激发光的波长与待测分子的某个电子跃迁的能量相等或者相近时,拉曼跃迁的概率大大增加,分子的某个或几个特征拉曼谱带强度将增强至原来的 $10^2 \sim 10^6$ 倍,这种现象称为共振拉曼效应。当激发光的波长接近试样的电子吸收峰时称为准共振拉曼效应,当激发光的波长等于试样的电子吸收峰的频率时称为严格的共振拉曼效应。基于共振拉曼效应建立的拉曼光谱分析方法称为共振拉曼光谱法。

共振拉曼效应原则上可以在任何拉曼光谱仪中实现,实际测量方式也与常规拉曼一样。通常做共振拉曼散射研究需要光谱仪配备有多谱线输出的激光器或一个可以调谐的激光器,这样就可以方便选择与试样的电子吸收峰相近或相等的激发光以满足共振条件。

在共振拉曼光谱中,基频的强度可以达到瑞利散射的强度,并可以观察到正常拉曼效应中难以出现的泛频和组合频,它们的强度有时大于或等于基频的强度。这使得共振拉曼效应不仅能显著降低检测限,而且引入电子选择性,既可以用于发色基团的局部结构特征研究,也可选择性测定试样中的某一种物质。在研究具有发色团的复杂试样和低浓度的生物试样中有很大的应用。基于上述优势,共振拉曼光谱法在生命科学领域有着广泛的应用,诸如基础研究、生物医学、药品及化妆品等领域。然而,由于激发光能量与电子跃迁一致,与常规拉曼光谱相比,共振拉曼光谱的荧光背景也会更加显著,荧光问题也更难以处理。

2. 表面增强拉曼光谱法

表面增强拉曼散射(Surface-enhanced Raman Scattering,SERS)效应是指当分子吸附或靠近具有一定纳米结构的基底表面时,其拉曼信号较其体相分子显著增强的现象。基于 SERS 效应建立的拉曼光谱法称为表面增强拉曼光谱法。表面增强拉曼光谱强烈依赖于具有特定纳米结构的基底,早期的研究工作主要是在粗糙的金、银电极表面。经过四十余年的发展,SERS 基底材料已经由贵金属材料发展到了过渡金属材料及半导体材料。目前,很多商品化的 SERS 活性基底使表面增强拉曼光谱法成为一种更加常规化的分析方法。

在实际应用中,表面增强拉曼光谱测试可以在任何拉曼光谱仪上进行,测量方法也和常规拉曼测量不尽相同。一般而言,需要使用与所选表面增强拉曼光谱衬底匹配的激发波长。

表面增强拉曼光谱克服了传统拉曼光谱信号微弱的缺点,可以使得拉曼强度增强几个数量级。表面增强拉曼光谱主要用于痕量物种分析,这些都是传统拉曼的灵敏度不足以完成的。在某些特殊纳米体系中,将共振拉曼光谱与表面增强拉曼光谱联用,拉曼信号甚至可以放大至百万倍,有望成为研究单分子科学的重要检测工具。由于其较高的灵敏度,表面增强拉曼光谱广泛地应用于表面科学、电化学、催化、化学和生物传感器、生物医学检测、痕量检测与分析等诸多领域。

习　题

16-1　比较拉曼光谱与红外光谱的异同点。

16-2　指出下列振动形式哪种是拉曼活性振动。

(a)←O＝O→　　　(b)→S＝C＝S←　　　(c)←O＝C＝O→　　　(d)←O＝C＝O←

16-3　根据拉曼光谱选律,举例说明哪类分子振动具有拉曼活性。

16-4　试说明拉曼效应和拉曼位移。

16-5　化合物 C_5H_{10},根据拉曼光谱图(图 16-10)回答问题。

(1)该化合物是饱和化合物还是不饱和化合物;

(2)2 916 cm^{-1} 谱峰对应化合物中什么基团的何种振动形式;

(3)1 680 cm^{-1} 谱峰对应化合物中什么基团的何种振动形式;

(4)1 387 cm^{-1} 谱峰对应化合物中什么基团的何种振动形式。

16-6　化合物 $C_6H_{15}N$,根据拉曼光谱图(图 16-11)回答问题。

(1)指出该化合物的类型;

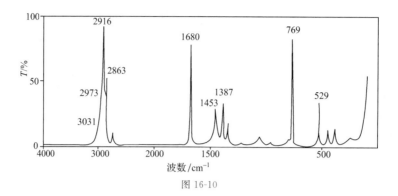

图 16-10

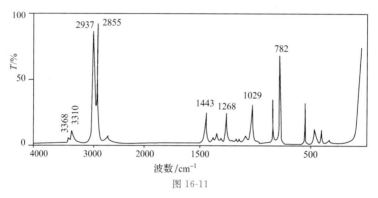

图 16-11

(2)3 368 cm^{-1}和 3 310 cm^{-1}谱峰对应化合物中什么基团的何种振动形式;

(3)2 937 cm^{-1}和 2 855 cm^{-1}谱峰对应化合物中什么基团的何种振动形式;

(4)1 443 cm^{-1}谱峰对应化合物中什么基团的何种振动形式;

(5)782 cm^{-1}谱峰对应化合物中什么基团的何种振动形式。

第17章

核磁共振波谱分析法

核磁共振波谱分析法（Nuclear Magnetic Resonance Spectroscopy，NMR）是研究处于强磁场中的原子核对射频辐射的吸收，从而获取有关化合物分子结构骨架信息。以 ^{1}H 为研究对象所获得的谱图称为氢谱，以 ^{13}C 为研究对象所获得的谱图称为碳谱。核磁共振波谱与红外光谱具有很强的互补性，已成为测定各种有机和无机化合物分子结构的强有力工具之一。核磁共振波谱分析技术发展迅速，超导核磁、二维核磁及脉冲傅立叶变换核磁等技术的应用也日益广泛。

17.1 概 述

核磁共振波谱也是光谱的一种，频率范围位于兆周（Mc）或兆赫（MHz），属于无线电波的范畴。原子核位于强磁场中时，能级发生裂分，裂分能级间的能量差很小，无线电波的能量正好能满足裂分能级间跃迁的要求，因此核磁共振波谱就是研究磁性原子核对射频的吸收。当受到强磁场加速的磁性原子核被施加一个已知频率的射频时，原子核就要吸收某些频率的能量，同时跃迁到较高的磁场亚层中。通过测定原子核在频率逐渐变化的磁场中的强度，就可测定不同原子核吸收的频率。这种技术起初被用于气体物质，布洛赫（Bloch）和珀塞尔（Purcell）的工作使应用扩大到液体和固体。布洛赫小组第一次测定了水中质子的共振吸收，而珀塞尔小组第一次测定了固态链烷烃中质子的共振吸收。由于首先发现了核磁共振现象，布洛赫和珀塞尔获得了 1952 年度的诺贝尔物理学奖。1949 年，奈特证实，在外加磁场中某个原子核的共振频率有时由该原子的化学形式决定，例如，可看到乙醇中的质子显示三组独立的峰，分别对应于 CH_3、CH_2 和 OH 基团中的质子，这种所谓的化学位移与价电子对外加磁场所起的屏蔽效应有关。随后利用核磁共振中的化学位移和偶合常数等来获得有机物的结构信息成为重要手段，在对天然产物结构的阐明中起着极为重要的作用。

在仪器方面，20 世纪 60 年代出现了高分辨核磁共振波谱仪，70 年代出现了脉冲傅立叶变换核磁共振波谱仪，到 20 世纪 80 年代末 600 MHz 的超导核磁共振波谱仪已实用化，现在 800 MHz 的超导核磁共振波谱仪也已经商品化。仪器发展促进了性能的提高，使获得的信息更加丰富。如计算机技术极大促进了二维核磁共振（2D-NMR）方法的发展，从根本上改变了 NMR 技术用于解决复杂结构问题的方式，大大提高了 NMR 技术所提供的关于分子结构信息的质和量，使 NMR 技术成为解决复杂结构问题的最重要的物理方法。

17.2 核磁共振原理

17.2.1 原子核的自旋

某些原子核有自旋现象,具有自旋角动量(P),又由于原子核是由质子和中子组成的带正电荷的粒子(直径$\leqslant 10^{-12}$ cm),所以自旋时会产生磁矩。自旋核就像一个小磁体,其磁矩用 μ 表示,各种原子核自旋时产生的磁矩不同(如 $\mu_H=2.792\,70$,$\mu_C=0.702\,16$),其大小由核本身性质决定。自旋角动量和磁矩都是矢量值,两者方向平行,如图 17-1 所示。

自旋角动量(P)是量子化的,其大小由自旋量子数(I)决定。原子核的总自旋角动量

$$P=\frac{h}{2\pi}\sqrt{I(I+1)} \qquad (17\text{-}1)$$

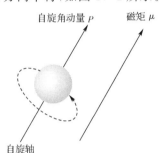

式中,I 为自旋量子数;h 为普朗克常数,$h=6.62\times 10^{-34}$ J·s。

一种原子核有无自旋现象,可用自旋量子数 I 判断。对于指定的原子核 $_z^a$X:

(1)凡是质量数 a 与原子序数 z(核电荷数)为偶数的核,其自旋量子数 $I=0$,如 $_6^{12}$C、$_8^{16}$O 和 $_{16}^{32}$S 等原子核没有自旋现象。

图 17-1 原子核的自旋角动量和磁矩

(2)质量数 a 是奇数,原子序数 z 是偶数或奇数,如 $_1^1$H、$_6^{13}$C、$_9^{19}$F、$_7^{15}$N 和 $_{15}^{31}$P 等原子核的 $I=1/2$,$_5^{11}$B、$_{17}^{35}$Cl、$_{17}^{37}$Cl 和 $_{35}^{79}$Br 等原子核的 $I=3/2$,都存在自旋现象。

$I=0$ 的原子核无自旋;$I>0$ 的原子核都有自旋,都可以发生核磁共振。但是由于 $I\geqslant 1$ 的原子核电荷分布不是球形对称的,都具有电四极矩,可使弛豫加快,反映不出偶合裂分,因此目前核磁共振波谱不研究这些核,而主要研究 $I=1/2$ 的核。这些核的电荷分布是球形对称的,无电四极矩,谱图中能够反映出核之间相互影响产生的偶合裂分现象。

17.2.2 核磁共振现象

若原子核处在磁场 B_0 中,则自旋核就可以有不同的排列,即自旋核在磁场中有不同的取向,每一个原子核共有 $2I+1$ 个取向,各个取向可以用一个磁量子数 m 表示,即 $m=I,(I-1),(I-2),\cdots-I$。$I=1$ 的原子核 $m=1,0,-1$,即有 3 种取向;^{1}H 核的自旋量子数 $I=\frac{1}{2}$,则有 2 种取向,即 $m=\frac{1}{2},-\frac{1}{2}$;同理 $I=2$ 就有 5 种取向,$m=2,1,0,-1,-2$,每一个取向对应着一个能级,如图 17-2 所示。原子核自旋轴的取向是自旋角动量(P)的取向,也是磁矩 μ 的取向。

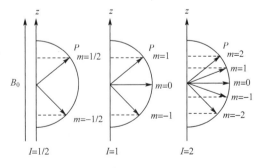

图 17-2 静磁场(B_0)中核磁矩的取向

^{1}H 核的每种自旋状态(自旋取向)都具有特定的能量,当自旋取向与外磁场 B_0 一致

时$(m=1/2)$，^{1}H 核处于低能态，$E_1=-\mu B_0$（μ 是 ^{1}H 核的磁矩）；当自旋取向与外磁场相反时$(m=-1/2)$，则 ^{1}H 核处于高能态，$E_2=+\mu B_0$。通常处于低能态(E_1)的核比处于高能态(E_2)的核多，因为处于低能态的核较稳定。两种取向间能级的能量差用 ΔE 表示：

$$\Delta E=E_2-E_1=\mu B_0-(-\mu B_0)=2\mu B_0 \qquad (17\text{-}2)$$

由上式可见，^{1}H 核由低能级向高能级跃迁时所需要的能量与外磁场强度 B_0 成正比，随外磁场强度 B_0 的增加，发生跃迁时所需要的能量也相应增大，如图 17-3 所示。同理，对于 $I=1/2$ 的其他原子核，因为其磁矩 μ 不同，即使在同一外磁场下，发生跃迁时所需要的能量也不同。例如，在同一外磁场 B_0 中 ^{13}C 核与 ^{1}H 核由于磁矩 μ 不同，因此发生跃迁时 ΔE 就不同。所以原子核发生跃迁时所需要的能量既与外磁场强度 B_0 有关，又与核本身的磁矩 μ 有关。

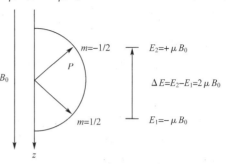

图 17-3　静磁场(B_0)中 ^{1}H 核磁矩的取向和能级

由 ^{1}H 核的自旋轴与外磁场 B_0 的方向成一定的角度 $\theta=54°24'$，因此外磁场就要使其取向于外磁场的方向，但实际上夹角 θ 并不减小，自旋核由于受到这种力矩作用后，其自旋轴就会产生旋进运动，称为拉莫尔（Larmor）进动，而旋进运动轴与 B_0 方向一致，如图 17-4(a)所示。这种现象在日常生活中经常看到，如陀螺的旋转，当陀螺的旋转轴与其重力作用方向不平行时，陀螺就产生摇头运动，即本身既自旋又有旋进运动，这与质子在外磁场中的运动相仿。

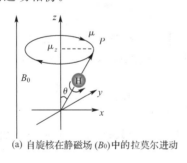

(a) 自旋核在静磁场(B_0)中的拉莫尔进动

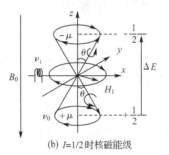

(b) $I=1/2$ 时核磁能级

图 17-4　拉莫尔进动示意图

拉莫尔进动的频率 $\nu_0=\dfrac{1}{2\pi}\gamma B_0$，可见频率 ν_0 与磁场强度 B_0 成正比，即磁场强度 B_0 越大，频率 ν_0 越大。其中，γ 为旋磁比（$\gamma=\mu/P$），且 γ 越大，ν_0 也越大。γ 代表原子核本身的一种属性，对相同的原子核 γ 是常数，对不同的原子核就有不同的旋磁比。一般把磁矩在 z 轴上的最大分量叫做原子核的磁矩：$\mu=\dfrac{h}{2\pi}\gamma I$（式中 h 为普朗克常数）。

^{1}H 核两个取向的能量是不同的，分别代表了两个能级，两个能级间的能量差是 ΔE。如图 17-4(b)所示，如果用一个射频(ν_1)照射上述处于磁场 B_0 中的自旋核，若射频的频率恰好等于 ^{1}H 核的拉莫尔进动频率 ν_0，则

$$h\nu=\dfrac{h}{2\pi}\gamma B_0=\Delta E \qquad (17\text{-}3)$$

则处于低能级的核（与 B_0 同向的核）吸收射
频能量而跃迁到高能级，即由一种取向
$\left(+\dfrac{1}{2}\right)$ 变成另一种取向 $\left(-\dfrac{1}{2}\right)$，这种现象称
为核磁共振现象。$I=\dfrac{1}{2}$ 时核磁共振现象如
图 17-5 所示。

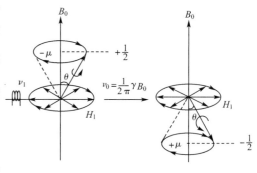

共振频率 ν 与磁场强度 B_0 的关系为

$$\nu=\frac{\gamma}{2\pi}B_0 \qquad (17\text{-}4)$$

图 17-5　$I=\dfrac{1}{2}$ 时核磁共振现象

由表 17-1 可见，对 ^{1}H 核而言，其共振频
率随磁场强度 B_0 增加而增大，而同在 23 487 高斯的外磁场中，^{1}H 核、^{13}C 核、^{19}F 核的共
振频率各异，则是由于其 γ 值不同所致。

表 17-1　　　共振频率 ν 与磁场强度 B_0

原子核	磁场强度 B_0/高斯	核磁共振频率 ν/MHz
^{1}H 核	1 000	42.5
^{1}H 核	14 092	60
^{1}H 核	23 487	100
^{13}C 核	23 487	25.144
^{19}F 核	23 487	94.077

17.2.3　饱和与弛豫

如前所述，^{1}H 核在外磁场 B_0 中由于自旋，其能级被裂分为两个能级，两个能级间的
能量差 ΔE 很小，若将 N 个质子置于外磁场 B_0 中，根据玻尔兹曼分布规律，则相邻两个
能级上核数的比值为

$$\frac{N_1}{N_2}=\exp\left(-\frac{\Delta E}{kT}\right)=\exp\left(-\frac{2\mu B_0}{kT}\right) \qquad (17\text{-}5)$$

式中，N_1 为低能级上的原子数；N_2 为高能级上的原子数；k 为玻尔兹曼常数；T 为绝对
温度。

一般处于低能态的核总要比处于高能态的核多一些，在室温下大约 100 万个 ^{1}H 核中
低能态的核要比高能态的核多 10 个左右。正因为有这样一点点过剩，若用射频去照射外
磁场 B_0 中的核，低能态的核就会吸收能量由低能级（+1/2）向高能级（-1/2）跃迁，所以
就能观察到电磁波的吸收（净吸收），即观察到核磁共振波谱。但是随着这种能量的吸收，
低能态的 ^{1}H 核数目在减少，而高能态的 ^{1}H 核数目在增加，当高能态和低能态的 ^{1}H 核数
目相等，即 $N_1=N_2$ 时，就不再有净吸收，核磁共振信号消失，这种状态称为饱和状态。

处于高能态的核可以通过某种途径把多余的能量传递给周围介质而重新返回到低能
态，这个过程称为弛豫。

弛豫过程可以分为两类：

（1）横向弛豫（自旋-自旋弛豫）

自旋-自旋弛豫是进行旋进运动的核接近时相互之间交换自旋而产生的，即高能态的
核与低能态的核非常接近时产生自旋交换，一个核的能量被转移到另一个核，这就叫做自

旋-自旋弛豫。这种横向弛豫机制并没有增加低能态核的数目而是缩短了该核处于高能态或低能态的时间,使横向弛豫时间 T_2 缩短。T_2 对观测的谱带宽度影响很大,可表示为

$$\Delta\nu\propto\frac{1}{\pi T_2} \tag{17-6}$$

在 ^{1}HNMR 谱测定时,使用高浓度的试样或者黏稠的溶液都会使 T_2 缩短,谱带变宽。固体试样的自旋-自旋弛豫非常有效,T_2 很短,因而谱带很宽。

(2)纵向弛豫(自旋-晶格弛豫)

这种弛豫是一些高能态的核将其能量转移到周围介质(非同类原子核如溶剂分子)而返回到低能态,实际上是自旋体系与环境之间进行能量交换的过程。通常把溶剂、添加物或其他种类的核统称为晶格,即高能态的核自旋通过能量交换,把多余的能量转给晶格而回到低能态。纵向弛豫机制能够保持过剩的低能态核的数目,从而维持核磁共振吸收。

自旋-晶格弛豫效率可用弛豫时间 T_1 的倒数 $1/T_1$ 表示。纵向弛豫时间 T_1 越短,这种弛豫机制越有效。例如大部分 ^{1}H 核的 T_1 为零点几秒至几秒。某些季碳原子的 T_1 很长,可达几十秒,说明该核的纵向弛豫是低效的。

17.2.4　核磁共振的宏观理论

以上讨论了单个原子核(如 ^{1}H 核)的磁性质及其在磁场中的运动规律。实际上试样中总是包含了大量的原子核,因此,核磁共振研究的是大量原子核的磁性质及其在磁场中的运动规律。布洛赫提出了"原子核磁化强度矢量(M)"的概念来描述原子核系统的宏观特性。

磁化强度矢量的物理意义可以这样来理解:一群原子核(原子核系统)处于外磁场 B_0 中,磁场对磁矩发生了定向作用,即每一个核磁矩都要围绕磁场方向进行拉莫尔进动,则单位体积试样分子内各个核磁矩的矢量和称为磁化强度矢量,用 M 表示。

$$M=\sum_{i=1}^{N}\mu_i \tag{17-7}$$

磁化强度矢量 M 就是描述一群原子核(原子核系统)被磁化程度的量。

虽然核磁矩的进动频率与外磁场强度 B_0 有关,但外磁场强度 B_0 并不能确定每一个核磁矩的进动相位。对一群原子核而言,每一个核磁矩的进动相位是杂乱无章的,但根据统计规律,原子核系统相位分布的磁矩的矢量和是均匀的。对于自旋量子数 $I=\frac{1}{2}$ 的 ^{1}H 核来讲,外磁场 B_0 是沿 z 轴方向的,也是磁化强度矢量 M 的方向,如图 17-6 所示。

处于低能态的原子核其进动轴与 B_0 同向,核磁矩矢量和是 M_+;而处于高能态的原子核其进动轴与 B_0 反向,核磁矩矢量和是 M_-。由于原子核在两个能级上的分布服从玻尔兹曼分布,总是处于低能态上的核多于高能态上的核,所以 $M_+>M_-$。磁化强度矢量 M 等于这两个矢量之和:$M=M_++M_-$。

处于外磁场 B_0 中的原子核系统,磁化强度矢量处于平衡状态时,其纵向分量 $M_z=M_0$,横向分量 $M_\perp=0$。当受到射频场 H_1 的作用时,处于低能态的原子核就会吸收能量发生核磁共振跃迁,即核的磁化强度矢量就会偏离平衡状态,这时磁化强度矢量的纵向分量 $M_z\neq M_0$,横向分量 $M_\perp\neq0$。当射频场 H_1 作用停止时,系统自动地向平衡状态恢复。一群原子核(原子核系统)从不平衡状态向平衡状态恢复的过程即为弛豫过程,如图 17-7

所示。

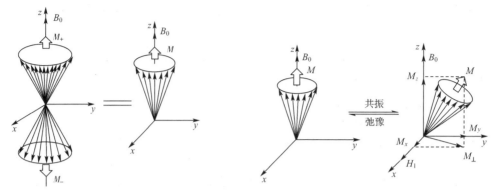

图 17-6　$I = 1/2$ 的磁化强度矢量 M　　　　图 17-7　共振时磁化强度矢量 M 的变化

在实验中观察到的核磁共振信号,实际上是磁化强度矢量 M 的横向分量($M_\perp$)的两个分量 $M_x = u$(色散信号)和 $M_y = v$(吸收信号),详细阐述请参阅相关专著。

17.3　核磁共振波谱仪

常规核磁共振波谱仪配备永久磁铁和电磁铁,磁场强度分别为 1.41 T、1.87 T、2.10 T 和 2.35 T 时,其相应于 ^{1}HNMR 谱的共振频率分别为 60 MHz、80 MHz、90 MHz 和 100 MHz。配备超导磁体波谱仪的 ^{1}HNMR 谱共振频率为 200～800 MHz。

17.3.1　核磁共振波谱仪的结构类型

按照仪器工作原理,核磁共振波谱仪可分为连续波和脉冲傅立叶变换两类。20 世纪 60 年代发展起来的连续波核磁共振波谱仪通常只能进行测定 ^{1}HNMR 谱,一般 5～10 min 可以完成一个试样的测定。由于连续波 NMR 波谱仪工作效率低,已被脉冲傅立叶变换核磁共振(FT-NMR)波谱仪取代。脉冲傅立叶变换技术是采用强的窄脉冲电磁波同时激发处于不同化学环境的所有同一种自旋核,然后接受器同时检测所有核的激发信息,得到时间域自由感应衰减信号(FID 信号)。FID 信号经过傅立叶变换得到和连续波 NMR 波谱仪相同频率域的波谱图。FT-NMR 波谱仪既可采用常规磁铁(共振频率 80～100 MHz),也可采用超导磁体,同时配备计算机,可测定各种二维 NMR 甚至三维 NMR。

通常核磁共振波谱仪由五部分组成(图 17-8):

(1)磁铁:提供高度均匀和稳定的磁场,通电时电磁铁要发热,须用水来冷却,使其温度保持在 20～35 ℃ 的范围内,且温度变化每小时不得超过 0.1 ℃。试样管放入磁铁两极间的探头中。

(2)扫描发生器:沿着外磁场的方向绕上扫描线圈,可以在小范围内精确连续地调节外加磁场强度进行扫描,扫描速度不可太

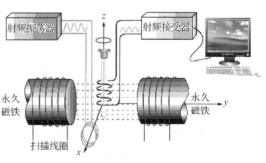

图 17-8　核磁共振波谱仪示意图

快,每分钟 3～10 毫高斯。

(3)射频接受器和检测器:沿着试样管轴的方向绕上接受线圈,通过射频接受线圈接受共振信号,经放大记录下来,纵坐标是共振峰的强度,横坐标是磁场强度(或共振频率)。

(4)射频振荡器:在试样管外与扫描线圈和接受线圈相垂直的方向上绕上射频发射线圈,可以发射频率与磁场强度相适应的无线电波。若能测定多核的波谱仪,还可以发射多种射频。射频振荡线圈、扫描线圈及射频接受线圈三者互相垂直,互不干扰。

(5)试样支架:装在磁铁间的一个探头上,支架连同试样管用压缩空气使之旋转,目的是为了提高作用于其上的磁场的均匀性。一般仪器还带有一种可变温度的试样支架,可在不同的温度下测定试样。

当测定 ^{1}HNMR 谱时,将磁铁线圈通电,使磁场强度达到 23 487 高斯(100 MHz 的仪器),射频振荡器产生 100 MHz 的无线电波,通过振荡线圈照射试样。扫描线圈中通入电流且改变其强度,即改变外磁场强度,当三个互相垂直的线圈不满足共振条件时,接受线圈没有电流通过。如果满足共振条件,则接受线圈便有电流通过,将它放大记录下来就得到了 ^{1}HNMR 谱图。

与连续波 NMR 波谱仪相比,FT-NMR 波谱仪具有很多优点:

(1)分析速度快,几秒至几十秒即可完成一次 ^{1}HNMR 谱的测定。

(2)灵敏度高,在快速采样得到 FID 信号的基础上,通过累加可以提高信噪比,$S/N \propto \sqrt{n}$(n 采样累加次数)。

(3)可测定 ^{1}H 核、^{13}C 核和其他核的 NMR 谱。

(4)配备计算机后,通过设置适当的脉冲序列可测得新技术的波谱图,如 NOE 谱、质子交换谱、^{13}C 的 DEPT 谱和各种 2D-NMR 谱。

17.3.2　核磁共振波谱常用溶剂

核磁共振波谱通常在溶液中进行测定,固体试样要选择适当的溶剂配制成溶液,液体试样以原样或加入溶剂配制成溶液进行测定,通常需配成 10% 的溶液。对溶剂的要求:溶剂本身最好不含 H 原子,对试样的溶解度大,化学稳定。常用的溶剂有 CCl_4 和 CS_2,其本身都不含 H 原子,且价格便宜,但溶解性较差。氘代氯仿、重水、氘代苯、氘代丙酮、氘代二甲亚砜等都不含 H 原子,价格虽贵,但对试样的溶解度大,是常用的溶剂。

17.3.3　试样准备和测定

常规 NMR 测定使用 5 mm 外径的试样管。根据不同核磁共振波谱仪的灵敏度,取不同量的试样溶解在 0.5～0.6 mL 溶剂中,配成适当浓度的溶液。对于 ^{1}HNMR 和 ^{19}FNMR谱,可取 2～20 mg 试样配成 0.01～0.1 mol·L^{-1} 溶液;对于 ^{13}CNMR 和 ^{29}SiNMR 谱,可取 20～100 mg 配成约 0.1～0.5 mol·L^{-1} 溶液(试样的相对分子质量以 400 计,若相对分子质量较小,可减少试样用量)。^{31}PNMR 谱的用量介于两者之间。超导核磁共振波谱仪具有更高的灵敏度,只需 mg 乃至 μg 级的试样就可以得到很高信噪比的谱图。

对于 ^{15}NNMR 谱,如果用非 ^{15}N 富集的试样,由于检测灵敏度低,需使用外径为 10 mm 或 16 mm 的试样管,配制很高浓度的试样溶液(0.5～2.0 mol·L^{-1}),经过长时间累加才能得到较好信噪比的谱图。

17.4 质子核磁共振波谱(^{1}HNMR)

质子的化学位移 δ 和偶合常数 J 反映了质子所处的化学环境,即分子的部分结构及其邻近原子团的性质,从 ^{1}HNMR 谱中可以得到如下结构信息:(1)从化学位移判断分子中存在基团的类型;(2)从积分曲线计算每种基团中氢的相对数目;(3)从偶合裂分关系判断各基团是如何连接起来的。

17.4.1 化学位移及其影响因素

1.化学位移的表示方法

如前所述,^{1}H 核在 14 092 高斯的磁场中将吸收 60 MHz 的电磁波。如果化合物中所有质子(^{1}H 核)的共振频率都相同,那么在核磁共振谱图上就只会出现一个峰,^{1}HNMR对化合物结构分析就毫无用处。但实验发现,化合物中处于不同化学环境的质子其共振频率稍有不同,对于 60 MHz 的仪器,不同化学环境的 ^{1}H 核其共振频率的变化范围一般为 600 Hz。

处于不同化学环境的 ^{1}H 核其共振频率的差异,是由于不同基团中的 ^{1}H 核所实受的磁场强度不同,而实受的磁场强度 B 取决于该核周围的电子云密度。若将原子核外电子云的运动简化为一个电子微粒的运动,在外磁场 B_0 的作用下,核外电子将在与 B_0 垂直的平面绕原子核产生环电流,由其环电流产生一个感应磁场 B',在环的内部与外磁场 B_0 方向相反,表现出局部抗磁效应。核外电子对原子核的这种作用就是屏蔽作用,如图17-9所示。^{1}H 核所受屏蔽作用的大小用屏蔽常数 $\sigma = B'/B_0$ 表示,^{1}H 核实受的磁场强度为

$$B = B_0 - B' = B_0(1-\sigma) \tag{17-8}$$

则式(17-4)改写为

$$\nu = \frac{\gamma}{2\pi} B_0(1-\sigma) \tag{17-9}$$

当 $B_0 = 14\ 092$ Gs 时,^{1}H 裸核的 $\nu_0 = 60$ MHz,假设某核受到屏蔽作用 $\sigma = 10$,则其共振频率将比 ^{1}H 裸核低 $\sigma \nu_0 = 600$ Hz,其共振频率 $\nu = 60\ 000\ 000 - 600 = 59\ 999\ 400$ Hz,由于这种表示方法不但数值读写不易,而且 ν_0 的变化与 B_0 有关,不同仪器测得的数据难以直接比较,所以引入化学位移的概念。在试样中加入一种参比物质,如四甲基硅($(CH_3)_4$Si(TMS)),将其共振信号设为0 Hz,则化学位移 δ

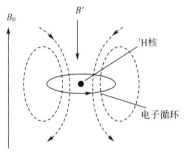

图 17-9 核外电子的抗磁效应

$$\delta = \frac{\nu_{试样} - \nu_{标准}}{\nu_{仪器}} \times 10^6 = \frac{B_{标准} - B_{试样}}{B_{仪器}} \times 10^6 \tag{17-10}$$

通常在核磁测定时,要在试样溶液中加入一些 TMS 作为内标准物。选 TMS 作内标准物的优点是:

(1)化学性能稳定。

(2)$(CH_3)_4$Si 分子中有 12 个 H 原子,其化学环境完全相同,所以 12 ^{1}H 核只有一个共振频率,即化学位移相同,谱图中只产生一个峰。

(3)其 ^{1}H 核共振频率处于高场,比大多数有机化合物中的 ^{1}H 核都高,因此不会与试样峰相重叠。

(4)与溶剂和试样均溶解。

假如在 60 MHz 的仪器上,某一 ^{1}H 核共振频率与内标准物 TMS 的相差 60 Hz,其化学位移为

$$\delta = \frac{\nu_{试样} - \nu_{标准}}{\nu_{仪器}} \times 10^6 = \frac{60}{60 \times 10^6} \times 10^6 = 1$$

如果用 100 MHz 的仪器来测定,那么其信号将出现在与内标准物共振频率相差 100 Hz 处,其化学位移为

$$\delta = \frac{\nu_{试样} - \nu_{标准}}{\nu_{仪器}} \times 10^6 = \frac{100}{100 \times 10^6} \times 10^6 = 1$$

由此可见,用不同的仪器测得的化学位移 δ 相同,只是其分辨率不同,100 MHz 仪器的分辨率好一些。

化学位移(δ)是量纲为一的因子,以 TMS 作为内标准物,大多数有机化合物的 ^{1}H 核都在比 TMS 低场处共振,化学位移规定为正值。

如图 17-10 所示,最右侧一个小峰是内标准物 TMS 的峰,规定其化学位移 $\delta = 0$,甲苯的 ^{1}HNMR 谱出现两个峰,其化学位移(δ)分别是 2.25 和 7.2,表明该化合物有两种不同化学环境的氢原子。根据谱图不但可知有几种不同化学环境的 ^{1}H 核,而且还可以知道每种质子的数目。每一种质子的数目与相应峰的面积成正比。峰面积可用积分仪测定,也可用仪器画出的积分曲线的高度来表示。积分曲线的高度与峰面积成正比,也就代表了氢原子的数目。谱图中积分曲线的高度比

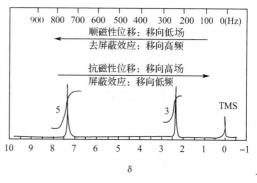

图 17-10　甲苯的 ^{1}HNMR 谱图(100 MHz)及常用术语

为 5∶3,即两种氢原子的个数比。在 ^{1}HNMR 谱图中靠右边是高场,化学位移 δ 小;靠左边是低场,化学位移 δ 大。屏蔽增大(屏蔽效应)时,^{1}H 核共振频率移向高场(抗磁性位移),屏蔽减小(去屏蔽效应)时,^{1}H 核共振频率移向低场(顺磁性位移)。

2. 影响化学位移的因素

(1)诱导效应

如上所述,在外磁场中 ^{1}H 核外电子的环电流产生的与外磁场方向相反的感应磁场会对 ^{1}H 核产生屏蔽作用,^{1}H 核周围电子云密度越高,屏蔽作用就越强,屏蔽常数 σ 越大,产生屏蔽效应;^{1}H 核周围电子云密度减小时产生去屏蔽效应。与 ^{1}H 核相连的原子电负性越强,^{1}H 核周围的电子云密度就越小,对 ^{1}H 核的屏蔽作用减弱——去屏蔽作用。^{1}H 核与电负性原子相连产生去屏蔽效应,^{1}H 核共振频率就在较低场出现,化学位移 δ 增大。

以 CH_3—X 为例,CH_3 中质子化学位移 δ 随邻接原子电负性的增强而增大。

X—CH_3	F—CH_3	O—CH_3	N—CH_3	C—CH_3
X 电负性	4.0	3.5	3.0	2.5
化学位移 δ	4.26	3.42~4.02	2.12~3.10	0.77~1.88
X—CH_3	F—CH_3	Cl—CH_3	Br—CH_3	I—CH_3
X 电负性	4.0	3.0	2.8	2.5
化学位移 δ	4.26	3.05	2.68	2.16

当电负性原子与 ^1H 核的距离增大时,去屏蔽作用减弱,共振频率移向高场,化学位移 δ 减小;当电负性原子增多时,去屏蔽作用增强,共振频率移向低场,化学位移 δ 增大。

化合物	$H_3C—Br$	$CH_3CH_2—Br$	$CH_3(CH_2)_2—Br$	$CH_3(CH_2)_3—Br$
化学位移 δ	2.68	1.65	1.04	0.90

化合物		CH_3Cl	CH_2Cl_2	$CHCl_3$
化学位移 δ		3.05	5.33	7.24

(2)磁各向异性效应

比较烷烃、烯烃、炔烃及芳烃的化学位移,芳烃、烯烃的 δ 大。如果是由于 π 电子的屏蔽效应,那么 δ 应当小,又如何解释 $CH≡CH$ 的 δ 小于 $CH_2=CH_2$,这是因为 π 电子的屏蔽具有磁各向异性效应,下面分别加以说明。

化合物	$H_3C—CH_3$	$H_2C=CH_2$	$HC≡CH$	⬡
化学位移 δ	0.96	5.84	2.88	7.2

如图 17-11 所示,苯环上的 π 电子在分子平面上下形成了 π 电子云,在外磁场的作用下产生环电流,并产生一个与外磁场方向相反的感应磁场。可以看出,苯环上 H 原子周围感应磁场的方向与外磁场方向相同,所以这些 ^1H 核处于去屏蔽区,即 π 电子对苯环上连接的 ^1H 核起去屏蔽作用。而在苯环平面上下两侧感应磁场的方向与外磁场方向相反,因此,在苯环平面上下两侧的 H 原子处于屏蔽区,即 π 电子对苯环平面上下两侧的 ^1H 核起屏蔽作用。这样就可以解释苯环上 H 原子的化学位移 δ 大(7.2)。

在磁场中双键的 π 电子形成环电流也产生感应磁场,如图 17-12 所示,处于乙烯平面上的 H 原子周围感应磁场的方向与外磁场方向一致,处于去屏蔽区,所以 ^1H 核在低场共振,化学位移大($\delta=5.84$);在乙烯平面上下两侧感应磁场的方向与外磁场方向相反,因此,在乙烯平面上下两侧的 H 原子处于屏蔽区,^1H 核在高场共振。

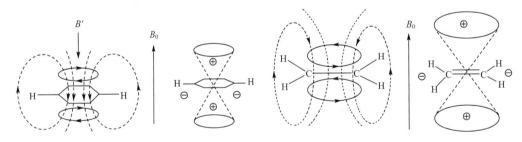

图 17-11 苯环的磁各向异性效应   图 17-12 双键的磁各向异性效应

羰基 $C=O$ 的 π 电子云产生的屏蔽作用和双键一样,以醛为例,醛基上的氢处于 $C=O$ 的去屏蔽区,所以它在低场共振,化学位移很大,$\delta≈9$(很特征)。

炔键 $C≡C$ 中有一个 σ 键,还有两个 p 电子组成的 π 键,其电子云是柱状的,如图 17-13 所示。乙炔上的氢原子与乙烯上的氢原子以及苯环上的氢原子不同,它处于屏蔽区,所以 ^1H 核在高场共振,化学位移小些 $\delta=2.88$。

单键的磁各向异性效应与叁键相反,沿键轴方向为去屏蔽效应,如图 17-14 所示。链

烃中 $\delta(CH) > \delta(CH_2) > \delta(CH_3)$,甲基上的氢被碳取代后,去屏蔽效应增大而使共振频率移向低场。

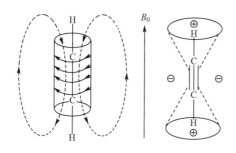

$$\delta\ 0.85{\sim}0.95 \quad < \quad \delta\ 1.20{\sim}1.40 \quad < \quad \delta\ 1.40{\sim}1.65$$

图 17-13 叁键的磁各向异性效应   图 17-14 单键的磁各向异性效应

3.化学位移与结构的关系

(1)常见结构单元的化学位移

为了鉴定化合物的结构,需要了解各种官能团及与之相连基团的化学位移范围。表 17-2 列出了一些常见结构单元的化学位移范围,其中 CH 代表 CH、CH_2 和 CH_3 基团。

表 17-2   一些常见结构单元的化学位移范围

结构单元	化学位移	结构单元	化学位移	结构单元	化学位移
R—CH	0.2~2	$R_2C{=}CH_2$	4.7~5.3	R—C(=O)—H	9~10
C≡C—CH	1.8~2.3	R—OH	1~6	R—C(=O)—OH	10~13.2
⬡—CH	2.1~2.8	R—NH_2	0.4~3.5	Cl—CH	3.0~3.5
R—C(=O)—CH	2~2.5	I—CH	2.1~2.6	F—CH	4.2~4.7
N—CH	2.5~3.2	Br—CH	2.6~3.2	R—C≡C—H	2~3
⬡—OH	4~12	⬡—H	6.8~8.5	RO—CH	3.2~3.9
HO—CH	3.3~4	R—C(=O)—O—CH	3.6~4.4	⬡—NH_2	2.9~5
R—CH=CH—R	5.4~6.2				

(2)甲基 CH_3、亚甲基 CH_2 和次甲基 CH 质子的化学位移

各种化学环境的 CH_3 质子的化学位移范围是 0~4.5,例如,CH_3—C— 的化学位移范围是 0.75~1.88。当与饱和碳原子相连的原子不同时,仍会对 CH_3 质子的化学位移有影响,不过这种影响比直接与 CH_3 相连时要小得多。亚甲基和次甲基质子受取代基的影响与甲基质子具有同样的趋势,但亚甲基和次甲基可能有 2~3 个取代基,多取代基的效应是各种因素代数和的结果(见表 17-3)。

表 17-3　　　　　　　　　　　CH₃、CH₂ 和 CH 质子的化学位移

CH₃	δ	CH₂	δ	CH	δ
H₃C—Si	0.0~0.57				
H₃C—C	0.77~1.88	C—CH₂—C	0.98~2.03		
H₃C—C—C	0.79~1.10	C—CH₂—C—C	0.98~1.54		
H₃C—C—O	0.98~1.44	C—CH₂—C—O	1.79~2.02	C—CH—C—O	2.0
H₃C—C—Ar	1.20~1.32	N—CH₂—Ar	3.18~3.96		
H₃C—C—C=O	1.04~1.23	Ar—CH₂—O—	4.34~5.34		
H₃C—C—N	0.95~1.23	C—CH₂—C—N	1.33~1.62		
H₃C—C≡	1.83~2.11	C—CH₂—C≡	2.13~2.80		
H₃C—C=C	1.59~2.14	C—CH₂—C=C	1.86~2.42		
H₃C—C=O	1.95~2.68	C—CH₂—C=O	2.07~2.42		
H₃C—C(=O)—O	1.97~2.11	C—CH₂—C(=O)—O	2.2	C—CH—C(=O)—O	2.5
H₃C—C(=O)—C	1.95~2.41	C—CH₂—C(=O)—C	2.4	C—CH—C(=O)—C	2.7
H₃C—C(=O)—C=C	2.06~2.31	=C—CH₂—Cl	3.92~4.58		
H₃C—C(=O)—Ar	2.45~2.68	C—CH₂—C(=O)—Ar	2.9	C—CH—C(=O)—Ar	3.3
H₃C—Ar	2.14~2.76	C—CH₂—Ar	2.62~3.34	C—CH—Ar	3.0
H₃C—S	2.02~2.58	C—CH₂—S	2.39~2.97	C—CH—S	3.2
H₃C—N	2.12~3.10	C—CH₂—N	2.28~3.60	C—CH—N	2.8
H₃C—C—N(C)(C)	0.95~1.23	C—CH₂—C—N(C)(C)	1.33~1.62		
H₃C—N—Ar	2.71~3.10	C—CH₂—N—Ar	3.00~3.38		
H₃C—N—C=O	2.74~3.05	C—CH₂—N—C=O	3.12~3.28	C—CH—N—C=O	4.0
H₃C—O	3.24~4.02	C—CH₂—O	3.36~4.48		
H₃C—O—C	3.24~3.47	C—CH₂—O—C	3.36~3.63	C—CH—O—C	3.7
H₃C—O—Ar	3.61~3.86	C—CH₂—O—Ar	3.88~4.16		
H₃C—O—C(=O)—	3.57~3.96	C—CH₂—O—C(=O)—	4.02~4.39	C—CH—O—C(=O)—	4.8
H₃C—OH	3.4	C—CH₂—OH	3.6	C—CH—OH	3.9
H₃C—NO₂	4.3	C—CH₂—NO₂	4.4	C—CH—NO₂	4.5
H₃C—Cl	3.1	C—CH₂—Cl	3.6		
H₃C—Br	2.7	C—CH₂—Br	3.5	C—CH—Br	4.3
H₃C—C≡N	2.0	C—CH₂—C≡N	2.3	C—CH—C≡N	2.7

(3)烯烃和芳烃质子的化学位移

烯烃质子的化学位移比烷烃质子的大,其化学位移范围是 4~7,其受电负性影响不像烷烃质子那么明显,但受取代基 π 电子的磁各向异性效应影响较大,在取代乙烯结构

$$\left[\begin{array}{c} \mathrm{H_a} \quad\quad \mathrm{H_c} \\ \diagdown \quad\quad \diagup \\ \mathrm{C\!=\!C} \\ \diagup \quad\quad \diagdown \\ \mathrm{H_b} \quad\quad \mathrm{X} \end{array}\right]$$ 中,$\mathrm{H_a}$、$\mathrm{H_b}$ 核虽也受取代基 X 的影响,但不如 $\mathrm{H_c}$ 受到的强烈,因此 $\mathrm{H_c}$ 出现在最低场。

芳烃质子的化学位移有如下特点:

①苯环上的 6 个质子是等价的,所以苯环上 $^1\mathrm{H}$ 核的信号是单峰,化学位移 $\delta = 7.3$ ppm。

②对于单取代的苯,理论上苯环上的 5 个质子不同,但从实验发现当单取代基是饱和烃基时,苯环上 5 个质子的化学位移没有差别,在~7.2 处出现一个单峰(高场强仪器可能出现多重峰)。当取代基 X 为杂原子(O,N,S 等)或不饱和碳(C=O,C=C 等)时,苯环上 5 个质子的化学位移就不同,会产生两组复杂峰(积分曲线为 2:3 的关系)。

③苯环上具有多个取代基时,由于其极性不同,会对苯环上质子的化学位移产生影响。实验表明各种取代基对多取代芳烃质子的化学位移的影响具有加和性。

(4)羟基(—OH)质子的化学位移

羟基质子的化学位移在 3~6,一般表现为尖峰,有时也会呈现钝峰,这是由于分子间或分子内缔合形成氢键所致。羟基质子的化学位移随氢键的强度变化而移动,氢键越强,δ 就越大。在不同温度、溶剂和浓度下,羟基质子的化学位移变化相当大。温度升高,氢键减弱,δ 变小;浓度增加,氢键增强,δ 变大。实际测定时由于氢键程度不同,羟基信号不会固定在一个地方出现。

(5)氨基(—N—H)质子的化学位移

脂肪族氨基质子的化学位移在 0.4~3.5,芳香族氨基质子的化学位移在 2.9~4.8。氨基质子的化学位移也随氢键强度的变化而移动,因此化学位移的变化很大。但酰胺质子的化学位移变化较小,一般 $\delta = 9 \sim 10.2$。

(6)醛基(—CHO)和羧基(—COOH)质子的化学位移

醛基质子的化学位移在 9~10,羧基质子的化学位移在 10~13.2,在低场非常特征。

17.4.2　自旋-自旋偶合和偶合常数

1. 自旋-自旋偶合与偶合裂分

在核磁共振谱图中常看到的不是单峰,而是双重峰、三重峰、四重峰或多重峰。如在乙醇的核磁共振谱图中,可以得到 CH_3、CH_2 和 OH 三种质子的化学位移,其峰面积之比为 3:2:1。用高分辨核磁共振波谱仪测得的谱图中,CH_3 和 CH_2 的峰裂分成三重峰和四重峰,如图 17-15 所示。为什么乙醇中 CH_3 和 CH_2 的峰能裂分成三重峰和四重峰?而且两峰间距相等?

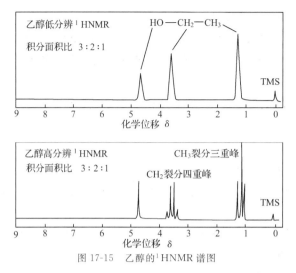

图 17-15　乙醇的 ^{1}HNMR 谱图

当两个 ^{1}H 核(两个自旋体系)相距很远时则没有相互作用,通常认为两个 ^{1}H 核相距超过三个键就没有相互作用了,而且它们都是单峰。当两个 ^{1}H 核处于相邻位置时则相互发生作用,即自旋-自旋偶合,并发生偶合裂分出现多重峰。例如,—C—C— 处于外磁场 B_0 中,H_a 核的自旋有两种不同的取向,一个与外磁场同向,另一个与外磁场反向;对 H_b 核而言,它不仅受到外磁场 B_0 的作用,而且还受到 H_a 核产生的自旋小磁场(B')的作用,即 H_b 核相当于受到一个(B_0+B')和另一个(B_0-B')两种磁场的作用。前者使 H_b 核吸收峰推向高场 $\left(\nu_b+\frac{1}{2}J\right)$,后者使 H_b 核吸收峰推向低场 $\left(\nu_b-\frac{1}{2}J\right)$,所以 H_b 吸收峰就裂分成双重峰。同理,H_a 核吸收峰也裂分成双重峰,如图 17-16 所示。

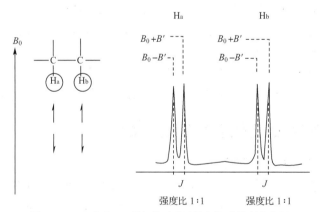

图 17-16　H_a 核和 H_b 核相邻时质子的自旋-自旋偶合作用

对于 H_a 核受到两个或三个 H_b 核偶合时的情况下面分别加以说明。以 CH_2Br—$CHBr_2$ 为例说明两个 H_b 核与 H_a 核偶合的情况。

两个等价的 H_b 核有四种不同组合的自旋磁场,由于两个 H_b 核等价,其中 ⇅ 和 ⇵ 组合的自旋磁场能量相等,实际上 H_a 核受到三种局部磁场的作用,所以 H_a 核裂分成三重峰,裂分峰强度比是 $1:2:1$。同时,H_b 核受到一个 H_a 核的偶合作用裂分成双重峰,裂分峰强度比是 $1:1$。两组裂分峰的间距相等($J_{ab}=J_{ba}$),如图 17-17 所示。

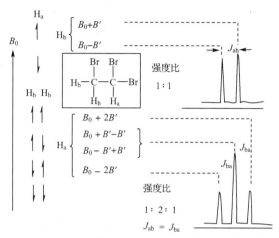

图 17-17　H_a 核和两个 H_b 核相邻时质子的自旋-自旋偶合作用

以 CH_3-CHBr_2 为例说明三个 H_b 核与 H_a 核偶合的情况。

三个 H_b 核有八种不同组合的自旋磁场,由于三个 H_b 核等价,实际上 H_a 核受到四种局部磁场的作用,所以 H_a 核裂分成四重峰,裂分峰强度比是 $1:3:3:1$。同时,H_b 核受到一个 H_a 核的偶合作用裂分成双重峰,裂分峰强度比是 $1:1$。裂分峰的化学位移为裂分峰的对称中心,如图 17-18 所示。

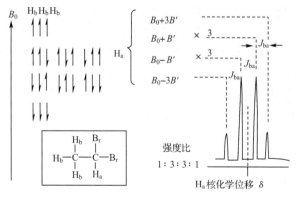

图 17-18　H_a 核和三个 H_b 核相邻时质子的自旋-自旋偶合作用

我们把一种 ^1H 核与邻接 ^1H 核之间的这种磁性的相互作用称为自旋-自旋偶合,由自旋-自旋偶合引起的谱线增多的现象称为偶合裂分。

2. 偶合常数

谱图中裂分峰的间距称为偶合常数,用 J 表示(单位:Hz)。偶合常数和化学位移、偶合裂分一样都是结构解析的重要信息。相互偶合的质子其偶合常数可归纳为以下几点:

(1)偶合常数 J 是自旋核之间的相互作用,与外磁场强度无关。偶合常数的大小与

^{1}H核之间偶合的强弱及化合物的分子结构有关,受溶剂影响较小,一般不变化。通常^{1}H核之间的偶合常数为 0～30 Hz。

(2)相互偶合的^{1}H核峰间距相等,即偶合常数相等。由图 17-17 可见 $J_{ab}=J_{ba}$,因此在核磁共振谱图中,若两组^{1}H核的峰间距相等,则这两组^{1}H核相互偶合(相邻接)。

(3)识别相互偶合的峰,除了找出其偶合常数相等外,还可以从峰形来判断。通常两组相互偶合的峰都是相应"内侧"峰偏高,而"外侧"峰偏低,在偶合信号的强峰上画一对相应的斜线,形成"屋顶"形状即相互偶合的峰,如图 17-19 所示。

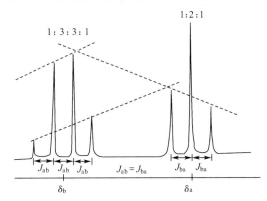

图 17-19　CH$_3$(a)和CH$_2$(b)相邻时质子的自旋-自旋偶合峰形和偶合常数 J

3. 化学等价和磁等价

分子中一组相同种类的核(或相同的基团)处于相同的化学环境中,若其化学位移相同,则这类核是化学等价的;若不仅化学位移相同,而且还以相同的偶合常数与组外任一个核相偶合,即只表现一个偶合常数,则这类核是磁等价的。磁等价的核一定是化学等价的,但化学等价的核不一定是磁等价的。磁等价的核之间的偶合不必考虑,磁不等价的核之间能够产生自旋-自旋偶合,表现出偶合裂分。

例如,在通常情况下由于单键能够快速旋转,CH$_3$—CH$_2$—Br 中甲基的三个氢核和亚甲基的两个氢核都是磁等价的,但甲基的氢核与亚甲基的氢核是磁不等价的,谱图中能够观察到它们之间偶合产生的裂分峰。再如:

其中,H$_a$ 核和 H$_b$ 核化学等价,但由于 H$_a$ 核和 H$_b$ 核对组外自旋核(F$_a$ 或 F$_b$,H$_c$ 或 H$_d$)具有不同的偶合常数(即 $J_{H_a F_a} \neq J_{H_b F_a}$ 或 $^3J_{H_a H_c} \neq {}^5J_{H_b H_c}$),所以 H$_a$ 核和 H$_b$ 核磁不等价。

4. $n+1$ 规律和一级谱分析

从上述一些例子可以看出:当一种^{1}H核有 n 个相邻近的等价的^{1}H核存在时(邻近是指不超过三个键),此种^{1}H核的吸收峰裂分为$(2nI+1)$重峰。对质子而言 $I=1/2$,所以是$n+1$重峰,可见裂分成多重峰的数目与基团本身的^{1}H核数目无关,而与其邻接基团的^{1}H核数目有关。裂分峰的相对强度之比等于二项式$(a+1)^n$展开式各项系数之比。

溴乙烷 CH$_3$CH$_2$Br 中,CH$_3$ 与 CH$_2$ 中的两个^{1}H核偶合,根据 $n+1$ 规律,CH$_3$ 产生

$2+1=3$ 重峰，其强度比是 $1:2:1$，而 CH_2 与 CH_3 中的三个 ^1H 核偶合，根据 $n+1$ 规律，CH_2 产生 $3+1=4$ 重峰，其强度比是 $1:3:3:1$，如图 17-20 所示。

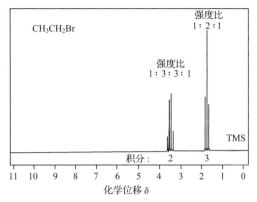

图 17-20　溴乙烷的 ^1HNMR 谱图

以上运用 $n+1$ 规律进行的分析通常称为一级谱分析或一级分析。比较简略，但不十分精确。通常饱和碳氢化合物可以用 $n+1$ 规律来分析，但也常遇到不能用 $n+1$ 规律来分析的情况。当两组相互偶合的 ^1H 核其化学位移相差很小或重叠在一起时，就根本不能用 $n+1$ 规律来分析。要用 $n+1$ 规律分析，两组 ^1H 核的化学位移差 $\Delta\nu$ 至少是偶合常数 J 的 6 倍，即 $\Delta\nu/J \geqslant 6$。

一级谱有如下特点：

(1)两组相互偶合的 ^1H 核的化学位移差 $\Delta\nu$ 与相应质子间的偶合常数 J 之比大于 25 时完全符合一级谱，当 $25 \geqslant \Delta\nu/J \geqslant 6$ 时可近似按一级谱处理。

(2)裂分峰数符合 $n+1$ 规律，同一组核（化学位移相同的核）均为磁等价，即只有一个偶合常数。

(3)峰组内各裂分峰的强度比为二项式 $(a+1)^n$ 展开式各项系数之比。

(4)从谱图中可直接读出 δ 和 J，化学位移 δ 在裂分峰的对称中心，裂分峰之间的距离为偶合常数 $J(Hz)$。

5. 偶合常数与结构的关系

用化学位移来判断分子中存在的质子，用偶合裂分产生的精细结构来推断结构，用来推断结构和构型的另一个要素则是偶合常数 J。质子之间的偶合是通过成键电子传递的，相互偶合的质子根据相隔的化学键数目，偶合常数可表示为 ^2J、^3J、^4J、$\cdots$。偶合常数与分子结构的关系大致存在如下规律：

(1)同碳质子（相邻两个化学键）之间的偶合裂分峰一般观察不到，所以—CH_3、CH_3—CH_3 和—$C(CH_3)_3$ 等在 ^1HNMR 谱图中只出现单峰。

(2)邻碳质子（相邻三个化学键）之间的偶合常数（^3J）在结构分析中非常有价值。

(3)相距四个或四个以上化学键的质子之间的偶合，称为远程偶合。远程偶合很弱，一般观察不到，只有含有 π 电子或具有特殊空间结构的分子才能观察到。

质子-质子之间偶合常数 $J(Hz)$ 的大体范围见表 17-4。

表 17-4 质子-质子之间的偶合常数 J

化合物类型	同位(Geminal)		邻位(Vicinal)		远程(Long-range)	
	结构	$^2J/\text{Hz}$	结构	$^3J/\text{Hz}$	结构	$^xJ/\text{Hz}$
饱和型	C(H)(H)	$-12\sim15$	—C—C— (H,H)	$5\sim9$	—C—C—C— (H,H)	~0
			C—C=O (H,H)	$1\sim3$		
			(受阻旋转) $\theta=0°$ / $\theta=60°$ / $\theta=90°$ / $\theta=120°$ / $\theta=180°$	8.5 / 2.5 / -0.3 / 3.0 / 11.5	(W形)	~1
			环己烷 H_a-H_e' / H_e-H_e' / H_a-H_a'	$2\sim6$ / $2\sim8$ / $8\sim12$		
			H—C—OH (无交换)	$4\sim6$		
烯型	C=C(H)(H)	$-2\sim2$	H—C=C—H 顺式 / 反式	$7\sim12$ / $13\sim18$	—C=C—C= (H,H)	$0\sim4$
			—C=C—C— (H,H)	$4\sim10$	—C=C—C— (H,H)	$0\sim3$
			—C=C—C=O (H,H)	$5\sim8$	—C—C≡C—C— (H,H)	$2\sim3$
芳环			苯环 邻位 / 间位 / 对位	$6\sim9$ / $1\sim3$ / $0\sim1$	呋喃(醛)	$0\sim2$

17.4.3　质子核磁共振波谱的应用

1.质子核磁共振波谱解析的辅助方法

(1)氘交换

在推断含羟基(—OH)及氨基(—NH₂)的化合物结构时,由于这些活泼氢容易形成氢键,致使化学位移变化范围较大,峰的形状也往往发生改变,因而不易确认。可利用改变浓度或温度的方法使化学位移变化来确认,而常规方法是在作出¹HNMR 谱图之后,再在试样中加入几滴 D_2O,摇荡片刻,使试样中的—OH 或—NH₂中的¹H 被 D 交换。这时 NMR 谱图中相应的峰(—OH 和- NII₂质子峰)就消失了,因而可以推知原来试样中该基团的存在。

(2)加入位移试剂

很多过渡金属的络合物加入试样中常引起 NMR 谱峰的位移,所以称之为位移试剂。常用的位移试剂是 Eu^{3+} 和 Pr^{3+} 的络合物,如 $Eu(DMP)_3$。

由于位移试剂中过渡金属离子上有未成对电子,能够和试样发生络合,对试样中的质子产生自旋干扰,干扰强度随着质子和官能团之间距离的增加而减弱,这样就会引起试样中质子化学位移的变化。如图 17-21 所示,在试样中加入位移试剂后,原来连在一起的四个 CH_2 分为四组峰,正己醇中各个 CH_2 的化学位移增加值的大小与其距离的立方 r^3 成反比,离配价键越近的 CH_2 其化学位移值增加越多。

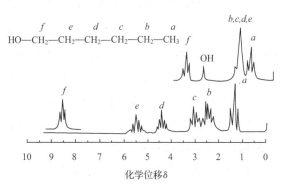

图 17-21　正己醇的¹HNMR 谱图

注　溶剂内含有 0.29 mol 的 $Eu(DMP)_3$

(3)双照射去偶法

相互偶合的核会使共振吸收峰发生裂分,但偶合需要一定的条件,即相互偶合的核在某一个自旋态(如¹H 核在 $I=1/2$ 和 $I=-1/2$ 自旋态)的时间必须大于偶合常数的倒数。若能采用一种方法破坏上述条件,使得在某一个自旋态的时间缩短,那就不会发生偶合了,双照射去偶就是一种方法,其可以使谱图大为简化,从而可以了解结构上的许多信息。

对于发生自旋偶合的两个¹H 核 H_a 和 H_b,如果用第二个射频照射 H_b 核使其频率恰好等于 ν_b,这样将使 H_b 核的两种自旋磁场迅速变化(高速来回倒转),对 H_a 核而言就反映不出两种磁场的影响,故 H_b 核对 H_a 核的偶合消失,则 H_a 核峰的裂分也消失,这就叫做双照射去偶法。

如图 17-22 所示,溴丙烷在没有去偶之前谱图比较复杂,分别以 ν_a 和 ν_b 双照射去偶之后,谱图大为简化。照射 H_a 核后,消除了 H_a 核对 H_b 核和 H_c 核的偶合作用,H_b 核和

H_c 核都为单峰,说明 H_b 核和 H_c 核不存在偶合关系;照射 H_b 核后,消除了 H_b 核对 H_a 核和 H_c 核的偶合作用,H_a 核和 H_c 核都为三重峰,说明两个 H_a 核和两个 H_c 核存在偶合关系。

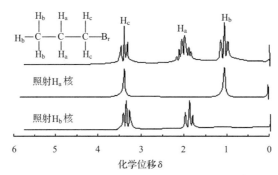

图 17-22　溴丙烷的双照射去偶[1]HNMR 谱图

（4）核欧佛豪斯效应

在分子中两种[1]H 核之间即使没有偶合,若空间距离较近,也会发生核欧佛豪斯效应

(Nuclear Oerhauser Effect,NOE),如 $CH_3O-\text{（苯环）}-CHO$ 中 OCH_3 与 H_a 之间离得较近但又没有偶合,若以 OCH_3 中[1]H 核的频率进行双照射,会使 H_a 核的峰强度增强,其增强的程度与距离的立方成反比。即在核磁共振中饱和某一个自旋核（如 OCH_3 中的[1]H 核）,则与其相邻近的另一个核（如 H_a 核）（两个核不一定存在相互偶合）的共振信号的强度增强,这就是核欧佛豪斯效应。

由图 17-23 中两种谱图积分曲线比较,发现以 OCH_3 中[1]H 核的共振频率双照射后,H_a 核峰的强度比照射前增加了 23%,说明 OCH_3 与邻位 H_a 核发生了 NOE 效应。这种效应对结构测定相当有用,特别是对[13]CNMR谱更为有用。

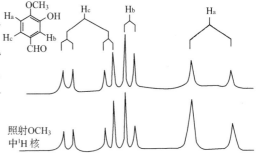

图 17-23　核欧佛豪斯效应

（5）采用高场强仪器

同一化合物中相互偶合的两组自旋核的化学位移差 $\Delta\delta$ 相同,但是频率差 $\Delta\nu$ 则随着所使用仪器场强增加而增大,因而 $\Delta\nu/J$ 也增大,可以使复杂的高级谱变为一级谱。通过采用高场强仪器可以使谱图大为简化,进而使谱图容易解析。如图 17-24 所示,丙烯腈的 3 个质子采用 60 MHz 的仪器,可以产生 14 条谱线,各个质子产生的吸收峰重叠严重,为难以解析的高级谱;如果采用 220 MHz 的仪器,$\Delta\nu/J$ 约增至 7,产生 12 条谱线,谱图中可以区分由每个质子产生的谱线,可以作为一级谱处理。

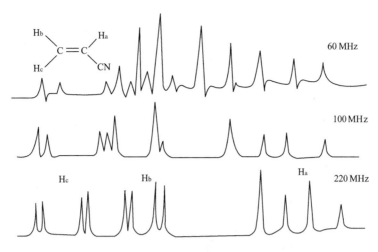

图 17-24　不同仪器场强丙烯腈的 ^{1}HNMR 谱图

2. 质子核磁共振谱图的解析步骤

(1)根据积分曲线的高度,算出各信号的相对强度,即相当于各种氢核的数目。一般以可靠的 CH_3 信号为标准。

(2)首先解析 $CH_3O—$, $CH_3—N$, $CH_3—Ar$, $CH_3\overset{\overset{\displaystyle O}{\|}}{—C}—$, $CH_3\overset{\overset{\displaystyle |}{—}\overset{\displaystyle |}{}}{—C=C—}$ 和 $CH_3—C—$ 等孤立的 CH_3 信号,然后再解析有偶合的 CH_3 信号。

(3)解析羧基或醛基的低场信号(很特征)。

(4)解析苯环上的 ^{1}H 核信号。通常邻位二取代苯和对位二取代苯的 ^{1}H 核峰具有对称中心,前者峰裂分复杂,后者具有 AB 四重峰的特征。

(5)若试样中含有—OH 或—NH_2 等活泼氢基团,则将加几滴重水以后的谱图与未加前的进行比较,解析消失的信号。要注意有些酰胺的 ^{1}H 核信号或具有分子内氢键的羟基 ^{1}H 核信号不消失,相反有些 CH 中 ^{1}H 核信号会消失。

(6)根据化学位移 δ、峰的数目和偶合常数 J 按一级谱解析来推断结构。

(7)必要时可以与类似化合物的 ^{1}HNMR 谱图进行比较,或与标准谱图作比较。

3. 质子核磁共振谱图的解析实例

【例 17-1】　某化合物 $C_{10}H_{12}O_2$,根据 ^{1}HNMR 谱图(图 17-25)推断其结构,并说明依据。

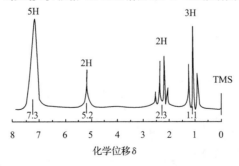

图 17-25　$C_{10}H_{12}O_2$ 的 ^{1}HNMR 谱图

解

不饱和度	$U=1+10+1/2(0-12)=5$				可能含有苯环(4)和 $C=O$、$C=C$ 或环(1)
	峰号	δ	积分	裂分峰数	归属	推断

<table>
<tr><td rowspan="8">谱
峰
归
属</td><td>峰号</td><td>δ</td><td>积分</td><td>裂分峰数</td><td>归属</td><td>推断</td></tr>
<tr><td>(a)</td><td>1.1</td><td>3H</td><td>三重峰</td><td>CH_3</td><td>与 CH_2(b)相邻 $CH_2-CH_3^*$,(a)和(b)两组偶合峰的峰形(三重峰-四重峰)为乙基特征。</td></tr>
<tr><td>(b)</td><td>2.3</td><td>2H</td><td>四重峰</td><td>CH_2</td><td>与 CH_3 和电负性基团相邻 $X-CH_2^*-CH_3$,电负性基团可能为 $-C=O$ 或 $-O-$。</td></tr>
<tr><td>(c)</td><td>5.2</td><td>2H</td><td>单峰</td><td>CH_2</td><td>单峰不与其他峰偶合,低场共振连有多个电负性基团,可能连 $-Ar$、$-C=O$ 或 $-O-$。</td></tr>
<tr><td>(d)</td><td>7.3</td><td>5H</td><td>单峰</td><td>ArH</td><td>苯环单取代,单峰为烷基单取代峰。</td></tr>
</table>

可能结构

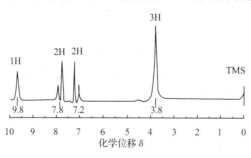

(A)

C—CH₂—O—C—CH₂—CH₃ 结构图 (B)

确定结构		(A)结构: $Ar-CH_2-O$ 质子化学位移查表 $\delta=4.34\sim5.34$, $C-CH_2-C=O$ 质子化学位移查表 $\delta=2.07\sim2.42$; (B)结构: $Ar-CH_2-C=O$ 质子化学位移查表 $\delta=3.45\sim3.97$, $C-CH_2-O$ 质子化学位移查表 $\delta=3.36\sim4.48$; 本例中(c)质子化学位移 $\delta=5.2$,(b)质子化学位移 $\delta=2.3$,故结构为(A)。
结构验证	其不饱和度与计算结果相符,并与标准谱图对照证明结构正确。	

【例 17-2】 某化合物 $C_8H_8O_2$,根据[1]HNMR 谱图(图 17-26)推断其结构,并说明依据。

图 17-26 $C_8H_8O_2$ 的[1]HNMR 谱图

解

不饱和度	$U=1+8+1/2(0-8)=5$				可能含有苯环(4)和 $C=O$、$C=C$ 或环(1)

<table>
<tr><td rowspan="5">谱
峰
归
属</td><td>峰号</td><td>δ</td><td>积分</td><td>裂分峰数</td><td>归属</td><td>推断</td></tr>
<tr><td>(a)</td><td>3.8</td><td>3H</td><td>单峰</td><td>CH_3</td><td>没有偶合,和电负性基团($-O$)相连向低场位移。</td></tr>
<tr><td>(b)</td><td>7.2</td><td>2H</td><td>双重峰</td><td>ArH</td><td rowspan="2">(b)和(c)的四个峰为苯环对位取代特征峰。</td></tr>
<tr><td>(c)</td><td>7.8</td><td>2H</td><td>双重峰</td><td>ArH</td></tr>
<tr><td>(d)</td><td>9.8</td><td>1H</td><td>单峰</td><td>CHO</td><td>低场信号为醛基质子特征峰。</td></tr>
</table>

确定结构	(a)　(b)　(c)　(d) CH_3O—◯—CHO	CHO 质子化学位移查表 $\delta=9\sim10$，$ArOCH_3$ 质子化学位移查表 $\delta=3.61\sim3.86$；本例中 CHO 质子化学位移 $\delta=9.8$，$ArOCH_3$ 质子化学位移 $\delta=3.8$，故结构正确。
结构验证	其不饱和度与计算结果相符，并与标准谱图对照证明结构正确。	

【例 17-3】 某化合物 $C_3H_6Cl_2$，根据 ^{1}HNMR 谱图（图 17-27）推断其结构，并说明依据。

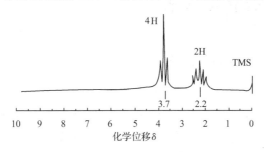

图 17-27　$C_3H_6Cl_2$ 的 ^{1}HNMR 谱图

解

不饱和度	$U=1+3+1/2(0-8)=0$				饱和化合物
谱峰归属	峰号	δ	积分	裂分峰数	归属　推断
	(a)	2.2	2H	五重峰	CH_2　与四个质子相邻，可能为 $CH_2—CH_2^*—CH_2$ 结构。
	(b)	3.7	4H	三重峰	CH_2　与 CH_2 和电负性基团相邻 $Cl—CH_2^*—CH_2$
确定结构	(b)　(a)　(b) $Cl—CH_2—CH_2—CH_2—Cl$				$CH_2—CH_2^*—CH_2$ 质子化学位移查表 $\delta=0.98\sim2.03$；$Cl—CH_2^*—CH_2$ 质子化学位移查表 $\delta=3.35\sim3.69$；本例中(a)质子化学位移 $\delta=2.2$；(b)质子化学位移 $\delta=3.7$ 故结构正确。
结构验证	其不饱和度与计算结果相符，并与标准谱图对照证明结构正确。				

【例 17-4】 某化合物 $C_4H_{10}O$，根据 ^{1}HNMR 谱图（图 17-28）推断其结构，并说明依据。

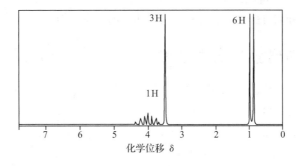

图 17-28　$C_4H_{10}O$ 的 ^{1}HNMR 谱图

解

不饱和度	$U=1+4+1/2(0-10)=0$				饱和化合物
谱峰归属	峰号	δ	积分	裂分峰数	归属　推断
	(a)	0.9	6H	双重峰	CH_3　与一个质子偶合，可能为 $—CH—CH_3^*$。
	(b)	3.5	3H	单峰	CH_3　和电负性基团（—O）相连向低场位移，可能为 $O—CH_3^*$。
	(c)	4.0	1H	七重峰	CH　和两个 CH_3 偶合，和(a)质子同时出现（双重峰-七重峰）为异丙基特征；和电负性基团（—O）相连向低场位移，可能为 $O—CH^*(CH_3)_2$。

确定结构	$\begin{array}{c} \quad\quad CH_3(a) \\ \quad\quad\quad| \\ CH_3{-}O{-}CH{-}CH_3 \\ (b)\quad\quad (c)\quad (a) \end{array}$	O—CH₃ 质子化学位移查表 $\delta=3.24\sim4.02$，O—CH 质子化学位移查表 $\delta=3.2\sim3.9$；本例中 O—CH₃ 质子化学位移 $\delta=3.5$，O—CH 质子化学位移 $\delta=4.0$，故结构正确。
结构验证	其不饱和度与计算结果相符，并与标准谱图对照证明结构正确。	

17.5 ¹³C 核磁共振波谱

17.5.1 ¹³CNMR 谱的特点

¹³CNMR 谱的原理与 ¹HNMR 谱的基本相同。所有有机化合物都含有碳和氢元素，由于 ¹³C 核的化学位移范围（$\delta_C=0\sim240$）远大于 ¹H 核的化学位移范围（$\delta_H=0\sim15$），因此 ¹³CNMR 谱分辨率高。几乎每一种化学环境稍有不同的 ¹³C 核都能被分别观测到，进而可得到分子的骨架结构信息。另外，¹³CNMR 谱还可以得到 ¹HNMR 谱不能直接测得的羰基、氰基和季碳的信号。但由于自然界中 ¹³C 核的丰度太低，仅仅是 ¹²C 核的 1.1%，另外，¹³C 核的旋磁比 $\gamma_C=6\,726$ 弧度/(秒·高斯)，只有 ¹H 核的 1/4 [$\gamma_H=26\,753$ 弧度/(秒·高斯)]，由于灵敏度与 γ 成正比，因此在 NMR 谱中，¹³C 核的灵敏度比 ¹H 核的要低得多，在核的个数相同时相对灵敏度只有 ¹H 核的 1/6 400。获取 ¹³CNMR 谱图的最好方法是进行累加，若在连续波（CW）扫描的仪器上采用多次扫描，每次扫描的结果储存于计算机中，由计算机累加平均，噪音背景累加的结果相互抵消，而信号却不断增强，从而大大提高了 S/N。这种连续波方法的缺点是测定时间长，一般需要十几个小时；若采用FT-NMR，在几分钟内即可完成。¹³CNMR谱由于邻近质子的偶合作用使谱峰变得非常复杂，也可以通过脉冲傅立叶变换技术得以解决。由于 FT-NMR 的普遍应用，¹³CNMR的应用技术发展很快，预计 ¹³CNMR 谱工作将超过 ¹HNMR 谱而成为核磁共振的主要方面。

17.5.2 脉冲傅立叶变换技术

一个时间域函数 $f(t)$ 也可以用频率域函数 $F(\omega)$ 表示，二者包含的信息完全相同，只是描述形式不同而已，它们之间的变换关系 $f(t)\leftrightarrow F(\omega)$ 称为傅立叶变换。如图 17-29 所示，若射频（H_1）以脉冲射频方式照射试样（脉冲宽度 $\tau=10\sim50\ \mu s$，周期 $T=1\sim5\ s$），由该调制脉冲磁场的频谱可见，它相当于在 ω_1 附近采用 n 台强度基本相等、频率相差 $2\pi/T$ 的射频发动机（包括使所有核同时共振的频率）同时照射试样。在射频脉冲 H_1 的作用下共振核由低能级跃迁到高能级，当脉冲停止后，在弛豫过程中将会记录到自由感应衰减（FID）信

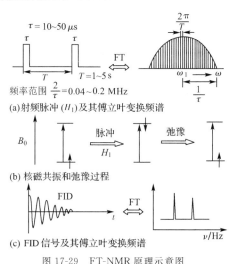

(a)射频脉冲 (H_1) 及其傅立叶变换频谱

(b) 核磁共振和弛豫过程

(c) FID 信号及其傅立叶变换频谱

图 17-29 FT-NMR 原理示意图

号。化学位移不同的核其 FID 信号不同,通过傅立叶变换技术将不同核的 FID 信号相互分离并转换为频率域函数,即可得到常见的 NMR 谱图。FID 信号进行傅立叶变换必须用计算机对其进行处理,首先对 FID 信号进行滤波,然后将其加到模数转换器(ADC)上,变成数字信号(变成不连续的数字点),再送到计算机进行计算,最后将数字信号加到数模转换器(DAC)上,转换为频率域函数。FT-NMR 方法对 ^{13}C 谱和 ^{1}H 谱都适用,它不但能够得到同一般核磁共振仪器一样由化学位移和偶合常数测得的静态分子结构信息,而且通过测定弛豫时间,还可以得到分子运动和分子间相互作用等分子的动态结构变化信息。

17.5.3　^{13}CNMR 谱的标识技术

由于 ^{13}C 核的自然丰度小,所以两个 ^{13}C 核相连的几率很小,故 ^{13}C—^{13}C 之间可认为无偶合作用。而 ^{13}C—^{1}H 会发生偶合作用,^{13}C 与 ^{1}H 核的自旋量子数都是 $I = \dfrac{1}{2}$,^{13}C—^{1}H 之间的相互偶合使吸收峰裂分为多重峰。但是 ^{13}C—^{1}H 的偶合常数远比 ^{1}H—^{1}H 之间的偶合常数(0~20 Hz)大,如脂肪族 ^{13}C 与 ^{1}H 之间的偶合常数 $J = 125$ Hz;芳香族 ^{13}C 与 ^{1}H 之间的偶合常数 $J = 160$ Hz;炔类 ^{13}C 与 ^{1}H 之间的偶合常数 $J = 250$ Hz。通常 ^{1}H 谱图中出现的裂分峰是一簇一簇靠得很近的四重峰、三重峰、⋯,而 ^{13}C 谱中由于 ^{13}C 核与 ^{1}H 核的偶合常数 $^{1}J_{CH}$ 大,^{13}C—^{1}H 的偶合裂分使 ^{13}C 信号幅度分散(强度降低),常造成信号交叉重叠,影响谱图解析,因此在观测 ^{13}C 谱时要求消除 ^{1}H 核对 ^{13}C 核的偶合作用,必须采用去偶技术,实际上 ^{13}C 谱若不去偶就不能解析。

为了标识谱图,可以采用很多去偶技术,如质子噪声去偶、偏共振去偶、门控去偶及反门控去偶等,如图 17-30 所示。

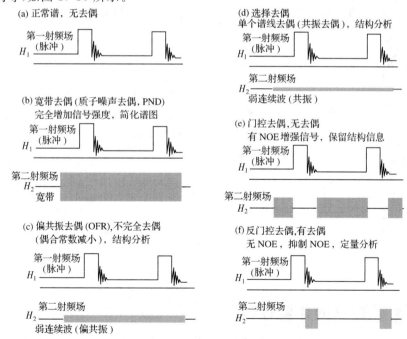

图 17-30　^{13}CNMR 的去偶技术

1.宽带去偶（质子噪声去偶，PND）

除了第一射频场（H_1）以外，再加一个去偶的射频场（H_2）（称为第二射频场），如图 17-30(b)所示，第二射频场 H_2 包括了试样中全部 ^1H 核的拉莫尔进动频率，例如在23 500 高斯的磁场中 ^1H 核共振频率是 100 MHz，^{13}C 核共振频率是 25 MHz，那么第二射频场（H_2）的频率应该在 100 MHz 左右，并且至少带宽 1 kHz，使试样中所有 ^1H 核去偶，^{13}C 谱便是一个一个的单峰，这就是质子噪声去偶。这样，化合物分子中有几种类型的碳，就产生几个峰，如图 17-31 所示。若分子是不对称的，则有几个碳就出现几个峰；若分子是对称的，凡对称的碳就只有一个峰，因此，对称结构化合物的峰数少于碳数。去偶的 ^{13}C 谱不仅由于多重峰合并成单峰使 S/N 提高，且有 NOE 效应也使 ^{13}C 谱幅度增强。

2.偏共振去偶（OFR）

如图 17-30(c)所示，偏共振去偶的第二射频场 H_2 只用一种频率，这个频率不满足任何一个 ^1H 核的共振频率，而是选在比 ^1H 核共振频率小约 $100\sim1\ 000$ Hz 的某一频率上。这样照射的结果是消除了远程偶合，但仍然保留了与 ^{13}C 核相连的 ^1H 核对其偶合作用，而且偶合常数 $^1J_{CH}$ 会降低几倍（称为剩余偶合常数 J_r）。这时裂分峰相互靠近成为峰簇，并保持了由偶合产生的裂分峰数。由偏共振去偶不仅可以知道化合物中有几种化学环境不同的碳原子，而且还可以知道碳原子上相连的氢原子数。

3.选择去偶

如图 17-30(d)所示，选择去偶是用一个很小频率的射频场（H_2），H_2 只包含某一个 ^1H 核的共振频率，共振频率要求尽可能地准确，要在 ^1HNMR 中选择。弄清楚每种 ^1H 核的化学位移 δ 后，选择某一个 ^1H 核的共振频率作为第二射频场，这样更为有利。因此，与这个 ^1H 核偶合的 ^{13}C 核，其 $^1J_{CH}=0$，所以就变为单峰，而其他 ^{13}C 核与其他 ^1H 核的偶合，因为受第二射频场照射，显示出偏共振的结果，也会使其 $^1J_{CH}$ 变小，裂分峰变为峰簇。

邻溴苯胺的宽带去偶（PND）和偏共振去偶（OFR）$^{13}CNMR$ 谱图如图 17-32 所示。

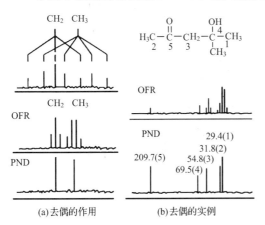

图 17-31　宽带去偶（PND）和偏共振去偶（OFR）

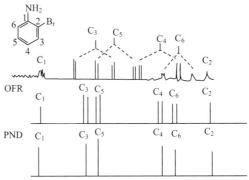

图 17-32　邻溴苯胺的宽带去偶和偏共振
去偶 $^{13}CNMR$ 谱图

17.5.4　^{13}C 核的化学位移

^{13}C 核的化学位移与碳的杂化和取代基的诱导效应、共轭效应、立体效应、磁各向异性效应

及溶剂等多种因素有关。在一般情况下，^{13}C 核的化学位移与 ^{1}H 核的化学位移有着相似的平行趋势，如饱和碳氢的 ^{13}C 和 ^{1}H 核的化学位移均出现在高场，而烯烃和芳烃的均出现在低场。取代基的诱导效应、共轭效应、立体效应和磁各向异性效应等对 ^{13}C 核化学位移的影响也与 ^{1}HNMR 谱相同。脂肪烃骨架上 ^{13}C 核的化学位移 $\delta = 0 \sim 55$，与电负性基团（如氧）相连时移向低场 $\delta = 48 \sim 88$；烯烃和芳烃等双键上 ^{13}C 核的化学位移 $\delta = 105 \sim 145$；酸和酯羰基上 ^{13}C 核的化学位移 $\delta = 155 \sim 190$；醛和酮羰基上 ^{13}C 核的化学位移 $\delta = 175 \sim 225$；炔烃和氰基中叁键上 ^{13}C 核的化学位移分别为 $\delta = 68 \sim 93$ 和 $\delta = 112 \sim 126$。某些常见结构单元的 ^{13}C 核的化学位移如图 17-33 和表 17-5 所示。

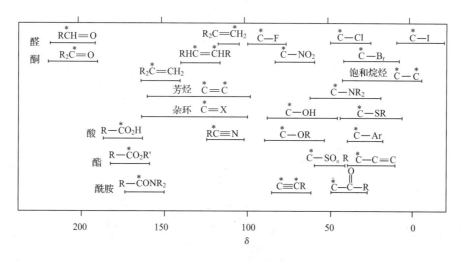

图 17-33　常见结构单元的 ^{13}C 核的化学位移

表 17-5　　　　　　　　　　常见结构单元的 ^{1}H 和 ^{13}C 核的化学位移

类型	结构		δ	
			^{1}H	^{13}C
烷烃		CH$_3$	$0.6 \sim 1.2$	$5 \sim 30$
		CH$_2$	$1.2 \sim 1.5$	$21 \sim 45$
		CH	$1.4 \sim 1.8$	$29 \sim 58$
环烷烃		三元环 CH$_2$	$-0.2 \sim 0.2$	-2.9
		四元环 CH$_2$	1.95	22.3
		五元环 CH$_2$	1.50	26.5
		六元环 CH$_2$	1.44	27.3
CH$_3$	CH$_3$—C—C—G	G=X,OH,OR,N 等	$0.8 \sim 1.4$	$27 \sim 29$
	CH$_3$—C—G	G=C=C,Ar	$1.05 \sim 1.20$	$15 \sim 30$
		G=X,OH,OR,C=O	$1.0 \sim 2.0$	$25 \sim 30$
	CH$_3$—G	G=C=C	$1.5 \sim 2.0$	$12 \sim 25$
		G=COR,Ar	$2.1 \sim 2.4$	$20 \sim 30$
		G=C≡C	1.7	$5 \sim 30$
		G=N,X	$2.2 \sim 3.5$	$25 \sim 35$
		G=OR,OAr	$3.2 \sim 3.8$	$56 \sim 60$

（续表）

类型	结构		δ	
			^{1}H	^{13}C
CH$_2$	R—CH$_2$—G	G=C=O	2.3～2.6	32～45
		G=C=C	1.9～2.3	32～35
		G=Ar	2.4～2.7	38～40
		G=F	4.3	88
		G=Cl	3.4	51
		G=Br	3.3	40
		G=I	3.1	13
		G=OH,OR	3.5	67～69
		G=NH$_2$	2.5	47～49
		G=NR$_2$	2.5	60～62
		G=CO$_2$H	2.4	39～41
		G=CN	2.5	25～27
CH	R$_2$CH—G	G=C=O	2.5	40
		G=C=C	2.2	—
		G=Ar	2.8	32
		G=F	4.6	83
		G=Cl	4.0	52
		G=Br	4.1	45
		G=I	4.2	20
		G=OH, OR	3.9	57～58
		G=NH$_2$	2.8	43
		G=NR$_2$	2.8	56
		G=CO$_2$H	2.6	—
		G=CN	2.7	23
烯烃		=CH$_2$	4.5～5.0	115
		=CH$_2$（共轭）	5.3～5.8	117
		=CHR	5.1～5.8	120～140
		=CHR（共轭）	5.8～6.6	130～140
		C=C=CH$_2$	4.4	75～90
		C=C=C	—	210～220
炔烃		RC≡CH	2.4～2.7	65～70
		RC≡CR	—	85～90
芳烃		Ar—H（一般范围）	6.5～8.5	115～160
	ArNO$_2$	取代碳	—	148.5
		邻位	8.2	123.5
		间位	7.4	129.4
		对位	7.6	134.3
	ArOCH$_3$	取代碳	—	159.9
		邻位	6.8	114.1
		间位	7.2	129.5
		对位	6.7	120.8
	ArBr	取代碳	—	123.0
		邻位	7.5	131.9
		间位	7.1	130.2
		对位	6.7	126.9
	ArCH$_3$	取代碳	—	137.8
		邻位	7.4	129.3
		间位	7.2	128.5
		对位	7.1	125.6

（续表）

类型		结构	δ	
			^1H	^{13}C
羰基化合物	醛	RCHO	9.4～9.7	200
		ArCHO	9.7～10.0	190
	酮	R_2CO	—	205～215
		五元环 C=O	—	214
		六元环 C=O	—	209
		ArCOR	—	190～200
	酸	RCO_2H，$ArCO_2H$	10～13.2	165～185
	酯	RCO_2R，$ArCO_2R$	—	155～180
	酰氯	RCOCl，ArCOCl	—	168～170
	酰胺	$RCONH_2$，$ArCONH_2$	—	170
氰基		$RC\equiv N$	—	115～125
含活泼氢化合物		ROH（游离）	0.5～1.0	—
		ROH（氢键）	4.0～6.0	—
		ArOH（游离）	4.5	—
		ArOH（氢键）	9.0～12.0	—
		CO_2H（氢键）	9.6～13.3	—
		NHR，NH_2（游离）	0.5～1.5	—
		ArNHR，$ArNH_2$（游离）	2.5～4.0	—
		R_3NH^+，$R_2NH_2^+$，RNH_3^+（在 CF_3CO_2H 中）	7.0～8.0	—
		Ar_3NH^+ 等（在 CF_3CO_2H 中）	8.5～9.5	—
		RSH	1.0～1.6	—
		ArSH	3.0～4.0	—

17.5.5　^{13}CNMR 的应用

^{13}CNMR 的解析步骤与 ^1HNMR 的类似，首先要排除溶剂峰和杂质峰，而且不要遗漏季碳等的谱峰。^{13}CNMR 对分子结构的微小变化很敏感，化学环境不同的碳在谱图中都可以找到吸收峰，因此 ^{13}CNMR 是有机化合物结构分析比较常用的方法。下面举例说明。

【例 17-5】　化合物 $C_5H_{10}O_2$，根据 ^{13}CNMR 谱图（图 17-34）确定结构，并说明依据。

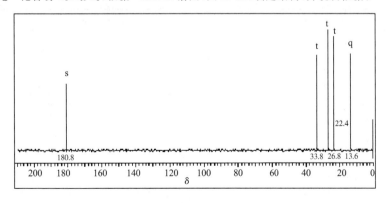

图 17-34　$C_5H_{10}O_2$ 的 ^{13}CNMR 谱图

解

	不饱和度		$U=1+5+1/2(0-10)=1$			可能含有 C=O，C=C 或环

	峰号	δ	偏共振多重性	归属	推断
谱峰归属	(a)	13.6	q	CH_3	$C-C^*H_3$
	(b)	22.4	t	CH_2	$C-C^*H_2-C$
	(c)	26.8	t	CH_2	$C-C^*H_2-C$
	(d)	33.8	t	CH_2	$C-C^*H_2-C=O$
	(e)	180.8	s	C	$C^*=O$

确定结构	$$\underset{\text{(a)}}{CH_3}-\underset{\text{(b)}}{CH_2}-\underset{\text{(c)}}{CH_2}-\underset{\text{(d)}}{CH_2}-\underset{\text{(e)}}{\overset{\displaystyle O}{C}}-OH$$	$C-C^*H_3$ 化学位移查表 $\delta=5\sim30$；$C-C^*H_2-C$ 化学位移查表 $\delta=21\sim45$；$C-C^*H_2-COOH$ 化学位移查表 $\delta=39\sim41$；C^*OOH 化学位移查表 $\delta=165\sim185$，故结构正确。

结构验证	其不饱和度与计算结果相符，并与标准谱图对照证明结构正确。

【例 17-6】 化合物 C_8H_8O，根据 $^{13}CNMR$ 谱图（图 17-35）确定结构，并说明依据。

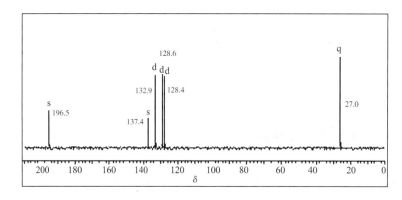

图 17-35 C_8H_8O 的 $^{13}CNMR$ 谱图

解

	不饱和度		$U=1+8+1/2(0-8)=5$			可能含有苯环和 C=O，C=C 或环

	峰号	δ	偏共振多重性	归属	推断
谱峰归属	(a)	27.0	q	CH_3	$O=C-C^*H_3$
	(b)	128.4	d	CH	苯环没有取代碳=CH
	(c)	128.6	d	CH	苯环没有取代碳=CH
	(d)	132.9	d	CH	苯环没有取代碳=CH
	(e)	137.4	s	C	苯环取代碳=C
	(f)	196.5	s	C	$C^*=O$

确定结构		$O=C-C^*H_3$ 化学位移查表 $\delta=20\sim30$；苯环没有取代碳=CH 化学位移查表 $\delta=115\sim160$；ArC^*OR 化学位移查表 $\delta=190\sim200$，故结构正确。

结构验证	其不饱和度与计算结果相符，并与标准谱图对照证明结构正确。

【例 17-7】 化合物 $C_7H_{14}O$，根据 NMR 谱图（图 17-36）确定结构，并说明依据。

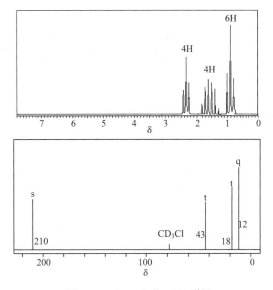

图 17-36　$C_7H_{14}O$ 的 NMR 谱图

解

不饱和度	$U=1+7+1/2(0-14)=1$				可能含有 C=O,C=C 或环
^1H 谱峰归属	峰号	δ	积分	裂分峰数	归属	推断
	(a)	0.9	6H	三重峰	CH_3	与 CH_2 偶合,可能有 2 个—CH_2—CH_3^* 结构。
	(b)	1.5	4H	多重峰	CH_2	与多个质子相邻,可能为 CH_2—CH_2^*—CH_3。
	(c)	2.3	4H	三重峰	CH_2	共振频率移向低场与 CH_2 和电负性基团相连,可能为 CH_2—CH_2^*—C=O。
^{13}C 谱峰归属	峰号	δ	偏共振多重性		归属	推断
	(a)	12	q		CH_3	C—C^*H_3
	(b)	18	t		CH_2	C—C^*H_2—C
	(c)	43	t		CH_2	C—C^*H_2—C=O
	(d)	210	s		C	C—C^*=O
确定结构	H_3C—CH_2—CH_2—$\overset{\displaystyle O}{\overset{\displaystyle \|}{C}}$—$CH_2$—$CH_2$—$CH_3$				^1H 谱:CH_2—CH_3^* 化学位移查表 $\delta=0.8\sim1.4$; CH_2—CH_2^*—CH_3 化学位移查表 $\delta=1.2\sim1.5$; CH_2—CH_2^*—C=O 化学位移 $\delta=2.3\sim2.6$。 ^{13}C 谱:分子中有 7 个碳,谱图中产生 4 个峰,分子有对称性;C—C^*H_3 化学位移查表 $\delta=20\sim30$; C—C^*H_2—C 化学位移查表 $\delta=21\sim45$; C—C^*H_2—C=O 化学位移 $\delta=32\sim45$; R_2C^*=O 化学位移 $\delta=205\sim215$,故结构正确。
结构验证	其不饱和度与计算结果相符,并与标准谱图对照证明结构正确。				

17.6　二维核磁共振波谱(2D-NMR)

前述讨论的核磁共振波谱属于 1D-NMR,自由感应衰减(FID)信号通过傅立叶变换,从时间域函数变换为频率域函数,即只有一个频率横坐标,纵坐标为强度信号;而二维核磁共振波谱有两个时间变量,经过两次傅立叶变换得到两个独立的频率信号,即横坐标和纵坐标均为频率信号,而第三维则为强度信号。二维核磁共振波谱使 NMR 技术发生了一次革命性的变化,它将挤在一维谱中的谱线在二维空间中展开(2D-NMR),极大地提高了 NMR 谱峰的分辨率,为谱峰的归属提供了非常直接的方式,从而较清晰地提供了1D-NMR难以提供的更多的结构信息。

17.6.1 1D-NMR 与 2D-NMR

1.脉冲序列

脉冲序列为施加到试样上产生特定形式的 NMR 信号的一系列射频脉冲。碳谱线多重性的确定和2D-NMR都要应用各种脉冲序列。

如图 17-37 所示,$90°$、$180°$和$270°$表示脉冲角度,下标 x 表示 2D-NMR 绕其转动的坐标轴。如图 17-38 所示为自旋回波的脉冲序列,自旋回波的脉冲序列为$(90°)_x$—DE—$(180°)_x$—DE—AQT。DE(Delay)表示某一固定的时间间隔;AQT(Acquisition Time)表示测定信号的采样时间。

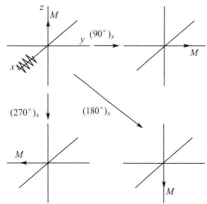

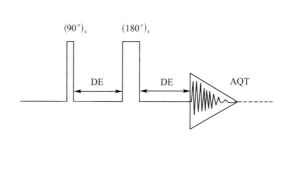

图 17-37　在 x 轴施加不同脉冲角度的射频时
宏观磁化强度矢量 M 的变化情况

图 17-38　自旋回波的脉冲序列示意图

2.1D-NMR

为了更好地讨论 2D-NMR,有必要回顾一下1D-NMR实验。通过对宏观磁化强度矢量 M 施加一个$90°$射频脉冲,其倒向 xy 平面,在检测期 t_2 期间的演变,通过对接受线圈内感应信号的检测可以得到信号随时间变化的自由感应衰减(FID)信号,对 FID 信号进行傅立叶变换就可得到常见的频率域 NMR 谱图。1D-NMR的原理如图 17-39 所示。

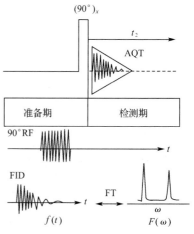

3.2D-NMR

2D-NMR 是在 1D-NMR 基础上发展过来的,是通过记录一系列 1D-NMR 谱图获得的,每个1D-NMR实验的差别仅在于脉冲序列引入的时间增量 $\Delta t(t_1 = t +$

图 17-39　1D-NMR 的原理示意图

Δt）。2D-NMR 的原理如图 17-40 所示。

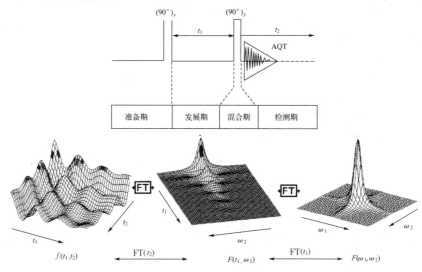

图 17-40　2D-NMR 的原理示意图

2D-NMR 实验的脉冲序列可以分为四个区域：

准备期—发展期(t_1)—混合期(t_m)—检测期(t_2)

其中，检测期 t_2 与 1D-NMR 实验相对应，通过傅立叶变换将 t_2 变换为 2D-NMR 的 ω_2 频率轴；在混合期 t_m 建立信号检出条件，根据 2D-NMR 的种类不同，混合期有可能不存在；发展期 t_1 逐级增长，对于每一个 t_1 增量 Δt，检测期 t_2 就检测到一个 FID 信号。在 2D-NMR中首先获得的信号是时间 t_1 和 t_2 的函数 $f(t_1,t_2)$；通过对每一个 FID 信号的 t_2 进行傅立叶变换就得到一系列 ω_2 谱 $F(t_1,\omega_2)$；对 t_1 进行两次傅立叶变换就会得到两个频率函数 $F(\omega_1,\omega_2)$ 的 2D-NMR 谱。

2D-NMR 谱有各种不同的表示方法，应用最多的是堆积图谱和等高线图谱。堆积图谱[图 17-41(a)]是立体三维图形，谱图直观，富有立体感，但谱图绘制时间较长，信号小的谱峰有可能被掩盖，信号的坐标有时难以确定，因此在实际使用上有很大限制；等高线图谱[图 17-41(b)]采用等高线图表示信号的等值强度，强度小的谱峰线条稀疏，强度大的谱峰线条密布，而且可以在两个坐标轴上准确地确定频率位置，作图简便快速，是 2D-NMR谱广泛采用的方法。

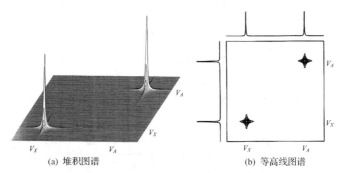

(a) 堆积图谱　　　　　　(b) 等高线图谱

图 17-41　2D-NMR 的表示方法

17.6.2　二维化学位移相关NMR谱

2D-NMR谱可分为二维分解谱和二维相关谱。在二维化学位移相关NMR谱（Correlated NMR Spectroscopy，COSY）中，两个频率坐标代表的化学位移是相互关联的，可以在一张2D-NMR谱图上表明所有自旋核发生自旋-自旋偶合的信息。二维化学位移相关NMR谱又可分为同核位移相关NMR谱和异核位移相关NMR谱，如^{1}H—^{1}H同核化学位移相关谱（COSY）和^{1}H—^{13}C异核化学位移相关谱（HETCOR）。

1.^{1}H—^{1}H同核化学位移相关谱

^{1}H—^{1}H同核化学位移相关谱（COSY）的脉冲序列如图17-42所示。在发展期t_1，各个^{1}H核以不同的频率在xy平面进动；在混合期施加第二个90°混合射频脉冲，通过相干或极化转移建立检测条件；在检测期t_2检测得到含有对角峰和交叉峰的2D-NMR谱图。

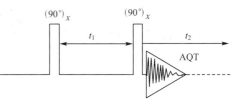

图17-42　COSY谱的脉冲序列

2D-NMR谱图的两个化学位移轴互相垂直，两个轴分别以F_1、F_2表示。在每一个轴上方都画出独立的一维谱图，通常所见的一维谱图出现在对角线上，称为对角峰。若存在自旋-自旋偶合，就会在对角线两侧产生对称分布的交叉峰。由交叉峰沿水平和垂直方向画线（虚线）相交于对角线，交叉峰和对角峰构成正方形的四个角，从任一交叉峰即可找到相互偶合的自旋核。COSY谱一般反映的是^3J偶合关系，有时也会出现少数反映远程偶合的交叉峰，如图17-43所示。

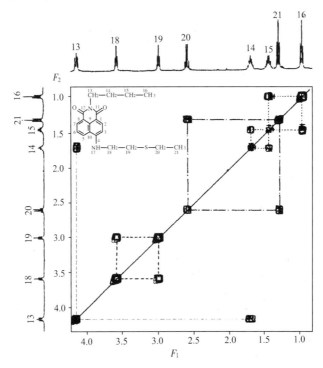

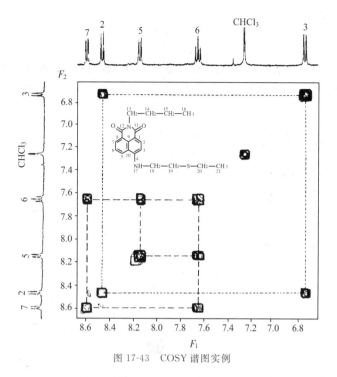

图 17-43　COSY 谱图实例

2. ^{1}H—^{13}C 异核化学位移相关谱

^{1}H—^{13}C 异核化学位移相关谱（HETCOR）的脉冲序列如图 17-44 所示，这是一个极化转移的脉冲序列。^{13}C 核的 $180°$ 脉冲在发展期消除了 ^{13}C 和 ^{1}H 核之间的自旋偶合；在 ^{1}H 核的第二个 $90°$ 脉冲前需要等待 $\frac{1}{2}J$ 的时间，让 ^{1}H 核的两个磁化分量刚好转到反平行相位，以建立磁化转移的最佳状态；磁化转移后还要等待 $\frac{1}{3}J$ 的时间，使磁化转移后的反相分量进动到相位一致的状态，然后施加 ^{1}H 核去偶和 ^{13}C 核检测。

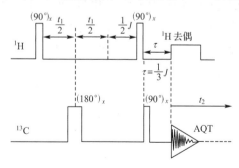

图 17-44　HETCOR 谱的脉冲序列

HETCOR 谱图的两个频率轴一个为 δ_H，另一个为 δ_C，两个频率轴所表示的信息不同，所以 HETCOR 谱图不是对称的，只显示交叉峰。每一个交叉峰均为 ^{13}C 核和以 $^1J_{CH}$ 相连的 ^{1}H 核的相关峰，如图 17-45 所示。

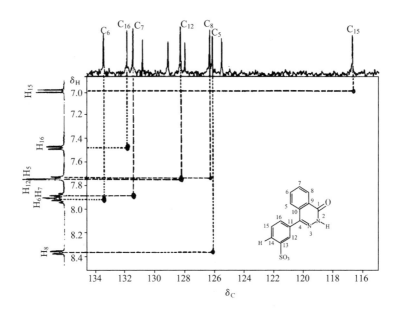

图 17-45 HETCOR 谱图实例

习 题

17-1 在下列化合物中,^{1}HNMR 谱中应该有多少种不同的 ^{1}H 核?

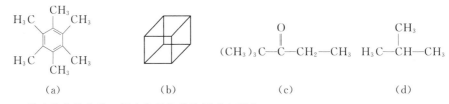

(a)　　　　　　(b)　　　　　　(c)　　　　　　(d)

17-2 什么是化学位移?影响化学位移的因素有哪些?

17-3 何谓自旋-自旋偶合、偶合裂分和偶合常数?

17-4 下列两组化合物标记的 ^{1}H 核,在 ^{1}HNMR 谱中,何者的共振频率出现在低场?

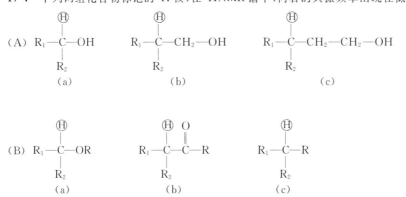

17-5 分别预测下列两个化合物在 NMR 谱中,哪个 ^{13}C 核化学位移 δ_C 最小?哪个 ^{1}H 核化学位移 δ_H 最大?

$$H_3C-CH_2-\underset{\overset{\displaystyle |}{Cl}}{CH}-Cl \qquad H_3C-O-CH_2-\underset{\overset{\displaystyle |}{CH_3}}{CH}-CH_3$$

(a) (b)

17-6 模拟下列化合物的 ^1H NMR 谱图，谱图中应包括大致的化学位移 δ 范围、裂分峰数及每个吸收峰的相对强度。

$$\text{(苯基)}-O-CH_2-CH_2-CH_3 \qquad H_3C-CH_2-O-CH_3 \qquad H_3C-CH_2-CH_2-NO_2$$

(a) (b) (c)

$$H_3C-\underset{\overset{\displaystyle |}{CH_3}}{CH}-CH_2-O-\overset{\overset{\displaystyle O}{\|}}{C}-CH_3 \qquad H_3C-\underset{\overset{\displaystyle |}{CH_3}}{CH}-\underset{\overset{\displaystyle |}{CH_3}}{N}-CH_3 \qquad H_3C-CH_2-\overset{\overset{\displaystyle O}{\|}}{C}-CH_3$$

(d) (e) (f)

$$\text{(苯基)}-CH_2-CH_2-O-CH_3 \qquad Cl-\underset{\overset{\displaystyle |}{Cl}}{CH}-CH_2-\underset{\overset{\displaystyle |}{Cl}}{CH}-Cl \qquad Cl-CH_2-O-CH_3$$

(g) (h) (i)

17-7 解释下列两个化合物中标记的核（H_a 和 H_b），为什么其化学位移 δ 不同？

$(\delta=6.86)$ $(\delta=5.96)$

17-8 ^{13}C NMR 谱的化学位移为什么远大于 ^1H NMR 谱的化学位移？

17-9 何谓宽带去偶（PND）和偏共振去偶（OFR）^{13}C NMR 谱？

17-10 化合物 $C_4H_{10}O$，根据 ^1H NMR 谱图（图 17-46）确定结构，并说明依据。

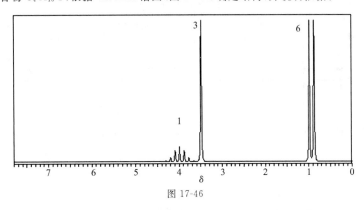

图 17-46

17-11 化合物 $C_4H_{10}O$，根据 ^1H NMR 谱图（图 17-47）确定结构，并说明依据。

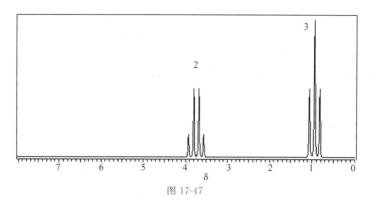

图 17-47

17-12 化合物 C_8H_8O，根据 ^1HNMR 谱图（图 17-48）确定结构，并说明依据。

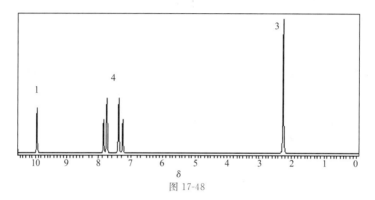

图 17-48

17-13 化合物 C_3H_5NO，根据 ^1HNMR 谱图（图 17-49）确定结构，并说明依据。

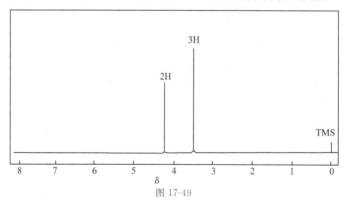

图 17-49

17-14 化合物 $C_4H_{10}O$，根据 ^1HNMR 谱图（图 17-50）确定结构，并说明依据。

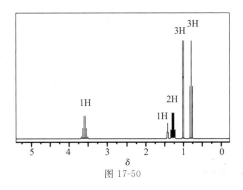

图 17-50

17-15 化合物 C_8H_{10}，根据 ^{13}CNMR 谱图（图 17-51）确定结构，并说明依据。

17-16 某化合物分子无对称性，根据 ^{13}CNMR 谱图（图 17-52）确定结构，并说明依据。

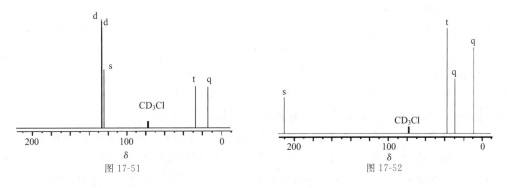

图 17-51　　　　　　　　　　　图 17-52

17-17 化合物 $C_7H_{16}O_4$，根据 ^{1}HNMR 和 ^{13}CNMR 谱图（图 17-53）确定结构，并说明依据。

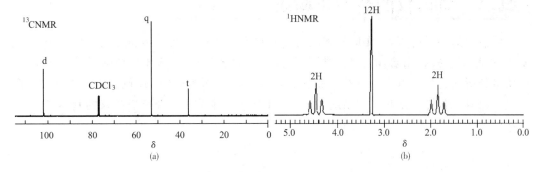

(a)　　　　　　　　　　　(b)

图 17-53

第18章

质谱分析法

质谱分析法(Mass Spectrometry,MS)是通过将试样分子产生气态离子,然后按质荷比(m/z)对这些离子进行分离和检测的一种分析方法。质谱分析法具有分析速度快、灵敏度高以及谱图解析相对简单等优点。在结构定性方面,质谱分析法是测定相对分子质量、分子式或分子组成以及结构鉴定的重要手段,应用于合成化学、药物及代谢产物、天然产物的结构分析;在定量分析方面,质谱分析法是高灵敏度的分析方法之一,用于多氯二苯并二噁英(PCDD)和兴奋剂的检验等。近年来,质谱分析法已进入许多新的应用领域,如生物大分子的表征,特别是蛋白质组学和人类基因组计划的应用等。

自 1912 年 J. J. Thomson 研制成第一台质谱仪以来,该领域的发展十分迅速。2002年由于"发明了用于生物大分子的电喷雾离子化和基质辅助激光解吸离子化质谱分析法",美国科学家约翰·芬恩与日本科学家田中耕一共享该年度的诺贝尔化学奖。

18.1 质谱仪的类型及构成

质谱仪的种类很多,工作原理和应用范围也有很大的不同。然而无论是何种类型的质谱仪,其基本构成相同,都有将试样分子离子化的电离装置、将不同质荷比的离子分开的质量分析装置和可以得到试样质谱图的检测器。一般地,质谱仪包括进样系统、离子源、质量分析器、检测器和真空系统,如图 18-1 所示。本节主要介绍质谱仪的基本结构和工作原理。

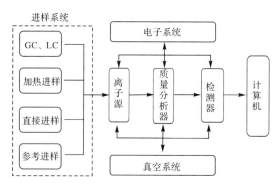

图 18-1　质谱仪的基本构成

18.1.1　进样系统

质谱仪的进样系统如图 18-2 所示。将试样导入离子源常用的方法有三种:可控漏孔进样(又称储罐进样)、插入式直接进样杆(探头)和色谱法进样。进样方法的选择取决于试样的物理化学性质,如熔点、蒸气压、纯度及所采用的离子化方式等。

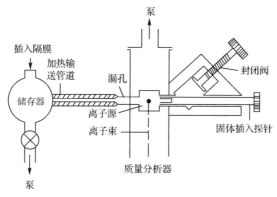

图 18-2　质谱仪的进样系统

由于质谱仪在高真空状态下工作,对于气体或挥发性液体一般采用简单的可控漏孔进样。用注射器或进样阀将试样注入储存器,然后通过漏孔进入离子源。足够的试样量可以在较长时间内给离子源提供稳定的试样源。一般用做仪器质量标定的标准试样,如全氟煤油(PFK)通常采用该方法进样。

插入式直接进样杆适用于有一定挥发性的固体或高沸点液体试样,如合成出的"纯"样。将固体或液体试样放在坩埚内,将其放入可加热的套圈内,通过真空隔离阀将直接进样杆插入高真空离子源附近,加热升温保证固体试样挥发,一般可加热至 $300\sim400$ ℃。分析试样的相对分子质量可达 1 000。

与色谱联用的进样方法是最重要的、最常用的进样方法之一。将色谱柱分离的组分直接导入质谱,使混合物的直接质谱分析成为可能。气相色谱-质谱联用已成为常规分析仪器,近几年液相色谱-质谱联用也引发了质谱研究和应用领域的巨大变革。鉴于联用技术的重要性,将在后面专门介绍有关仪器和实验方法。

18.1.2　真空系统

质谱仪的离子源、质量分析器及检测器等必须处于高真空状态(离子源中应达 $1.3\times10^{-5}\sim1.3\times10^{-4}$ Pa,质量分析器中应达 1.3×10^{-6} Pa),即质谱仪必须有真空系统。一般真空系统由机械真空泵和扩散泵(或涡轮分子泵)构成。机械真空泵能达到的极限真空度为 10^{-3} Pa,不能满足仪器要求,必须依靠高真空泵,通过逐级真空系统来保证质谱仪的正常工作。常用的高真空泵是扩散泵,其性能稳定可靠,但缺点是启动慢;而涡轮分子泵则相反,启动快,但其使用寿命不如扩散泵。由于涡轮分子泵使用方便,没有油扩散的污染问题,因此,近年来商品化的质谱仪大多使用涡轮分子泵。涡轮分子泵直接与离子源或质量分析器相连,抽出的气体再由机械真空泵排到体系之外。

质谱分析要求高真空状态的原因主要为：①避免大量氧存在造成离子源灯丝损坏；②消除本底干扰；③减少离子-分子反应，导致图谱复杂化；④有利于离子源中电子束的调节；⑤避免加速极放电等问题。

18.1.3 离子源

离子源(Ion Source)的功能是提供能量将试样电离，形成由不同质荷比(m/z)的离子组成的离子束。质谱仪的离子源种类很多，如电子轰击离子源、化学电离源、大气压化学电离源、快原子轰击源、电喷雾离子源及基质辅助激光解吸离子源等，表18-1列出了常见离子源的特点。

表 18-1 常见离子源的特点

基本类型	离子源	离子化能量	特点及主要应用
气相	电子轰击(EI)	高能电子	灵敏度高、重现性好；生成特征碎片离子、标准谱图库，适合挥发性试样的分子结构判定
	化学电离(CI)	反应气离子	生成准分子离子、相对分子质量确定，适合挥发性试样
	快原子轰击(FAB)	高能原子束	生成准分子离子，适合难挥发、极性大的试样
解吸	电喷雾(ESI)	高电场	生成多电荷离子、碎片少，适合极性大分子分析，也用做液相色谱-质谱仪的接口
	基质辅助激光解吸(MALDI)	激光束	高分子及生物大分子分析，主要生成准分子离子

1. 电子轰击离子源

电子轰击离子源(Electron Ionization，或 Electron Impact Ionization，EI)是应用最广泛的离子源，主要用于挥发性试样的电离。如图 18-3 所示是电子轰击离子源的原理图。由 GC 或直接进样杆导入的试样分子，以气态形式进入离子源，被加热灯丝发出的电子轰击电离。在 70 eV 电子碰撞作用下，有机物分子可能被打掉一个电子形成分子离子，也可能会发生化学键的断裂形成碎片离子。由分子离子可以确定化合物的相对分子质量，由碎片离子可以得到化合物的结构。对于一些不稳定的化合物，在 70 eV 电子的轰击下很难得到分子离子。在这种情况下，为了得到化合物的相对分子质量，可以采用 10～20 eV 的电子能量，不过此时仪器的灵敏度将大大降低，需要加大试样的进样量，而且得到的质谱图不是标准质谱图。

离子源中进行的电离过程比较复杂。在电子轰击下，试样分子形成离子的途径可能有以下几种：

(1)试样分子被打掉一个电子形成分子离子。

$$M + e^- \longrightarrow M^{+\cdot} + 2e^-$$

(2)分子离子进一步发生化学键断裂形成碎片离子。

$$M^{+\cdot} \longrightarrow m_1^+ + R\cdot$$
$$M^{+\cdot} \longrightarrow m_2^{+\cdot} + N$$

(3)分子离子发生结构重排形成重排离子。

(4)通过分子离子反应生成加合离子。

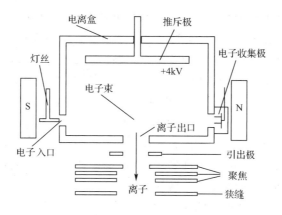

图 18-3　电子轰击离子源原理图

此外,试样分子还会生成同位素离子。因此,试样分子可以产生很多带有结构信息的离子。对这些离子进行质量分析和检测,可以得到具有试样信息的质谱图。

GC-MS 联用仪中都用电子轰击离子源,其优点是方法的重复性好,离子化效率高,检测灵敏度高,有标准质谱图可以检索,碎片离子可提供丰富的结构信息;缺点是只适用于易挥发的有机试样分析,并且仅形成正离子,对有些化合物得不到分子离子。

2. 化学电离源

化学电离源(Chemical Ionization,CI)与 EI 源相比,是在真空度相对较低(0.1~100 Pa)的条件下进行。CI 源工作过程中要引入一种反应气体,可以是甲烷、异丁烷、氨气等。首先灯丝发出的电子将反应气体电离,然后反应气体离子与试样分子发生离子-分子反应,并使试样分子电离。

现以甲烷作为反应气体,说明化学电离的过程。在电子轰击下,甲烷首先被电离:

$$CH_4 + e^- \longrightarrow CH_4^{+ \cdot} + CH_3^+ + CH_2^{+ \cdot} + C_2H_3^+ + \cdots$$

甲烷离子与甲烷分子发生反应,生成加合离子:

$$CH_4^+ \cdot + CH_4 \longrightarrow CH_5^+ + \cdot CH_3$$
$$CH_3^+ + CH_4 \longrightarrow C_2H_5^+ + \cdot H_2$$

加合离子与试样分子发生质子交换反应:

$$CH_5^+ + XH \longrightarrow XH_2^+ + CH_4$$
$$C_2H_5^+ + XH \longrightarrow XH_2^+ + C_2H_4$$

生成的 XH_2^+ 比试样分子 XH 多一个 H,可表示为 $[M+H]^+$,称为准分子离子。

因为化学电离源采用能量较低的二次离子,是一种软电离方式,化学键断裂的可能性减小,峰的数量随之减少。有些用 EI 源得不到分子离子的试样,改用 CI 源后可以得到准分子离子,因而可以求得相对分子质量。对于含有很强吸电子基团的化合物,检测负离子的灵敏度远高于检测正离子的灵敏度,因此,CI 源一般都有正 CI 和负 CI 两种模式,可以根据试样情况进行选择。CI 源得到的质谱不是标准质谱,所以不能进行谱图库检索。

EI 和 CI 源适用于易挥发的有机试样分析,主要用于气相色谱-质谱联用仪。

3. 快原子轰击源

快原子轰击源(Fast Atomic Bombardment,FAB)是另一种常用的离子源,主要用于极性强、相对分子质量大的试样分析。其工作原理如图 18-4 所示。

首先氙气或氩气在电离室依靠放电产生离子,然后离子通过电场加速并与热的气体原子碰撞发生电荷和能量转移得到高能原子束,该高能原子束打在置于靶上(靶上涂有非挥发性底物,如甘油等)的试样分子使其电离,之后在电场作用下进入质量分析器。由于电离过程中不必加热汽化,特别适合于相对分子质量大、难挥发或热稳定性差的试样分析,如肽类、低聚糖、天然抗生素和有机金属络合物等。FAB 源得到的质谱图不仅

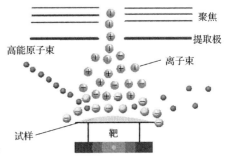

图 18-4　快原子轰击源工作原理图

较强的准分子离子峰,而且有较丰富的碎片离子信息,但与 EI 源得到的质谱图有区别:一是其相对分子质量信息不是分子离子峰 M,而往往是 $[M+H]^+$ 或 $[M+Na]^+$ 等准分子离子峰;二是其碎片峰比 EI 谱的要少。另外,由于溶解试样的底物也会发生电离,产生背景峰而使质谱图复杂化。

4. 电喷雾离子源

电喷雾离子源(Electron Spray Ionization,ESI)是近年来出现的一种新的离子源。其主要应用于液相色谱-质谱联用仪,既是液相色谱和质谱仪之间的接口装置,又是电离装置,常与四极杆分析器、飞行时间或傅立叶变换离子回旋共振仪联用。其主要有一个多层套管组成的电喷雾喷针,最内层是液相色谱流出物,外层是喷射气。喷射气采用大流量的氮气,其作用是使喷出的液体容易分散成微小液滴。另外,在喷嘴的斜前方还有一个辅助气喷嘴,在加热辅助气的作用下带电液滴随溶剂的蒸发而逐渐缩小,而液滴表面的电荷密度不断增加。当达到瑞利极限,即电荷间的库仑排斥力大于液滴的表面张力时,会发生库仑爆炸,形成更小的带电雾滴。此过程不断重复直至液滴变得足够小、表面电荷形成的电场足够强,最终把试样离子解吸出来。离子产生后,借助于喷嘴与锥孔之间的电压,穿过取样孔进入质量分析器,如图 18-5 和 18-6 所示。

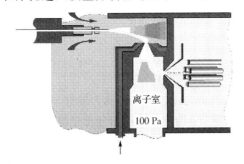

图 18-5　电喷雾离子源示意图

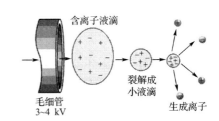

图 18-6　电喷雾离子化机理

加到喷嘴上的电压可以是正,也可以是负,取决于试样的 pK_a。通过调节极性,可以得到正或负离子的质谱。

电喷雾离子源是一种软电离方式,特别适合于分析极性强、热稳定性差的有机大分子,如蛋白质、肽、糖等。电喷雾离子源的最大特点是容易形成多电荷离子 $[M+nH]^{n+}$。

如一个相对分子质量为 10 000 的分子若带有 10 个电荷,则其质荷比只有 1 000,在一般质谱仪可以分析的范围之内。目前采用电喷雾离子源,可以测量相对分子质量 300 000 以上的蛋白质,如图 18-7 所示。

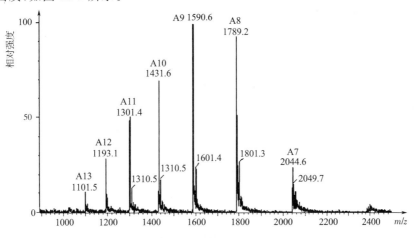

图 18-7　相对分子质量大的蛋白质的质谱图

5. 大气压化学电离源

大气压化学电离源(Atmospheric Pressure Chemical Ionization,APCI)的结构与 ESI 源的相近,不同之处是在 APCI 喷嘴的下游放置一个针电极,通过放电电极的高压放电,使空气中某些中性分子电离,产生 H_3^+O、N_2^+、O_2^+ 和 O^+ 等离子,同时溶剂分子也会被电离成离子,这些离子与试样分子发生离子-分子反应,使试样分子离子化。这些反应过程包括由质子转移和电荷交换产生正离子、质子脱离和电子捕获产生负离子等。APCI 源主要用来分析中等极性的化合物。有些化合物由于结构和极性方面的原因,用 ESI 源不能产生足够强的离子,需采用 APCI 源来增加离子效率,可以认为 APCI 源是 ESI 源的补充。APCI 源主要产生单电荷离子,化合物的相对分子质量一般小于 1 000。用 APCI 源得到的质谱很少有碎片离子,主要是准分子离子。

ESI 和 APCI 源主要用于液相色谱-质谱联用仪。

6. 激光解吸源

激光解吸源(Laser Desorption,LD)是利用一定波长的脉冲式激光照射试样使试样电离的一种软电离方式。将试样置于涂有基质的试样靶上,激光照射到试样靶上时,基质分子吸收激光能量,与试样分子一起蒸发到气相并使试样分子电离。激光解吸源需要有合适的基质才能得到较好的离子化效率,因此,激光解吸源通常称为基质辅助激光解吸离子源(Matrix Assisted Laser Desorption Ionization,MALDI)。MALDI 源特别适合与飞行时间质量分析器(TOF)组成 MALDI-TOF。MALDI 源属于软电离技术,主要用于分析生物大分子,如肽、蛋白质、核酸等,得到的质谱主要是分子离子、准

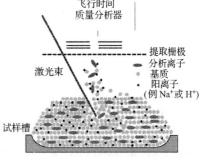

图 18-8　基质辅助激光解吸离子源的原理图

分子离子,碎片离子和多电荷离子较少。MALDI 源常用的基质有 2,5-二羟基苯甲酸、芥子酸、烟酸、α-氰基-4-羟基肉桂酸等。MALDI 源的原理如图 18-8 所示。

18.1.4　质量分析器

质量分析器(Mass Analyzer)的作用是将离子源产生的离子按 m/z 大小顺序分离,相当于光谱仪中的单色器,如图 18-9 所示。用于质谱仪的质量分析器有双聚焦质量分析器、四极杆分析器、离子阱质量分析器、飞行时间质量分析器、回旋共振分析器等。表 18-2 列出了常见质量分析器的特点。

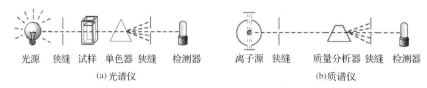

光源　狭缝　试样　单色器　狭缝　检测器　　　离子源　狭缝　　质量分析器　狭缝　检测器
(a)光谱仪　　　　　　　　　　　　　　(b)质谱仪

图 18-9　质量分析器与单色器的功能比较

表 18-2　　　　　　　　　　　常见质量分析器的特点

质量分析器	测定参数	m/z	分辨率	优点	缺点
四极杆	按 m/z 大小过滤	3 000	2 000	适合电喷雾,易于正负离子模式切换,体积小,价格低	测量范围限于 3 000(m/z),与 MALDI 兼容性差
离子阱	频率	2 000	1 500	体积小,中等分辨率,设计简单,价格低,适合多级质谱,正负离子模式易于切换	测量范围限于商品水平,但正在取得进展
磁场	动量/电荷	20 000	10 000	分辨率高,相对分子质量测试准确,中等测量范围	要求高真空,价格高,操作繁琐,扫描速度慢
飞行时间	飞行时间	∞	15 000	质量范围宽,扫描速度快,设计简单	高分辨率,高灵敏度,价格高
FT-MS	频率	10 000	30 000	高分辨率,适合多级质谱	需高真空($<10^{-5}$ Pa)和超导磁体,操作困难,价格昂贵

1. 单聚焦质量分析器

单聚焦质量分析器(Single Focusing Analyzer)的形状像一把扇子,因此又称为磁扇形质量分析器,其主体是处在磁场中的扇形真空腔体。离子进入质量分析器后,由于磁场的作用,其运动轨道发生偏转改作圆周运动。当离心力与向心力(即磁场引力)相等时,离子运动半径为

$$R = \frac{1.44 \times 10^{-2}}{B} \times \sqrt{\frac{m}{z} V} \qquad (18-1)$$

式中,m 为离子质量;z 为离子电荷量(以电子的电荷量为单位);V 为离子加速电压;B 为磁感应强度。

由上式可知,在一定的 B、V 条件下,不同 m/z 的离子其运动半径不同。这样,由离子源产生的离子经质量分析器后可实现质量分离,即方向不同、相同质荷比的离子会聚,达到方向(角度)聚焦。如果检测器位置不变(即 R 不变),连续改变 V 或 B 可以使不同 m/z 的离子依次进入检测器,实现质量扫描,得到试样的质谱。如图 18-10 所示是单聚焦质量分析器原理图。单聚焦质量分析器分辨率低的主要原因在于其不能克服离子初始能

量分散对分辨率造成的影响。单聚焦质量分析器只能
把质荷比相同而入射方向不同的离子聚焦,但对于质荷
比相同而能量不同的离子却不能实现聚焦,即磁场也具
有能量色散作用。这样就使得相邻两种能量的离子很
难分离,从而降低了分辨率。单聚焦质量分析器结构简
单、操作方便、分辨率低(小于 500)、质量范围中等(小
于20 000),不能满足有机化合物的分析要求,目前只用
于同位素质谱仪和气体质谱仪。

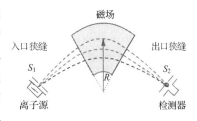

图 18-10　单聚焦质量分析器原理图

2. 双聚焦质量分析器

双聚焦质量分析器(Double Focusing Analyzer)同时具有方向聚焦和能量聚焦的作
用,其原理如图 18-11 所示。双聚焦质量分析器能够很好地消除离子能量分散对分辨率
的影响,是高分辨率的质量分析器,分辨率可达几万,可以测定化合物的精确相对分子质
量和元素组成。双聚焦质量分析器由电场和磁场共同实现质量分离。其结构通常为在扇
形磁场前加一扇形电场。扇形电场是一个能量分析器,不起质量分离作用。质量相同而
能量不同的离子经过静电场后会彼此分开,即静电场具有能量分散作用。如果设法使静
电场的能量分散作用和磁场的能量分散作用大小相等,方向相反,就可以消除能量分散对
分辨率的影响。只要是质量相同的离子,经过电场和磁场后会聚在一起,质量不同的离子
会聚在另一点。因此,改变离子加速电压可以实现质量扫描。

$$Bzv = \frac{mv^2}{R} \tag{18-2}$$

$$\frac{m}{z} = \frac{B^2R^2}{2V} \tag{18-3}$$

双聚焦质量分析器的优点是分辨率高,质量范围中等(小于 20 000),缺点是扫描速度
慢,操作、调整比较困难,而且仪器造价也比较昂贵。广泛应用于气相色谱-质谱联用仪。

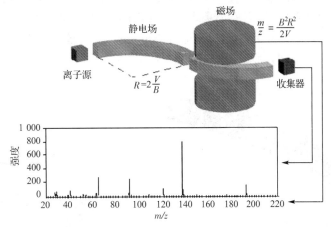

图 18-11　双聚焦质量分析器原理图

3. 四极杆分析器

四极杆分析器(Quadrupole Analyzer)由四根棒状电极组成。电极材料是镀金陶瓷
或钼合金。相对两根电极间加有电压($V_{dc} + V_{rf}$),另外两根电极间加有电压

$-(V_{dc}+V_{rf})$。其中，V_{dc}为直流电压，V_{rf}为射频电压。四根棒状电极形成一个四极电场，如图18-12所示是四极杆分析器的示意图。

离子从离子源进入四极电场后，在电场的作用下产生振动。如果质量为 m、电荷为 z 的离子从 z 方向进入四极电场，在电场作用下其运动方程为

$$\begin{cases} d^2x/dt^2 + [a + 2q\cos(2T)]x = 0 \\ d^2y/dt^2 + [a + 2q\cos(2T)]y = 0 \\ d^2z/dt^2 = 0 \end{cases} \qquad (18\text{-}4)$$

式中，

$$a = \frac{8zV_{dc}}{mr_0^2\omega^2}, \quad q = \frac{8zV_0}{mr_0^2\omega^2}, \quad T = \frac{1}{2}\omega t \qquad (18\text{-}5)$$

离子运动轨迹可由方程（18-4）的解描述。数学分析表明，在 a、q 取某些数值时，运动方程有稳定的解，稳定解的图解形式通常用 a、q 参数的稳定三角形表示。当离子的 a、q 值处于稳定三角形内部时，这些离子振幅是有限的，因而可以通过四极电场到达检测器。在保持 V_{dc}/V_{rf} 不变的情况下改变 V_{rf} 值，对应于一个 V_{rf} 值，四极电场只允许一种质荷比的离子通过，其余离子则振幅不断增大，最后碰到四极杆而被吸收。通过四极杆的离子到达检测器被检测。改变 V_{rf} 值，可以使其他质荷比的离子依次通过四极电场实现质量扫描。设置扫描范围实际上是设置 V_{rf} 值的变化范围。当 V_{rf} 值由一个值变化到另一个值时，检测器检测到的离子就会从 m_1 变化到 m_2，也即得到 m_1 到 m_2 的质谱。V_{rf} 的变化可以是连续的，也可以是跳跃的。所谓跳跃式扫描是只检测某些质量的离子，故称为选择离子监测（Select Ion Monitoring，SIM）。当试样量很少，而且试样中特征离子已知时，可以采用选择离子监测。这种扫描方式灵敏度高，而且通过选择适当的离子使干扰组分不被采集，可以消除组分间的干扰。SIM 适合于定量分析，但因为这种扫描方式得到的质谱不是全谱，因此不能进行质谱库检索和定性分析。

4. 离子阱质量分析器

离子阱质量分析器（Ion Trap Analyzer）的结构如图 18-13 所示。离子阱的主体是一个环电极和上下两端盖电极，它们都是绕 z 轴旋转的双曲面，并满足 $r_0^2 = 2Z_0^2$（其中 r_0 为环电极的最小半径，Z_0 为两个端盖电极间的最短距离）。直流电压 V_{dc} 和射频电压 V_{rf} 加在环电极和端盖电极之间，两端盖电极都处于地电位。

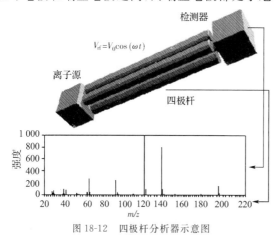

图 18-12　四极杆分析器示意图

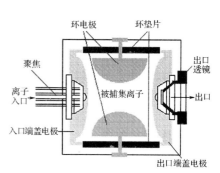

图 18-13　离子阱质量分析器

与四极杆分析器类似,离子在离子阱内的运动遵守所谓马蒂厄微分方程,也有类似四极杆分析器的稳定图。在稳定区内的离子,轨道振幅保持一定大小,可以长时间留在阱内;不稳定区的离子振幅很快增长,撞击到电极而消失。对于一定质量的离子,在一定的 V_{dc} 和 V_{rf} 下,可以处在稳定区。改变 V_{dc} 或 V_{rf} 值,离子可能处于非稳定区。如果在引出电极上加负电压,可以将离子从阱内引出,由电子倍增器检测。因此,离子阱质量分析器的质量扫描方式与四极杆分析器的类似,是在恒定的 V_{dc}/V_{rf} 下,扫描 V_{rf} 获取质谱。离子阱质量分析器的特点是结构小巧,质量轻,灵敏度高,而且还有多级质谱功能(见 18.2 节)。它可以用于气相色谱-质谱联用仪,也可以用于液相色谱-质谱联用仪。

5. 飞行时间质量分析器

飞行时间质量分析器(Time of Flight Analyzer,TOF)的主要部分是一个离子漂移管。其原理如图 18-14 所示。离子在加速电压 V 作用下得到动能,则有

$$\frac{1}{2}mv^2 = zV \tag{18-6}$$

式中,m 为离子的质量;z 为离子的电荷量;V 为离子的加速电压。

离子以速度 v 进入自由空间(漂移区),假定离子在漂移区飞行时间为 t,漂移区长度为 L,则

$$t = L(m/2zV)^{1/2} \tag{18-7}$$

$$\frac{m_i}{z_i} = 2z E \, l_s \left(\frac{t_i}{l_d}\right) \tag{18-8}$$

由式(18-7)可以看出,离子在漂移区的飞行时间与离子质量的平方根成正比,即对于能量相同的离子,离子质量越大,到达检测器所用的时间越长;质量越小,所用的时间越短,根据这一原理可把不同质量的离子分开。适当增加漂移区长度可以提高分辨率。

飞行时间质量分析器的特点是质量范围宽,扫描速度快,既不需电场也不需磁场,但长时间以来一直存在分辨率低这一缺点。造成分辨率低的主要原因在于离子进入漂移区前的时间分散、空间分散和能量分散。这样,即使是质量相同的离子,由于产生时间的先后、产生空间的前后和初始动能的大小不同,到达检测器的时间就不同,因而降低了分辨率。目前,通过采取激光脉冲电离方式、离子延迟引出技术和离子反射技术,可以在很大程度上克服上述三个原因造成的分辨率下降。飞行时间质量分析器的分辨率可达 20 000 以上,最高可检质量超过 300 000,并且具有很高的灵敏度。目前,飞行时间质量分析器已广泛应用于气相色谱-质谱联用仪、液相色谱-质谱联用仪和基质辅助激光解吸电离-飞行时间质谱仪中。

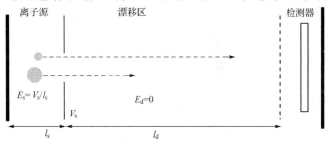

图 18-14 飞行时间质量分析器原理图

6. 傅立叶变换离子回旋共振分析器

傅立叶变换离子回旋共振分析器(Fourier Transform Ion Cyclotron Resonance Analyzer, FTICR)是在原来回旋共振分析器的基础上发展起来的。首先介绍一下离子回旋共振的基本原理。假定质荷比为 m/z 的离子进入磁感应强度为 B 的磁场中,由于受磁场力的作用离子作圆周运动,若没有能量的损失和增加,则圆周运动的离心力和磁场力相平衡,即

$$\frac{mv^2}{R} = Bzv \qquad (18\text{-}9)$$

将式(18-9)整理得

$$\frac{v}{R} = \frac{Bz}{m} \qquad (18\text{-}10)$$

或

$$\omega_c = \frac{Bz}{m} \qquad (18\text{-}11)$$

式中,ω_c 为离子的回旋频率(单位:弧度/秒)。

由式(18-11)可以看出,离子的回旋频率与离子的质荷比成线性关系,当磁场强度固定后,只需精确测得离子的回旋频率,就能准确得到离子的质量。测定离子回旋频率的办法是外加一个射频辐射,如果外加射频频率等于离子回旋频率,离子就会吸收外加辐射能量而改变圆周运动的轨道,沿着阿基米德螺线加速,离子收集器放在适当的位置就能接收到共振离子;改变辐射频率,就可以接收到不同的离子。但普通回旋共振分析器的扫描速度很慢,灵敏度低,分辨率也很差。傅立叶变换离子回旋共振分析器采用线性调频脉冲来激发离子,即在很短的时间内进行快速频率扫描,使很宽范围内质荷比的离子几乎同时受到激发,因而扫描速度和灵敏度比普通回旋共振分析器高得多。如图 18-15 所示是 FTICR的结构示意图。分析室是一个立方体结构,由三对相互垂直的平行板电极构成,置于高真空和由超导磁体产生的强磁场中。第一对电极为捕集极,与磁场方向垂直,电极上加有适当正电压,其目的是延长离子在室内滞留的时间;第二对电极为发射极,用于发射射频脉冲;第三对电极为接收极,用来接收离子产生的信号。试样离子引入分析室后,在强磁场作用下被迫以很小的轨道半径作回旋运动,由于离子都是以随机的非相干方式运动,因此不产生可检出的信号。如果在发射极上施加一个很快的扫频电压,当射频频率和某离子的回旋频率一致时共振条件得到满足。离子吸收射频能量,轨道半径逐渐增大,

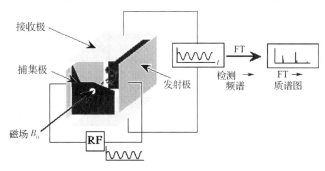

图 18-15 傅立叶变换离子回旋共振分析器结构示意图

变成螺旋运动,经过一段时间的相互作用以后,所有离子都作相干运动,产生可被检出的信号。作相干运动的正离子运动至靠近接收极的一个极板时,吸收此极板表面的电子,当其继续运动到另一极板时,又会吸引另一极板表面的电子。这样便会感生出"象电流",象电流是一种正弦形式的时间域信号,正弦波的频率和离子的固有回旋频率相同,其振幅则与分析室中该质量的离子数目成正比。如果分析室中各种质量的离子都满足共振条件,那么实际测得的信号是同一时间内作相干轨道运动的各种离子所对应的正弦波信号的叠加。将测得的时间域信号重复累加,放大并经 ADC 转换后输入计算机进行快速傅立叶变换,便可检出各种频率成分,然后利用已知的频率和质量关系,便可得到常见的质谱图。

利用傅立叶变换离子回旋共振原理制成的质谱仪称为傅立叶变换离子回旋共振质谱仪(Fourier Transform Ion Cyclotron Resonance Mass Spectrometry,FT-MS)。FT-MS有很多明显的优点:

(1)分辨率极高,可超过 1×10^6,而且在高分辨率下不影响灵敏度(而双聚焦质量分析器为提高分辨率必须降低灵敏度)。

(2)测量精度非常好,能达到百万分之几,这对于得到离子的元素组成非常重要。

(3)分析灵敏度高。由于离子是同时激发同时检测,因此其灵敏度比普通回旋共振质谱仪高 4 个数量级,而且在高灵敏度下可以得到高分辨率。

(4)具有多级质谱功能,可以和任何离子源相联,拓宽了仪器功能。

(5)扫描速度快,性能稳定可靠,质量范围宽等。

由于 FT-MS 需要很高的超导磁场而需要液氦,使得仪器售价和运行费用都比较高。

18.1.5 检测器

质谱仪的检测主要使用电子倍增器,也有的使用光电倍增管。从四极杆出来的离子打到高能打拿极产生电子,电子经电子倍增器产生电信号,记录不同离子的信号即得质谱图。信号增益与倍增器电压有关,提高倍增器电压可以提高灵敏度,但同时会降低倍增器的寿命,因此,应该在保证仪器灵敏度的情况下采用尽量低的倍增器电压。由倍增器出来的电信号送入计算机储存,这些信号经计算机处理后可以得到色谱图、质谱图及其他各种信息。

18.2 质谱联用仪器

质谱仪是一种很好的定性鉴定用仪器,对混合物的分析无能为力。色谱仪是一种很好的分离用仪器,但定性能力很差。如果将二者结合起来,则能发挥各自专长,使分离和鉴定同时进行。因此,早在 20 世纪 60 年代人们就开始了气相色谱-谱谱联用技术的研究,并出现了早期的气相色谱-质谱联用仪。在 20 世纪 70 年代末,这种联用仪器已经达到很高的水平,同时人们开始研究液相色谱-质谱联用技术。在 20 世纪 80 年代后期,大气压电离技术的出现,使液相色谱-质谱联用技术的水平提高到一个新的阶段。目前,在质谱仪中,除激光解吸电离-飞行时间质谱仪和傅立叶变换质谱仪之外,所有质谱仪都与气相色谱或液相色谱组成联用仪器。这样,使质谱仪在定性分析和定量分析方面都十分方便。同时,为了增加未知物分析的结构信息和分析的选择性,采用串联质谱分析法(质谱-质谱联用),也是目前质谱仪发展的一个方向。本节将介绍各种质谱联用技术。

18.2.1 气相色谱-质谱联用仪

气相色谱-质谱联用仪(Gas Chromatography-Mass Spectrometry,GC-MS)主要由三部分构成:色谱仪部分、质谱仪部分和数据处理系统,如图18-16所示。色谱仪部分和一般的色谱仪基本相同,有柱箱、汽化室和载气系统,也带有分流-不分流进样系统,程序升温系统、压力和流量自动控制系统等,一般不再有色谱检测器,而是利用质谱仪作为色谱的检测器。在色谱仪部分,混合试样在合适的色谱条件下被分离成单个组分,然后进入质谱仪进行鉴定。

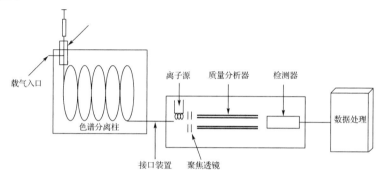

图18-16 气相色谱-质谱联用仪

色谱仪在常压下工作,而质谱仪需要高真空,因此,如果色谱仪使用填充柱,必须经过一种接口装置,将色谱载气去除,使试样气进入质谱仪。如果色谱仪使用毛细管,则可以将毛细管直接插入质谱仪离子源,因为毛细管载气流量比填充柱小得多,不会破坏质谱仪真空。

质谱仪部分可以是磁式质谱仪、四极质谱仪,也可以是飞行时间和离子阱质谱仪。目前使用最多的是四极质谱仪。离子源主要是 EI 源和 CI 源。

GC-MS 的另外一个组成部分是计算机系统。由于计算机技术的提高,GC-MS 的主要操作都由计算机控制进行,这些操作包括利用标准试样(一般用 FC-43)校准质谱仪、设置色谱和质谱的工作条件、数据的收集和处理以及库检索等。这样,一个混合物试样进入色谱仪后,在合适的色谱条件下,被分离成单一组分并逐一进入质谱仪,经离子源电离得到具有试样信息的离子,再经分析器、检测器即得每个化合物的质谱。这些信息都由计算机储存,根据需要,可以得到混合物的色谱图、单一组分的质谱图和质谱的检索结果等。根据色谱图还可以进行定量分析,因此,GC-MS 是有机物定性、定量分析的有力工具。

作为 GC-MS 的附件,还可以有直接进样杆。直接进样杆主要是分析高沸点的纯试样,不经过 GC 进样,而是直接送到离子源,加热汽化后,由 EI 源电离。另外,GC-MS 的数据处理系统可以有几套数据库,主要有 NIST 库、Willey 库、农药库、毒品库等。

GC-MS 最主要的定性方式是库检索。由总离子色谱图可以得到任一组分的质谱图,由质谱图可以利用计算机在数据库中检索。检索结果可以给出几种最有可能的化合物,包括化合物名称、分子式、相对分子质量、基峰及可靠程度。

　　GC-MS 法定量分析类似于色谱法定量分析。由 GC-MS 得到的总离子色谱图或质量色谱图,其色谱峰面积与相应组分的含量成正比,若对某一组分进行定量测定,可以采用色谱分析法中的归一化法、外标法、内标法等不同方法进行。这时,GC-MS 法可以理解为将质谱仪作为色谱仪的检测器,其余均与色谱分析法相同。不同的是,GC-MS 法可以利用总离子色谱图进行定量之外,还可以利用质量色谱图进行定量,这样可以最大限度地去除其他组分干扰。值得注意的是,质量色谱图由于是用一个离子的质量作出的,其峰面积与总离子色谱图有较大差别,在进行定量分析过程中,峰面积和校正因子等都要使用质量色谱图。

18.2.2　液相色谱-质谱联用仪

　　液相色谱-质谱联用仪(Liquid Chromatography-Mass Spectrometry,LC-MS)主要由高效液相色谱、接口装置(同时也是离子源)、质谱仪构成,如图 18-17 所示。高效液相色谱与一般的液相色谱相同,其作用是将混合物试样分离后进入质谱仪。下面仅介绍其接口装置和质谱仪部分。

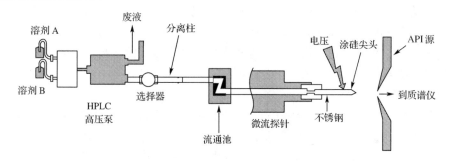

图 18-17　液相色谱-质谱联用仪

1. 接口装置

　　LC-MS 的关键部分是 LC 和 MS 之间的接口装置,其主要作用是去除溶剂并使试样离子化。早期曾经使用过的接口装置有传送带接口、热喷雾接口、粒子束接口等 10 余种,这些接口装置都存在一定的缺点,因而没有得到广泛推广。20 世纪 80 年代,大气压电离源用做 LC-MS 的接口装置和离子源之后,使 LC-MS 联用技术提高了一大步。目前,几乎所有的 LC-MS 联用仪都使用大气压离子源作为接口装置和离子源。大气压离子源(Atmospheric Pressure Ionization,API)包括电喷雾离子源(ESI)和大气压化学电离源(APCI)两种,其中电喷雾离子源应用最为广泛。

　　除了电喷雾和大气压化学电离两种接口装置外,极少数仪器还使用粒子束喷雾和电子轰击相结合的电离方式,这种接口装置可以得到标准质谱图,可以库检索,但只适用于小分子,应用不普遍。

2.质谱仪部分

　　由于接口装置同时也是离子源,因此这里只介绍质量分析器。作为 LC-MS 联用仪的质量分析器种类很多,最常用的是四极杆分析器(Q),其次是离子阱质量分析器(Trap)和飞行时间质量分析器(TOF)。由于 LC-MS 主要提供相对分子质量的信息,为了增加结构信息,LC-MS大多采用具有串联质谱功能的质量分析器。串联方式很多,如Q-Q-Q,Q-TOF等。

18.2.3 串联质谱仪器

为了得到更多的有关分子离子和碎片离子的结构信息,早期的质谱工作者把亚稳离子作为一种研究对象。所谓亚稳离子(Metastable Ion)是指从离子源出来的离子,由于自身不稳定,前进过程中发生了分解,丢掉一个中性碎片后生成的新离子。这个过程可以表示为:$m_1^+ \longrightarrow m_2^+ + N$,新生成的离子在质量上和动能上都不同于$m_1^+$,由于是在前进中途形成的,它也不处在质谱中$m_2$的质量位置。研究亚稳离子对搞清离子的母子关系和进一步研究结构十分有用。于是,在双聚焦质谱仪中设计了各种各样的磁场和电场联动扫描方式,以求得到子离子、母离子和中性碎片丢失。尽管亚稳离子能提供一些结构信息,但是由于亚稳离子形成的几率小,亚稳峰太弱,不容易检测,而且仪器操作困难,因此,后来发展成在磁场和电场间加碰撞活化室,人为地使离子碎裂,设法检测子离子、母离子,进而得到结构信息。这是早期的质谱-质谱串联方式。随着仪器的发展,串联的方式越来越多。尤其是20世纪80年代以后出现了很多软电离技术,如ESI、APCI、FAB、MALDI等,基本上都只有准分子离子,没有结构信息,更需要串联质谱分析法(Tandem Mass Spectrometry,MS-MS)得到结构信息。近年来串联质谱分析法发展十分迅速。

本节将介绍各种串联方式和工作方式。

1. 串联方式

串联质谱仪可以分为两类:空间串联型和时间串联型。空间串联质谱仪是两个以上的质量分析器联合使用,两个分析器间有一个碰撞活化室,目的是将前级质谱仪选定的离子打碎,由后一级质谱仪分析。而时间串联质谱仪只有一个分析器,前一时刻选定离子,在分析器内打碎后,后一时刻再进行分析。

(1)空间串联型

空间串联型又分磁扇型串联、四极杆串联、混合型串联等。如果用B表示扇形磁场,E表示扇形电场,Q表示四极杆,TOF表示飞行时间质量分析器,则

磁扇型串联:BEB,EBE,BEBE等;

四极杆串联:Q-Q-Q;

混合型串联:BE-Q,Q-TOF,EBE-TOF,TOF-TOF。

(2)时间串联型

时间串联质谱仪有离子阱质谱仪和回旋共振质谱仪。

2. 碰撞活化分解

利用软电离技术(如电喷雾和快原子轰击)作为离子源时,所得到的质谱主要是准分子离子峰,碎片离子很少,因而也就没有结构信息。为了得到更多的信息,最好的办法是把准分子离子"打碎"之后测定其碎片离子。在串联质谱中采用碰撞活化分解(Collision Activated Dissociation,CAD)技术把离子"打碎"。碰撞活化分解也称为碰撞诱导分解(Collision Induced Dissociation,CID),在碰撞室内进行,带有一定能量的离子进入碰撞室后,与室内惰性气体的分子或原子发生碰撞,离子发生碎裂。为了使离子碰撞碎裂,必

须使离子具有一定的动能,对于磁式质谱仪,离子加速电压可以超过 1 000 V,而对于四极杆、离子阱等,加速电压不超过 100 V,前者称为高能 CAD,后者称为低能 CAD。二者得到的子离子谱是有差别的。

3. 工作方式和主要信息

(1)三级四极质谱仪(Q-Q-Q)的工作方式和主要信息

三级四极质谱仪有三组四极杆,第一组四级杆用于质量分离(MS1),第二组四极杆用于碰撞活化(CAD),第三组四极杆用于质量分离(MS2)。主要工作方式有以下四种:

①子离子扫描方式,这种工作方式由 MS1 选定质量,经碰撞碎裂之后,由 MS2 扫描得子离子谱。

②母离子扫描方式,这种工作方式由 MS2 选定一个子离子,由 MS1 扫描,检测器得到的是能产生选定子离子的那些离子,即母离子谱。

③中性丢失谱扫描方式,这种工作方式是由 MS1 和 MS2 同时扫描。只是二者始终保持固定的质量差(即中性丢失质量),只有满足相差固定质量的离子才能检测到。

④多离子反应监测方式,由 MS1 选择一个或几个特定离子(谱图中只选一个),经碰撞碎裂之后,在其子离子中选出一特定离子,只有同时满足 MS1 和 MS2 选定的一对离子时,才有信号产生。用这种扫描方式的好处是增加了选择性,即便是两个质量相同的离子同时通过 MS1,但仍可以依靠其子离子的不同将其分开。这种方式非常适合从很多复杂的体系中选择某特定质量,经常用于微小成分的定量分析。

(2)离子阱质谱仪 MS-MS 的工作方式和主要信息

离子阱质谱仪 MS-MS 属于时间串联型,其工作方式如图 18-18 所示。在 A 阶段,打开电子门,此时基础电压置于低质量的截止值,使所有的离子被阱集,然后利用辅助射频电压抛射掉所有高于被分析母离子的离子。进入 B 阶段,增加基础电压,抛射掉所有低于被分析母离子的离子,以阱集碰撞即将活化的离子。在 C 阶段,利用加在端电极上的辅助射频电压激发母离子,使其与阱内本底气体碰撞。在 D 阶段,扫描基础电压,抛射并接收所有 CID 过程形成的子离子,获得子离子谱。以此类推,可以进行多级 MS 分析。由离子阱的工作原理可知,其 MS-MS 功能主要是多级子离子

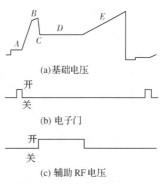

图 18-18　离子阱质谱仪 MS-MS
工作方式

谱,利用计算机处理软件,还可以提供母离子谱、中性丢失谱和多离子反应监测(MRM)。

(3)傅立叶变换质谱仪的 MS-MS 功能

FT-MS 的扫描方式是依据快速扫频脉冲对所有离子"同时"激发。具有 MS-MS 功能的 FT-MS,其快速扫频脉冲可以选择性的留下频率"缺口",用频率"缺口"选择性的留下欲分析的母离子,其他离子被激发并抛射到接收极。然后使母离子受激,使其运动半径增大,又控制其轨道不要与接收极相撞。此时母离子在碰撞室内与本底气体或碰撞气体碰撞产生子离子。然后再改变射频频率接收子离子。还可由子离子谱中选一个离子再作子离子谱。由于离子损失很少,因此,FT-MS 可以作5～6级子离子谱。

（4）飞行时间质谱仪的源后裂解

离子在飞行过程中如果发生裂解,新生成的离子仍然以母离子的速度飞行,因此在直线形漂移管中观测不到新生成的离子。如果采用带有反射器的漂移管,因为新生成的离子与其母离子的动能不同,可在反射器中被分开,这种操作方式称为源后裂解（Post Source Decomposition ,PSD）。通过 PSD 操作可以得到结构信息,因此,可以认为反射型 TOF-MS 也具有 MS-MS 功能。

18.3　质谱仪性能指标

衡量一台质谱仪性能好坏的指标很多,包括灵敏度、分辨率、质量范围、质量稳定性等。质谱仪的种类很多,其性能指标的表示方法也不完全相同,现将主要的指标及测试方法说明如下。

18.3.1　灵敏度

GC-MS 灵敏度表示在一定试样（如八氟萘或六氯苯）和分辨率下,产生一定信噪比的分子离子峰所需的试样量。具体测定方法如下:通过 GC 进标准测试试样（八氟萘）1 pg,质谱采用全扫描方式从 m/z 200 扫到 m/z 300,扫描完成后,用八氟萘的分子离子 m/z 272 作质量色谱图,并测定 m/z 272 离子的信噪比。如果信噪比为 20,则该仪器的灵敏度可表示为 1 pg 八氟萘（信噪比 20∶1）。有的仪器用六氯苯做测试试样,则测量时要改用六氯苯的分子离子 m/z 288,如果仪器的灵敏度达不到 1 pg,则要加大进样量,直到有合适大小的信噪比为止。用此时的进样量及信噪比规定灵敏度指标。

LC-MS 灵敏度的测定常采用利血平作为测试试样。具体测定方法如下:配制一定浓度的利血平（如 10 pg/μL）,通过 LC 进一定量试样,以水和甲醇各 50% 为流动相（加入 1% 醋酸）,全扫描,作利血平质子化分子离子峰 m/z 609 的质量色谱图。用此时的进样量和信噪比规定灵敏度指标。

18.3.2　分辨率

质谱仪的分辨率表示质谱仪把相邻两个质量分开的能力,常用 R 表示。

如果某质谱仪在质量 M 处刚刚能分开质量为 M 和 $M+\Delta M$ 的两个离子,则该质谱仪的分辨率为

$$R=\frac{M}{\Delta M}$$

例如,某质谱仪能刚刚分开质量为 27.994 9 amu 和 28.006 1 amu 的两个离子峰,则该质谱仪的分辨率为

$$R=\frac{M}{\Delta M}=\frac{27.994\ 9}{28.006\ 1-27.994\ 9}=2\ 500$$

所谓两峰刚刚分开,一般是指两峰间的"峰谷"是峰高的 10%（每个峰提供 5%）。在实际测量时,很难找到刚刚分开的两峰,这时可采用以下方法进行分辨率的测量。

（1）如果两个质谱峰 M_1 和 M_2 的中心距离为 a，峰高 5％处的峰宽为 b（图 18-19），则该质谱仪的分辨率为

$$R=\frac{M_1+M_2}{2(M_2-M_1)}\times\frac{a}{b}$$

（2）如果质量为 M 的质谱峰其峰高 50％处的峰宽（即半峰宽）为 ΔM，则分辨率为

$$R=\frac{M}{\Delta M}$$

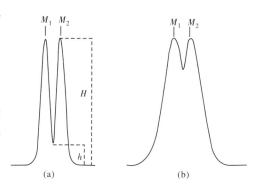

图 18-19　分辨率定义

其中方法（2）测量时比较方便。目前，FT-MS 和 TOF-MS 采用方法（2）表示其分辨率。对于磁式质谱仪，质量分离是不均匀的，在低质量端离子分散大，在高质量端离子分散小，或者说 M 小时 ΔM 小，M 大时 ΔM 也大。因此，该质谱仪的分辨率基本不随 M 变化。在四极质谱仪中，质量分离是均匀的，若在 $M=100$ 时，$\Delta M=1$，则 $R=100$；在 $M=1\,000$ 时，$\Delta M=1$，则 $R=1\,000$。因此，该质谱仪的分辨率随 M 变化。为了对不同 M 时的分辨率有一个共同的表示方法，四极质谱仪的分辨率一般表示为 M 的倍数，如 $R=1.7M$ 或 $R=2M$ 等。如果 $R=2M$，表示在 $M=100$ 时，$R=200$；$M=1\,000$ 时，$R=2\,000$。

18.3.3　质量范围

质量范围是质谱仪所能测定的离子质荷比的范围。对于多数离子源，电离得到的离子为单电荷离子，质量范围实际上就是可以测定的相对分子质量的范围；对于电喷雾离子源，由于形成的离子带有多电荷，尽管质量范围只有几千，但可以测定的相对分子质量可达 10 万以上。质量范围的大小取决于质量分析器。四极杆分析器的质量范围上限一般在 1\,000 左右，也有的可达 3\,000；而飞行时间质量分析器可达几十万。由于质量分离的原理不同，不同的分析器有不同的质量范围，彼此间比较无任何意义。同类型分析器则在一定程度上反映质谱仪的性能。了解一台仪器的质量范围，主要是为了知道其能分析的试样的相对分子质量的范围，不能简单地认为质量范围宽仪器就好。对于 GC-MS，分析对象是挥发性有机物，其相对分子质量一般不超过 500，最常见的是 300 以下。因此，对于 GC-MS 的质谱仪，其质量范围一般达到 800 即可；对于 LC-MS 的质谱仪，因为分析对象多是生物大分子，质量范围应宽一点。

18.3.4　质量稳定性和质量精度

质量稳定性主要是指质谱仪在工作时质量稳定的情况，通常用一定时间内质量漂移的质量单位来表示。例如，某质谱仪的质量稳定性为 0.1 amu/12 h，是指该质谱仪在 12 h 之内，质量漂移不超过 0.1 amu。

质量精度是指质量测定的精确程度，常用相对百分比表示。例如，某化合物的质量为 152.047 3 amu，用某质谱仪多次测定该化合物，测得的质量与该化合物的理论质量之差

在 0.003 amu 之内,则该质谱仪的质量精度为百万分之二十(20)。质量精度是高分辨质谱仪的一项重要指标,对低分辨质谱仪没有太大意义。

18.4 质谱中的离子

18.4.1 离子类型

1. 分子离子

有机物分子经电子轰击失去一个电子所形成的正离子称为分子离子。

$$M + e^- \longrightarrow M^{+\cdot} + 2e^-$$

式中 $M^{+\cdot}$ 是分子离子。由于分子离子是化合物失去一个电子形成的,因此,分子离子是自由基离子。通常把带有未成对电子的离子称为奇电子离子(OE),并标以"+·";把外层电子完全成对的离子称为偶电子离子(EE),并标以"+",分子离子一定是奇电子离子。关于离子的电荷位置,一般认为有下列几种情况:如果分子中含有杂原子,则分子易失去杂原子的未成键电子而带电荷,电荷位置可表示在杂原子上,如 $CH_3CH_2O^{+\cdot}H$;如果分子中没有杂原子而有双键,则双键电子较易失去,则正电荷位于双键的一个碳原子上;如果分子中既没有杂原子又没有双键,其正电荷位置一般在分支碳原子上;如果电荷位置不确定,或不需要确定电荷的位置,可在分子式的右上角标以"⌐ +·",如 $CH_3COOC_2H_5\rceil^{+\cdot}$。

分子离子的质量就是化合物的相对分子质量,其相对丰度可判断化合物的类型,所以分子离子在化合物的质谱解释中具有特殊重要的意义。

2. 准分子离子

由软电离技术产生的质子或其他阳离子的加合离子如$[M + H]^+$、$[M + Na]^+$、$[M + K]^+$以及去质子化或其他阴离子的加合离子如$[M - H]^-$、$[M + X]^-$等称为准分子离子。

3. 多电荷离子

一些带有多个极性官能团的分子在离子化过程中,可以失去两个或两个以上的电子形成多电荷离子。当离子带有多电荷$[M+nH]^{n+}$时,其质荷比下降,因此可以利用常规的质谱检测器来分析相对分子质量大的化合物。具有 π 电子的芳烃、杂环或高度不饱和的化合物能使多电荷离子稳定化,因此多电荷离子是这些化合物的特征离子。

4. 碎片离子

碎片离子是分子离子碎裂产生的。碎片离子还可以进一步碎裂形成更小的离子。

5. 同位素离子

大多数元素都是由具有一定自然丰度的同位素组成。这些元素形成化合物后,其同位素就以一定的丰度出现在化合物中,因此,化合物的质谱中就会有不同同位素形成的离子峰,通常把由重同位素形成的离子峰称为同位素峰。

6. 亚稳离子

在飞行过程中发生裂解的母离子称为亚稳离子(Metastable Ion)。由于母离子中途已经裂解生成某种子离子和中性碎片,记录器中只能记录到这种子离子,也称这种子离子为亚稳离子,由其形成的质谱峰为亚稳峰。亚稳离子的质量为

$$M_1 \xrightarrow{m^*=M_2^2/M_1} M_2$$

例如:

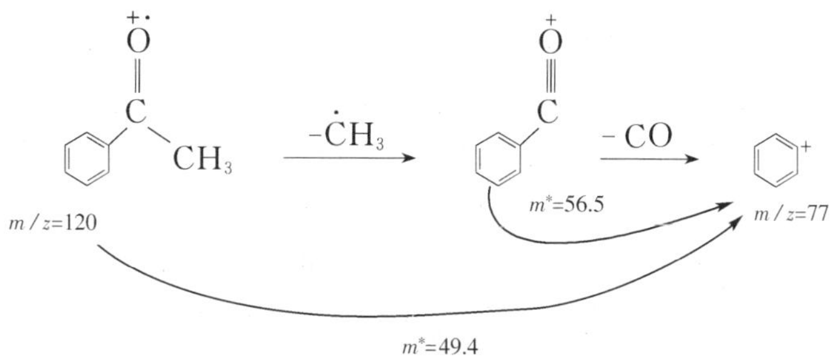

18.4.2 分子离子

1. 分子离子峰强度与化合物结构的关系

在质谱中,分子离子峰的强度与化合物的结构有关。环状化合物比较稳定,不易碎裂,因而分子离子峰较强;支链较易碎裂,分子离子峰就弱;有些稳定性差的化合物经常看不到分子离子峰。一般规律是:化合物分子稳定性差,分子离子峰弱,有些酸、醇及支链烃的分子离子峰较弱,甚至不出现;相反,芳香化合物往往都有较强的分子离子峰。分子离子峰强弱的大致顺序是:芳香化合物＞共轭链烯烃＞烯烃＞脂环化合物＞直链烷烃＞酮＞胺＞酯＞醚＞酸＞支链烷烃＞醇。

2. 获得分子离子的方法

在很多时候分子离子峰很弱,有时甚至不出现,如果经判断没有分子离子峰或分子离子峰不能确定,则需要采取一些方法得到分子离子峰。常用的方法有以下几种。

(1) 降低电离能量

通常 EI 源所用电子的能量为 70 eV,在高能量电子的轰击下,某些化合物很难得到分子离子峰。这时可采用 10～20 eV 左右的低能量电子,虽然总离子流强度会大大降低,但有可能得到一定强度的分子离子峰。

(2) 制备衍生物

某些化合物不易挥发或热稳定性差,可以进行衍生化处理。例如,可将某有机酸制备成相应的酯,酯类容易挥发,而且易得到分子离子峰,由此来推断该有机酸的相对分子质量。

(3) 采取软电离方式

软电离方式很多,如化学电离源、快原子轰击源、场解吸源及电喷雾离子源等,需根据试样特点选用不同的软电离方式。软电离方式得到的往往是准分子离子,由准分子离子来推断出化合物的相对分子质量。

3. 分子离子的判定方法

分子离子的质荷比在数值上就是化合物的相对分子质量,因此,在解析质谱时首先要

确定分子离子峰。当分子离子峰很弱时，容易和噪音峰相混，所以，判断分子离子峰时要综合考虑试样来源、性质等多种因素。通常，判断分子离子峰的原则如下：

(1)分子离子峰一定是质谱中质量数最大的峰，应处在质谱的最右端。

(2)分子离子峰一定是奇电子离子($OE^{+ \cdot}$)峰。

(3)分子离子峰应具有合理的质量丢失，即在比分子离子小 4~14 及 20~25 个质量单位处，不应有离子峰出现，否则，所判断的质量数最大峰就不是分子离子峰。

(4)分子离子的质量数应符合氮规则。所谓氮规则是指在有机化合物分子中含有奇数个氮时，其相对分子质量应为奇数；含有偶数个(包括 0 个)氮时，其相对分子质量应为偶数。这是因为组成有机化合物的元素中，具有奇数价的原子具有奇数质量，具有偶数价的原子具有偶数质量，因此，形成分子之后，相对分子质量一定是偶数。而氮则例外，具有奇数价和偶数质量，因此，分子中含有奇数个氮，其相对分子质量是奇数，含有偶数个氮，其相对分子质量一定是偶数。

如果某离子峰完全符合上述四项判断原则，那么这个离子峰可能是分子离子峰；如果四项原则中有一项不符合，这个离子峰就肯定不是分子离子峰。应该特别注意的是，有些化合物容易出现 M−1 峰或 M+1 峰。

18.4.3 碎片离子

分子在离子源中获得的能量超过分子离子化所需的能量时，分子中的某化学键断裂而产生碎片离子。分子离子进一步断裂可能产生丢失一个中性分子的奇电子离子或丢失一个中性自由基的偶电子离子。

$$M^{+ \cdot} \longrightarrow OE^{+ \cdot} + N$$
$$M^{+ \cdot} \longrightarrow EE^{+} + N^{\cdot}$$

1. 断裂的基本规则

(1)产生电中性小分子的断裂优先。离子在断裂中若能产生 H_2、CH_4、H_2O、C_2H_4、CO、NO、CH_3OH、H_2S、HCl、$CH_2=C=O$、CO_2 等电中性小分子产物，将有利于这种断裂途径的进行，产生比较强的碎片离子峰。

(2)Stevenson 规则。$OE^{+ \cdot}$ 离子断裂时，电离能较低的碎片离子有较高的形成几率。

(3)最大烷基丢失原则。同一前体离子总是失去较大基团的断裂过程占优势。

2. EI-MS 的主要断裂类型

(1)游离基引发的断裂(α断裂)

游离基对分子断裂的引发是由于电子的强烈成对倾向造成的。由游离基提供一个奇电子与邻接原子形成一个新键，与此同时，这个原子的另一个键(α键)断裂，这种断裂通常称为 α 断裂。α 断裂主要有下面几种情况。

① 含饱和杂原子

$$R_1-CH_2 \overgroup{-CH_2} \overgroup{Y}^{\cdot+}-R_2 \longrightarrow R_1-CH_2 \cdot + CH_2 = \overset{+}{Y}-R_2$$

式中,单箭头表示单电子转移;Y 为杂原子(如 O,N,S 等)。

现以乙醇的断裂作进一步说明。

$$CH_3 \overset{\frown}{—} CH_2 \overset{\cdot \cdot +}{—} OH \longrightarrow CH_3 \cdot + CH_2 \overset{+}{=} OH$$

由于 α 断裂比较容易发生,因此在伯醇质谱中,m/z 31 峰一般为基峰。

② 含不饱和杂原子

以酮为例,说明断裂产生的机理。

$$R_1{-}\overset{\overset{+}{\parallel O}}{C} \quad \underset{-\cdot R_2}{\longleftarrow} \quad R_1{-}\overset{\overset{\cdot +}{\parallel O}}{C}{-}R_2 \quad \underset{-\cdot R_1}{\longrightarrow} \quad \overset{\overset{+}{\parallel O}}{C}{-}R_2$$

$$m/z=120 \qquad \xrightarrow{-\cdot CH_3} \qquad m/z=105$$

③ 烯烃(烯丙断裂)

$$R \overset{\frown}{—} CH_2 \overset{\frown}{—} CH \overset{\cdot +}{—} CH_2 \xrightarrow{\ \alpha\ } R \cdot + CH_2 {=} CH \overset{+}{—} CH_2$$

$$m/z=41$$

烯丙断裂生成稳定的烯丙离子(m/z 41)。

④ 烷基苯(苄基断裂)

断裂后生成很强的苄基离子(m/z 91),m/z 91 离子是烷基苯类化合物的特征离子。

(2)正电荷引发的断裂(诱导断裂或 i 断裂)

诱导断裂是由正电荷诱导、吸引一对电子而发生的断裂,其结果是正电荷的转移。诱导断裂常用 i 来表示。双箭头表示双电子转移。

$$R \overset{\frown}{—} \overset{\cdot +}{Y} {-} R' \xrightarrow{\ i\ } R^+ \ + \ \cdot Y{-}R'$$

一般情况下,电负性强的元素诱导力也强。在有些情况下,i 断裂和 α 断裂同时存在,由于 i 断裂需要电荷转移,因此 i 断裂不如 α 断裂容易进行。表现在质谱中,相应 α 断裂产生的离子峰强,i 断裂产生的离子峰较弱。例如乙醚的断裂

$$C_2H_5 \overset{\frown}{—} \overset{\cdot +}{O} {-} C_2H_5 \xrightarrow{\ i\ } C_2H_5^+ + \cdot OC_2H_5$$

$$CH_3 \overset{\frown}{—} CH_2 \overset{\cdot +}{—} O{-}C_2H_5 \xrightarrow{\ \alpha\ } CH_3 \cdot + CH_2 \overset{+}{=} OC_2H_5$$

α 断裂的几率大于 i 断裂,但由于 α 断裂生成的 m/z 59 离子还有进一步的断裂,因此,在乙醚的质谱中,m/z 59 离子峰并不比 m/z 29 离子峰强。

(3)σ 断裂

如果化合物分子中具有 σ 键,如烃类化合物,则会发生 σ 键断裂。σ 键断裂需要的能量大,当化合物中没有 π 电子和 n 电子时,σ 键的断裂才可能成为主要的断裂方式。断裂后形成的产物越稳定,σ 断裂就越容易进行,碳正离子的稳定性顺序为:叔>仲>伯,因

此,烃类化合物最容易在分支处发生 σ 键断裂,并且失去最大烷基的断裂最容易进行。例如:

$$CH_3-\underset{\underset{CH_3}{|}}{\overset{\overset{CH_3}{|}}{C}}-C_2H_5 \xrightarrow{-e^-} CH_3-\underset{\underset{CH_3}{|}}{\overset{\overset{CH_3}{|}}{\overset{+\cdot}{C}}}-C_2H_5 \xrightarrow{\sigma} CH_3-\underset{\underset{CH_3}{|}}{\overset{\overset{CH_3}{|}}{\overset{+}{C}}} + \cdot C_2H_5$$

（4）重排断裂

①麦氏重排

有些离子不是由简单断裂产生的,而是发生了原子或基团的重排,这样产生的离子称为重排离子。当化合物分子中含有 C=X（X 为 O、N、S、C）基团,而且与这个基团相连的链上有 γ 氢原子,这种化合物的分子离子碎裂时,此 γ 氢原子可以转移到 X 原子上去,同时 β 键断裂。例如:

$$\begin{array}{c} \overset{C}{\overset{\|}{\underset{\overset{|}{\overset{+}{A}}}{B}}}\overset{D}{\underset{\overset{|}{E}}{}} \\ H \end{array} \longrightarrow \begin{array}{c} \overset{C}{\overset{\|}{B}} \\ \underset{\overset{|}{\overset{+}{A}}}{} \\ H \end{array} + \begin{array}{c} D \\ \| \\ E \end{array}$$

这种断裂方式是 Mclafferty 在 1956 年首先发现的,因此称为 Mclafferty 重排,简称麦氏重排。对于含有像羰基这样的不饱和官能团的化合物,γ 氢是通过六元环过渡态转移的。凡是具有 γ 氢的醛、酮、酯、酸及烷基苯、长链烯等,都可以发生麦氏重排。例如:

$$\begin{array}{c} H \\ \overset{.+}{O} \quad CH_2 \\ \| \quad \quad | \\ C \quad CH_2 \\ H_3C \quad O \end{array} \longrightarrow \begin{array}{c} \overset{.+}{O}H \\ \| \\ C \\ H_3C \quad O \end{array} + \begin{array}{c} CH_2 \\ \| \\ CH_2 \end{array}$$

$$\begin{array}{c} H \quad R \\ \overset{+}{\bigcirc} \end{array} \longrightarrow \begin{array}{c} H \\ \overset{+}{\bigcirc} H \\ \dot{C}H_2 \end{array} + \begin{array}{c} R \\ \end{array}$$

麦氏重排的特点:同时有两个以上的键断裂并丢失一个中性小分子,生成的重排离子的质量数为偶数。

②四元环过渡的重排

除麦氏重排外,重排的种类还有很多,经过四元环、五元环都可以发生重排。重排既可以由自由基引发,也可以由电荷引发。

自由基引发的重排:

$$\begin{array}{c} H \quad \overset{+\cdot}{N}H-C_2H_5 \\ | \quad \quad | \\ CH_2-CH_2 \end{array} \xrightarrow{i} \overset{+\cdot}{N}H_2-C_2H_5 + C_2H_4$$

电荷引发的重排：

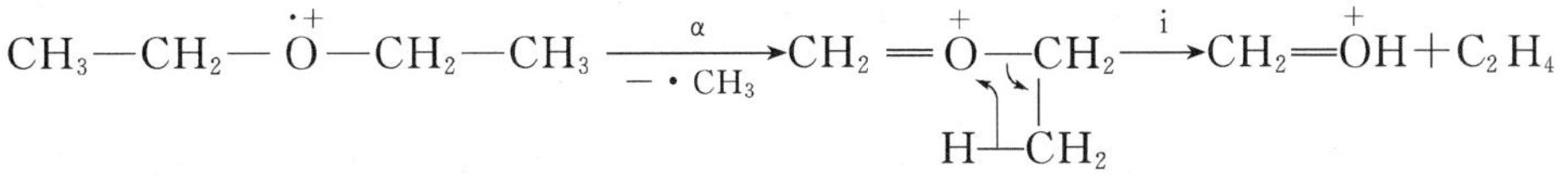

$$CH_3—CH_2—\overset{\cdot\,+}{O}—CH_2—CH_3 \xrightarrow[-\cdot CH_3]{\alpha} CH_2 = \overset{+}{O}—CH_2 \xrightarrow{i} CH_2 = \overset{+}{O}H + C_2H_4$$

③环烯的断裂——逆狄尔斯-阿德尔反应

利用有机合成中的狄尔斯-阿德尔反应，可以由丁二烯和乙烯制备环己烯：

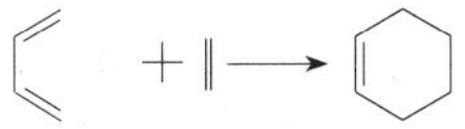

在质谱的分子离子断裂反应中，环己烯可以生成丁二烯和乙烯，正好与上述反应相反，所以称为逆狄尔斯-阿德尔（Retro-Diels-Alder）反应，简称 RDA。这类裂解反应的特点是：环己烯双键打开，同时引发两个 α 键断开，形成两个新的双键，电荷通常处在二烯的碎片上。

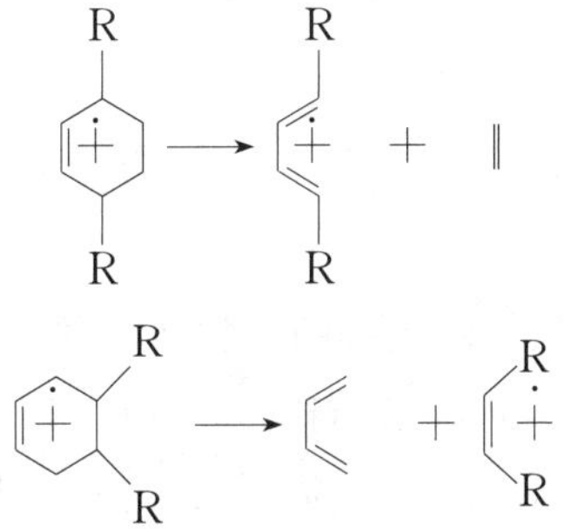

RDA 反应已广泛用来解释含有环己烯结构的各类化合物，如萜烯化合物的裂解：

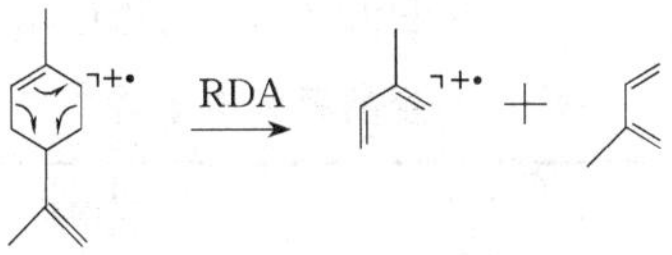

18.4.4　同位素离子

表 18-3 是有机物中各元素的自然丰度。在天然碳中有两种同位素：^{12}C 和 ^{13}C，两者丰度之比为 100：1.08，如果由 ^{12}C 组成的化合物质量为 M，那么，由 ^{13}C 组成的同一化合物的质量则为 $M+1$。同一化合物生成的分子离子有质量为 M 和 $M+1$ 两种离子。如果化合物中含有一个碳，则 $M+1$ 离子峰的强度为 M 离子峰强度的 1.08%；如果含有两个碳，则 $M+1$ 离子峰强度为 M 离子峰强度的 2.16%。根据 M 与 $M+1$ 离子峰强度之比，可以估计出碳原子的个数。氯有两种同位素 ^{35}Cl 和 ^{37}Cl，两者丰度之比为 100：32.5，近似为 3：1。当化合物分子中含有一个氯时，如果由 ^{35}Cl 组成的化合物质量为 M，那么，由 ^{37}Cl 组成的同一化合物的质量为 $M+2$。生成离子后，离子质量分别为 M 和 $M+2$，离子峰强度之比近似为 3：1。如果分子中含有两个氯，其组成方式可以有 $R^{35}Cl^{35}Cl$、$R^{35}Cl^{37}Cl$、$R^{37}Cl^{37}Cl$，分子离子的质量分别为 M，$M+2$，$M+4$，离子峰强度之比为 9：6：1。同位素离子峰强度之比可以用二项式展开式各项之比来表示：$(a+b)^n$。式中，a 为某元素轻同

位素的丰度；b 为某元素重同位素的丰度；n 为同位素个数。例如，某化合物分子中含有两个氯，其三种分子离子的离子峰强度之比由上式计算得

$$(a+b)^n = (3+1)^2 = 9+6+1$$

即三种分子离子的离子峰强度之比为 $9:6:1$。这样，如果知道了同位素的元素个数，可以推测各分子离子的离子峰强度之比。同样，如果知道了各分子离子的离子峰强度之比，可以估计出同位素的元素个数。

表 18-3　　　　　　　　　　　　有机物中各元素的自然丰度

元素	同位素	自然丰度	元素	同位素	自然丰度
C	^{12}C、^{13}C	$100:1.08$	N	^{14}N、^{15}N	$100:0.38$
H	^1H、^2H	$100:0.016$	O	^{16}O、^{17}O、^{18}O	$100:0.04:0.20$

18.5　典型有机化合物的电子轰击质谱(EI-MS)

18.5.1　烃　类

1. 烷烃

烷烃可观察到 M^+，但其强度随碳链的增长而减弱。直链烷烃主要产生由 σ 断裂产生的质量数相差 14 的 $15(CH_3^+)$、$29(C_2H_5^+)$、$43(C_3H_7^+)$、$57(C_4H_8^+)$、…等 $C_nH_{2n+1}^+$ 碎片离子系列峰，还会产生 $C_nH_{2n+1}^+$ 碎片离子失去一个 H_2 的 $C_nH_{2n-1}^+$ 的系列弱峰和由饱和碳氢四元环过渡重排反应产生的 $C_nH_{2n}^{+\cdot}$ 系列弱峰，其中 m/z $43(C_3H_7^+)$ 和 m/z 57 $(C_4H_9^+)$ 较强，总是基峰，见表 18-4。正十四烷的 EI-MS 谱图如图 18-20 所示。

表 18-4　　　　　　　　　　　　烷烃产生的系列离子峰

n	$C_nH_{2n+1}^+$	$C_nH_{2n}^{+\cdot}$	$C_nH_{2n-1}^+$	n	$C_nH_{2n+1}^+$	$C_nH_{2n}^{+\cdot}$	$C_nH_{2n-1}^+$
2	29	28	27	8	113	112	111
3	43	42	41	9	127	126	125
4	57	56	55	10	141	140	139
5	71	70	69	11	155	154	153
6	85	84	83	12	169	168	167
7	99	98	97				

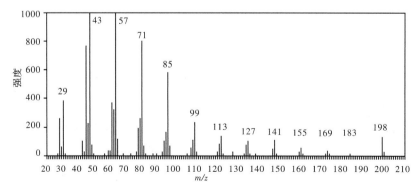

图 18-20　正十四烷的 EI-MS 谱图

$$C_{14}H_{30}^{+\cdot} \xrightarrow{-CH_3} C_{13}H_{27}^{+}$$

$$\xrightarrow{-C_2H_5} C_{12}H_{25}^{+} \quad -C_2H_4$$

$$\xrightarrow{-C_3H_7} C_{11}H_{23}^{+} \quad -C_2H_4$$

$$\xrightarrow{-C_4H_9} C_{10}H_{21}^{+} \quad -C_2H_4$$

$$\xrightarrow{-C_5H_{11}} C_9H_{19}^{+} \quad -C_2H_4$$

$$\xrightarrow{-C_6H_{13}} C_8H_{17}^{+} \quad -C_2H_4$$

$$\vdots$$

支链烷烃 $M^{+\cdot}$ 强度会降低，易在支链碳上发生断裂，优先失去较大的烷基，形成稳定的仲或叔碳正离子，如图 18-21 所示。

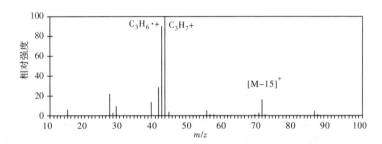

图 18-21　3-甲基戊烷的 EI-MS 谱图

2. 烯烃

脂肪烯烃易失去一个 π 电子，其分子离子峰强度要比相应的烷烃强，主要产生双键 β 位置 C—C 键断裂（β 断裂），产生 $41, 55, 69, 83, \cdots$ 等 $C_nH_{2n-1}^{+}$ 系列离子峰。具有端烯基的分子产生 m/z 41 的典型峰（常为基峰），并且裂解过程中还会发生双键位移。长碳链烯烃具有 γ-H 可发生麦氏重排反应，产生 $C_nH_{2n}^{+}$ 系列离子峰。由于烯烃有通过双键迁移进行异构化的倾向，双键的位置在裂解过程中并不完全固定，这就使麦氏重排离子不确定。1-己烯的 EI-MS 谱图如图 18-22 所示。

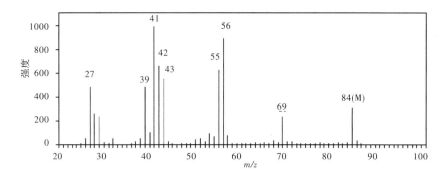

图 18-22　1-己烯的 EI-MS 谱图

$$CH_3-CH_2-CH_2-CH_2-CH=CH_2 \rceil^{+\cdot} \xrightarrow[-\dot{C}_3H_7]{\beta} \overset{+}{CH_2}-CH=CH_2 \longleftrightarrow CH_2=CH-\overset{+}{CH_2}$$

$m/z=84$　　　　　　　　　　　　　　　$m/z=41$　　　$m/z=41$

$m/z=84$ $\xrightarrow{\gamma-H}$ $m/z=42$ $+$

3. 芳烃

芳烃有明显的分子离子峰。烷基苯易发生 α 断裂，产生苄基正离子（m/z 91），进一步扩环产生稳定的卓鎓离子。卓鎓离子还会进一步失去乙炔分子形成环戊烯离子 $C_5H_5^+$（m/z 65）和环丙烯离子 $C_3H_3^+$（m/z 39）。甲苯的 EI-MS 谱图如图 18-23 所示。

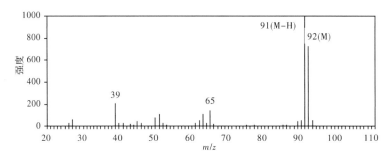

图 18-23　甲苯的 EI-MS 谱图

$m/z=92$ $\xrightarrow{-H}$ $m/z=91$ $\xrightarrow{-C_2H_2}$ $m/z=65$ $\xrightarrow{-C_2H_2}$ $m/z=39$

带有正丙基或丙基以上的烷基侧链的芳烃经麦氏重排产生 $C_7H_8{}^+$ 离子（m/z 92）。正丁基苯的 EI-MS 谱图如图 18-24 所示。

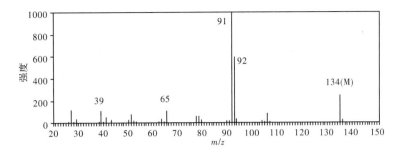

图 18-24 正丁基苯的 EI-MS 谱图

18.5.2 饱和烃类衍生物

1. 醇

醇的分子离子峰很弱，易发生 α 断裂，生成极强的特征碎片，如 m/z 31（伯醇），m/z 45（2-仲醇）或 m/z 59（2-叔醇），伯醇 m/z 31 的谱峰常常是基峰。醇的分子离子峰易脱水形成 M−18 的峰，长碳链的醇还会在产生脱水的同时脱甲基（M−18−15）、脱水的同时脱乙烯（M−18−28）的峰。1-己醇的 EI-MS 谱图如图 18-25 所示。

图 18-25 1-己醇的 EI-MS 谱图

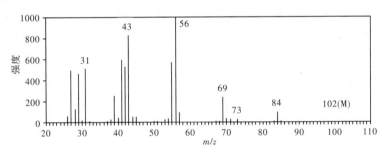

2. 醚

虽然脂肪醚的分子离子峰弱,但可观察到醚易发生 i 断裂(正电荷保留在氧原子上)形成 m/z 29,43,57,71 等碎片离子和 α 断裂形成 m/z 45,59,73 等碎片离子。醚 α 断裂产生的碎片离子可以进一步发生四元环过渡重排,得到较强的特征碎片离子。正丙醚的 EI-MS 谱图如图 18-26 所示。

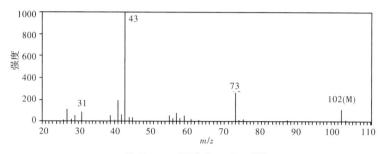

图 18-26　正丙醚的 EI-MS 谱图

3. 胺

胺的分子离子峰也很弱,含奇数氮的胺其分子离子峰的质量数为奇数,有时可能出现 $[M-1]^+$ 峰,容易发生 α 断裂反应。对于伯胺,则生成 $CH_2=N^+H_2$ 的 $m/z30$ 特征峰。对于仲胺、叔胺,则其中 R 大的取代基容易以自由基丢失,生成 $m/z30+14n$ 系列峰。胺 α 断裂产生的碎片离子和醚一样可以进一步发生四元环过渡重排,得到较强的特征碎片离子。N-乙基正丁胺的 EI-MS 谱图如图 18-27 所示。

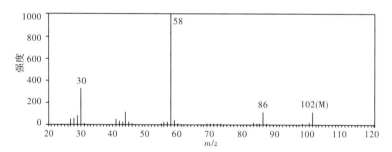

图 18-27　N-乙基正丁胺的 EI-MS 谱图

4. 卤代烷

卤代烷的分子离子峰都很弱,由同位素离子的丰度特征可以判断氯和溴原子的存在及数目。卤代烷的裂解主要有 α 断裂、β 断裂和消除反应,卤代物也会发生 C—X 键的断裂,正电荷可能留在卤原子上,形成 X^+,也可能留在烷基上,形成 R^+。卤代烷的EI-MS谱图如图 18-28 所示。

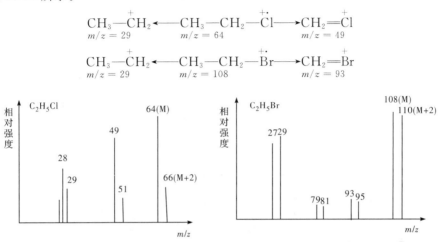

图 18-28　卤代烷的 EI-MS 谱图

18.5.3　羰基化合物

1. 醛和酮

羰基中氧原子上的孤对电子易被轰去一个,所以醛和酮的分子离子峰都比较明显,特征峰是由麦氏重排和 α 断裂产生的。酮的裂解主要是 α 断裂,正电荷保留在含氧碎片离子上。当羰基两侧的烷基不同时,大基团优先离去。醛的 α 断裂可以形成$[M-1]^+$和 m/z 29(CHO)碎片离子,醛和酮的 i 断裂产生 m/z 29、43、57、71 等烷基系列离子峰。醛和酮当羰基相连的烷基含 γ-H 时都会发生麦氏重排,且都是强峰。醛和酮的 EI-MS 谱图如图 18-29 和图 18-30 所示。

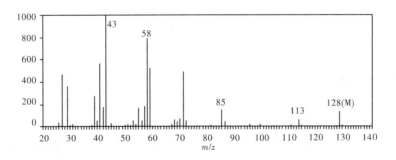

图 18-29　2-辛酮的 EI-MS 谱图

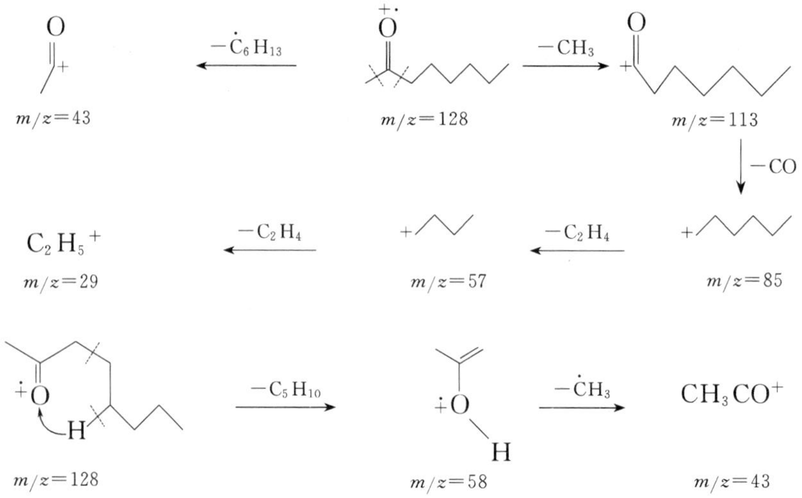

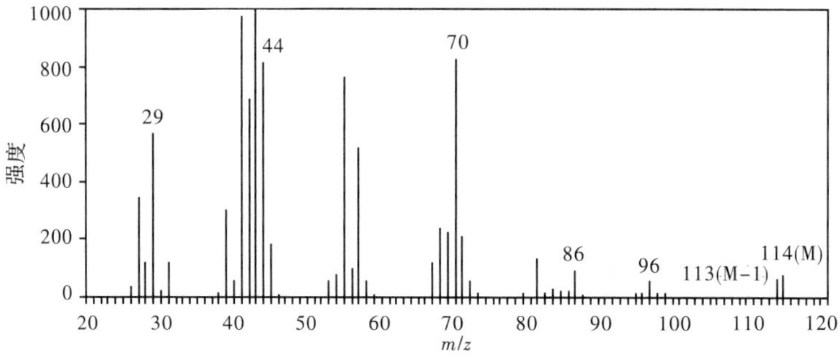

图 18-30　庚醛的 EI-MS 谱图

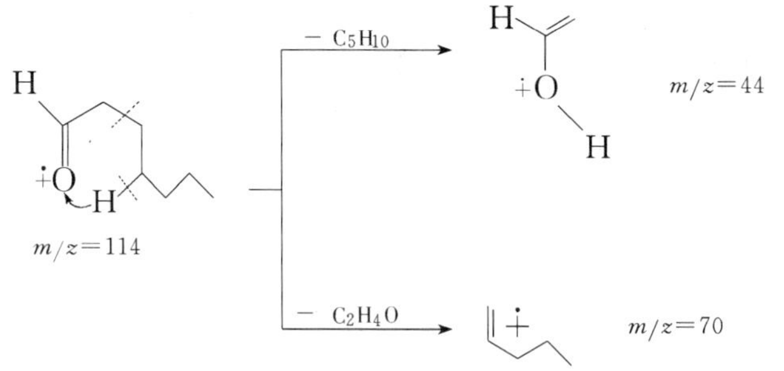

2. 羧酸及羧酸酯

羧酸和羧酸酯的分子离子峰较明显，主要发生 α 裂解和麦氏重排。羧酸 α 裂解易丢失 R·得到特征的 $HO-C\equiv O^+$ 离子，m/z 为 45。羧酸酯 α 裂解易丢失 $R-O^{\cdot}$ 基，得到与酮相同的离子系列峰。当与羰基相连的烷基含 γ-H 时羧酸和羧酸酯都会发生麦氏重排，且都是强峰。葵酸的 EI-MS 谱图如图 18-31 所示。

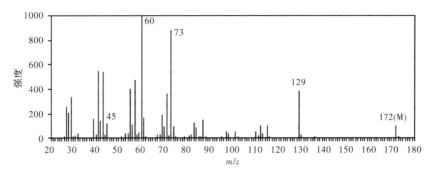

图 18-31　葵酸的 EI MS 谱图

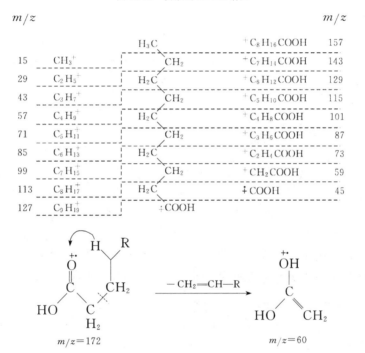

18.5.4　芳香化合物

1. 芳香醚

芳香醚会发生氧原子的断裂，进一步会失去 CO。苯甲醚的 EI-MS 谱图如图 18-32 所示。

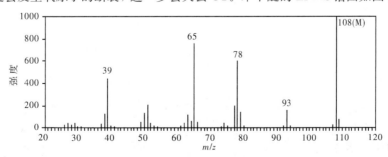

图 18-32　苯甲醚的 EI-MS 谱图

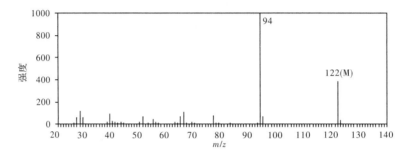

苯基乙基醚主要发生麦氏重排反应产生 $C_6H_6O^+$ 离子(m/z 94)，如图 18-33 所示。

图 18-33　苯基乙基醚的 EI-MS 谱图

2. 酚类

苯酚的分子离子峰很强，断裂主要产生脱羰（M−28）和丢失 CHO（M−29）的碎片离子，如图 18-34 所示。烷基酚主要是苄基断裂和丢失烯烃的麦氏重排反应。

图 18-34　苯酚的 EI-MS 谱图

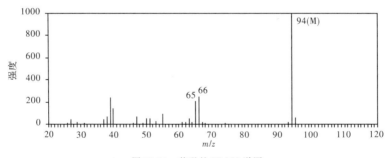

3. 芳香胺

芳香胺的分子离子峰非常强，易发生失去 HCN 和进一步失去 H·的断裂。苯胺的

EI-MS 谱图如图 18-35 所示。

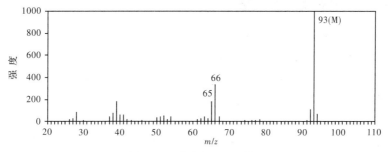

图 18-35　苯胺的 EI MS 谱图

4. 芳香硝基化合物

芳香硝基化合物显示较强的分子离子峰,主要产生 $[M-NO]^+$,$[M-NO_2]^+$ 和 $[M-58]^+$ 的碎片离子。硝基苯的 EI-MS 谱图如图18-36所示。

图 18-36　硝基苯的 EI-MS 谱图

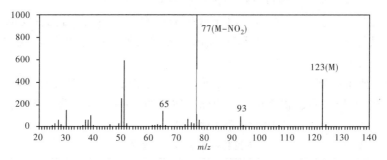

18.6　电子轰击质谱(EI-MS)的解析

化合物的质谱包含着有关化合物丰富的结构信息。在很多情况下,仅依靠质谱就可以确定化合物的相对分子质量、分子式和分子结构。而且,质谱分析的试样用量极微,因此,质谱分析法是进行有机物鉴定的有力工具。当然,对于复杂的有机化合物的定性,还要借助于红外光谱、紫外光谱、核磁共振等分析方法。

18.6.1 谱图解析的一般步骤

化合物分子电离生成的离子质量和强度与该化合物分子的本身结构有密切关系,即化合物的质谱图中包含许多结构信息,通过对化合物质谱图的解析,可以得到化合物的结构。下面就质谱图解析的一般步骤作一说明。

(1)由质谱的高质量端确定分子离子峰,求出化合物的相对分子质量,初步判断化合物类型及是否含有 Cl、Br、S 等元素。

(2)根据分子离子峰的高分辨 MS 数据,确定化合物的分子式。不同化合物的元素组成不同,其同位素丰度也不同,贝农(Beynon)将各种化合物(包括 C、H、O、N 的各种组合)的 M、M+1、M+2 强度值编成质量与丰度表,若知道化合物的相对分子质量和 M、M+1、M+2 的强度化,即可查表确定分子式。这种查表的方法目前已不常用。

(3)由分子式计算化合物的不饱和度,即确定化合物中环和双键的数目。

(4)研究高质量端离子峰。高质量端分子离子峰是由分子离子失去碎片产生的。从分子离子失去的碎片,可以确定化合物中含有的取代基(见表 18-5)。

(5)研究低质量端分子离子峰,寻找不同化合物断裂后生成的特征离子系列,如正构烷烃的特征离子系列为 m/z 15、29、43、57、71 等,烷基苯的特征离子系列为 m/z 91、77、65、39 等。根据特征离子系列可以推测化合物类型(见表 18-5)。

(6)通过上述各方面的研究,提出化合物的结构单元;再根据化合物的相对分子质量、分子式、试样来源、物理化学性质等,提出一种或几种最可能的结构。必要时,可根据红外和核磁数据得出最后结果。

(7)验证所得结果。验证方法有:将所得结构式按质谱断裂规律分解,看所得离子和所给未知物谱图是否一致;查该化合物的标准质谱图,看是否与未知谱图相同;寻找标样,作标样的质谱图,与未知物谱图比较等各种方法。

表 18-5 常见特征离子和中性丢失

特征离子		中性丢失	
质荷比(m/z)	碎片离子	丢失质量	来源
15	CH_3^+	15	$M-(CH_3)$
17	OH^+	16	$M-(O,NH_2)$
18	$H_2O^+\cdot$	17	$M-(OH,NH_3)$
	$NH_4\cdot$	18	$M-(H_2O)$
19	F^+	19	$M-(F)$
26	CN^+	20	$M-(HF)$
	$C_2H_2^+\cdot$	26	$M-(C_2H_2)$
27	$C_2H_3^+$	27	$M-(HCN,C_2H_3)$
	$HCN^+\cdot$	28	$M-(CO,C_2H_4)$
28	$C_2H_4^+\cdot$	29	$M-(CHO,C_2H_5)$
	$CO^+\cdot$	30	$M-(CH_2O,NO,C_2H_6)$
29	$C_2H_5^+$	31	$M-(CH_2OH,OCH_3)$
	CHO^+	32	$M-(S,CH_3OH)$
30	$CH_2=N^+H_2$	33	$M-[HS,(H_2O)+(CH_3)]$
	NO^+	34	$M-(H_2S)$
31	$CH_2=O^+H$	35	$M-(Cl)$
	CH_3O^+	36	$M-(HCl)$

(续表)

特征离子		中性丢失	
质荷比(m/z)	碎片离子	丢失质量	来源
35/37	Cl^+	41	$M-(CH_2=CHCH_2)$
36/38	$HCl^+\cdot$	42	$M-(CH_2=C=O, CH_2N_2)$
39	$C_3H_3^+$	43	$M-(CH_3CO, C_3H_7)$
41	$C_3H_5^+$	44	$M-(CO_2)$
	$CH_3CN^+\cdot$	45	$M-(OC_2H_5, COOH)$
42	$C_3H_6^+$	46	$M-[NO_2, C_2H_5OH, (H_2O+C_2H_4)]$
	$C_2H_2O^+$	47	$M-(CH_3S)$
	$C_2H_4N^+$	48	$M-(CH_3SH)$
43	$C_3H_7^+$	49	$M-(CH_2Cl)$
	$O=C=NH^+\cdot$	52	$M-(C_4H_4)$
	$CH_3C\equiv O^+$	56	$M-(CH_2=CHCH_2CH_3)$
44	$CH_2=CHO^+\cdot H$	57	$M-(C_4H_9, C_2H_5CO)$
	$C_2H_6N^+$	60	$M-(C_3H_7OH, CH_3COOH)$
	$NH_2-C\equiv O^+$	63	$M-(CH_2CH_2Cl)$
45	$CH_3CH=O^+H$	73	$M-(CH_3CH_2OC=O)$
	$^+CH_2CH_2OH$	74	$M-(C_4H_9OH)$
	$CH_2=O^+-CH_3$	77	$M-(C_6H_5)$
	$COOH^+$	78	$M-(C_6H_6)$
	$CH_3CH_2O^+$	79	$M-(Br)$
	$HC=S^+$	105	$M-(C_6H_5C=O)$
77	$C_6H_5^+$		
78	$C_6H_6^+\cdot$		
91	$C_6H_5CH_2^+$		

18.6.2 谱图解析实例

【例 18-1】 某化合物 $C_5H_{12}O$,试根据下列谱图(图 18-37)推断其结构,并说明依据。

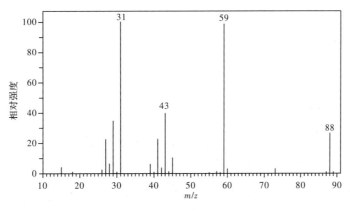

图 18-37

解

不饱和度	$U=5+(0-12)/2+1=0$		饱和化合物
	m/z	离子	断裂反应
MS解析	88	$M^{+}\cdot$	$CH_3-CH_2-CH_2-\overset{+\cdot}{O}-CH_2-CH_3$ $m/z=88$
	59	$[M-(C_2H_5)]^{+}$	$CH_3-CH_2-CH_2-\overset{+}{O}=CH_2$ $m/z=73$ $\qquad$ $CH_2=\overset{+}{O}-CH_2-CH_3$ $m/z=59$ $\qquad$ $CH_3-CH_2-\overset{+}{CH_2}$ $m/z=43$
	43	$CH_3-CH_2-\overset{+}{CH_2}$	$CH_2=\overset{+}{OH}$ $m/z=31$
	31	$CH_2=\overset{+}{OH}$	
结构式			$CH_3-CH_2-CH_2-O-CH_2-CH_3$

【例 18-2】 某化合物 $C_4H_8O_2$($M=88$)根据下列谱图(图 18-38)解析其结构,并说明依据。

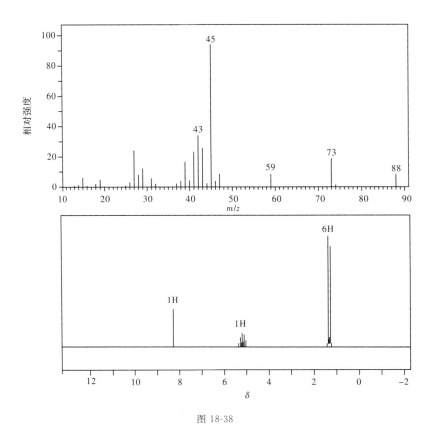

图 18-38

解

不饱和度					$U=4+(0-8)/2+1=1$		可能含有 C=O、C=C 或环

	峰号	δ	积分	裂分峰数	归属	推断
¹H 谱峰归属	(a)	1.3	6H	双重峰	CH_3	与 CH 偶合可能为—CH(CH₃*)₂ 结构
	(b)	5.2	1H	多重峰	CH	与多个质子相邻,共振频率移向低场,可能为 O—CH*(CH₃)₂
	(c)	8.3	1H	单峰	CH	共振频率移向低场,可能为 H*—C=O

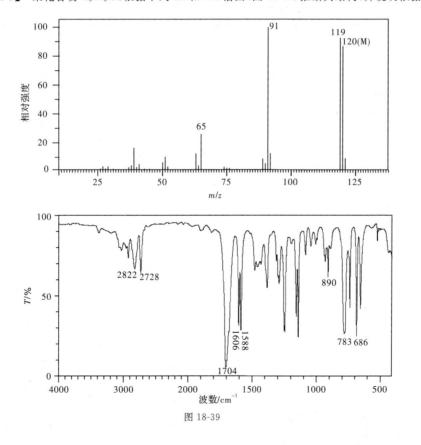

	m/z	离子
MS 解析	88	$M^+\cdot$
	73	$(M-CH_3)^+$
	59	$(M-HC=O)^+$
	45	$HO-C\equiv O^+$
	43	$(CH_3)_2CH^+$

结构式	H—C—O—CH—CH₃（含 O 及 CH₃ 取代）

【例 18-3】　某化合物 C_8H_8O,根据下列 IR 和 MS 谱图(图 18-39)推断其结构,并说明依据。

图 18-39

解

不饱和度	$U=1+8+1/2(0-8)=5$		可能含有苯环和 C=O、C=C 或环
IR谱峰归属	(1)	2 822 cm^{-1},2 728 cm^{-1}	醛基特征峰
	(2)	1 704 cm^{-1}	C=O 特征吸收峰(醛羰基)
	(3)	1 606 cm^{-1},1 588 cm^{-1}	苯环骨架振动
	(4)	890 cm^{-1},783 cm^{-1},686 cm^{-1}	苯环间位取代特征峰

	峰号	m/z	离子	断裂反应
MS解析	(a)	120	M$^+\cdot$	
	(b)	119	(M-1)$^+$	
	(c)	91	(M-CHO)$^+$	
	(c)	65		

确定结构	
结构验证	其不饱和度与计算结果相符,并与标准谱图对照证明结构正确。

习　题

18-1 试说明分子离子峰的特点。

18-2 如何判断分子离子峰? 当分子离子峰不出现时,怎么办?

18-3 质谱仪由哪几部分构成,各部分的作用是什么?

18-4 离子源的作用是什么? 试论述几种常见离子源的原理及优缺点。

18-5 试比较常见质量分析器的原理和特点。

18-6 试说明 GC-MS 和 LC-MS 分别能提供哪些信息?

18-7 试比较说明什么是简单断裂? 简单断裂有哪几种断裂类型?

18-8 什么是麦氏重排? 发生麦氏重排的条件是什么?

18-9 试论述质谱仪分辨率的定义。

18-10 下列化合物何者能够发生麦氏重排?

18-11　某化合物 $C_5H_{13}N$，试根据谱图(图 18-40)推断其结构，并说明依据。

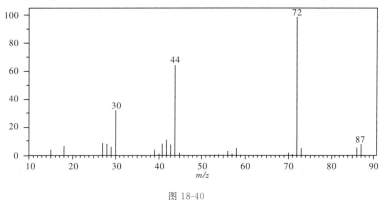

图 18-40

18-12　某化合物 C_9H_{12}，试根据谱图(图 18-41)推断其结构，并说明依据。

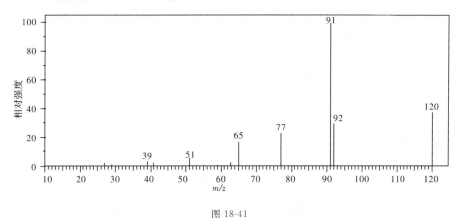

图 18-41

18-13　某化合物 $C_4H_8O_2(M = 88)$，根据谱图(图 18-42 和图 18-43)解析此化合物的结构，并说明依据。

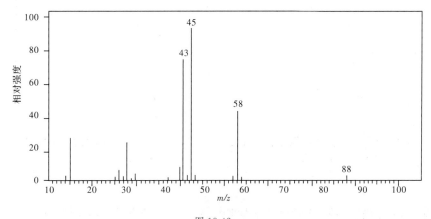

图 18-42

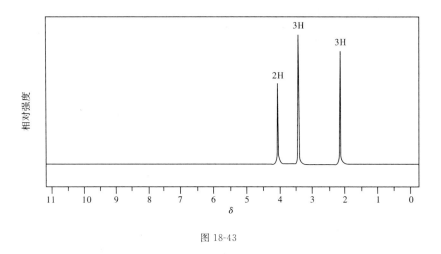

图 18-43

18-14 根据 MS 和 ^{1}HNMR 谱图（图 18-44）确定化合物（$M=60$）的结构，并说明依据。

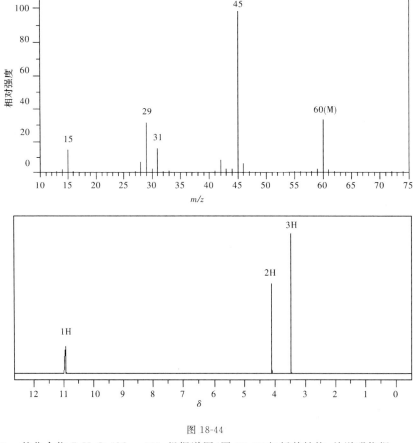

图 18-44

18-15 某化合物 $C_4H_8O_2$（$M=88$），根据谱图（图 18-45）解析其结构，并说明依据。

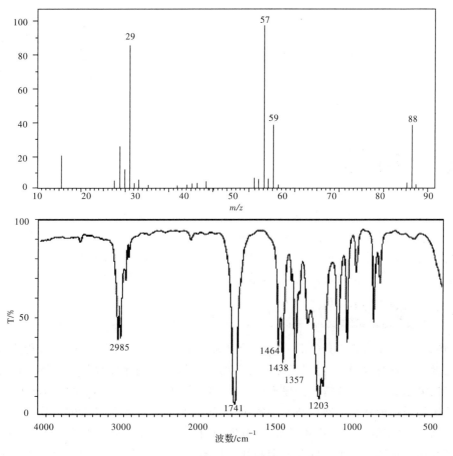

图 18-45

第19章

热分析法

热分析法(Thermal Analysis,TA)是基于热力学原理和物质热力学性质而建立的分析方法。它是通过研究物质热力学性质与温度之间的相互关系,并利用这种关系来分析确定物质的组成和性质。热分析法在研究物质的热力学性质方面独具特色,具有其他分析方法所不可取代的作用,形成了与其他分析方法并列且互为补充的一类仪器分析方法。

19.1 概　述

国际热分析和量热协会(ICTAC)将热分析法定义为:"在指定的气氛中,程序控制试样的温度,检测试样性质与时间或温度关系的一类技术。程序控温是指以固定的速率升温、降温、恒温或以上几种情况的任意组合"。热分析法也就是指在程序控制温度下,精确记录待测物质物理和化学性质与温度的关系,研究其受热过程所发生的晶形转变、熔融、升华、沸腾及吸附等物理变化和脱水、热分解、氧化及还原等化学变化,用以对该物质进行物理常数熔点和沸点的确定以及鉴别和纯度检验的方法。任何物质在由超低温到超高温的程序变化过程中,总是伴随着特定的多种热效应出现,记录这些信息就构成了表征物质变化过程的特征图谱。

根据程序加热(或冷却)过程中物质的物理性质,如质量、温度、热量以及光学、电学、磁学性质等的变化,可建立各种热分析技术与方法(见表19-1),但最常见的主要有热重分析法、差热分析法及差示扫描量热分析法。

热分析法的主要特征包括:(1)试样用量少(0.1～10 mg);(2)适用于多种形态的试样(固体、液体或凝胶);(3)试样不需要预处理;(4)操作简便;(5)分析结果受实验条件的影响较大,如试样量和尺寸、温度变化速率、试样所处环境(如氧化性气氛、还原性气氛、惰性气氛及真空等)。

热分析仪器主要由温度控制系统、气氛控制系统、测量系统与记录系统构成。

热分析法始于19世纪末期,最初用于研究黏土和金属相图。1915年日本的本多光太郎首先提出了热天平一词。他在天平的托盘下方放上加热炉,连续测定试样受热时所产生的质量变化。1949年Vold研制出了全自动记录的差示量热计。1955年美国的Boersma提出了差热分析理论和新的测量方法。1964年Watson等研制出可定量测定热量的差示扫描量热计,试样用量为mg级。Mazieres研制的微量差热分析仪的试样量达到了10～100 μg。近十几年来,新型热分析仪器普遍配置有计算机,并达到了很高的自动化水平,实验结果的精确程度也大大提高。目前,热分析仪器与其他分析仪器的联用技术也发展很快,出现了 TG-MS、TG-GC、DTA-MS、TG-TGA 等联用仪器,既节省试样用量又同时获得更多的信息。

　　热分析法广泛应用于化学化工、石油、建材、纤维、橡胶、高分子材料、食品、医药等领域和行业。在物质成分分析、产品质量检验、材料的热稳定性测量等方面发挥着较大作用。

表 19-1　　　　　　　　　　　　　　　　　主要热分析技术与方法

测定的性质	方法名称缩写	描述
质量	热重分析法(Thermogravimetry) TG	在程序控制温度改变下,测量物质的质量随温度变化的一种技术
	微分热重分析法(Differential Thermogravimetry) DTG	在热重分析法的基础上,利用计算机计算 Δm-T 曲线一阶导数的技术
温度	加热曲线测定法(Heating-curve Determination) HCD	在程序控制温度改变下,测量物质的温度随程序温度变化的一种技术
	差热分析法(Differential Thermal Analysis) DTA	在程序控制温度改变下,测量物质与参比物之间的温度差随温度变化的一种技术
热焓	差示扫描量热(Differential Scanning Calorimetry) DSC	在程序控制温度改变下,测量输入到物质和参比物之间的能量差(或功率差)随温度变化的一种技术
挥发物	逸出气体分析法(Evolved Gas Analysis) EGA	在程序控制温度改变下,检测物质释放出的气体随温度变化的技术
尺寸	热膨胀法(Thermodilatometry)	在程序控制温度改变下,测量物质在可忽略的负荷下尺寸随温度变化的一种技术
电性质	热电法(Thermoelectrometry)	在程序控制温度改变下,测量物质的电学特性随温度变化的一种技术
光性质	热光法(Thermophotometry)	在程序控制温度改变下,测量物质的光学特性随温度变化的一种技术
磁性质	热磁法(Thermomagnetometry)	在程序控制温度改变下,测量物质的磁化率随温度变化的一种技术
声性质	热发声测量法(Thermosonimetry)	在程序控制温度改变下,测量物质所发出的声波随温度变化的一种技术
	热声分析法(Thermoacoustimetry)	在程序控制温度改变下,测量通过物质的声波特性随温度变化的一种技术
机械性质	热机械分析法(Thermomechanical Analysis)	在程序控制温度改变下,测量物质在非振荡性负荷下尺寸随温度变化的一种技术

19.2　热重与微分热重分析法

19.2.1　基本原理

　　在一定温度下,物质的质量会发生变化,这种变化是由于物质中某些组分发生分解或脱除而导致的。热重分析法(TG)即是在程序控制温度改变下,测量物质的质量与温度变化关系的一种技术。热重分析法记录的是物质热重曲线,即以质量为纵坐标,温度为横坐标的质量随温度变化曲线。

$$m = f(T \text{ 或 } t) \tag{19-1}$$

热重曲线反映的是物质的本身特性,在一定条件下,可重复测定。不同物质具有不同的热重曲线(图 19-1);组成相同而形态不同的物质,其热重曲线也必然存在差异,通过分析物质的热重曲线可获得物质的一系列物理和化学性质。热重分析涉及物质质量变化的测量,因而涉及下列两类反应的固体比较适合进行热重分析。

反应物(固体) → 产物(固体) + 产物(气体)

反应物 1(气体) + 反应物 2(固体) → 产物(固体)

这两个反应过程均涉及物质质量的增加或减少。不发生质量变化的过程显然不能用于热重分析,这是热重分析研究对象的重要特点。

试样组成不同,质量变化大小不同。质量变化的大小与进行反应的特定化学计量关系有关,故由热重曲线可以对特定试样进行精确的定量分析,此外还可以推断试样的热稳定性、抗热氧化性、吸附水、结晶水、水合及脱水速率、干燥条件、热分解等相关信息。

在图 19-1 中,曲线 1 为 Ag_2CrO_4 的热重曲线,从图中可见,92 ℃之前,随着温度升高,试样质量逐渐减小,即试样中吸附的水慢慢挥发,92 ℃至812 ℃时,试样质量一直保持恒定。当温度超过812 ℃时,再次出现失重,即发生了以下反应:

$$Ag_2CrO_4 \rightarrow O_2 + Ag + AgCrO_2$$

通过物质的热重曲线可以方便地找出物质的最佳干燥温度和灼烧温度。

热重曲线是一种台阶形曲线,分辨率不高。新型仪器多配备计算机,在物质热重曲线的基础上通过微分处理即可获得微分热重曲线,据此建立了微分热重分析法(DTG)。TG 与 DTG 只是信号的处

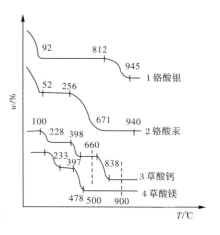

图 19-1 热重分析曲线

理方式不同,具有较多的共性。微分热重曲线记录的是质量随时间的变化率(dm/dt),是温度或时间的函数。

$$dm/dt = f(T \text{ 或 } t) \tag{19-2}$$

微分热重曲线是峰形曲线,峰最大处对应热重曲线的拐点,两者一一对应。DTG 不但使得信号的分辨率提高,通常还能够获得更多的信息。

如图 19-2 所示,在 TG 曲线上,100～250 ℃之间仅出现一个台阶,对应着三种元素的草酸盐一水合物脱水,而在 DTG 曲线上,100～250 ℃之间明显出现了三个峰,表明三种草酸盐一水合物脱水温度的差异。在 450 ℃时,DTG 曲线上的尖峰表明三者同时失去CO。250～360 ℃为三种草酸盐的共同稳定区。500～620 ℃为三种碳酸盐的共同稳定区。

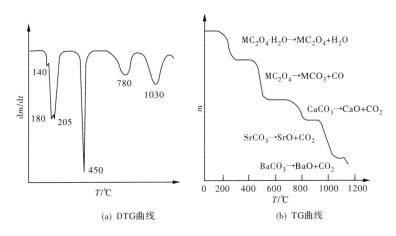

(a) DTG曲线　　　　　　　　　(b) TG曲线

图 19-2　钙、锶、钡三种元素草酸盐的 DTG 和 TG 曲线

19.2.2　热重分析仪器

热重分析仪器为热天平。热天平与一般天平的基本原理相同,但能够在受热情况下称重,并连续记录质量随温度的变化。

热天平主要包括热天平、加热炉、温度程序控制系统及记录装置。热天平与一般天平的原理相同,所不同的是在受热情况下连续称重,并连续记录质量与温度的变化关系。测定时,试样的质量一旦发生改变,因支撑试样的天平梁平衡被破坏而发生倾斜,并由光电元件检出,信号经电子放大后反馈到安装在天平梁的感应线圈,使天平梁又返回到原来的零点,可由感应线圈中的电流得知试样质量的改变值,连续记录信号可获得 TG 曲线。试样通常悬挂放置在一加热炉中。如图 19-3 所示为 TG 装置示意图。试样放置在坩埚中,加热炉的温度按程序控制系统设定的升温速率改变,升温速率不能太快,以防止来不及快速达到热平衡而产生滞后现象,出现测量偏差。

为了特定需要,热天平还可以安装真空、加压及多种气氛控制装置等。在热重分析装置的基础上,采用计算机进行信号处理或微分电子线路,即可方便获得微分热重曲线。

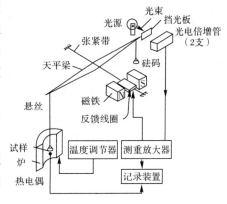

图 19-3　带光学敏感元件的 TG 装置示意图

19.2.3　影响因素

在热重分析过程中,试样的物理性质、加热升温速率、试样量、试样颗粒大小、试样容器形状及试样的装填情况都将影响到 TG 曲线的重复性、准确性及分辨率等结果。

(1)升温速率

对于具有连续失重反应的过程,选用合适的升温速率,可以使反应各阶段分开。升温速率快时,TG 曲线出现弯曲,而升温速率慢时,曲线易出现平台。一般来说,热重分析总是希望升温速率慢。

（2）试样容器几何形状及材质

如果试样在加热过程中分解并有气体产生,或试样与气体之间发生相互作用,则试样容器的几何形状对 TG 曲线产生明显影响。

如图 19-4 所示表现的是不同几何形状的试样容器对碳酸钙分解过程的影响。1 号容器的形状为开口式,有利于产生的 CO_2 气体逃逸,分解温度发生在 650 ℃;4 号容器的形状设计成了迷宫式,特别不利于 CO_2 气体的逃逸,在 CO_2 的分压超过大气压力之前阻止 CO_2 气体的逸出,所以分解温度延迟到 900 ℃;2 号和 3 号容器对 CO_2 气体逸出的影响介于 1 号和 4 号之间,所以分解温度也介于两者之间。

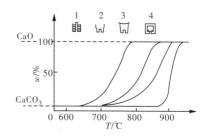

图 19-4　试样池的几何形状对碳酸钙热分解的影响

热重分析中通常采用惰性材质制成的试样容器,一般材质为铂和陶瓷。在选择试样容器材质时,要注意避免容器在加热过程中对试样分解反应具有催化作用或与试样和分解产物发生反应。另外还需要考虑在高温或低温下,容器材质本身是否发生物理或化学变化,是否存在对气体的吸附等因素。对于碱性试样,不能使用石英和陶瓷容器,因为碱性试样能与其发生化学反应。对于四氟乙烯等含氟高聚物,也不能使用石英和陶瓷容器,在高温下,含氟高聚物能够与其发生反应生成挥发性的四氟化硅。铂容器不适合含磷、硫和卤素的试样。

（3）炉内气氛

试样周围气氛的组成对 TG 曲线会产生较大影响,大多数仪器都提供控制改变炉内气氛的装置,如提供动态(流动)或静态气氛。通常提供富含反应物气氛时,可使分解推迟到更高温度。反之,提供惰性或真空环境,则使反应在较低温度下发生。如果几个反应同时释放出不同气体,可以通过选择炉内气氛使之更好分开。炉内气氛除了能够改变分解温度外,对某些试样还能够改变所发生的反应,如某些物质在氧气存在下发生氧化反应,而在惰性气氛中将发生热分解反应。

（4）试样量

试样量的影响表现在三个方面:①对于吸热或放热的反应,试样量越大,试样温度偏离线性程序升温的程度越大;②对于有气体产生的试样,试样量越大,试样中间产生的气体扩散出去的阻力越大;③试样量越大,试样内易产生温度梯度,不利于热平衡。通常来讲,实验时应尽量减少试样量,但选择适宜的试样量时,还应考虑热天平的灵敏度。试样量越少,对热天平灵敏度的要求越高。

（5）热天平的灵敏度

该值是热重分析中的一个重要参数。除了提高热天平的灵敏度可以减少试样用量外,热天平的灵敏度越高,分辨率越高,中间化合物的质量变化平台更清晰,可使用较快的升温速率。

在热重分析时,不同仪器对温度测量可能存在差异,造成物质热重曲线各转变温度的差别,这需要一系列校核温度用的标准物质,表 19-2 给出了某些常见的标准物质及特征分解温度。

表 19-2　　　　　　　　热重分析仪温度校核的标准物质

标准物质	特征分解温度/℃	标准物质	特征分解温度/℃
$H_2C_2O_4 \cdot 2H_2O$	50	$CuSO_4 \cdot 5H_2O$	235
$CuSO_4 \cdot 5H_2O$	52	邻苯二甲酸氢钾	245
$Mg(C_2H_5COO)_2 \cdot 4H_2O$	60	$ZnSO_4 \cdot 7H_2O$	250
$K_2C_2O_4 \cdot H_2O$	90	$KHC_4H_4O_6$	260
H_3BO_3	100	$Mg(C_2H_5COO)_2 \cdot 4H_2O$	320
$H_2C_2O_4$	118	$Ba(C_2H_5COO)_2$	445
$Cu(C_2H_5COO)_2 \cdot H_2O$	120	$NaHC_4H_4O_6 \cdot H_2O$	545
$(CH_4)H_2PO_4$	185	$Cu(C_2H_5COO)_2 \cdot H_2O$	1 055
蔗糖	205	$CuSO_4 \cdot 5H_2O$	1 055

19.2.4　应　用

根据热重分析法的基本原理,可以将热重分析法的主要应用归纳为以下几个方面:

(1) 了解试样的热分解反应过程和机理;

(2) 测定吸附水、结晶水、脱水量等;

(3) 研究固体和气体之间的反应;

(4) 物质的成分分析;

(5) 高聚物的热氧化降解,材料的热稳定性及抗热老化寿命的研究;

(6) 石油、煤炭和木材的热裂解;

(7) 反应动力学研究。

1. 在仪器分析中的应用

在重量分析中用于物质的成分分析、研究沉淀的干燥、灼烧温度、沉淀剂的选择及分析试样在空气中是否吸收 CO_2 与水分等。例如根据钙、镁两种离子草酸盐沉淀的热重曲线,就可以算出钙、镁离子在二组混合物中的含量。设 x、y 分别为钙和镁的质量,m、n 分别为 500 ℃($MgO+CaCO_3$) 和 900 ℃($MgO+CaO$)在热重曲线上测出的质量,通过建立以下联立方程式,解得 x、y 值,从而计算出钙和镁的含量。

$$\frac{M(CaCO_3)}{M(Ca)}x + \frac{M(MgO)}{M(Mg)}y = m \tag{19-3}$$

$$\frac{M(CaO)}{M(Ca)}x + \frac{M(MgO)}{M(Mg)}y = n \tag{19-4}$$

式中,M 为各物质的相对分子质量和相对原子质量。采用同样方法也可以很简便地从金属硝酸盐混合物中测定铜-银合金的含量。

2. 材料的热稳定性和热分解过程

无论无机材料还是有机材料,热稳定性是其重要
的指标之一。虽然研究材料的热稳定性和热分解过程
的方法有许多种,但是惟有热重分析法简便快速而应
用广泛。热重分析法在研究高聚物材料的性能方面获
得了较多应用,由热重曲线可提供高聚物分解温度、比
较高聚物的热稳定性及添加剂的影响。可用来研究高
聚物的热降解过程、机理及降解动力学。如图 19-5 所

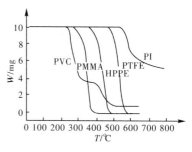

图 19-5　五种聚合物热稳定性的热重曲线

示是五种高分子聚合物的热重曲线:聚氯乙烯(PVC)、聚甲基丙烯酸甲酯(PMMA)、高压
聚乙烯(HPPE)、聚四氟乙烯(PTFE)和聚苯四酰亚胺(PI)。

3. 医药分析

美国、日本等发达国家及世界卫生组织将热分析法作为检查药物化学对照品质量标
准的重要方法之一。在我国也将其列为控制药品质量的重要分析法。常用药物中,水合
物占有较大的比重,这些药品在储存过程中由于时间、温度及湿度等条件的变化而导致药
品老化和晶型等改变,利用热重分析法或其他热分析法,可方便快速地对药品品质进行鉴
定,获得其他方法无法获得的结果,且该方法不用溶剂和预处理、试样用量少、快速及图谱
简单易懂。

19.3　差热分析法

差热分析法(DTA)是在程序控制温度下,测量试样与参比物之间温差与温度关系的
一种方法。参比物是一种在所测量温度范围内不发生任何热效应的物质。实验过程中,
试样与参比物之间的温差 ΔT 是随温度 T 或时间 t 变化的函数,其关系可写成

$$\Delta T = f(T 或 t) \qquad (19-5)$$

当试样不发生反应时,即试样温度和参比物温度相
同时,无热效应发生,$\Delta T = 0$。当试样发生物理或化学
变化而伴有热的吸收或释放时,$\Delta T \neq 0$。在 DTA 曲线
(ΔT-T)上,基线表示无热效应 $\Delta T = 0$;出现正峰和倒
峰时,表明试样发生了放热和吸热过程。采用温差作为
检测量比单纯用试样温度更好地提高检测灵敏度,并可
以由峰面积估算热量和热熵。如图 19-6 所示为一聚合

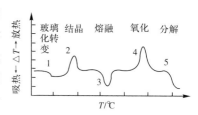

图 19-6　聚合物的典型 DTA 曲线

物的典型 DTA 曲线,图中曲线上的峰反映了聚合物在加热过程中所出现的玻璃化转变、
结晶、熔融、氧化、分解五个过程及吸热、放热现象。表 19-3 给出了差热分析法中观察到
的过程及吸热、放热现象。

差热曲线是由一系列的放热峰和吸热峰所组成的曲线。某一物质在加热条件下有其
特征差热峰,因此在差热曲线上这些峰的位置、形状和数目可以用来鉴别物质,作为研究
物质的含量和相变的工具。

表 19-3 差热分析法中可观察到的过程及吸热、放热现象

物理过程	热现象		化学过程	热现象	
	吸热	放热		吸热	放热
晶形转变	√	√	化学吸附	√	
熔融	√		析出	√	
汽化	√		脱水	√	
升华	√		分解	√	
吸附		√	氧化(气体中)		√
解吸	√		还原(气体中)	√	
吸收	√				

差热分析装置的主要部件如图 19-7 所示。分别放置试样和参比物的两个小坩埚分别置于可以被加热的金属块中,坩埚中试样和参比物的量应保持相等。采用两支高灵敏热电偶分别测定试样温度和参比物温度,两者的温度相等时,产生的电信号方向相反,温差电势为零。

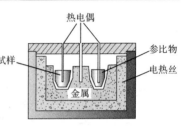

图 19-7 差热分析装置的主要部件

差热分析中需要使用到参比物,在选择适宜的参比物时,应注意参比物在分析温度范围内应是惰性的,其热导率应与试样的热导率相近。对于无机物试样,常用的参比物为氧化铝(温度极限 2 000 ℃)、碳化硅(温度极限 2 000 ℃)、玻璃粉(温度极限 1 500 ℃)、石墨(温度极限 3 500 ℃,在无氧气氛中稳定)等;对于有机物,常用的参比物为硅油(温度极限 1 000 ℃)。另外,在差热分析中,有时为了使试样与参比物的热导率相匹配而使用稀释剂。通常也可以将参比物作为稀释剂使用,但应注意试样的性质以防止两者发生反应。

影响 DTA 曲线的峰形、峰位和峰面积的因素有试样的质量、粒度、热导率、比热、环境气氛、升温速率等。一般而言,升温速率大,峰值向高温方向偏移,峰形变的尖锐,灵敏度提高,但分辨率降低。差热分析法与热重分析法中的影响因素在许多方面具有相同之处。表19-4给出了差热分析法中各种常见的因素及对 DTA 曲线的影响。

表 19-4 影响差热分析曲线的一些因素

因素	影响	校正或控制
加热速率	改变峰大小和位置	用低加热速率
试样量	改变峰大小和位置	减少试样量或降低加热速率
热电偶位置	曲线不重复	每一次操作都用相同的位置
试样颗粒大小	曲线不重复	用均匀的小颗粒
试样的热导率	峰位置变化	与导热稀释剂混合或降低加热速率
差热分析池的热导率	峰位置变化	减少热导率以增大峰面积
与气氛的反应	改变峰大小和位置	小心控制(可能是有利的)
试样填装	曲线不重复	小心控制(影响热导率)
稀释剂	热容和热导率变化	小心选择(可能是有利的)

差热分析法在许多行业都有应用,特别是在材料、高分子聚合物、医药、生物、食品等方面应用更为广泛。在差热曲线上,峰的形状、大小和位置与反应热和存在物质的量成正比,可以用来进行定性和定量分析。在严格控制测量条件下,根据 DTA 曲线的形状可研究反应热、相变、热稳定性、临界点及相图等。

可以将差热分析法的应用归纳为以下几个主要方面:(1)研究结晶转变;(2)追踪熔融、蒸发等相变过程与相图;(3)用于分解、氧化还原、固相反应等的研究;(4)临界点和热稳定性;(5)物质的鉴别、组成和纯度(定性或定量)。

如图 19-8 所示为含维生素药物的 DTA 曲线,从图中可见,组成和含量不同,DTA 曲线具有明显差异。如图 19-9 所示为 Se-Te-Sb-Ge 四组分体系半导体材料的 DTA 曲线,四种试样对应着四种不同晶态类型,通过对热性质的研究发现含 Se 高的 Ge-Sb-Se 体系适宜做开关材料,而 Se-Te-Ge 合金玻璃可做记忆器件。

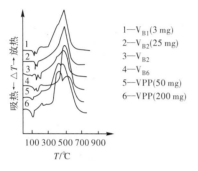

1—V_{B_1}(3 mg)
2—V_{B_2}(25 mg)
3—V_{B_2}
4—V_{B_6}
5—VPP(50 mg)
6—VPP(200 mg)

图 19-8　含维生素药物的 DTA 曲线

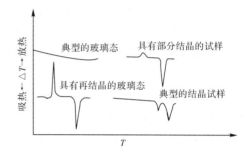

图 19-9　Se-Te-Sb-Ge 四组分体系的 DTA 曲线

利用差热分析法可方便地用于物质鉴别,这通常采用与标准谱图比对的方式进行。萨特勒(Sadtler)研究室出版了大约 2 000 种物质的标准 DTA 曲线谱图,可供查询使用。

19.4　差示扫描量热分析法

差示扫描量热分析法(DSC)是保持试样和参比物各自独立加热,当温度以恒定速率上升时,随时保持两者的温度相同,如果试样发生相变或失重,其与参比物之间将产生温度差时,系统提供功率补偿,使两者再度保持平衡。为维持试样和参比物的温度相等所要补偿的功率相当于试样热量的变化。差示扫描量热曲线是差示加热速率与温度关系曲线。由差示扫描量热法得到的分析曲线与差热分析法的基本相同,但定量更准确、更可靠。当补偿热量输入到试样时,记录的是吸热变化;反之,补偿热量输入到参比物时,记录的是放热变化。峰面积正比于反应释放或吸收的热量,曲线高度正比于反应速率。

差示扫描量热分析法能定量地测定多种热力学和动力学参数,与 DTA 法相比,仪器的分辨率和灵敏度较高,结果也更准确可靠。如图 19-10 所示,在 DTA 曲线图中,温度上升曲线的斜率由于试样的吸热或放热而产生扰乱,而 DSC 曲线却不受干扰,且峰形更规整(曲线上的三个吸热峰分别是 $CuSO_4 \cdot 5H_2O$ 失去 2 分子、2 分子和 1 分子水形成的)。

通过实验获得试样的 DSC 曲线后,可方便地计算出试样的焓变:

$$\Delta H = \frac{KA}{m} \qquad (19\text{-}6)$$

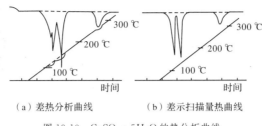

（a）差热分析曲线　　　（b）差示扫描量热曲线

图 19-10　$CuSO_4 \cdot 5H_2O$ 的热分析曲线

（图中所示温度为试样温度）

式中，ΔH 为单位质量试样所对应的能量变化即焓变；K 为仪器常数（可用标准物质在相同条件下测定）；A 为曲线上峰的面积；m 为试样质量。

习　题

19-1　热分析法有什么显著特点？可获得哪些其他分析方法所难以获得的数据？

19-2　热分析法的分类依据是什么？

19-3　对比热重分析法与微分热重分析法的异同点。

19-4　热重曲线上能否反映出物质的相变过程？

19-5　DTA 与 DSC 的主要差别在哪里？

19-6　为什么说 DSC 法比 DTA 法更准确？

19-7　哪些物理和化学变化可以用 DTA-DSC 测定而不能用 TG-DTG 测定？

19-8　影响热分析过程的因素有哪些？

19-9　由 $MgC_2O_4 \cdot H_2O$ 的热重分析曲线可知，当加热至 500 ℃时，发生以下反应：

$$MgC_2O_4 \cdot H_2O \rightarrow MgO + CO + CO_2 + H_2O$$

若原始试样质量为 2.50 g，加热到 500 ℃时质量为 1.04 g，计算试样中 $MgC_2O_4 \cdot H_2O$ 的含量。

19-10　如图 19-11 所示是草酸钙的 TG 曲线，写出各平台上产物。

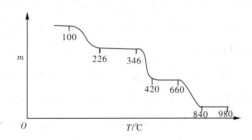

图 19-11　$CaC_2O_4 \cdot H_2O$ 的 TG 曲线

19-11　一混合试样由 $CaC_2O_4 \cdot H_2O$ 与 SiO_2 组成，质量为 7.02 g。当加热至 700 ℃时，混合物质量降低至 0.560 g。求原试样中 $CaC_2O_4 \cdot H_2O$ 的含量是多少？

19-12　$NaHCO_3$ 在加热时于 100～225 ℃之间分解，放出 CO_2 和 H_2O，失去的总质量占试样质量的 36.6%，其中 CO_2 为 25.4%。列出 $NaHCO_3$ 在加热时的固态反应式。

第20章

流动注射分析法

流动注射分析法自 20 世纪 70 年代建立以来,以其方便、快捷、精确、微量、高效等特点而迅速发展起来,成为一种新的分析技术,并在化学、环境、地质、医药、食品等领域得到了广泛的应用。

20.1 概 述

在一般分析过程中,通常需要经过取样、加试剂、混合、反应、稀释、定容、测定等一系列手工操作,才能获得单个静态的数据,费时费力,效率不高。长期以来,人们一直在寻求一种方式来替代这些工作。1975 年丹麦分析化学家 Ruzika 和 Hansen 提出了一种流动注射分析(Flow Injection Analysis,FIA)技术:将一定体积的液体试样间歇地注入一个密闭的、连续流动的载流(由水和反应试剂组成)中,在流动过程中试样与载流中的试剂反应,生成某种可以被检测的物质,进入检测器后产生检测信号,构成了一种动态的自动化分析技术。其简单装置与过程如图 20-1 所示。该方法在载流的流动中连续完成了被测组分的混合、反应与稀释等过程,并可快速重复进样,使得工作效率大大提高。另外,流动注射分析法不单纯体现在技术上的创新,在理论上也颠覆了传统观念。在传统手工操作过程和间隔式连续流动分析过程中,由于过程的无法精确控制特性,为了保持过程的可重复性而都特别强调要达到物理与化学平衡的观念,极力追求平衡的实现。在流动注射分析过程中,连续过程使其完全能够保证混合过程与反应时间的高度重现性和可控性,在混合、反应稀释等过程中并非达到了完全的平衡,体现的是在非平衡状态下高效率地完成试样的在线处理与测定,突出了非平衡态理念。因此方肇伦院士建议将 FIA 定义为:"在热力学非平衡条件下将待测物(或其反应产物)区带连续重现地引入检测系统的流动分析方法"。

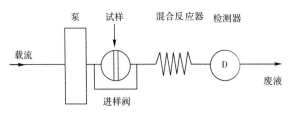

图 20-1 简单 FIA 系统

FIA 的出现是现代科学技术发展过程中对提供的化学信息的质量和数量要求不断提高的结果。FIA 正是从实验室操作中的最基础部分入手来提高整个化学分析过程的效率及改善提供信息的能力。一般来说,FIA 只有与某一检测技术结合才能形成一个完整的分析体系,也正因为如此,使其有了极广泛的适应性和发展空间。

FIA 的主要特点可以概括为以下几个方面:

(1)广泛的适应性。可与多种检测手段结合,如光度检测、电化学检测等,是一种比较理想的自动监测与过程分析工具。也可以与其他分析仪器联用。

(2)高效率。一般分析速度可达 $100\sim200$ 样 $\cdot$ h^{-1}。

(3)低消耗。微量分析技术,一般每次进样消耗试样体积为 $10\sim100\ \mu L$,比传统手工操作节省试样和试剂 90% 以上。

(4)高精度。以光度检测法为例,在正常的浓度测量范围内,相对标准偏差(RSD)一般小于 2%。

(5)设备简单、操作方便。

20.2　FIA 分析的基本原理

20.2.1　基本过程

FIA 分析的基本过程可分为两类进行讨论,一类是在分析过程中不发生化学反应,如带有颜色的试样。进样后,试样在载流(可以是纯水)的携带下经过管路后到达检测器(光度检测器),由于试样在流动过程中存在扩散作用而形成一个具有一定浓度梯度的试样带,检测到的信号呈峰形,如图 20-2 所示。图中的 t 为留存时间,h 为峰高,A 为峰面积。留存时间 t 表示的是试样通过进样阀注入载流后,随载流流向检测器时,在管路中经过的时间。在载流流速一定和流经的各部件体积固定的条件下,留存时间 t 为一确定值,具有高度重现性。峰高 h 指的是试样峰的最高点到基线的距离,其与试样浓度成正比,这是定量的依据。这一类分析过程是一个混合、稀释与检测过程。另一类则是在分析过程中发生了化学反应,例如将含氯离子的试样进样后,其与含有 $Hg(SCN)_2$ 和 Fe^{3+} 反应试剂的载流混合并发生化学反应,试样中的 Cl^- 置换出 $Hg(SCN)_2$ 中的 SCN^-,释放出的游离 SCN^- 又与载流中的 Fe^{3+} 反应,生成红色配合物 $[Fe(SCN)]^{2+}$,通过光度检测器时被检测,并同样给出峰形信号。由于这类过程中存在着化学反应,为了保证一定的反应时间,装置中的混合反应器需要有一定的长度。这两类基本分析过程具有基本相同的实验装置(图 20-1)。检测信号的大小与进样量成良好的线性关系并具有高的重现性,如图 20-3 所示。

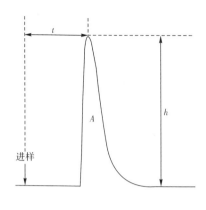

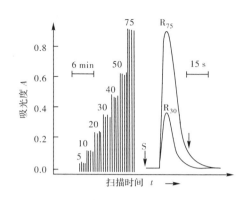

图 20-2　典型 FIA 的试样峰　　　　　图 20-3　FIA 中的信号重现性与定量响应

20.2.2　试样区带的分散过程

　　流动注射分析过程中的试样是以"塞子"的形式注入,试样带在注入管路的初期呈圆柱体,此时试样的浓度是均匀的,并与原试样的浓度相等,随着试样带被载流携带朝前流动,在对流和扩散的双重作用下,试样带在流出管路时呈峰形分布。试样带流动过程中对流和扩散作用如图 20-4 所示。

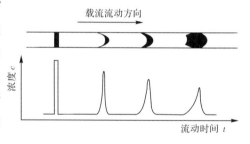

图 20-4　试样带流动过程中的对流和扩散作用示意图

　　流动注射分析中使用的管道孔径通常在 0.5~1 mm,管路中心层流的流速为流体平均流速的二倍,形成抛物线形的抛面,造成试样带形状的改变和浓度的分散。另外,试样分子在流动过程中同时存在着沿管子径向和纵向的扩散,通常情况下,纵向扩散是造成试样带分散的主要因素。试样在载流中的分散程度可以用分散系数(Dispersion Coefficient)来表征:

$$D = \frac{c_0}{c_{\max}} \tag{20-1}$$

D 的定义为试样中组分的初始浓度 c_0 与检测信号峰最大处的浓度 $c_{\max}$ 的比值。一般说来,$D>1$。当 $D=2$ 时,表示试样在流动过程中被载流 $1:1$ 稀释。D 越大,表示组分被分散的程度越高,试样被稀释的越严重,被检测到的浓度越小,峰变的越宽。通常将 $1<D<2$ 称为低分散,$2<D<10$ 称为中分散,$D>10$ 称为高分散。

　　不同的流动注射分析系统由于其作用不同,对分散系数的大小有不同的要求。当流动注射分析技术仅仅作为试样的引入和传输的手段,试样组分不发生变化,为了获得较高的灵敏度,希望到达检测器的试样分散程度越小越好,应控制实验条件使分散系数尽可能小,如常见的以离子选择性电极、原子吸收光谱仪及等离子体光谱仪等作为检测器的测定。对于需要经过混合、反应后转变成可被检测器响应的产物的过程,如涉及显色反应的流动注射分析光度检测系统,适当的分散是为了保证试样与载流中的试剂达到一定程度的混合以使反应正常进行,故分散系数应控制在中等程度。对于某些需要通过流动注射分析技术对高浓度试样进行稀释的过程,要用到高分散体系。

20.2.3　影响分散过程的因素

由于不同的体系需要控制不同大小的分散系数,因此需要分析各种影响分散过程的因素并通过控制实验条件获得适宜大小的分散系数。影响分散系数的主要因素有进样体积、反应管长度和内径及载流流速等。

1. 进样体积

进样体积通常对试样带的分散有较大影响。一般认为,控制分散系数大小的最有效、最方便的途径是改变进样体积。进样体积与分散系数之间具有以下关系:

$$D = \frac{c_0}{c_{\max}} = \frac{1}{1 - e^{-kV}} \tag{20-2}$$

也可写作 $c_{\max} = c_0(1 - e^{-kV})$ $\qquad$ (20-3)

式中,k 为与流路等实验条件有关的常数;V 为进样体积。

在其他实验条件固定时,进样体积对分散的影响如图 20-5 所示。从图中可以看出,当进样体积增加时,峰宽和峰高增加,最终达到一定值,此时 $D = 1$,即当进样体积增大到某一值后,试样带中心很难与载流混合而被稀释。在流动注射分析中,$V_{1/2}$ 是一个表征分散能力的重要指标,其定义为 $c_{\max} = c_0/2$,$D = 2$ 时的进样体积。当进样体积小于 $V_{1/2}$ 时,进样体积与峰高基本上成线性关系,增加进样量,峰高增大,有利于提高灵敏度。当进样体积超过 $V_{1/2}$ 时,灵敏度的提高有限,而峰宽及留存时间的增加却使得进样频率成倍降低,大大降低工作效率,所以在实际分析过程中,要兼顾到灵敏度和进样频率两个方面。当试样浓度较高时,进样体积宜小于 $V_{1/2}$;对于低浓度试样,一般控制在 $2V_{1/2}$ 左右,以增大灵敏度。在流动注射分析中,通常的进样体积控制在 $50 \sim 200\ \mu L$ 范围内。

2. 反应管长度和内径

反应管长度对分散的影响如图 20-6 所示。当载流流速和进样体积恒定时,组分的留存时间与反应管长度和内径有关。增加管长度,留存时间延长,分散增加,峰变的低而宽。反应管内径降低虽然可有效减小分散,但反应管太细,可使阻力大增,并易造成堵塞,在流动注射分析装置中管内径一般在 $0.3 \sim 1$ mm 之间。通过实验可以得到分散系数 D 与反应管长度 L 之间的经验关系式:

$$D = 1 + KL$$

式中,管长度 L 的单位为 m;K 是由进样体积和反应管内径决定的常数。在一般的流动注射分析系统中,K 在 $0.2 \sim 3$ 之间。

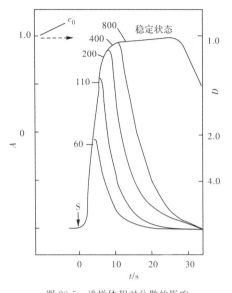

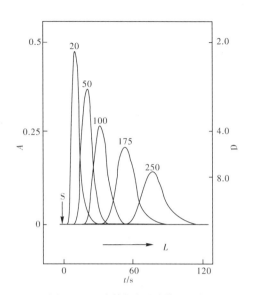

图 20-5　进样体积对分散的影响

曲线上 60,110,200,400,800 表示进样体积(mL)

图 20-6　反应管长度对分散的影响

曲线顶部的数字为反应管长度(cm)

对于混合反应体系,即试样中待测组分 C 与载流中的试剂 R 反应生成能被检测的产物 P 的过程,分散过程将影响到化学反应,而化学反应又影响到被检测物 P 的生成,其综合影响过程如图 20-7 所示。

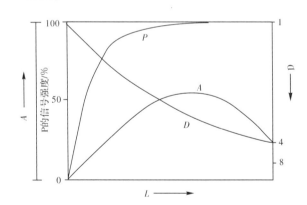

图 20-7　反应管长度对分散和化学反应的影响

从图中可以看出,随着反应管的延长,试样带的分散增大(D 增大),灵敏度降低,但同时产物 P 的产率增大,有利于检测,作用的共同效果如图中曲线 A,即存在着最佳点。当反应速率较慢,在所采用的管长内达不到最佳点时,一般情况,欲延长试样与试剂的反应时间,采取增加反应管长度的方法不如降低流速或采取停流的操作更为有效,这是因为前者在延长时间的同时增大试样分散并降低采样频率。

3. 载流流速

有人通过实验发现,一定的实验条件下,在相当大的范围内(0.6～14.8 mL)改变流速,并采用不同的进样体积,流速对分散系数基本无影响。

20.3　仪器装置

流动注射分析仪器装置比较简单,在多年的发展应用过程中,为了满足特定的目的而设计了各种各样的流路和装置,如单流路、双流路及三流路等,但这些仪器装置一般都是由载流驱动系统、进样系统、混合反应系统及检测记录系统四部分组成。

1. 载流驱动系统

在流动注射分析中,载流的流动是靠蠕动泵来实现的。蠕动泵的结构和工作原理如图 20-8 所示。将压盖抬起,可将富有弹性的一条或多条胶管放在滚轮上面,放下压盖,调节固定好压盖与滚轮之间的距离,使胶管在滚柱的压迫下被分割成一段段,转动时,滚柱向前滚动连续挤压胶管中的空气(或溶液),使胶管不断地受压和舒张,驱动载流的流动。

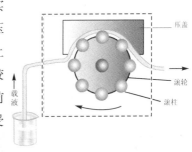

图 20-8　蠕动泵的结构和工作原理示意图

蠕动泵设备简单,压盖和与滚轮之间可以放置多条胶管,使得一台蠕动泵可同时驱动几路泵管中的不同溶液,可以通过调节泵的转速或调整胶管的粗细方便地改变流量。其缺点是存在明显的脉冲,乳胶管在使用有机溶剂作为载流时受到一定限制。

2. 进样系统

六通阀是目前流动注射分析装置中使用最普遍的进样装置,其原理与液相色谱中的六通阀一样,只是 FIA 工作在常压状态,在其流路中使用的六通阀制作比较简单,对其密封性要求不高,可用四氟乙烯制作阀芯,价格较低。

3. 混合反应系统

混合反应系统的作用是为系统提供一个试样与载流中的试剂混合、稀释分散及发生化学反应的场所,无化学反应发生时,仅起混合、稀释分散的作用,通常称为反应器或反应管。按所使用的形状不同,分为直管式、盘管式或编结式三种,其中以盘管式较为多见,通常由内径 $0.5\sim1$ mm 的细乳胶管构成,长度可根据需要调整。

4. 检测系统

流动注射分析过程中可根据需要采取不同的检测系统。光检测系统有:紫外-可见分光检测器、荧光检测器、化学发光检测器等;电化学检测系统有:离子选择性电极检测器、安培检测器等。也可将流动注射分析与一些大型分析仪器联用,可将分析仪器看做是 FIA 的检测器,或将 FIA 看做是分析仪器的进样稀释系统,如流动注射-原子吸收系统、流动注射-等离子体原子发射系统等。

20.4 分析应用技术简介

流动注射分析的优越之处是可以按特定的分析任务要求,选择满足要求的检测系统,设计出合理的流路,并将泵、阀、反应器及检测器等组合成一套完整的分析系统,建立起新的分析方法。因此,在最简单的单流路(图 20-1)基础上,建立了各种各样的分析方法和技术,如图 20-9 所示。

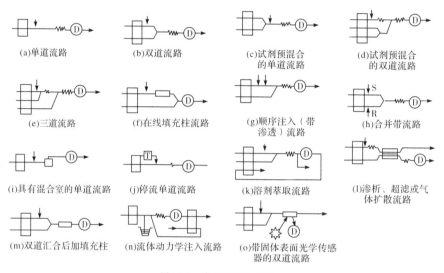

(a)单道流路   (b)双道流路   (c)试剂预混合的单道流路   (d)试剂预混合的双道流路

(e)三道流路   (f)在线填充柱流路   (g)顺序注入(带渗透)流路   (h)合并带流路

(i)具有混合室的单道流路   (j)停流单道流路   (k)溶剂萃取流路   (l)渗析、超滤或气体扩散流路

(m)双道汇合后加填充柱   (n)流体动力学注入流路   (o)带固体表面光学传感器的双道流路

图 20-9 常见的 FIA 流路

单流路是流动注射分析中最基本的工作模式,适用于一般的混合、分散、稀释等过程,对于含有显色反应的光度检测体系,分散系数需要控制在中等程度($2<D<10$),才能使载流中的试剂扩散到试样带中间。该流路主要作为试样引入技术使用。

双流路也是流动注射分析中的基本工作模式,如图 20-10 所示。在双流路中,试剂流和载流携带的试样流汇合后在反应器中发生混合和反应,试样带在载流中的分散不再是决定试剂与试样混合好坏的决定因素,双流路系统可以比单流路系统有大得多的进样体积,可获得较高的灵敏度。有文献报道,采用双流路系统测定亚硝酸盐含量比单流路系统提高灵敏度达 22 倍。

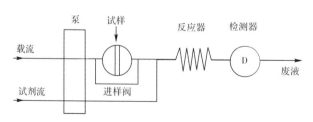

图 20-10 FIA 中的典型双流路系统

对于需要按顺序汇入(不能事先混合)两种以上试剂的体系,可采取三流路以上的设计,但系统的稳定性和可靠性将受到一定影响,分散过程更为复杂。

在许多情况中,由于分析试剂的稀少与价格高昂,在连续流动装置中将使得试剂消耗量变的无法承受。这时可采用合并带技术,即如图 20-9 所示的(h)流路。在合并带流路中,试样和试剂通过两个进样阀同时进样并在流路中同时交汇混合,可使反应试剂节省 70%~90%,大大降低了操作成本。

对于反应速率不是非常快的体系,当单纯依靠增加反应器长度难以满足分析要求时,通常采取停流技术。停流技术是在试样带注入载流并与试剂发生化学反应后,在进入检测器之前,使系统停止流动一定时间,而此期间反应依然进行,且此时产生的分散很小,可大大增加反应物的产率,提高测定的灵敏度。

停流技术还可用于自动扣除空白和消除测定中的干扰因素。例如红葡萄酒中 SO_2 的测定。由甲醛催化盐酸副品红和 SO_2 反应形成的紫红色配合物在 580 nm 处产生最大吸收,由于红葡萄酒的颜色与反应产物的颜色相似,这类空白在普通分光光度分析法中很难消除,而在流动注射分析法中采用停流技术则可以方便地解决。因为干扰信号在停流时保持恒定,试样带停在流通池时可以测出 SO_2 和副品红反应引起的吸光度增量,从而消除了背景干扰。试样在注入 23 s 后即可得出读数,能以 104 样/h 的速度分析葡萄酒中 SO_2 的含量,结果如图 20-11 所示。

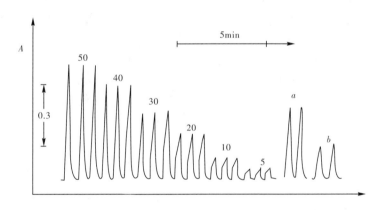

图 20-11　停流技术测定二氧化硫标准溶液记录图

流动注射分光光度法测磷:将 200 μL 含磷试样溶液由进样阀注入载流(0.22 mol/L H_2SO_4)中,与 0.6% 钼酸铵溶液混合生成钼黄,然后再与 0.1% 氯化亚锡盐酸溶液混合,反应生成钼蓝。进入流通池(18 μL),用分光光度计在 680 nm 波长处测定。其装置流程如图 20-12 所示。

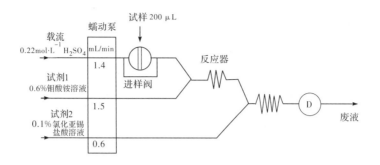

图 20-12　测磷 FIA 系统

习　题

20-1　流动注射分析法能够迅速发展起来的原因和应用价值在哪里?

20-2　流动注射分析法的主要特点是什么?

20-3　为什么在流动注射分析中得到的是峰形信号?

20-4　分散系数是如何定义的? 影响分散系数的因素有哪些?

20-5　比较 FIA 与 LC 的分析过程有哪些异同?

20-6　为什么说流动注射分析过程是一种非平衡过程,但重复性又非常高?

20-7　对于混合反应体系,提高测定灵敏度的方法和技术有哪些,如何才是最有效的?

20-8　采用单流路光度检测法测定含微量高锰酸钾的试样。当用水做载流时,进样量 50 μL,记录到的峰高为 7.1 cm,当将试样溶液作为载流连续通过检测器时,测定出的信号为 18 cm,试计算该体系的分散系数。

20-9　微量铁通常可采用邻二氮菲分光光度法测量(基本原理可参见有关分析化学实验),请设计一个流动注射光度分析法测定水中微量铁的方法,画出有关流路,并讨论设计思路。

20-10　根据您所学习过的知识,针对某一分析过程,设计一个流动注射分析测定的方法。

第21章

微流控分析法

分析仪器乃至整个分析系统全过程的微型化、集成化、自动化、便携化一直是分析化学工作者努力研究和希望实现的目标,流动注射分析法是人们将某些繁琐的、手工操作的化学分析过程自动化的成功实现,而微流控分析芯片则是实现这一整体目标的成功尝试,它的出现备受关注和重视。目前微流控分析法已展现出了良好的应用前景,该方面的研究已成为分析化学学科最活跃的领域和发展前沿。

21.1 概　述

21.1.1 微流控分析芯片的定义与发展过程

微流控分析法是在微流控分析芯片上得以实现的,而微流控分析芯片是以微通道网络为结构特征,以微流体的操纵和控制为核心,并将整个分析化验实验室的功能,包括采样、稀释、加试剂、混合、反应、分离及检测等集成在方寸大小的微芯片上,以完成某一分析测试任务,实现分析全过程的微型化、集成化、自动化、便携化的一种分析技术。

目前,微流控分析的核心任务就是为现实特定的分析目的而研制出各种各样的微流控分析芯片,研究其实现原理、方法与技术,其最终目标是实现分析实验室的"个人化"、"家用化",从而使分析仪器从实验室走进千家万户。完美的微流控分析芯片实际上就是要将分析仪器与分析过程封装在一个微型黑箱中,即"芯片实验室",人们不需要操作各种各样的分析仪器和完成复杂的分析过程,而只需要根据分析任务选择合适的芯片,其意义和价值将不言而喻。

1990 年,瑞士 Ciba-Geigy 公司的 Manz 和 Widmer 提出了以微机电加工技术(Microelectromechanical Systems,MEMS)为基础的"微型全分析系统"(Miniaturized Total Analysis Systems 或 Micrototal Analysis Systems,μTAS)。他们首先尝试把流动注射光度测定分析系统转移到微加工芯片上,形成了多层单晶芯片结构的 μTAS 装置,开创了微流控分析芯片研究的先河。但在当时,人们对这一技术有着争论,这从 Manz 在 1991 年发表的"用单晶硅与玻璃微加工的化学分析系统——通向下世纪的技术,还是仅仅一时的狂热?"文章标题上就可以看出。然而当时仪器分析中迅速崛起的毛细管电泳为 μTAS 的发展提供了重要的发展机遇。一方面,毛细管电泳为 μTAS 提供了方便灵活的在微尺度下的电渗驱动手段;另一方面,在芯片上加工的毛细管电泳 μTAS 又显示出比传统毛细管电泳更优越的特性,如更高速、高效和微阵列化。1992 年,Manz 与加拿大 Alberta 大学的 Harrison 等合作发表了首篇在微加工芯片上完成毛细管电泳分离的论文,展示了 μTAS 的巨大发展潜力。1994 年始,美国橡树岭国家实验室以 Ramsey 为首的研究组在 Manz 工作的基础上发表了一系列研究论文,改进了芯片毛细管电泳的进样方法,提高了其性能和实用性,引起了更广泛的关注。同年,首届 μTAS 会议在荷兰恩舍得(Enchede)举行,起到了推广 μTAS 的作用。之后,美国一些著名的大学研究组的介入使该领域的发展迅速出现高潮。1995 年,美国哈佛大学的 Whitesides 研究组报道了一系列与微流控分析芯片加工有关的新技术;1996 年,美国加州大学的 Mathies 等实现了微流控分析芯片上的多道毛细管电泳 DNA 测序,为微流控分析芯片在基因分析中的实际应用提供了重要基础。1999 年首个商品化的微流控分析芯片出现在市场上,目前已有 10 多种商品化的微流控分析芯片。2001 年在美国 Monterey 召开了第五届 μTAS 会议。英国皇家化学会主编了以"Lab-on-a-chip"为名称的新学术期刊,"芯片实验室"(Lab-on-a-chip,LOC)已经日益被广泛接受。

21.1.2　微流控分析芯片的特点与前景

分析系统在芯片上的集成化和微型化使得溶液的流动、混合、稀释以及物质的传递、分配、反应、分离需要在微米级通道上进行,这不仅仅是带来设备尺寸上的变化,也预示着新的理论和技术的革新,特别是通道长度及结构的缩小对传统流体力学提出了新的挑战,同时在分析性能上也带来众多的优点。

(1)具有极高的效率,可在数秒至数十秒时间内自动完成测定、分离或更复杂的操作。分析和分离速度常高于常规分析方法一至二个数量级。其高分析或处理速度既来源于微米级通道中的高导热和传质速率(均与通道直径的平方成反比),也直接来源于结构尺寸的缩小。

(2)试样与试剂的消耗已降低到数微升水平,并随着技术水平的提高,还有可能进一步减少。这既降低了分析费用和贵重生物试样的消耗,也减少了环境的污染。

(3)用微加工技术制作的微流控分析芯片部分的微小尺寸使多个部件与功能有可能集成在数平方厘米的芯片上。在此基础上容易制成功能齐全的便携式仪器,用于各类现场分析。

(4)微流控分析芯片的微小尺寸使材料消耗甚微,当实现批量生产后芯片成本可望大幅度降低,而有利于普及。

与宏观尺度的实验装置相比,微流控分析芯片的微米级结构显著增大了流体环境的面积/体积比例,这一变化在微流控系统中导致一系列与物体表面有关的、决定其特殊性能的特有效应,其中影响的分析性能主要包括:①层流效应;②表面张力及毛细效应;③快速热传导效应;④扩散效应。这些效应大多数使微流控分析芯片的分析性能显著超过宏观条件下的分析体系。

当前 μTAS 可分为芯片式和非芯片式两大类,其中芯片式为目前的发展重点。在芯

片式 μTAS 中,依据芯片结构及工作原理又可分为微流控分析芯片和微阵列(生物)芯片。它们都依托于微机电加工技术,目前又都服务于生命科学,但前者是以微通道网络为结构特征,后者则以微探针阵列为结构特征,如图 21-1 所示。除此之外,在主要依托学科、发展历程及工作性能等多方面也均有着本质的区别。微阵列(生物)芯片是在生物遗传学领域发展起来的,主要是以 DNA 分析为应用对象。微流控分析芯片是在分析化学学科领域发展起来的,其目标是将整个分析化验实验室的功能集成在可多次使用的微芯片上,因此较微阵列(生物)芯片有着更广泛的适用性及应用前景。表 21-1 对比了两者的区别。

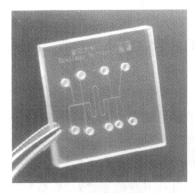

(a) 典型微流控分析芯片　　　　　　　　(b) 典型微阵列(生物)芯片

图 21-1　典型微流控分析芯片与典型微阵列(生物)芯片

表 21-1　　　　微流控分析芯片与微阵列(生物)芯片的对比

项目	微流控分析芯片	微阵列(生物)芯片
主要依托学科	分析化学,MEMS	生物遗传学,MEMS
结构特征	微通道网络	微探针阵列
工作原理	微通道中流体控制	生物杂交为主
使用次数	重复使用数十至数千次	一般为一次性
前处理功能	有多种技术可供选择	基本无
集成化对象	全部化学分析功能	高密度杂交反应阵列
应用领域	全部分析化学领域	DNA 等专用生物领域
产业化程度	初始阶段	深度产业化

　　微流控分析芯片作为 μTAS 的前沿领域,虽然发展十分迅速,但整体仍处于初级阶段。当前的微流控分析芯片系统总体上既不够"微",分析功能也远达不到"全",其主要原因是集成度不够高,多数检测器的体积过大。另外制作成本高限制其推广应用。可以说目前处于更深入开展基础研究、广泛扩大其应用领域的关键时期,但其前景明朗,目标明确,在不远的将来将会出现更大的突破。

21.2　微流控分析中的基本方法与技术

　　微流控分析芯片的面积通常为几平方厘米,用目前一般水平的 MEMS 技术,在这个面积上加工出数百条微米级通道或其他功能的微结构并不困难,这也为微流控分析中实现多重平行测定、大幅度提高工作效率、降低分析成本提供了可能。Mathies 研究组已在直径为 200 mm 的圆盘玻璃芯片上加工毛细管电泳通道多达 384 条,可对 384 个测试对象同时进行基因类型测定。除多通道实现多重平行测定外,要使微流控分析芯片的功能强大,必须集成更多的微单元器件,即所达到的集成度必须很高。通常在微流控分析芯片中所涉及的微器件包括微泵、微阀、微贮液器、微电极、微检测器等,如 Quake 研究组在 2.5 cm×2.5 cm 的聚二甲基硅氧烷(PDMS)基质芯片上共集成了 2 056 个微阀和 256 个 750 μL 的微反应器。这些微器件的功能与宏观器件相同,但其加工技术与原理却与宏观器件有较大不同。微流控分析芯片制作过程可分为两个方面:(1)芯片材质选择与封合;(2)器件的设计与加工。下面将从这两个方面对有关微流控分析芯片制作中的基本方法与技术进行讨论。

21.2.1 芯片材料与设计加工

微流控分析芯片的材质从早期的硅片发展到玻璃、石英、有机高聚物等,可分为无机材质和有机材质两大类。硅材料通常被用来加工微泵、微阀及控制器件等。玻璃和石英是目前加工微流控分析芯片使用最多的材料,其优点是透光性好、机械强度高、微加工工艺成熟,在毛细管电泳微流控分析芯片中更是首选材料。石英材料的光学性能好,但其成本是玻璃的 10 倍。有机高聚物材质主要有聚甲基丙烯酸甲酯、聚碳酸酯、聚苯乙烯、PDMS、环氧树脂、聚氨酯及氟塑料等,这类材料的主要优点是种类多、成本低、适合大批量生产等。

在加工微流控分析芯片时,需要在基片上沉积各种材料的薄膜。生成薄膜的重要方法有氧化、化学气相沉积、蒸发、溅射等。将硅片在氧化环境中加热到 900~1 100 ℃的高温,可以在硅的表面上生长出一层二氧化硅。化学气相沉积的方法多用于制备多晶硅、二氧化硅和氮化硅薄膜。沉淀多晶硅时用硅烷(SiH_4)做原料气,在低压反应器中热解生成硅和氢气,沉积温度为 550~700 ℃。当温度低于 600 ℃时得到的是无定形硅的薄膜,630 ℃以上时生成多晶硅薄膜。化学气相沉积制备的二氧化硅薄膜常用于硅片刻蚀的牺牲层和金属层间的绝缘层。沉积二氧化硅薄膜常用的原料气为硅烷与氧气、四乙基硅氧烷等,后者制备的薄膜均匀性好。氮化硅薄膜常用于氢氧化钾等碱性溶液对硅片进行各相异性刻蚀时的牺牲层。通常在常压下将硅烷与氮气反应,或在低压下二氯硅烷与氨气反应,即可以在硅片表面沉积生成氮化硅薄膜。蒸发法在真空环境中加热金、铬、铝、硅等单质或三氧化二铝、二氧化硅等化合物,使其汽化产生气态原子或分子沉积在基片表面形成薄膜。溅射法是在真空室内使微量氩气或氖气电离,电离后的离子在电场作用下向阴极靶加速运动并猛烈轰击靶,将靶材料的原子或分子溅射出来,在阳极的基片上形成薄膜。该法目前已广泛应用于在基片上沉积铝、钛、铬、铂、钯等金属薄膜和无定形硅、玻璃、压电陶瓷等非金属薄膜,已在很大程度上取代了蒸发镀膜。

在芯片材质上加工出微通道及各种微器件需要用到三种微结构加工方法：光刻和蚀刻法、模塑法及热压法。

光刻和蚀刻法在硅、玻璃及石英中应用较多。加工过程分为掩模、光刻和蚀刻。首先在基片表面沉积覆盖一层薄膜，厚度约为几十微米，在表面均匀覆盖上一层光胶，将掩模上设计的图案通过曝光成像原理转移到光胶层上（光刻），再将光胶层上的平面二维图形转移到薄膜上并进而在基片上加工成一定深度的微结构，其整个过程如图 21-2 所示。

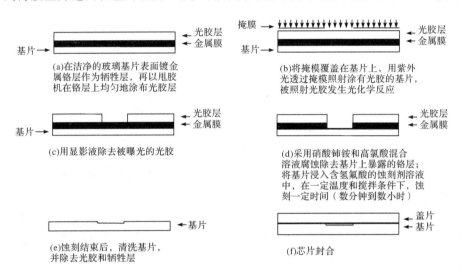

图 21-2　微流控分析芯片的光刻和蚀刻加工过程示意图

模塑法是先制作出通道部分凸起的阳模，然后在阳模上浇注液态的高分子材料，固化后取下获得具有微通道的基片。在此基础上发展起来的微加工方法又称为"软刻蚀"法（Soft Lithography）。热压法是使用具有一定机械强度的阳模，在聚合物基片上压制出凹凸互补的微通道的方法。该法适合于批量生产。

微流控分析芯片通常需要将已经加工好的两层或多层封合在一起构成完整的微通道网络。不同材质的芯片封接的方法不同。硅片与硅片之间的封合通常采用热键合法（Fusion Bonding），即加热温度在 800～1 000 ℃时发生层之间的键合。玻璃芯片之间的热键合需要加热到 550～650 ℃。石英芯片则需要加热到 1 000 ℃以上。高分子聚合物芯片也常采取热键合法，但温度通常在 120～180 ℃之间。阳极键合法（Anodic Bonding）是在热键合的基础上，在基片和盖片之间施加高电压，利用静电引力促进芯片间的化学键合。此法多用于玻璃-硅片及玻璃-玻璃之间的键合。

21.2.2　微器件与微流体的驱动和控制

微流控芯片分析系统中涉及的微器件其原理与加工技术与一般宏观器件不同。微流控分析芯片在结构上的主要特征是各种构型的微通道网络。微通道与微器件一起组成微流控芯片分析系统。要完成系统的分析功能，还需要对通道内的流体进行驱动和控制，研究与微通道相适应的微流体驱动技术是实现微流控的前提与基础,没有液体的流动,就没有流体的控制,也就无法实现其分离分析功能。微泵、微阀在微流控芯片分析系统中起着重要作用。

1. 微致动器与微流体驱动技术

微致动器的功能是产生机械部件的运动(位移或形变),微致动器与微阀一起组成微泵(如图 21-3 所示的微机械往复泵)实现芯片微管道中的液体驱动与控制。微致动器的功能是提供驱动液流的动力,单向阀的作用是保证微泵驱动溶液流动的连续性和定向性。

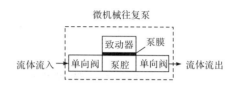

图 21-3 微机械往复泵组成示意图

在微流控芯片分析系统中所使用的驱动系统的突出特点是流量低,通常范围在 nL/min~μL/min 之间。微流体的驱动系统可以有多种分类方式,如图 21-4 所示为常见的微流体驱动系统的分类表。

由图 21-4 可见,微流体驱动系统主要有微流体机械驱动系统和微流体非机械驱动系统两大类。微流体机械驱动系统中以往复式微泵最为常见,其通常由微致动器和微单向阀构成。往复式微泵按微致动器的类型可分为:压电致动微泵、电磁致动微泵、静电致动微泵、气动致动微泵、热气动致动微泵、双金属致动微泵等。微致动器类型如图 21-5 所示。

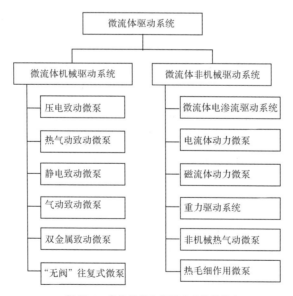

图 21-4 常见的微流体驱动系统分类表

机械微泵种类多、结构复杂、加工难度大、造价高,可用于绝大多数种类的流体控制,可靠性好。下面简要介绍几种类型的微泵。

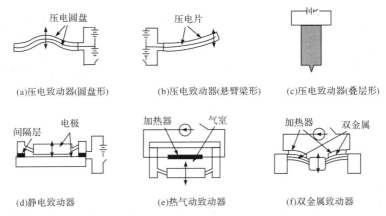

(a)压电致动器(圆盘形)　　(b)压电致动器(悬臂梁形)　　(c)压电致动器(叠层形)

(d)静电致动器　　(e)热气动致动器　　(f)双金属致动器

图 21-5　不同类型微致动器的结构示意图

（1）压电致动微泵

　　该类型微泵的整体结构为玻璃与单晶硅的多层结构,如图 21-6 所示。致动的压电部件为圆盘形,由一个薄玻璃片和一个压电晶片组成的双压电晶片构成,两个单向阀为悬臂梁形被动阀,阀的加工方法采用阳极键合以实现单晶硅片与玻璃之间的封合。当施加电压于压电隔膜上时,其产生向下的形变,造成泵腔内压升高,此时进口阀受压而关闭,出口阀开启,泵腔内液体经出口阀被泵出。撤除电压时,压电隔膜回缩,进口

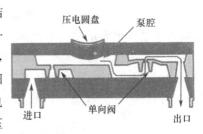

图 21-6　压电(圆盘)致动微泵结构示意图

阀开启,出口阀关闭,液体经进口流入泵腔。循环施加电压产生液体的连续流动。改变隔膜的振动频率可改变液流的流速和脉动特性。提高隔膜的振动频率或将两个微泵并联反相工作有利于降低液流的脉动。

（2）热气动致动微泵

　　典型的热气动致动微泵结构如图 21-7 所示。微致动器与微阀集成化加工在一起。微致动器主要由一个充满空气的气室(包括弹性单晶硅隔膜)和一个薄膜加热电阻组成。典型气室内径为 8 mm,高为 400 μm。通电加热,气体受热膨胀使其下方的弹性单晶硅隔膜发生向下的形变,压迫泵腔内液体,阀 1 关闭,阀 2 打开,液体流出。停止加热后气体自然冷却,隔膜复原产生吸液动作。热气动致动微泵所需要的加热电压比压电致动微泵低得多,结构紧凑,更易实现微型化。流量在 $10 \sim 100$ mL/min,最大泵压可达 10 kPa。

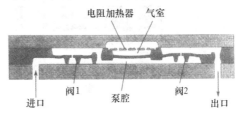

图 21-7　热气动致动微泵示意图

（3）静电致动微泵

　　典型的静电致动微泵结构如图 21-8 所示,是一个四层的层叠结构,隔膜电极与固定

电极之间有一绝缘层。其原理是利用一个薄的电极泵膜与一个固定的电极之间的静电作用产生驱动力[致动可见图 21-5(d)]。施加电压时,两电极间距变短,产生吸液动作,反之产生排液动作。该类型微泵要达到所需的流量需要施加很高的电压,获得的泵压较低。但驱动频率要远高于热气动致动微泵,脉动较小,流动平稳。

2. 微阀的原理与加工技术

微阀按功能可分为单向阀和切换阀,按阀中有无致动器可分为主动阀和被动阀。

(1)主动阀

主动阀的原理是利用致动器产生的动力实现阀的开闭或切换操作,具有动作可靠、阀密封性好的优点,但其结构较复杂,附加体积较大,加工和集成化难度大等。如图 21-9 所示为一个压电致动微三通阀的结构示意图。致动器采用压电层叠结构,阀膜采用双环形隔膜结构,使用镍基阀座以增加微阀的密封性。两个此种微阀可组合成一微进样器。阀的状态 1 是压电致动器上未施加电压,进口 1 至出口间通道处于开启状态,进口 2 至出口间通道处于关闭状态;状态 2 为施加电压后,致动器向下运动,压迫活动部件中心部分向下运动,封闭进口 1,同时活动部件两端向上翘起,解除对进口 2 的封闭,由进口 2 至出口间的通道处于开启状态。如图 21-10 所示为一典型的热气动致动单向阀结构示意图。

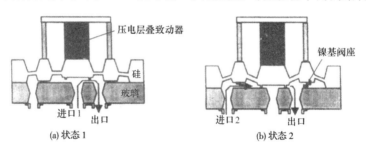

图 21-9　压电致动微三通阀

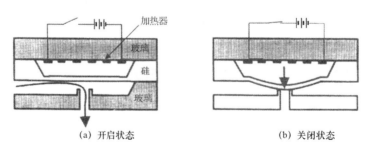

图 21-10　热气动致动单向阀

(2)被动阀

被动阀的工作特点是无需外来的致动力,仅利用流体本身参数的变化(流动方向、流体压力)即可实现阀的状态改变,具有易加工、集成度高的特点。如图 21-11 所示为几种典型的微机械被动阀的结构示意图。当受到正向流体压力时,阀膜的变形导致通道的开启;当受到反向流体压力时,阀膜的变形导致通道的关闭。图中(a)阀膜呈环形台式结构,中央开孔,台下固定有密封用环形薄膜;(b)阀膜是简单的悬臂梁结构;(c)阀膜为圆盘形结构;(d)由两片薄的阀膜构成 V 形结构;(e)阀膜为一打孔的聚酰亚胺薄膜,其表面的活塞可插入钛质基座上的通道内,起到封闭通道的作用;(f)阀膜为悬浮活塞结构,活塞可与通道壁精密配合,密封性好,特别适用于高压微泵。

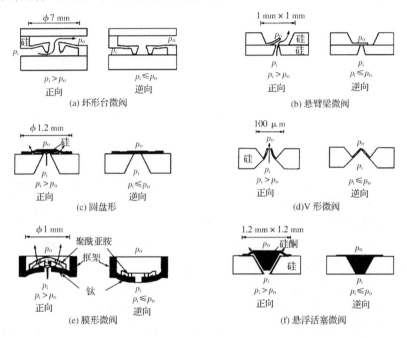

图 21-11　典型微机械被动(单向)阀的结构示意图

使用微泵、微阀控制实现的微流体驱动属于微流体机械驱动系统,微流体非机械驱动系统主要有微流体电渗流驱动系统和重力驱动系统。微流体电渗流驱动是微流控芯片分析系统中使用最广的驱动和控制技术,特别在芯片毛细管电泳系统中更是占主导地位的驱动技术。有关电渗流的产生及特性可参见第 9 章中的有关内容。

21.2.3　微流控分析芯片中的弯道效应、层流效应与分子扩散效应

微流控分析芯片中流体通道的构型、表面性质无论是对流体控制还是对分析效果都产生重要影响。微流体通道不仅提供流体流动和进行微流控操作的场所,而且经过特殊设计的微通道网络本身即可作为微流体控制的一种重要手段。

1. 微通道构型与弯道效应

弯道效应是指试样带在经过微通道的转向区域时所产生的试样带附加(与直线通道相比)变宽的现象。产生的原因在于转向区域内流体的流动距离和电场强度因曲率半径的不同而存在着径向差异。其对分析结果产生不利的影响。目前降低弯道效应的主要方法是通过改变通道构型来实现,常见的几种通道构型如图 21-12 所示。

如图 21-12(a)所示构型采用成对转向通道的方法降低弯道效应,两转向区的弯道效

应作用相反,可进行一定程度的相互补偿,但并不能完全消除。如图21-12(b)所示构型是通过缩小转向通道宽度,减小在转向区内流体流动距离和电场力的径向差异,从而降低试样带变宽现象。如图21-12(c)所示构型是通过数学方法优化获得的微通道转向二维几何构型。粗细通道的过渡区呈现内侧边界逐渐向外侧靠近的锥形结构,其长度3倍于直

图 21-12　降低弯道效应的典型通道构型

线通道宽度,沿通道外侧和内侧边界的弧线长度接近相等,使流体具有相同的迁移距离和平均电场强度,模拟计算结果表明该构型的弯道效应比传统构型的小 2～3 个数量级。

在电渗流驱动的微系统中,改变某一段通道的宽度或长度将改变通道电阻,在外加电压不变的情况下,可显著改变通道上外加电压及电场强度的分布,实现对流体的控制。如在芯片毛细管电泳通道内,窄的分离通道可以获得极高的电场强度,实现毫秒级以下的高速分离。如将传输通道加宽为 440 μm,分离通道缩为 26 μm,同样长度的宽、窄通道电阻比为 16.9：1,窄通道内电场强度高达 53 $kV \cdot cm^{-1}$,而宽通道内电场强度仅为 3 $kV \cdot cm^{-1}$,两者相差达 17 倍之多。当窄分离通道长为 200 μm,时,在 0.8 ms 的时间内,实现了两荧光染料罗丹明 B 和二氯荧光素的分离。

2. 微通道表面改性与多相层流

在第 9 章中已经介绍过可通过改变毛细管表面性质来改变电渗流的大小和方向。在此主要介绍非毛细管电泳体系中通过控制微通道表面性质实现复杂的流控操作,如在一个通道内实现两个流向相反的流体同时流动的操作,即多相层流控制技术。

有文献报道,可利用聚合高分子电解质涂层对聚苯乙烯和丙烯酸为基质的芯片微通道内表面的涂覆改性,或利用脉冲 UV 准分子激光器(KrF,248 nm)照射的方法,改变微通道内壁的表面电荷。如图 21-13 所示是通过改性使微通道在不同段具有不同的电荷,从而实现复杂微流控操作。在如图 21-14 所示的系统中,通道两侧分别涂覆携带不同极性电荷的聚合高分子电解质涂层,电渗流的方向由通道壁上的电荷极性控制,实现了在一个通道内,在同一外加电压下,两个流向相反的液流同时流动的情况,即多相层流。

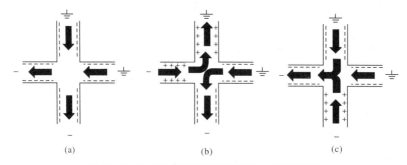

(a)　　　　　　　　(b)　　　　　　　　(c)

图 21-13　通过通道表面改性实现的复杂微流控操作

注　(a)、(b)、(c)分别为在同一电压下,利用通道表面电荷极性控制技术实现的不同液流的流动状态

3. 层流效应与分子扩散效应

层流效应是指微通道内流体易形成层流状态,这也是微流控系统的重要特性。在微

米通道内以较低流速流动的水溶液,其雷诺数远
小于 1,流体中的惯性效应可以忽略,通常不会产
生流体内的对流作用(混合),液流以层流状态流
动。利用层流效应能够实现多相层流控制技术,
即多液流共用一个通道而互不干扰。在微流控分
析芯片中多相层流控制技术广泛应用于试样前处
理、无膜过滤、渗析、萃取、相间反应及液流切换等
操作。

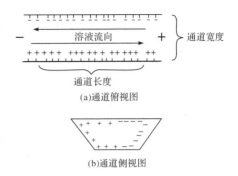

图 21-14　在同一通道内实现流向相反的
微流控操作

在应用多相层流控制技术进行试样前处理系
统中,多采用两相层流流动体系,依据不同粒子扩
散速度的差异来进行预分析操作。在微尺度下,粒子(或分子)扩散非常显著。粒子扩散
一定距离(h)所需的时间为 $t = h^2/D$,其中 D 为粒子的扩散系数。在各种离子中,H^+
具有最大的扩散系数,若扩散迁移 10 μm 的距离,则仅需要约 10 ms 的时间。对于较大
的病毒 TMV(烟草花叶病毒)分子(大小约 300 nm),其扩散 10 μm 的距离,仅需要约 20
ms 的时间。而在宏观尺度层面上,扩散一定的距离所需的时间将长得多。从以上分析
可见,不同尺度下扩散效应显著变化。也正是基于此建立了微流控多相层流无膜渗析和
过滤技术。例如在对血液进行预分离的多相层流系统中,以血液试样为一相流体,以水溶
液为另一相流体(接受液)。血液中的小分子物质因扩散速度快于大分子物质,首先依靠
扩散穿过两相界面进入接受液中,实现小分子与大分子的分离,实现无膜渗析的功能。此
项技术亦可进行较大离子(细胞或固体颗粒)与可溶性组分的分离,实现无膜过滤功能。

微流体开关是利用多相层流技术进行微
流体控制的一个典型实例。如图 21-15 所示,
试样液流在两载流夹带下并行进入微通道,
控制流速条件,使三液流呈现多相层流并行
流动的状态。当液流间接触面积很小,接触
时间很短(小于秒级)时,试样液流与载流之
间的混合效应小到可忽略的水平。通过改变
两载流的流速大小和相互比例,可控制试样
液流的宽度及其在通道中的位置。使用此流
体控制原理已经实现了有 5 个出口的流路切
换。此系统展示了一个不使用任何固体部

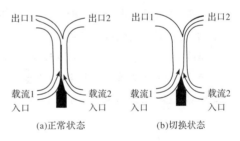

图 21-15　多相层流控制微体开关
(a)试样液流于通道中央流动,由出口 1 流出;(b)增
大载流 1 流速,降低载流 2 流速,导致试样液流偏向
通道右侧流动,因此改由出口 2 流出,从而实现试样
液流在两个出口通道间的切换

件、以流体控制流体的实例,为微流体控制技术的发展提供了一个新思路。

层流效应在其具有有利方面的同时,由于微通道内不易形成湍流,也带来微尺度下如
何实现流体快速混合的问题。在这种情况下,分子扩散成为粒子跨越流体界面的惟一方
式。目前,微尺度下如何实现流体快速混合的问题是一个重要的研究方向。

21.2.4 微流控分析芯片中的进样技术

微流控分析芯片中的进样技术要比宏观系统复杂得多，目前多采用电渗驱动方式来实现。该技术主要用于毛细管电泳芯片、色谱芯片、流动注射分析芯片等系统中，有基于时间和基于体积两类进样方式。

1. 基于时间的进样方式

基于时间的进样方式有 T 形通道进样方式和门式进样方式。T 形通道进样方式的原理如图 21-16 所示。从一专用的试样通道以电动的方式向分析通道内注入一定体积的试样，试样体积由注样电压和时间决定。这种方式的优点是流路设计和操作非常简单，注样体积灵活可调，可以引入较大量的试样。缺点是会出现与毛细管电泳电迁移进样相类似的问题，存在着对不同质荷比组分的歧视现象，即迁移速度快的组分进样量大，反之小。小体积进样时，对注样时间控制的准确度要求较高，否则将严重影响系统的分析精度。另外，没有专供试样废液流出的通道，试样更换非常不方便。

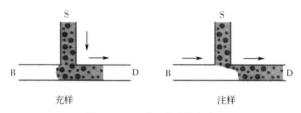

图 21-16　T 形通道进样方式

—试样；B—缓冲溶液；D—分离分析通道；箭头表示液流流动方向；

图中小圆点表示电场下迁移速度快的离子；大圆点表示慢的离子

门式进样方式进样的原理如图 21-17 所示。在通道的十字交叉区，由于层流效应的存在，两液流在同一通道内同时流动，互不干扰。在充样阶段，则采取分流的方法，分出一部分试样液流进入分离通道，通过控制充样电压和时间来控制进样量。该进样方式的优点是试样通道和分离通道可同时保持连续流动的状态，可在分析的同时快速更换试样。这一特点对于多试样连续检测和芯片上多微分离具有重要意义。缺点是仍存在歧视现象。

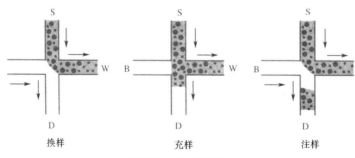

图 21-17　门式进样方式

S—试样；B—缓冲溶液；D—分离分析通道；W—废液；箭头表示液流流动方向

2. 基于体积的进样方式

基于体积的进样方式有十字通道构型和双 T 通道构型两种方式。十字通道构型进样方式的原理如图 21-18 所示。虽然仍采取电迁移进样方式,但可有效消除进样中的歧视现象。这是由于可控制充样时间,使采样通道内试样达到平衡后再注样。

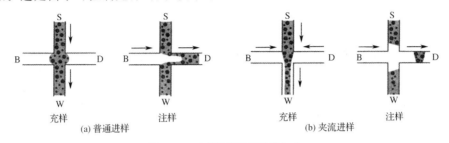

充样　　　　注样　　　　　　充样　　　　注样
(a) 普通进样　　　　　　　(b) 夹流进样

图 21-18　十字通道构型进样方式

S—试样;B—缓冲溶液;D—分离分析通道;W—废液;箭头表示液流流动方向;
小圆点表示电场下迁移速度快的离子;大圆点表示电场下迁移速度慢的离子

双 T 通道构型进样方式的原理如图 21-19 所示。由图可见,与十字通道构型相比,双 T 通道不仅具有更大的进样体积,而且通过调节双 T 通道间的距离(需设计时确定),还可改变进样量。体积进样方式的优点是消除了歧视现象且进样量固定。

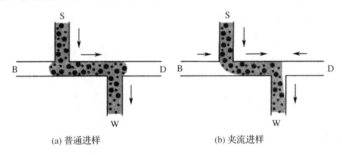

(a) 普通进样　　　　　　　(b) 夹流进样

图 21-19　双 T 通道构型进样方式

S—试样;B—缓冲溶液;D—分离分析通道;W—废液;箭头表示液流流动方向

3. 芯片进样过程中存在的问题

在以上进样方式中,微通道系统内各流路之间均为开放互通结构,未使用微阀进行有关通道的封闭,采用普通进样方式时,试样在经过与其他通道交汇口处,扩散效应和对流效应的存在会造成液流间一定程度的相互混合,产生试样的泄漏效应问题,特别是体积进样方式更为严重。泄漏效应是微系统中的一个特殊现象。在采取夹流进样方式时(图 21-19),可有效消除进样过程中的泄漏效应问题。泄漏效应也是目前微流控分析中的重要研究内容之一。

图 21-20　横向过滤的微加工过滤器

在微流控分析中,由于试样含不溶性微粒而导致通道堵塞是一个普遍存在的问题。外部预过滤处理虽然是一个解决办法,但与

μTAS 的微型化、集成化、自动化的最终目标不相匹配。1999 年 He 等人报道了一种称为"横向过滤器"的技术,具有较好的在线过滤效果。其原理如图 21-20 所示,可在缓冲溶液池或试样池的底部微加工出立方体微柱,柱间形成相互交叉的过滤通道网络(1.5 μm×10 μm),直径大于 1.5 μm 的微粒被拦截在柱的上方,而滤液可经过微柱间多条途径横向流过。

21.2.5 微流控分析芯片检测器

检测器是微流控分析芯片的一个关键部件,与传统的仪器分析系统相比,微流控芯片分析系统对检测器有一些特殊要求。

(1)更高的灵敏度和信噪比。适应小的进样体积(μL ~ pL 级)和检测区域的需要。

(2)更快的响应速度。许多混合及分离过程往往在非常短的时间内完成。

(3)特殊的结构。需要与微系统匹配,实现整体微型化与集成化。

(4)具有多重平行检测功能。满足多通道平行分析的高度集成化需要。

(5)便携与低成本。

基于不同检测原理的众多检测方法原则上都可用于微流控分析芯片分析的研究中,下面将简单介绍其中的几种。

1. 激光诱导荧光检测器

激光诱导荧光(Laser Induced Fluorescence,LIF)检测器是目前最灵敏的检测器,灵敏度可达 10^{-12} ~ 10^{-9} mol·L^{-1},甚至可达到单分子检测的水平,也是目前在商品化微流控芯片分析系统中惟一被采用的检测器。LIF 检测器的通用性较差、体积大、结构复杂、成本高。如图 21-21 所示的共聚焦型 LIF 检测器,在毛细管区带电泳分离模式下,对玻璃芯片通道内连续流动分离出的荧光素的检出限为 1 pmol·L^{-1},相当于 570 个分子水平。

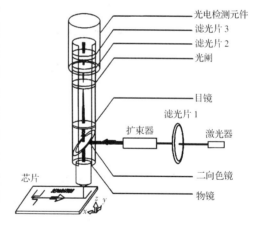

图 21-21 共聚焦型 LIF 检测器的结构示意图

2. 集成化的 LED 检测器

半导体发光二极管(LED)是一种可发射准单色光、体积小、寿命长及价廉的发光器件,虽然在光性能上不及激光器,但由于可以简化检测器的结构、降低成本而得到应用。如图 21-22 所示为集成化的微流控 DNA 分析芯片,将半导体蓝色发光二极管制作在单晶硅片上作为检测元件,对 DAN 物质进行了荧光检测,获得了满意的结果,向荧光检测器小型化和集成化迈进了一步。

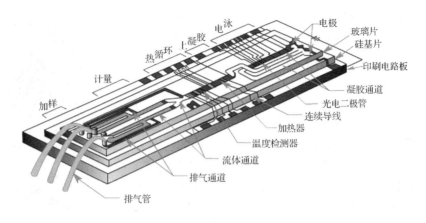

图 21-22　集成化的微流控 DNA 分析芯片

（集取样、反应、电泳分离和检测于一体）

3. 电致化学发光检测器

电致化学发光是通过在电极上施加电压来控制化学发光进而进行光度测量的检测方法，具有结构简单、灵敏度高及可控制反应程度等特点。如图 21-23 所示是采用半导体集成电路工艺在单晶硅片上制作的一种特殊结构的电致化学发光检测芯片。5 mm×5 mm 的硅片上集成了结构完全相同的两组硅光电二极管和 125 对叉指式微电极阵列（IDA），分别作为电解发光检测区和参比区。流通检测池的体积为 2.25 μL。检测时，在电解发光检测区的微电极阵列上施加电压，使该区域产生电致化学发光，而参比区域的微电极阵列上不施加电压，不产生发光，通过测量对应区域的硅光电二极管的光电流之差来测定电化学发光的强度。用三联吡啶钌（Ⅱ）电致化学发光反应体系，对可卡因测定的检出限为 0.5 μmol·L^{-1}。

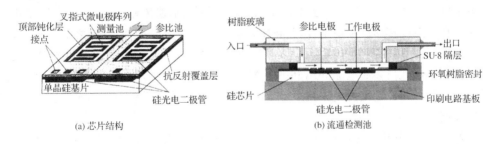

(a) 芯片结构　　　　　　　　　　　(b) 流通检测池

图 21-23　电致化学发光检测芯片的结构示意图

21.3　微流控分析芯片的应用

微流控分析芯片优越的特性使其在众多领域都有着广阔的应用前景和发展潜力。从目前的情况来看，生物医学领域依然是微流控分析芯片应用最多的领域，这主要得益于毛细管电泳技术与微流控技术的密切结合，产生了具有大规模平行处理能力的毛细管电泳微流控分析芯片，极大地提高了分析能力，成为后基因组时代的支撑性技术。

1994 年 Effenhauser 和 Manz 等首次将凝胶毛细管电泳移植到微流控分析芯片毛细

管电泳上,使用的场强高达 2 300 V·cm⁻¹,可在 45 s 分离寡核苷酸混合物。而到了 2001 年,则出现了在直径 150 mm 圆盘玻璃芯片上,高密度径向排布着 96 个毛细管电泳通道阵列(如图 21-24 所示,图中局部放大的是一对分离通道、一对 T 形进样器和 4 个储液池。圆形芯片直径 150 mm,分离通道长度 35 mm,储液池直径 1.2 mm,芯片中心为直径 2mm 的阳极液池),采用旋转扫描 LIF 检测方式,可平行分离检测,测序达 500 碱基对。之后很快出现了在直径 200 mm 圆盘玻璃芯片上,高密度径向排布着 384 个毛细管电泳通道阵列。有效分离通道长达80 mm,在用标准 DNA 试样测试该系统时,170 s 内完成了 96 个试样的分离分析。Ehrlich 研究组在 2001 年推出的 768DNA 测序仪,在两块 50 cm ×25 cm 玻璃芯片上总共排列了 768 个分离通道,通道长度

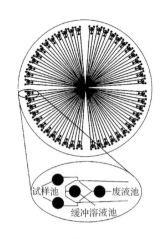

图 21-24　96 个圆形通道阵列毛细管芯片的通道网络结构

为 50 cm,用于 DNA 单链的分离,测定长度超过 800 个碱基对。呈现出分析通道量不断加大、集成度大幅度提高的趋势。

2002 年,Yanger 运用层流分离分析技术,将一个层流 H 形过滤通道和一个层流 T 形检测通道进行组合,构成了一系列包括细胞消解、杂质分离、测定等功能的集成化微芯片。

微流控分析芯片与质谱鉴定技术的结合对于生物试样的分析有着重要意义。Henion等用微流控分析芯片毛细管电泳-电喷雾离子化质谱检测肉毒碱及其三种酰基化产物,分析了尿液中的该类成分。芯片采用玻璃和高分子材质制成,十字电泳分离通道,电泳分离后相应成分直接进入质谱电喷雾接口。

目前蛋白质组分析的方法是将蛋白质大分子降解为多肽,通过分析肽谱以及进行肽链的测序加以实现,其中肽谱即蛋白质的一级结构,是鉴别遗传差异的重要依据。胰蛋白酶因其具有的高度转移性和稳定性,是将蛋白质分裂成一定长度片段(使之适合于序列分析)的反应中最常用的酶。2001 年,GAO 等报道将蛋白质的降解也集成到 PDMS 芯片上,制成蛋白质分解、多肽电泳分离和 ESI-MS 质谱鉴别等多功能为一体的集成化装置。利用微流控分析芯片毛细管电泳技术分离分析各种蛋白质试样和进行测序工作已有较多的文献报道。

此外,微流控分析芯片在疾病早期诊断、卫生检疫、司法鉴定、环境检测、生物战剂的快速侦检等领域都将有着较大的应用前景。

习　题

21-1　微流控分析芯片与微阵列(生物)芯片有何区别和联系?

21-2　μTAS 的含义是什么?其最终目标是什么?

21-3　微流控芯片分析系统与毛细管电泳有何关系和区别?

21-4　微流控芯片分析系统是从什么时期发展起来的?

21-5　微流体驱动系统分为哪两类?各有什么特点?

21-6　什么是微流控芯分析片中的弯道效应、层流效应与分子扩散效应?

21-7　什么是微流控分析芯片中的泄漏效应,如何解决?

21-8　如何解决微通道中的颗粒堵塞问题? 试提出一个解决方案。

21-9　在微流控分析芯片中如何实现无膜分离?

21-10　如何解决微通道中的弯道效应?

21-11　对微流控分析芯片的检测器有什么要求?

21-12　简述微流控芯片分析系统的主要应用及发展前景。

参考文献

1 汪尔康.分析化学新进展[M].北京:科学出版社,2002

2 李克安,金钦汉,等,译.分析化学[M].北京:北京大学出版社,2001

3 方惠群,于俊生,史坚,等.仪器分析[M].北京:科学出版社,2002

4 武汉大学化学系.仪器分析[M].北京:高等教育出版社,2001

5 北京大学化学系仪器分析教学组.仪器分析[M].北京:北京大学出版社,1997

6 赵藻藩,周性尧,张悟铭,等.仪器分析[M].北京:高等教育出版社,1990

7 王玉枝,张正奇.分析化学[M].3版.北京:科学出版社,2016

8 刘密斯,罗国安,张新荣,等.仪器分析[M].北京:清华大学出版社,2002

9 朱明华.仪器分析[M].3版.北京:高等教育出版社,2000

10 朱良漪.分析仪器手册[M].北京:化学工业出版社,1997

11 孙毓庆.仪器分析选论[M].北京:科学出版社,2005

12 吴性良,朱万森,马林.分析化学原理[M].北京:化学工业出版社,2004

13 方肇伦,等.微流控分析芯片[M].北京:科学出版社,2003

14 方肇伦,等.流动注射分析法[M].北京:科学出版社,1999